单排配筋混凝土剪力墙结构

CONCRETE SHEAR WALL STRUCTURE WITH SINGLE LAYER REINFORCEMENT

曹万林　董宏英　张建伟　著

中国建筑工业出版社

图书在版编目（CIP）数据

单排配筋混凝土剪力墙结构 = CONCRETE SHEAR WALL STRUCTURE WITH SINGLE LAYER REINFORCEMENT / 曹万林, 董宏英, 张建伟著. -- 北京 : 中国建筑工业出版社, 2025. 3. -- ISBN 978-7-112-30943-6

Ⅰ. TU398

中国国家版本馆 CIP 数据核字第 2025ZC0105 号

单排配筋混凝土剪力墙结构主要适用于低多层住宅建筑。内容包括：单排配筋剪力墙、保温模块单排配筋剪力墙、装配式单排配筋剪力墙、异形截面单排配筋剪力墙、带门窗洞口单排配筋剪力墙、单排配筋双肢剪力墙及单排配筋剪力墙结构的力学性能、抗震性能、破坏机理、力学模型与计算公式；结构保温一体化单排配筋剪力墙热工性能；单排配筋剪力墙结构设计与施工技术。本书是作者从事单排配筋混凝土剪力墙结构研究的部分成果总结。

本书可供建筑结构领域工程设计和研究人员及高等院校土建专业的师生参考。

责任编辑：刘瑞霞
责任校对：张　颖

单排配筋混凝土剪力墙结构
CONCRETE SHEAR WALL STRUCTURE WITH
SINGLE LAYER REINFORCEMENT
曹万林　董宏英　张建伟　著
*
中国建筑工业出版社出版、发行（北京海淀三里河路9号）
各地新华书店、建筑书店经销
国排高科（北京）人工智能科技有限公司制版
廊坊市海涛印刷有限公司印刷
*

开本：787 毫米 × 1092 毫米　1/16　印张：30　字数：743 千字
2025 年 4 月第一版　　2025 年 4 月第一次印刷
定价：**128.00** 元
ISBN 978-7-112-30943-6
（44579）

版权所有　翻印必究
如有内容及印装质量问题，请与本社读者服务中心联系
电话：（010）58337283　　QQ：2885381756
（地址：北京海淀三里河路9号中国建筑工业出版社604室　邮政编码：100037）

前 言

单排配筋混凝土剪力墙结构主要适用于低多层住宅建筑。作者从 2006 年开始研究单排配筋混凝土剪力墙结构体系，围绕单排配筋混凝土剪力墙结构高效抗震、保温节能、装配式建造、施工等问题，较系统地进行了试验、理论、数值模拟及设计与施工技术研究。主要贡献：研发了单排配筋剪力墙、保温模块单排配筋剪力墙、装配式单排配筋剪力墙、异形截面单排配筋剪力墙、带门窗洞口单排配筋剪力墙、单排配筋双肢剪力墙及单排配筋剪力墙结构的抗震构造；研究了单排配筋剪力墙结构的力学性能、抗震性能、破坏机理、力学模型、设计方法；研究了单排配筋剪力墙结构楼板及墙体共同工作性能及破坏机理；研发了结构保温一体化单排配筋剪力墙的构造及热工性能；研发了单排配筋剪力墙结构设计与施工成套技术。本书是作者从事单排配筋剪力墙结构研究的部分成果总结。

全书共分 12 章。第 1 章介绍了低多层住宅结构及单排配筋剪力墙结构的相关研究。第 2 章介绍了剪力墙抗震试验及分析方法。第 3 章分别介绍了单排配筋低矮剪力墙、中高剪力墙、高剪力墙、配置斜向钢筋剪力墙以及带钢筋暗支撑剪力墙抗震性能。第 4 章介绍了保温模块单排配筋剪力墙抗震性能。第 5 章分别介绍了装配式单排配筋低矮剪力墙、中高剪力墙抗震性能。第 6 章分别介绍了 L 形、T 形、Z 形截面单排配筋剪力墙抗震性能。第 7 章介绍了带门窗洞口单排配筋剪力墙抗震性能。第 8 章分别介绍了四层单排配筋双肢剪力墙和双肢剪力墙连梁与墙肢连接节点抗震性能。第 9 章分别介绍了单排配筋剪力墙结构楼板及墙体共同工作性能和三层单排配筋剪力墙结构抗震性能。第 10 章分别介绍了配置斜向钢筋的单排配筋剪力墙、四层单排配筋剪力墙结构模型的模拟地震振动台试验研究。第 11 章分别介绍了 EPS 模块单排配筋混凝土墙体热工性能、单排配筋混凝土薄墙板耐火性能、单排配筋墙板受火后力学性能。第 12 章介绍了单排配筋混凝土剪力墙结构设计与施工关键技术。

本书的研究成果是在作者及团队成员共同努力下取得的。博士生杨兴民、李建华、张勇波、刘程炜、刘文超、杨亚彬、刘宏波等，硕士生刘春燕、吴定燕、孙天兵、孙超、殷伟帅、程焕英、胡剑民、程娟、马恒、李琬荻、吴蒙捷、蔡翀、秦成杰、王世蒙、郑文彬等，以及杨兆源博士后、王小娟老师、乔崎云老师对本书的研究作出了贡献。林国海教授为本书的研究提供了有力的支持。杨兆源博士后为本书的出版做了大量细致的工作，作出了重要贡献。

本书的研究工作得到了国家"十一五"科技支撑计划课题（2008BAJ08B14）、国家"十二五"科技支撑计划课题（2011BAJ08B02）、北京市科技计划课题（Y0605010041111）、北京学者计划（2015—2021）的资助，本书的出版得到了北京工业大学建筑工程学院土木工程学科建设经费支持，特此致谢。

限于作者的经验与水平，书中难免存在不足之处，恳请同行批评指正。

作者
2024 年 9 月于北京

目　录

第 1 章　绪　论……………………………………………………………………1

　　1.1　引　言…………………………………………………………………………1
　　1.2　低多层住宅结构…………………………………………………………………2
　　　　1.2.1　砌体结构…………………………………………………………………2
　　　　1.2.2　冷弯薄壁型钢结构………………………………………………………2
　　　　1.2.3　轻钢轻混凝土结构………………………………………………………4
　　　　1.2.4　轻钢组合结构……………………………………………………………5
　　　　1.2.5　矩形柱混凝土框架结构…………………………………………………6
　　　　1.2.6　异形柱混凝土框架结构…………………………………………………6
　　　　1.2.7　混凝土短肢剪力墙结构…………………………………………………7
　　1.3　单排配筋剪力墙结构……………………………………………………………7
　　　　1.3.1　研究概述…………………………………………………………………7
　　　　1.3.2　配置斜向钢筋的单排配筋剪力墙………………………………………8
　　　　1.3.3　保温模块单排配筋剪力墙………………………………………………9
　　　　1.3.4　装配式单排配筋剪力墙…………………………………………………10
　　1.4　本书主要研究工作………………………………………………………………11
　　1.5　本章小结…………………………………………………………………………12
　　参考文献………………………………………………………………………………12

第 2 章　剪力墙抗震试验及分析方法概述……………………………………17

　　2.1　低周反复荷载试验………………………………………………………………17
　　　　2.1.1　试件设计…………………………………………………………………17
　　　　2.1.2　加载装置与数据采集……………………………………………………17
　　　　2.1.3　试验数据处理……………………………………………………………19
　　2.2　模拟地震振动台试验……………………………………………………………21
　　2.3　数值模拟…………………………………………………………………………22

2.3.1 材料模型 ·· 22
2.3.2 单元选取 ·· 23
2.3.3 网格划分 ·· 23
2.3.4 定义装配件 ··· 23
2.4 承载力与恢复力模型 ·· 24
2.4.1 初始刚度 ·· 24
2.4.2 承载力 ··· 24
2.4.3 恢复力模型 ··· 24
2.5 本章小结 ··· 27
参考文献 ·· 27

第3章 单排配筋剪力墙抗震性能 ·· 28

3.1 单排配筋低矮剪力墙 ·· 28
    3.1.1 试验概况 ·· 28
    3.1.2 承载力 ··· 34
    3.1.3 延性 ·· 35
    3.1.4 刚度退化 ·· 36
    3.1.5 滞回特征 ·· 37
    3.1.6 骨架曲线 ·· 39
    3.1.7 耗能能力 ·· 39
    3.1.8 破坏特征分析 ·· 40
    3.1.9 弹性刚度计算 ·· 42
    3.1.10 承载力计算 ··· 43
3.2 单排配筋中高剪力墙 ·· 49
    3.2.1 试件概况 ·· 49
    3.2.2 破坏特征分析 ·· 55
    3.2.3 滞回特性 ·· 57
    3.2.4 承载力与位移 ·· 58
    3.2.5 刚度及退化过程 ··· 62
    3.2.6 耗能能力 ·· 63
    3.2.7 承载力计算 ··· 63
3.3 单排配筋高剪力墙 ··· 68
    3.3.1 试验概况 ·· 68
    3.3.2 破坏特征分析 ·· 74
    3.3.3 滞回特性 ·· 75
    3.3.4 承载力与位移 ·· 77
    3.3.5 刚度及退化过程 ··· 80
    3.3.6 耗能能力 ·· 81

3.3.7　承载力计算 ··· 82
　3.4　配置斜向钢筋单排配筋剪力墙 ··· 88
　　　3.4.1　配置斜向钢筋单排配筋剪力墙低周反复荷载试验 ················· 88
　　　3.4.2　不同斜筋形式的单排配筋低矮剪力墙低周反复荷载试验 ········ 97
　3.5　带钢筋暗支撑单排配筋剪力墙 ·· 130
　　　3.5.1　不同配筋率带钢筋暗支撑低矮剪力墙抗震性能试验 ············ 130
　　　3.5.2　设置竖缝带暗支撑单排配筋低矮剪力墙抗震性能试验 ········· 137
　　　3.5.3　带钢筋暗支撑中高剪力墙抗震性能试验 ··························· 146
　　　3.5.4　带钢筋暗支撑低矮、中高剪力墙的力学模型及计算分析 ······ 153
　　　3.5.5　带钢筋暗支撑低矮及中高剪力墙有限元计算分析 ··············· 160
　3.6　本章小结 ·· 167
　参考文献 ·· 168

第4章　保温模块单排配筋剪力墙抗震性能 ································ 170

　4.1　保温模块单排配筋剪力墙 ·· 170
　　　4.1.1　试验概况 ··· 170
　　　4.1.2　破坏特征分析 ··· 176
　　　4.1.3　滞回特性 ··· 177
　　　4.1.4　承载力与位移 ··· 178
　　　4.1.5　刚度退化 ··· 178
　　　4.1.6　耗能能力 ··· 179
　　　4.1.7　承载力计算模型与分析 ··· 180
　　　4.1.8　有限元分析 ·· 184
　4.2　本章小结 ·· 192
　参考文献 ·· 193

第5章　装配式单排配筋剪力墙抗震性能 ···································· 194

　5.1　装配式单排配筋低矮剪力墙 ··· 194
　　　5.1.1　试验概况 ··· 194
　　　5.1.2　破坏特征 ··· 200
　　　5.1.3　滞回曲线 ··· 201
　　　5.1.4　骨架曲线 ··· 204
　　　5.1.5　承载力 ··· 206
　　　5.1.6　延性 ·· 206
　　　5.1.7　刚度 ·· 207
　5.2　装配式单排配筋中高剪力墙 ··· 209
　　　5.2.1　试验概况 ··· 209

5.2.2　破坏特征 …………………………………………………… 216
　　5.2.3　滞回曲线 …………………………………………………… 218
　　5.2.4　承载力 ……………………………………………………… 221
　　5.2.5　延性 ………………………………………………………… 222
　　5.2.6　刚度 ………………………………………………………… 223
　　5.2.7　墙体水平接缝开裂分析 …………………………………… 226
　5.3　计算分析 …………………………………………………………… 227
　　5.3.1　承载力计算 ………………………………………………… 227
　　5.3.2　恢复力模型 ………………………………………………… 230
　　5.3.3　有限元分析 ………………………………………………… 233
　5.4　本章小结 …………………………………………………………… 247
　参考文献 ………………………………………………………………… 247

第6章　异形截面单排配筋剪力墙抗震性能 …………………… 249

　6.1　单排配筋 L 形截面剪力墙 ………………………………………… 249
　　6.1.1　试验概况 …………………………………………………… 249
　　6.1.2　破坏特征 …………………………………………………… 252
　　6.1.3　滞回特征 …………………………………………………… 253
　　6.1.4　承载力与位移 ……………………………………………… 255
　　6.1.5　刚度及其退化 ……………………………………………… 255
　　6.1.6　耗能能力 …………………………………………………… 255
　　6.1.7　力学模型 …………………………………………………… 256
　　6.1.8　有限元分析 ………………………………………………… 258
　6.2　单排配筋 T 形截面剪力墙 ………………………………………… 260
　　6.2.1　试验概况 …………………………………………………… 260
　　6.2.2　破坏特征 …………………………………………………… 262
　　6.2.3　滞回特性 …………………………………………………… 263
　　6.2.4　承载力与位移 ……………………………………………… 264
　　6.2.5　刚度及其退化 ……………………………………………… 265
　　6.2.6　耗能能力 …………………………………………………… 265
　　6.2.7　力学模型 …………………………………………………… 266
　　6.2.8　有限元分析 ………………………………………………… 270
　6.3　单排配筋 Z 形截面剪力墙 ………………………………………… 271
　　6.3.1　试验概况 …………………………………………………… 271
　　6.3.2　破坏特征 …………………………………………………… 274
　　6.3.3　滞回特征 …………………………………………………… 274
　　6.3.4　承载力与位移 ……………………………………………… 276
　　6.3.5　刚度及其退化过程 ………………………………………… 276

　　　　6.3.6 耗能能力 ………………………………………………………… 277
　　　　6.3.7 力学模型 ………………………………………………………… 277
　　　　6.3.8 有限元分析 ……………………………………………………… 281
　　6.4 本章小结 …………………………………………………………………… 281
　　参考文献 ………………………………………………………………………… 282

第7章　带门窗洞口单排配筋剪力墙抗震性能 …………………………… 283

　　7.1 带门窗洞口单排配筋剪力墙 ……………………………………………… 283
　　　　7.1.1 试验概况 ………………………………………………………… 283
　　　　7.1.2 破坏特征 ………………………………………………………… 286
　　　　7.1.3 滞回特性 ………………………………………………………… 287
　　　　7.1.4 承载力及延性 …………………………………………………… 288
　　　　7.1.5 刚度及退化 ……………………………………………………… 289
　　　　7.1.6 耗能 ……………………………………………………………… 290
　　　　7.1.7 力学模型与计算 ………………………………………………… 290
　　7.2 本章小结 …………………………………………………………………… 297
　　参考文献 ………………………………………………………………………… 297

第8章　单排配筋双肢剪力墙抗震性能 …………………………………… 298

　　8.1 四层单排配筋双肢剪力墙 ………………………………………………… 298
　　　　8.1.1 试验概况 ………………………………………………………… 298
　　　　8.1.2 滞回特性 ………………………………………………………… 302
　　　　8.1.3 承载力实测结果及分析 ………………………………………… 306
　　　　8.1.4 刚度及退化过程 ………………………………………………… 307
　　　　8.1.5 耗能能力 ………………………………………………………… 308
　　　　8.1.6 带暗支撑双肢剪力墙的力学模型及计算分析 ………………… 309
　　　　8.1.7 双肢剪力墙单调水平荷载作用下有限元分析 ………………… 314
　　8.2 双肢剪力墙连梁与墙肢连接节点 ………………………………………… 320
　　　　8.2.1 试验概况 ………………………………………………………… 320
　　　　8.2.2 破坏特征 ………………………………………………………… 324
　　　　8.2.3 滞回特征 ………………………………………………………… 326
　　　　8.2.4 承载力及延性 …………………………………………………… 328
　　　　8.2.5 刚度及退化 ……………………………………………………… 329
　　　　8.2.6 耗能分析 ………………………………………………………… 331
　　　　8.2.7 刚度与承载力计算 ……………………………………………… 332
　　8.3 本章小结 …………………………………………………………………… 335
　　参考文献 ………………………………………………………………………… 336

第9章 单排配筋剪力墙结构受力性能 ································· 337

9.1 单排配筋剪力墙结构楼板及墙体共同工作性能 ··················· 337
9.1.1 试验概况 ··· 337
9.1.2 刚度 ··· 342
9.1.3 滞回曲线 ··· 343
9.1.4 骨架曲线 ··· 343
9.1.5 破坏形态 ··· 344
9.1.6 承载力计算模型 ·· 346

9.2 三层单排配筋剪力墙结构抗震性能 ······························· 347
9.2.1 试验概况 ··· 347
9.2.2 延性 ··· 351
9.2.3 刚度及退化分析 ·· 352
9.2.4 滞回曲线 ··· 352
9.2.5 骨架曲线 ··· 353
9.2.6 破坏形态 ··· 354
9.2.7 结构弹塑性有限元分析 ·· 356

9.3 本章小结 ··· 360
参考文献 ··· 360

第10章 单排配筋剪力墙及剪力墙结构振动台试验研究 ················ 362

10.1 配置斜向钢筋单排配筋剪力墙振动台试验研究 ··················· 362
10.1.1 配置斜向钢筋单排配筋低矮剪力墙振动台试验 ················ 362
10.1.2 配置斜向钢筋单排配筋中高剪力墙振动台试验 ················ 373
10.1.3 L形截面配置斜向钢筋单排配筋剪力墙振动台试验 ············· 382

10.2 四层单排配筋剪力墙结构振动台试验 ···························· 389
10.2.1 试验概况 ·· 389
10.2.2 振动台试验方案 ·· 392
10.2.3 动力特性 ·· 393
10.2.4 破坏形态 ·· 413
10.2.5 结构弹性时程分析 ·· 414
10.2.6 计算分析 ·· 414

10.3 本章小结 ·· 418
参考文献 ··· 418

第11章 单排配筋剪力墙热工性能与耐火性能 ························· 420

11.1 EPS模块单排配筋混凝土墙体热工性能 ··························· 420

　　　　11.1.1　试件概况 ·· 420
　　　　11.1.2　试验方案 ·· 421
　　　　11.1.3　试验结果分析 ·· 422
　　　　11.1.4　墙体传热系数计算 ··· 426
　　11.2　单排配筋混凝土薄墙板耐火性能 ··· 435
　　11.3　单排配筋墙板受火后力学性能 ·· 440
　　　　11.3.1　试验概况与破坏形态 ·· 440
　　　　11.3.2　受力性能分析 ·· 441
　　　　11.3.3　受火前后受力性能对比 ··· 443
　　11.4　本章小结 ··· 444
　　参考文献 ··· 444

第12章　单排配筋混凝土剪力墙结构设计与施工 ·············· 446

　　12.1　结构设计 ··· 446
　　　　12.1.1　适用范围 ·· 446
　　　　12.1.2　一般规定 ·· 446
　　　　12.1.3　抗震等级与抗震措施 ·· 448
　　　　12.1.4　结构计算 ·· 449
　　　　12.1.5　抗震构造措施 ·· 450
　　　　12.1.6　装配式单排配筋剪力墙结构构造措施 ·· 459
　　12.2　施工要求 ··· 460
　　12.3　本章小结 ··· 465
　　参考文献 ··· 465

绪 论

1.1 引 言

我国是多地震国家，也是受地震灾害影响最严重的国家之一。近年来我国地震发生的频率仍然较高，强烈地震下易造成房屋损坏甚至倒塌等灾害，给人民的生命财产带来了巨大损失。历次大地震中村镇低多层房屋结构破坏较为严重，2008 年 5 月 12 日汶川大地震[1-5]、2010 年 4 月 14 日玉树大地震[6,7]、2013 年 4 月 20 日芦山大地震[8,9]、2022 年 9 月 5 日泸定大地震[10-12]等大量建筑结构震害表明，居民自建的钢筋混凝土结构、砌体结构（砖混结构）、底部钢筋混凝土框架上部砌体结构、生土结构、石砌结构等，由于其缺乏合理的抗震设计，致使结构在强震下受损严重甚至倒塌。因此，研发抗震性能好的低多层房屋结构是工程界十分关注和亟待解决的问题。2021 年 5 月 25 日，住房和城乡建设部等 15 部门以建村〔2021〕45 号印发《关于加强县城绿色低碳建设的意见》要求：县城新建住宅以 6 层为主，6 层及以下住宅建筑面积占比应不低于 70%。目前，全国有 2800 多个县及县级行政区域，有 14600 多个乡、19500 多个镇、691500 多个行政村，县、乡、镇、村的低多层住宅需求量很大。此外还有城市低多层住宅建筑，可见研发抗震、节能性能好且低碳环保的低多层住宅具有广阔的市场前景。砌体结构、冷弯薄壁型钢结构、轻钢轻混凝土结构、轻钢组合结构、矩形柱混凝土框架结构、异形柱混凝土框架结构、混凝土短肢剪力墙结构、单排配筋剪力墙结构等均适于低多层住宅建筑，且各具特点。笔者研究表明，低多层住宅单排配筋混凝土剪力墙结构抗震性能良好，特别是单排配筋再生混凝土剪力墙结构兼具抗震性能好和低碳环保的优势，但此前国内外相关研究较为缺乏。如何充分考虑单排配筋混凝土剪力墙结构的特点，发挥优势，克服不足，为此，笔者团队进行了较为系统的试验研究、理论分析、设计方法研究、施工技术研究和工程实践，编制了技术标准，形成了单排配筋混凝土剪力墙结构设计与建造的关键技术。

1.2 低多层住宅结构

1.2.1 砌体结构

砌体结构具有因地制宜、就地取材、造价低、施工方便的优点。目前，我国绝大部分低多层住宅仍采用砌体结构。国内外地震震害表明，强烈地震下砌体结构破坏严重。我国已禁止使用实心黏土砖，鼓励采用工业废料生产各类砖，如煤矸石、页岩、粉煤灰等作为原料制成的实心和多孔砖来取代黏土砖。

混凝土小型空心砌块砌体结构，采用的混凝土小型空心砌块取材广泛、施工方便、造价低廉、强度较高、延性较好，是代替实心和多孔黏土砖墙材的主导产品。与黏土砖相比，砌块建筑的最大优势在于其生产不毁坏耕地，这是砌块结构得以发展的根本前提。

在国外，砌块建筑有较为广泛的应用。美国在19世纪末、20世纪初就开始将混凝土小型空心砌块应用于建筑结构中。在国内，砌块建筑起步较晚，自20世纪60年代起，在我国广西、贵州等地，由于山多地少，黏土资源缺乏而砂石资源丰富，率先将混凝土砌块用于建筑结构。1986年在广西南宁建造了10层配筋砌块砌体住宅楼和11层配筋砌块砌体办公楼。在总结国外配筋混凝土砌块试验研究及工程实践经验的基础上，我国20世纪90年代初，在配筋砌块的材料及配套应用技术研究方面取得了创新成果[13-15]，1995年颁布了《混凝土小型空心砌块建筑技术规程》JGJ/T 14—95，对我国砌块建筑的推广与应用起到了促进作用。1997年根据哈尔滨工业大学等单位的试验研究成果，由中国建筑东北设计院设计，在辽宁盘锦建成了一栋15层配筋砌块砌体住宅楼，所用砌块是由美国引进的砌块成型机生产的，砌块强度等级达到MU20。

在混凝土小型空心砌块建筑的推广应用过程中，发现其存在以下问题：（1）结构普遍存在"热、裂、渗、漏"等质量问题，在施工工艺上也难以把控。（2）结构的抗剪、抗拉强度由砌块的实体部分面积与砂浆的粘结强度来决定，使得砌体的抗剪、抗拉强度较低，因此在结构或构件中存在着裂缝开展过早、过大、抗震性能较差等问题。（3）在混凝土小型空心砌块的结构施工过程中，纵筋插入砌块芯柱的竖向空腔内，钢筋成束状，没有绑扎箍筋，钢筋不能充分发挥其作用。（4）芯柱内灌注混凝土无法振捣密实、砌筑砂浆不易饱满，难以保证其抗震可靠性。

1.2.2 冷弯薄壁型钢结构

北美、澳大利亚以及日本冷弯薄壁型钢住宅多为2~3层的独栋、联排住宅。我国的冷弯薄壁型钢结构在20世纪80年代由日本和澳大利亚引进，一般应用于3层或3层以下住宅。

低层冷弯薄壁型钢住宅是以轻钢龙骨为主体承重构件，冷弯薄壁型钢与墙体面板通过自攻钉连接，墙体面板制约轻钢龙骨受压失稳，形成的组合墙体兼具承重和抗侧力作用；采用标准化连接件组装形成轻钢梁-压型钢板-混凝土现浇层组合楼盖系统。

刘占科等[16]研究了轻钢构件的轴压、压弯等受力性能，并对中国、美国以及欧洲现行设计标准的理论与方法进行了归纳与总结。向弋等[17]对复杂卷边冷弯薄壁型钢柱进行了轴压性能试验，研究了不同截面大小以及长度对试件承载力的影响，结果表明翼缘宽厚比与腹板高厚比对试件轴压承载力影响显著，有限元计算结果与试验结果符合较好。Post 等[18]对冷弯薄壁型钢组合墙体的轴压性能进行了试验并进行了有限元模拟，采用直接强度法和有限条法对组合墙体的轴压承载力进行了计算。Ye 等[19]进行了冷弯薄壁型钢组合墙体的轴压性能试验，研究了墙板的破坏模式和承载能力，结果表明轻钢龙骨立柱采用多拼组合截面形式时，组合墙体轴压承载力提高显著。沈祖炎[20]、李元齐等[21-23]针对冷弯薄壁型钢结构体系抗震性能进行了低周往复试验以及整体足尺结构振动台试验并进行了有限元模拟，研究了冷弯薄壁型钢结构的工作机理，建立了承载力计算模型，提出了实用设计方法。

石宇等[24]对不同构造形式的冷弯薄壁型钢屋架进行了抗弯性能试验，对冷弯薄壁型钢屋架的工作原理和破坏模型进行了研究，结果表明钢材强度、截面形式以及钢材厚度对桁架承载力都有较大的影响。管宇等[25]对轻钢组合楼盖进行了面内滞回试验，并进行了有限元分析，研究了楼盖梁尺寸、楼盖梁腹板开孔面积和间距等变量对试件平面内力学性能的影响，建立了轻钢组合楼盖面内刚度和承载力计算方法。姜健等[26]基于分条壳单元模型对压型钢板钢筋混凝土组合楼板的抗火性能进行了研究，采用有限元分析软件模拟了组合楼板在火灾下的损伤演化过程。Chen[27]、Celis[28]及 Liu[29]等对压型钢板组合楼板、钢-木组合楼板等进行了研究，结果表明轻钢组合楼盖相比传统现浇混凝土楼盖具有重量轻、易装配等优势。

周绪红等[30]提出了冷弯薄壁型钢-钢板剪力墙结构，该结构是在传统轻钢龙骨复合墙板中设置薄钢板，即通过墙体轻钢龙骨边柱及梁将薄钢板夹在中间，通过自攻螺钉在各部件连接位置施加一定预紧力，显著提升了结构抗震性能。石宇、叶露等[31,32]对冷弯薄壁型钢-钢板剪力墙的抗震性能进行了试验研究，对不同构造形式墙体试件的承载能力、破坏特征以及滞回特性等进行了分析，结果表明在冷弯薄壁型钢墙体中布置薄钢板，可以充分提高墙体的抗侧力性能，有效提高墙体刚度与耗能能力。周绪红等[33]进行了6层足尺冷弯薄壁型钢钢板剪力墙结构房屋振动台试验，进行了结构时程地震反应分析，提出了设计方法与构造措施。

叶继红等[34]提出了多层轻钢龙骨式复合剪力墙结构体系，为提高结构竖向承载力，该结构采用了单 C 型、双拼或三拼 C 型竖向龙骨作为承重构件，并在结构关键位置设置通高的方钢管轻质混凝土柱以替代轻钢龙骨，从而达到了提升结构竖向承载力及抗震能力的目的。Ye 等[35]、Wang 等[36]进行了轻钢龙骨式复合剪力墙体试件的低周反复加载试验，研究了结构的抗震性能与破坏机理，研究表明：方钢管混凝土边柱可同时解决边框柱稳定和结构抗拔的问题，并可保证在失去自攻钉约束的情况下墙板仍可发挥蒙皮作用，从而保证了墙体具有足够的抗剪承载力。叶继红等[37]进行了4个5层缩尺模型的振动台试验，分析了结构的动力响应，提出了多层冷弯薄壁型钢结构弹塑性层间位移角限值。

冷弯薄壁型钢结构的优点：（1）墙体既是结构的主要竖向承重构件也是抗侧力构件，具有剪力墙结构受力的显著特征，装配率较高。（2）保温隔热性能较好。（3）墙体厚度约为传统砖混结构的1/2，套内面积增加约10%，自重约为传统砖混结构的1/3。（4）大部分材料可回收、循环再利用。（5）建造过程环保节约，噪声小，干法施工作业，建筑垃圾排放少。

冷弯薄壁型钢结构的不足：（1）冷弯薄壁型钢墙体构造包括冷弯薄壁型钢骨架、轻钢骨架间填充的岩棉、轻钢骨架两侧自攻钉连接的欧松板、欧松板外面的聚苯保温层、外装饰面层，截面构造较复杂，工序较多，造价比砖混结构和混凝土结构高。（2）冷弯薄壁型钢墙体耐火性能、耐腐蚀性能比砖混结构和混凝土结构相对差。（3）冷弯薄壁型钢结构的楼盖系统比较复杂，由轻钢桁架梁（通常分布间距 600mm）、轻钢桁架梁上的压型钢板、压型钢板上的钢筋网混凝土板（通常 60mm 厚）构成，与传统混凝土楼盖相比，造价较高且相同层高情况下楼层净高小约 200mm。

低多层冷弯薄壁型钢结构设计，宜符合行业标准《低层冷弯薄壁型钢房屋建筑技术规程》JGJ 227—2011[38]、《冷弯薄壁型钢多层住宅技术标准》JGJ/T 421—2018[39]的相关规定。

1.2.3 轻钢轻混凝土结构

轻钢轻混凝土结构的主要材料包括薄壁轻钢、免拆模板、泡沫混凝土及连接材料，通过薄壁轻钢与免拆模板组合形成轻钢组合构架，在轻钢组合构架基础上浇筑轻质混凝土形成免拆模板的轻钢轻混凝土墙体，该结构的技术特点是轻钢构架与轻混凝土共同工作性能好[40]。

李婧[41]、罗立胜[42]等研究了泡沫混凝土与生土泡沫混凝土的力学性能，结果表明轻混凝土对于减轻结构自重，提高结构抗侧力性能以及耗能能力具有显著优势。崔成臣等[43]对 20 个不同混凝土强度、轻钢埋深以及保护层厚度的轻钢-聚苯颗粒混凝土试件进行了拉拔试验，研究了聚苯颗粒对试件粘结性能的影响，并根据试验结果提出了粘结-滑移本构模型。D.S.Babu[44]、A.Sadrmomtazi[45]及 D.Bouvard[46]对轻质混凝土的制备方法、力学特性以及微观结构进行了研究。

崔成臣等[47]、李东彬等[48]、黄强[49]等进行了结构构型、轻混凝土强度以及剪跨比对轻钢聚苯颗粒混凝土墙体抗震性能影响的试验研究，结果表明轻钢轻混凝土剪力墙水平承载力高、延性好、耗能能力强。黄强等[50]进行了轻钢轻混凝土结构 3 层足尺试件的拟静力试验，分析了结构破坏形态、滞回特性和变形能力等，表明结构抗震性能良好。

轻钢轻混凝土结构的优点：（1）装配式轻钢轻混凝土结构，属于轻钢轻混凝土组合剪力墙结构，轻钢构架及免拆模板装配，墙体的聚苯颗粒混凝土现浇，墙板整体性较好。（2）装配式轻钢轻混凝土结构可实现 8 度大震主体结构不坏。（3）装配式轻钢轻混凝土结构用钢量仅为 25～35kg/m²。（4）与普通钢筋混凝土结构施工相比，现场用工节省 30%，施工用水节省 25%，施工用电节省 35%，木材消耗减少 50%左右，建筑垃圾排放减少 50%以上。

轻钢轻混凝土结构的不足：（1）装配式轻钢轻混凝土结构，属于部分预制、部分现浇的结构，轻混凝土采用现浇施工，湿作业量较大。（2）装配式轻钢轻混凝土结构墙体采用钢网模板时，浇筑轻混凝土后墙的表面较为粗糙，处理需增加工时和造价。

轻钢轻混凝土结构设计，宜符合行业标准《轻钢轻混凝土结构技术规程》JGJ 383—2016[51]的相关规定。

1.2.4 轻钢组合结构

装配式轻钢组合结构是指主要由轻钢组合构件装配而成的结构，主要用于低层和多层建筑，具有良好的发展前景。笔者提出并研发了轻钢组合框架-轻钢组合剪力墙高效抗震结构体系，其结构特点：（1）轻钢组合框架由方钢管混凝土柱-H型钢-新型梁柱节点构成；轻钢组合框架梁柱节点，采用研发的高效受力的双L形带斜肋节点和带π形连接件节点，不仅实现了强节点设计，且对大开间梁增加了两端的刚域，减小了等截面梁的净跨和挠度。（2）轻钢组合剪力墙，当采用组合墙、短肢组合墙时，其组合墙由小截面轻型钢管混凝土或H型钢边框约束的轻钢边框单排配筋混凝土剪力墙，它的边框柱上下端部焊接带孔钢板，装配于框架楼层上下梁之间，在底层则装配于框架钢梁和底部混凝土基础梁之间；当截面高度与厚度之比大于10时为组合墙，当截面高度与厚度之比不小于5且不大于10时为短肢组合墙。（3）轻钢组合剪力墙，当采用轻钢桁架轻混凝土剪力墙板、轻钢边框混凝土薄板夹芯聚苯剪力墙板时，通常设置在围护墙体位置；轻钢桁架轻混凝土剪力墙板自身就是轻型组合剪力墙；轻钢边框混凝土薄板夹芯聚苯剪力墙板与轻钢框架梁柱连接，构成了由轻钢边框、内外叶钢筋网混凝土薄板及薄板之间带燕尾槽聚苯板的结构、围护、保温一体化墙板。（4）轻钢组合楼盖，由预制装配式边缘带孔楼板和轻钢主梁和次梁构成的交叉轻钢梁系通过栓钉连接构成，栓钉与预制楼板边缘孔采用灌浆料连接，比传统现浇楼盖安装便捷、施工快。（5）钢管混凝土的混凝土、基础混凝土、楼板混凝土、墙板混凝土可采用再生混凝土。

曹万林等[52-54]开展了装配式高性能轻钢框架梁柱节点抗震性能试验研究：（1）进行了不同构造的双L形带斜向加劲肋节点、普通节点抗震性能比较试验，分析了各试件的破坏特征、滞回特性以及耗能能力等，结果表明，钢管混凝土柱上焊接双L形带斜向加劲肋节点并与H型钢梁螺栓连接后，轻钢梁柱节点的节点域显著增大，特别是截面高度尺寸的增大可快速提升节点的刚度，且节点构造简单、螺栓用量少、抗震性能优越。（2）进行了不同构造的π形连接件节点与双L形带斜向加劲肋节点的抗震性能比较试验。结果表明，π形连接件节点与双L形带斜向加劲肋节点相比，其刚度、承载力以及耗能能力显著提高。π形连接件节点的优势：因π形节点由钢管混凝土柱上焊接上下肢小H型钢形成，故π形节点上下肢小H型钢的内侧翼缘与H型钢梁连接后，增大了梁端的刚域，减小了框架等截面H型钢梁的跨度，提升了框架H型钢的刚度；当设置组合剪力墙时，π形连接件节点上下肢小H型钢的外侧翼缘与组合墙轻钢边框柱连接，连接简便，高效受力；π形连接件节点的上下肢小H型钢宜对称布置且其截面高度不宜大于楼板厚度，因此装配完楼板后π形连接件节点的上肢小H型钢不高出楼板，π形连接件节点的下肢H型钢通常隐藏在填充墙板中，不外露。

曹万林等[55-60]进行了轻钢组合框架-轻钢桁架和轻钢组合框架-墙板（轻钢组合剪力墙、轻型填充墙板）结构低周反复荷载下抗震性能试验和结构模拟地震振动台试验，结果表明：轻钢组合框架与轻钢桁架、墙板具有良好的协同工作性能，二者的协同工作明显提高了结构的刚度、承载力及耗能能力；结构在8度罕遇地震作用下没有明显的损伤，抗震性能优越。

装配式轻钢组合结构设计，宜符合笔者主编的中国工程建设标准化协会标准《装配式低层住宅轻钢组合结构技术规程》T/CECS 1060—2022[61]的相关规定。

1.2.5 矩形柱混凝土框架结构

钢筋混凝土矩形柱框架结构是由梁、板、柱及基础组成的一种建筑结构体系，该体系传力路径明确，传力方式为荷载由楼板传递给梁，再由梁传递给柱，由柱传递给基础，设计方法相对简单。

矩形柱框架结构的优点：（1）在合理的高度和层数的情况下，框架结构能够提供较大的建筑空间，其平面布置灵活，可适合多种使用功能的要求。需要时，可用隔断分割成小空间，或拆除隔断恢复成大空间。（2）外墙用非承重构件，可使立面设计灵活多变。如果使用轻质隔墙或外墙，就可以大大降低房屋自重，节约材料。（3）框架结构的构件较简单，施工便捷且周期较短。

矩形柱框架结构的缺点：（1）由于住宅的房间分割一般都不规整，柱网难以布置；若在分开隔墙相交处设柱，则难以形成规则的框架柱网，若按规则框架要求设柱，则柱与分隔墙相错开，影响平面使用和抗震性能。（2）不论如何布置柱网，都存在由于柱截面大于隔墙厚度而造成柱子的外凸，影响建筑平面和使用。（3）从受力的角度看，框架结构抗侧力性能较差，当为不规则柱网时更为明显，因而往往会难以满足抗侧力的需要。（4）框架的填充墙当采用非承重砌块时，非承重砌块填充墙存在"热、裂、渗、漏"的问题。

1.2.6 异形柱混凝土框架结构

由于在低多层住宅设计中，采用普通矩形柱截面会在室内露出梁柱棱角，影响到房间的美观，也不利于家具布置，因而低多层住宅可根据建筑平面布置，全部或部分采用异形截面柱，可较好地解决上述问题。

钢筋混凝土异形柱框架的边柱为 T 形、中柱为十字形、角柱为 L 形，此外楼梯间处还常出现 Z 形截面柱。异形柱的柱肢截面高度与柱肢宽度比值在 2~4 之间，异形柱框架的填充墙采用粉煤灰砌块及轻质发泡混凝土墙板等，其推广应用具有良好的经济、社会效益。

异形柱框架结构的优点：（1）提高有效面积比。异形柱框架结构由于能够避免采用矩形柱而形成的柱楞，从而使房间的视觉和平面布置得到极大改善，因此受到用户广泛欢迎。该体系的优点是异形柱的肢厚与墙厚相等或稍宽，与一般框架结构相比，这种结构可增加使用面积 5%~10% 左右。（2）房间使用质量高。室内空间整齐，家具摆设容易。（3）由于框架承重，墙体材料可利用粉煤灰等工业废料制作的粉煤灰加气混凝土砌块等，减少污染，净化环境。（4）与砖混结构相比，可获得较大的空间，可用轻质墙体任意分隔、满足住户个性化需求。

异形柱框架结构的不足：（1）异形柱结构要求结构布置须均匀、对称、小柱网。（2）异形柱通常为短柱（楼层净高 H/柱肢截面高度 h ≤ 4），且属薄壁构件，剪切变形占有相当比例，构件变形能力下降。（3）柱肢厚度薄，梁柱节点部位截面较窄，增加了施工难度。（4）异形柱框架的非承重砌块填充墙存在"热、裂、渗、漏"的问题。

异形柱混凝土框架结构设计，宜符合行业标准《混凝土异形柱结构技术规程》JGJ 149—2017[62]的相关规定。

1.2.7 混凝土短肢剪力墙结构

对于低多层住宅，采用一般剪力墙会造成结构刚度过大且结构自重大。为弥补一般剪力墙结构体系在低多层住宅应用时存在的上述缺点，使结构刚度调整到适宜，以剪力墙结构为基础，吸收异形柱框架结构的优点，就形成了短肢剪力墙结构体系。短肢剪力墙的墙肢截面高厚比在5~8之间。低多层住宅可以采用钢筋混凝土短肢剪力墙结构。

混凝土短肢剪力墙结构的优点：（1）结合建筑平面，利用间隔墙位置来布置竖向构件，基本上不与建筑使用功能发生矛盾。（2）墙的数量可多可少，墙肢可长可短，主要视抗侧力的需求而定，还可通过不同的尺寸和布置来调整刚度中心的位置。（3）由于减少剪力墙的量且局部以轻质墙体替代，建筑物的自重减轻，可以减小地震反应和降低工程造价。

混凝土短肢剪力墙结构的不足：（1）短肢剪力墙结构的抗震薄弱部位是建筑平面外边缘的角部墙肢，当有扭转效应时，使其首先开裂。（2）墙肢厚度薄，墙肢与连梁节点部位截面较窄，增加了施工难度。（3）短肢剪力墙结构的非承重砌块填充墙存在"热、裂、渗、漏"的问题。

高层建筑短肢剪力墙设计，应按照行业标准《高层建筑混凝土结构技术规程》JGJ 3—2010[63]的相关规定执行，显见高层建筑短肢剪力墙的设计规定不适于低多层短肢剪力墙结构。目前尚未见有关低多层结构短肢剪力墙设计的技术标准。

1.3 单排配筋剪力墙结构

1.3.1 研究概述

混凝土剪力墙结构具有良好的抗震性能和防火性能，是住宅建筑中最常用的结构形式，剪力墙结构在建筑物中不仅承受着结构的竖向荷载，还承受风荷载、地震作用，同时可以作为围护及房间分隔构件。《混凝土结构设计标准》GB/T 50010—2010（2024年版）、《高层建筑混凝土结构技术规程》JGJ 3—2010和《建筑抗震设计标准》GB/T 50011—2010（2024年版）中所规定的剪力墙结构设计方法，主要指高层建筑双向双排配筋混凝土剪力墙结构。

单排配筋剪力墙是指配置双向单排钢筋的混凝土剪力墙，承受建筑竖向和水平作用[64]。20世纪50年代斯坦福大学对单排配筋剪力墙进行了试验研究[65]，发现单排配筋剪力墙构造简单、受力明确、用钢量小，且具有较高的抗侧刚度、抗震承载力以及耗能能力。单排配筋剪力墙结构在地震设防区域的低层或多层建筑中具有广阔的应用前景。21世纪初，Sittipunt C 等[66]对斜向单排配筋剪力墙的抗震性能进行了研究，结果表明：相比配置正交钢筋网的单排配筋剪力墙，分布钢筋斜向布置可以显著提高剪力墙的滞回耗能能力。Carrillo J 等[67-69]通过低周反复荷载试验以及振动台试验研究了单排配筋剪力墙的抗震性能，分析了剪跨比、开洞率、配筋率以及钢筋分布方式对单排配筋剪力墙抗震性能的影响，结果表明：单排配筋剪力墙抗震性能良好，可满足低多层建筑抗震要求。

笔者团队研发了"墙厚较薄、单排配筋、合理构造、保证抗震、施工方便、造价相对低"

的单排配筋混凝土剪力墙结构，较好地满足了目前低多层住宅剪力墙结构设计需求。这种单排配筋混凝土剪力墙的特点是：墙肢厚度不大于140mm；墙体配筋由原来的双排配筋改为在墙体中部设置单排钢筋，可根据具体情况采取较小的配筋率；墙肢节点构造简单。在低多层住宅结构中采用单排配筋混凝土剪力墙结构，必须考虑墙体配筋构造和设计方法的合理性，必须考虑施工简便和造价经济。笔者研发的单排配筋混凝土剪力墙低多层结构体系，具有以下技术优势：与双排配筋混凝土剪力墙相比，墙体薄、施工简便、造价低；加配斜向钢筋、钢筋暗支撑形成的配置斜向钢筋单排配筋剪力墙以及带钢筋暗支撑单排配筋剪力墙可显著提高其抗震性能和防止基底滑移的能力；EPS保温模块单排配筋混凝土复合剪力墙，其边缘布置异形柱边框，墙体表面采用面层砂浆增强，形成的保温模块单排配筋剪力墙，结构保温一体，施工简便易行，是一种新型抗震节能一体化复合剪力墙；装配式单排配筋剪力墙结构，钢筋不需要套筒连接，构造简单，造价低廉；与低多层砌体结构相比，造价相当的条件下，墙体变薄，且抗震性能显著提升；研发的单排配筋再生混凝土剪力墙，促进了建筑固废混凝土资源化利用，有利于国家"双碳"目标的实施。工程应用表明，研发的低多层单排配筋混凝土剪力墙结构体系工程效果良好，特别是EPS保温模块单排配筋混凝土复合剪力墙结构在村镇建筑中已大量推广应用，引领了村镇建筑抗震节能结构体系的创新与发展。

1.3.2 配置斜向钢筋的单排配筋剪力墙

Ramzi Iliya 和 Vitelmo V.Bertero 对在剪力墙根部加入斜向钢筋防止底部剪切滑移的构造措施进行了试验研究[70]；T.Paulay 等人进行了两片类似构造措施剪力墙的试验研究，表明斜向钢筋可显著减小周期反复荷载作用下剪力墙根部的剪切滑移[71]，并且进行了高频循环荷载下两榀1/4缩尺的7层RC双肢剪力墙的试验研究，提出采用对角线方向交叉配筋可提高剪力墙延性的理论[72-75]。

由于单排配筋剪力墙配筋量较少，轴压比较低，存在底部剪切滑移问题。为了限制基底施工缝处水平剪切滑移和墙体斜向裂缝发展，提高单排配筋剪力墙的抗震耗能能力，笔者提出了配置斜筋的单排配筋剪力墙，如图1.3-1所示。这种单排配筋剪力墙，通过合理设计配置斜筋的角度、分布方式、配筋率等，可以显著减小单排配筋剪力墙的基底滑移，减轻地震损伤，提高抗震性能。

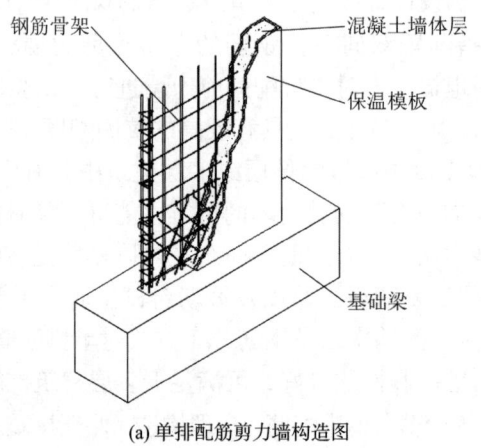

(a) 单排配筋剪力墙构造图

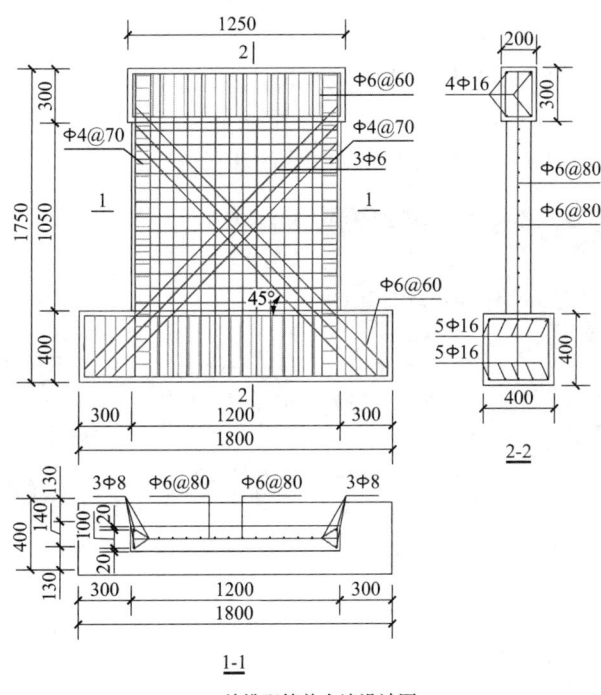

(b) 单排配筋剪力墙设计图

图 1.3-1 配置斜筋的单排配筋剪力墙示意图

1.3.3 保温模块单排配筋剪力墙

保温模块剪力墙结构研究：钱稼茹等[76]、王奇等[77]、孙建超等[78]研发了保温砌模现浇钢筋混凝土网格剪力墙承重体系，进行了抗震性能和设计方法研究，结果表明该体系适用于多层建筑结构保温一体化墙体设计；李珠等[79]、刘元珍等[80]研发了玻化微珠永久性保温墙模复合剪力墙结构体系，进行了试验研究，研究表明保温模块钢筋混凝土剪力墙具有较好的抗震性能。

保温模块单排配筋剪力墙结构研究：笔者团队与哈尔滨鸿盛集团林国海教授合作研发了聚苯模块（EPS 模块）单排配筋混凝土剪力墙结构，即将单排配筋剪力墙结构与工厂标准化及模块化生产的聚苯保温模块（EPS 模块）技术相结合，形成了抗震节能一体化单排配筋剪力墙结构体系，具体做法：将聚苯保温模块经错缝插接拼装成墙体模块，在模块内部置入单排钢筋，浇筑混凝土，模块内外带燕尾槽的表面抹 20mm 厚的砂浆，构成结构保温一体化的单排配筋剪力墙。试验及分析表明，其具有以下技术优势：（1）聚苯保温模块经错缝搭接形成的空腔墙体模块，模块四周的矩形企口保证了模块的可靠拼接。施工阶段空腔墙体模块可充当模板，减少了材料和人工费用，缩短了施工周期。（2）与传统剪力墙相比，复合墙体是由混凝土剪力墙墙体、两侧 60mm 保温模块、两侧壁 20mm 厚面层砂浆组成。（3）墙体角部采用异形暗柱，异形截面暗柱与单排配筋剪力墙等厚、室内不出柱楞，房间美观适用。异形截面暗柱作为单排配筋剪力墙的边缘约束构件，提升了单排配筋剪力墙的抗震性能。（4）保温模块单排配筋混凝土剪力墙可采用再生混凝土，具有建筑垃圾废弃混凝土再生利用的优势。（5）剪力墙采用单排配筋形式，能充分发挥材料作用，具有良好的抗震性能。

EPS 模块单排配筋剪力墙结构施工现场见图 1.3-2（a），竣工后的某 EPS 模块单排配筋剪力墙结构房屋见图 1.3-2（b）。聚苯模块单排配筋剪力墙设计，宜符合行业标准《聚苯模块保温墙体应用技术规程》JGJ/T 420—2017[81]的相关规定。

(a) EPS 模块单排配筋剪力墙结构施工现场　　(b) 某 EPS 模块单排配筋剪力墙结构房屋

图 1.3-2　EPS 模块单排配筋剪力墙结构房屋

1.3.4　装配式单排配筋剪力墙

新型建筑工业化，是以构件预制化生产、装配式施工为生产方式，以标准化设计、工厂化制造、一体化装修、信息化管理为特征，能够整合设计、生产、施工等整个产业链，实现建筑产品节能、环保、全生命周期价值最大化的可持续发展的新型建筑生产方式，国家、地方和业界正在大力推动装配式建筑发展。

装配式混凝土结构是建筑工业化实现的主要方式之一。装配式混凝土结构是指在工厂预制好结构的部分或全部构件，经现场装配或部分现浇构成的一种结构形式。与现浇混凝土结构相比，装配式混凝土结构具有施工质量高、施工速度快、节约资源和能源、低碳环保等优点。国家发布了行业标准《装配式混凝土结构技术规程》JGJ 1—2014[82]。

目前国内所采用的装配式混凝土结构形式主要有装配式混凝土框架结构和装配式混凝土剪力墙结构。装配式剪力墙结构是装配式住宅建筑最常用的结构形式。然而，建筑工业化在低多层村镇建筑的发展非常缓慢。因此，研发低成本、易装配、生态环保的装配式低多层村镇住宅结构体系，是当前建筑市场的重大需求。

笔者团队将装配式建造技术、单排配筋剪力墙结构技术、再生混凝土结构技术相融合，提出"装配式单排配筋再生混凝土剪力墙结构"，其主要特点是采用单排配筋再生混凝土预制剪力墙，带墩头的单排竖向分布钢筋伸出预制剪力墙顶面，在墙体底部的竖向分布钢筋之间预留圆孔，圆孔周围设置由水平钢筋与箍筋组成的钢筋笼。装配施工时，吊装上层墙体，将下层墙体伸出的带墩头分布钢筋伸入上层墙体底部的预留孔中，向孔内灌注高强灌浆料，灌浆料充满预留孔以及 20mm 坐浆层，通过钢筋锚固实现上下层墙体的连接。不同于现浇混凝土结构中的钢筋绑扎搭接、焊接或预制混凝土结构中的钢筋套筒连接等方式，装配式单排配筋混凝土剪力墙上下层墙体的竖向分布钢筋并不接触，二者有一定间距，设计成间接搭接。采用墩头钢筋-钢筋笼构造，显著提升了单排配筋再生混凝土剪力墙预留孔-灌浆锚固连接性能，具有连接构造简单、易于施工、成本较低的技术特征。曹万林、刘程炜等[83-85]进行了装配式单排配筋剪力墙抗震性能试验，表明其抗震性能良好。采用墩头钢筋-钢筋笼构造强化预留孔-灌浆锚固连接的装配式单排配筋剪力墙上下墙体连接构造见图1.3-3。

笔者主编的北京市地方标准《多层建筑单排配筋混凝土剪力墙结构技术规程》DB11/T 1507—2017[86]，包含了装配式单排配筋剪力墙结构相关技术规定。

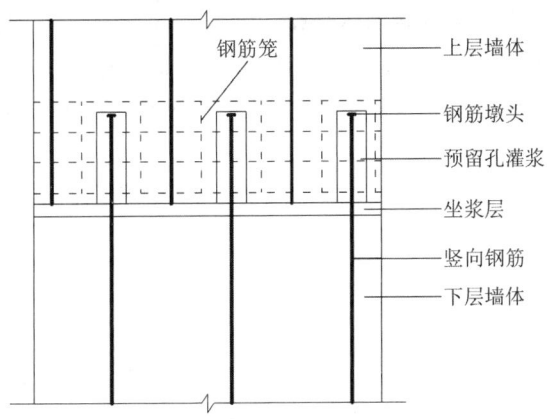

图1.3-3 装配式单排配筋剪力墙上下墙体连接构造

1.4 本书主要研究工作

笔者团队研发了单排配筋混凝土剪力墙结构体系，较系统地开展了单排配筋剪力墙构件及结构的试验研究、理论分析、设计研究和工程实践。主要研究工作：

（1）试验研究：24个无洞口单排配筋剪力墙、2个带门窗洞口单排配筋剪力墙、12个异形截面单排配筋剪力墙、9个配置斜向钢筋单排配筋剪力墙、16个带钢筋暗支撑单排配筋剪力墙、6个保温模块单排配筋剪力墙、26个装配式单排配筋剪力墙、7个四层带暗支撑双肢剪力墙共102个单排配筋剪力墙试件低周反复荷载下抗震性能试验研究；10个连梁与单排配筋剪力墙墙肢节点低周反复荷载下抗震性能试验研究；1个1层单排配筋剪力墙结构楼板与墙板共同工作性能试验研究；1个3层单排配筋剪力墙结构模型低周反复荷载下抗震性能试验研究；3个配置斜向钢筋单排配筋低矮剪力墙、4个配置斜向钢筋单排配筋中高剪力墙、2个L形截面单排配筋剪力墙和1个4层单排配筋剪力墙结构模型振动台试验研究；4个单排配筋混凝土墙板热工性能、12个单排配筋墙板耐火性能试验研究。

（2）理论与设计研究：基于较系统的试验研究，提出了承载力计算模型和公式；建立了有限元模型，进行了数值模拟，优化了构造设计；提出了抗震设计方法与构造措施；提出了结构施工及质量验收要求；主编了北京市地方标准《多层建筑单排配筋混凝土剪力墙结构技术规程》DB11/T 1507—2017，为工程设计提供了技术支持。

笔者研发的单排配筋混凝土剪力墙结构的混凝土，可采用普通混凝土，也可采用再生混凝土。笔者对再生混凝土材料和再生混凝土结构进行了较系统的研究，出版了专著《再生混凝土结构》[87]，并主编了行业标准《再生混凝土结构技术标准》JGJ/T 443—2018[88]，为单排配筋再生混凝土剪力墙结构的设计、施工及质量验收提供了一种思路。

1.5 本章小结

概述了适于低多层住宅建筑的砌体结构、冷弯薄壁型钢结构、轻钢轻混凝土结构、轻钢组合结构、矩形柱混凝土框架结构、异形柱混凝土框架结构、混凝土短肢剪力墙结构、单排配筋剪力墙结构，阐明了单排配筋剪力墙结构的技术优势，简述了本书的主要研究工作。

参 考 文 献

[1] 清华大学土木工程结构专家组，西南交通大学土木工程结构专家组，北京交通大学土木工程结构专家组，等. 汶川地震建筑震害分析[J]. 建筑结构学报, 2008(4): 1-9.

[2] 李英民，韩军，刘立平，等. "5·12"汶川地震砌体结构房屋震害调查与分析[J]. 西安建筑科技大学学报（自然科学版), 2009, 41(5): 606-611.

[3] 李钢，刘晓宇，李宏男. 汶川地震村镇建筑结构震害调查与分析[J]. 大连理工大学学报, 2009, 49(5): 724-730.

[4] 娄宇，叶正强，胡孔国，等. 四川汶川5.12地震房屋震害分析及抗震对策建议[J]. 建筑结构, 2008(8): 1-7.

[5] 孙柏涛，张桂欣. 汶川8.0级地震中各类建筑结构地震易损性统计分析[J]. 土木工程学报, 2012, 45(5): 26-30.

[6] 彭亮，马兴华，金家琼，等. "4·14"玉树地震断裂带对震后地质灾害影响作用分析[J]. 自然灾害学报, 2014, 23(5): 78-83.

[7] 王成. 玉树"4·14"地震建筑结构震害调查与分析[J]. 建筑结构, 2010, 40(8): 106-109.

[8] 徐超，陈波，李小军，等. 芦山 M_S7.0地震建筑结构震害特征[J]. 地震学报, 2013, 35(5): 749-758+2.

[9] 熊立红，兰日清，王玉梅，等. 芦山7.0级强烈地震建筑结构震害调查[J]. 地震工程与工程振动, 2013, 33(4): 35-43.

[10] 谢贤鑫，潘毅，寇创琦，等. 泸定6.8级地震学校建筑典型震害调查与分析[J]. 地震工程与工程振动, 2022, 42(6): 12-24.

[11] 潘毅，袁家聪，林拥军，等. 泸定6.8级地震农村居住建筑震害调查与分析[J]. 防灾减灾工程学报, 2023, 43(6): 1200-1214.

[12] 赵仕兴，杨姝姮，唐元旭，等. 四川泸定6.8级地震震中区域建筑震害考察与思考[J]. 建筑结构, 2023, 53(7): 1-8.

[13] 杨伟军，施楚贤，胡庆国. 配筋砌块砌体剪力墙的研究和应用[J]. 工业建筑, 2002(9): 64-66.

[14] 王汉东，王墨耕. 配筋砌块砌体剪力墙配筋方法的商讨[J]. 建筑砌块与砌块建筑, 2005(5): 10-12.

[15] 苑振芳，刘斌. 配筋混凝土砌块砌体剪力墙建筑结构设计要点[J]. 建筑砌块与砌块建筑, 2002(1): 11-15.

[16] 刘占科，靳璐君，周绪红，等. 钢构件整体稳定直接分析法研究现状及展望[J]. 建筑结构学报, 2021,

42(8): 1-12.

[17] 向弋, ZABIHULLAH, 石宇, 等. 冷弯薄壁 G 形截面柱轴压承载力研究[J]. 钢结构 (中英文), 2020, 35(5): 1-9.

[18] POST B. Fastener spacing study of cold-formed steel wall studs using finite strip and finite element methods [R]. Washington DC: Johns Hopkins University, 2012.

[19] YE J H, FENG R Q, CHEN W. Behavior of cold-formed steel wall stud with sheathing subjected to compression [J]. Journal of Constructional Steel Research, 2016, 11 (6): 79-91.

[20] 沈祖炎, 刘飞, 李元齐. 高强超薄壁冷弯型钢低层住宅抗震设计方法[J]. 建筑结构学报, 2013, 34(1): 44-51.

[21] 李元齐, 马荣奎. 冷弯薄壁型钢龙骨式剪力墙抗震性能简化及精细化数值模拟研究[J]. 建筑钢结构进展, 2017, 19(6): 25-34.

[22] 李元齐, 刘飞, 沈祖炎, 等. S350 冷弯薄壁型钢龙骨式复合墙体抗震性能试验研究[J]. 土木工程学报, 2012, 45(12): 83-90.

[23] LI Y Q, SHEN Z Y, YAO X Y, et al. Experimental investigation and design method research on low-rise cold-formed thin-walled steel framing buildings [J]. Journal of Structural Engineering, ASCE, 2013, 139(5): 818-836.

[24] 石宇, 周绪红, 管宇, 等. 冷弯薄壁型钢屋架受力性能及杆件计算长度研究[J]. 建筑结构学报, 2019, 40(11): 81-89.

[25] 管宇, 周绪红, 石宇, 等. 轻钢组合楼盖面内刚度和承载力计算方法研究[J]. 湖南大学学报 (自然科学版), 2019, 46(9): 31-43.

[26] 姜健, 蔡文玉, 陈伟, 等. 基于分条壳单元模拟带压型钢板组合楼板抗火性能[J]. 建筑结构学报, 2019, 40(S1): 31-40.

[27] CHEN Z T, LU W D, BAO Y W, et al. Numerical investigation of connection performance of timber-concrete composite slabs with inclined self-tapping screws under high temperature[J]. Journal of Renewable Materials, 2022, 10(1): 89-104.

[28] CELIS-IMBAJOA E I, PAREDES J A, Bedoya-Ruiz D. Experimental and analytical study at maximum load of composite slabs with and without conventional reinforcement, applying the serial/parallel mixing theory and FEM[J]. Engineering Structures, 2021, 243: 112700.

[29] LIU T S, ZHOU Q L, TAO M X. Stiffness amplification coefficient for composite frame beams considering slab spatial composite effect[J]. Composite Structures, 2021, 270: 114105.

[30] 周绪红, 邹昱瑄, 徐磊, 等. 冷弯薄壁型钢-钢板剪力墙抗震性能试验研究[J]. 建筑结构学报, 2020, 41(5): 65-75.

[31] 石宇, 曾乐, 向弋, 等. 新型冷弯薄壁型钢板剪力墙抗侧性能试验研究[J]. 建筑钢结构进展, 2021, 23(7): 21-30.

[32] 叶露, 王宇航, 石宇, 等. 冷弯薄壁型钢框架-开缝钢板剪力墙力学性能研究[J]. 工程力学, 2020, 37(11): 156-166.

[33] 周绪红, 姚欣梅, 石宇, 等. 6 层足尺冷弯薄壁型钢钢板剪力墙结构房屋抗震性能振动台试验研究[J]. 土木与环境工程学报 (中英文), 2020, 42(4): 203-204.

[34] 叶继红. 多层轻钢房屋建筑结构——轻钢龙骨式复合剪力墙结构体系研究进展[J]. 哈尔滨工业大学学报, 2016, 48(6): 1-9.

[35] YE J H, WANG X X, ZHAO M Y. Experimental study of shear behavior of screw connections in CFS

sheathing[J]. Journal of Constructional Steel Research, 2016, 121: 1-12.

[36] WANG X X, YE J H. Cyclic testing of two-and three-story cold-formed steel (CFS) shear walls with reinforced end studs[J]. Journal of Constructional Steel Research, 2016, 121: 13-28.

[37] 叶继红, 江力强. 装配式多层冷成型钢复合剪力墙结构分层次振动台试验研究[J]. 建筑结构学报, 2020, 41(7): 63-73+181.

[38] 住房和城乡建设部. 低层冷弯薄壁型钢房屋建筑技术规程: JGJ 227—2011[S]. 北京: 中国建筑工业出版社, 2011.

[39] 住房和城乡建设部. 冷弯薄壁型钢多层住宅技术标准: JGJ/T 421—2018[S]. 北京: 中国建筑工业出版社, 2018.

[40] 黄强, 李东彬, 王建军, 等. 轻钢轻混凝土结构体系研究与开发[J]. 建筑结构学报, 2016, 37(4): 1-9.

[41] 李婧. 泡沫混凝土密度与抗压强度试验研究[J]. 建筑结构, 2021, 51(S1): 1327-1331.

[42] 罗立胜, 陈万祥, 郭志昆, 等. 混杂纤维轻骨料混凝土研究现状[J]. 混凝土, 2021(1): 98-101+106.

[43] 崔成臣, 黄强, 李东彬, 等. 轻钢与 EPS 混凝土的黏结滑移性能试验研究[J]. 建筑材料学报, 2016, 19(3): 578-583.

[44] SARADHI BABU D, GANESH BABU K, WEE T H. Properties of lightweight expanded polystyrene aggregate concretes containing fly ash[J]. Cement and Concrete Research, 2005, 35(6): 1218-1223.

[45] SADRMOMTAZI A, SOBHANI J, MIRGOZAR M A, et al. Properties of multi-strength grade EPS concrete containing silica fume and rice husk ash[J]. Construction and Building Materials, 2012, 35: 211-219.

[46] BOUVARD D, CHAIX J M, DENDIEVEL R, et al. Characterization and simulation of microstructure and properties of EPS lightweight concrete[J]. Cement and Concrete Research, 2007, 37(12): 1666-1673.

[47] 崔成臣, 黄强, 李东彬, 等. 异形截面轻钢 EPS 混凝土剪力墙抗震性能试验研究[J]. 建筑科学, 2016, 32(3): 40-45.

[48] 李东彬, 黄强, 李红超, 等. 轻混凝土强度对轻钢聚苯颗粒混凝土墙体抗震性能影响的试验研究[J]. 建筑科学, 2019, 35(9): 60-65.

[49] 黄强, 李东彬, 权淳日, 等. 剪跨比对轻钢聚苯颗粒混凝土墙体抗震性能影响的试验研究[J]. 建筑科学, 2019, 35(7): 1-7.

[50] 黄强, 李东彬, 邵弘, 等. 轻钢轻混凝土结构多层足尺模型抗震性能试验研究[J]. 建筑结构学报, 2016, 37(4): 10-17.

[51] 住房和城乡建设部. 轻钢轻混凝土结构技术规程: JGJ 383—2016[S]. 北京: 中国建筑工业出版社, 2016.

[52] 曹万林, 杨兆源, 赵士永. 装配式高性能轻钢框架梁柱节点抗震性能试验[J]. 建筑结构, 2022, 52(23): 46-55+45.

[53] BIAN J L, CAO W L, ZHANG Z M, et al. Cyclic loading tests of thin-walled square steel tube beam-column joint with different joint details[J]. Structures, 2020, 25: 386-397.

[54] 边瑾靓, 曹万林, 张宗敏, 等. 不同构造对装配式钢管再生混凝土框架节点抗震性能的影响研究[J]. 建筑结构, 2021, 51(5): 67-74+60.

[55] 曹万林, 刘子斌, 刘岩, 等. 装配式 H 型钢柱框架-复合墙结构抗震性能试验研究[J]. 地震工程与工程振动, 2019, 39(1): 213-221.

[56] 曹万林, 刘子斌, 刘岩, 等. 装配式轻型钢管混凝土框架-复合墙共同工作性能试验研究[J]. 建筑结构学报, 2019, 40(8): 12-22.

[57] 刘文超, 曹万林, 张克胜, 等. 装配式轻钢框架-复合轻墙结构抗震性能试验研究[J]. 建筑结构学报, 2020, 41(10): 20-29.

[58] CAO W L, WANG R W, YIN F, et al. Seismic performance of a steel frame assembled with a CFST-bordered composite wall structure[J]. Engineering Structures, 2020, 219: 110853.

[59] 张宗敏, 董宏英, 曹万林, 等. 装配式方钢管混凝土柱框架-条板复合墙结构足尺振动台试验研究[J]. 建筑结构学报, 2021, 42(10): 25-34.

[60] 张宗敏, 曹万林, 王如伟, 等. 装配式钢框架-带肋薄墙板结构振动台试验[J]. 哈尔滨工业大学学报, 2020, 52(10): 10-18.

[61] 中国工程建设标准化协会. 装配式低层住宅轻钢组合结构技术规程: T/CECS 1060—2022[S]. 北京: 中国建筑工业出版社, 2022.

[62] 住房和城乡建设部. 混凝土异形柱结构技术规程: JGJ 149—2017[S]. 北京: 中国建筑工业出版社, 2017.

[63] 住房和城乡建设部. 高层建筑混凝土结构技术规程: JGJ 3—2010[S]. 北京: 中国建筑工业出版社, 2011.

[64] 张建伟, 杨兴民, 曹万林, 等. 单排配筋剪力墙结构抗震性能及设计研究[J]. 世界地震工程, 2009, 25(1): 77-81.

[65] BENJAMIN J R, WILLIAMS H A. The behavior of one-storey reinforced concrete shear walls[J]. Journal of the Structural Division, 1957, 1254: 9-49.

[66] SITTIPUNT C, WOOD S L, LUKKUNAPRASIT P, et al. Cyclic behavior of reinforced concrete structural walls with diagonal web reinforcement[J]. ACI Structural Journal, 2001, 98(4): 554-562.

[67] CARRILLO J, LIZARAZO J M, BONETT R. Effect of lightweight and low-strength concrete on seismic performance of thin lightly-reinforced shear walls[J]. Engineering Structures, 2015, 93: 61-69.

[68] CARRILLO J, ALCOCER S M. Seismic performance of concrete walls for housing subjected to shaking table excitations[J]. Engineering Structures, 2012, 41(3): 98-107.

[69] CARRILLO J, ALCOCER S M. Shaking table tests of low-rise concrete walls for housing[C]// World Conference on Earthquake Engineering, 14WCEE. 2008.

[70] ILIYA R, BERTERO V V. Effects of amount and arrangement of wall-panel reinforcement on hysteretic behavior of reinforced concrete walls[R]. Earthquake Engineering Research Center, University of California, Berkeley, 1980, 2: 10-25.

[71] PAULAY T, PRIESTLEY M J N, SYNGE A J. Ductility in earthquake resisting squat shear walls [J]. Journal Proceedings. ACI, 1982, 79(4): 257-269.

[72] PAULAY T. Coupling beams of reinforced concrete shear walls[J]. Journal of the Structural Division, 1971, 97(3): 843-862.

[73] PAULAY T, SANTHAKUMAR A R. Ductile behavior of shear walls subjected to reversed cyclic loading[C]//6th World Conference on Earthquake. London, 1987: 93-102.

[74] PAULAY T, SANTHAKUMAR A R. Ductile behavior of coupled shear walls[J]. Journal of the Structural Division, ASCE, 1976, 102(1): 93-108.

[75] PAULAY T. The design of ductile reinforced concrete structural walls for earthquake resistance[J]. Earthquake Spectra, 1986, 2(44): 783-823.

[76] 钱稼茹. 保温砌模现浇网格墙建筑结构设计方法[J]. 建筑技术, 2008(1): 17-23.

[77] 王奇, 钱稼茹, 马宝民, 等. 保温砌模混凝土网格墙抗震性能试验研究[J]. 建筑结构学报, 2004(4): 15-25.

[78] 孙建超, 钱稼茹, 方鄂华, 等. 小剪跨比保温砌模混凝土墙抗震性能试验研究[J]. 建筑结构学报, 2002(2): 19-26.

[79] 李珠, 张俊琦, 刘元珍. 玻化微珠保温墙模剪力墙轴心受压承载力试验研究[J]. 建筑科学, 2012, 28(1): 26-28+32.

[80] 刘元珍, 李珠. 保温墙模复合剪力墙试验研究[J]. 太原理工大学学报, 2008(2): 167-170.

[81] 住房和城乡建设部. 聚苯模块保温墙体应用技术规程: JGJ/T 420—2017[S]. 北京: 中国建筑工业出版社, 2017.

[82] 住房和城乡建设部. 装配式混凝土结构技术规程: JGJ 1—2014[S]. 北京: 中国建筑工业出版社, 2014.

[83] 曹万林, 秦成杰, 董宏英, 等. 装配式单排配筋再生混凝土中高剪力墙抗震性能研究[J]. 地震工程与工程振动, 2018, 38(1): 108-116.

[84] 刘程炜, 曹万林, 董宏英, 等. 半装配式再生混凝土低矮剪力墙抗震性能试验[J]. 哈尔滨工业大学学报, 2017, 49(6): 35-39.

[85] 刘程炜, 曹万林, 董宏英, 等. 低轴压比半装配式单排配筋再生混凝土剪力墙抗震性能试验研究[J]. 建筑结构学报, 2017, 38(6): 23-33.

[86] 北京市住房和城乡建设委员会. 多层建筑单排配筋混凝土剪力墙结构技术规程: DB11/T 1507—2017[S]. 2018.

[87] 曹万林, 张建伟, 董宏英. 再生混凝土结构[M]. 北京: 科学出版社, 2023.

[88] 住房和城乡建设部. 再生混凝土结构技术标准: JGJ/T 443—2018[S]. 北京: 中国建筑工业出版社, 2018.

第 2 章
剪力墙抗震试验及分析方法概述

2.1 低周反复荷载试验

本书介绍的单排配筋混凝土剪力墙抗震性能试验采用的是低周反复荷载试验。低周反复荷载试验，是指对结构或结构构件施加多次往复循环作用的静力试验，是使结构或结构构件在正反两个方向重复加载和卸载的过程，用以模拟地震时结构在往复振动中的受力特点和变形特点。这种方法是用静力方法求得结构振动时的效果，因此也称为拟静力试验或伪静力试验，进行结构低周反复试验的主要目的，是建立结构在地震作用下的恢复力特性，确定结构构件恢复力的计算模型，通过试验所得的滞回曲线和滞回曲线所包围的面积衡量结构的耗能能力，同时还可得到骨架曲线、结构的初始刚度及刚度退化等参数。可以从强度、变形和能量三个方面判断和鉴定结构的抗震性能，并结合对结构构件破坏机理的分析，提出改进的抗震设计方法及构造措施。

2.1.1 试件设计

在单排配筋混凝土剪力墙抗震性能试验中，试件设计以国内外现行的相关标准、规范、研究作为参考，但在单排配筋剪力墙结构构造、材料选用、施工方式等方面有其独特性。

2.1.2 加载装置与数据采集

单排配筋混凝土剪力墙低周反复荷载下抗震性能试验的加载装置示意图如图 2.1-1 所示。加载装置包括反力墙、反力梁、门式刚架、滚轴系统、水平及竖向千斤顶、液压控制系统，基础通过地锚螺栓与试验台座锚固。部分试件的加载现场照片如图 2.1-2 所示。采用实时数据采集系统进行荷载、位移、应变等数据采集，人工观测并描绘裂缝，记录裂缝出现和发展过程。

试验加载过程中，首先通过竖向千斤顶对试件施加竖向轴力并达到预定的轴压比，在试验过程中保持其施加的竖向荷载不变；之后，用水平千斤顶分级施加水平荷载，水平加载点的高度与加载梁中心高度一致；水平低周反复荷载采用荷载-位移联合控制加载，屈服前以荷载和位移联合控制为主，屈服后以位移控制为主，加载制度示意图如图 2.1-3 所示。通常当试件不能维持施加的竖向轴力时或水平承载力下降到最大承载力的 85%及以下时，认为试件破坏并停止加载。

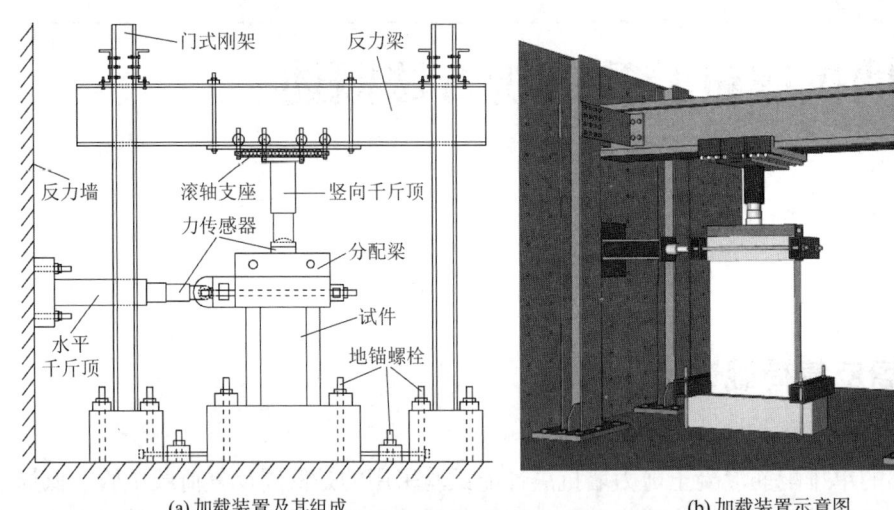

(a) 加载装置及其组成　　　　　　　(b) 加载装置示意图

图 2.1-1　加载装置示意图

(a) 低矮剪力墙　　　　　　(b) 中高剪力墙　　　　　　(c) 3 层剪力墙结构

图 2.1-2　加载现场照片

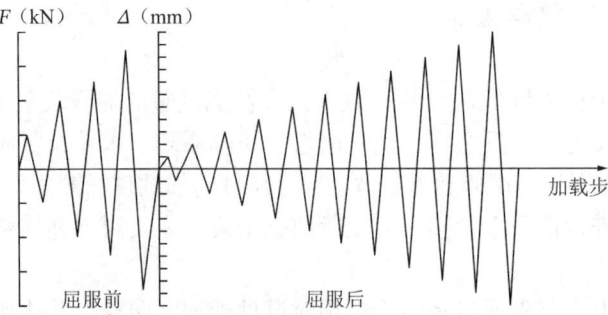

图 2.1-3　加载制度示意图

2.1.3 试验数据处理

1. 开裂点

试件开裂点的确定。在试验加载初期，根据理论分析对试件预估较早开裂的部位重点观测，记录试件混凝土墙体表面裂缝的开展情况。当发现第 1 条裂缝时，应关注此时荷载-位移骨架曲线上刚度的变化；当发现荷载-位移骨架曲线上刚度明显变化时，应仔细观测并找到试件上的裂缝。试件出现裂缝时的荷载和位移即为开裂荷载和开裂位移，相应荷载-位移骨架曲线上的点定义为开裂点。

2. 屈服点

当荷载-位移骨架曲线上有明显的屈服点时，可以由骨架曲线直接确定屈服点；当荷载-位移骨架曲线上没有明显的屈服点时，需要用近似的方法确定屈服点。常用的方法有取受拉区主筋达到屈服应变时的位移作为屈服位移从而定义屈服点的方法、通用屈服弯矩法、破坏荷载法、能量等值法、R.Park 法等。以下具体介绍三种常用的屈服点确定方法（图 2.1-4）。

（1）通用屈服弯矩法。从原点作直线 *OA* 与试件的荷载-位移骨架曲线初始相切，也可按照弹性理论计算来确定初始刚度，与过荷载-位移骨架曲线极限荷载点 *G* 点的水平线交于 *A* 点；作垂线 *AB* 与荷载-位移骨架曲线交于 *B* 点，连接 *OB* 并延伸后与过 *G* 点的水平线交于 *C* 点；从 *C* 点作垂线与荷载-位移骨架曲线相交得 *Y* 点，*Y* 点对应的纵坐标值为屈服荷载，对应的横坐标值为屈服位移，*Y* 点为屈服点。通用屈服弯矩法如图 2.1-4（a）所示。

（2）破坏荷载法。假定试件的荷载-位移骨架曲线为理想弹塑性曲线，从原点作直线 *OA* 与荷载-位移骨架曲线初始相切，也可按照弹性理论计算来确定初始刚度，与过荷载-位移骨架曲线极限荷载点 *G* 点的水平线交于 *A* 点；从 *A* 点作垂线 *AY* 与荷载-位移骨架曲线交于 *Y* 点，*Y* 点对应的纵坐标值为屈服荷载，对应的横坐标值为屈服位移，*Y* 点为屈服点。破坏荷载法如图 2.1-4（b）所示。

（3）能量等值法。作折线 *OA-AG* 替代试件原来的荷载-位移骨架曲线，需满足的条件是图示两个填充图形的面积相等；从 *A* 点作垂线 *AY* 与荷载-位移骨架曲线交于 *Y* 点，*Y* 点为屈服点，其对应的纵坐标值为屈服荷载，对应的横坐标值为屈服位移。能量等值法如图 2.1-4（c）所示。

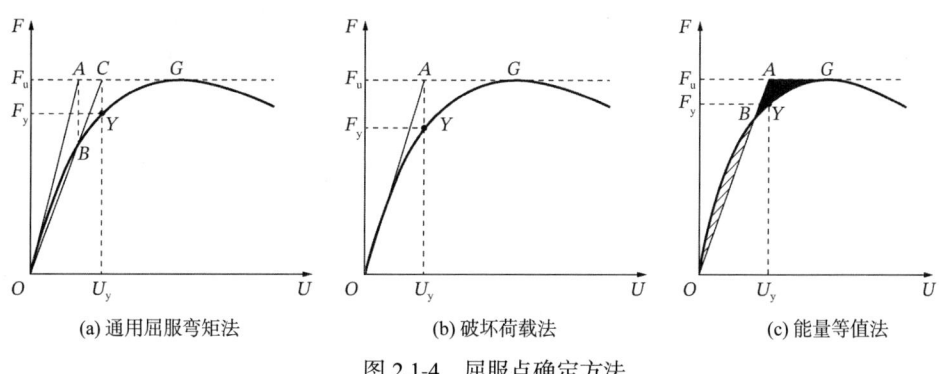

图 2.1-4　屈服点确定方法

以上确定屈服点的方法都是为了满足试件非线性计算分析的荷载-位移骨架曲线模型

化的需要，通过屈服点的确定将曲线形的骨架曲线用折线来代替，使非线性计算得到简化。

能量等值法能将试件的荷载-位移骨架曲线模型化，且计算中反映了试件的耗能性能，故与实际比较接近。本书中试件的荷载-位移骨架曲线的屈服点和计算模型主要采用能量等值法确定。

3. 最大弹塑性位移点

取荷载-位移骨架曲线上荷载下降到最大荷载的 0.85 倍时对应点的位移点作为最大弹塑性位移点，相应的弹塑性位移为最大弹塑性位移。当荷载-位移骨架曲线上没有下降到最大荷载 0.85 倍的点时，取试件最终破坏时骨架曲线上的点作为最大弹塑性位移点，相应的弹塑性位移为最大弹塑性位移，又称极限位移。

4. 刚度

试件的刚度可用割线刚度来表示，割线刚度 K_i 应按下式计算：

$$K_i = \frac{|+F_i| + |-F_i|}{|+X_i| + |-X_i|} \tag{2.1-1}$$

式中：$+F_i$、$-F_i$——第 i 次循环正、反方向峰值点的荷载值；
$\quad\quad +X_i$、$-X_i$——第 i 次循环正、反方向峰值点的位移值。

5. 耗能

试件的能量耗散能力，可以用荷载-位移骨架曲线所包围的面积作为耗能代表值简化计算，也可以用各圈荷载-位移滞回曲线所包围的面积来衡量，耗能指标计算示意图如图 2.1-5 所示，通常用能量耗散系数 E 或等效黏滞阻尼系数 ζ_{eq} 来评价。分别按下式计算：

$$E = \frac{S_{(ABC+CDA)}}{S_{(OBE+ODF)}} \tag{2.1-2}$$

$$\zeta_{eq} = \frac{1}{2\pi} \frac{S_{(ABC+CDA)}}{S_{(OBE+ODF)}} \tag{2.1-3}$$

式中：$S_{(ABC+CDA)}$——滞回曲线包络线所包围的面积；
$\quad\quad S_{(OBE+ODF)}$——两三角形面积之和。

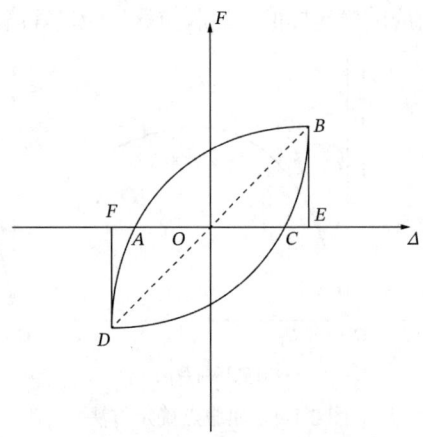

图 2.1-5 耗能指标计算示意图

2.2 模拟地震振动台试验

本书 9 个单排配筋混凝土剪力墙试件、1 个 4 层单排配筋剪力墙结构的抗震试验采用了模拟地震振动台试验。结构的模拟地震振动台试验，是将结构模型试件安装在振动台的刚性台面上，通过台面按照预定的加载时程运动，给试件施加地震作用。模拟地震振动台可以再现结构的地震反应过程。模拟地震振动台试验主要用于以下研究：结构的动力特性及结构性能退化过程；结构地震破坏模式和机理，评价结构的抗震能力；结构的地震反应，检验结构抗震分析方法的实用性；发现结构的薄弱楼层和薄弱部位，为采取有效抗震措施提供依据；验证新型构造结构的抗震可靠性及分析模型的实用性；新型结构的抗震特点与地震反应规律，为建立抗震设计理论提供依据。

目前，模拟地震振动台试验主要用于结构整体模型的抗震试验，试验费用相对较高。然而，试验表明，造成结构破坏的关键因素是结构的薄弱层和薄弱部位，结构抗震构造是保证结构延性的重要措施。限于振动台台面尺寸、台面承载能力和激振能力，同时考虑试验费用，难以开展一系列多个对关键构件改变设计参数或采用新型构造的结构整体的模拟地震振动台试验。

笔者发明了用于柱、剪力墙、平面框架、平面框架-剪力墙的振动台试验附加装置，为单排配筋混凝土剪力墙振动台试验提供了新型装置。笔者已利用该装置进行了系列组合剪力墙、平面框架、平面框架-剪力墙结构的振动台试验。该振动台试验附加装置照片见图 2.2-1。

图 2.2-1　振动台试验附加装置照片

该振动台试验附加装置固定在振动台台面上，试件的加载梁与荷重槽下的夹件槽采用螺栓连接，试件的基础与振动台台面也采用螺栓连接。该振动台试验附加装置由以下部件组成：（1）1 个钢制荷重槽（荷重槽内可根据需要放入荷重块）。（2）1 个焊接在荷重槽下面与试件螺栓连接后可传递竖向荷载与水平地震作用的夹件槽。（3）4 个置于振动台台面与荷重槽之间起支撑作用并防止试件平面外倾倒的钢制支杆，钢制支杆端部设有具有调节高度功能的可调节螺杆系统，即 4 个钢制支杆的上端焊接方钢板，该方钢板上对称设置 4 个螺栓孔，穿过该方钢板螺栓孔的 4 根螺杆在方钢板上下用螺母拧紧，同时这 4 根螺杆的上端穿过荷重槽的底板并在荷重槽底板上下用螺母拧紧。(4) 4 个钢制支杆与振动台台面的固定件系统,其 4 个钢制支杆的下端通过螺栓与台面固定件系统的矩形钢管连接。

该振动台试验附加装置,4 个钢制支杆系统在振动台激振方向的抗侧力刚度与试件抗侧力刚度的比值小于 5%,故试验中可忽略钢制支杆系统对试件地震时程反应的影响。

本书 L 形截面单排配筋剪力墙、4 层单排配筋剪力墙结构的振动台试验是采用北京工业大学结构实验室模拟地震振动台试验系统完成的,振动台台面尺寸为 3m×3m,台面自重为 6t,最大倾覆力矩为 30kN·m,最大位移为±127mm,频率范围为 0.1~50Hz。其中,单排配筋混凝土剪力墙试件的振动台试验需要振动台试验附加装置,4 层单排配筋剪力墙结构振动台试验不需要振动台试验附加装置。

2.3 数值模拟

本书介绍的单排配筋混凝土剪力墙结构体系的弹塑性有限元分析,主要利用 ABAQUS 有限元软件进行计算分析。有限元分析的合理建模是关键。建立符合单排配筋剪力墙构造特点的有限元计算模型,需要合理确定钢材及混凝土的本构关系模型,合理选取混凝土、钢筋等单元类型,合理划分单元网格,建立符合构造特点的不同类型单排配筋混凝土剪力墙的界面模型,并确定有限元求解算法。

ABAQUS 有限元分析的一个完整过程通常由前处理、模拟计算、后处理 3 个步骤组成,其过程包括创建部件、赋予部件特性、装配部件、设置分析步、定义部件间相互作用、施加荷载及约束、划分网格、提交作业及可视化。

2.3.1 材料模型

材料的本构关系是工程结构材料的物理关系,是其内部微观力学作用的宏观力学行为表现,是结构受力过程中材料力和变形关系的数学表达,是结构强度和变形计算中的重要依据。

钢材一般采用 ABAQUS 软件中提供的等向弹塑性模型,这种模型多用于模拟金属材料的弹塑性性能。通过连接给定数据点的一系列直线来平滑地逼近金属材料的应力-应变关系。该模型采用任意多个点来逼近实际的材料力学行为,塑性数据将材料的真实屈服应力定义为真实塑性应变的函数。钢材模型服从相关流动法则,其在多轴应力状态下满足米泽斯屈服准则。

混凝土是一种复合的多相材料,内部结构非常复杂。在结构分析中往往把混凝土看成均匀的各向同性材料,以便进行宏观的受力分析。混凝土本构关系模型是混凝土构件强度计算、内力分析、结构延性计算和进行有限元分析的基础。

ABAQUS 软件中提供了多种可以用来描述混凝土的本构关系模型,主要包括混凝土损伤塑性模型、弥散裂纹模型及脆性破裂模型,本书介绍有限元分析中主要采用混凝土损伤塑性模型。

2.3.2 单元选取

混凝土采用 8 节点六面体线性减缩积分格式的三维实体单元 C3D8R。钢筋部件采用 2 节点线性桁架单元 T3D2，这种单元只能承受轴向拉、压荷载。

2.3.3 网格划分

网格划分的密度对有限元计算非常重要，如果网格过于粗糙，结果可能包含严重的错误；如果网格过于细致，将花费过多的计算时间，浪费计算机资源，因此在模型生成时应结合网格试验确定合理的网格密度。

ABAQUS 软件提供了 3 种网格划分技术，即结构化网格、扫掠网格、自由网格。结构化网格将一些标准的网格模式应用于一些形状简单的几何区域。扫掠网格对于二维区域，首先在边上生成网格，然后沿扫掠路径拉伸，得到二维网格；对于三维区域，首先在面上生成网格，然后沿扫掠路径拉伸，得到三维网格。扫掠网格也只适用于某些特定的几何区域。自由网格是十分灵活的网格划分技术，可以用于大多数几何形状。自由网格一般适用于 Tri 单元（二维区域）和 Tet 单元（三维区域），一般应选择带内部节点的二次单元来保证精度。结构化网格和扫掠网格一般适用于 Quad 单元（二维区域）和 Hex 单元（三维区域），分析精度相对较高，因此在划分网格时应尽可能优先选用这两种划分技术。

本书研究的单排配筋剪力墙的部件几何形状较为规则，故采用结构化网格划分技术，即先将结构的每一个组成部分通过切割形成规则的形状，再通过布置"种子"来控制网格划分的密度；之后设置单元类型，由 ABAQUS 软件生成相应的单元网格。

2.3.4 定义装配件

对于现浇单排配筋混凝土剪力墙，加载梁与墙体、墙体与基础的接触面采用绑定（Tie）进行连接，忽略钢筋与混凝土之间的粘结滑移，将钢筋合并嵌入（Embedded）混凝土中，使二者共同作用。

对于全装配式单排配筋混凝土剪力墙试件，加载梁与腹板和翼缘之间、腹板与暗柱之间、翼缘的两边与暗柱之间均采用绑定（Tie）进行连接，作为一个整体，上部剪力墙与基础梁之间的结合界面通过定义接触关系（Surface-to-Surface Contact）进行模拟；对于半装配式单排配筋混凝土剪力墙试件，加载梁与翼缘之间采用绑定（Tie）进行连接，加载梁与腹板之间、腹板与暗柱之间的结合面、上部剪力墙与基础梁之间的结合界面通过定义接触关系（Surface-to-Surface Contact）进行模拟。

在 ABAQUS 软件中，两个表面分开的距离称为间隙。当两个表面之间的间隙变为零时，在 ABAQUS 软件中施加接触约束。在接触问题的公式中，对接触面之间能够传递的接触压力的量值未作任何限制。当接触面之间的接触压力变成零或负值时，两个接触面分离，并且约束被移开，这种行为代表了"硬"接触。界面的法向接触采用的是"硬"接触，接触单元传递界面压力，垂直于接触面的压力可以完全在界面间传递。

以上界面的切向接触模型采用库仑摩擦模型，库仑摩擦是经常用来描述接触面之间相互作用的摩擦模型。该模型应用摩擦系数μ来表征在两个表面之间的摩擦行为。界面可以传递剪应力，直到剪应力达到临界值τ_{crit}界面之间产生相对滑动，滑动过程中界面剪应力保持τ_{crit}不变。剪应力临界值τ_{crit}与界面接触压力p成比例，且不小于平均界面粘结力τ_{bond}，即

$$\tau_{crit} = \mu p \geq \tau_{bond} \tag{2.3-1}$$

式中：μ——界面摩擦系数，取为0.5。

模拟理想的摩擦行为是非常困难的。因此，在默认的大多数情况下，ABAQUS使用一个允许"弹性滑动"的罚摩擦公式。"弹性滑动"是在粘结的接触面之间所发生的小量的相对运动。罚摩擦公式适用于大多数问题。

2.4 承载力与恢复力模型

2.4.1 初始刚度

在低周反复加载的初始阶段，按材料力学基本理论，假设剪力墙为一个弹性薄板来计算其初始刚度。剪力墙顶端施加单位水平力后，引起的变形由弯曲变形和剪切变形组成。试验表明，单排配筋混凝土剪力墙在混凝土开裂前基本处于弹性状态，墙体中的钢筋与混凝土能够协同变形。剪力墙中两种材料的弹性模量不同，可通过换算截面面积的方法，将钢筋按弹性模量比换算为等效混凝土面积后进行初始刚度计算。

2.4.2 承载力

极限承载力的计算包括正截面承载力计算和斜截面承载力计算。当试件以弯曲破坏为主时，根部弯矩起控制作用，属于大偏心受压破坏，可根据试验结果进行合理假设，建立力学分析模型与公式。当试件以弯剪破坏为主要破坏特征时，除进行正截面承载力计算外，还应进行斜截面受剪承载力计算，建立力学模型时，应考虑暗支撑、斜筋及混凝土对受剪承载力的贡献。

2.4.3 恢复力模型

恢复力模型，是构件在反复荷载下材料或截面性能的本构关系，建立该模型，可用于构件或结构在地震过程中的动力分析[1]。在反复荷载作用下，结构构件产生内力和相应的变形，用以恢复构件原来受力状态的抗力就是恢复力，将该力与构件变形之间建立起的数学模型称为恢复力模型。恢复力模型由骨架曲线、滞回环、刚度退化规则三要素构成，可以反映构件在反复荷载作用下承载力、刚度的变化以及变形能力和耗能性能等，是结构弹塑性动力分析的重要依据。

恢复力模型的研究可以分为两个层次：第一层次是材料的恢复力模型，主要用于描述

材料的应力-应变滞回关系;第二层次是构件的恢复力模型,主要用于描述构件截面的弯矩与曲率(M与θ)的滞回关系或构件的荷载与位移(P与Δ)的滞回关系。恢复力模型不仅要满足一定的精度,能体现出实际结构的滞回性能,而且要简便实用。国内外地震工程界针对上述两个层次的恢复力模型开展了广泛的试验研究和理论分析,提出了适用的恢复力模型,促进了结构弹塑性时程地震反应理论的发展。

恢复力模型主要由两部分组成,即骨架曲线和不同特性的滞回曲线。试验实测的恢复力曲线都是曲线形,这使得在数值积分中常常难以处理,在有限元计算分析中通常采用分段直线的折线形恢复力模型,目前常用的恢复力模型有双线性模型、三线性模型、曲线模型、折线滑移型模型[2]。

1. 双线性模型

双线性模型,按有无刚度退化,可分为无刚度退化的双线性模型和刚度退化的双线性模型。无刚度退化的双线性模型可用来表达稳态的梭形滞回环,其形式简单,同时又能够反映结构弹塑性恢复力滞回性能的本质特点,是研究结构弹塑性地震反应规律的基本模型之一。如图 2.4-1 所示,无刚度退化的双线性模型的正负向加卸载均相同,主要适用于反映钢结构的弹塑性滞回性能,该模型的主要特征参数为第一刚度K_1、屈服位移δ_y和第二刚度系数p。K_1可根据材料的弹性性能通过计算求得,δ_y可取为一次加载曲线上从直线段到曲线段转折点所对应的位移。第二刚度系数p可取该转折点到最大位移反应点的割线斜率的 1.8 倍。20 世纪 60 年代,针对钢筋混凝土构件刚度退化明显这一特点提出了克拉夫退化双线性模型[3],即刚度退化大的双线性模型(图 2.4-2),该模型考虑了加载与卸载时的刚度退化。

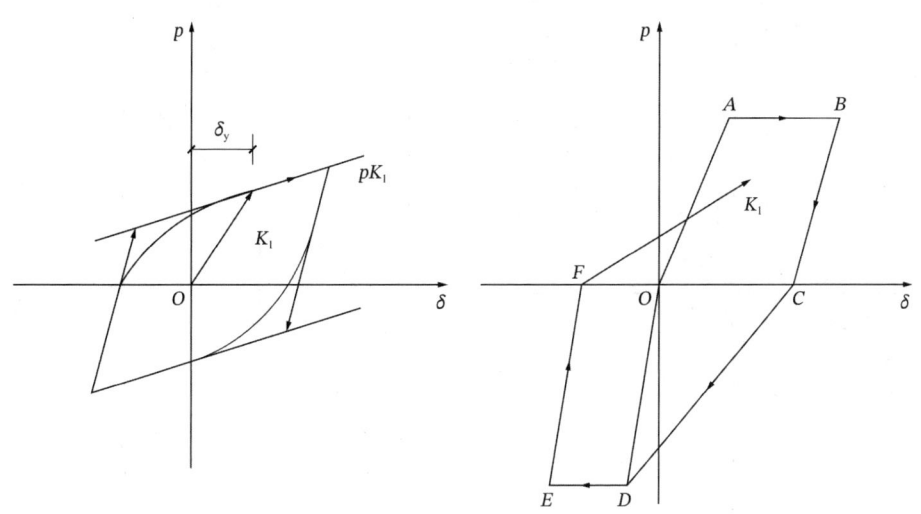

图 2.4-1　无刚度退化的双线性模型　　图 2.4-2　刚度退化大的双线性模型

2. 三线性模型和曲线模型

(1)三线性模型是由众多钢筋混凝土构件试验所得到的恢复力特性抽象出来的,如图 2.4-3(a)所示。

三线性模型考虑了混凝土开裂对构件刚度的影响，同时也给出了卸载刚度的确定方法。其退化刚度为：

$$k_f = \frac{p_f + p_y}{\delta_f + \delta_y} \left| \frac{\delta_m}{\delta_y} \right|^{-\alpha} \tag{2.4-1}$$

式中：(p_f, δ_f)——开裂点；

(p_y, δ_y)——屈服点；

k_f——对应于最大位移δ_m的退化刚度；

α——刚度退化指数。

三线性模型较好地描述了钢筋混凝土构件的恢复力特性，得到了较多的应用。

（2）曲线模型能比较真实地反映钢筋混凝土构件的力学特征，由剪刀撑框架的恢复力特性试验发现，在60%~70%的极限荷载范围内，且同一位移幅值在2~3次循环加载下，出现的滞回环比较稳定，把这些滞回环无量纲化，把力和位移修改成p/p_0及δ/δ_0坐标并加以标准化，则在上述荷载范围内趋近于标准特征曲线，曲线模型如图2.4-3（b）所示，模型的方程为：

$$\frac{p}{p_0} = \pm A \left(\frac{\delta}{\delta_0} \right)^4 + B \left(\frac{\delta}{\delta_0} \right)^3 - (1 - B) \left(\frac{\delta}{\delta_0} \right) \pm A \tag{2.4-2}$$

式中：A和B——系数，变化A和B以后可以得到一系列从梭形到反S形的滞回曲线。

1976年，Wen提出了光滑性曲线模型，其滞变位移z可以表示为：

$$\dot{z} = \frac{1}{\eta}(A\dot{x} - \upsilon)[\beta|\dot{x}||z|^{n-1}z + \gamma\dot{x}|z|^n] \tag{2.4-3}$$

式中：A、υ、β、γ、η和n——模型参数，可以通过调整参数的值的方式来与较多的滞回曲线相适应。

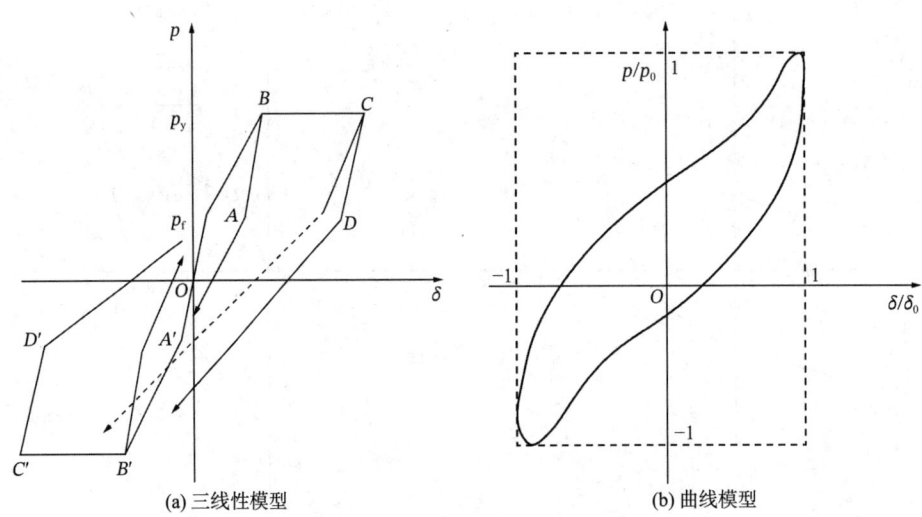

(a) 三线性模型　　　　(b) 曲线模型

图2.4-3　三线性与曲线模型

3. 折线滑移型模型

几种折线滑移型模型如图2.4-4所示，能部分反映弓形、反S形滞回曲线的图形特征，但对退化效应的考虑存在欠缺。

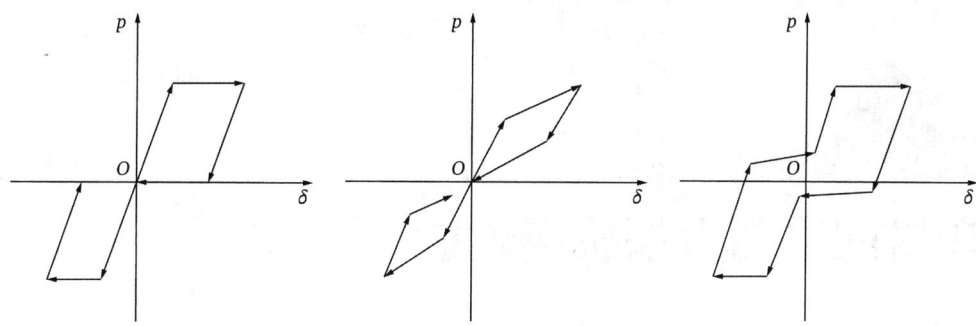

图 2.4-4　折线滑移型模型

2.5　本章小结

本章对单排配筋混凝土剪力墙抗震试验和理论分析的一些基础性内容进行了概括性介绍，包括：单排配筋混凝土剪力墙的低周反复荷载试验；L 形截面单排配筋混凝土剪力墙振动台试验及其振动台试验附加装置；单排配筋剪力墙结构模拟地震振动台试验；试验数据处理；有限元分析；承载力与恢复力模型等内容。为后续章节单排配筋剪力墙抗震试验研究提供了基础。单排配筋混凝土剪力墙及剪力墙结构抗震试验，尚应符合行业标准《建筑抗震试验规程》JGJ/T 101—2015[4]的相关规定。

■　参 考 文 献

[1]　朱伯龙. 结构抗震试验[M]. 北京: 地震出版社, 1989.

[2]　庄茁, 张帆, 岑松, 等. ABAQUS 非线性有限元分析与实例[M]. 北京: 科学出版社, 2005.

[3]　过镇海. 钢筋混凝土原理[M]. 北京: 清华大学出版社, 2013.

[4]　住房和城乡建设部. 建筑抗震试验规程: JGJ/T 101—2015[S]. 北京: 中国建筑工业出版社, 2015.

第 3 章
单排配筋剪力墙抗震性能

3.1 单排配筋低矮剪力墙

3.1.1 试验概况

为研究单排配筋低矮剪力墙的抗震性能，进行了 7 个足尺一字形截面低矮剪力墙试件和 1 个足尺砌体墙试件低周反复荷载下抗震性能试验研究。7 个低矮剪力墙试件编号为 SW1.0-1～SW1.0-7，其中 SW1.0-1 为双向双排配筋低矮剪力墙，SW1.0-2～SW1.0-7 为双向单排配筋低矮剪力墙，试件截面高度为 1000mm、厚度为 140mm；SW1.0-8 为页岩砖砌体墙，砌体墙截面高度为 1000mm、厚度为 240mm。试件编号中的 1.0 表示试件的剪跨比。试件参数包括配筋形式、配筋率、轴压比和边缘构造，各试件的设计参数见表 3.1-1，各试件的尺寸及配筋如图 3.1-1 所示。

各试件的设计参数 表 3.1-1

	试件编号	SW1.0-1	SW1.0-2	SW1.0-3/SW1.0-4	SW1.0-5	SW1.0-6	SW1.0-7	SW1.0-8
	配筋形式	双排	单排	单排	单排	单排	单排	页岩砖
	轴压比	0.3	0.3	0.3	0.3	0.3	0.3	同轴力
	墙体配筋率	0.25%	0.25%	0.15%	0.15%	0.15%	0.15%	—
	墙板宽（mm）	1000	1000	1000	1000	1000	1000	1000
	墙板厚（mm）	140	140	140	140	140	140	240
	墙板净高（mm）	850	850	850	850	850	850	850
	水平分布筋	φ6@160	φ6@80	φ6@130	φ6@130	φ6@130	φ6@130	每5皮2φ6
	竖向分布筋	φ6@160	φ6@80	φ6@130	φ6@130	φ6@130	φ6@130	
	暗支撑	—	—	—/4φ8				
	混凝土等级	C20	C20	C20	C20	C20	C20	C20
边缘构件	形式	暗柱	暗柱	暗柱	—	—	暗柱	
	截面 $b \times h$（mm）	140×140	140×140	140×140			140×140	
	主筋	4φ8	4φ8	4φ8	1φ16	2φ12	2φ10+1φ8	2φ8
	箍筋	φ4@100/150	φ4@100/150	φ4@100/150			φ4@100/150	φ4@100/150

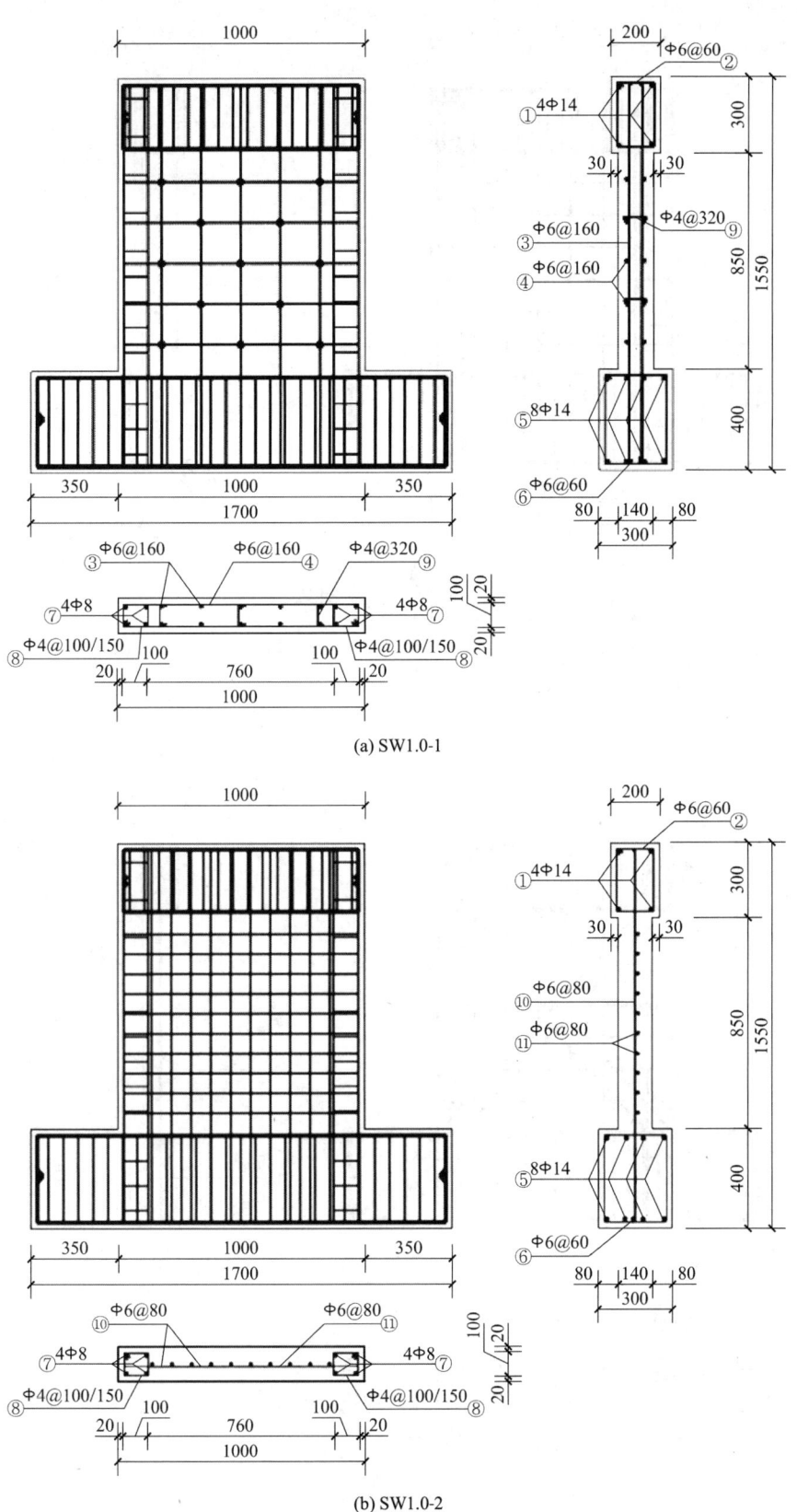

(a) SW1.0-1

(b) SW1.0-2

单排配筋混凝土剪力墙结构

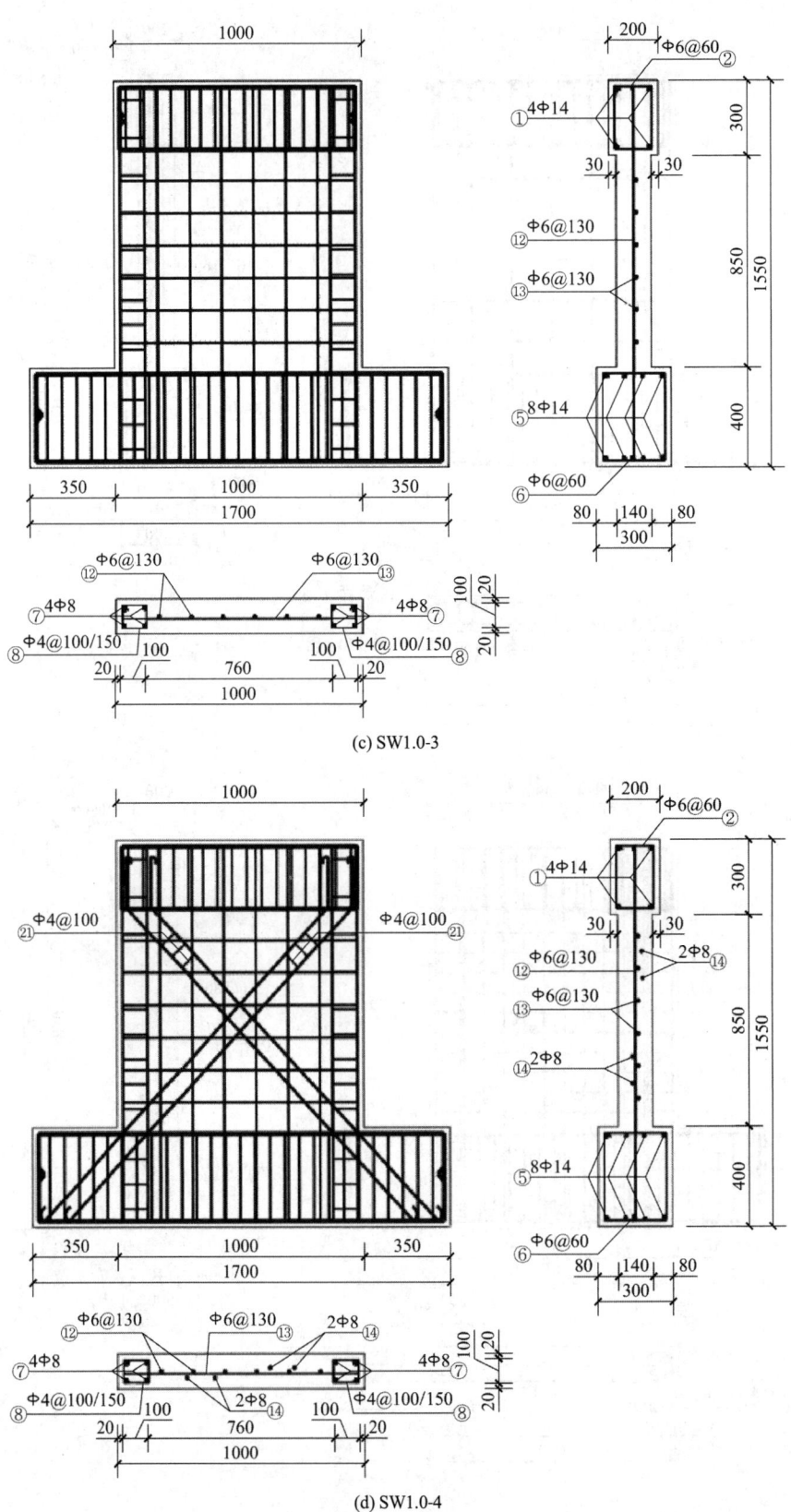

(c) SW1.0-3

(d) SW1.0-4

第 3 章 单排配筋剪力墙抗震性能

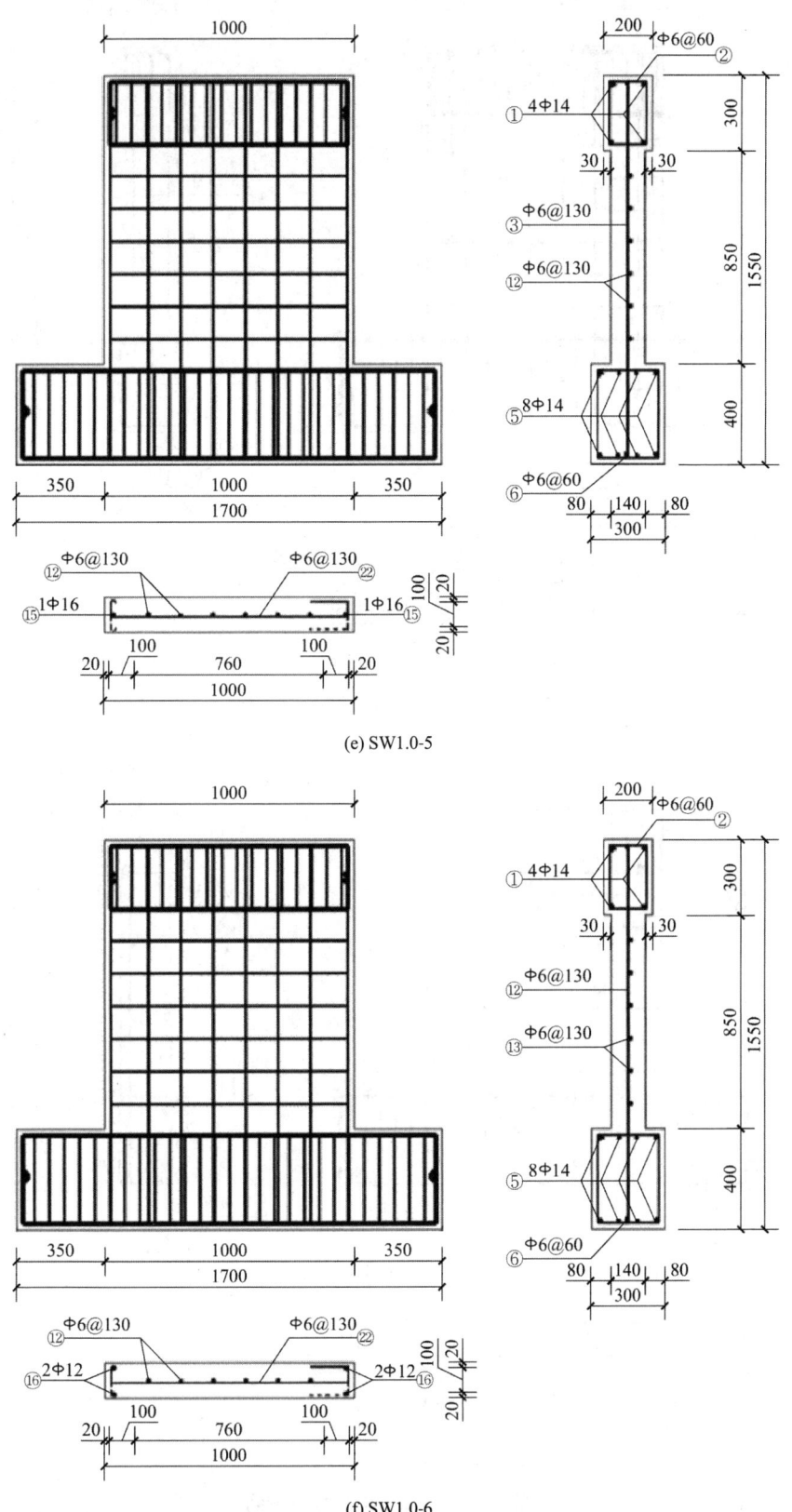

(e) SW1.0-5

(f) SW1.0-6

单排配筋混凝土剪力墙结构

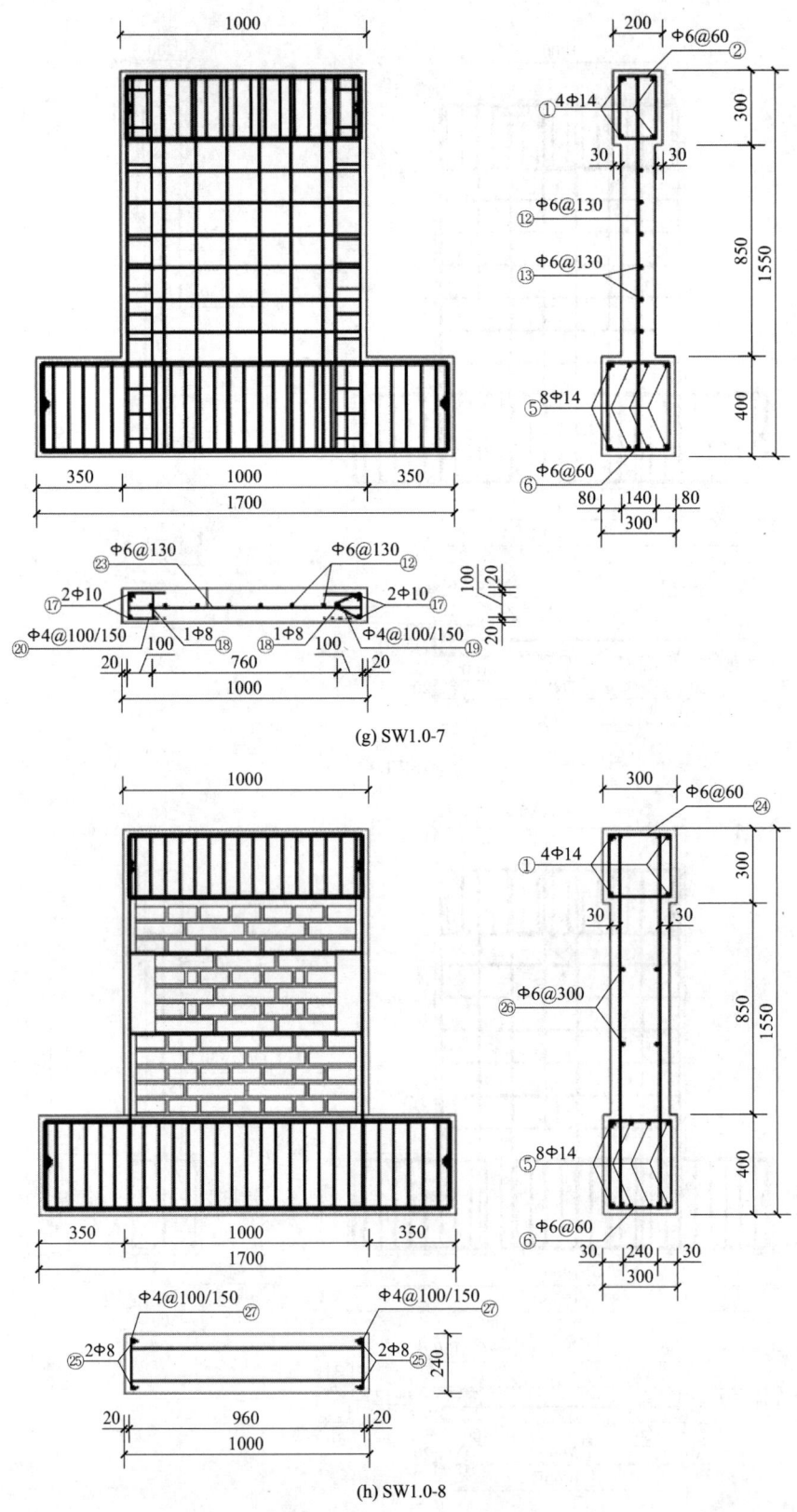

图 3.1-1 各试件的尺寸及配筋

各试件的墙体采用 C20 混凝土浇筑,基础采用 C30 混凝土浇筑,混凝土力学性能见表 3.1-2,砌块及砂浆力学性能见表 3.1-3,钢筋力学性能见表 3.1-4。

混凝土力学性能　　　　　　　　　　　　　　　　　表 3.1-2

混凝土强度等级	弹性模量（MPa）	立方体抗压强度（MPa）
C20	2.58×10^4	24.65
C30	—	46.64

砌块、砂浆力学性能　　　　　　　　　　　　　　　表 3.1-3

强度等级	（立方体）抗压强度平均值（MPa）
MU15	16.50
M10	10.30

钢筋力学性能　　　　　　　　　　　　　　　　　　表 3.1-4

钢筋规格	屈服强度（MPa）	极限强度（MPa）	伸长率（%）	弹性模量（MPa）
8 号铁丝	316.32	350.14	18.75	1.79×10^5
φ6	397.79	530.39	8.33	1.76×10^5
φ8	302.39	453.59	31.25	2.03×10^5
φ10	369.24	466.01	27.50	1.93×10^5
φ12	329.80	478.35	30.83	1.65×10^5
φ16	317.07	489.90	17.22	1.93×10^5

试验采用低周反复荷载加载方式。在加水平荷载之前,首先施加 403.2kN 竖向荷载,并在试验过程中保持其不变,在距基础顶面 1000mm 高度处用拉压千斤顶施加低周反复水平荷载。试验加载装置示意见图 3.1-2。

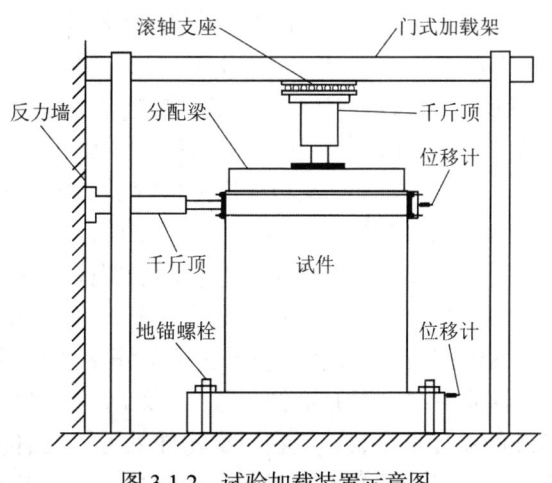

图 3.1-2　试验加载装置示意图

3.1.2 承载力

各试件的明显开裂荷载、明显屈服荷载、极限荷载的实测值及其比值见表3.1-5。F_c为试件明显开裂荷载；F_y为试件明显屈服荷载；F_u为试件极限荷载；$\mu_{cy}=F_c/F_y$为明显开裂荷载与明显屈服荷载的比值；$\mu_{cu}=F_c/F_u$为明显开裂荷载与极限荷载的比值；$\mu_{yu}=F_y/F_u$为明显屈服荷载与极限荷载的比值，这里将其称为屈强比。其中明显开裂荷载均指首次加载开裂的荷载，明显屈服荷载和极限荷载取正、负两向的均值。

各试件的明显开裂荷载、明显屈服荷载、极限荷载的实测值及其比值　　表 3.1-5

试件编号	F_c（kN）	F_y（kN）	F_u（kN）	$\mu_{yu}=F_y/F_u$
SW1.0-1	131.25	264.25	310.46	0.851
SW1.0-2	132.32	262.74	306.54	0.857
SW1.0-3	124.23	249.86	290.41	0.860
SW1.0-4	144.25	265.32	312.96	0.848
SW1.0-5	126.25	248.19	282.67	0.878
SW1.0-6	127.11	251.57	289.46	0.869
SW1.0-7	126.45	257.60	303.24	0.850
SW1.0-8	101.25	135.58	163.80	0.828

分析可见：

（1）试件 SW1.0-2 与 SW1.0-1 相比，明显开裂荷载、明显屈服荷载、极限荷载、μ_{cu}和μ_{yu}均基本相近，说明双向单排配筋低矮剪力墙与普通双向双排配筋低矮剪力墙承载力接近。

（2）试件 SW1.0-3 与 SW1.0-2 相比，明显开裂荷载、明显屈服荷载、极限荷载分别下降了 6.1%、4.9%、5.3%，说明随着分布钢筋的配筋率的下降，承载能力有所下降。

（3）试件 SW1.0-4 与 SW1.0-3 相比，SW1.0-4 在 SW1.0-3 的基础上设置了暗支撑，其明显屈服荷载、极限荷载分别提高了 6.2%、7.8%，说明设置暗支撑能够提高剪力墙承载力。

（4）试件 SW1.0-3、SW1.0-5、SW1.0-6、SW1.0-7 分布筋配筋形式及其配筋率均相同，主要差异在于边缘构件的形式。试件 SW1.0-5 仅在边缘配置了 1Φ16 钢筋，其边缘构件的配筋量与试件 SW1.0-3 及试件 SW1.0-7 相当，但其屈服荷载及极限荷载均比试件 SW1.0-3、SW1.0-7 的相对应的荷载值低。SW1.0-6 在边缘构件配置了 2Φ12 钢筋，其边缘构件的配筋量比 SW1.0-3、SW1.0-7 略高，但其极限荷载反而比试件 SW1.0-3、SW1.0-7 对应的极限荷载值要低。说明边缘构件的构造形式对剪力墙结构的屈服荷载及极限荷载影响较大，边缘构造采用矩形或三角形暗柱要好于边缘采用单根或双根无暗柱的形式。

（5）试件 SW1.0-5、SW1.0-6 分布筋配筋形式及配筋率均相同，边缘构件分别采用 1Φ16、2Φ12，水平分布钢筋一端采用 L 形钩，另一端采用 U 形钩。试件 SW1.0-5 正负两向的屈服荷载及极限荷载的差异很小，可见在边缘构件采用单根钢筋形式时，从承载能力上来说，分布钢筋端部采用 L 形钩或 U 形钩均可。试件 SW1.0-6 正负两向的屈服荷载及极限荷载的差异较大，可见，当带 U 形钩一端受压时，能承受的荷载值大于带 L 形钩一端受压时的荷载值，因此当边缘构件采用双根钢筋形式时，分布钢筋端部宜采用 U 形钩。

（6）试件 SW1.0-7 与 SW1.0-3 相比，两试件的屈服荷载及极限荷载基本相当，可见从承载能力上来说，边缘构件采用四根钢筋或三根钢筋形式均可。试件 SW1.0-7 正负两向的屈服荷载及极限荷载基本相同，说明当边缘构件配置三根钢筋时，箍筋形式采用三角形或矩形，剪力墙的承载能力基本相同。

（7）试件 SW1.0-8 与 SW1.0-3 相比，其明显开裂荷载、明显屈服荷载、极限荷载均较 SW1.0-3 有大幅度的降低，分别降低了 18.5%、46.1%、41.5%，尽管约束配筋页岩砖砌体剪力墙墙厚为 240mm，是配筋率为 0.15% 的双向单排配筋低矮剪力墙墙厚 140mm 的 1.71 倍，但承载力却低 41.5%，双向单排配筋低矮剪力墙的承载力显著高于约束配筋页岩砖砌体墙。

3.1.3 延性

各试件的位移、延性系数实测值见表 3.1-6。表中 U_c 为与试件明显开裂水平荷载 F_c 对应的开裂位移；U_y 为与试件明显屈服水平荷载 F_y 对应的屈服位移，根据正负两向的明显屈服荷载确定正负两向的屈服位移，屈服位移 U_y 取两向的均值；U_d 为正负两向弹塑性最大位移的均值；θ_p 为弹塑性位移角；$\mu = U_d/U_y$ 为最大弹塑性位移与屈服位移的比值，称为延性系数，它是反映剪力墙延性的主要参数。

各试件位移、延性系数实测值　　　　表 3.1-6

试件编号	U_c（mm）	正负两向均值		U_d 相对值	θ_p	μ	μ 相对值
		U_y（mm）	U_d（mm）				
SW1.0-1	0.76	3.97	18.47	1.000	1/54.14	4.652	1.000
SW1.0-2	0.79	4.12	25.98	1.407	1/38.49	6.306	1.355
SW1.0-3	0.78	4.09	25.12	1.360	1/39.81	6.142	1.320
SW1.0-4	0.81	3.98	26.68	1.445	1/37.48	6.704	1.441
SW1.0-5	0.73	4.13	25.10	1.359	1/39.85	6.076	1.306
SW1.0-6	0.75	4.11	23.15	1.253	1/43.21	5.638	1.212
SW1.0-7	0.74	4.09	25.93	1.404	1/38.57	6.340	1.363
SW1.0-8	0.72	2.89	9.35	0.506	1/107.01	3.234	0.695

分析可见：

（1）试件 SW1.0-2 与 SW1.0-1 相比，延性系数提高了 35.5%，可见 SW1.0-2 的延性性能好于 SW1.0-1，说明在相同分布钢筋配筋率以及相同钢筋直径和等级的情况下，相较于普通双向双排配筋低矮剪力墙，双向单排配筋低矮剪力墙分布筋相对密集，延性性能明显改善。

（2）试件 SW1.0-3 与 SW1.0-1 相比，延性系数提高了 32.0%，尽管 SW1.0-3 的分布筋配筋率降低了，但其分布筋较 SW1.0-1 密集，说明在相同钢筋直径和等级的情况下，分布钢筋配筋率虽然由 0.25%降低到 0.15%，但相对普通双向双排配筋低矮剪力墙，双向单排配筋低矮剪力墙分布筋相对密集，延性性能仍可明显改善。

（3）试件 SW1.0-4 与 SW1.0-1、SW1.0-2 相比配筋量基本相同，但其弹塑性位移 θ_p、μ 都比 SW1.0-1、SW1.0-2 有所提高，说明假设 X 形暗支撑能明显提高低矮剪力墙的延性。

（4）试件 SW1.0-7 与 SW1.0-3 相比，分布筋的配筋形式、配筋率，边缘构件的配筋量基本相同，主要是边缘构件配筋形式不同：SW1.0-7 边缘构件配置三根钢筋时，两端的箍筋分别采用三角形箍和矩形箍；SW1.0-3 边缘构件采用四根钢筋形式，两端的箍筋均采用矩形箍。两者的延性系数基本相等，说明边缘构件配置三根钢筋或四根钢筋，延性性能基本相当。

（5）试件 SW1.0-3、SW1.0-5、SW1.0-6、SW1.0-7 四者相比，SW1.0-3、SW1.0-7 延性性能好于 SW1.0-5、SW1.0-6，说明当边缘构件采用暗柱时的剪力墙延性优于边缘构件无暗柱时的剪力墙。

（6）试件 SW1.0-8 与 SW1.0-3 相比，其延性系数降低了 42.7%，说明双向单排配筋低矮剪力墙的延性性能明显好于约束配筋页岩砖砌体墙。

3.1.4 刚度退化

各试件刚度实测值及其退化系数见表 3.1-7。表中 K_0 为试件初始弹性刚度，K_c 为试件明显开裂割线刚度；K_y 为试件屈服割线刚度；$\beta_{c0} = K_c/K_0$ 为明显开裂刚度与初始刚度的比值，它表示试件从初始阶段到明显开裂时刚度的退化；$\beta_{y0} = K_y/K_0$ 为屈服刚度与初始刚度的比值，它表示试件从初始阶段到屈服时刚度的退化；$\beta_{yc} = K_y/K_c$ 为屈服刚度与明显开裂刚度的比值，它表示试件从明显开裂到屈服时刚度的退化。

各试件刚度实测值及其退化系数　　　　表 3.1-7

试件编号	K_0（kN/mm）	K_c（kN/mm）	K_y（kN/mm）	β_{c0}	β_{yc}	β_{y0}	β_{y0}（相对值）
SW1.0-1	544.45	172.70	66.56	0.317	0.385	0.122	1.000
SW1.0-2	538.60	167.49	63.77	0.311	0.381	0.118	0.968
SW1.0-3	528.36	159.27	61.09	0.301	0.384	0.116	0.946
SW1.0-4	548.46	178.09	66.66	0.325	0.374	0.122	0.994
SW1.0-5	540.25	172.95	60.09	0.320	0.347	0.111	0.910
SW1.0-6	536.57	169.48	61.28	0.316	0.362	0.114	0.934
SW1.0-7	537.56	170.88	62.98	0.318	0.369	0.117	0.958
SW1.0-8	426.29	140.63	46.91	0.330	0.334	0.110	0.900

"刚度 K-位移角 θ"关系曲线见图 3.1-3。

分析可得：

（1）由图 3.1-3 刚度退化曲线可见，试件 SW1.0-1～SW1.0-7 刚度退化规律基本相似，刚度均随位移角的增大而减小。试件 SW1.0-1～SW1.0-7 刚度退化规律大体分三阶段：从微裂发展到肉眼可见的裂缝为刚度速降阶段；从结构明显开裂到明显屈服为刚度次速降阶段；从明显屈服到最大弹塑性变形为刚度缓降阶段。

（2）试件 SW1.0-3 与 SW1.0-2 相比，K_c、K_y、β_{c0}、β_{y0} 分别下降了 4.9%、4.2%、3.1%、2.3%，可见随着配筋率的减少，刚度退化速度加快。

（3）试件 SW1.0-4 与 SW1.0-3 相比，K_c、K_y、β_{c0}、β_{y0} 分别增大了 11.8%、9.1%、7.7%、5.1%，可见在 SW1.0-3 基础上设置暗支撑后，使得剪力墙的刚度退化放慢，有利于抗震。

（4）试件 SW1.0-3、SW1.0-5、SW1.0-6、SW1.0-7 四者相比，试件从加载到开裂阶段，SW1.0-3 刚度退化较快于其他三个试件，试件从加载到明显屈服阶段，SW1.0-3 及 SW1.0-7 退化较其他两个试件慢，综合来看，SW1.0-5、SW1.0-6 的刚度退化较快，可见边缘构件无暗柱的剪力墙退化速度快于边缘构件采用暗柱时的剪力墙。

（5）约束配筋页岩砖砌体剪力墙试件 SW1.0-8 刚度的退化速度明显快于钢筋混凝土剪力墙试件 SW1.0-1～SW1.0-7，不利于抗震。

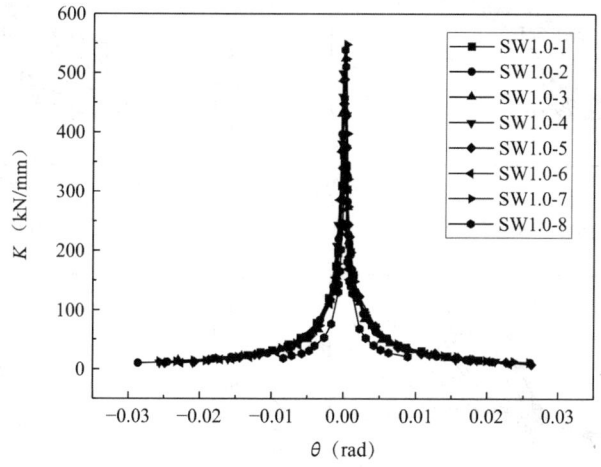

图 3.1-3 "刚度K-位移角θ" 关系曲线

3.1.5 滞回特征

各试件实测所得的"水平荷载F-顶点水平位移U"滞回曲线见图 3.1-4。

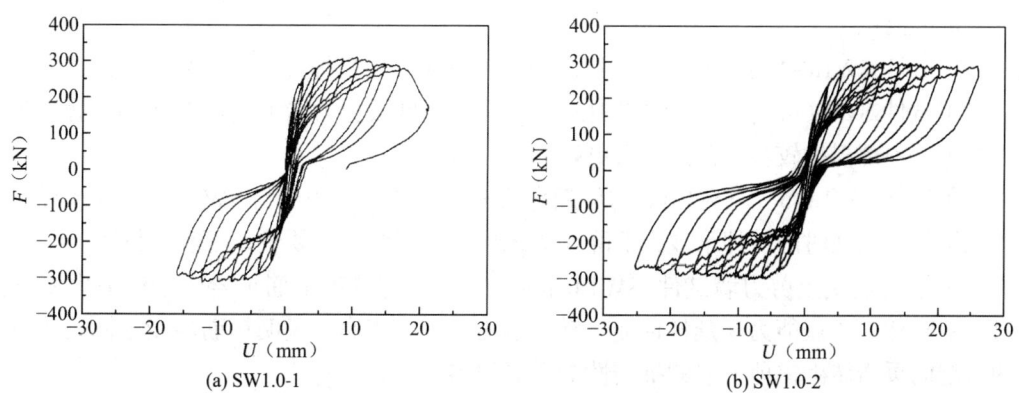

(a) SW1.0-1　　　　　　　　　　(b) SW1.0-2

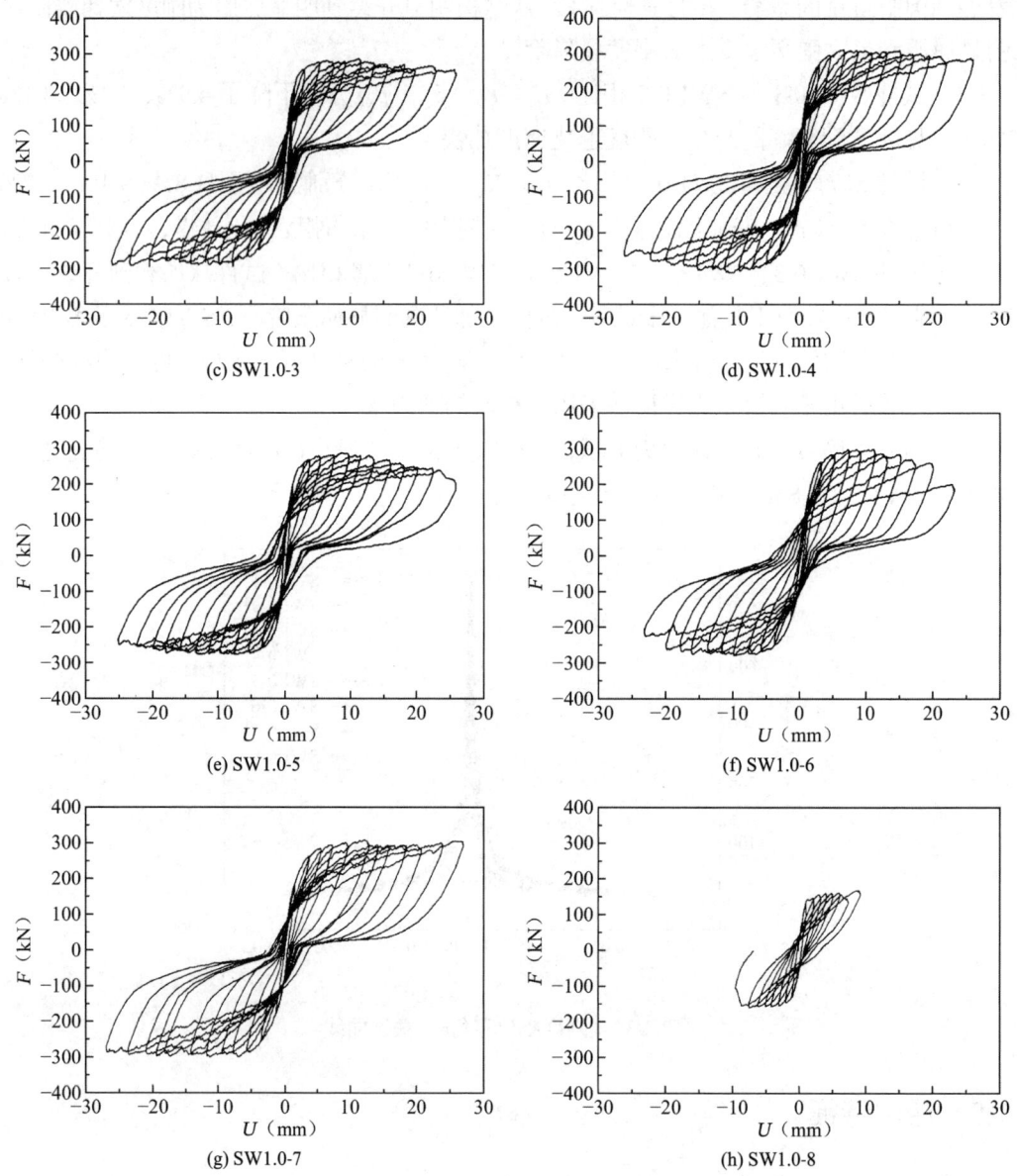

图 3.1-4　各试件实测所得的"F-U"滞回曲线图

分析可得：

（1）试件 SW1.0-2 与 SW1.0-1 相比滞回环较饱满、中部捏拢较轻，耗能较好。

（2）试件 SW1.0-4 与 SW1.0-3 相比，在双向单排低矮剪力墙中配置 X 形暗支撑，滞回环更饱满、中部捏拢较轻，耗能能力更好，承载能力更高。

（3）试件 SW1.0-5 与 SW1.0-6 的后期承载力较试件 SW1.0-3 与 SW1.0-7 下降要快，说明边缘构件无暗柱时的试件承载力下降比边缘构件设置暗柱时要快，不利于抗震。

（4）钢筋混凝土剪力墙试件 SW1.0-1～SW1.0-7 与约束配筋页岩砖砌体剪力墙试件 SW1.0-8 相比，承载能力、延性性能、耗能能力均明显提高，说明钢筋混凝土低矮剪力墙比约束配筋页岩砖砌体剪力墙的抗震性能要好很多。

3.1.6 骨架曲线

各试件实测所得的"水平荷载F-顶点水平位移U"骨架曲线如图3.1-5所示。

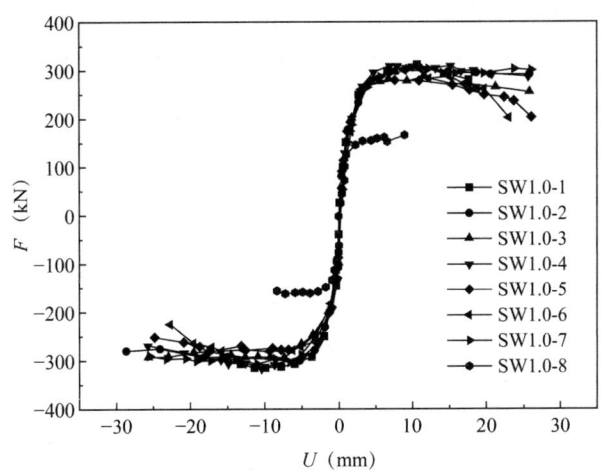

图3.1-5 各试件实测的"水平荷载F-顶点水平位移U"骨架曲线

分析可得:

(1)与SW1.0-1相比,试件SW1.0-2的承载能力差异很小,但SW1.0-2后期的承载力下降缓慢,延性明显提高,而且其骨架曲线包含的面积明显增大,耗能能力增强。

(2)随着配筋量的减小,SW1.0-3、SW1.0-5、SW1.0-6、SW1.0-7的承载能力均比试件SW1.0-1、SW1.0-2、SW1.0-4有所下降,且骨架曲线包含的面积比试件较SW1.0-2、SW1.0-4明显小,说明耗能能力下降。

(3)试件SW1.0-3、SW1.0-5、SW1.0-6、SW1.0-7四者用钢量相当,剪力墙边缘设置暗柱的试件SW1.0-3、SW1.0-7承载能力及耗能要好于边缘无暗柱的试件SW1.0-5、SW1.0-6,尤其是试件SW1.0-3、SW1.0-7后期承载能力较试件SW1.0-5、SW1.0-6下降慢,有利于抗震。

(4)试件SW1.0-4与SW1.0-3相比,在SW1.0-3基础上设置暗支撑,承载能力及延性增强,刚度有所提高,耗能能力加大,有利于抗震。

(5)比较试件SW1.0-4与SW1.0-1、SW1.0-2可知,在配筋量基本相同的情况下,加设暗支撑使剪力墙承载能力略有提高、刚度的衰减缓慢、延性性能提高、耗能能力加大,有利于抗震。

(6)试件SW1.0-1～SW1.0-7的承载能力及骨架曲线包含的面积均比约束配筋页岩砖砌体剪力墙试件SW1.0-8显著提高,说明配筋混凝土剪力墙的抗震性能明显强于约束配筋页岩砖砌体剪力墙。

3.1.7 耗能能力

滞回环所包含的面积的积累反映了结构弹塑性耗能的大小,取骨架曲线在第一象限和第三象限所包含面积的均值作为比较用的耗能量。各试件实测耗能能力比较见表3.1-8,各试件耗能相对值均以普通配筋低矮剪力墙SW1.0-1为对比基准。

各试件实测耗能能力比较 表 3.1-8

试件编号	耗能能力（kN·mm）	耗能相对值
SW1.0-1	3442.29	1.000
SW1.0-2	5339.91	1.551
SW1.0-3	4520.32	1.313
SW1.0-4	5921.01	1.720
SW1.0-5	4421.05	1.284
SW1.0-6	4315.53	1.254
SW1.0-7	4900.25	1.424
SW1.0-8	1131.54	0.329

分析可得：

（1）试件 SW1.0-2 与 SW1.0-1 相比，在配筋量基本相同条件下，SW1.0-2 总耗能总量比 SW1.0-1 提高了 55.1%。

（2）试件 SW1.0-3 与 SW1.0-1 相比，尽管分布钢筋的配筋率降低，但耗能能力却提高了 31.3%，说明分布筋越密集，延耗能能力越好。

（3）试件 SW1.0-4 与 SW1.0-1 相比，总配筋量相近，但设 X 形暗支撑后其耗能能力提高了 72.0%，说明 X 形暗支撑对提高低矮剪力墙的耗能能力作用明显。

（4）试件 SW1.0-3、SW1.0-5、SW1.0-6、SW1.0-7 四者用钢量相当，剪力墙边缘构件设置暗柱的试件 SW1.0-3、SW1.0-7 耗能能力高于边缘构件无暗柱的试件 SW1.0-5、SW1.0-6。

（5）试件 SW1.0-1～SW1.0-7 的耗能能力均比约束配筋页岩砖砌体剪力墙试件 SW1.0-8 显著提高，说明配筋混凝土剪力墙的抗震性能明显强于约束配筋页岩砖砌体剪力墙。

3.1.8 破坏特征分析

各试件最终破坏形态如图 3.1-6 所示。

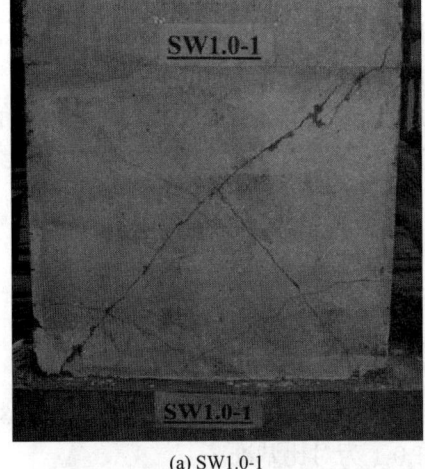 

(a) SW1.0-1 (b) SW1.0-2

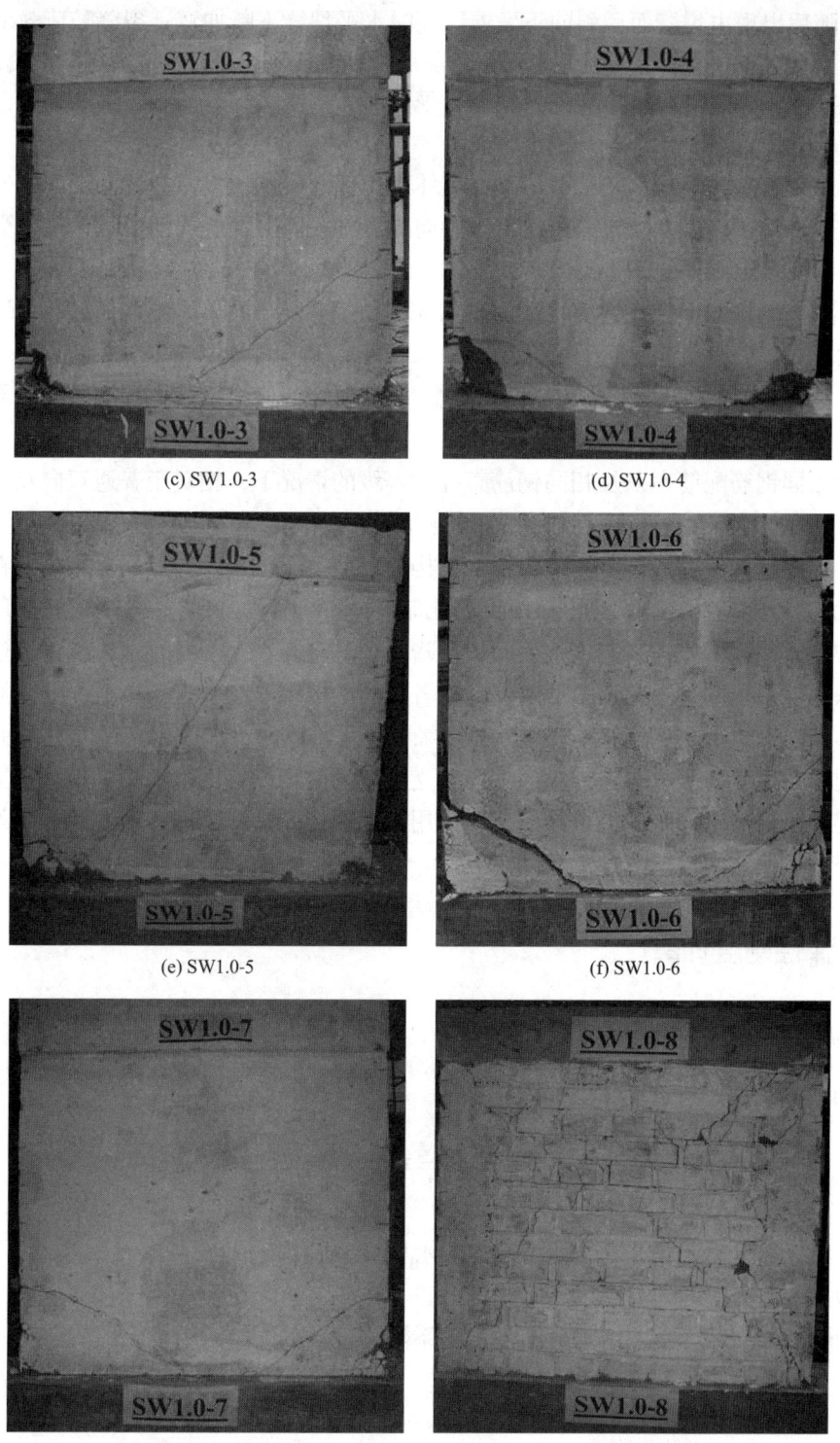

(c) SW1.0-3　　　　　　　　(d) SW1.0-4

(e) SW1.0-5　　　　　　　　(f) SW1.0-6

(g) SW1.0-7　　　　　　　　(h) SW1.0-8

图 3.1-6　各试件最终破坏形态

研究表明：

（1）试件 SW1.0-1～SW1.0-7 均经低周反复水平荷载先出现水平裂缝且随荷载增加不

断发展，随后出现主裂缝而后斜向下发展，同时水平裂缝不断加宽；裂缝随荷载增加不断发展同时出现多条主裂缝及受压区竖裂缝，随后出现受压区根部压酥，随压酥向内侧延伸，受压区混凝土压碎脱落，受拉区外露钢筋，受压区外露钢筋呈灯笼状并逐渐加重，整体呈现弯剪破坏状态。

（2）试件SW1.0-8随水平荷载增加由墙体上角部开始出现多条裂缝并斜向下发展直至与混凝土边缘角端连接，同时受压区出现斜向上裂缝并向上发展逐渐变宽，最终受压区砖压碎，角部混凝土压碎，并少许脱落，整体呈现剪切破坏状态。

（3）双向单排配筋低矮剪力墙在加设X形暗支撑后，双向单排配筋低矮剪力墙出现裂缝的荷载增大，最终裂缝宽度有所减小。

（4）试件SW1.0-1~7与SW1.0-8相比，弯剪破坏明显，承载力和抗震耗能能力显著提高。

（5）相同钢筋配筋率以及相同钢筋直径和等级的情况下，相对于普通双向双排配筋低矮剪力墙，双向单排配筋低矮剪力墙分布筋相对密集，初始裂缝出现较慢，抗震性能较好。

（6）双向单排配筋低矮剪力墙边缘构件构造对剪力墙抗震性能有明显影响，在配置单根钢筋无暗柱（SW1.0-5）、配置双根钢筋无暗柱（SW1.0-6）、配置三根钢筋三角形暗柱（SW1.0-7）或四边形暗柱、四根钢筋四边形暗柱（SW1.0-1~4）几种边缘构件构造剪力墙中，边缘构件采用四边形和三角形暗柱，或者采用两根钢筋和其近点单排纵筋钢筋之间设置三角形暗柱构造形式抗震性能较好；当边缘构件无暗柱时，水平分布钢筋宜采用U形弯钩，有利于约束受压区边缘构件纵向钢筋及受压区混凝土侧向变形，提高低矮剪力墙的承载力，提升延性性能；暗柱的箍筋形式可采用三角形或四边形箍筋，或在暗柱纵筋及其近点单排竖向钢筋之间设置三角形箍筋。

3.1.9 弹性刚度计算

1. 初始弹性刚度的计算

剪力墙的初始刚度可由下式确定：

$$K_0 = \frac{1}{\delta_s + \delta_b} = \frac{1}{\frac{\mu H}{AG} + \frac{H^3}{3EI}} \tag{3.1-1}$$

$$A = A_0 + A_1 \tag{3.1-2}$$

式中：H——剪力墙的计算高度；

μ——墙肢截面上剪应力分布不均匀系数，矩形截面时，$\mu = 1.2$；

A_0——墙肢水平截面混凝土净面积；

A_1——钢筋经过换算后的截面总面积；

A——墙肢水平截面总面积；

E——混凝土的弹性模量；

G——材料的剪切弹性模量，$G = 0.4E$；

I——墙肢截面惯性矩。

由上可得：

$$\delta_s = \frac{1.2H}{AG} = \frac{1.2H}{0.4AE} = \frac{3H}{AE} \tag{3.1-3}$$

$$\delta_b = \frac{H^3}{3EI} \tag{3.1-4}$$

因此：

$$K_0 = \frac{1}{\delta_s + \delta_b} = \frac{1}{\frac{3H}{AE} + \frac{H^3}{3EI}} \tag{3.1-5}$$

初始弹性刚度实测值与计算值的比较见表3.1-9。

初始弹性刚度实测值与计算值比较　　　　　　　　表3.1-9

试件编号	实测值K_0（kN/mm）	计算值K_0（kN/mm）	相对误差绝对值（%）
SW1.0-1	544.45	526.21	3.350
SW1.0-2	538.60	526.22	2.299
SW1.0-3	528.36	524.59	0.713
SW1.0-4	548.46	533.51	2.726
SW1.0-5	540.25	524.80	2.861
SW1.0-6	536.57	525.32	2.097
SW1.0-7	537.56	524.82	2.370

2. 刚度的退化规律

剪力墙试件的刚度随位移角的增大而减小，试件SW1.0-1～SW1.0-7刚度退化规律大体分三阶段：从微裂发展到肉眼可见的裂缝为刚度速降阶段；从结构明显开裂到明显屈服为刚度次速降阶段；从明显屈服到最大弹塑性变形为刚度缓降阶段。

（1）开裂刚度K_c

剪力墙试件的开裂割线刚度K_c，可在计算得到K_0后，根据以下公式计算得到，式中K_0为计算得到的初始弹性刚度。

$$K_c = \beta_{c0} K_0 \tag{3.1-6}$$

式中：β_{c0}——初始阶段到明显开裂时刚度的退化系数（其值可参考试验结果确定）。

（2）屈服刚度K_y

剪力墙试件的屈服割线刚度K_y，可由式(3.1-7)确定。

$$K_y = \beta_{y0} K_0 \tag{3.1-7}$$

式中：β_{y0}——初始阶段到明显屈服时刚度的退化系数（其值可参考试验结果确定）。

3.1.10　承载力计算

剪力墙在竖向荷载和水平荷载的作用下，墙板产生轴力、弯矩和剪力。因此，进行剪力墙截面设计时，墙板应作为偏心受压构件，分别进行正截面及斜截面承载力的计算。

根据试验结果：对钢筋混凝土剪力墙进行承载力计算时，可先按大偏心受压对试件进行正截面受弯承载力计算，而后根据《混凝土结构设计标准》GB/T 50010—2010（2024年版）中有关规定对钢筋混凝土剪力墙进行斜截面的受剪承载力计算。对于带暗支撑剪力墙承载力计算时，可以先按照普通剪力墙进行承载力计算，之后叠加暗支撑对承载力的贡献值。

1. 剪力墙正截面承载力计算

（1）大偏心受压承载力计算

矩形截面墙肢的大偏心受压承载力计算模型如图3.1-7所示。

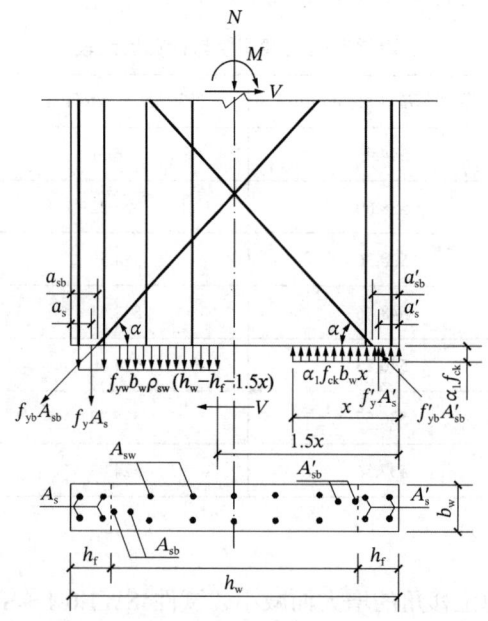

图3.1-7 大偏心受压承载力计算模型

根据平截面假定，当 $x \leqslant \xi_b h_{w0}$ 时，墙肢为大偏心受压，相对界限受压区高度：

$$\xi_b = \frac{0.8}{1 + \frac{f_y}{0.0033E_s}} \tag{3.1-8}$$

两计算平衡方程为：

$$N = \alpha_1 f_{ck} b_w x - f_{yw} b_w \rho_{sw}(h_w - h_f - 1.5x) \tag{3.1-9}$$

$$N\left(e_0 - \frac{h_w}{2} + \frac{x}{2}\right) = f_y A_s (h_w - 2a_s) + f_{yb} A_{sb}(h_w - 2a_{sb})\sin\alpha +$$
$$f_{yw} A_{sw}(h_w - h_f - 1.5x)\left(\frac{h_w - h_f}{2} + \frac{x}{4}\right) \tag{3.1-10}$$

墙肢水平承载力的计算：

$$F = \frac{M}{H} = \frac{Ne_0}{H} \tag{3.1-11}$$

式中：f_y、f_y'——墙肢端部边缘构件受拉、受压纵向钢筋的屈服强度；

f_{yw}——墙肢内竖向分布钢筋的屈服强度;

f_{yb}、f'_{yb}——墙肢内受拉暗支撑、受压暗支撑的屈服强度;

A_s、A'_s——墙肢端部边缘构件受拉、受压纵向钢筋的总面积;

ρ_{sw}——墙肢内竖向分布钢筋的配筋率;

A_{sb}、A'_{sb}——墙肢内受拉暗支撑、受压暗支撑的总面积;

b_w、h_w——墙肢截面宽度、高度;

h_f——墙肢截面边缘构件的高度;

a_s、a'_s——墙肢端部边缘构件受拉、受压纵向钢筋合力点到截面边缘的距离;

a_{sb}、a'_{sb}——墙肢内受拉暗支撑、受压暗支撑合力点到截面边缘的距离;

α——暗支撑钢筋的仰角;

N——轴向压力;

α_1——系数,当混凝土强度等级不超过 C50 时,α_1 取为 1.0,当混凝土强度等级为 C80,α_1 取为 0.94,其间按线性内插法确定;

f_{ck}——混凝土轴心抗压强度标准值;

e_0——偏心矩 $e_0 = M/N$;

x——受压区高度;

ξ_b——相对界限受压区高度;

H——试件水平加载点至基础顶面的距离。

(2)小偏心受压承载力计算

小偏心受压时墙肢内竖向分布钢筋的作用均不考虑。这样,墙肢小偏心受压极限状态时的截面应力分布与小偏心受压柱类似。

矩形截面墙肢的小偏心受压承载力计算模型如图 3.1-8 所示。

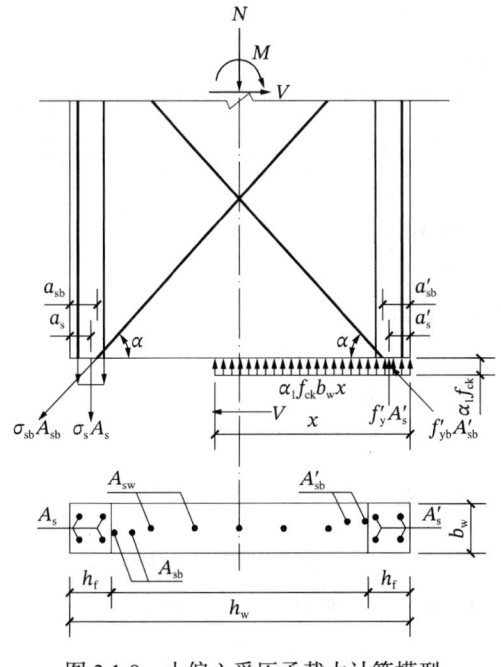

图 3.1-8 小偏心受压承载力计算模型

根据平截面假定，当 $x \geqslant \xi_b h_{w0}$ 时，墙肢为小偏心受压，相对界限受压区高度同式(3.1-8)。

根据平衡条件 $\sum N = 0$，$\sum M = 0$ 可得下面两个方程：

$$N = \alpha_1 f_{ck} b_w x + f'_y A'_s + f'_{yb} A'_{sb} \sin\alpha - \sigma_s A_s - \sigma_{sb} A_{sb} \sin\alpha \quad (3.1\text{-}12)$$

$$Ne = f'_y A'_s \left(\frac{x}{2} - a'_s\right) + f'_{yb} A'_{sb} \left(\frac{x}{2} - a'_{sb}\right) \sin\alpha + \sigma_s A_s \left(h_w - a_s - \frac{x}{2}\right) +$$
$$\sigma_{sb} A_{sb} \left(h_w - a_{sb} - \frac{x}{2}\right) \sin\alpha \quad (3.1\text{-}13)$$

其中：

$$e = e_0 - \frac{h_w}{2} + \frac{x}{2} \quad (3.1\text{-}14)$$

$$\sigma_s = \frac{\xi - \beta_1}{\xi_b - \beta_1} f_y = \frac{\xi - 0.8}{\xi_b - 0.8} f_y \quad (3.1\text{-}15)$$

$$\sigma_{sb} = \frac{\xi - \beta_1}{\xi_b - \beta_1} f_{yb} = \frac{\xi - 0.8}{\xi_b - 0.8} f_{yb} \quad (3.1\text{-}16)$$

墙板水平承载力的计算同式(3.1-11)。

式中：σ_s、f_y——墙肢端部边缘构件受拉钢筋的应力、受压钢筋的屈服强度；

σ_{sb}、f_{yb}——墙肢内受拉暗支撑的应力、受压暗支撑的屈服强度；

A_s、A'_s——墙肢端部边缘构件受拉、受压纵向钢筋的总面积；

A_{sb}、A'_{sb}——墙肢内受拉暗支撑、受压暗支撑的总面积；

b_w、h_w——墙肢截面宽度、高度；

h_f——墙肢截面边缘构件的高度；

a_s、a'_s——墙肢端部受拉、受压钢筋合力点到截面边缘的距离；

a_{sb}、a'_{sb}——受拉暗支撑、受压暗支撑合力点到截面边缘的距离；

α——暗支撑钢筋的仰角；

N——轴向压力；

α_1——系数，当混凝土强度等级不超过C50时，α_1取为1.0，当混凝土强度等级为C80，α_1取为0.94，其间按线性内插法确定；

f_{ck}——混凝土轴心抗压强度标准值；

e_0——偏心矩 $e_0 = M/N$；

x——受压区高度；

h_{w0}——墙肢截面的有效高度；

ξ——相对受压区高度，$\xi = x/h_{w0}$；

ξ_b——相对界限受压区高度；

H——试件水平加载点至基础顶面的距离。

2. 剪力墙斜截面承载力计算

矩形截面墙板的斜截面承载力计算模型如图3.1-9所示。

偏心受压时试件的斜截面承载力按如下公式计算：

$$V_w = \frac{1}{\lambda - 0.5}\left(0.5 f_t b_w h_{w0} + 0.13 N \frac{A_w}{A}\right) + f_{yh} \frac{A_{sh}}{s} h_{w0} + f_{yb} A_{sb} \cos\alpha \quad (3.1\text{-}17)$$

式中：b_w——墙肢截面宽度；
h_w——墙肢截面高度；
h_{w0}——墙肢截面有效高度；
A、A_w——截面的全截面面积和腹板面积，对于矩形截面$A = A_w$；
N——与剪力设计值V_u相应的轴向压力；
f_{yh}——墙肢水平分布钢筋的抗拉屈服强度；
A_{sh}——配置在同一水平截面内的水平分布钢筋的全部截面面积；
s——水平分布钢筋的间距；
λ——计算截面处的剪跨比$\lambda = M/(Vh_{w0})$；当$\lambda < 1.5$时，$\lambda = 1.5$；当$\lambda > 2.2$时，$\lambda = 2.2$。

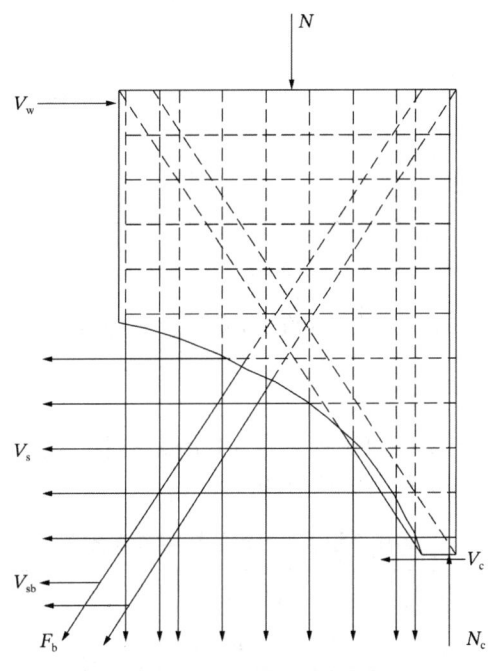

图3.1-9 斜截面承载力计算模型

3. 暗支撑的贡献

暗支撑对剪力墙承载力贡献值的计算模型如图3.1-10所示。

当剪力墙发生弯曲破坏，且暗支撑钢筋屈服时，带暗支撑剪力墙中暗支撑对受剪承载力的贡献值为：

$$V_{sb1} = f_{yb}A_{sb}(h_w - 2a_{sb})\sin\alpha /H \tag{3.1-18}$$

当剪力墙发生剪切破坏，且暗支撑钢筋屈服时，带暗支撑剪力墙中与斜裂缝相交的暗支撑钢筋对受剪承载力的贡献值为：

$$V_{sb2} = f_{yb}A_{sb}\cos\alpha \tag{3.1-19}$$

式中及图中：f_{yb}、f'_{yb}——受拉暗支撑、受压暗支撑的屈服强度；
A_{sb}、A'_{sb}——受拉暗支撑、受压暗支撑的总面积；
h_w——墙肢截面高度；

a_{sb}、a'_{sb}——受拉暗支撑、受压暗支撑合力点到截面边缘的距离；
α——暗支撑的仰角。

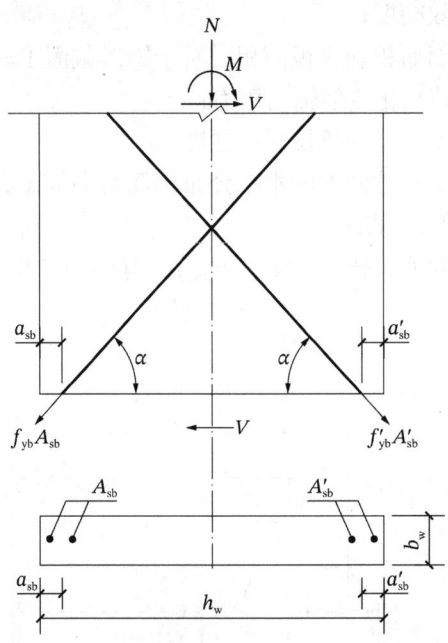

图 3.1-10 暗支撑对剪力墙承载力贡献值的计算模型

4. 计算值与实测值的比较

各试件承载力计算值与实测值比较见表 3.1-10。表中，用于比较的承载力计算值取正截面承载力计算值和斜截面承载力计算值的较小者。

各试件承载力计算值与实测值比较　　　　表 3.1-10

试件编号	正截面承载力计算值（kN）	斜截面承载力计算值（kN）	理论计算值与实测值比较		
			计算值（kN）	实测值（kN）	相对误差绝对值（%）
SW1.0-1	304.25	390.95	304.25	310.46	2.001
SW1.0-2	304.25	390.95	304.25	306.54	0.748
SW1.0-3	279.66	309.72	279.66	290.41	3.701
SW1.0-4	307.39	374.21	307.39	312.96	1.779
SW1.0-5	285.76	309.72	285.76	282.67	1.095
SW1.0-6	296.87	309.72	296.87	289.46	2.558
SW1.0-7	291.91	309.72	291.91	303.24	3.737

分析可见：试件 SW1.0-1、SW1.0-2、SW1.0-4 斜截面承载力大于正截面承载力，试件 SW1.0-3、SW1.0-5、SW1.0-6、SW1.0-7 斜截面承载力与正截面承载力相当。利用正截面承载力计算公式计算结果与实测结果的相对误差在 5% 以内，理论计算值与实测值符合较好。

3.2 单排配筋中高剪力墙

3.2.1 试件概况

为研究单排配筋中高剪力墙的抗震性能,设计了 8 个一字形截面中高墙试件,编号为 SW1.5-1~SW1.5-8,编号中 SW 代表墙,1.5 代表墙的剪跨比。试件的主要设计参数见表 3.2-1,试件尺寸、模板图详见图 3.2-1,配筋图详见图 3.2-2。

试件 SW1.5-1~SW1.5-8 设计参数 表 3.2-1

试件编号		SW1.5-1	SW1.5-2	SW1.5-3/4	SW1.5-5	SW1.5-6	SW1.5-7	SW1.5-8
配筋形式		双排	单排	单排	单排	单排	单排	—
轴压比		0.3	0.3	0.3	0.3	0.3	0.3	0.3
配筋率		0.25%	0.25%	0.15%	0.15%	0.15%	0.15%	—
墙板宽(mm)		1000	1000	1000	1000	1000	1000	1000
墙板厚(mm)		140	140	140	140	140	140	240
墙肢高(mm)		1500	1500	1500	1500	1500	1500	1500
水平分布筋		φ6@160	φ6@80	φ6@130	φ6@130	φ6@130	φ6@130	2φ6@300
竖向分布筋		φ6@160	φ6@80	φ6@130	φ6@130	φ6@130	φ6@130	—
边缘构造	形式	暗柱	暗柱	暗柱	—	—	暗柱	—
	截面(mm)	140×140	140×140	140×140				
	主筋	4φ8	4φ8	4φ8	1φ16	2φ12	2φ10 1φ8	2φ8
	箍筋	φ4@100/150	φ4@100/150	φ4@100/150	φ4@100/150	φ4@100/150	φ4@100/150	φ4@100/150

其中 SW1.5-1 为双向双排配筋混凝土中高剪力墙,SW1.5-2~SW1.5-7 为双向单排配筋中高剪力墙,墙板截面高度 1000mm、截面厚度 140mm,试件基础表面至水平加载线高度 1500mm;SW1.5-8 为配筋页岩砖砌体中高墙,墙截面高度 1000mm、截面厚度 240mm,试件基础表面至水平加载线高度 1500mm。

SW1.5-2~SW1.5-7 水平钢筋交错布置,SW1.5-7 一端采用三角形暗柱,三角箍筋,一端采用矩形暗柱,矩形箍筋。各试件暗柱箍筋采用变间距形式,底部 500mm 范围内,采用 φ4@100,上部 1000mm 范围内,采用 φ4@150。

SW1.5-8 页岩砖砌体墙的边缘构造采用 2φ8 配筋,形成 50mm 厚的钢筋混凝土端部构造扁柱。水平筋每隔 300mm 设置一道 2φ6@300 钢筋。

单排配筋混凝土剪力墙结构

X形暗支撑钢筋采用4φ8钢筋，倾角为60°，其配筋比（暗支撑钢筋量与总钢筋量的比值）为0.236。

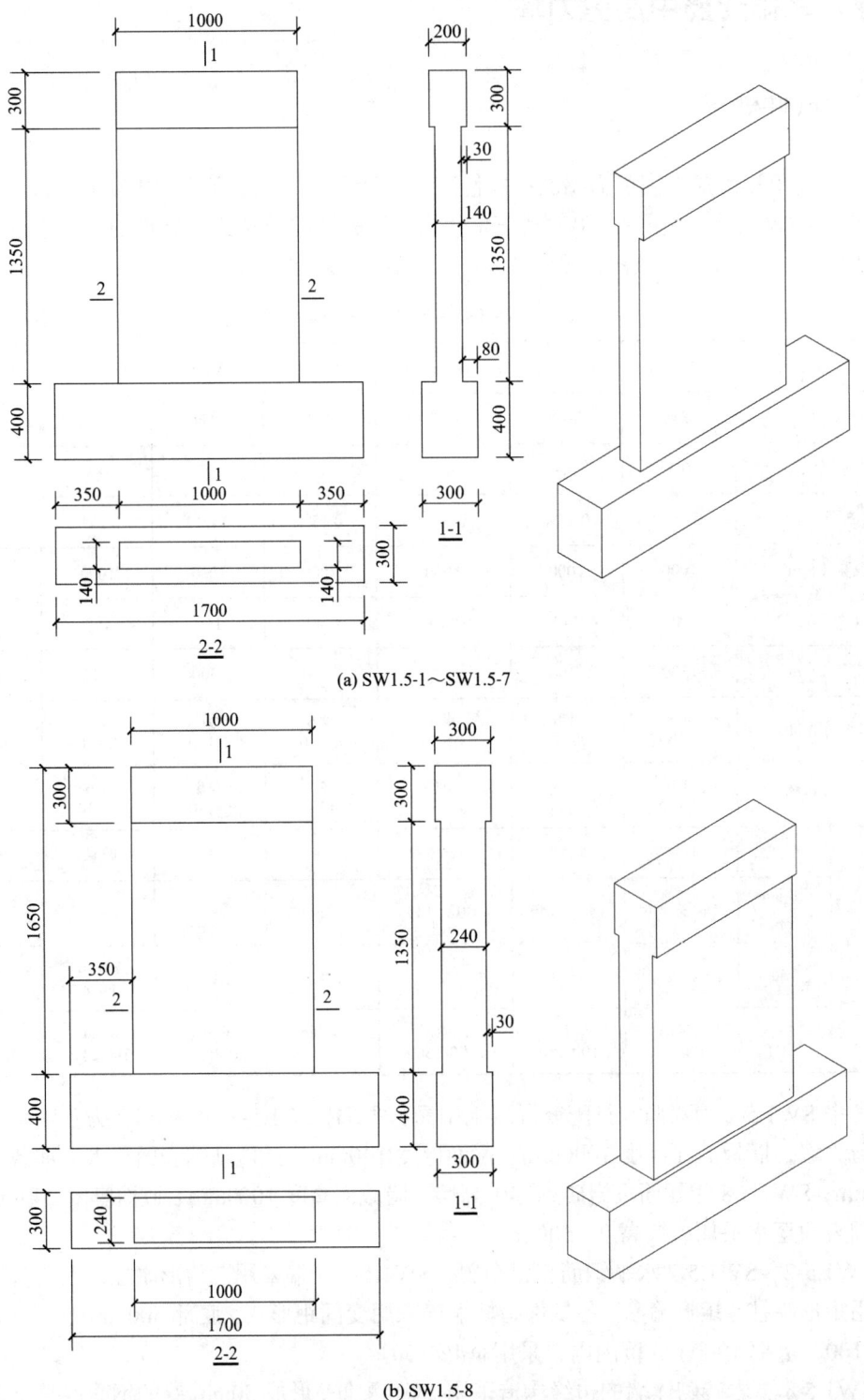

(a) SW1.5-1～SW1.5-7

(b) SW1.5-8

图 3.2-1　各试件尺寸、模板图

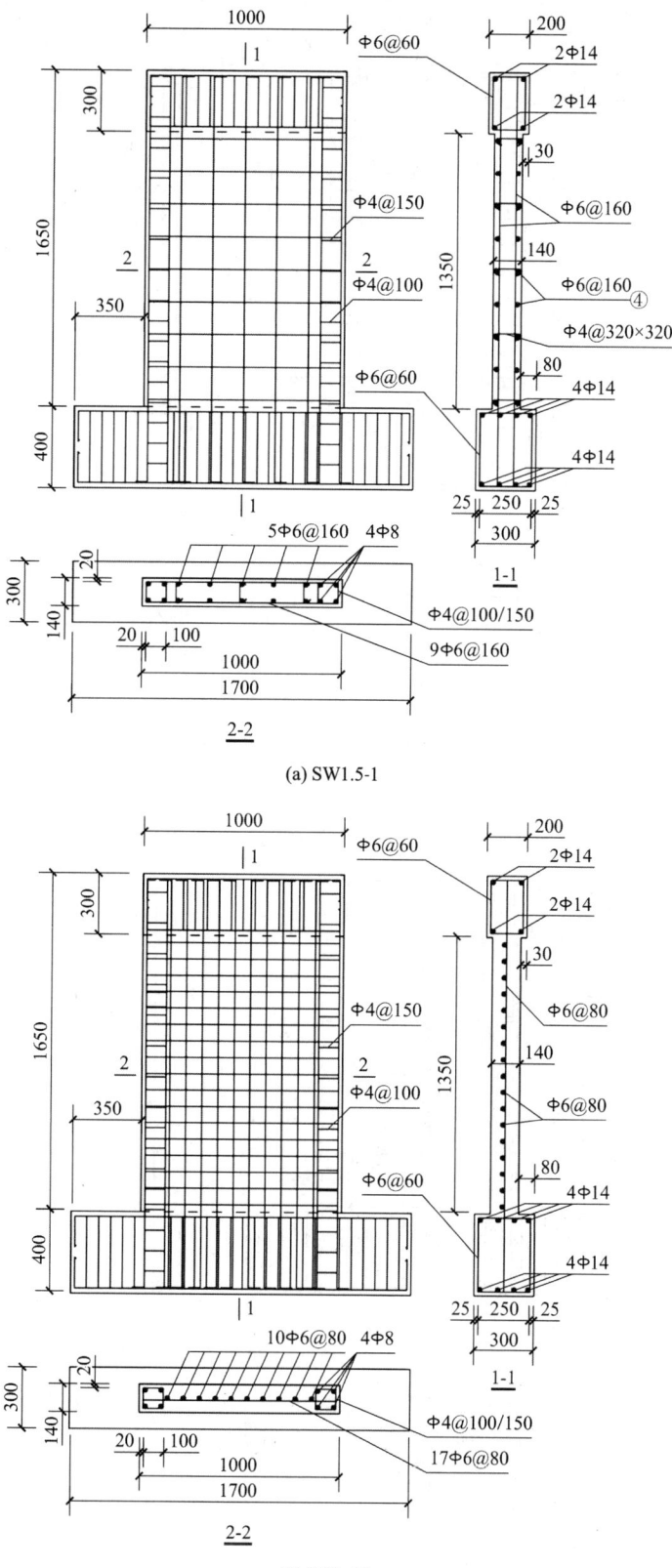

(a) SW1.5-1

(b) SW1.5-2

单排配筋混凝土剪力墙结构

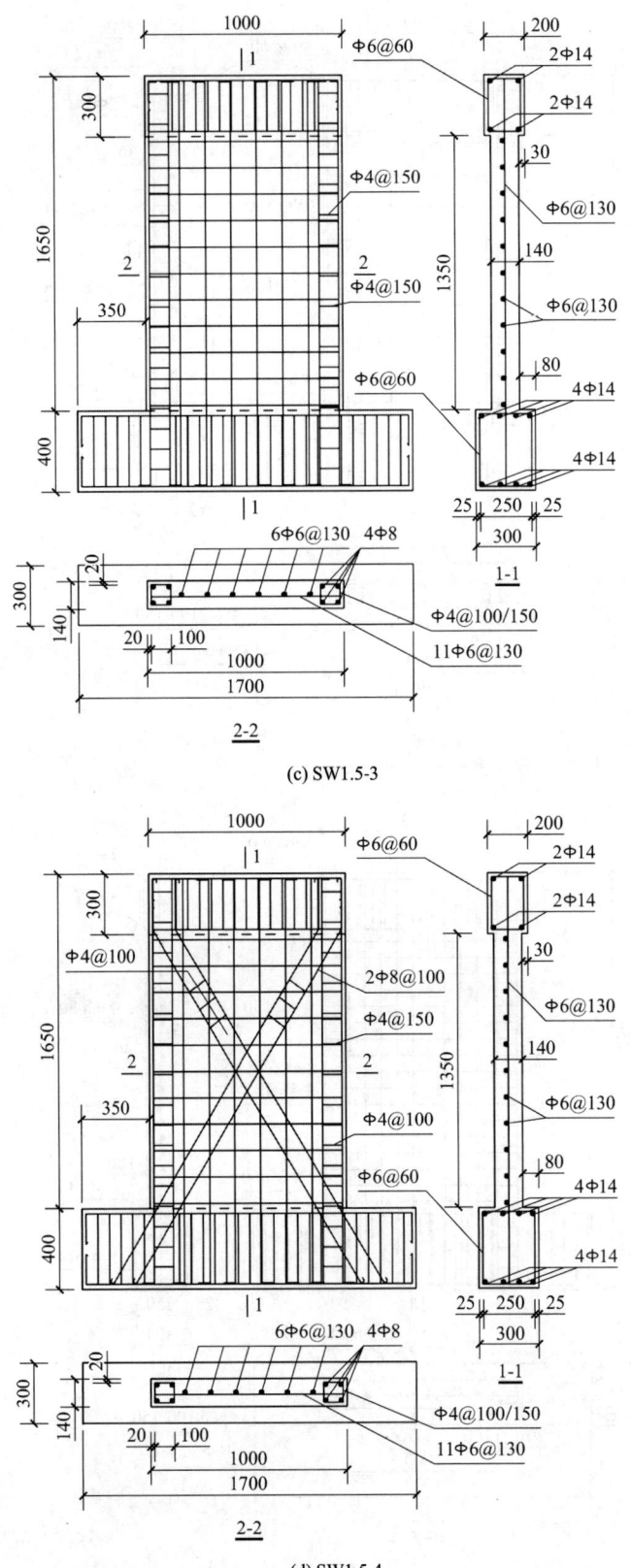

(c) SW1.5-3

(d) SW1.5-4

第3章 单排配筋剪力墙抗震性能

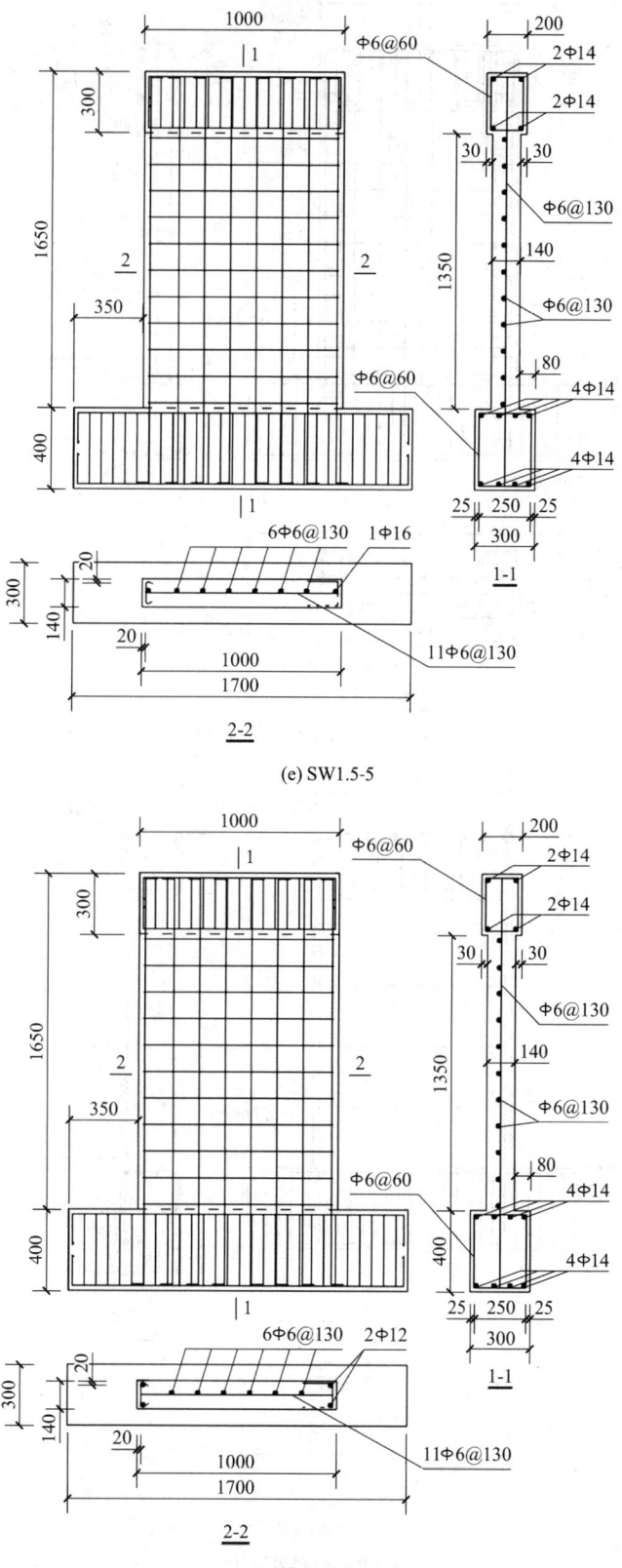

(e) SW1.5-5

(f) SW1.5-6

单排配筋混凝土剪力墙结构

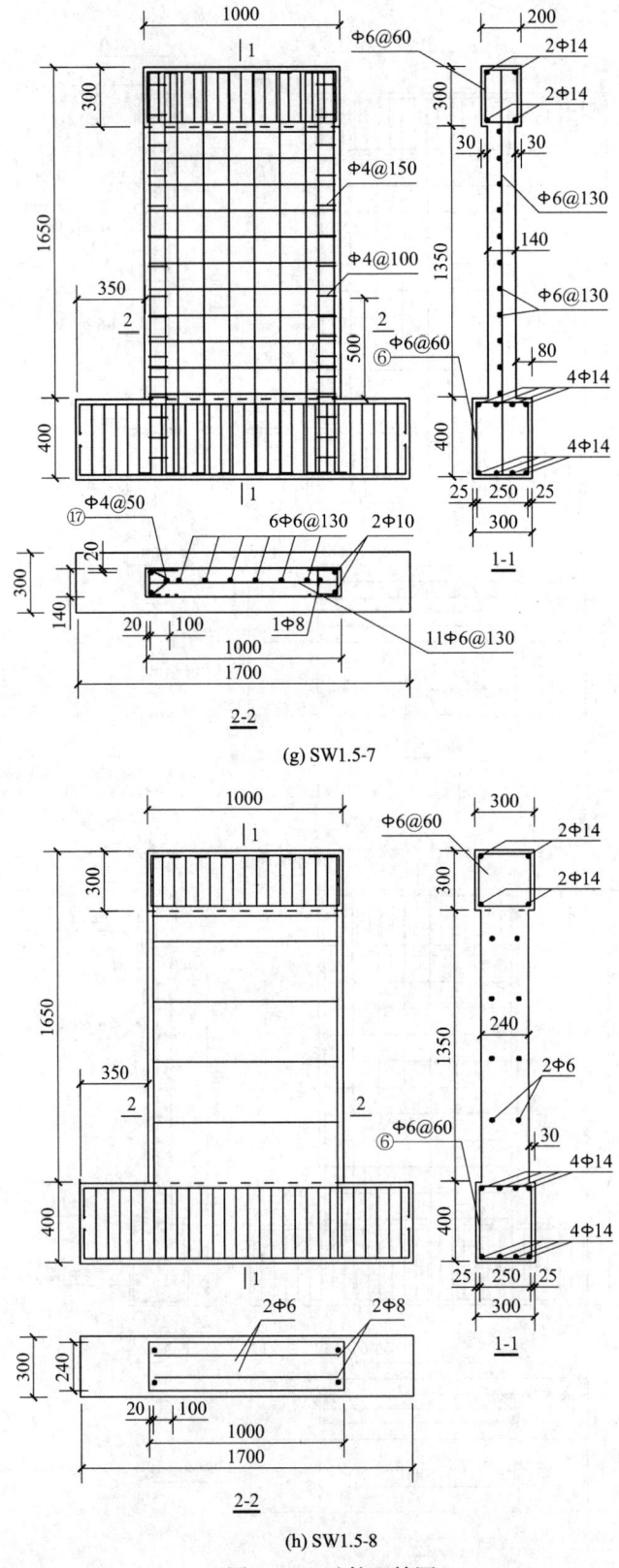

(g) SW1.5-7

(h) SW1.5-8

图 3.2-2 试件配筋图

中高墙试件混凝土强度等级为 C20，混凝土力学性能见表 3.2-2，页岩砖、砂浆力学性能见表 3.2-3，钢筋力学性能见表 3.2-4。

混凝土力学性能　　　　　　　　　　　　　　　　表 3.2-2

混凝土强度等级	弹性模量（MPa）	立方体抗压强度（MPa）
C20	2.56×10^4	25.84

页岩砖、砂浆力学性能　　　　　　　　　　　　　表 3.2-3

等级	（立方体）抗压强度平均值（MPa）
M10	10.30
MU15	16.50

钢筋力学性能　　　　　　　　　　　　　　　　　表 3.2-4

钢筋规格	屈服强度（MPa）	极限强度（MPa）	伸长率（%）	弹性模量（MPa）
8 号铁丝	316.32	350.14	18.75	1.79×10^5
φ6	529.10	622.47	8.33	1.76×10^5
φ8	302.39	453.59	31.25	2.03×10^5
φ10	369.24	466.01	27.50	1.93×10^5
φ12	329.80	478.35	30.83	1.65×10^5
φ16	317.07	489.90	17.22	1.93×10^5

3.2.2　破坏特征分析

各试件的最终破坏形态如图 3.2-3 所示。

(a) SW1.5-1

(b) SW1.5-2

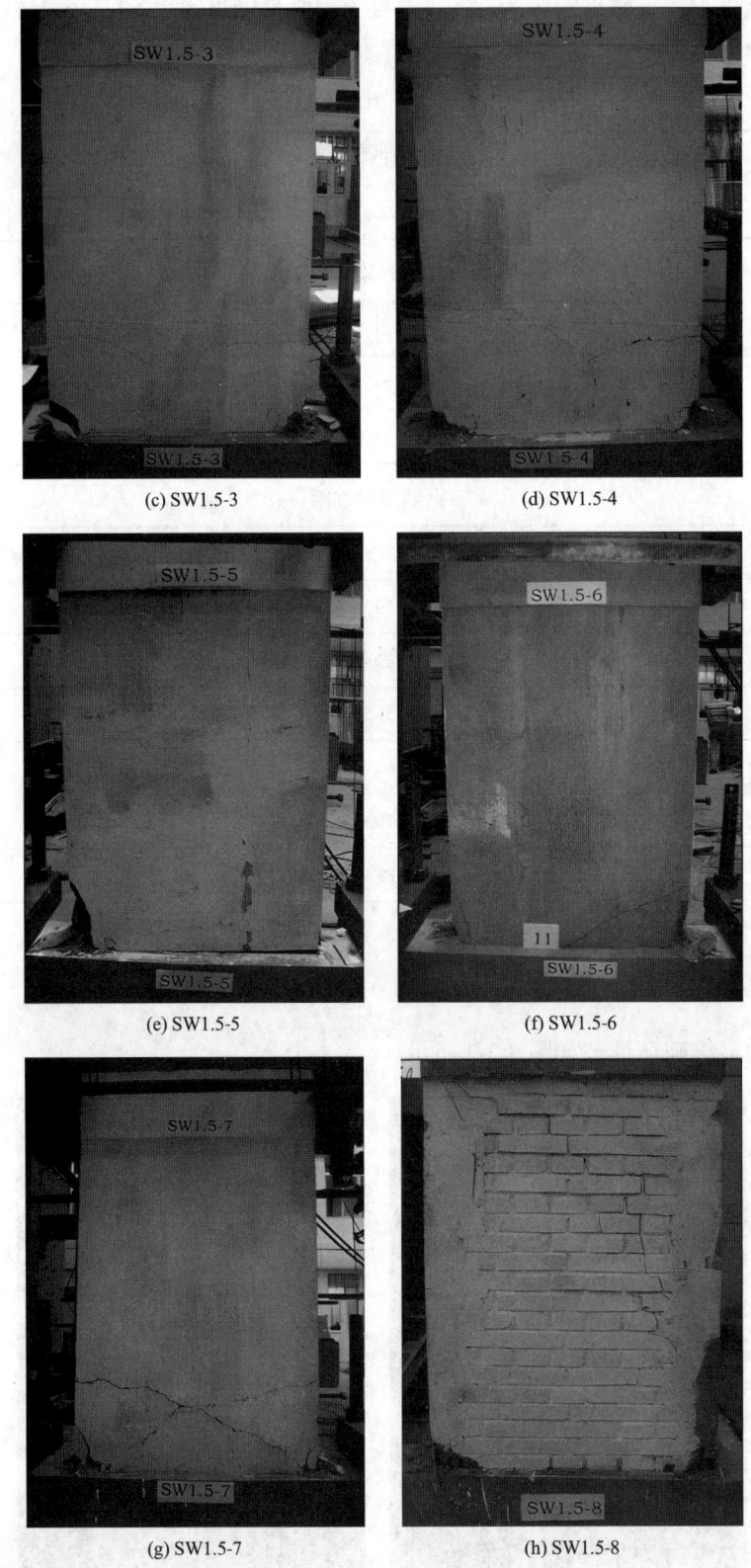

(c) SW1.5-3
(d) SW1.5-4
(e) SW1.5-5
(f) SW1.5-6
(g) SW1.5-7
(h) SW1.5-8

图 3.2-3 各试件最终破坏形态图

试验表明：

（1）试件 SW1.5-1～SW1.5-7 属于弯剪破坏；试件 SW1.5-8 沿着页岩砖砌筑灰缝阶梯状剪切破坏。

（2）与 SW1.5-1 相比，SW1.5-2 裂缝明显增多、裂缝分布域广、塑性铰范围扩大，耗能能力提高。

（3）与 SW1.5-3 相比，SW1.5-4 裂缝明显增多，主裂缝出现较晚且发展慢，裂缝角度有向暗支撑角度逼近的趋势，表明暗支撑影响着剪力墙的破坏过程和形态，对斜裂缝的开展、发展有控制作用，能充分发挥剪力墙耗能能力。

（4）SW1.5-5 两端边缘构造是 1Φ16 钢筋，两端破坏程度有很大不同，水平钢筋 U 形钩锚固端能约束部分混凝土，而 L 形钩锚固端约束混凝土较少，混凝土大片剥落。

（5）SW1.5-6 两端边缘构件是 2Φ12 钢筋，两端破坏程度也有很大不同，水平钢筋 U 形钩锚固端能约束纵向钢筋和部分混凝土，而 L 形钩锚固端对纵筋和混凝土约束作用不明显，水平钢筋 L 形锚固端几乎被拉直，混凝土大片剥落。

（6）SW1.5-7 两端为 2Φ10 + 1Φ8 钢筋形成的三角形暗柱，一端采用矩形箍筋，一端采用三角形箍筋，两端破坏程度基本相同，三角形箍筋和矩形箍筋约束作用基本相同。

3.2.3 滞回特性

各试件在低周反复荷载作用下的"水平荷载 F-顶点水平位移 U"滞回曲线如图 3.2-4 所示，它综合反映了剪力墙的刚度、强度、变形和耗能能力。

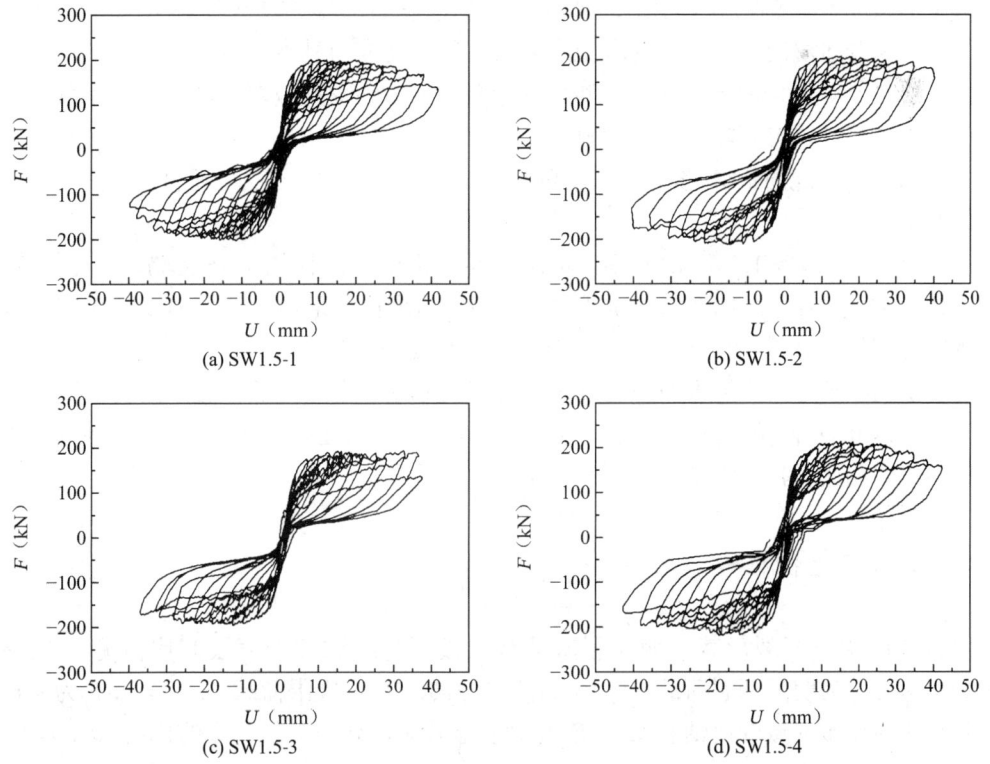

(a) SW1.5-1

(b) SW1.5-2

(c) SW1.5-3

(d) SW1.5-4

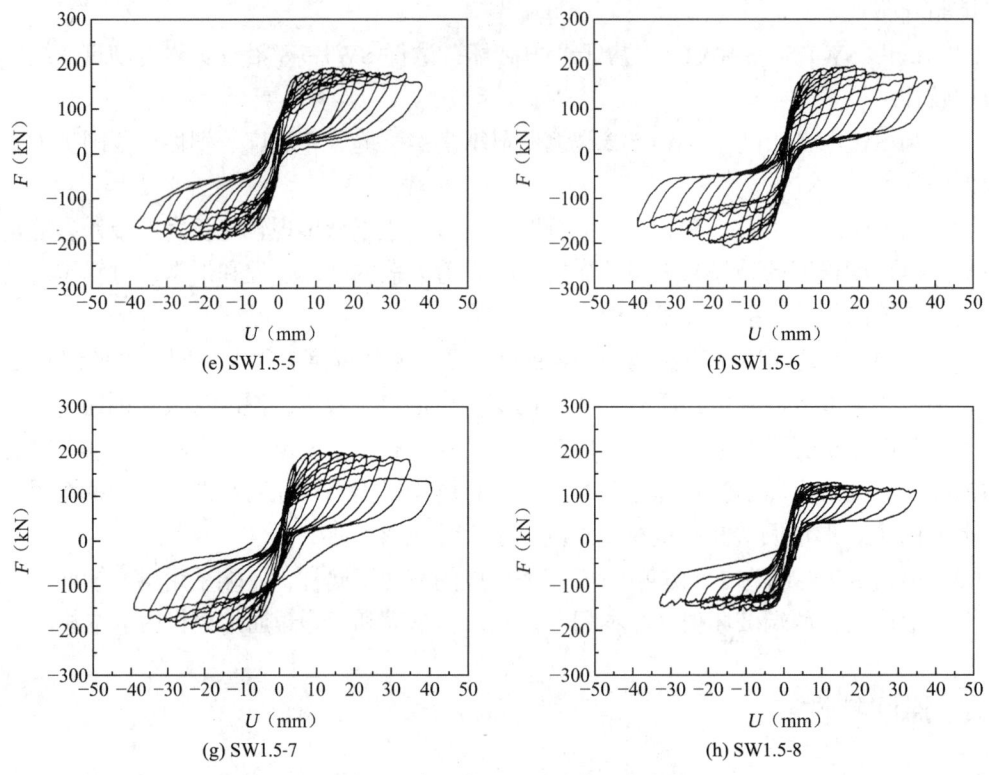

图 3.2-4 各试件"F-U"滞回曲线图

分析可见：

（1）SW1.5-2 与 SW1.5-1 相比，滞回环中部捏拢略轻、耗能较好，说明双向单排配筋中高剪力墙和普通双向双排配筋混凝土中高剪力墙耗能能力基本一致。

（2）SW1.5-4 与 SW1.5-3 相比，滞回环包含面积大、捏拢较轻、耗能好、承载力高，暗支撑对提高剪力墙抗震能力作用明显。

（3）双向单排配筋带 X 形暗支撑中高剪力墙 SW1.5-4 的承载力、延性、耗能能力明显优于其他试件。

（4）SW1.5-5、SW1.5-6、SW1.5-7 与 SW1.5-3 相比，滞回环中部捏拢略轻、耗能较好，延性较好，说明 4 种边缘构造形式抗震效果相近；边缘构造采用 2ϕ12 和 2ϕ10＋1ϕ8 三角形暗柱抗震效果好于 4ϕ8 暗柱和 1ϕ16 钢筋的构造形式。

（5）SW1.5-8 滞回环包含面积明显小、耗能明显差、承载力低，滞回曲线呈反 Z 形，表明 140mm 厚的双向单排配筋中高剪力墙，与端部带混凝土构造扁柱的 240mm 厚的配筋页岩砖砌体墙相比，抗震性能显著提高。

3.2.4 承载力与位移

各试件的明显开裂荷载、明显屈服荷载、极限荷载的实测值及其比值见表 3.2-5、表 3.2-6。表中 F_c 为明显开裂荷载；F_y 为明显屈服荷载；F_u 为极限荷载；$\mu_{cy} = F_c/F_y$ 为明显开裂荷载与明显屈服荷载的比值；$\mu_{cu} = F_c/F_u$ 为明显开裂荷载与极限荷载的比值；$\mu_{yu} = F_y/F_u$

为明显屈服荷载与极限荷载的比值,即屈强比。明显开裂荷载指首次加载到开裂的荷载,根据试件的对称性,明显屈服荷载和最大荷载取正、负两向加载均值。

明显开裂荷载、明显屈服荷载、极限荷载的实测值　　　　表 3.2-5

试件编号	F_c(kN)	F_y(kN)			F_u(kN)		
		正向	负向	平均	正向	负向	平均
SW1.5-1	62.85	178.24	187.49	182.86	201.95	201.95	201.95
SW1.5-2	61.59	179.50	197.59	188.55	207.96	211.75	209.86
SW1.5-3	58.15	166.41	161.28	163.84	193.92	192.37	193.14
SW1.5-4	65.22	194.21	198.49	196.35	214.58	214.58	214.58
SW1.5-5	56.04	174.86	167.43	171.15	191.45	191.76	191.60
SW1.5-6	60.75	187.36	179.32	183.34	196.99	197.91	197.45
SW1.5-7	61.13	185.39	176.69	181.04	201.64	201.95	201.79
SW1.5-8	34.67	119.38	129.47	124.43	132.19	157.14	144.67

明显开裂荷载、明显屈服荷载、极限荷载实测值均值的比值　　　　表 3.2-6

试件编号	F_c(kN)	F_y(kN)	F_u(kN)	F_u相对值	μ_{cy}	μ_{cu}	μ_{yu}
SW1.5-1	62.85	182.86	201.95	1.000	0.344	0.311	0.905
SW1.5-2	61.59	188.55	209.86	1.039	0.327	0.293	0.898
SW1.5-3	58.15	163.84	193.14	0.956	0.355	0.301	0.848
SW1.5-4	65.22	196.35	214.58	1.063	0.332	0.304	0.915
SW1.5-5	56.04	171.15	191.60	0.949	0.327	0.292	0.893
SW1.5-6	60.75	183.34	197.45	0.978	0.331	0.308	0.929
SW1.5-7	61.13	181.04	201.79	0.999	0.338	0.303	0.897
SW1.5-8	34.67	124.43	144.67	0.716	0.279	0.240	0.860

分析可知:

(1) SW1.5-2 与 SW1.5-1 相比,明显开裂荷载、明显屈服荷载、极限荷载、μ_{cy}、μ_{cu}、μ_{yu} 均基本相近,说明双向单排配筋中高剪力墙与普通双向双排配筋混凝土中高剪力墙在承载力方面基本相同。

(2) SW1.5-2 与 SW1.5-3 相比,明显开裂荷载、明显屈服荷载和极限荷载分别提高了 5.9%、15.1%、8.7%,可见配筋率对双向单排配筋中高剪力墙的承载力影响较大。

(3) 相同配筋率下的 SW1.5-4 与 SW1.5-3 相比,明显开裂荷载、明显屈服荷载和极限荷载分别提高了 12.2%、19.8%、11.1%,说明暗支撑有效地限制了裂缝的发展,提高了试件的抗震能力。

(4) SW1.5-4 配筋量与 SW1.5-1 基本相同，但明显开裂水平荷载、明显屈服水平荷载和极限水平荷载均有较大提高，说明适当降低墙板配筋率而加设暗支撑可明显提高试件的承载力。

(5) SW1.5-5 取消边缘构造暗柱，采用 1Φ16 钢筋的边缘构造形式，边缘构造配筋率与试件 SW1.5-3 暗柱配筋率相等，墙体配筋率也为 0.15%，其承载力基本相同。

(6) SW1.5-6 取消边缘构造暗柱，采用 2Φ12 钢筋的边缘构造形式，边缘构造配筋率比 SW1.5-3 暗柱配筋率略高，墙体配筋率也为 0.15%，承载力基本相同，仅明显屈服荷载提高 11.9%，2Φ12 钢筋的边缘构造形式增大了边缘钢筋合力作用点的力臂。

(7) SW1.5-7 采用 2Φ10+1Φ8 钢筋的边缘三角形暗柱，其三角形暗柱配筋率与 SW1.5-3 暗柱配筋基本相同，墙体配筋率也为 0.15%，而明显开裂荷载、明显屈服荷载、极限荷载、μ_{yu} 分别提高了 5.1%、10.5%、4.5%、5.8%，承载力略有提高。

(8) 配筋率为 0.15% 的试件 SW1.5-3、SW1.5-5、SW1.5-6、SW1.5-7 基本相同，可见 4 种不同边缘构造配筋形式对承载力影响不大。采用 2Φ10+1Φ8 钢筋的边缘三角形暗柱相对较好，边缘构件合力作用点的力臂比 4Φ8 暗柱合力作用点力臂稍大。

(9) SW1.5-5、SW1.5-6 水平分布筋两端锚固形式不同，一端采用 U 形，一端采用 L 形，使得水平钢筋对边缘构造纵筋的约束能力和受约束混凝土的范围不同，采用 U 形锚固一端对边缘构造纵筋的约束能力相对强、受约束混凝土范围相对大。SW1.5-5、SW1.5-6 采用 U 形锚固端受压对应的明显屈服荷载比 L 形锚固端受压对应的明显屈服极限荷载分别提高了 4.4%、4.5%。

(10) SW1.5-8 为端部带构造混凝土扁柱的配筋页岩砖砌体墙，其明显开裂荷载、明显屈服荷载、极限荷载与其他试件相比均有显著下降。与 240mm 厚的砌体墙试件 SW1.5-8 相比：墙板厚 140mm、墙板配筋率 0.15% 的单排配筋剪力墙试件，明显开裂荷载、明显屈服荷载、极限荷载分别提高了约 67.7%、31.7%、33.5%；墙板厚 140mm、墙板配筋率 0.15% 的带暗支撑的单排配筋剪力墙试件 SW1.5-4，明显开裂荷载、明显屈服荷载、极限荷载分别提高了 88.1%、57.8%、48.3%。

各试件与加载点同一水平高度处测点的位移和延性系数实测值及其比值见表 3.2-7、表 3.2-8。表中 U_c 为明显开裂水平荷载 F_c 对应的明显开裂位移，U_y 为明显屈服水平荷载 F_y 对应的明显屈服位移。根据正负两向的屈服荷载确定正负两向的屈服位移及试件的对称性，屈服位移 U_y 取正负两向均值，U_d 为正负两向弹塑性最大位移的均值，θ_p 为弹塑性位移角，$\mu = U_d/U_y$ 为最大弹塑性位移与屈服位移的比值，即延性系数，它是反映剪力墙延性的参数。

各试件位移实测值　　　　表 3.2-7

试件编号	U_c (mm)	U_y (mm)			U_d (mm)		
		正向	负向	均值	正向	负向	均值
SW1.5-1	0.58	5.50	6.18	5.84	35.45	30.52	35.45
SW1.5-2	0.61	5.45	6.63	6.04	37.70	39.45	38.58
SW1.5-3	0.59	5.27	6.23	5.75	33.88	32.72	33.30

续表

试件编号	U_c（mm）	U_y（mm）			U_d（mm）		
		正向	负向	均值	正向	负向	均值
SW1.5-4	0.63	6.31	5.92	6.12	38.02	42.25	40.13
SW1.5-5	0.59	5.07	6.37	5.72	34.72	31.17	32.94
SW1.5-6	0.60	5.30	6.66	5.98	37.83	27.83	32.83
SW1.5-7	0.62	5.29	6.61	5.95	35.27	32.12	33.69
SW1.5-8	0.57	4.82	3.77	5.48	28.47	24.35	26.41

各剪力墙试件位移、弹塑性位移角及延性系数　　　　表 3.2-8

试件编号	U_c均值（mm）	U_y均值（mm）	U_d均值（mm）	θ_p	μ	μ相对值
SW1.5-1	0.58	5.84	35.45	1/42	6.070	1.000
SW1.5-2	0.61	6.04	38.58	1/39	6.387	1.052
SW1.5-3	0.59	5.75	33.30	1/45	5.791	0.954
SW1.5-4	0.63	6.12	40.13	1/37	6.558	1.080
SW1.5-5	0.59	5.72	32.94	1/46	5.761	0.949
SW1.5-6	0.60	5.98	32.83	1/46	5.489	0.904
SW1.5-7	0.62	5.95	33.69	1/45	5.663	0.933
SW1.5-8	0.57	5.48	26.41	1/57	4.819	0.794

分析可知：

（1）SW1.5-2 与 SW1.5-1 相比，明显开裂位移相近，明显屈服位移、极限位移、θ_p、μ 分别提高了 3.4%、8.8%、7.6%、5.2%，说明双向单排配筋中高剪力墙比双向双排配筋中高剪力墙延性性能略有提高。

（2）SW1.5-3 与 SW1.5-2 相比，明显开裂位移基本相同，但明显屈服位移、极限位移、θ_p、μ 均有明显下降，分别下降了 5%、15.8%、15.3%、10.3%，说明配筋率减小对双向单排配筋中高剪力墙的延性降低有明显的影响。

（3）双向单排配筋剪力墙 SW1.5-4 与 SW1.5-3 相比，明显开裂位移、明显屈服位移、极限位移、θ_p、μ 均明显提高，分别为 6.7%、6.4%、20.5%、21.6%、13.3%，说明设置 X 形暗支撑能明显改善剪力墙的延性性能。

（4）墙肢配筋率相同的 SW1.5-3、SW1.5-5、SW1.5-6 和 SW1.5-7，4 个试件的明显开裂位移、明显屈服位移、极限位移、θ_p 和 μ 基本相同，说明 4 种边缘构造形式对双向单排配筋剪力墙延性影响不明显。其中边缘暗柱采用 4Φ8 钢筋的 SW1.5-3 和边缘三角形暗柱采用 2Φ10＋1Φ8 钢筋的 SW1.5-7，屈服位移、极限位移、延性性能略优于其他试件。

（5）配筋页岩砖砌体墙试件 SW1.5-8，明显开裂位移、明显屈服位移、极限位移、θ_p

和μ均明显小于其他试件，说明140mm厚的双向单排配筋中高剪力墙延性性能显著好于端部带构造混凝土扁柱的配筋页岩砖砌体墙。

3.2.5 刚度及退化过程

试验表明，试件的刚度K随着位移角θ增大而退化，实测所得SW1.5-1～SW1.5-8的"K-θ"曲线如图3.2-5所示。

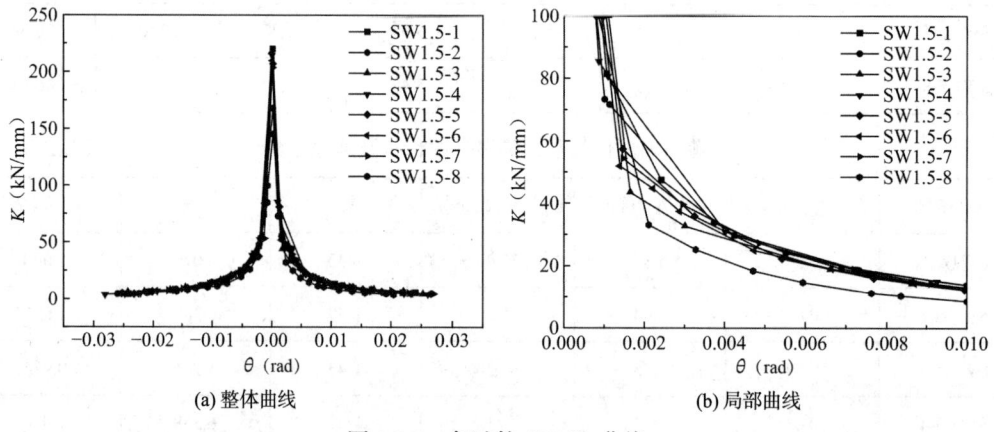

图3.2-5 各试件"K-θ"曲线

分析可知：

（1）除配筋页岩砖砌体墙试件外，各剪力墙试件的初始刚度基本相同，说明初始刚度主要由材料强度和试件尺寸决定。

（2）相同配筋率下的SW1.5-2与SW1.5-1相比，K_c略有下降，K_y基本相同，β_{yc}略有提高，说明双向单排配筋中高剪力墙与普通配筋混凝土中高剪力墙的加载到开裂阶段、开裂到屈服阶段的刚度及其退化规律相近。

（3）SW1.5-3、SW1.5-5和SW1.5-7的K_c、K_y明显下降，刚度退化快，说明配筋率减小对刚度退化影响较大。

（4）SW1.5-4与SW1.5-3相比，K_c、K_y、β_{c0}、β_{y0}相对值明显增大，说明暗支撑的存在约束了裂缝的开展，使剪力墙的刚度退化慢，后期刚度稳定性好，有利于抗震。

（5）配筋量基本相同的SW1.5-1、SW1.5-2和SW1.5-4，初始弹性刚度、明显开裂割线刚度、明显屈服割线刚度、刚度退化规律基本相同；配筋量基本相同的SW1.5-3、SW1.5-5和SW1.5-7的初始弹性刚度、明显开裂割线刚度、明显屈服割线刚度、刚度退化规律基本相同。SW1.5-6的初始弹性刚度、明显开裂割线刚度较其他配筋率为0.15%的试件略高，这是因为采用2ϕ12提高了边缘构件的配筋率。

（6）端部带构造混凝土扁柱的配筋页岩砖砌体墙试件SW1.5-8，其开裂后刚度退化较快，且后期刚度也明显低于其他试件。

（7）试件SW1.5-1～SW1.5-8刚度退化大体分三阶段：从初始发展到明显开裂为刚度速降阶段；从明显开裂到明显屈服为刚度次速降阶段；从明显屈服到最大弹塑性变形为刚度缓降阶段。

3.2.6 耗能能力

滞回环所包含面积的积累反映结构弹塑性耗能的大小，取滞回曲线的骨架曲线在第一象限和第三象限所包面积的平均值作为比较用的耗能量。各试件耗能能力比较见表3.2-9，各试件耗能相对值均以普通配筋中高剪力墙 SW1.5-1 为基准。

各试件耗能能力比较　　　　　　　　　　表 3.2-9

试件编号	耗能能力 E_p（kN·mm）	耗能相对值
SW1.5-1	4931.92	1.000
SW1.5-2	5683.89	1.152
SW1.5-3	4418.14	0.896
SW1.5-4	6122.90	1.241
SW1.5-5	4527.69	0.918
SW1.5-6	4452.32	0.903
SW1.5-7	4643.97	0.942
SW1.5-8	2759.30	0.559

分析可知：

（1）配筋量相同条件下，双向单排配筋中高剪力墙 SW1.5-2 比普通配筋混凝土中高剪力墙 SW1.5-1 的耗能能力提高了 15.2%。

（2）SW1.5-2 比 SW1.5-3 耗能能力提高了 28.6%，说明配筋率对双向单排配筋中高剪力墙的耗能能力影响很大。

（3）在 SW1.5-4 的耗能能力比 SW1.5-3 提高了 38.6%，说明暗支撑能明显提高剪力墙的耗能能力。

（4）配筋量基本相同条件下，SW1.5-4 比 SW1.5-1 的耗能能力提高了 24.1%。

（5）配筋率相同的 SW1.5-3、SW1.5-5、SW1.5-6、SW1.5-7 耗能能力基本相同，其中 SW1.5-7 的耗能能力略好于其他几个试件。说明采用 $2\phi10+1\phi8$ 三角形暗柱的边缘构件形式略好于其他 3 种边缘构件形式。

（6）墙厚 240mm、端部带构造混凝土扁柱的配筋页岩砖砌体墙试件 SW1.5-8，其耗能能力仅为墙厚 140mm、配筋率为 0.15% 的双向单排配筋中高剪力墙 SW1.5-3 的 62.4%；单排配筋剪力墙与传统砌体墙相比，其抗震能力大幅度提升。

3.2.7 承载力计算

1. 正截面承载力计算基本假定

正截面承载力计算时作如下假设：截面保持平面；不计受拉区混凝土的抗拉作用；按现行混凝土结构设计规范确定混凝土受压应力-应变关系曲线，$\varepsilon_c < 0.002$ 时为抛物线，$0.002 \leqslant \varepsilon_c < 0.0033$ 时为水平直线，混凝土极限压应变值取 0.0033，相应的最大压应力取混凝土抗压强度标准值 f_{ck}。

单排配筋混凝土剪力墙结构

根据平截面假定，当 $x \leqslant \xi bh_{w0}$ 时，为大偏心受压；$x > \xi bh_{w0}$ 时，为小偏心受压；相对界限受压区高度为：

$$\xi_b = \frac{0.8}{1 + \dfrac{f_y}{0.0033E_s}} \tag{3.2-1}$$

大偏压：暗支撑、受拉和受压边缘构件钢筋都达到屈服；距受压边缘 $1.5x$（x 为截面受压区高度）范围以外的竖向受拉分布钢筋全部屈服，即计算时只计入 $h_w - 1.5x$ 范围内的受拉钢筋；忽略距受压区边缘 $1.5x$ 范围内的所有分布筋作用。

小偏压：截面大部分或者全部受压；受拉区钢筋未屈服，计算承载力时墙体竖向分布钢筋作用不计入抗弯；离中和轴较远处受压区的暗支撑及边缘构件纵筋屈服。

由试验中试件的破坏过程和钢筋的应变可知，剪力墙最终破坏时，试件受拉一侧底部纵筋首先屈服，之后受压区钢筋屈服，后期受压一侧混凝土被压酥。试件最终因弯曲或弯剪破坏而失效，底部弯矩起主要控制作用。

大偏心受压承载力计算模型见图 3.2-6。大偏压下，双向单排配筋中高剪力墙的承载力公式可按式(3.2-2)～式(3.2-6)计算。

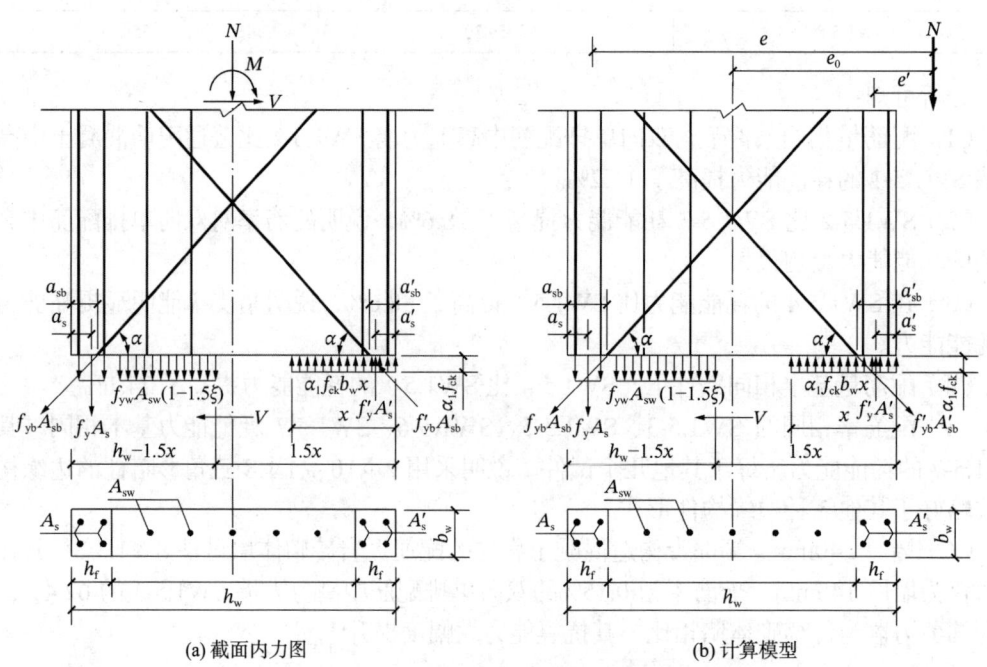

(a) 截面内力图 (b) 计算模型

图 3.2-6 大偏心受压承载力计算模型

根据平衡条件 $\sum N = 0$，$\sum M = 0$，可得出以下两个方程：

$$N = f'_y A'_s - f_y A_s - f_{yw} b_w \rho_w (h_w - 1.5x - h_f) + \alpha_1 f_{ck} b_w x \tag{3.2-2}$$

$$\begin{aligned}
N\left(e_0 - \frac{h_w}{2} + \frac{x}{2}\right) &= f_y A_s \left(h_w - a_s - \frac{x}{2}\right) + f_{yw} b_w \rho_w (h_w - 1.5x - h_f)\left(\frac{h_w - h_f}{2} + \frac{x}{4}\right) + \\
&\quad f_{yb} A_{sb}\left(h_w - a_{sb} - \frac{x}{2}\right)\sin\alpha + f'_y A'_s\left(\frac{x}{2} - a'_s\right) + \\
&\quad f'_{yb} A'_{sb}\left(\frac{x}{2} - a'_{sb}\right)\sin\alpha
\end{aligned} \tag{3.2-3}$$

剪力墙墙肢采用对称配筋，公式之中：
$$f_y = f'_y, \quad A_s = A'_s, \quad f_{yb} = f'_{yb}, \quad A_{sb} = A'_{sb}$$

平衡方程可以简化如下：
$$N = \alpha_1 f_{ck} b_w x - f_{yw} b_w \rho_w (h_w - 1.5x - h_f) \tag{3.2-4}$$

$$N\left(e_0 - \frac{h_w}{2} + \frac{x}{2}\right) = f_y A_s (h_w - 2a_s) + f_{yw} b_w \rho_w (h_w - 1.5x - h_f)\left(\frac{h_w - h_f}{2} + \frac{x}{4}\right) +$$
$$f_{yb} A_{sb} (h_w - 2a_{sb}) \sin \alpha \tag{3.2-5}$$

试件水平承载力：
$$F = \frac{N e_0}{H} \tag{3.2-6}$$

式(3.2-6)中：
$$e_0 = \frac{M}{N}$$

小偏心受压承载力计算模型见图 3.2-7。小偏压下，双向单排配筋中高剪力墙的承载力可按式(3.2-7)～式(3.2-9)计算。

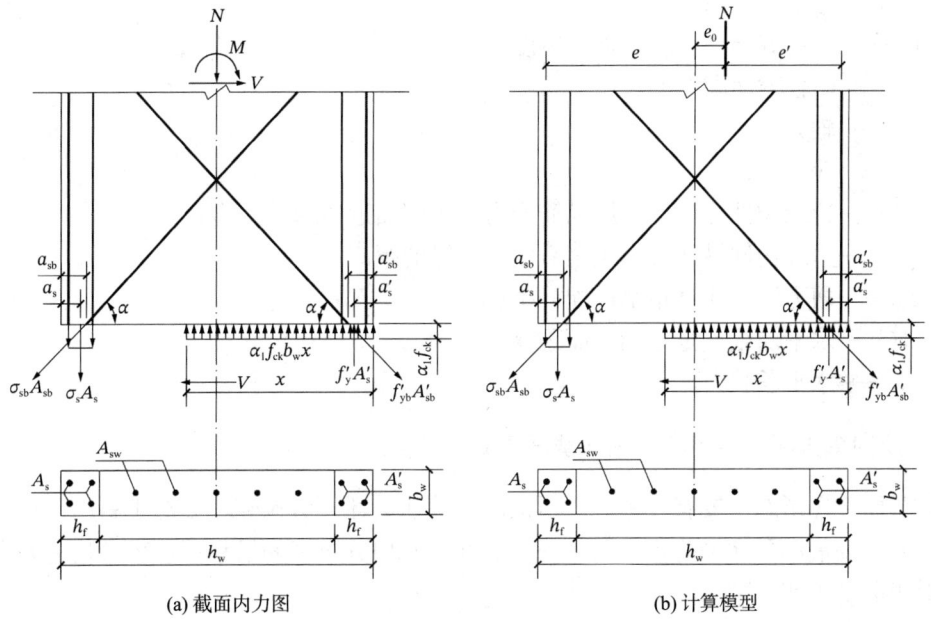

(a) 截面内力图　　　　　　　　　　(b) 计算模型

图 3.2-7　小偏心受压承载力计算模型

由 $\sum N = 0$，$\sum M = 0$ 平衡条件可以得出以下两个方程：
$$N = f'_y A'_s - \sigma_s A_s + f'_{yb} A'_{sb} \sin \alpha - \sigma_{sb} A_{sb} \sin \alpha + \alpha_1 f_{ck} b_w x \tag{3.2-7}$$

$$N\left(e_0 - \frac{h_w}{2} + \frac{x}{2}\right) = \sigma_s A_s \left(h_w - a_s - \frac{x}{2}\right) + \sigma_{sb} A_{sb}\left(h_w - a_{sb} - \frac{x}{2}\right) +$$
$$f'_y A'_s \left(\frac{x}{2} - a'_s\right) + f'_{yb} A'_{sb}\left(\frac{x}{2} - a'_{sb}\right) \sin \alpha \tag{3.2-8}$$

其中：
$$\sigma_s = \frac{f_y}{\xi_b - 0.8}\left(\frac{x}{h_{w0}} - 0.8\right)$$

$$\sigma_{sb} = \frac{f_{yb}}{\xi_b - 0.8}\left(\frac{x}{h_{w0}} - 0.8\right)$$

试件水平承载力：
$$F = \frac{Ne_0}{H} \tag{3.2-9}$$

其中：
$$e_0 = \frac{M}{N}$$

式中： x——柱截面受压区高度；

f_{yw}——墙体竖向分布筋抗拉强度；

f_y、f'_y——边缘构件纵筋抗拉、抗压强度；

f_{yb}、f'_{yb}——墙体中暗支撑纵筋抗拉、抗压强度；

A_s、A'_s——边缘构件中受拉、受压纵筋总面积；

A_{sb}、A'_{sb}——墙体中受拉、受压暗支撑纵筋的总面积；

f_{ck}——混凝土轴心抗压强度标准值；

α——暗支撑倾角；

h_w、b_w——墙肢截面总高度、墙板厚度；

h_f——暗柱截面高度；

N——轴力；

e_0——偏心距；

a_s、a'_s——边缘构件受拉、受压纵筋合力点到截面近边缘的距离；

h_{w0}——边缘构件纵筋合力点至截面远边缘的距离；

ρ_w——剪力墙竖向分布钢筋配筋率；

H——水平加载点至基础顶面距离；

F——水平承载力。

2. 双向单排配筋中高剪力墙斜截面承载力计算

斜截面破坏形态主要有三种：斜压破坏、剪切破坏、剪拉破坏。对于斜压破坏，通常用控制截面的最小尺寸来防止；对于剪拉破坏，则用分布钢筋最小配筋率及构造要求来防止；对于剪切破坏，则通过计算配筋来防止。

本节假定剪力墙发生剪切破坏，给出抗剪承载力的计算模型及理论公式。

影响混凝土剪力墙受剪承载力主要因素有：（1）剪跨比及轴压力；（2）混凝土强度；（3）剪力墙水平分布钢筋配筋率；（4）剪力墙竖向分布钢筋配筋率；（5）斜截面上的骨料咬合力；（6）截面尺寸和形状。

斜截面承载力计算基本假定：

（1）剪力墙发生剪切破坏时，斜截面所抗剪力仅考虑由三部分组成：考虑轴压力贡献的混凝土剪压区的剪力V_c；与斜裂缝相交的水平分布筋的剪力V_s；与斜裂缝相交的暗支撑的剪力V_b。

（2）剪切破坏时，与斜裂缝相交的水平分布钢筋屈服，斜支撑的钢筋达到屈服强度的80%。

3. 受剪承载力计算

双向单排配筋中高剪力墙偏心受压斜截面承载力由下列各式计算：

$$V_u = V_c + V_s + V_b \tag{3.2-10}$$

$$V_u = \frac{1}{\lambda - 0.5}\left(0.5 f_t b_w h_{w0} + 0.13N\frac{A_w}{A}\right) + f_{yh}\frac{A_{sh}}{s}h_{w0} + V_b \tag{3.2-11}$$

$$V_c = \frac{1}{\lambda - 0.5}\left(0.5 f_t b_w h_{w0} + 0.13N\frac{A_w}{A}\right) \tag{3.2-12}$$

$$V_s = f_{yh}\frac{A_{sh}}{s}h_{w0} \tag{3.2-13}$$

$$V_b = V_{sb} = 0.8 f_{yb} A_{sb} \cos\alpha \tag{3.2-14}$$

式中：V_{sb}——暗支撑纵筋对受剪承载力的贡献值；

f_t——混凝土抗拉强度设计值；

f_{yb}——暗支撑纵筋抗拉强度；

f_{yh}——水平分布筋抗拉强度；

s——水平分布筋间距；

A——剪力墙截面面积；

A_w——矩形截面取A；

A_{sb}——受拉暗支撑纵筋的总面积；

A_{sh}——水平分布筋的面积；

α——暗支撑角度；

b_w——剪力墙截面宽度；

λ——计算截面处剪跨比，$\lambda < 1.5$时取$\lambda = 1.5$；$\lambda > 2.2$时取$\lambda = 2.2$；

N——轴力；

h_{w0}——剪力墙截面的有效高度，$h_{w0} = h_w - a_s$；

V_c——考虑轴向压力贡献的混凝土剪压区对受剪承载力的贡献值；

V_s——与斜裂缝相交的水平分布筋对受剪承载力的贡献值；

V_b——与斜裂缝相交的暗支撑纵筋对受剪承载力的贡献值。

上述剪力墙受剪承载力计算公式具有一般性：当不设暗支撑时，$V_b = 0$，公式(3.2-11)退化为双向单排配筋中高剪力墙的受剪承载力计算公式；当设置暗支撑时，$V_b = V_{bs}$，公式(3.2-11)为带暗支撑双向单排配筋中高剪力墙的受剪承载力计算公式。

4. 剪力墙承载力计算值与实测值比较

各剪力墙正截面受弯承载力计算采用式(3.2-2)～式(3.2-6)，斜截面受剪承载力计算采用式(3.2-10)～式(3.2-14)，各剪力墙承载力计算值与实测值比较见表3.2-10。

分析可知：

（1）各剪力墙试件的斜截面受剪承载力明显大于正截面抗弯承载力，剪力墙为"强剪弱弯"型破坏，即各剪力墙最终发生弯曲破坏为主，与试验结果符合较好。

（2）利用正截面承载力计算公式所得计算结果与实测结果的相对误差在10%以内，计算值与实测值符合较好。

剪力墙承载力计算值与实测值比较   表 3.2-10

试件编号	斜截面承载力计算值（kN）	正截面承载力		
		计算值（kN）	实测值（kN）	相对误差绝对值（%）
SW1.5-1	311.58	192.84	201.95	4.72
SW1.5-2	311.58	192.84	209.86	8.82
SW1.5-3	240.93	182.02	193.14	6.11
SW1.5-4	314.81	224.81	214.58	4.55
SW1.5-5	240.93	199.74	191.60	4.07
SW1.5-6	240.93	203.10	197.45	2.78
SW1.5-7	240.93	190.53	201.79	5.91

3.3 单排配筋高剪力墙

3.3.1 试验概况

为研究单排配筋高剪力墙的抗震性能，设计了 8 个一字形截面高墙试件，试件编号为：SW2.0-1～SW2.0-8，其中 SW 代表墙，2.0 代表墙的剪跨比。其中，试件 SW2.0-1～SW2.0-7 为混凝土剪力墙试件，墙板截面高度为 1000mm、厚度为 140mm；试件 SW2.0-8 为截面端部带 50mm 厚构造混凝土扁柱的页岩砖砌体墙，墙截面高度为 1000mm、厚度为 240mm。试件 SW2.0-1 为配筋率 0.25%的普通双向双排配筋高剪力墙；SW2.0-2 为配筋率 0.25%的双向单排配筋高剪力墙；SW2.0-3 为配筋率 0.15%的双向单排配筋高剪力墙；SW2.0-4 为墙体加设 X 形暗支撑配筋（暗支撑钢筋量与总钢筋量的比值为 0.36）的配筋率为 0.15%的双向单排配筋高剪力墙；SW2.0-5 为边缘配置 1 根 $\phi 16$ 钢筋、配筋率为 0.15%的双向单排配筋高剪力墙；SW2.0-6 为边缘配置 2 根 $\phi 12$ 钢筋、配筋率为 0.15%的双向单排配筋高剪力墙；SW2.0-7 为边缘配置 2 根 $\phi 10$ 和 1 根 $\phi 8$ 钢筋、配筋率为 0.15%的双向单排配筋高剪力墙；SW2.0-8 为边缘配置 2 根 $\phi 8$ 钢筋 50mm 厚构造混凝土扁柱、墙体沿高配置 $2\phi 6@300$ 水平筋的约束配筋页岩砖砌体墙。试件 SW2.0-1～SW2.0-7 的墙板混凝土强度等级为 C20，8 个试件加载梁混凝土强度等级均为 C20，基础混凝土强度等级均为 C30。各试件尺寸、配筋等设计参数见表 3.3-1。混凝土剪力墙试件的模板图、配筋图分别见图 3.3-1、图 3.3-2。

各试件的设计参数   表 3.3-1

参数 \ 编号	SW2.0-1	SW2.0-2	SW2.0-3/4	SW2.0-5	SW2.0-6	SW2.0-7	SW2.0-8
配筋形式	双向双排	双向单排	双向单排	双向单排	双向单排	双向单排	—
轴压比	0.3	0.3	0.3	0.3	0.3	0.3	同轴力

续表

配筋率		0.25%	0.25%	0.15%	0.15%	0.15%	0.15%	—
墙板宽		1000	1000	1000	1000	1000	1000	1000
墙板厚		140	140	140	140	140	140	240
墙板净高		1850	1850	1850	1850	1850	1850	1850
墙板水平分布筋		φ6@160	φ6@80	φ6@130	φ6@130	φ6@130	φ6@130	2φ6@300
墙板垂直分布筋		φ6@160	φ6@80	φ6@130	φ6@130	φ6@130	φ6@130	—
边缘构件	形式	边缘构件	边缘构件	边缘构件	—	水平筋向两边交叉锚固	水平筋向两边交叉锚固	—
	截面 b×h (mm)	140×140	140×140	140×140	—	—	140×140	—
	高	1850	1850	1850	1850	1850	1850	1850
	主筋	4φ6	4φ6	4φ6	1φ16	2φ12	2φ10+1φ8	2φ8
	箍筋	φ4@100	φ4@100	φ4@100	无	无	φ6@100	无

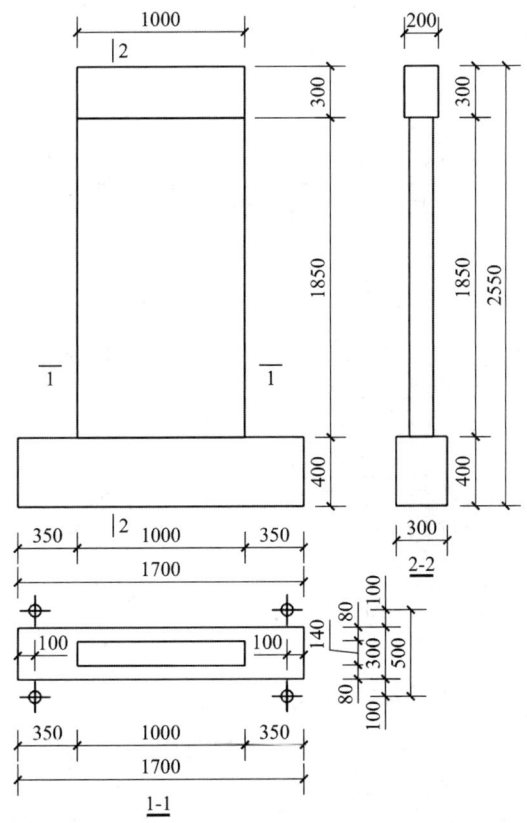

图 3.3-1 混凝土剪力墙试件模板图

单排配筋混凝土剪力墙结构

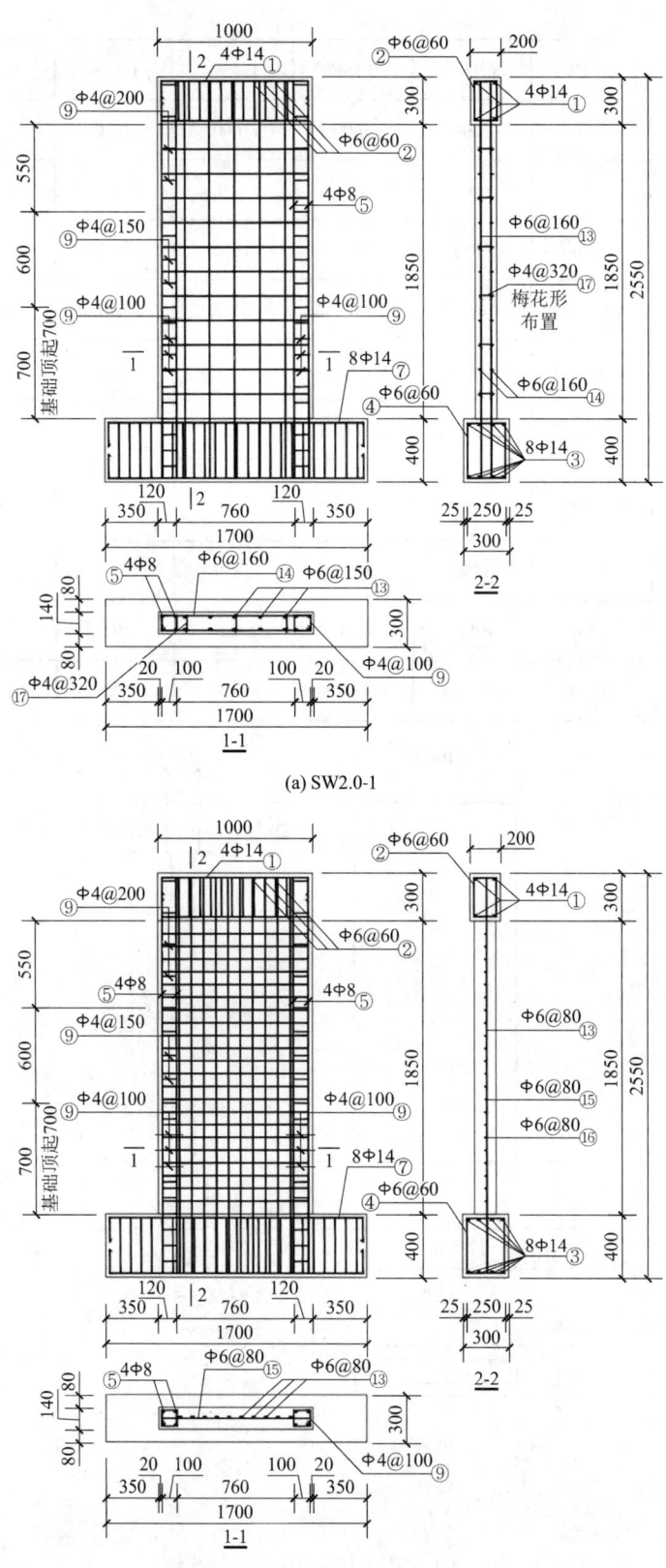

(a) SW2.0-1

(b) SW2.0-2

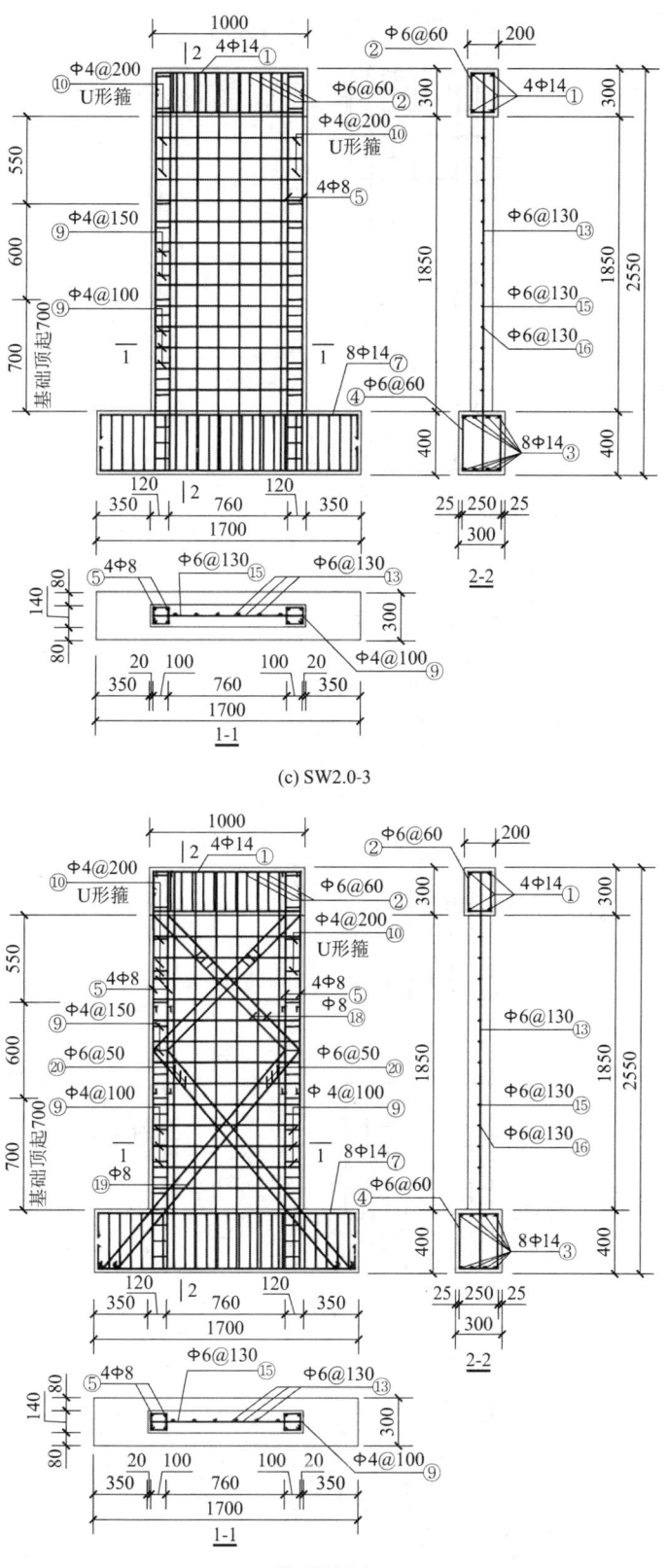

(c) SW2.0-3

(d) SW2.0-4

单排配筋混凝土剪力墙结构

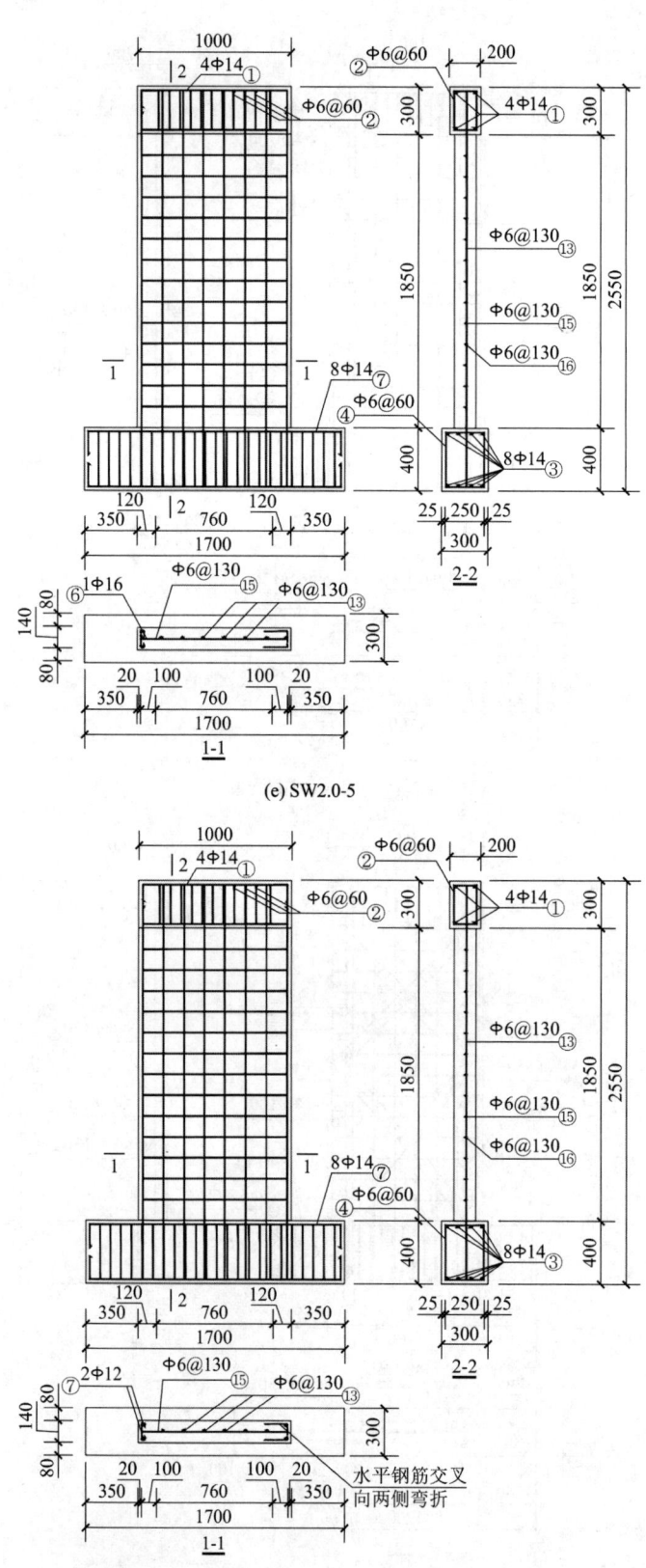

(e) SW2.0-5

(f) SW2.0-6

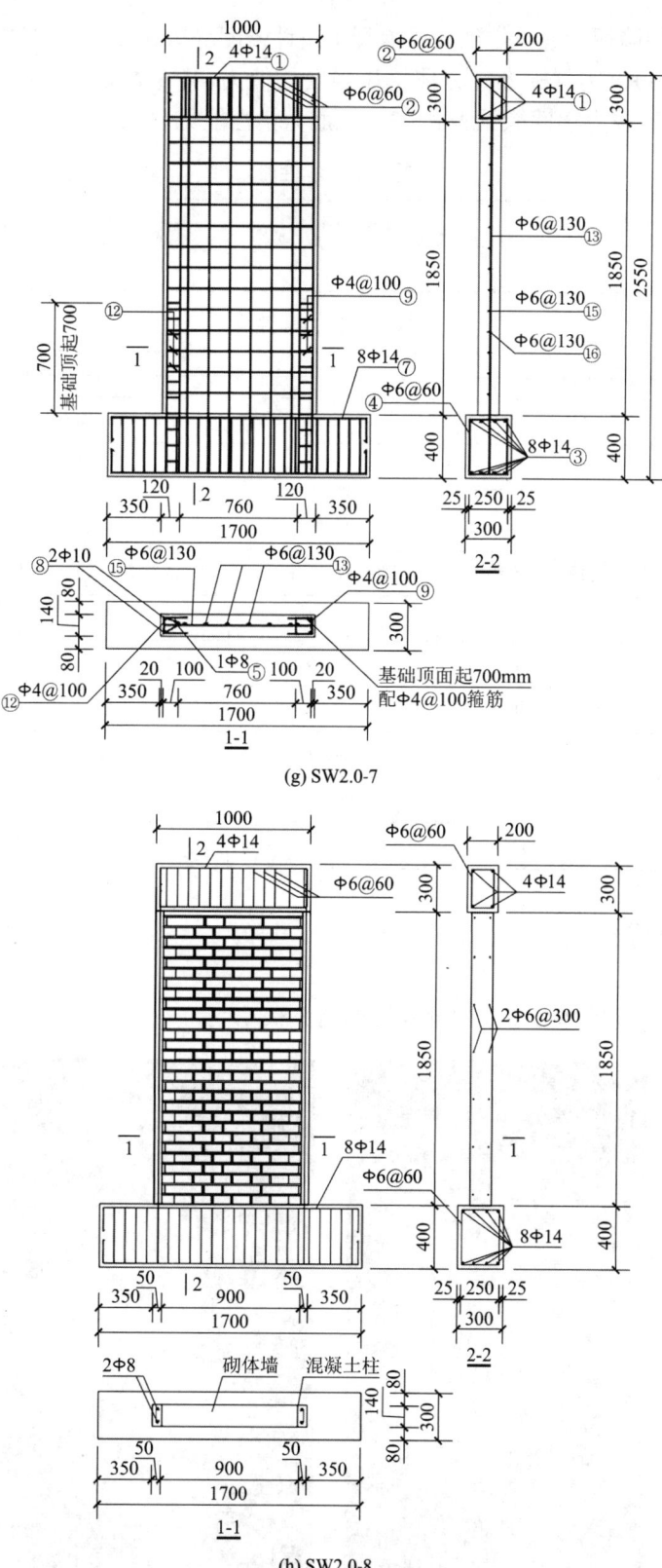

图 3.3-2 试件配筋图

各剪力墙试件墙板、各试件加载梁混凝土设计强度等级为 C20；各试件基础混凝土设计强度等级为 C30，实测标准立方体抗压强度均值为 46.64N/mm²。混凝土力学性能见表 3.3-2，砌块、砂浆力学性能见表 3.3-3，钢筋力学性能见表 3.3-4。

混凝土力学性能　　　　　　　表 3.3-2

混凝土强度等级	弹性模量（MPa）	立方体抗压强度（MPa）
C20	2.56×10^4	25.84

砌块、砂浆力学性能　　　　　　　表 3.3-3

强度等级	立方体抗压强度平均值（MPa）
MU15	16.50
M10	10.30

钢筋力学性能　　　　　　　表 3.3-4

规格	屈服强度（MPa）	极限强度（MPa）	延伸率（%）	弹性模量（MPa）
8号铁丝	316.32	350.14	18.75	1.79×10^5
$\phi 6.5$	397.79	530.39	8.33	1.76×10^5
$\phi 8$	302.39	453.59	31.25	2.03×10^5
$\phi 10$	369.24	466.01	27.50	1.93×10^5
$\phi 12$	329.80	478.35	30.83	1.65×10^5
$\phi 16$	317.07	489.90	17.22	1.93×10^5

3.3.2　破坏特征分析

部分试件的最终破坏形态及裂缝开展如图 3.3-3 所示。

(a) SW2.0-1　　　　　　　　　(b) SW2.0-2

(c) SW2.0-3　　　　　　　　　　　　(d) SW2.0-4

图 3.3-3　试件最终破坏形态及裂缝开展图

分析可见：

（1）试件 SW2.0-1、SW2.0-2、SW2.0-4 与试件 SW2.0-3 相比，裂缝开展较充分。

（2）试件 SW2.0-2 与 SW2.0-1 相比，配筋率相同，但其裂缝明显增多，裂缝分布域广，塑性铰范围扩大，单排配筋剪力墙由于配筋较密，裂缝与分布钢筋交汇的情况易于出现，钢筋限制裂缝开展，墙板裂缝重分布，故墙板混凝土裂缝细而密，且分布域广。

（3）SW2.0-4 裂缝细而密，主裂缝出现较晚且发展慢，裂缝角度有向暗支撑角度逼近的趋势，表明暗支撑影响着剪力墙的破坏过程和形态，对斜裂缝的开展有明显的控制作用，可充分发挥剪力墙耗能能力。

3.3.3　滞回特性

试验测得的试件 SW2.0-1～SW2.0-8 的"水平力 F-水平位移 U"滞回曲线见图 3.3-4。滞回曲线能综合反映试件的刚度、承载力、变形能力和耗能能力。

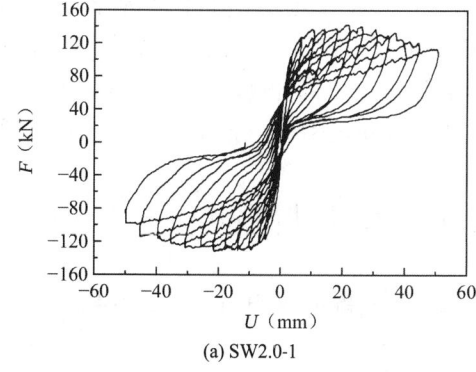
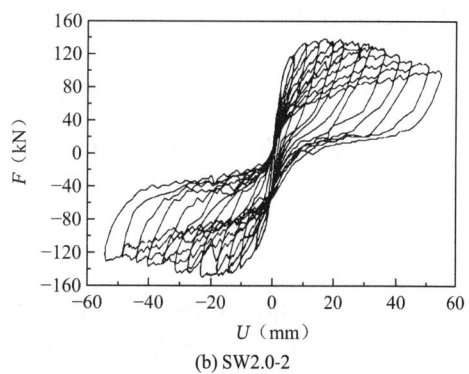

(a) SW2.0-1　　　　　　　　　　　　(b) SW2.0-2

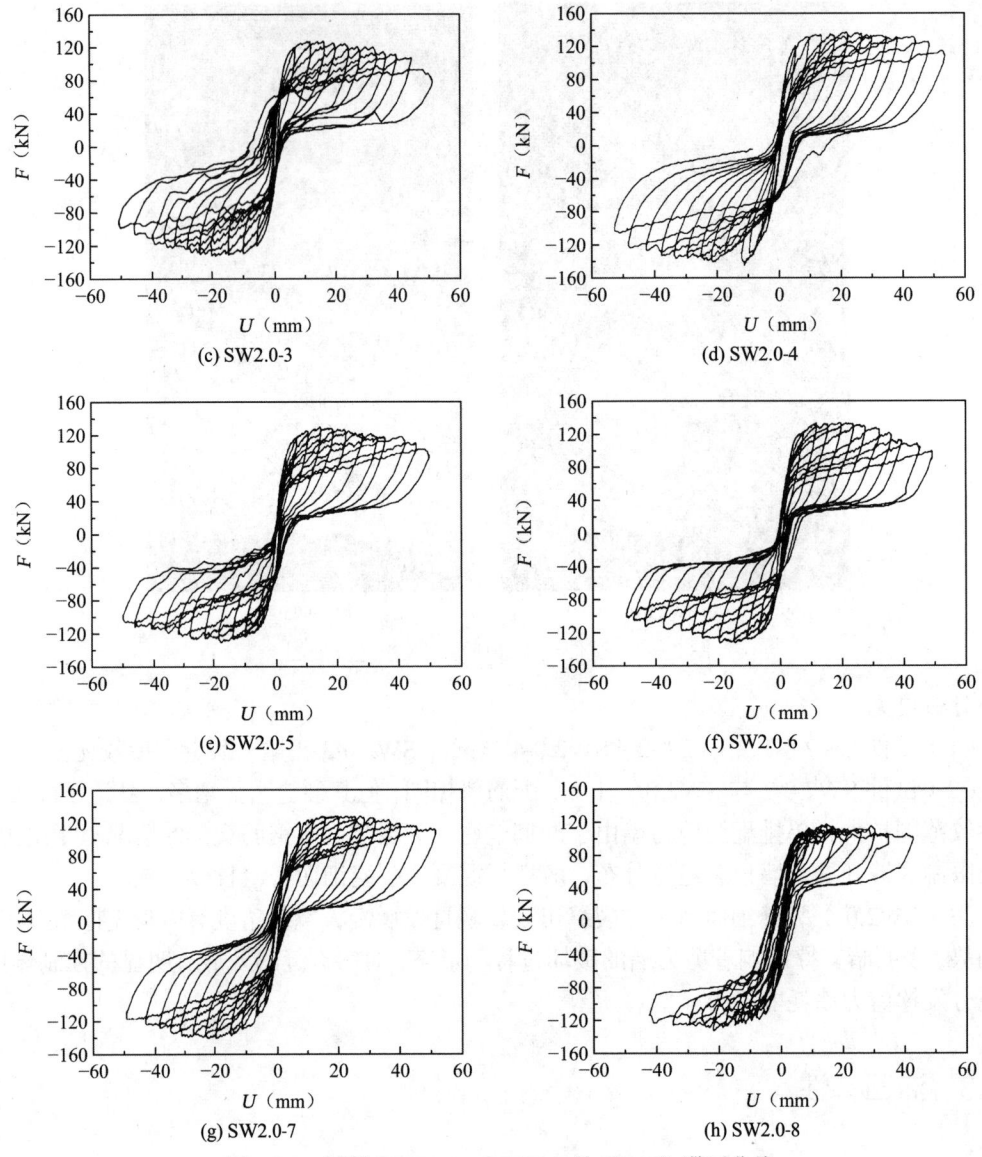

图 3.3-4 试件 SW2.0-1～SW2.0-8 的 "F-U" 滞回曲线

分析可见：

（1）试件 SW2.0-2、SW2.0-4、SW2.0-6、SW2.0-7 的滞回曲线与试件 SW2.0-1 相似，滞回环相对饱满，中部捏拢程度较轻，而试件 SW2.0-3、SW2.0-5 的滞回曲线饱满度较差。

（2）试件 SW2.0-2 与 SW2.0-1 相比，滞回环较饱满，中部捏拢较轻。说明双向单排配筋剪力墙由于钢筋分布相对密集，其抗震性能比等配筋量的双向双排配筋剪力墙抗震耗能能力有所提高。

（3）试件 SW2.0-4 由于设置了暗支撑，其滞回环更饱满，中部捏拢轻，比试件 SW2.0-3 的耗能能力显著提高。

（4）试件 SW2.0-4 与 SW2.0-1、SW2.0-2 相比，三者配筋量相当，由于 SW2.0-4 设置了暗支撑，其延性和抗震耗能能力明显提高。

（5）试件 SW2.0-5～SW2.0-7 的区别仅在于边缘构件主筋的不同，试件 SW2.0-5、SW2.0-6 的滞回曲线与试件 SW2.0-7 的滞回曲线相比，中部捏拢相对明显；试件 SW2.0-6 比试件 SW2.0-5 的滞回曲线饱满。说明边缘构件主筋采用 2φ12 或 2φ10 加 1φ8 形式的试件抗震耗能能力好于边缘仅配置 1φ16 钢筋的试件。

（6）试件 SW2.0-8 的滞回曲线中部捏拢严重，饱满度也明显不如其他试件。说明墙板截面高度为 1000mm、厚度为 140mm 的单排配筋混凝土高剪力墙，与墙截面高度为 1000mm、厚度为 240mm 的端部带构造混凝土扁柱的配筋页岩砖砌体高墙相比，其综合抗震能力大幅度提升。

3.3.4 承载力与位移

通过试验，测出了各试件的开裂荷载、明显屈服荷载和极限荷载的正向值、负向值和正负两向平均值。因截面对称，所以在后面的计算分析中，荷载取值均以试件试验正负两向平均值作为分析计算依据。

各试件正向、负向和正负两向平均开裂荷载、明显屈服荷载、极限荷载的实测值及其比值见表 3.3-5、表 3.3-6。表中 F_c 表示试件开裂水平荷载，F_y 表示试件明显屈服水平荷载，F_u 为试件的极限水平荷载，即最大水平荷载。μ_{cy} 为开裂荷载与明显屈服荷载的比值，μ_{cu} 为开裂荷载与极限荷载的比值，μ_{yu} 为明显屈服荷载与极限荷载的比值。

试件正、负向和正负两向平均开裂荷载、明显屈服荷载、极限荷载的实测值　表 3.3-5

试件编号	F_c（kN）			F_y（kN）			F_u（kN）		
	正向	负向	平均	正向	负向	平均	正向	负向	平均
SW2.0-1	45.02	44.70	44.86	124.71	114.87	119.79	143.16	131.18	137.17
SW2.0-2	42.43	41.90	42.17	123.48	132.74	128.11	138.95	148.33	143.64
SW2.0-3	44.30	41.13	42.72	105.72	113.95	109.84	127.28	132.14	129.71
SW2.0-4	47.61	45.67	46.64	119.54	123.58	121.56	137.64	144.45	141.05
SW2.0-5	42.11	37.90	40.01	109.43	114.34	111.89	130.85	131.18	131.02
SW2.0-6	40.81	40.48	40.65	113.85	112.49	113.17	115.60	132.46	132.94
SW2.0-7	40.15	35.95	38.05	111.25	117.97	114.61	128.90	140.23	134.57
SW2.0-8	35.82	37.78	36.80	103.14	112.23	107.68	116.31	132.22	124.27

试件平均开裂荷载、明显屈服荷载、极限荷载的实测值比值　表 3.3-6

试件编号	F_c（kN）	F_y（kN）	F_u（kN）	F_u相对值	$\mu_{cy} = F_c/F_y$	$\mu_{cu} = F_c/F_u$	$\mu_{yu} = F_y/F_u$
SW2.0-1	44.86	119.79	137.17	1.000	0.37	0.33	0.87
SW2.0-2	42.17	128.11	143.64	1.047	0.33	0.29	0.89
SW2.0-3	42.72	109.84	129.71	0.946	0.39	0.33	0.85

续表

试件编号	F_c（kN）	F_y（kN）	F_u（kN）	F_u相对值	$\mu_{cy} = F_c/F_y$	$\mu_{cu} = F_c/F_u$	$\mu_{yu} = F_y/F_u$
SW2.0-4	46.64	121.56	141.05	1.028	0.38	0.33	0.86
SW2.0-5	40.01	111.89	131.02	0.955	0.36	0.31	0.85
SW2.0-6	40.65	113.17	132.94	0.969	0.36	0.31	0.85
SW2.0-7	38.05	114.61	134.57	0.981	0.33	0.28	0.85
SW2.0-8	36.80	107.68	124.27	0.906	0.34	0.30	0.87

表 3.3-5 和表 3.3-6 中，试件正负两向荷载有一定的差别，一方面，是因试件制作尺寸误差和材料本身的不均匀性；另一方面，在试件开裂前期，整个试件基本处于弹性阶段，试件应力应变受加载路径影响很小，而当试件开裂后进入弹塑性阶段，其受加载路径影响比较大。

分析可知：

（1）试件 SW2.0-2 与 SW2.0-1 相比，明显开裂荷载下降 6.0%，但明显屈服荷载、极限荷载分别提高 6.9%和 4.7%，μ_{cu}、μ_{yu} 相当，说明双向单排配筋高剪力墙与普通双排配筋高剪力墙的承载力基本相同；开裂到屈服的工作区段较长，对结构抗震是有利的。

（2）试件 SW2.0-3 与 SW2.0-2 相比，由于配筋率低，明显开裂水平荷载相同，但明显屈服水平荷载和极限荷载分别下降了 14.3%和 9.7%，说明配筋率的减小对单排配筋剪力墙的明显屈服水平荷载和极限荷载影响较大。

（3）试件 SW2.0-4 纵向钢筋配筋率，比试件 SW2.0-1 及 SW2.0-2 低，但明显开裂荷载、明显屈服荷载、极限荷载基本相同，说明 SW2.0-4 的暗支撑对剪力墙的承载力贡献较大。

（4）试件 SW2.0-5 无边缘构件，仅在边缘配置了 1ϕ16 钢筋，边缘构件配筋率与试件 SW2.0-3、SW2.0-6、SW2.0-7 配筋率基本相同，墙体配筋率为 0.15%，其极限荷载比试件 SW2.0-3 略高，但比试件 SW2.0-6、SW2.0-7 略低，说明边缘构件的配筋形式对剪力墙结构的极限荷载有影响。

（5）试件 SW2.0-6 的水平分布筋两端弯钩形式不同，因此，水平钢筋对边缘构件纵筋的约束能力不同，采用 U 形钩的一侧对应的极限荷载比用普通钩一侧对应的极限荷载提高了 14.6%。说明采用 U 形钩能提高剪力墙的极限荷载。

（6）试件 SW2.0-7 两端的边缘构件箍筋一边为三角形，一边为矩形普通箍筋，试件两个方向的水平屈服荷载、水平极限荷载接近，说明三角形箍筋也是适应单排配筋剪力墙的箍筋形式。

（7）试件 SW2.0-8 为页岩砖砌体高墙，其水平开裂荷载、水平屈服荷载、水平极限荷载均明显低于其他混凝土剪力墙试件。

（8）各试件位移及延性系数实测值见表 3.3-7 和表 3.3-8。表中，位移指与水平加载点同一高度处的正负两向相应水平位移的均值，其中：U_c 为与 F_c 对应的开裂位移；U_y 为与 F_y 对应的屈服位移；U_d 为弹塑性最大位移；θ_p 为弹塑性位移角；$\mu = U_d/U_y$ 为延性系数，它是反映剪力墙延性的参数。

各试件位移实测值 表 3.3-7

试件编号	U_c (mm)			U_y (mm)			U_d (mm)		
	正向	负向	均值	正向	负向	均值	正向	负向	均值
SW2.0-1	0.86	0.90	0.88	6.88	5.91	6.40	44.19	39.62	41.91
SW2.0-2	0.88	0.92	0.90	6.37	6.45	6.41	36.24	45.36	40.80
SW2.0-3	0.94	0.88	0.91	6.43	6.39	6.41	39.79	36.03	37.91
SW2.0-4	0.88	0.86	0.87	6.16	7.05	6.61	48.00	48.17	48.08
SW2.0-5	0.82	0.97	0.90	6.09	6.37	6.23	43.07	46.24	44.66
SW2.0-6	0.87	0.92	0.90	6.33	6.39	6.36	39.34	43.39	41.73
SW2.0-7	0.75	0.92	0.84	6.67	6.09	6.38	43.66	43.28	42.38
SW2.0-8	0.74	0.90	0.82	5.83	6.35	6.09	35.00	34.90	34.95

各试件位移均值及延性系数实测值 表 3.3-8

试件编号	U_c均值 (mm)	U_y均值 (mm)	U_d均值 (mm)	θ_p	$\mu = U_d/U_y$	μ相对值
SW2.0-1	0.88	6.40	41.91	1/48	6.55	1.000
SW2.0-2	0.90	6.41	40.80	1/49	6.37	0.972
SW2.0-3	0.91	6.41	37.91	1/53	5.91	0.903
SW2.0-4	0.87	6.61	48.08	1/42	7.27	1.111
SW2.0-5	0.90	6.23	44.66	1/51	6.34	0.968
SW2.0-6	0.90	6.36	41.37	1/47	6.69	1.022
SW2.0-7	0.84	6.38	42.38	1/47	6.64	1.014
SW2.0-8	0.82	6.09	34.95	1/57	5.74	0.876

分析可知：

（1）试件 SW2.0-2 与 SW2.0-1 相比，明显开裂位移、屈服位移、弹塑性最大位移基本相同，说明单排配筋高剪力墙具有与普通配筋高剪力墙相同的延性性能。

（2）试件 SW2.0-3 与 SW2.0-2 相比配筋率低，明显开裂位移无明显变化，但弹塑性最大位移下降了 7.1%，说明配筋率的大小对剪力墙的延性性能有明显影响。

（3）带 X 形暗支撑双向单排配筋剪力墙 SW2.0-4，用钢量与 SW2.0-1、SW2.0-2 基本相同，明显开裂位移无明显变化，但明显屈服位移、极限位移、θ_p、μ 都有较大提高，说明暗支撑在延缓开裂、提高延性方面作用明显。

（4）试件 SW2.0-5 的明显屈服位移比 SW2.0-1～SW2.0-4 及 SW2.0-6、SW2.0-7 小，极限位移较大的原因是试验过程中墙体根部滑移较大。

（5）试件 SW2.0-6 与 SW2.0-7 的开裂位移、屈服位移、极限位移与试件 SW2.0-3 总体相当,但弹塑性位移角、延性系数均较大,说明这两种边缘构件的配筋形式适于单排配筋高剪力墙。

(6)试件 SW2.0-8 为页岩砖砌体高墙,其开裂位移、屈服位移、极限位移、弹塑性位移角、延性系数均比其他高剪力墙试件小,说明 140mm 厚的双向单排配筋高剪力墙,比 240mm 厚的页岩砖砌体高墙延性性能好。

3.3.5 刚度及退化过程

各试件各阶段刚度实测值见表 3.3-9。其中,K_0 为剪力墙初始弹性刚度;K_c 为剪力墙开裂割线刚度;K_y 为剪力墙明显屈服割线刚度;$\beta_{c0} = K_c/K_0$ 为开裂刚度与初始刚度的比值,它表示剪力墙从初始到开裂时刚度的退化;$\beta_{y0} = K_y/K_0$ 为屈服刚度与初始刚度的比值,它表示剪力墙从初始到屈服时刚度的退化;$\beta_{yc} = K_y/K_c$ 为屈服刚度与开裂刚度的比值,它表示剪力墙从开裂到屈服刚度的退化。

试件各阶段刚度实测值　　　　表 3.3-9

试件编号	K_0 (kN/mm)	K_c (kN/mm)	K_y (kN/mm)	β_{c0}	β_{yc}	β_{y0}	β_{y0} (相对值)
SW2.0-1	99.56	50.98	18.72	0.51	0.37	0.19	1.000
SW2.0-2	98.62	46.86	19.99	0.48	0.43	0.20	1.078
SW2.0-3	98.87	46.95	17.14	0.47	0.37	0.17	0.922
SW2.0-4	102.23	53.61	18.39	0.52	0.34	0.18	0.957
SW2.0-5	99.49	44.46	17.96	0.45	0.40	0.18	0.960
SW2.0-6	100.69	45.17	17.79	0.45	0.39	0.18	0.940
SW2.0-7	99.86	45.30	17.96	0.45	0.40	0.18	0.957
SW2.0-8	61.02	44.88	17.68	0.74	0.39	0.29	1.54

分析可知:

(1)各高剪力墙试件的初始刚度基本相同,说明初始刚度主要由混凝土强度和试件尺寸决定。

(2)相同配筋率的试件 SW2.0-2 与 SW2.0-1 相比,初始刚度与开裂刚度总体相当,K_y、β_{y0} 相当,说明双向单排配筋高剪力墙从加载到开裂、从明显屈服阶段到后期二者之间的刚度值及退化规律相近。

(3)试件 SW2.0-4 与 SW2.0-3 相比,其初始弹性刚度、明显开裂割线刚度、明显屈服割线刚度均有所提高,且刚度退化速度较慢,后期性能稳定。

(4)配筋量基本相同的试件 SW2.0-1、SW2.0-2、SW2.0-4 初始弹性刚度、明显开裂割线刚度、明显屈服割线刚度及刚度退化规律基本相同。

(5)试件 SW2.0-3、SW2.0-6 和 SW2.0-7 从开裂到明显屈服阶段刚度的退化规律基本相同。

各试件"刚度K-位移角θ"关系曲线图如图 3.3-5 所示。

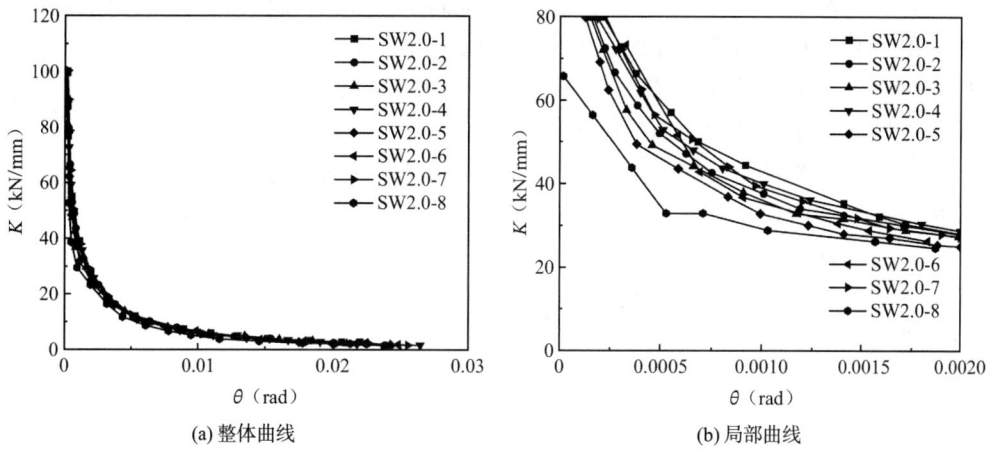

图 3.3-5　各试件"K-θ"关系曲线

由图 3.3-5 可见，试件刚度衰减可分为三个阶段：
（1）第一阶段从初始到明显开裂为刚度速降阶段。
（2）第二阶段从结构开裂到明显屈服为刚度次速降阶段。
（3）第三阶段从明显屈服到最大弹塑性变形为刚度缓降阶段。

3.3.6　耗能能力

滞回环所包含面积的积累反映了结构弹塑性耗能的大小。均取试件滞回曲线的骨架曲线在第一象限和第三象限所包含的面积平均值作为比较用的耗能量，由于各试件的加载历程有些不同，本文取各试件的滞回曲线的外包络线所包围的面积作为各试件耗能大小的比较值。各试件耗能能力的比较见表 3.3-10。各试件耗能均以 SW2.0-1 双排配筋剪力墙为比较基准。

试件耗能能力比较表　　　　　　　　　　表 3.3-10

试件编号	耗能能力E_p（kN·mm）	耗能增量相对值
SW2.0-1	4485.69	1.000
SW2.0-2	5351.80	1.193
SW2.0-3	4331.55	0.966
SW2.0-4	5396.58	1.203
SW2.0-5	3999.03	0.892
SW2.0-6	4058.13	0.905
SW2.0-7	4453.84	0.993
SW2.0-8	2373.11	0.529

分析可知：

（1）试件 SW2.0-2 比 SW2.0-1 的耗能能力提高了 19.3%，说明双向单排配筋高剪力墙耗能能力好于普通双向双排配筋混凝土高剪力墙。

（2）配筋率较低的试件 SW2.0-3 耗能能力较 SW2.0-1、SW2.0-2、SW2.0-4 三个试件下降明显，说明配筋率对耗能能力的影响较大。

（3）双向单排配筋带 X 形暗支撑高剪力墙 SW2.0-4 的耗能能力比普通配筋钢筋混凝土剪力墙提高了 20.3%，说明 X 形暗支撑对提高剪力墙的耗能能力作用明显。

（4）试件 SW2.0-6、SW2.0-7 与试件 SW2.0-3 配筋率相同，仅边缘构件构造形式简单，但耗能能力相当，说明单排配筋剪力墙的边缘构件可以采用试件 SW2.0-6 和 SW2.0-7 的边缘构件构造形式。

（5）试件 SW2.0-5～SW2.0-7 三个试件的配筋率相同，仅边缘构件主筋构造不同，但试件 SW2.0-6、SW2.0-7 的耗能能力分别比试件 SW2.0-5 的耗能能力提高了 1.5%、11.4%。说明边缘构件主筋采用 2ϕ12 或 2ϕ10 加 1ϕ8 比仅配置 1ϕ16 对耗能能力有所提高。

（6）高剪力墙试件 SW2.0-1～SW2.0-7 的耗能能力均比端部带构造混凝土扁柱的配筋页岩砖砌体高墙试件 SW2.0-8 显著提高。

3.3.7　承载力计算

1. 双向单排配筋高剪力墙正截面承载力计算

试验研究表明，本文各试件均以弯曲破坏为主，属于大偏压情况。

构件大偏心受压极限承载力计算模型如图 3.3-6 所示。大偏心受压时，试件受拉区钢筋只计入 $h_w - 1.5x$ 范围内的受拉钢筋并假设其全部屈服；受压区边缘构件纵筋受压屈服。

在试件正截面承载力计算中作如下假设：截面保持平面；不计受拉区混凝土的抗拉作用。

按《混凝土结构设计标准》GB/T 50010—2010（2024 年版）确定混凝土受压应力-应变关系曲线，$\varepsilon_c < 0.002$ 时为抛物线，$0.002 \leq \varepsilon_c < 0.0033$ 时为水平直线，混凝土极限压应变值取 0.0033，相应的最大压应力取混凝土抗压强度标准值 f_{ck}。

双直线型钢筋应力-应变关系曲线，钢筋应力取钢筋应变与其弹性模量的乘积，但不大于其屈服强度标准值 f_{yk}。

普通钢筋混凝土高剪力墙 SW2.0-1 的承载力按《混凝土结构设计标准》GB/T 50010—2010（2024 年版）计算，剪力墙在竖向荷载和水平荷载作用下属于偏心受压试件，它有均匀的分布钢筋，在计算承载力时应考虑分布钢筋的影响。对于双向单排配筋高剪力墙，由试验所得试件的破坏过程及钢筋的应变可知，剪力墙最终破坏时，试件受拉一侧底部纵筋首先受拉屈服，后期受压一侧混凝土被压酥。试件最终因弯曲破坏而失效，底部弯矩起主要控制作用。

2. 大偏心受压承载力计算

试件发生大偏心受压破坏时，墙体内的竖向受拉和受压分布钢筋都可能屈服，但一般墙体内的竖向分布钢筋的直径都比较小，受压时易发生屈曲，故在计算时可不考虑受压区竖向分布筋的作用，同时在计算弯矩承载力时假定：墙体中受拉及受压边缘构件纵筋、暗支撑纵筋全部屈服，距受压边缘 $1.5x$（x 为截面受压区高度）范围以外的竖向受拉分布钢筋全部屈服，同时忽略距受压区边缘为 $1.5x$ 范围内的所有分布筋作用。大偏心受压承载力计算模型如图 3.3-6 所示。

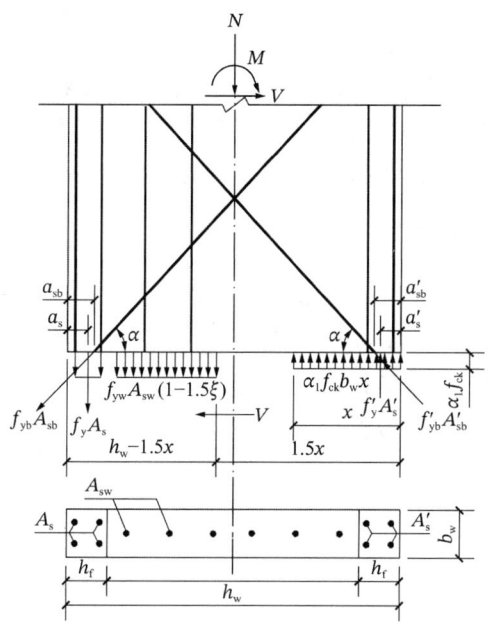

图 3.3-6 大偏心受压承载力计算模型

根据平截面假定，当 $x \leqslant \xi_b h_{w0}$ 时，墙体为大偏心受压，相对界限受压区高度为：

$$\xi_b = \frac{0.8}{1 + \dfrac{f_y}{0.0033E_s}}$$

大偏压情况下，双向单排配筋高剪力墙的承载力公式可按式(3.3-1)～式(3.3-5)计算。根据平衡条件 $\sum N = 0$，$\sum M = 0$ 可以写出以下两个方程：

$$N = f'_y A'_s - f_y A_s - f_{yw} b_w \rho_w (h_w - 1.5x - h_f) + \alpha_1 f_{ck} b_w x \tag{3.3-1}$$

$$N\left(e_0 - \frac{h_w}{2} + \frac{x}{2}\right) = f_y A_s \left(h_w - a_s - \frac{x}{2}\right) + f_{yw} b_w \rho_w (h_w - 1.5x - h_f)\left(\frac{h_w - h_f}{2} + \frac{x}{4}\right) +$$

$$f_{yb} A_{sb}\left(h_w - a_{sb} - \frac{x}{2}\right)\sin\alpha + f'_y A'_s \left(\frac{x}{2} - a'_s\right) +$$

$$f'_{yb} A'_{sb}\left(\frac{x}{2} - a'_{sb}\right)\sin\alpha \tag{3.3-2}$$

试验中的剪力墙墙肢采用对称配筋，公式之中：

$$f_y = f'_y,\ A_s = A'_s,\ f_{yb} = f'_{yb},\ A_{sb} = A'_{sb}$$

平衡方程可以简化如下：

$$N = \alpha_1 f_{ck} b_w x - f_{yw} b_w \rho_w (h_w - 1.5x - h_f) \tag{3.3-3}$$

$$N\left(e_0 - \frac{h_w}{2} + \frac{x}{2}\right) = f_y A_s (h_w - 2a_s) + f_{yw} b_w \rho_w (h_w - 1.5x - h_f)\left(\frac{h_w - h_f}{2} + \frac{x}{4}\right) +$$

$$f_{yb} A_{sb}(h_w - 2a_{sb})\sin\alpha \tag{3.3-4}$$

试件水平承载力：

$$F = \frac{Ne_0}{H} \tag{3.3-5}$$

其中：

$$e_0 = \frac{M}{N}$$

上述剪力墙大偏心受压承载力公式(3.3-1)～式(3.3-5)具有一般性：当不设暗支撑时，$f_{yb}=0$，$f'_{yb}=0$，公式退化为双向双排配筋混凝土高剪力墙的大偏心受压承载力公式；当设置暗支撑时，$f_{yb}=f'_{yb}$，公式为带暗支撑剪力墙的大偏心受压承载力公式。

3. 小偏心受压承载力计算

虽然本次试验的试件未发生小偏压破坏，但本文也给出了小偏压承载力公式。小偏心受压承载力计算模型见图3.3-7。当发生小偏心受压破坏时，截面大部分或者全部受压，受拉区钢筋未达到屈服应力，故计算承载力时墙体竖向分布钢筋作用不计入抗弯，离中和轴较远处的受压暗支撑及边缘构件纵筋达到屈服应力。

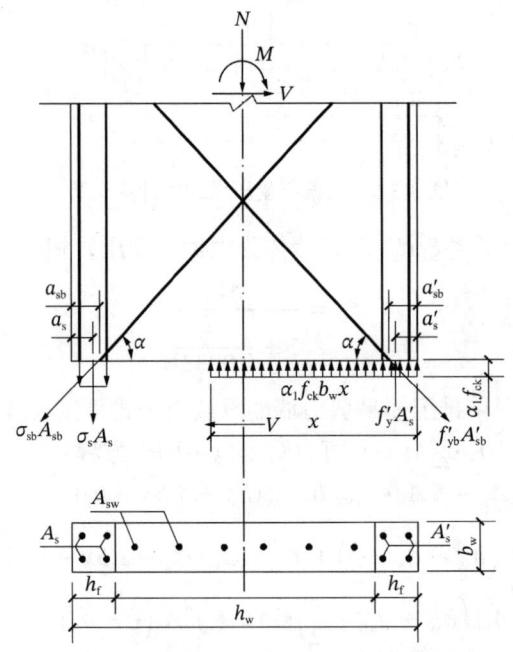

图 3.3-7 小偏心受压承载力计算模型

根据平截面假定，当 $x > \xi_b h_{w0}$ 时，墙体为小偏心受压，相对界限受压区高度为：

$$\xi_b = \frac{0.8}{1+\dfrac{f_y}{0.0033E_s}}$$

小偏压情况下，双向单排配筋高剪力墙的承载力公式可按式(3.3-6)、式(3.3-7)计算。
由平衡条件可以得出以下两个方程：

$$N = f'_y A'_s - \sigma_s A_s + f'_{yb} A'_{sb} \sin\alpha - \sigma_{sb} A_{sb} \sin\alpha + \alpha_1 f_{ck} b_w x \tag{3.3-6}$$

$$N\left(e_0 - \frac{h_\mathrm{w}}{2} + \frac{x}{2}\right) = \sigma_\mathrm{s} A_\mathrm{s}\left(h_\mathrm{w} - a_\mathrm{s} - \frac{x}{2}\right) + \sigma_\mathrm{sb} A_\mathrm{sb}\left(h_\mathrm{w} - a_\mathrm{sb} - \frac{x}{2}\right) +$$
$$f'_\mathrm{y} A'_\mathrm{s}\left(\frac{x}{2} - a'_\mathrm{s}\right) + f'_\mathrm{yb} A'_\mathrm{sb}\left(\frac{x}{2} - a'_\mathrm{sb}\right)\sin\alpha \tag{3.3-7}$$

其中：

$$\sigma_\mathrm{s} = \frac{f_\mathrm{y}}{\xi_\mathrm{b} - 0.8}\left(\frac{x}{h_\mathrm{w0}} - 0.8\right)$$

$$\sigma_\mathrm{sb} = \frac{f_\mathrm{yb}}{\xi_\mathrm{b} - 0.8}\left(\frac{x}{h_\mathrm{w0}} - 0.8\right)$$

式中：x——柱截面受压区高度；

f_yw——墙体竖向分布筋抗拉强度；

f_y、f'_y——边缘构件纵筋抗拉、抗压强度；

f_yb、f'_yb——墙体中暗支撑纵筋抗拉、抗压强度；

A_s、A'_s——边缘构件中受拉、受压纵筋总面积；

A_sb、A'_sb——墙体中受拉、受压暗支撑纵筋的总面积；

f_ck——混凝土轴心抗压强度标准值；

α——暗支撑倾角；

h_w、b_w——墙肢截面总高度、墙板厚度；

h_f——暗柱截面高度；

N——轴力；

e_0——偏心距；

a_s、a'_s——边缘构件受拉、受压纵筋合力点到截面近边缘的距离；

h_w0——边缘构件纵筋合力点至截面远边缘的距离；

ρ_w——剪力墙竖向分布钢筋配筋率；

H——水平加载点至基础顶面距离；

F——水平承载力。

上述剪力墙小偏心受压承载力公式(3.3-6)、式(3.3-7)具有一般性：当不设暗支撑时$\sigma_\mathrm{sb} = 0$，$f'_\mathrm{yb} = 0$，公式退化为双向双排配筋混凝土高剪力墙的小偏心受压承载力公式；当设置暗支撑时，$f_\mathrm{yb} = f'_\mathrm{yb}$，公式为带暗支撑剪力墙的小偏心受压承载力公式。

4. 双向单排配筋高剪力墙斜截面承载力计算

本次试验的各个试件均未发生剪切破坏，这里参考有关规范和规程对各混凝土剪力墙极限抗剪承载力进行理论分析。

斜截面受剪破坏形态主要有三种：斜压破坏、剪切破坏、剪拉破坏。对于斜压破坏，通常用控制截面的最小尺寸来防止；对于剪拉破坏，则用满足水平钢筋最小配筋率条件及构造要求来防止；对于剪切破坏，则通过计算配筋来避免。

当假定剪力墙为剪切破坏，其受剪承载力计算模型如图 3.3-8 所示。

影响混凝土剪力墙受剪承载力破坏的主要因素有：

（1）剪跨比及轴压力；

（2）混凝土强度；

（3）剪力墙水平分布筋配筋率；
（4）剪力墙竖向分布筋配筋率；
（5）斜截面上的骨料咬合力；
（6）截面尺寸和形状。

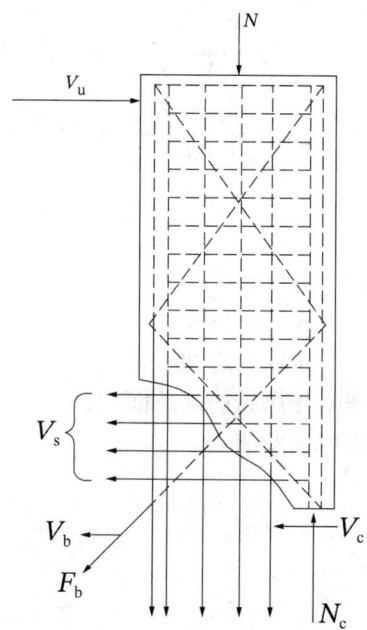

图3.3-8 受剪承载力计算模型

基本假定：

（1）剪力墙发生剪切破坏时，斜截面所受剪力仅考虑由三部分组成：考虑轴压力贡献的混凝土剪压区的剪力V_c；与斜裂缝相交的水平分布筋的剪力V_s；与斜裂缝相交的暗支撑的剪力V_b。

（2）剪切破坏时，与斜裂缝相交的水平分布钢筋屈服，斜支撑的钢筋达到屈服强度的80%。

双向单排配筋高剪力墙偏心受压斜截面承载力由下式计算：

$$V_u = V_c + V_s + V_b \tag{3.3-8}$$

即：

$$V_u = \frac{1}{\lambda - 0.5}\left(0.5f_t b_w h_{w0} + 0.13N\frac{A_w}{A}\right) + f_{yh}\frac{A_{sh}}{s}h_{w0} + V_b \tag{3.3-9}$$

$$V_c = \frac{1}{\lambda - 0.5}\left(0.5f_t b_w h_{w0} + 0.13N\frac{A_w}{A}\right)$$

$$V_s = f_{yh}\frac{A_{sh}}{s}h_{w0}$$

$$V_b = V_{sb} = 0.8f_{yb}A_{sb}\cos\alpha$$

式中：V_{sb}——暗支撑纵筋对抗剪承载力的贡献值；

f_t——混凝土抗拉强度设计值；

f_{yb}——暗支撑纵筋抗拉强度；

f_{yh}——水平分布筋抗拉强度；

s——水平分布筋间距；

A——剪力墙截面面积；

A_w——矩形截面取A；

A_{sb}——受拉暗支撑纵筋的总面积；

A_{sh}——水平分布筋的面积；

α——暗支撑角度；

b_w——剪力墙截面宽度；

λ——计算截面处剪跨比，$\lambda < 1.5$ 时取 $\lambda = 1.5$；$\lambda > 2.2$ 时取 $\lambda = 2.2$；

N——轴力；

h_{w0}——剪力墙截面的有效高度，$h_{w0} = h_w - a_s$；

V_c——考虑轴向压力贡献的混凝土剪压区对受剪承载力的贡献值；

V_s——与斜裂缝相交的水平分布筋对受剪承载力的贡献值；

V_b——与斜裂缝相交的暗支撑纵筋对受剪承载力的贡献值。

此处，M_w为与剪力设计值V_w相应的墙肢内弯矩设计值；当计算截面与墙底之间距离小于 $0.5h_w$ 时，λ应按距离墙底 $0.5h_w$ 处的弯矩值和剪力值计算；N为与剪力设计值V_w相应的压力设计值；当$N > 0.2f_c b_w h_{w0}$时，取$N = 0.2f_c b_w h_{w0}$。

上述剪力墙受剪承载力公式(3.3-8)、式(3.3-9)具有一般性：当不设暗支撑时，$V_b = 0$，公式退化为普通剪力墙的受剪承载力公式；当设置暗支撑时，$V_b = V_{sb}$，公式为带暗支撑剪力墙的受剪承载力公式。

5. 承载力计算值与实测值比较

本试验中各剪力墙均属大偏压受力试件，计算其正截面承载力时采用了式(3.3-1)～式(3.3-5)，计算其斜截面受剪承载力时采用了式(3.3-8)、式(3.3-9)。计算中，为与实测值进行比较，钢筋取实测屈服强度，混凝土取实测强度标准值。

各剪力墙正截面及斜截面承载力计算值与实测值比较见表3.3-11。

各剪力墙承载力计算值与实测值比较　　　　　表3.3-11

试件编号	斜截面承载力计算值（kN）	正截面承载力		
		计算值（kN）	实测值（kN）	相对误差绝对值（%）
SW2.0-1	223.03	129.59	137.17	5.52
SW2.0-2	223.03	129.59	143.64	9.78
SW2.0-3	170.04	123.29	129.71	4.95
SW2.0-4	204.43	141.26	141.05	0.15
SW2.0-5	170.04	128.76	131.02	1.72
SW2.0-6	170.04	132.30	132.94	0.48
SW2.0-7	170.04	128.87	134.57	4.23

分析可知：

（1）各剪力墙的斜截面承载力明显大于其实际发生的受弯破坏对应的承载力，剪力墙为"强剪弱弯"型破坏，即各剪力墙最终发生弯曲破坏而不会发生剪切破坏，分析结果与试验结果符合较好。

（2）试件 SW2.0-2 与试件 SW2.0-1 的正截面计算承载力相同。

（3）试件 SW2.0-3 正截面承载力比试件 SW2.0-1、SW2.0-2 降低了 4.9%。

（4）带暗支撑试件 SW2.0-4 正截面承载力比试件 SW2.0-1、SW2.0-2 提高了 9.0%。

（5）试件 SW2.0-6 正截面承载力比试件 SW2.0-1、SW2.0-2 提高了 2.4%。

（6）试件 SW2.0-7 正截面承载力与试件 SW2.0-1、SW2.0-2 基本相同。

可见单排配筋高剪力墙与普通剪力墙的综合抗震能力基本相同，若适当降低墙板配筋量而加设暗支撑，可有效改变高剪力墙的综合抗震性能。

3.4 配置斜向钢筋单排配筋剪力墙

3.4.1 配置斜向钢筋单排配筋剪力墙低周反复荷载试验

1. 试验概况

为研究配置斜向钢筋单排配筋剪力墙的抗震性能，共设计了 4 个一字形截面剪力墙，主要设计参数见表 3.4-1，配筋图见图 3.4-1。

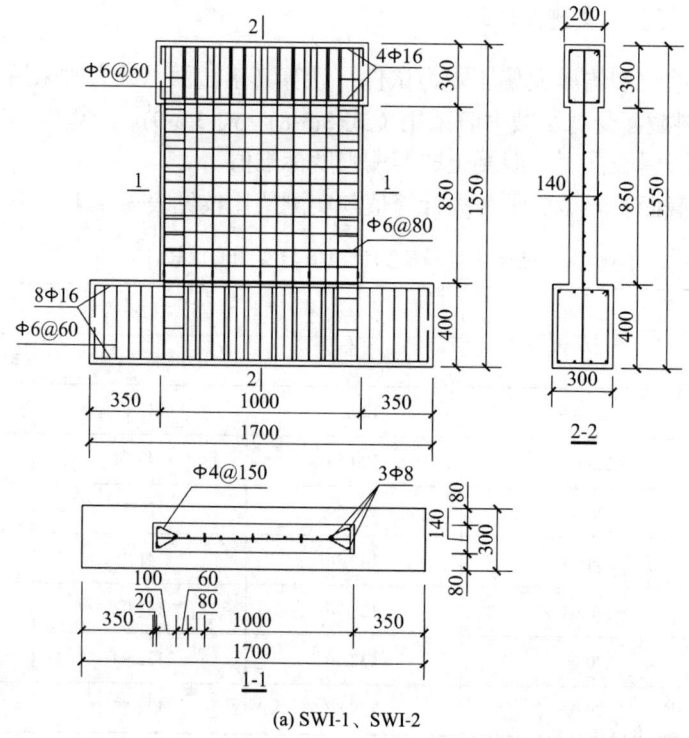

(a) SWI-1、SWI-2

第3章 单排配筋剪力墙抗震性能

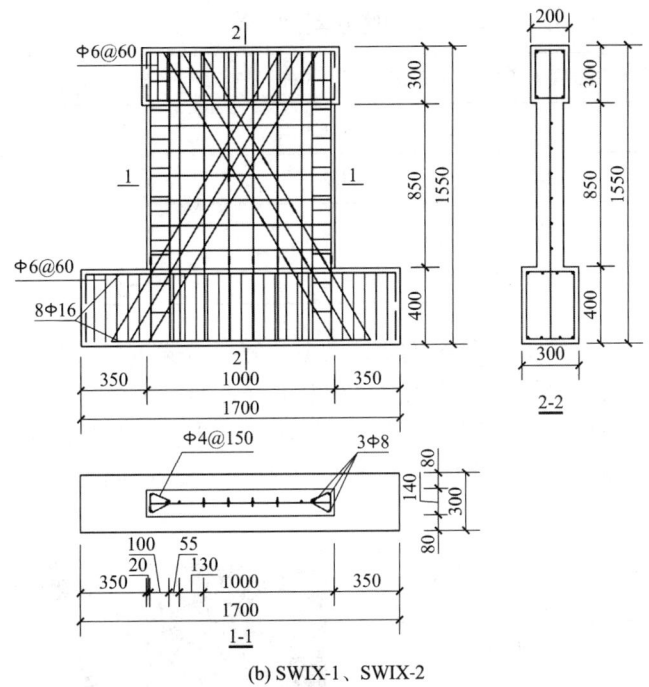

(b) SWIX-1、SWIX-2

图 3.4-1 配筋图

试件设计参数　　　　　　　　　　　　　　　　表 3.4-1

试件编号	配筋形式	混凝土强度等级	轴压比	斜筋配筋率（%）	分布钢筋配筋率（%）	高宽比	水平及纵向分布筋	边缘构造
SWI-1	普通单排	C20	0.2	0	0.25	1.0	φ6@80	3φ8
SWIX-1	带斜筋单排	C20	0.2	0.1	0.15	1.0	φ6@80	3φ8
SWI-2	普通单排	C40	0.1	0	0.25	1.0	φ6@80	3φ8
SWIX-2	带斜筋单排	C40	0.1	0.1	0.15	1.0	φ6@80	3φ8

4 个一字形截面剪力墙试件，其墙板截面高度为 1000mm、厚度为 140mm；墙板高度为 850mm。试件编号分别为 SWI-1、SWIX-1、SWI-2 和 SWIX-2，其中 SWI-1 和 SWI-2 是混凝土设计强度等级为 C20 和 C40 的单排配筋低矮剪力墙，其墙体配筋率均为 0.25%，SWI-1 与 SWIX-1 相比，SWI-1 为普通双向单排配筋剪力墙，SWIX-1 为带斜筋的单排配筋剪力墙，其斜向钢筋配筋率为 0.1%，纵向及水平分布钢筋的配筋率为 0.15%。

试件采用商品混凝土浇筑，试件模型制作过程中预留混凝土试块，试件及试块在同等条件下自然养护。混凝土力学性能见表 3.4-2，其中：C20 混凝土的实测立方体抗压强度为 22.76MPa，弹性模量为 2.57×10^4MPa；C40 混凝土的实测立方体抗压强度为 45.30MPa，弹性模量为 3.28×10^4MPa。钢筋力学性能见表 3.4-3。

混凝土力学性能　　　　　　　　　　　　　　　　表 3.4-2

混凝土强度等级	弹性模量（MPa）	立方体抗压强度（MPa）
C20	2.57×10^4	22.76
C40	3.28×10^4	45.30

钢筋力学性能 表3.4-3

钢筋规格	屈服强度（MPa）	极限强度（MPa）	伸长率（%）	弹性模量（MPa）
φ4	290	431	35.1	2.07×10^5
φ6	428	462	11.3	2.01×10^5
φ8	425	472	17.3	2.00×10^5
φ16	381	475	26.4	1.93×10^5

试验首先在试件顶部施加427kN的竖向荷载，并在试验过程中保持其不变。在距试件基础顶面1000mm高度处施加水平低周反复荷载，并在与水平荷载相同高度处布置位移传感器。试验分为两个阶段进行：第一阶段为弹性阶段，采用荷载和位移联合控制加载的方法；第二阶段为弹塑性阶段，采用位移控制加载的方法。试验加载装置见图3.4-2，加载现场照片见图3.4-3。

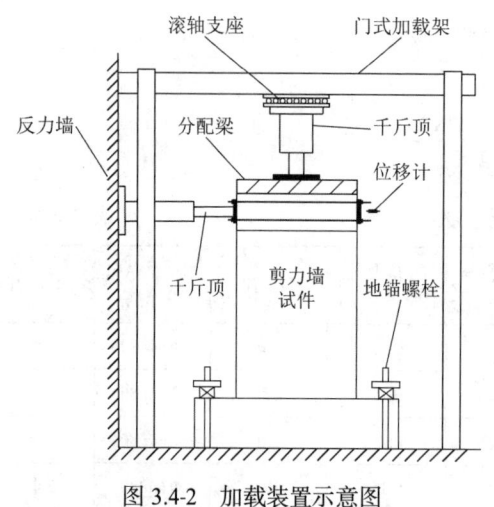

图3.4-2 加载装置示意图　　图3.4-3 加载现场照片

2. 破坏特征

试件SWI-1水平荷载加载至1/80位移角时，达到极限荷载；加载至1/50位移角时，墙底角部暗柱纵筋拉断。破坏时，剪力墙底部剪切滑移现象明显，最终表现为弯曲破坏特征，如图3.4-4（a）所示。试件SWIX-1水平荷载加载至1/70位移角时，达到极限荷载，两端角部混凝土开始脱落；加载至1/35位移角时，墙底角部暗柱纵筋拉断。其最终破坏呈弯剪破坏特征，原因是斜筋有效地限制了墙底水平剪切滑移，提高了墙底的抗剪切能力，使墙体其他部位的剪切斜裂缝发展较充分，最终因其底部正截面弯矩较大，墙体抗弯纵筋较少，致使暗柱纵筋拉断，如图3.4-4（b）所示。试件SWI-2与SWI-1相比，其混凝土强度等级提高了1倍，其墙底水平截面的抗剪和抗弯承载力有较大程度提高，暗柱纵筋受拉滑移量减小，墙底水平裂缝宽度变小，且出现后没有很快左右贯通，使得墙体其他部位的剪切斜裂缝得到一定程度的开展，最终因暗柱底部纵筋受压屈曲、墙角混凝土压碎而使剪力墙达到破坏状态。试件SWIX-2与SWI-2相比，因斜筋在墙底的抗剪切滑移作用和对墙体斜裂缝开展的限制作用，其斜裂缝较多，且宽度较小；与SWIX-1相比，因混凝土强度提高，暗柱纵筋受拉滑移量较小，水平弯曲裂缝开展缓慢，斜裂缝发展相对充分，形成了对角斜裂缝。

(a) SWI-1

(b) SWIX-1

(c) SWI-2

(d) SWIX-2

图 3.4-4 试件破坏特征

3. 滞回特性

试验测得的各试件"荷载F-位移U"滞回曲线及其骨架曲线如图 3.4-5 所示。

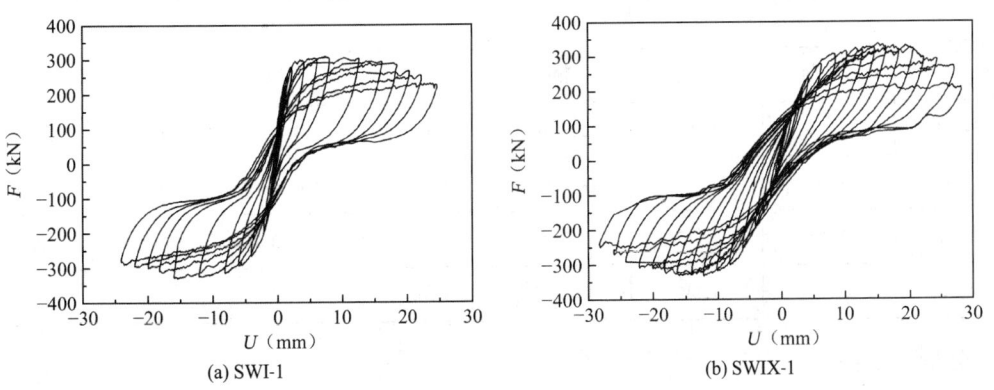

(a) SWI-1

(b) SWIX-1

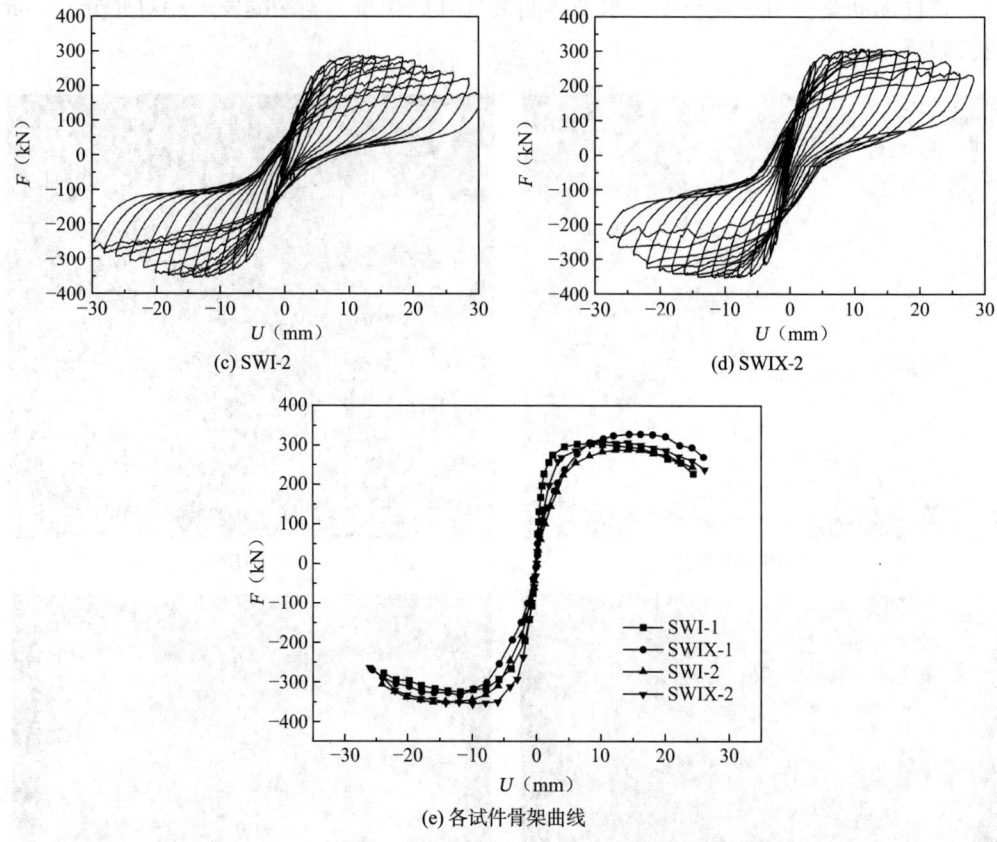

图 3.4-5 各试件"荷载F-位移U"滞回曲线及骨架曲线图

分析可见:带斜筋混凝土剪力墙的滞回曲线明显比不带斜筋的混凝土剪力墙的滞回曲线饱满,斜筋有效地限制了剪力墙基底剪切滑移和墙体斜裂缝开展,使其耗能能力得到明显提高。

4. 承载力与位移

各试件实测特征荷载见表 3.4-4。其中 F_c 为混凝土剪力墙首次加载到开裂时的开裂荷载;F_y 为正负两向明显屈服荷载均值;F_u 为正负两向极限荷载均值。

各试件实测特征荷载 表 3.4-4

试件编号	F_c（kN）		F_y（kN）		F_u（kN）		F_y/F_u
	实测值	相对值	实测值	相对值	实测值	相对值	
SWI-1	86.87	1.000	237.03	1.000	314.78	1.000	0.75
SWIX-1	97.98	1.128	244.41	1.031	330.15	1.049	0.74
SWI-2	97.01	1.117	248.23	1.047	320.03	1.017	0.78
SWIX-2	116.53	1.341	261.20	1.102	331.45	1.053	0.79

分析可知:

(1) 试件 SWIX-1 与 SWI-1 相比，开裂荷载、屈服荷载、极限荷载分别提高了 12.8%、3.1%、4.9%；试件 SWIX-2 与 SWI-2 相比，开裂荷载、屈服荷载、极限荷载分别提高了 20.1%、5.2%、3.6%。这表明，在相同配筋量的情况下，带斜筋的单排配筋低矮剪力墙的开裂荷载明显提高，屈服荷载和极限荷载有所提高。

(2) 试件 SWI-2 与 SWI-1 相比，开裂荷载、屈服荷载、极限荷载分别提高了 11.7%、4.7%、1.7%；试件 SWIX-2 与 SWIX-1 相比，开裂荷载、屈服荷载、极限荷载分别提高了 18.9%、6.9%、0.4%。这表明：在配筋相同情况下，提高混凝土强度等级，可明显提高单排配筋低矮剪力墙的开裂荷载，一定程度地提高其屈服荷载。

5. 刚度及其退化过程

实测各试件"K-θ"刚度退化曲线如图 3.4-6 所示。

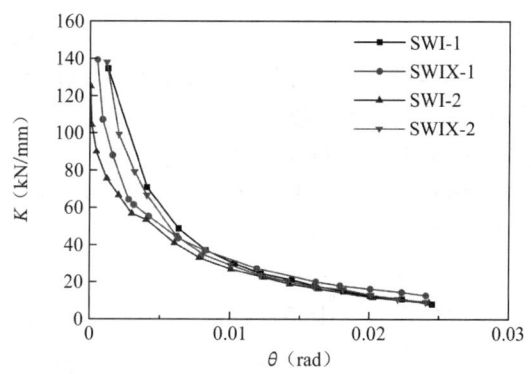

图 3.4-6 "K-θ"刚度退化曲线

分析可见：

(1) 混凝土强度等级相同的 2 个低矮剪力墙，其初始刚度基本相同；C40 混凝土剪力墙的初始刚度比 C20 混凝土剪力墙提高了约 28%。说明混凝土强度对剪力墙的初始刚度影响明显，而配筋形式对混凝土剪力墙的初始刚度影响较小。

(2) C20 混凝土剪力墙的刚度退化比 C40 混凝土剪力墙略慢，在相同混凝土强度等级下，带斜筋单排配筋剪力墙开裂刚度的退化减慢，说明斜筋和混凝土强度影响着剪力墙的刚度退化过程。

6. 耗能能力

实测所得各试件的耗能值见表 3.4-5。

实测所得各试件耗能值　　　　　　　　表 3.4-5

试件编号	ζ_{eq}	E_p（kN·mm）	E_p 相对值
SWI-1	0.138	33028	1.000
SWIX-1	0.144	40237	1.218
SWI-2	0.151	43205	1.308
SWIX-2	0.167	54879	1.662

分析可知：

（1）试件 SWIX-1 与 SWI-1 相比、试件 SWIX-2 与 SWI-2 相比，其等效黏滞阻尼系数 ζ_{eq} 较大，累计耗能量分别提高了 21.8%和 27.0%，说明在相同混凝土强度等级下，设置交叉斜筋可明显提高单排配筋低矮剪力墙的耗能能力。

（2）试件 SWIX-2 与 SWIX-1 相比、试件 SWI-2 与 SWI-1 相比，其等效黏滞阻尼系数 ζ_{eq} 较大，累计耗能量分别提高了 30.8%和 36.4%，说明在相同的配筋下，提高混凝土强度等级可明显提高单排配筋低矮剪力墙的耗能能力。

7. 承载力计算

（1）基本假设

1）符合平截面假定。

2）不计受拉区混凝土的抗拉作用。

3）受压混凝土的应力-应变关系曲线按现行混凝土结构设计规范确定，混凝土极限压应变值取 0.0033，最大压应力取混凝土抗压强度标准值 f_{ck}。钢筋的应力-应变关系为：屈服前为线弹性关系，屈服后的应力取屈服强度。

由试验中试件的破坏过程和钢筋的应变可知，剪力墙最终破坏时，试件受拉一侧底部纵筋首先屈服，之后受压区钢筋屈服，后期受压一侧混凝土被压酥。试件最终因弯曲或弯剪破坏而失效，底部弯矩起主要控制作用。

（2）单排配筋一字形截面低矮剪力墙正截面承载力计算模型与公式

正截面承载力计算时假定：在墙体中受拉及受压边缘构件纵筋全部屈服，距受压边缘 $1.5x$（x 为截面受压区高度）以外的全部竖向分布钢筋屈服，忽略中和轴附近的受拉竖向分布钢筋的作用，承载力计算模型如图 3.4-7 所示。

根据力平衡条件 $\sum N = 0$ 和 $\sum M = 0$，得 SWI-1 和 SWI-2 承载力计算公式如下：

$$N = \alpha_1 f_c b_w x + f_y' A_s' - f_y A_s - f_{yw} b_w \rho_{sw}(h_w - h_f - 1.5x) \tag{3.4-1}$$

$$Ne = f_y A_s\left(h_w - a_s - \frac{x}{2}\right) + f_y' A_s'\left(\frac{x}{2} - a_s'\right) + f_{yw} b_w \rho_{sw}(h_w - h_f - 1.5x)\left(\frac{h_w - h_f}{2} + \frac{x}{4}\right) \tag{3.4-2}$$

试件 SWIX-1 和 SWIX-2 承载力计算公式如下：

$$N = \alpha_1 f_c b_w x + f_y' A_s' + f_y' A_{s1}' \sin\theta - f_s A_s - f_y A_{s1} \sin\theta - f_{yw} b_w \rho_{sw}(h_w - h_f - 1.5x) \tag{3.4-3}$$

$$Ne = f_y A_s\left(h_w - a_s - \frac{x}{2}\right) + f_y A_{s1}\left(h_w - h_d - \frac{x}{2}\right)\sin\theta + f_y' A_s'\left(\frac{x}{2} - a_s'\right) +$$

$$f_y' A_s'\left(\frac{x}{2} - h_g\right)\sin\theta + f_{yw} b_w \rho_{sw}(h_w - h_f - 1.5x)\left(\frac{h_w - h_f}{2} + \frac{x}{4}\right) \tag{3.4-4}$$

墙体水平承载力：

$$F = \frac{M}{N} = \frac{Ne_0}{H} \tag{3.4-5}$$

式中：$e = e_0 - \frac{h_w}{2} + \frac{x}{2}$；

$e_0 = \frac{M}{N}$；

h_d——受拉斜筋合力作用点至受拉边缘的距离；

h_g——受压斜筋至受压边缘的距离；

H——剪力墙墙高。

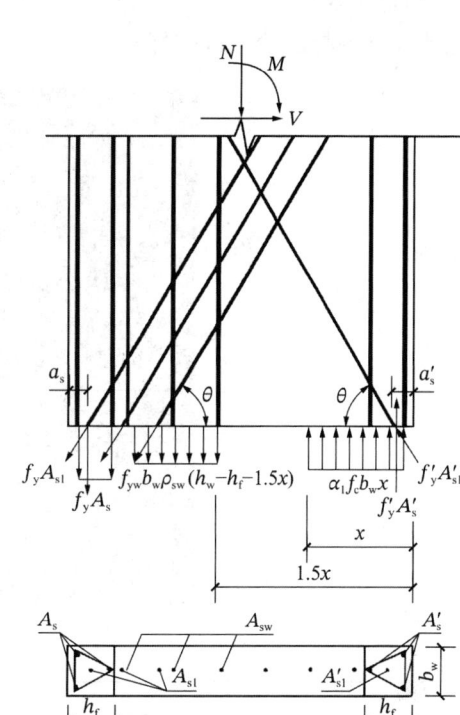

(a) 试件 SWI-1 和 SWIX-1 的承载力计算模型　　(b) 试件 SWI-1 和 SWIX-1 的承载力计算模型

图 3.4-7　承载力计算模型

注：f_y、f'_y 分别为构件受拉、受压钢筋的屈服强度，f_{yw} 为纵向分布钢筋的屈服强度；a_s、a'_s 分别为墙体边缘构件受拉、受压纵向钢筋合力点到截面边缘的距离；b_w 为墙体腹板厚度，h_w 为墙体宽度；A_s 为墙体边缘构件的受拉钢筋面积，A_{s1} 为受拉斜筋面积，A'_s 为边缘构件受压纵筋面积，A'_{s1} 为边缘构件内受压斜筋面积；θ 为斜筋倾角。

（3）剪力墙承载力计算值与实测值比较

各剪力墙承载力计算值与实测值比较见表 3.4-6。

剪力墙承载力计算值与实测值比较　　表 3.4-6

试件编号	斜截面承载力计算值（kN）	正截面承载力		
		计算值（kN）	实测值（kN）	相对误差（%）
SWI-1	318.53	265.58	314.78	−15.63
SWIX-1	306.42	276.38	330.15	−16.29
SWI-2	398.13	295.35	320.03	−7.71
SWIX-2	386.02	303.76	331.45	−8.35

8. 有限元分析

采用如图 3.4-8 所示的网格划分方式，对一字形截面剪力墙进行不同轴压比下的有限元计算分析。

计算所得 4 个试件计算与实测"水平荷载 F-水平位移 U"骨架曲线对比见图 3.4-9。可见有限元计算结果与试验符合较好。

图 3.4-8　网格划分

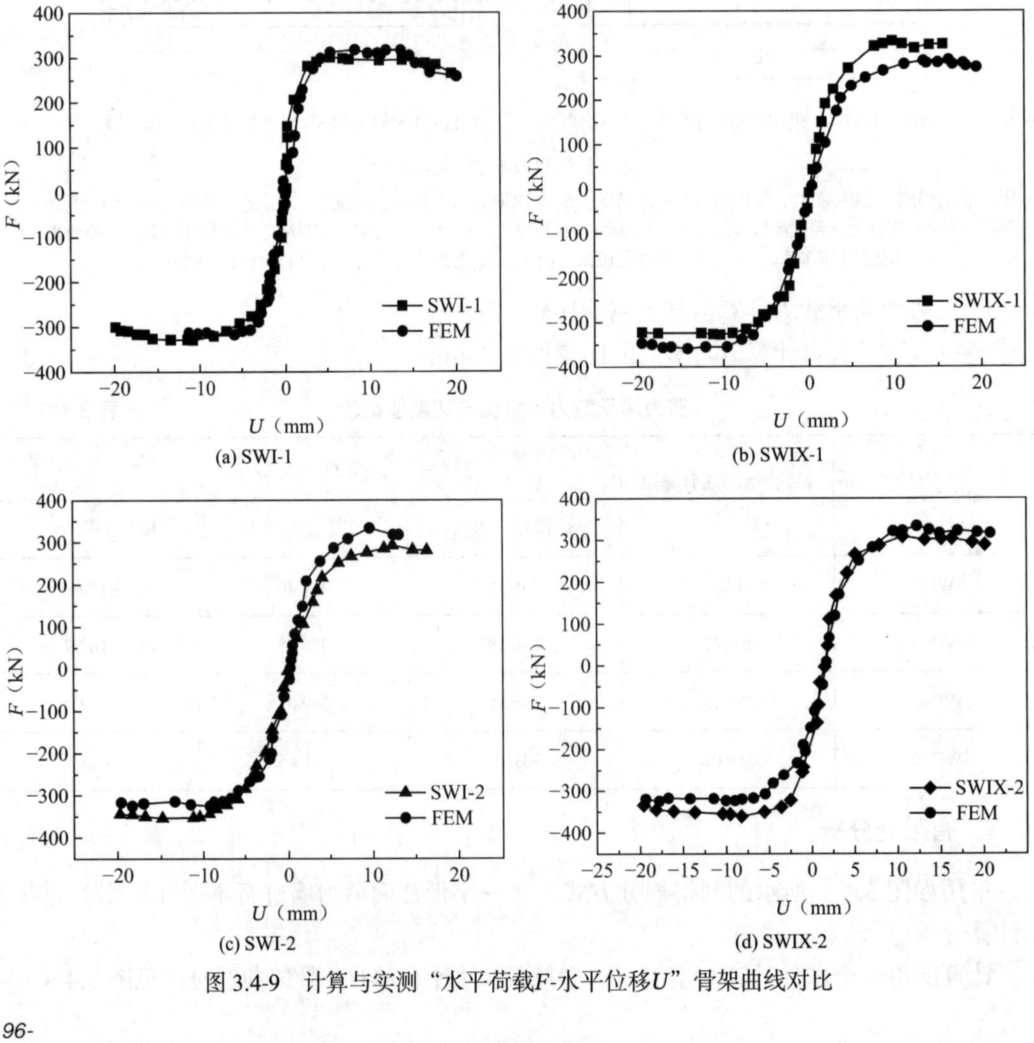

图 3.4-9　计算与实测"水平荷载F-水平位移U"骨架曲线对比
(a) SWI-1　(b) SWIX-1　(c) SWI-2　(d) SWIX-2

3.4.2 不同斜筋形式的单排配筋低矮剪力墙低周反复荷载试验

1. 试验概况

为研究不同斜筋形式的单排配筋低矮剪力墙的抗震性能，设计了 5 个试件，编号为 SW1.0-1～SW1.0-5。试件的几何尺寸均相同：墙板截面高度为 1200mm、厚度为 140mm，剪跨比 $\lambda = 1.0$。其中，SW1.0-1 为不带斜筋单排配筋剪力墙，SW1.0-2～SW1.0-5 为带斜筋单排配筋剪力墙，其配筋率及配筋形式不同。5 个试件的配筋见表 3.4-7，试件的几何尺寸及配筋见图 3.4-10。

试件配筋　　　　　　　　　　表 3.4-7

试件编号	总配筋率	分布钢筋配筋（配筋率）	斜筋配筋（配筋率）	斜筋角度
SW1.0-1	0.25%	φ6@80（0.25%）	—	—
SW1.0-2	0.25%	φ6@130（0.15%）	3φ6（0.10%）	45°
SW1.0-3	0.35%	φ6@130（0.15%）	3φ8（0.20%）	45°
SW1.0-4	0.35%	φ6@80（0.25%）	3φ6（0.10%）	45°
SW1.0-5	0.25%	φ6@130（0.15%）	3φ6（0.10%）	45°、60°、75°

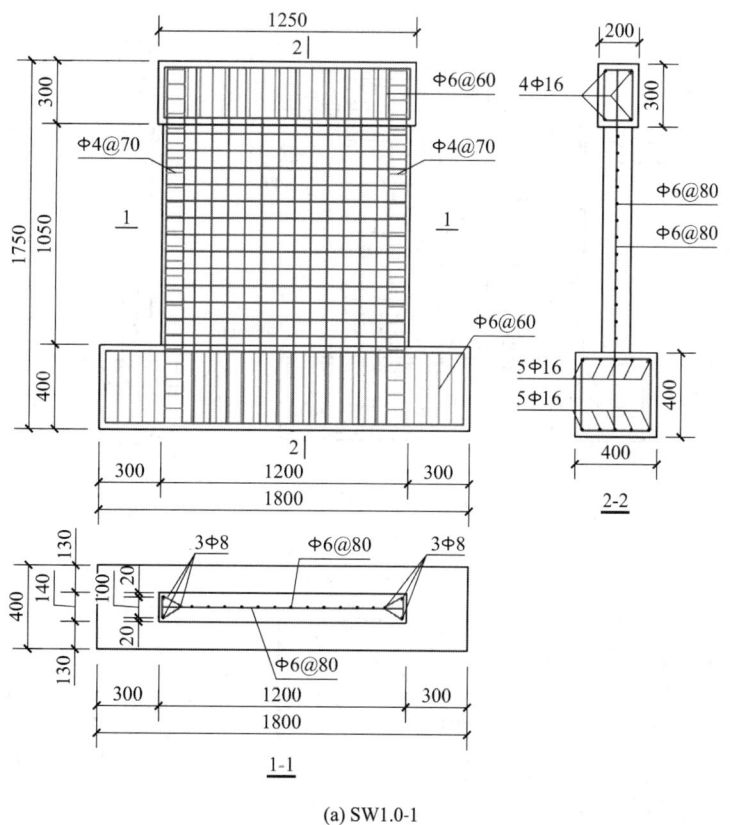

(a) SW1.0-1

单排配筋混凝土剪力墙结构

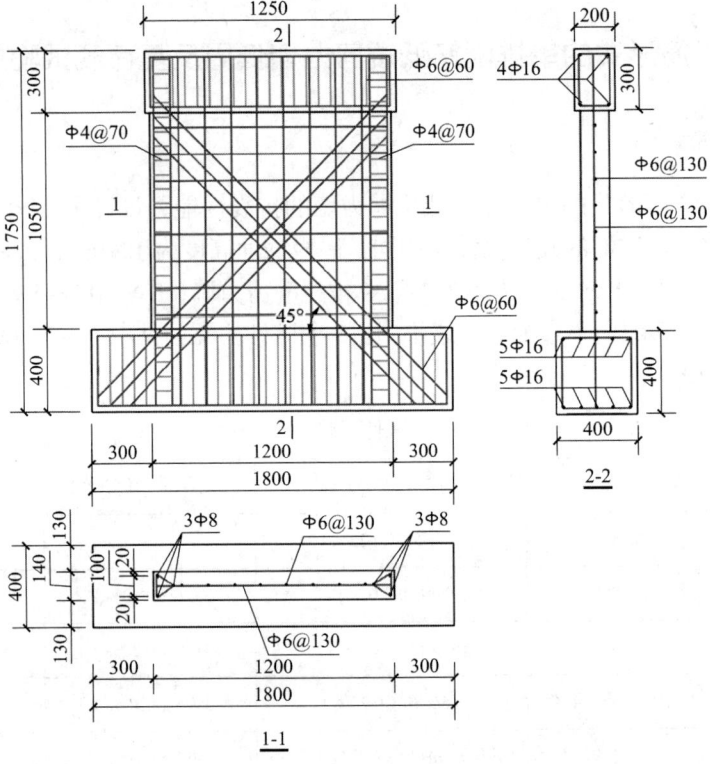

(b) SW1.0-2、SW1.0-3

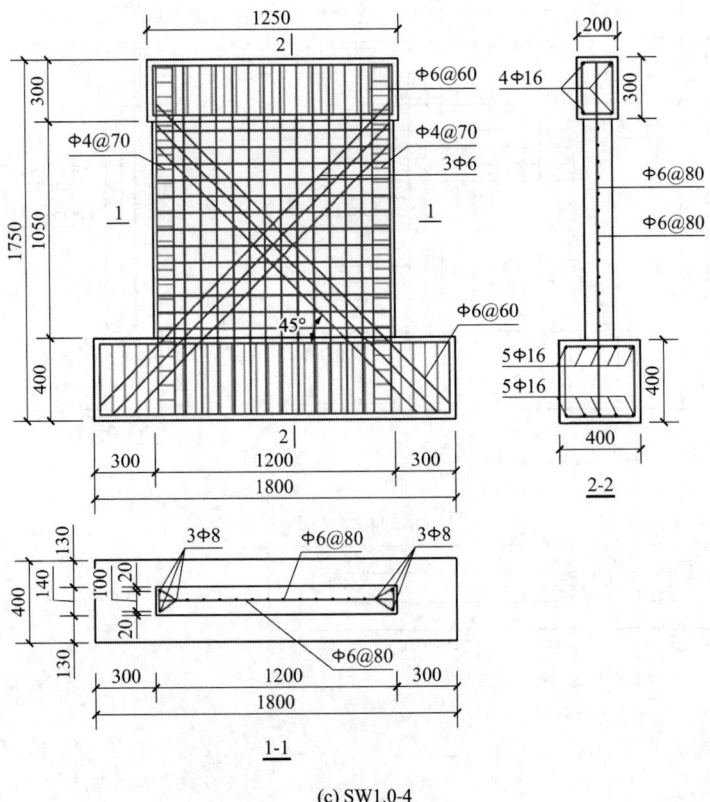

(c) SW1.0-4

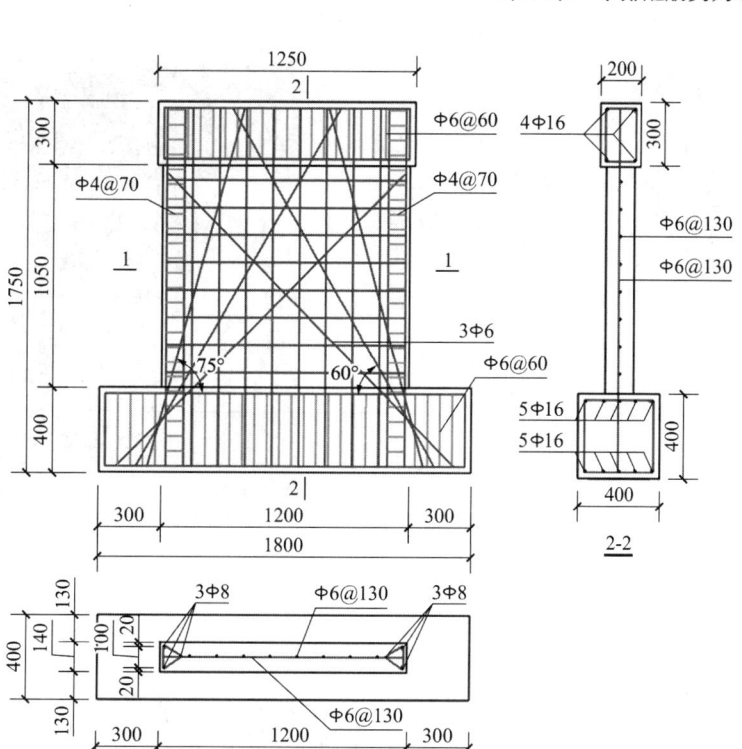

(d) SW1.0-5

图 3.4-10 试件尺寸及配筋图

试件由商品混凝土浇筑而成，墙体混凝土强度设计等级为 C30，实测墙体混凝土立方体抗压强度为 55.56MPa，弹性模量为 3.13×10^4MPa。试验轴压比为 0.1。

试件墙体钢筋均采用 HPB300，实测钢筋力学性能见表 3.4-8。

实测钢筋力学性能 表 3.4-8

钢筋规格	屈服强度f_y（MPa）	极限强度f_u（MPa）	弹性模量（GPa）	伸长率（%）	屈服应变ε_y（$\times 10^{-6}$）
ϕ6	383.79	522.40	181.73	16.77	2112
ϕ8	409.96	608.28	195.48	22.82	2097

试验加载装置见图 3.4-11，加载现场照片见图 3.4-12。加载装置包括竖向加载系统和水平加载系统，试件基础通过地锚螺栓与试验台座锚固。

加载制度示意如图 3.4-13 所示，试验在恒定竖向轴力作用下施加往复水平力。试验过程中，首先在墙体截面形心处施加 624kN 竖向轴压力，使墙体轴压比达到 0.1，并在试验过程中保持恒定。水平力采用荷载-变形双控制的方法：试件屈服前采用荷载控制分成三级加载，每级荷载反复 1 次，级差 80kN；当试件荷载-位移曲线出现明显转折时即认为结构屈服，屈服后，即从第 4 循环采用变形控制逐级加载，每级位移增量取试件 1/400 位移角，每级反复 2 次；当顶点位移率超过 1/66 时，每级位移增量改为 1/200 位移角。加载至试件承载力下降到峰值荷载的 85%以下时，试验停止。

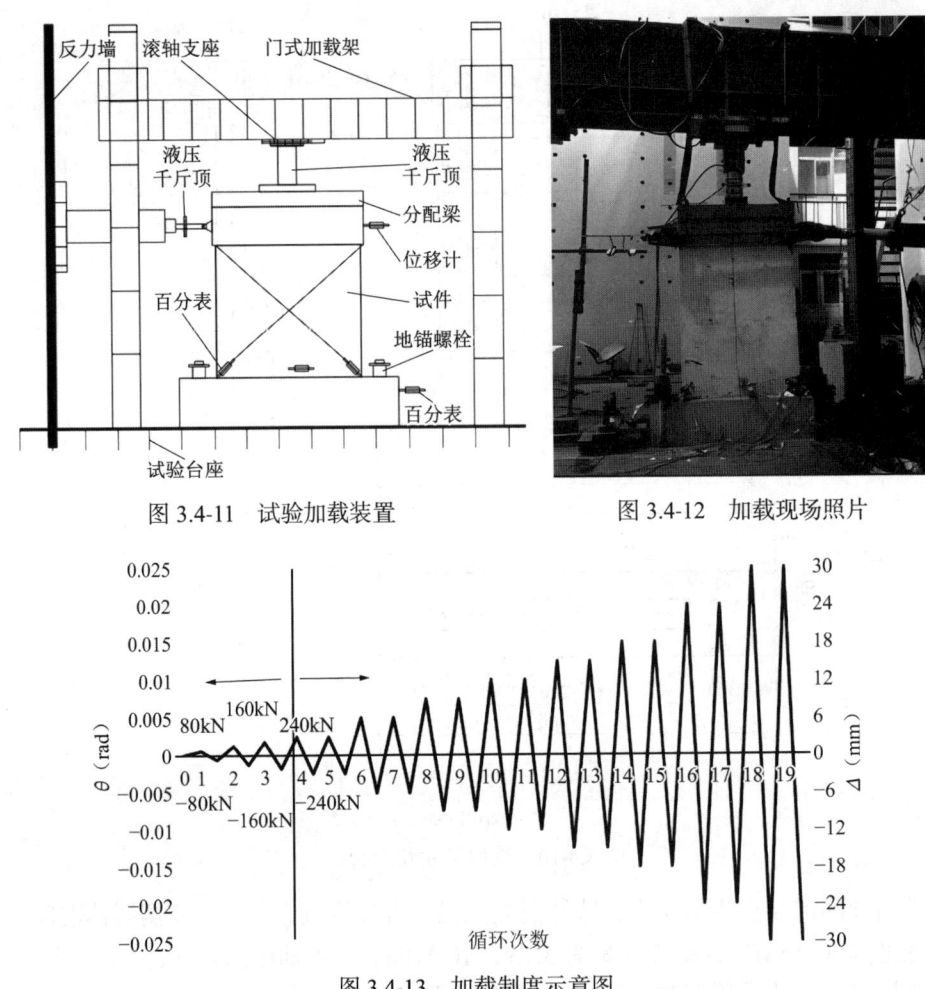

图 3.4-11 试验加载装置　　图 3.4-12 加载现场照片

图 3.4-13 加载制度示意图

2. 破坏特征

各试件最终破坏形态见图 3.4-14。各试件墙体下部裂缝较为集中，加载开始时，各试件均先在下部墙体边缘处出现水平裂缝，之后水平裂缝向墙底延伸，逐渐形成相互贯通的交叉型弯曲裂缝。试件 SW1.0-3 的斜裂缝在加载后期承载力下降阶段发展为对角主斜裂缝，最后因剪切破坏丧失承载能力，其他试件呈以弯曲破坏为主的弯剪破坏特征。

试件 SW1.0-1 墙体斜裂缝开展不充分，主要因为墙体内未配置斜筋，墙底抗剪切滑移能力较弱，加载后期墙底水平弯曲裂缝处出现剪切滑移现象，最终角部混凝土压碎。试件 SW1.0-2 墙体裂缝主要为弯曲裂缝，其原因是墙体分布钢筋配筋率降低，改为布置斜筋增强了墙体抗剪能力和底部抗剪切滑移能力，墙底水平弯曲裂缝开展充分，墙体斜裂缝开展较少。试件 SW1.0-3 墙体因分布钢筋配筋率较低，而斜筋配筋率较高，且斜筋在墙底边缘构件区域集中布置，导致其对墙底正截面受弯承载力的贡献作用大于其对墙体受剪承载力贡献作用，其正截面承载力略低于斜截面承载力，在剪力墙承载力下降阶段，剪力墙底角部位混凝土压坏后，发生斜向剪切破坏。试件 SW1.0-4 墙体虽然与试件 SW1.0-3 总配筋率相同，但其分布钢筋配筋率较高，而斜筋配筋率相对低些，剪力墙斜截面承载力在整个受力过程中始终大于正截面承载力，承载力下降阶段的破坏形态与试件 SW1.0-3 有所不同，最后破坏特征以弯曲破坏为主，墙底裂缝较多，分布区域较高。试件 SW1.0-5 墙体配筋呈扇形布置（45°、60°、75°），且斜筋配筋率低于分布钢筋的配筋率，剪力墙失效以弯曲破坏为主，加载后期出现倾斜角度较大的压剪斜裂缝。

各剪力墙底部截面的角部区域均有混凝土压碎、钢筋屈曲现象，剪力墙达到峰值荷载时，暗柱底部受拉纵筋均达到了屈服状态。

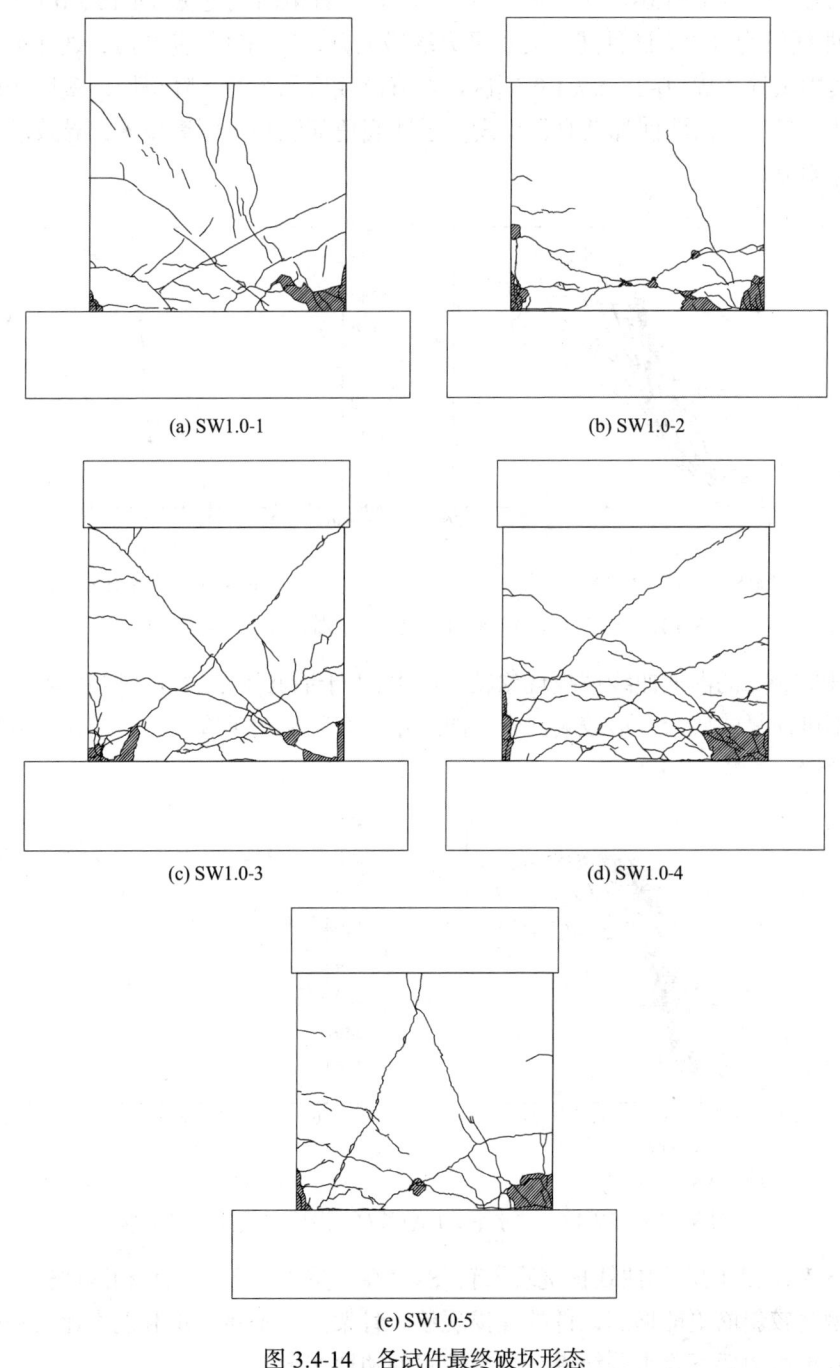

图 3.4-14 各试件最终破坏形态

3. 滞回特性

试件 SW1.0-1~SW1.0-5 的"水平力F-位移U"滞回曲线见图 3.4-15（a）~图 3.4-19（a），位移指距墙底 1200mm 的顶点水平位移，滞回曲线比较饱满，有一定捏拢。加载初期未开裂前，各试件滞回曲线为直线，基本没有残余变形，处于弹性阶段。开裂后，加载位移增大，试件刚度下降，水平力逐渐增长，卸载后残余变形不断增大。

试件 SW1.0-1~SW1.0-5 的"水平力F-位移U"骨架曲线见图 3.4-15（b）~图 3.4-19（b），骨架曲线较为平缓。试件屈服后水平力缓慢上升，达到峰值荷载后，试件承载力下降段完整，其中试件 SW1.0-2、SW1.0-5 达到峰值荷载后承载力下降缓慢，塑性变形能力较好。各试件在最后一次滞回加载时，均发生了墙底角部混凝土压溃现象，导致承载力和刚度下降十分明显。

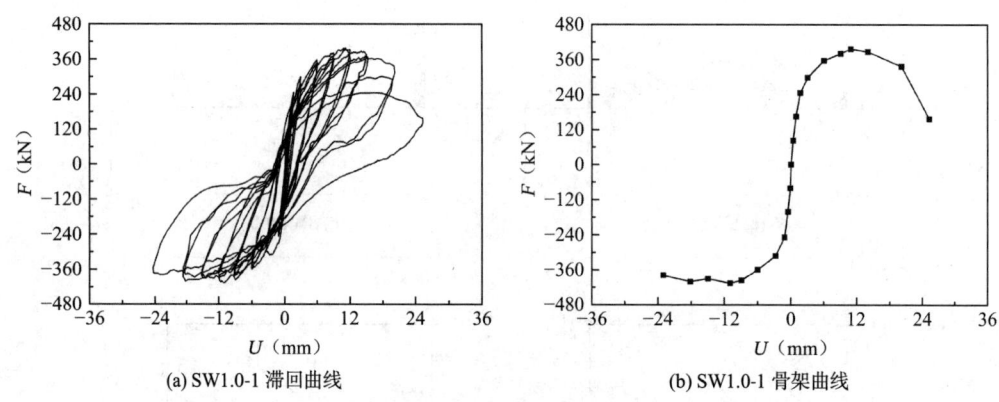

(a) SW1.0-1 滞回曲线　　　　　(b) SW1.0-1 骨架曲线

图 3.4-15　SW1.0-1 "水平力F-位移U"滞回曲线及骨架曲线

试件 SW1.0-1 的滞回曲线捏拢现象较为严重，由于墙底水平裂缝开展和滑移相对较重，加载后期不可恢复的残余变形较大。骨架曲线正向有明显的下降段，负向达到峰值荷载后下降十分缓慢。

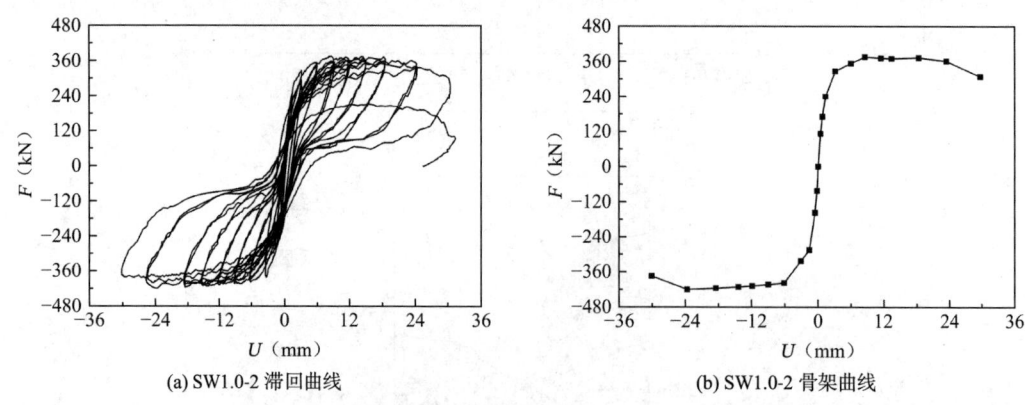

(a) SW1.0-2 滞回曲线　　　　　(b) SW1.0-2 骨架曲线

图 3.4-16　SW1.0-2 "水平力F-位移U"滞回曲线及骨架曲线

试件 SW1.0-2 的滞回曲线捏拢现象较 SW1.0-1 更为严重，说明相同墙体配筋率情况下，分布钢筋较斜筋更能抑制试件的捏拢现象。骨架曲线平缓，承载能力比较稳定，在达到峰值荷载承载力后下降十分缓慢，具有较好的塑性变形能力。

第3章 单排配筋剪力墙抗震性能

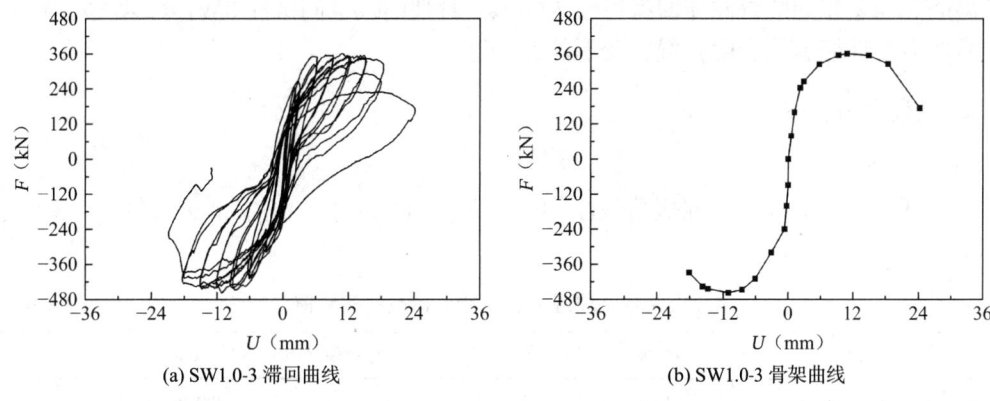

(a) SW1.0-3 滞回曲线　　　　　　　　(b) SW1.0-3 骨架曲线

图 3.4-17　SW1.0-3 "水平力 F-位移 U" 滞回曲线及骨架曲线

试件 SW1.0-3 的滞回曲线的捏拢现象较试件 SW1.0-1、SW1.0-2 有所缓解,说明配筋率的增加对试件的滞回特性有所改善。骨架曲线的正负向均有明显的下降段,在达到峰值荷载后较其他试件下降速度较快,说明试件的延性有所降低。

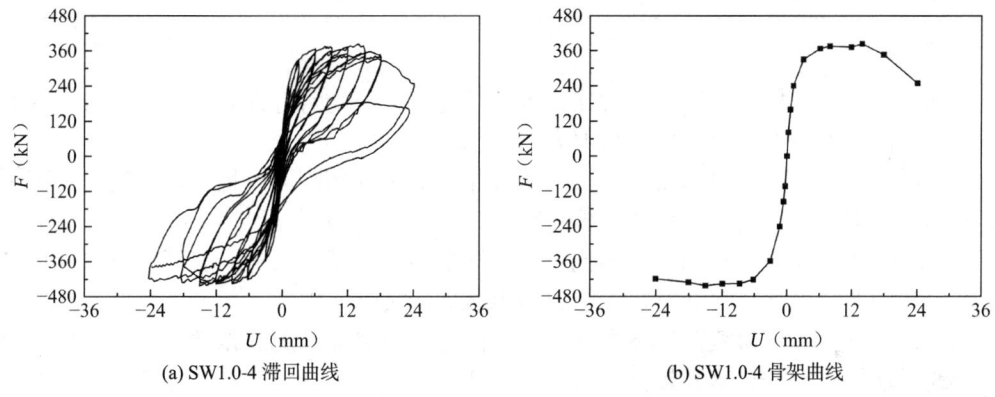

(a) SW1.0-4 滞回曲线　　　　　　　　(b) SW1.0-4 骨架曲线

图 3.4-18　SW1.0-4 "水平力 F-位移 U" 滞回曲线及骨架曲线

试件 SW1.0-4 捏拢现象较为严重,加载后期残余变形较大。骨架曲线平缓,有完整的上升段和下降段,破坏后期力学性能退化速度慢于试件 SW1.0-3,具有较好的延性。

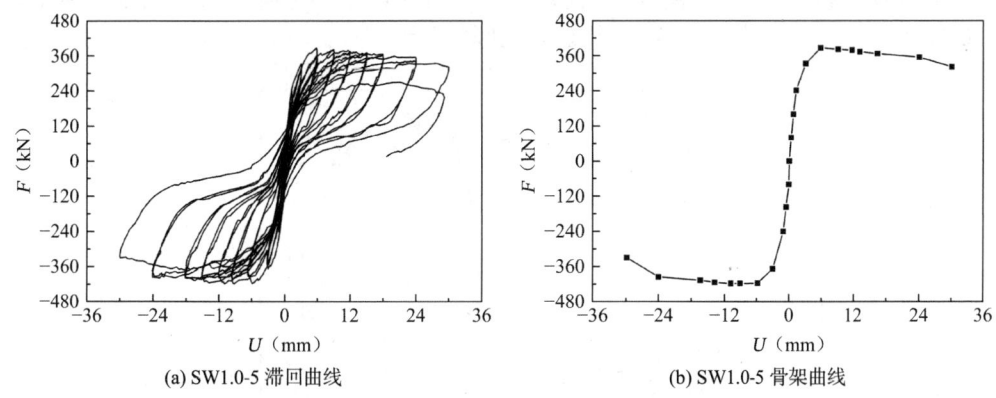

(a) SW1.0-5 滞回曲线　　　　　　　　(b) SW1.0-5 骨架曲线

图 3.4-19　SW1.0-5 "水平力 F-位移 U" 滞回曲线及骨架曲线

试件 SW1.0-5 捏拢现象较为严重,与试件 SW1.0-2 的滞回曲线较为相近,说明分布钢筋及斜筋配筋率相同的试件滞回特性较为相似。骨架曲线也同试件SW1.0-2类似，较为平缓，后期力学性能退化速度较慢，变形能力较好。

4. 承载力与位移

（1）承载力

各试件的开裂荷载F_{cr}、屈服荷载F_y、峰值荷载F_u的实测值见表3.4-9。其中，屈服荷载采用能量等值法确定。

开裂荷载、屈服荷载、峰值荷载的实测值　　　表3.4-9

试件编号	F_{cr}（kN）	F_{cr}比值	F_y（kN）	F_y比值	F_u（kN）	F_u比值
SW1.0-1	114.75	1.00	327.94	1.000	400.50	1.00
SW1.0-2	123.78	1.07	339.79	1.036	393.41	0.98
SW1.0-3	124.74	1.08	328.43	1.001	409.04	1.02
SW1.0-4	121.53	1.05	347.77	1.060	408.28	1.01
SW1.0-5	121.84	1.06	341.47	1.041	402.00	1.00

分析可知：

1）试件SW1.0-4与SW1.0-1相比，各特征点实测值均略有提高。表明在分布钢筋配筋率相同的情况下，增加斜筋可提高剪力墙的承载能力。

2）试件SW1.0-3与SW1.0-2相比，在分布钢筋配筋率相同且均存在斜筋的情况下，斜筋配筋率增加对剪力墙峰值荷载的提高有一定的作用，但对其开裂和屈服荷载影响不大。

3）试件SW1.0-5与SW1.0-2相比，各特征点荷载值基本相近。表明在分布钢筋和斜筋配筋率相同的情况下，斜筋呈扇形布置对承载力的贡献不大。

综上，各试件峰值荷载差异不大，主要原因是：在墙体低配筋条件下，边缘构造纵筋配置量相对墙体竖向分布钢筋较大，且分布在墙体外边缘，导致其对墙体正截面承载力的贡献成为主体，而墙体分布钢筋形式变化对墙体正截面承载力影响相对较小，当剪力墙体发生正截面弯曲破坏时，峰值荷载变化不大。

试件骨架曲线对比见图3.4-20。由图3.4-20可见：开裂前，各试件曲线基本重合；开裂与屈服阶段，曲线略有差异；峰值荷载之后，骨架曲线的下降速度差别较明显。试件SW1.0-2、SW1.0-5骨架曲线平缓，承载能力比较稳定。

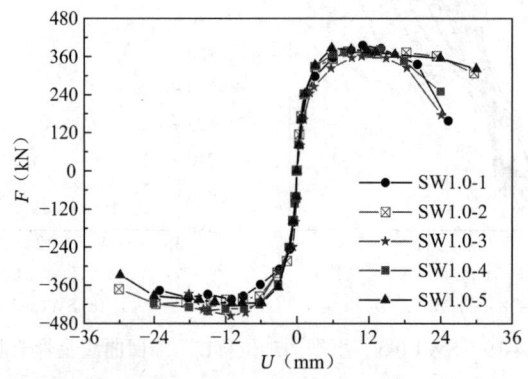

图3.4-20　试件骨架曲线对比

（2）变形能力

各试件的开裂位移U_{cr}、屈服位移U_y（正负向均值）、峰值位移U_u（正负向均值）、破坏位移U_d（正负向均值）、延性系数$\mu = U_d/U_y$列于表3.4-10。U_d取承载力下降至峰值荷载的85%时所对应的位移值，试件SW1.0-1和SW1.0-4负向承载力未能下降至峰值荷载的85%，则U_d取正向数值。位移角$\theta = \Delta/H$，U为墙顶测点的水平位移，H为测点高度。

试件的特征点位移　　　　　表3.4-10

试件编号	U_{cr}（mm）	U_y（mm）	U_u（mm）	U_d（mm）	$\mu = U_d/U_y$	μ比值	θ_{cr}	θ_y	θ_u	θ_d
SW1.0-1	0.59	4.27	10.95	20.15	4.72	1.000	1/2034	1/281	1/110	1/60
SW1.0-2	0.5	3.755	11.42	29.20	7.77	1.646	1/2400	1/320	1/105	1/41
SW1.0-3	0.63	4.425	10.93	18.57	4.20	0.890	1/1905	1/271	1/110	1/65
SW1.0-4	0.49	3.37	11.44	19.60	5.81	1.233	1/2449	1/356	1/105	1/61
SW1.0-5	0.58	2.895	8.34	28.14	9.72	2.059	1/2069	1/415	1/144	1/43

分析可得：

1）试件SW1.0-4与SW1.0-1相比，峰值位移略有增加，延性系数提高了23.1%。表明在分布钢筋配筋率相同的情况下，增加斜筋能提高剪力墙的延性。

2）试件SW1.0-2、SW1.0-5较其他三个试件延性提高明显，表明斜筋和分布筋配筋量的优化配置可以提高剪力墙的延性，当分布筋配筋率为0.15%，斜筋配筋率为0.10%时，延性提高效果较佳。

3）试件SW1.0-5与SW1.0-2相比，延性系数提高了25.1%。表明在分布钢筋和斜筋配筋率相同的情况下，斜筋呈扇形布置有助于提高剪力墙的延性。

（3）剪切变形

试件剪跨比为1.0的低矮剪力墙，其水平剪切变形占总变形的比例较大，尤其是在剪力墙开裂以后，剪切变形所占的比例会进一步增加，可能会超过总变形的50%，因此剪跨比较小的试件，其剪切变形是不能忽略的。

由斜向百分表数据计算得到各试件在滞回曲线峰值点处的墙板"剪切角γ-水平位移U"关系曲线如图3.4-21所示。

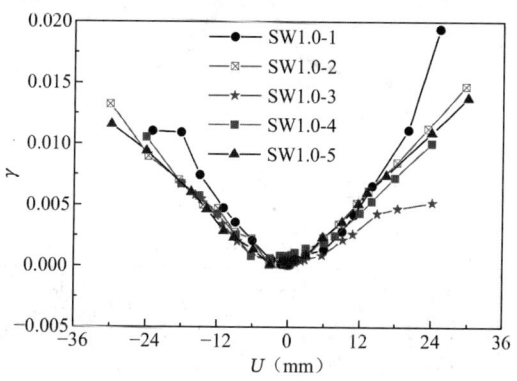

图3.4-21　"剪切角γ-水平位移U"关系曲线图

各试件在不同阶段的剪切变形占总变形的比例见表3.4-11。

试件不同阶段剪切变形占总变形的比例（%）　　　表 3.4-11

试件编号	弹性阶段	屈服阶段	破坏阶段
SW1.0-1	21.52	21.01	57.83
SW1.0-2	17.91	34.41	49.53
SW1.0-3	23.71	12.91	32.31
SW1.0-4	36.09	27.99	41.05
SW1.0-5	36.69	15.61	45.44

分析可知：

1）各试件在试验过程中达到最终破坏阶段，剪切变形比例也达到最大值。

2）试件 SW1.0-1 较其他试件在弹性阶段和屈服阶段剪切变形所占比例较小，但破坏阶段较大且超过 50%。试件 SW1.0-3～SW1.0-5 的剪切变形所占比例均呈现弹性阶段较大，屈服阶段逐渐减小，到破坏阶段又增大的发展规律。在屈服阶段试件 SW1.0-3 剪切变形所占比例较小。

3）不带斜筋试件 SW1.0-1 的剪切变形占总变形的比例远比其他试件大，试件 SW1.0-3 和 SW1.0-4 的剪切变形比例最小。表明，斜筋可以有效地控制低矮剪力墙剪切变形，且墙体配筋或斜筋越多，其剪切变形所占总变形的比例越小。

5. 刚度及其退化过程

各试件实测所得初始刚度 K_0、开裂割线刚度 K_{cr}、屈服割线刚度 K_y、峰值割线刚度 K_u、1/50 位移角割线刚度 $K_{1/50}$ 见表 3.4-12。各试件割线刚度退化曲线如图 3.4-22 所示。

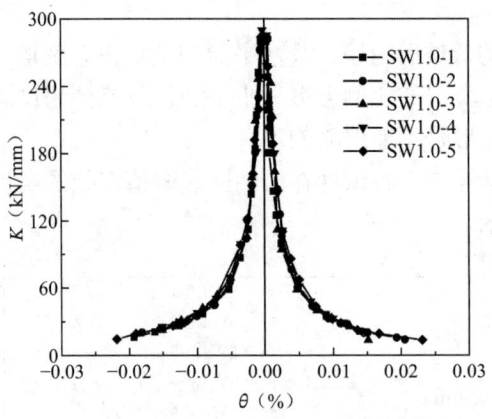

图 3.4-22　试件割线刚度退化曲线

试件实测的割线刚度　　　表 3.4-12

试件编号	K_0（kN/mm）	K_0 比值	K_{cr}（kN/mm）	K_{cr} 比值	K_y（kN/mm）	K_y 比值	K_u（kN/mm）	K_u 比值	$K_{1/50}$（kN/mm）	$K_{1/50}$ 比值
SW1.0-1	278.36	1.000	194.49	1.000	76.80	1.000	36.58	1.000	10.15	1.000
SW1.0-2	275.41	0.989	247.56	1.273	90.49	1.178	34.46	0.942	14.84	1.462
SW1.0-3	272.69	0.980	198.00	1.018	74.22	0.966	37.42	1.023	9.58	0.944

续表

试件编号	K_0 (kN/mm)	K_0比值	K_{cr} (kN/mm)	K_{cr}比值	K_y (kN/mm)	K_y比值	K_u (kN/mm)	K_u比值	$K_{1/50}$ (kN/mm)	$K_{1/50}$比值
SW1.0-4	283.45	1.018	248.02	1.275	103.20	1.344	35.69	0.976	13.71	1.351
SW1.0-5	279.07	1.003	210.07	1.080	117.95	1.536	48.20	1.318	15.48	1.525

分析可见：

（1）各试件初始刚度较为接近，试件SW1.0-2、SW1.0-4与SW1.0-1相比，开裂刚度和屈服刚度明显提高，说明在配筋量不变的情况下，合理布置斜筋可减缓低矮剪力墙开裂后的刚度退化速度；在分布钢筋配筋量相同的情况下，增设斜筋可明显减缓剪力墙开裂后的刚度退化速度。

（2）试件SW1.0-5与SW1.0-2相比，除开裂刚度以外，各刚度数据均明显提高，表明在分布钢筋和斜筋配筋率相同的情况下，斜筋呈扇形布置能减缓剪力墙的刚度退化。

（3）试件SW1.0-3在1/50位移角时割线刚度较其他试件小，峰值荷载后，刚度退化更为迅速，主要是因为剪力墙在承载力下降阶段同其他试件不同，发生了剪切破坏。

6. 耗能能力

试件的能量耗散能力以累积耗能E_p（滞回曲线所包围面积）和等效黏滞阻尼系数ζ_{eq}来衡量。试件滞回曲线外包络线耗能E_s、累积耗能E_p、等效黏滞阻尼系数ζ_{eq}随水平位移角θ增长而变化的关系曲线见图3.4-23～图3.4-25。

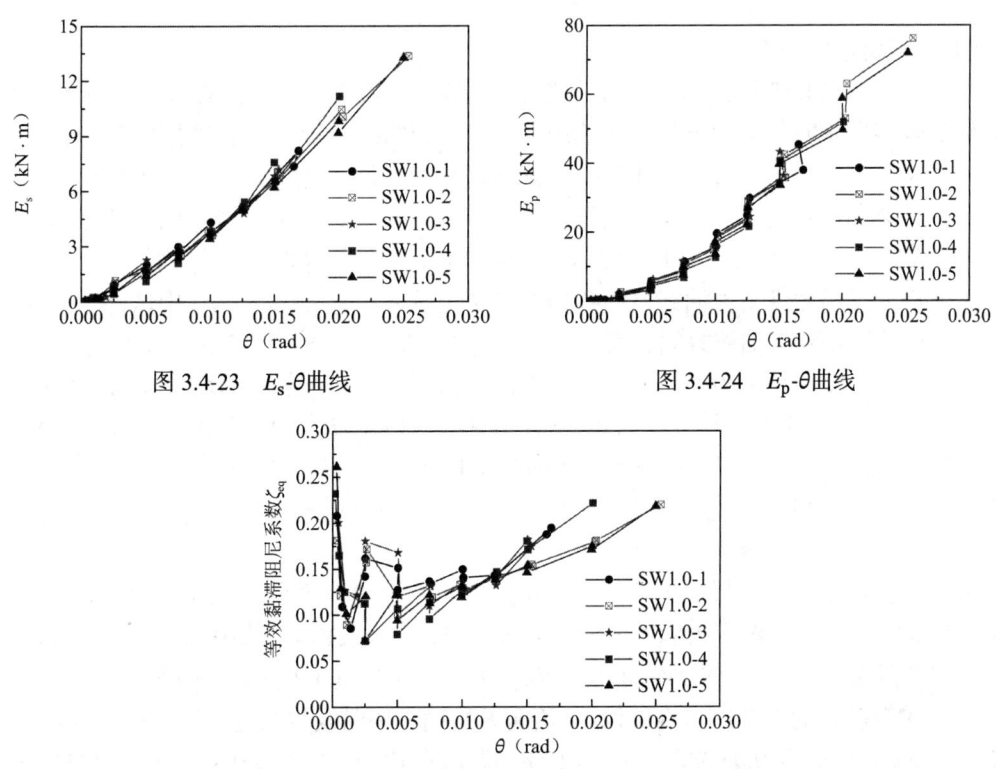

图3.4-23　E_s-θ曲线　　　　　图3.4-24　E_p-θ曲线

图3.4-25　ζ_{eq}-θ曲线

表3.4-13给出了试件荷载下降至峰值荷载85%以前的累积耗能及破坏荷载点所在滞回环的等效黏滞阻尼系数ζ_{eq}。

试件的耗能能力　　　　　　　表3.4-13

试件编号	耗能（kN·m）	等效黏滞阻尼系数ζ_{eq}	累计耗能（kN·m）	阻尼系数相对值
SW1.0-1	7.371	0.187	45.360	1.000
SW1.0-2	13.344	0.219	76.270	1.681
SW1.0-3	11.231	0.181	54.465	1.201
SW1.0-4	11.167	0.221	51.877	1.144
SW1.0-5	13.262	0.218	72.048	1.588

分析可知：

（1）与试件SW1.0-1相比，带斜筋剪力墙试件的耗能能力明显提高，尤其是试件SW1.0-2和SW1.0-5的累计耗能显著提高，表明按合理比例配置斜筋，可有效地提高单排配筋低矮剪力墙的抗震耗能能力。

（2）试件SW1.0-2与SW1.0-5的耗能能力相差不大，表明相同配筋率情况下，斜筋扇形放置对低矮混凝土剪力墙的耗能能力影响不明显。

（3）试件SW1.0-3最终发生的是脆性剪切破坏，破坏时等效黏滞阻尼系数较小。

7. 恢复力

（1）骨架曲线确定

由于不带斜筋和带斜筋单排配筋低矮剪力墙刚度存在差异，因此在确定单排配筋低矮剪力墙的骨架曲线时，分为不带斜筋低矮剪力墙骨架曲线、带斜筋低矮剪力墙骨架曲线。

不带斜筋低矮剪力墙骨架曲线试验数据选择9个试件，包括：表3.4-7中试件SW1.0-1试验所得骨架曲线数据，表3.4-1中试件SWI-1、试件SWI-2试验所得骨架曲线数据，表3.1-1中试件SW1.0-1～SW1.0-3、试件SW1.0-5～SW1.0-7试验所得骨架曲线数据。

带斜筋低矮剪力墙骨架曲线试验数据选择7个试件，包括：表3.4-7中试件SW1.0-2～SW1.0-5试验所得骨架曲线数据，表3.4-1中试件SWIX-1、SWIX-2试验所得骨架曲线数据，表3.1-1中试件SW1.0-4试验所得骨架曲线数据。单排配筋剪力墙骨架曲线采用四折线试件，主要特征点为：开裂点$C(\Delta_{cr},F_{cr})$，屈服点$Y(\Delta_y,F_y)$，峰值点$U(\Delta_u,F_u)$，破坏点$D(\Delta_d,F_d)$（承载力下降至峰值荷载的85%时所对应点）。开裂前刚度K_1、屈服前刚度K_2、屈服后刚度K_3、下降段刚度K_4。低矮剪力墙无量纲骨架曲线见图3.4-26。

（2）各阶段刚度计算

对不带斜筋的9个低矮剪力墙试件的正、负向无量纲骨架曲线数据进行线性拟合，得到$K_1=6.00$，开裂点C坐标为(0.06,0.36)；$K_2=1.45$，屈服点Y坐标为(0.39,0.84)；$K_3=0.26$，峰值点U坐标为(1,1)；破坏点D坐标为$(\Delta_d/\Delta_u,0.85)$，如图3.4-27（a）所示。

通过对带斜筋的7个剪力墙试件正、负向无量纲骨架曲线数据进行线性拟合，得到$K_1=6.33$，开裂点C坐标为(0.06,0.38)；$K_2=1.58$，屈服点Y坐标为(0.37,0.87)；$K_3=0.21$，峰值点U坐标为(1,1)；破坏点D坐标为$(\Delta_d/\Delta_u,0.85)$，如图3.4-27（b）所示。

第3章 单排配筋剪力墙抗震性能

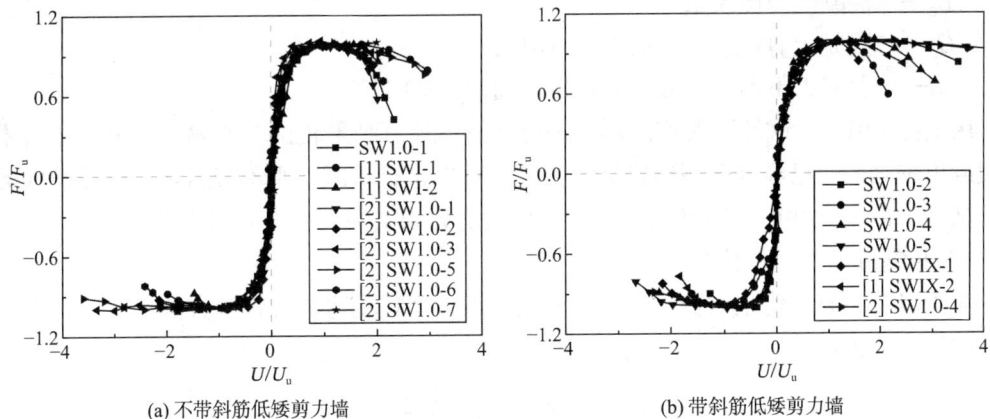

(a) 不带斜筋低矮剪力墙　　　　　　(b) 带斜筋低矮剪力墙

图 3.4-26　无量纲骨架曲线

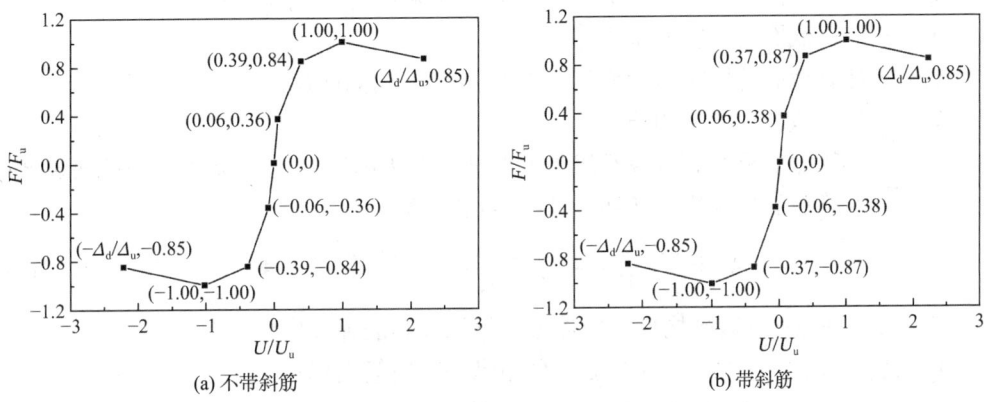

(a) 不带斜筋　　　　　　(b) 带斜筋

图 3.4-27　无量纲四折线骨架曲线

由无量纲化的四折线骨架曲线（图 3.4-27）可得，不带斜筋单排配筋剪力墙的四折线试件中 K_2、K_3 与弹性刚度 K_1 的关系：

$$\begin{cases} K_2 = 0.24K_1 \\ K_3 = 0.04K_1 \end{cases} \tag{3.4-6}$$

带斜筋单排配筋剪力墙的四折线试件中 K_2、K_3 与弹性刚度 K_1 的关系：

$$\begin{cases} K_2 = 0.25K_1 \\ K_3 = 0.03K_1 \end{cases} \tag{3.4-7}$$

剪力墙顶点在单位力作用下弹性阶段的位移为：

$$\Delta = \frac{H^3}{3E_cI_w} + \frac{\mu H}{G_cA_w} \tag{3.4-8}$$

由式(3.4-8)可知剪力墙初始刚度可表示为：

$$K_0 = \frac{1}{\Delta} = \frac{1}{\dfrac{H^3}{3E_cI_w} + \dfrac{\mu H}{G_cA_w}} = \frac{3E_cI_w}{H^3}\left(\frac{1}{1 + 7.5\mu I_w/A_wH^2}\right) \tag{3.4-9}$$

式中：H——剪力墙加载点距基础顶面的高度；

　　　I_w——剪力墙截面的惯性矩；

　　　A_w——剪力墙截面的面积；

E_c——混凝土弹性模量；

G_c——混凝土剪切模量，取$G_c = 0.4E_c$；

μ——剪应力不均匀系数，对矩形截面取$\mu = 1.2$。

用式(3.4-9)对各试件开裂前的刚度进行计算，计算结果较试验值偏高。由于在墙体可见裂缝出现之前，已经有微裂缝发展。因此，对K_0进行折减，则不带斜筋单排配筋低矮剪力墙试件中$K_1 = 0.30K_0$，带斜筋单排配筋低矮剪力墙试件中$K_1 = 0.32K_0$。

1) 开裂荷载F_{cr}及位移U_{cr}计算

对于以弯曲破坏为主的剪力墙，其开裂荷载近似按受弯构件计算方法计算，其受拉边缘处的拉应力为：

$$\sigma_c = -\frac{N}{A_0} + \frac{My_0}{I_0} \tag{3.4-10}$$

式中：σ_c——由弯矩值M在计算纤维处所产生的混凝土拉应力；

N——计算截面处的竖向轴力值；

A_0——计算截面的换算截面面积，按照公式(3.4-11)计算；

M——计算截面处的弯矩值；

y_0——换算截面重心到计算纤维处的距离，取为$h_w/2$，h_w为墙体水平截面长度；

I_0——换算截面惯性矩，按照公式(3.4-12)计算。

$$A_0 = \sum \frac{E_s A_s}{E_c} + \sum \frac{E_{sw} A_{sw}}{E_c} + \sum \frac{E_{sx} A_{sx}}{E_c} + A_c \tag{3.4-11}$$

式中：E_s、E_w、E_{sx}——边缘构件、墙体分布钢筋、斜筋弹性模量；

A_s、A_w、A_{sx}——边缘构件纵筋、分布纵筋、斜筋面积；

A_c——混凝土部分净截面面积。

$$I_0 = \sum \frac{E_s I_s}{E_c} + \sum \frac{E_{sw} I_{sw}}{E_c} + \sum \frac{E_{sx} I_{sx}}{E_c} + I_c \tag{3.4-12}$$

式中：I_s、I_w、I_{sx}——边缘构件、墙体分布钢筋、斜筋对截面中和轴的惯性矩；

I_c——混凝土部分净截面惯性矩。

当公式(3.4-10)的拉应力σ_c值达到名义弯曲抗拉强度$f_{t,f}$（或称断裂模量）时，即$\sigma_c = f_{t,f} = \gamma_m f_t$，其中$\gamma_m$为截面抵抗矩塑性影响系数基本值，取值为$\gamma_m = \frac{f_{t,f}}{f_t} = 1.55$，同时建议按截面高度（$h$，mm）加以修正

$$\gamma = \left(0.7 + \frac{120}{h}\right)\gamma_m \tag{3.4-13}$$

式中，h的取值为$400mm \leqslant h \leqslant 1600mm$。

则混凝土剪力墙开裂弯矩M_{cr}为：

$$M_{cr} = \frac{(\gamma f_t + N/A_0)I_0}{y_0} \tag{3.4-14}$$

考虑到混凝土收缩和徐变的影响及钢筋和混凝土粘结性能的差别，以及荷载性质的不同因素，剪力墙的可能开裂弯矩取为$\sqrt{\beta_0}M_{cr}$，低于计算值（M_{cr}），引入修正系数$\beta_0 = \beta_1\beta_2$，且取$\beta_1 = 1.0$（变形钢筋）或0.5（光圆钢筋）；$\beta_2 = 0.8$（第一次加载）或0.5（长期持续或重复加载）。本试验中β_1、β_2均取0.5。

取剪力墙换算截面受拉边缘的弹性抵抗矩 $W_0 = \frac{I_0}{y_0}$，则可得到混凝土剪力墙开裂荷载 F_{cr} 的理论计算公式：

$$F_{cr} = \sqrt{\beta_0} \frac{W_0}{H} \left(\gamma f_t + \frac{N}{A_0} \right) \quad (3.4\text{-}15)$$

开裂位移 U_{cr} 为：

$$U_{cr} = \frac{F_{cr}}{K_1} \quad (3.4\text{-}16)$$

2）屈服荷载 F_y 及位移 U_y 计算

假定剪力墙截面应变分布符合平截面假定；由于剪力墙截面屈服时，截面受拉区大部分混凝土已退出工作，故分析时忽略受拉区混凝土的受拉作用；受压区混凝土出现很小的塑性变形，为简化计算，假定受压区混凝土应力为线性分布；钢筋应变沿截面高度分布按平截面假定确定。剪力墙在屈服状态下截面应力分布图如图 3.4-28 所示。

截面的屈服曲率 ϕ_y 为：

$$\phi_y = \frac{\varepsilon_y}{h_w - a_s - x} \quad (3.4\text{-}17)$$

式中：ε_y——边缘构件受拉纵筋屈服应变；

x——剪力墙截面受压区高度。

下式为屈服状态时截面上各应力合力。

$$\begin{cases} T_s = f_y A_s \\ T_s' = E_s \varepsilon_s' A_s' = E_s A_s'(x - a_s') \phi_y \\ T_{sw} = \frac{1}{2} \rho_{sw} b_w (h_w - h_f - x) f_{yw} \\ T_{sw}' = \frac{1}{2} \rho_{sw} b_w (x - h_f')^2 E_{sw} \phi_y \\ T_{sx} = E_{sx} \varepsilon_{sx} A_{sx} \sin\theta = E_{sx} A_{sx} \sin\theta (h_w - h_x - x) \phi_y \\ T_{sx}' = E_{sx} \varepsilon_{sx}' A_{sx}' \sin\theta = E_{sx} A_{sx}' \sin\theta (x - h_x') \phi_y \\ C_c = \frac{1}{2} b_w E_c x^2 \phi_y \end{cases} \quad (3.4\text{-}18)$$

式中：T_s、T_s'——边缘构件钢筋所受拉力、压力；

T_{sw}、T_{sw}'——剪力墙分布钢筋所受拉力、压力；

T_{sx}、T_{sx}'——剪力墙斜筋所受拉力、压力；

C_c——混凝土相对受压区所受的压力；

f_y、f_y'——边缘构件受拉、受压纵筋屈服强度；

f_{yw}、f_{yw}'——墙体受拉、受压竖向分布钢筋屈服强度；

f_{yx}、f_{yx}'——受拉、受压斜筋屈服强度；

A_s、A_s'——边缘构件受拉、受压纵筋面积；

A_{sx}、A_{sx}'——受拉、受压斜筋面积；

a_s、a_s'——边缘构件受拉、受压纵筋合力点到截面边缘的距离；

b_w——墙体厚度；

h_w——墙体水平截面长度；

h_f、h'_f——边缘构件受拉、受压截面长度；

h_x、h'_x——墙体受拉、受压斜筋合力作用点到各截面边缘的距离；

ρ_{sw}——墙体竖向分布钢筋配筋率；

θ——斜筋倾角；

E_s、E_{sw}、E_{sx}——边缘构件钢筋、墙体分布钢筋、斜筋弹性模量。

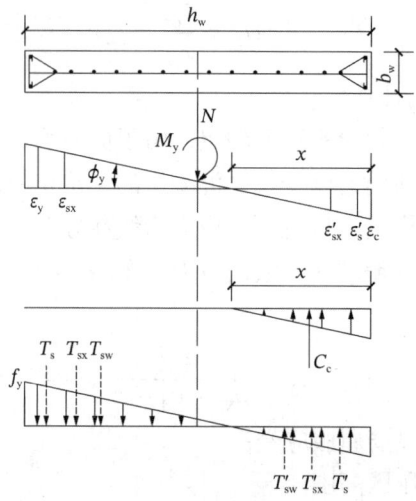

图 3.4-28 屈服状态下截面应力分布

由平截面假定，受压纵筋应变为$\varepsilon'_s = (x - a'_s)\phi_y$；边缘混凝土压应变为$\varepsilon_c = x\phi_y$。

竖向力平衡方程为：

$$N + T_s + T_{sw} + T_{sx} = T'_s + T'_{sw} + T'_{sx} + C_c \tag{3.4-19}$$

即：

$$N + f_y A_s + \frac{1}{2}\rho_{sw}b_w(h_w - h_f - x)f_{yw} + E_{sx}A_{sx}\sin\theta(h_w - h_x - x)\phi_y$$
$$= E_s A'_s(x - a'_s)\phi_y + \frac{1}{2}\rho_{sw}b_w(x - h'_f)^2 E_{sw}\phi_y + E_{sx}A'_{sx}\sin\theta(x - h'_x)\phi_y + \frac{1}{2}b_w E_c x^2 \phi_y \tag{3.4-20}$$

由式(3.4-20)可推导出屈服曲率ϕ_y为：

$$\phi_y = \frac{N + f_y A_s + \frac{1}{2}\rho_{sw}b_w(h_w - h_f - x)f_{yw}}{\left(E_s A'_s(x - a'_s) + \frac{1}{2}\rho_{sw}b_w(x - h'_f)^2 E_{sw} + E_{sx}A'_{sx}\sin\theta(x - h'_x) + \frac{1}{2}b_w E_c x^2 - E_{sx}A_{sx}\sin\theta(h_w - h_x - x)\right)}$$
$$= \frac{\varepsilon_y}{h_{w0} - x} \tag{3.4-21}$$

由式(3.4-17)、式(3.4-21)可解得剪力墙截面受压区高度x，并求出屈服曲率ϕ_y。

根据力和弯矩平衡条件，对截面形心轴取矩，得到剪力墙的屈服弯矩计算公式为：

$$M_y = T_s\left(\frac{h_w}{2} - a_s\right) + \frac{1}{6}T_{sw}(h_w - 4h_f + 2x) + T_{sx}\left(\frac{h_w}{2} - h_x\right) + T'_s\left(\frac{h_w}{2} - a'_s\right) +$$
$$\frac{1}{6}T'_{sw}(3h_w - 4h'_f - 2x) + T'_{sx}\left(\frac{h_w}{2} - h'_x\right) + C_c\left(\frac{h_w}{2} - \frac{1}{3}x\right) \tag{3.4-22}$$

不带斜筋剪力墙的承载力计算公式，将公式(3.4-19)~式(3.4-22)中的斜筋项去掉即可。

则屈服荷载 F_y 为：

$$F_y = \frac{M_y}{H} \tag{3.4-23}$$

屈服位移 U_y 为：

$$U_y = U_{cr} + \frac{F_y - F_{cr}}{K_2} \tag{3.4-24}$$

3）峰值荷载 F_u 及位移 U_u 计算

试验表明：试件破坏形态主要呈现弯曲破坏特征，其峰值荷载可按正截面大偏心受压承载力计算方法考虑。故假定：在墙体边缘构件中受拉及受压纵筋均屈服，离受压边缘 $1.5x$ 范围以外的所有竖向受拉分布钢筋屈服；分析时忽略受拉区混凝土的抗拉作用；试验中受拉、受压区的斜筋全部屈服。剪力墙在峰值荷载状态下截面应力分布图如图 3.4-29 所示。

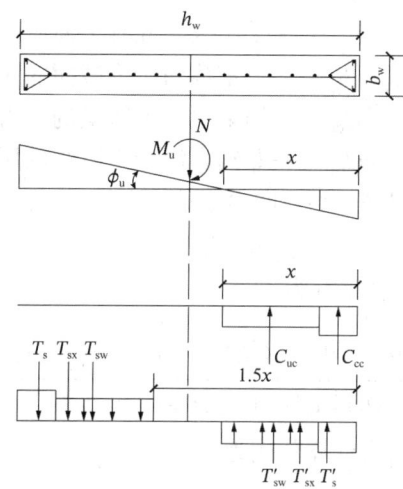

图 3.4-29 峰值荷载状态下截面应力分布

截面的峰值曲率 ϕ_u 为：

$$\phi_u = \frac{\varepsilon_{cc}}{x_c} = \frac{\varepsilon_{cc}}{1.25\xi h_{w0}} \tag{3.4-25}$$

本文采用清华大学钱稼茹教授研究的混凝土应变与箍筋约束作用关系如下式：

$$\begin{cases} f_{cc} = (1 + 1.79\lambda_v)f_c \\ \varepsilon_{cc} = (1 + 3.5\lambda_v)\varepsilon_{c0} \\ \varepsilon_{0.9} = (1.25 + 1.14\lambda_v^{0.67})\varepsilon_{cc} \\ \varepsilon_{0.5} = (2.34 + 2.49\lambda_v^{0.73})\varepsilon_{cc} \end{cases} \tag{3.4-26}$$

式中：f_{cc}——约束混凝土轴心抗压强度；

ε_{cc}——约束混凝土的峰值压应变；

$\varepsilon_{0.9}$、$\varepsilon_{0.5}$——混凝土应力下降至峰值应力的 90% 和 50% 对应的应变；

ε_{c0}——无约束混凝土的峰值应变，取 0.002；

λ_v——配箍特征值；

f_c——非约束混凝土轴心抗压强度。

下式为峰值状态时截面上各应力合力：

$$\begin{cases} T_s = f_y A_s \\ T'_s = f'_y A'_s \\ T_{sw} = \rho_{sw} b_w (h_w - h_f - 1.5x) f_{yw} \\ T'_{sw} = \rho_{sw} b_w (x - h'_f) f'_{yw} \\ T_{sx} = f_{yx} A_{sx} \sin\theta \\ T'_{sx} = f'_{yx} A'_{sx} \sin\theta \\ C_{cc} = f_{cc} A_{cc} = \frac{1}{2} b_z h_z f_{cc} \\ C_{uc} = f_c (A_c - A_{cc}) = f_c \left(b_w x - \frac{1}{2} b_z h_z \right) \end{cases} \quad (3.4\text{-}27)$$

式中：T_s、T'_s、T_{sw}、T'_{sw}、T_{sx}、T'_{sx}——所表示的物理意义同式(3.4-18)；

A_c——受压区混凝土面积；

A_{cc}——受压区非混凝土面积；

b_z、h_z——三角箍筋所围截面的底和高；

C_{cc}——约束混凝土所受的压力；

C_{uc}——非约束混凝土所受的压力。

考虑墙体截面内为对称配筋，则竖向力平衡方程为：

$$N + T_{sw} = T'_{sw} + C_{cc} + C_{uc} \quad (3.4\text{-}28)$$

由式(3.4-28)可求得受压区高度x为：

$$x = \frac{N + \rho_{sw} b_w f_{yw}(h_w - h_f) + \rho_{sw} b_w f'_{yw} h'_f - \frac{1}{2} b_z h_z f_{cc} + \frac{1}{2} b_z h_z f_c}{(1.5\rho_{sw} b_w f_{yw} + \rho_{sw} b_w f'_{yw} + f_c b_w)} \quad (3.4\text{-}29)$$

对截面形心轴取矩，承载力计算公式为：

$$M_u = T_s \left(\frac{h_w}{2} - a_s \right) + \frac{1}{4} T_{sw}(3x - 2h_f) + T_{sx} \left(\frac{h_w}{2} - h_x \right) + T'_s \left(\frac{h_w}{2} - a'_s \right) + \\ \frac{1}{2} T'_{sw}(h_w - x - h'_f) + T'_{sx} \left(\frac{h_w}{2} - h'_x \right) + C_c \left(\frac{h_w}{2} - a'_s \right) + \frac{1}{2} C_{uc}(h_w - x - a'_s) \quad (3.4\text{-}30)$$

忽略P-Δ效应影响的墙体水平承载力：

$$F_u = \frac{M_u}{H} \quad (3.4\text{-}31)$$

峰值位移U_u为：

$$U_u = U_y + \frac{F_u - F_y}{K_3} \quad (3.4\text{-}32)$$

4）破坏荷载F_d及位移U_d计算

由图3.4-29得，破坏荷载F_d为：

$$F_d = 0.85 F_u \quad (3.4\text{-}33)$$

试验中5个试件除SW1.0-3外均发生呈现于弯曲破坏为主的弯剪破坏特征，其弯曲变形可用集中塑性铰试件来计算。弯曲变形包括弹性变形和塑性变形，剪力墙底部的塑性铰长度l_p范围内塑性曲率是一致的，当只受到顶部集中荷载时，破坏弯曲位移U_b为：

$$U_{\mathrm{b}} = U_{\mathrm{be}} + U_{\mathrm{bp}} = \frac{1}{3}\phi_{\mathrm{y}}H^2 + (\phi_{\mathrm{d}} - \phi_{\mathrm{y}})l_{\mathrm{p}}\left(H - \frac{1}{2}l_{\mathrm{p}}\right) \quad (3.4\text{-}34)$$

式中：U_{b}——破坏弯曲位移；

U_{be}——破坏弯曲位移中的弹性位移；

U_{bp}——破坏弯曲位移中的塑性位移；

l_{p}——塑性铰长度；

ϕ_{d}——截面破坏曲率，截面的屈服曲率ϕ_{y}按式(3.4-17)计算。

塑性铰长度l_{p}按 Bohl A，Adebar P 研究的公式计算：

$$l_{\mathrm{p}} = (0.2h_{\mathrm{w}} + 0.05H)\left(1 - 1.5\frac{P}{f_{\mathrm{c}}b_{\mathrm{w}}h_{\mathrm{w}}}\right) \quad (3.4\text{-}35)$$

截面的破坏曲率ϕ_{d}为：

$$\phi_{\mathrm{d}} = \frac{\varepsilon_{\mathrm{cd}}}{x_{\mathrm{d}}} \quad (3.4\text{-}36)$$

式中，$\varepsilon_{\mathrm{cd}}$按式(3.4-26)取$\varepsilon_{0.9}$为混凝土的破坏压应变；$x_{\mathrm{d}}$近似按峰值受压区高度取值。

试验试件的剪跨比为 1.0，低矮剪力墙的水平剪切变形占总变形的比例较大，尤其是在剪力墙达到峰值荷载以后，剪切变形所占的比例会进一步增加，可能会超过总变形的 50%，因此剪跨比较小的试件，其剪切变形是不能忽略的。本节根据 Beyer K，Dazio A 提出的公式，并应用 5 个试件试验破坏位移剪切变形数据，见表 3.4-11，建议用式(3.4-37)计算剪切变形与弯曲变形比例。

$$\frac{U_{\mathrm{s}}}{U_{\mathrm{b}}} = 4.5 \frac{\varepsilon_{\mathrm{cd}}}{\phi_{\mathrm{d}} \tan \alpha H} \quad (3.4\text{-}37)$$

式中：U_{s}——破坏剪切位移；

α——墙体裂缝与垂直向夹角，按照试验现象估计为 30°。

则破坏总位移为：

$$U_{\mathrm{d}} = U_{\mathrm{b}}\left(1 + \frac{U_{\mathrm{s}}}{U_{\mathrm{b}}}\right) \quad (3.4\text{-}38)$$

（3）计算所得骨架曲线与试验结果对比

表 3.4-14、表 3.4-15 分别给出了根据上述公式计算所得的骨架曲线特征点的荷载及位移与试验值的比较。试验开裂点数据取正向数值；试验屈服点、峰值点、破坏点取骨架曲线数据正负平均值。

骨架曲线特征点荷载试验值与计算值对比 表 3.4-14

试件编号	开裂荷载F_{cr}（kN）		屈服荷载F_{y}（kN）		峰值荷载F_{u}（kN）		破坏荷载F_{d}（kN）	
	试验值	理论值	试验值	理论值	试验值	理论值	试验值	理论值
SW1.0-1	114.75	103.57	327.94	335.83	400.50	385.11	340.43	327.35
SW1.0-2	123.78	104.30	339.79	339.17	393.41	381.81	334.40	324.54
SW1.0-3	124.74	104.98	328.43	352.46	409.04	397.17	347.68	337.59
SW1.0-4	121.53	104.44	347.77	350.39	408.28	402.22	347.04	341.89
SW1.0-5	121.84	104.56	341.47	341.99	402.00	384.19	341.70	326.56

骨架曲线特征点位移试验值与计算值对比 表 3.4-15

试件编号	开裂位移U_{cr}（mm）		屈服位移U_y（mm）		峰值位移U_u（mm）		破坏位移U_d（mm）	
	试验值	理论值	试验值	理论值	试验值	理论值	试验值	理论值
SW1.0-1	0.59	0.54	4.27	3.52	10.95	10.88	20.15	22.51
SW1.0-2	0.50	0.51	3.76	3.56	11.42	9.93	29.20	23.30
SW1.0-3	0.63	0.51	4.43	3.80	10.93	10.48	18.57	23.30
SW1.0-4	0.49	0.51	3.37	3.78	11.44	11.52	19.60	22.51
SW1.0-5	0.58	0.51	2.90	3.61	8.34	9.91	28.14	23.30

图 3.4-30 为试验骨架曲线和计算骨架曲线比较图，由图可见，按计算公式计算所得骨架曲线与试验骨架曲线符合较好。

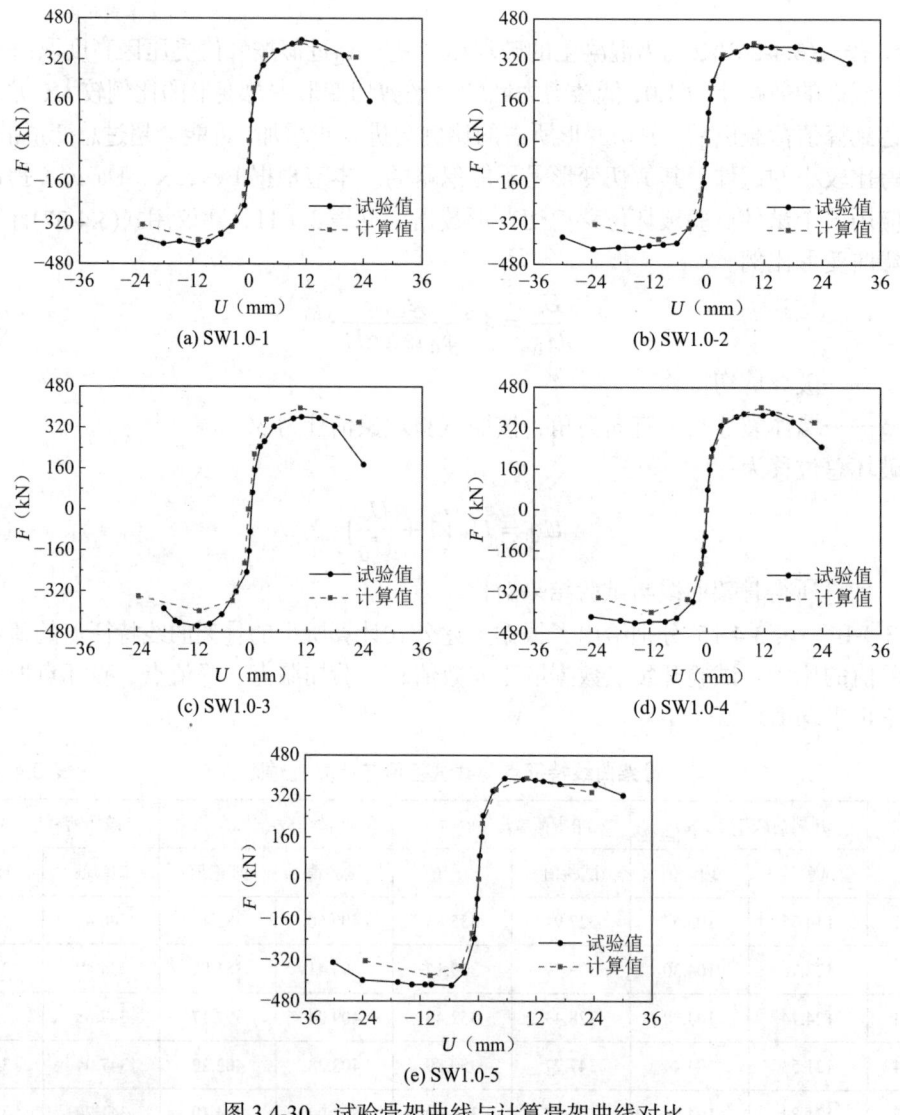

图 3.4-30 试验骨架曲线与计算骨架曲线对比

（4）恢复力的确定

1）卸载刚度

分析试验滞回曲线可见：开裂前试件处于弹性阶段，卸载刚度与加载刚度K_1近似；开裂后荷载未超过屈服荷载，卸载刚度较加载刚度略有降低；当荷载超过屈服荷载后，随着位移的不断增大，卸载刚度下降较为明显。通过对剪力墙试件屈服后各个滞回环最大位移点及上一循环加载最大位移点处对应的卸载刚度数据进行拟合，可得卸载刚度K_5、K_6计算式：

$$K_5 = 0.63 K_y \left(\frac{U_j}{U_y}\right)^{-0.75} \tag{3.4-39}$$

$$K_6 = 0.82 K_y \left(\frac{U_j}{U_y}\right)^{-1.41} \tag{3.4-40}$$

式中：U_j——屈服后各滞回环中最大位移的绝对值；

K_y、U_y——各试件试验实测屈服割线刚度及位移。

试验刚度退化拟合曲线如图3.4-31所示。

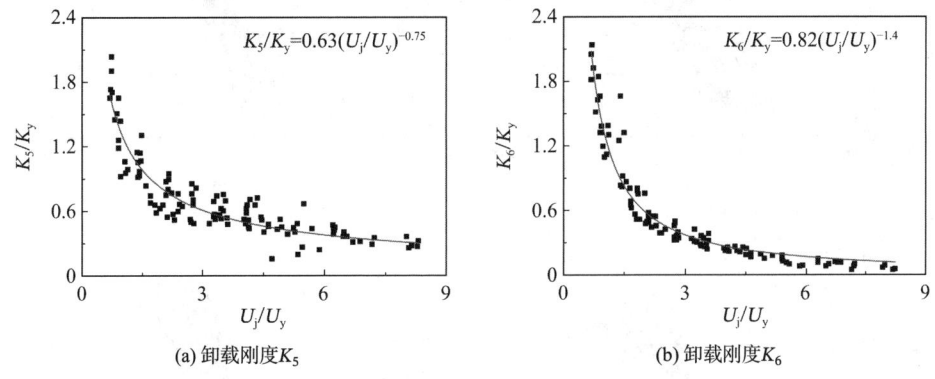

(a) 卸载刚度K_5　　(b) 卸载刚度K_6

图3.4-31　刚度退化拟合曲线

2）恢复力模型

图3.4-32给出了单排配筋低矮剪力墙恢复力模型，其滞回规则为：

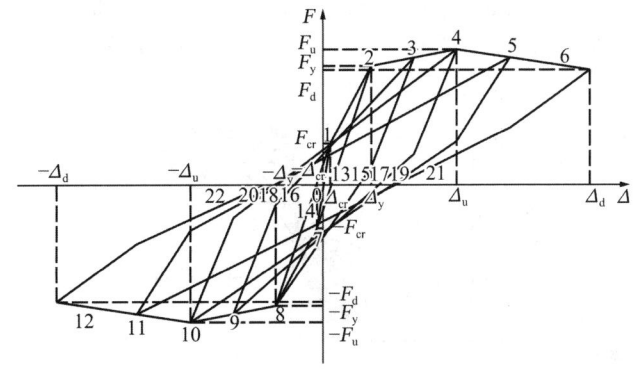

图3.4-32　恢复力模型

（a）水平荷载未达到开裂荷载F_{cr}时，剪力墙仍处于弹性阶段，加载、卸载均按弹性刚度取K_1。加载指向正向开裂点1,卸载通过原点并反向加载指向反向开裂点7。

(b) 水平荷载超过开裂荷载F_{cr}时,从开裂点1到屈服点2,加载刚度取屈服前刚度K_2。卸载到零荷载点13后反向加载到反向开裂点2,并继续加载指向反向屈服点8。

(c) 水平位移超过屈服位移U_y时,加载刚度取屈服后刚度K_3,加载至点3后分两段卸载,第一段卸载刚度取K_5,卸载到上一滞回环最大位移处,第二段卸载刚度取K_6,卸载到零荷载点15,再反向加载到反向屈服点8,继续加载到与点3位移相同的点9。之后继续进行循环,下一滞回环均反向加载到上一滞回环负向位移最大点。

(d) 水平位移超过峰值位移U_u时,加载刚度取开裂后刚度K_4,卸载刚度仍按式(3.4-39)、式(3.4-40)取K_5、K_6。

3) 计算滞回曲线与试验结果对比

根据上述恢复力模型和试件加载制度,对试件 SW1.0-1～SW1.0-5 进行计算,计算所得滞回曲线与试验滞回曲线比较见图 3.4-33。

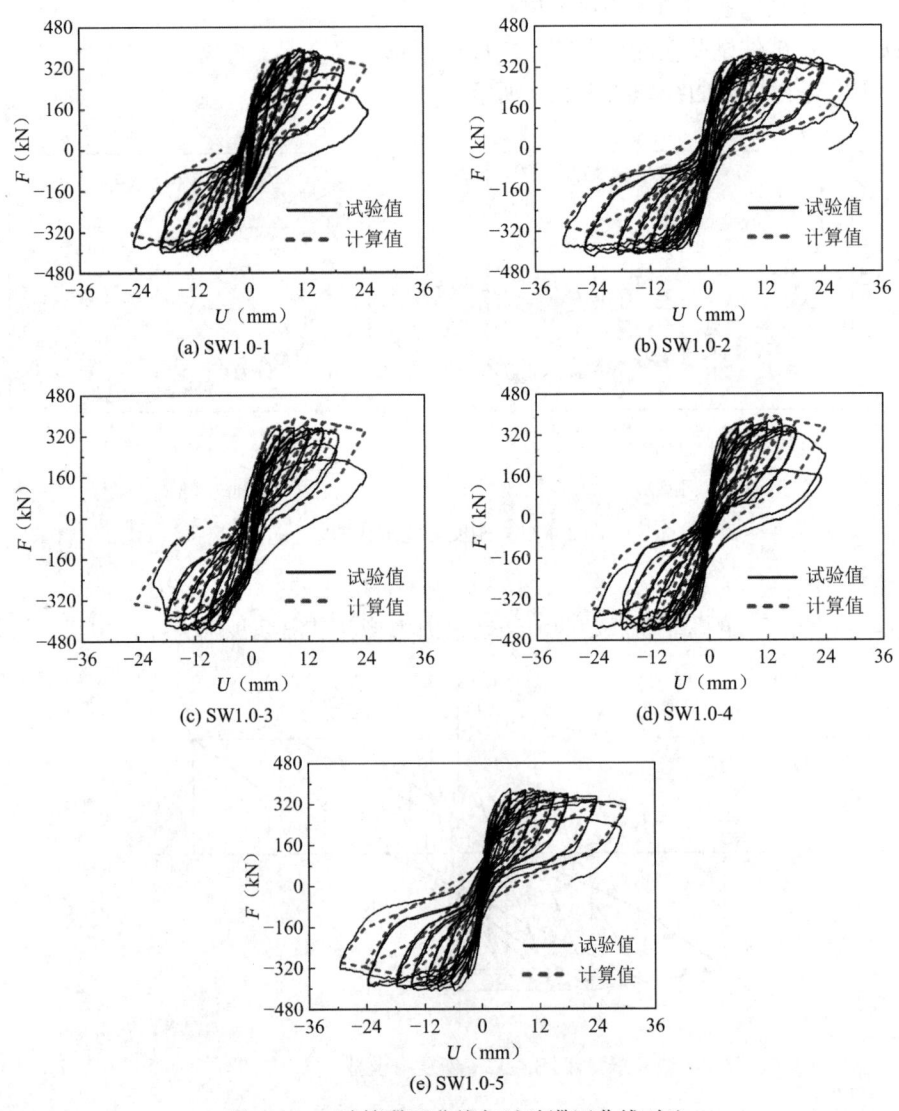

图 3.4-33 计算滞回曲线与试验滞回曲线对比

分析可见：

（a）除试件 SW1.0-3 外，其他单排配筋低矮剪力墙计算滞回曲线在不同位移时的加、卸载刚度与试验滞回曲线较为符合。

（b）剪力墙 SW1.0-3 计算结果与试验结果存在一定误差，主要由于试件 SW1.0-3 的最终破坏形式为以剪切破坏为主的弯剪破坏。

8. 有限元分析

对不同带斜筋的单排配筋低矮剪力墙进行了有限元计算分析。混凝土本构采用损伤塑性模型，钢筋采用理想弹塑性模型，混凝土采用 8 节点三维实体线性减缩积分单元（C3D8R），钢筋采用 2 节点线性三维杆单元（T3D2），承受拉伸和压缩的轴向荷载。

混凝土剪力墙模型定义约束，包括混凝土墙体与基础接触、混凝土墙体与加载梁接触、混凝土与钢筋接触。混凝土墙体与基础及加载梁的连接均采用绑定约束（Tie）。混凝土与水平分布钢筋、竖向分布钢筋、斜向钢筋的共通作用通过钢筋嵌入（Embedded）到整个剪力墙模型来实现。

计算所得 5 个剪力墙试件的"荷载F-位移U"曲线与试验结果比较见图 3.4-34。

计算所得 5 个试件的屈服荷载F_y、峰值荷载F_u、破坏荷载F_d与试验结果比较见表 3.4-16。

计算所得 5 个试件屈服位移U_y、峰值位移U_u、破坏位移U_d与试验结果比较见表 3.4-17。

分析可知：

（1）有限元模拟计算结果的屈服荷载、峰值荷载和破坏荷载均略高于试验实测值，误差在 10% 以内，可见提出的模型能够较准确地模拟单排配筋剪力墙构件的承载力。

（2）计算屈服位移、峰值位移值比试验结果偏小。在试验中，剪力墙屈服后，经过较长段位移后才达到峰值荷载；而模拟结果中，试件进入屈服阶段较早，屈服后较快达到峰值荷载。

（3）模型计算所得的荷载-位移曲线的初始刚度大于试验实测初始刚度。试件 SW1.0-1、SW1.0-3 达到峰值荷载后试验承载力较计算承载力下降快，而其他试件达到峰值荷载后试验承载力较计算承载力下降缓慢。

（4）试件 SW1.0-3、SW1.0-4 的配筋率较其他试件大，其承载力略高；试件 SW1.0-2、SW1.0-5 在配筋率相同的情况下，改变斜筋角度对承载力影响很小；试件 SW1.0-1 由于未配置斜筋，因此峰值荷载后的承载力降低速度有所加快，这些均与试验结果符合。

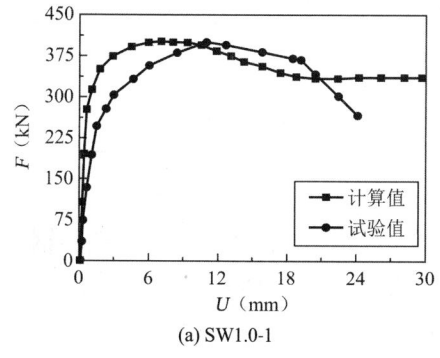

(a) SW1.0-1

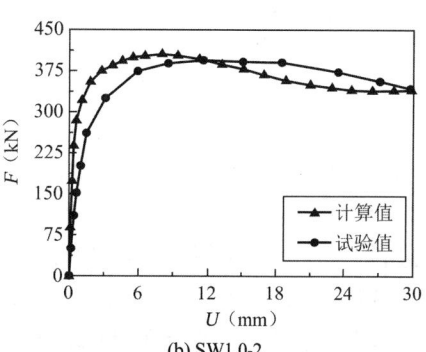

(b) SW1.0-2

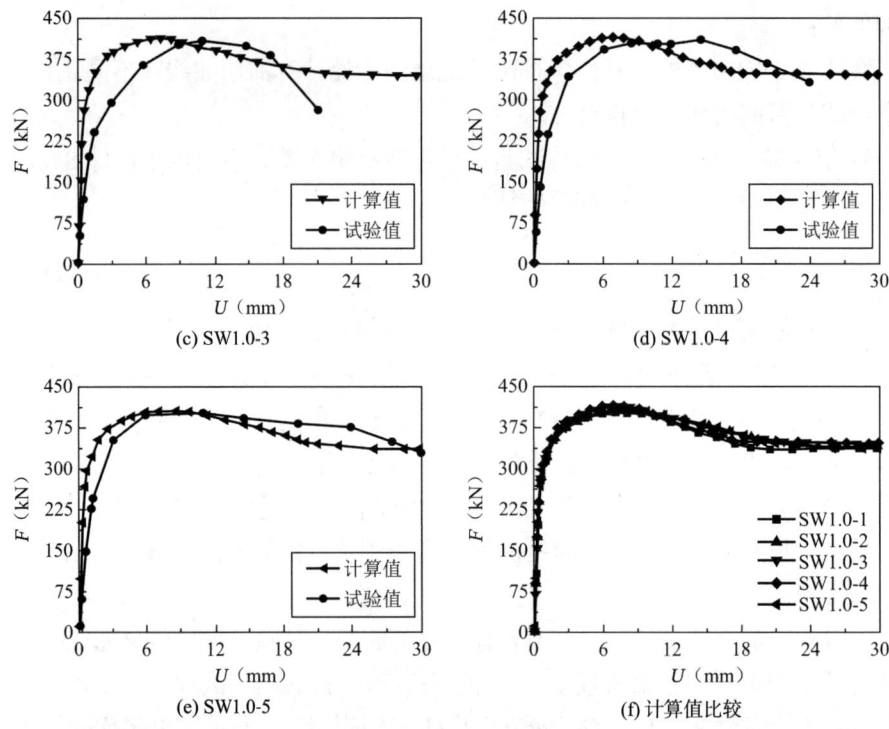

图 3.4-34　5 个试件的计算"荷载 F-位移 U"曲线与试验结果比较

5 个试件的荷载计算结果与试验结果比较　　　　表 3.4-16

试件编号	F_y（kN）		F_u（kN）		F_d（kN）	
	试验值	计算值	试验值	计算值	试验值	计算值
SW1.0-1	327.94	343.57	400.50	402.13	340.43	341.81
SW1.0-2	339.79	348.05	393.41	405.60	334.40	344.76
SW1.0-3	328.43	356.42	409.04	414.86	347.68	352.63
SW1.0-4	347.77	358.31	408.28	416.18	347.03	353.76
SW1.0-5	341.47	346.05	402.00	404.75	341.66	344.03

5 个试件的位移计算结果与试验结果比较　　　　表 3.4-17

试件编号	U_y（mm）		U_u（mm）		U_d（kN）	
	试验值	计算值	试验值	计算值	试验值	计算值
SW1.0-1	4.27	1.53	10.95	7.08	20.15	17.88
SW1.0-2	3.76	1.61	11.42	8.15	29.20	22.55
SW1.0-3	4.43	1.61	10.93	7.28	18.57	20.03
SW1.0-4	3.37	1.56	11.44	6.97	19.60	16.93
SW1.0-5	2.90	1.58	8.34	6.75	28.14	20.51

计算所得试件水平位移加载到 30mm 时对应的混凝土受压损伤塑性云图和钢筋应力云图见图 3.4-35。由于试件采用了混凝土损伤塑性试件，在计算结果中可以通过查看混凝土的受压损伤因子的变化和分布情况对墙体的破坏特征进行判断。

第 3 章 单排配筋剪力墙抗震性能

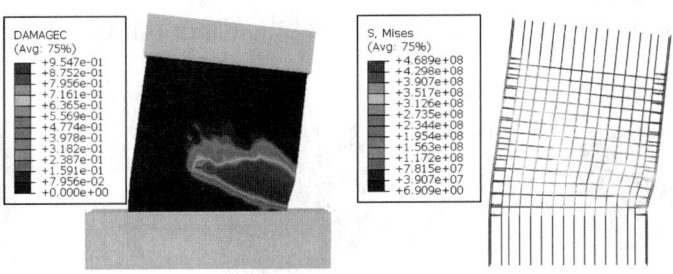

(a) SW1.0-1 试件混凝土受压损伤塑性云图、钢筋应力云图

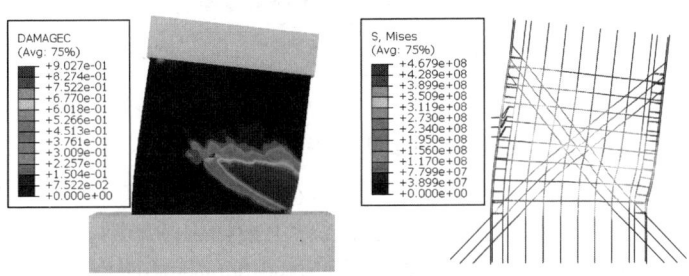

(b) SW1.0-2 试件混凝土受压损伤塑性云图、钢筋应力云图

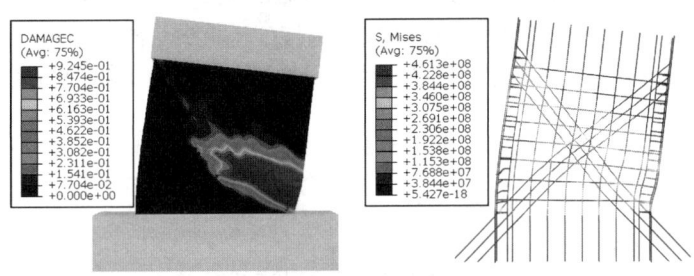

(c) SW1.0-3 试件混凝土受压损伤塑性云图、钢筋应力云图

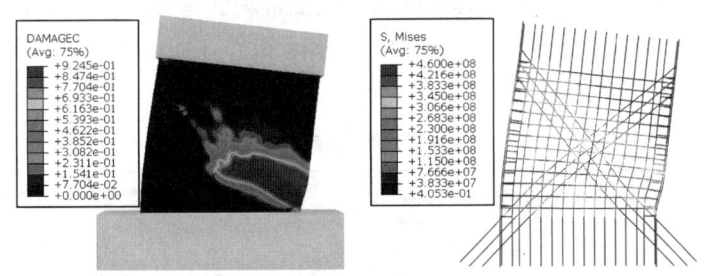

(d) SW1.0-4 试件混凝土受压损伤塑性云图、钢筋应力云图

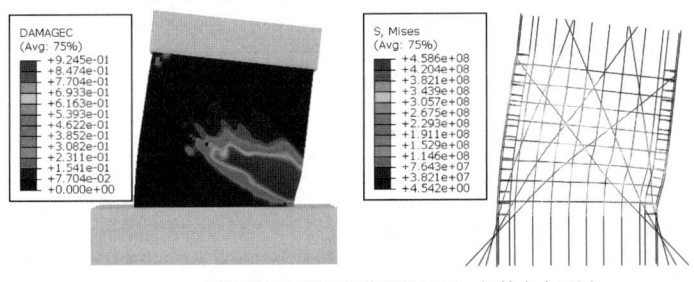

(e) SW1.0-5 试件混凝土受压损伤塑性云图、钢筋应力云图

图 3.4-35　5 个试件的混凝土损伤塑性云图、钢筋应力云图

计算所得试件SW1.0-5水平位移逐渐加载到30mm过程中混凝土损伤演化见图3.4-36。

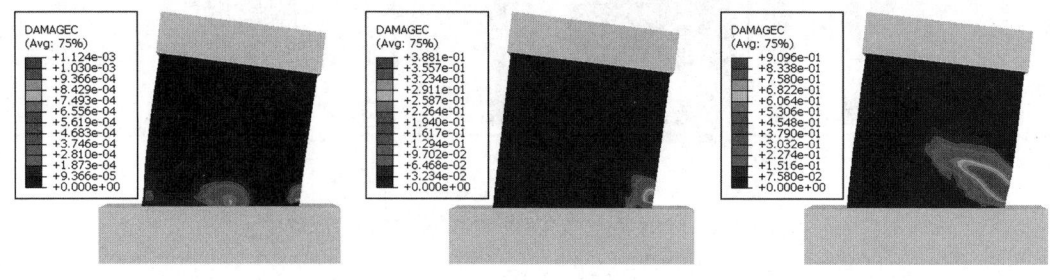

图3.4-36 试件SW1.0-5混凝土损伤演化

分析可知：

（1）墙顶水平位移达到30mm时，各试件最终破坏特征基本与试验墙体破坏特征相符；试件最开始先是左侧底部混凝土出现损伤，随着水平位移逐渐增大，损伤逐渐向右侧发展延伸，并且损伤位置逐渐上移，之后墙底角部混凝土损伤逐渐加剧，并沿斜向45°方向逐渐上升发展，此处钢筋也最先屈服，最终在墙体两侧底部的钢筋应力最大；试件SW1.0-1未配置斜筋，较其他试件在相同位移的情况下，混凝土损伤较为严重，受损面积扩展较大。

（2）有限元模拟得到的"水平荷载F-水平位移U"曲线与试验结果符合较好，计算试件在加载过程中的破坏特征与试验现象接近；所建立的带斜筋单排配筋低矮混凝土剪力墙有限元模型较为合理。

9. 参数分析

（1）墙体配筋率的影响

为研究斜筋及分布钢筋配筋率对带斜筋单排配筋低矮剪力墙抗震性能的影响，在试验试件配筋率的基础上，增加了9个其他配筋参数的带斜筋单排配筋剪力墙试件，配筋参数见表3.4-18。试件除配筋形式外，其他设计参数如：试件几何尺寸、材料性能、轴压比、暗柱配筋等均与上节试件参数相同。

各试件配筋参数表　　　　表3.4-18

试件编号	总配筋率	分布钢筋配筋（配筋率）	斜筋配筋（配筋率）	斜筋角度
SW1.0-6	0.25%	φ6@200（0.1%）	1φ6+2φ8（0.15%）	45°
SW1.0-7	0.25%	φ6@200（0.1%）	1φ6+2φ8（0.15%）	60°
SW1.0-8	0.25%	φ6@200（0.1%）	1φ6+2φ8（0.15%）	45°、60°、75°
SW1.0-9	0.25%	φ6@130（0.15%）	3φ6（0.10%）	60°
SW1.0-10	0.35%	φ6@130（0.15%）	3φ8（0.20%）	60°
SW1.0-11	0.35%	φ6@130（0.15%）	3φ8（0.20%）	45°、60°、75°
SW1.0-12	0.35%	φ6@80（0.25%）	3φ6（0.10%）	60°
SW1.0-13	0.35%	φ6@80（0.25%）	3φ6（0.10%）	45°、60°、75°
SW1.0-14	0.35%	φ8@100（0.35%）	—	—

表 3.4-18 中试件 SW1.0-6～SW1.0-14 的"水平荷载F-水平位移U"曲线计算结果与表 3.4-7 中试件 SW1.0-2～SW1.0-5 的"水平荷载F-水平位移U"曲线试验结果的对比如图 3.4-37 所示。

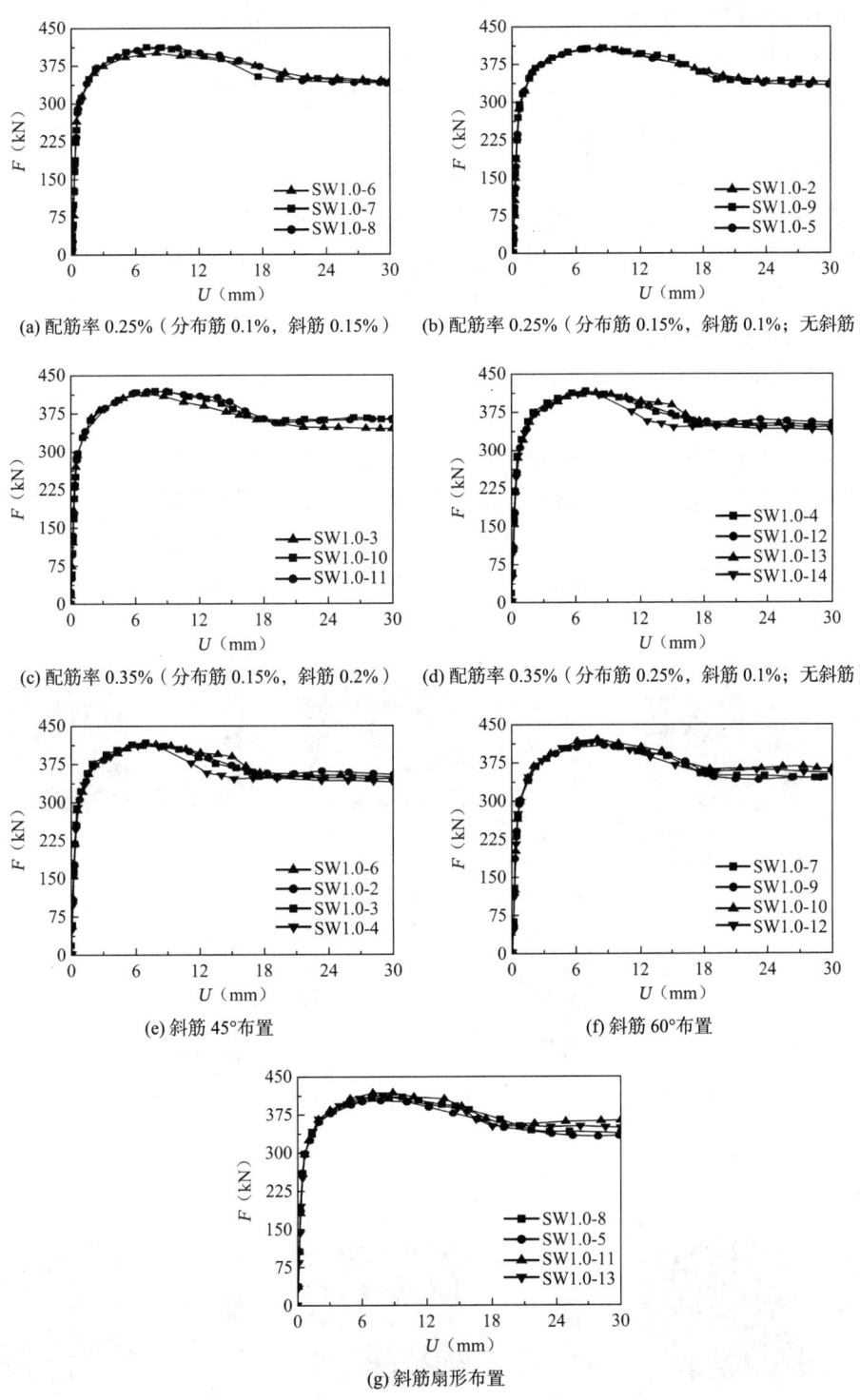

图 3.4-37 不同墙体配筋形式下水平荷载-水平位移曲线比较

计算所得水平位移加载到 30mm 时，试件 SW1.0-6～SW1.0-14 对应的混凝土受压损伤塑性云图和钢筋应力云图见图 3.4-38。

分析可见：

1）由图 3.4-37（a）、（c）可见：在墙体分布筋较斜筋配筋率小的情况下，改变斜筋角度可使承载力略有变化。

2）由图 3.4-37（b）、（d）可见：墙体分布筋配筋率大于斜筋配筋率时，改变斜筋角度承载力变化不明显；试件 SW1.0-1、SW1.0-14 由于未配斜筋，较其他墙体配筋率为 0.25%和 0.35%的试件，峰值荷载略低且峰值荷载后承载力下降较快。

3）墙体配筋率相同时，分布筋和斜筋配筋率的比例对延性有一定影响，即分布筋配筋率大于斜筋配筋率的试件，其延性稍好于分布筋配筋率小于斜筋配筋率的试件；当斜筋呈扇形布置时，峰值荷载后承载力下降较斜筋 45°布置试件缓慢，表明斜筋呈扇形布置墙体延性较好，与试验结果相符。

4）增加墙体配筋率可提高承载力，混凝土损伤较为严重的红色区域面积也随之减小。

（2）暗柱配筋的影响

为研究暗柱配筋形式对带斜筋单排配筋低矮混凝土剪力墙受力性能的影响，在表 3.4-7 中试件 SW1.0-2 的基础上变换边缘构件的配筋形式。单排配筋剪力墙试件边缘构件参数：三角形箍筋暗柱、矩形箍筋暗柱、暗柱箍筋的间距。试件除暗柱配筋形式外，其他设计参数均与表 3.4-7 中试件 SW1.0-2 参数相同。边缘构件暗柱配筋见表 3.4-19。

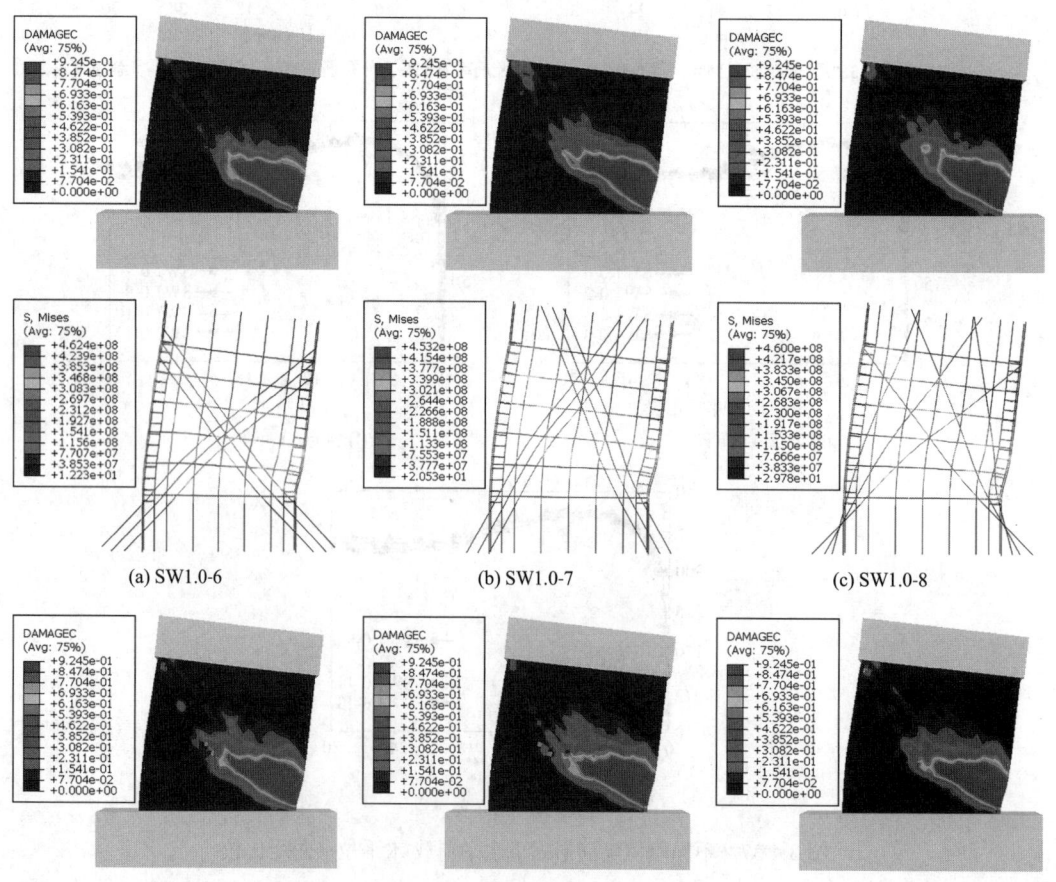

(a) SW1.0-6　　　　　　　(b) SW1.0-7　　　　　　　(c) SW1.0-8

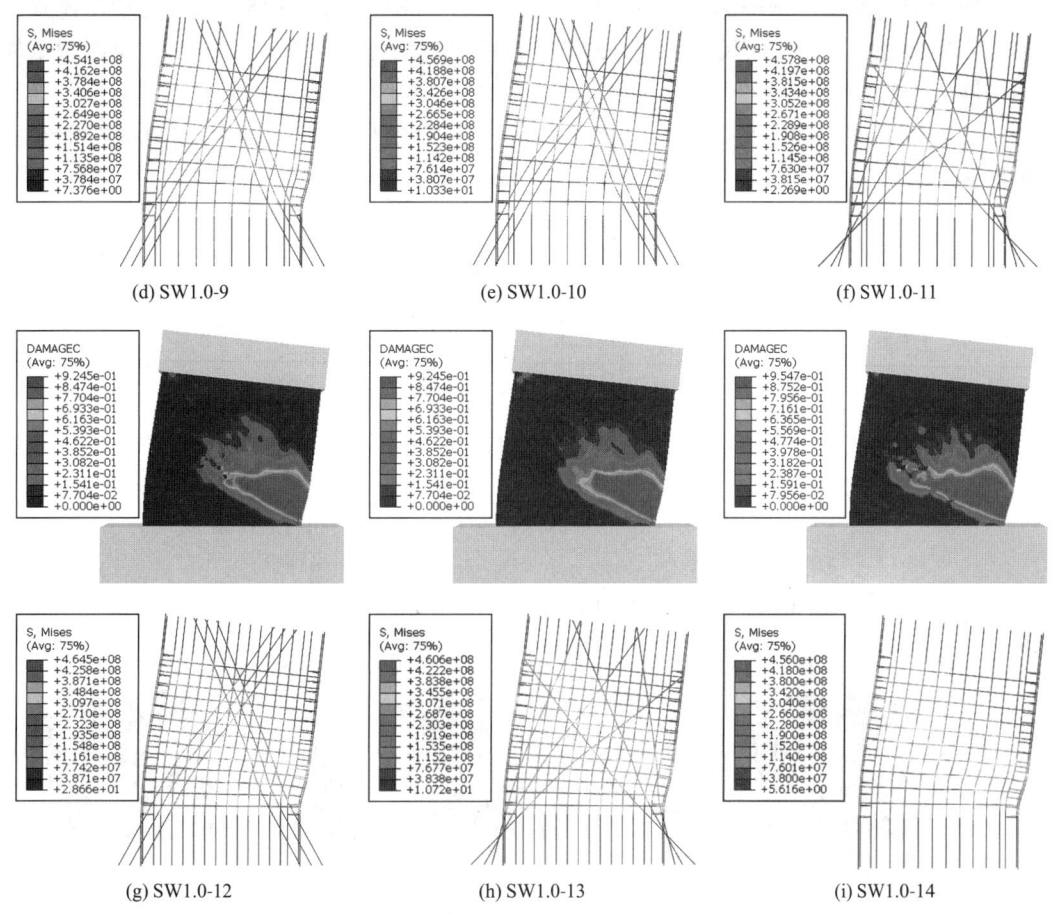

图 3.4-38 计算所得试件 SW1.0-6～SW1.0-14 混凝土受压损伤塑性云图、钢筋应力云图

边缘构件暗柱配筋　　　　　　表 3.4-19

试件编号	暗柱纵筋	箍筋形状	暗柱箍筋
SW1.0-15	4φ8	矩形	φ4@70
SW1.0-16	3φ8	三角形	φ4@70/φ4@140
SW1.0-17	3φ8	三角形	φ4@140

计算所得试件 SW1.0-15～SW1.0-17 的边缘构件不同配筋下"水平荷载 F-水平位移 U"曲线比较见图 3.4-39。

计算所得水平位移加载到 30mm 时，试件 SW1.0-15～SW1.0-17 所对应的混凝土受压损伤塑性云图和钢筋应力云图见图 3.4-40。

分析可知：边缘构件采用矩形箍筋暗柱形式时，承载力明显提高；暗柱箍筋间距越大，承载力越低，且峰值荷载后承载力下降越明显，混凝土受压塑性损伤云图红色区域面积略有增大。

（3）轴压比的影响

为研究轴压比对带斜筋单排配筋低矮混凝土剪力墙抗震性能的影响，设计了 3 个不同

■■ 单排配筋混凝土剪力墙结构

轴压比的带斜筋单排配筋剪力墙试件,设计轴压比为 0.05、0.1、0.15。试件除轴压比外,其他设计参数如:试件几何尺寸、材料性能、暗柱配筋、墙体配筋率等均与表 3.4-7 中试件参数相同。

计算所得试件 SW1.0-1~SW1.0-5 在不同轴压比下的"水平荷载 F-水平位移 U"曲线比较见图 3.4-41。

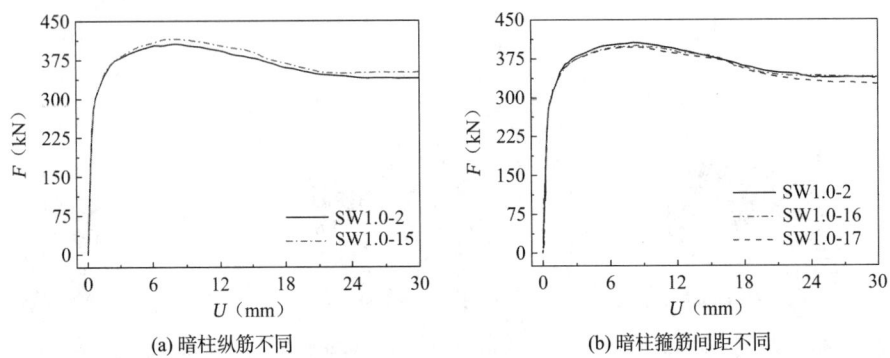

(a) 暗柱纵筋不同　　　　　　　　(b) 暗柱箍筋间距不同

图 3.4-39　边缘构件不同配筋下"荷载 F-位移 U"曲线比较

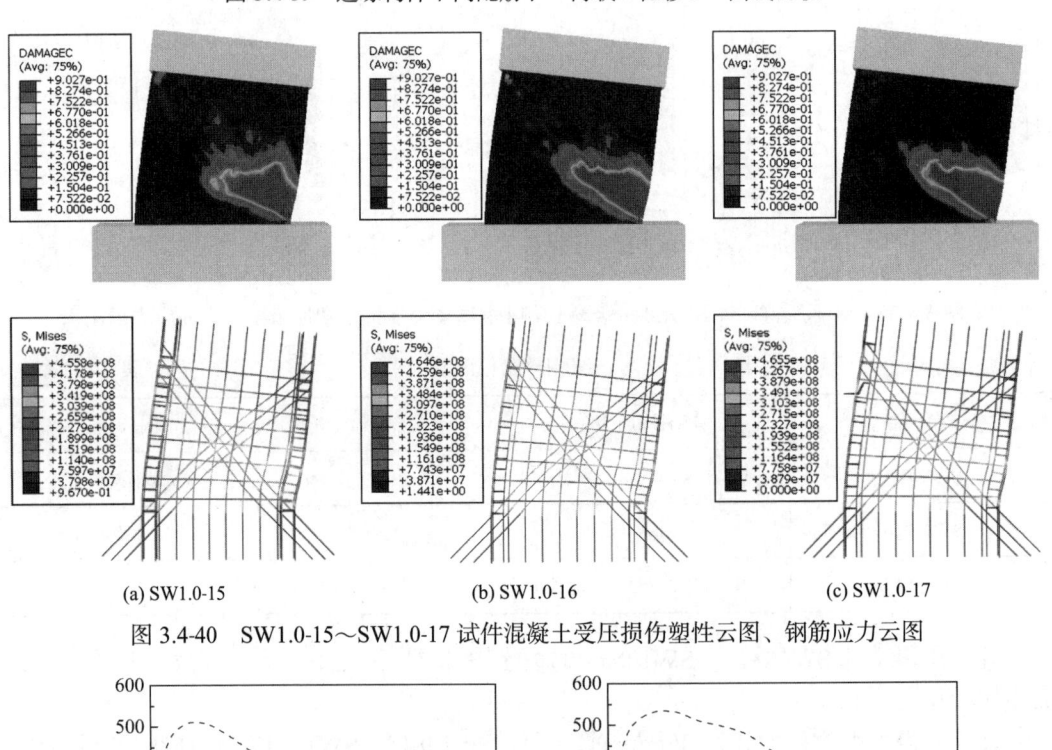

(a) SW1.0-15　　　　(b) SW1.0-16　　　　(c) SW1.0-17

图 3.4-40　SW1.0-15~SW1.0-17 试件混凝土受压损伤塑性云图、钢筋应力云图

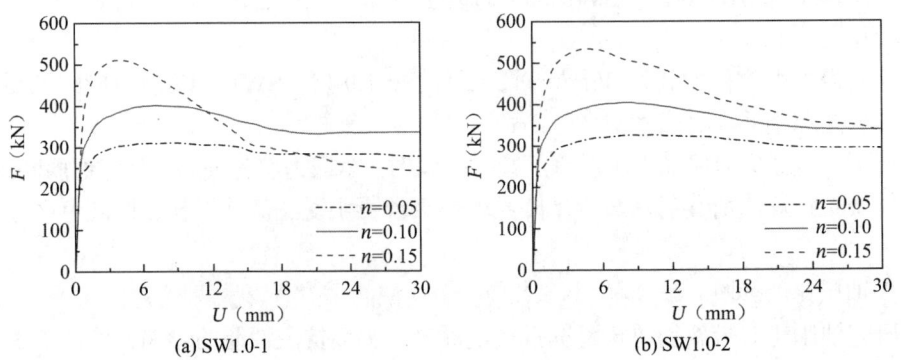

(a) SW1.0-1　　　　　　　　　　(b) SW1.0-2

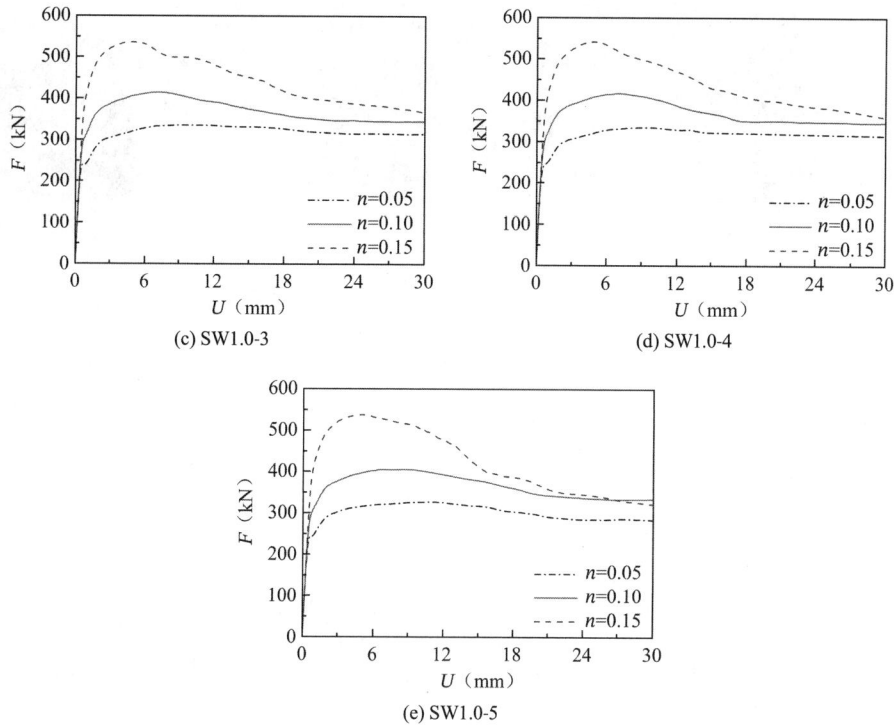

图 3.4-41 不同轴压比下"荷载 F-位移 U"曲线比较

计算所得试件 SW1.0-1 水平位移加载到 30mm 时,轴压比分别为 0.05、0.1、0.15 所对应的混凝土受压损伤塑性云图和钢筋应力云图见图 3.4-42。

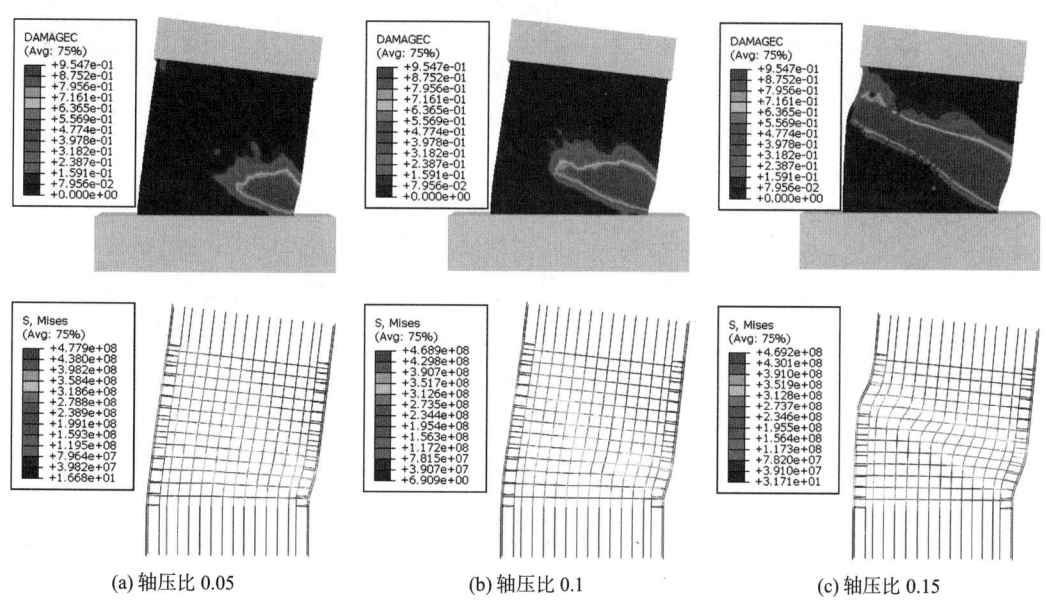

图 3.4-42 不同轴压比下 SW1.0-1 试件混凝土受压损伤塑性云图、钢筋应力云图

计算所得试件 SW1.0-2 水平位移加载到 30mm 时,轴压比分别为 0.05、0.1、0.15 所对应的混凝土受压损伤塑性云图和钢筋应力云图见图 3.4-43。

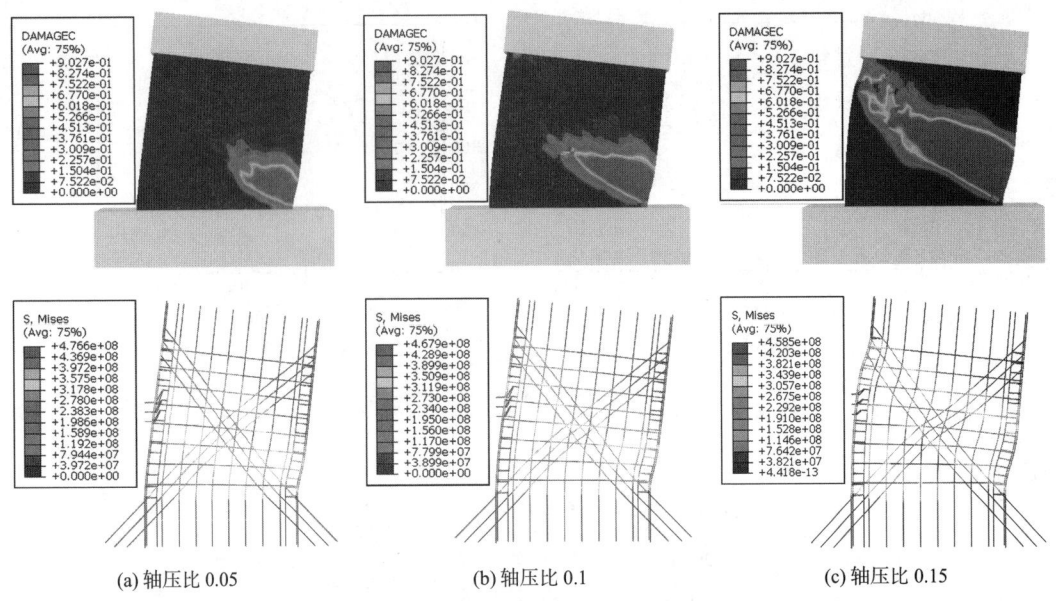

(a) 轴压比 0.05　　　　　　(b) 轴压比 0.1　　　　　　(c) 轴压比 0.15

图 3.4-43　不同轴压比下试件 SW1.0-2 混凝土受压损伤塑性云图、钢筋应力云图

计算所得试件 SW1.0-3 水平位移加载到 30mm 时,轴压比分别为 0.05、0.1、0.15 所对应的混凝土受压损伤塑性云图和钢筋应力云图见图 3.4-44。

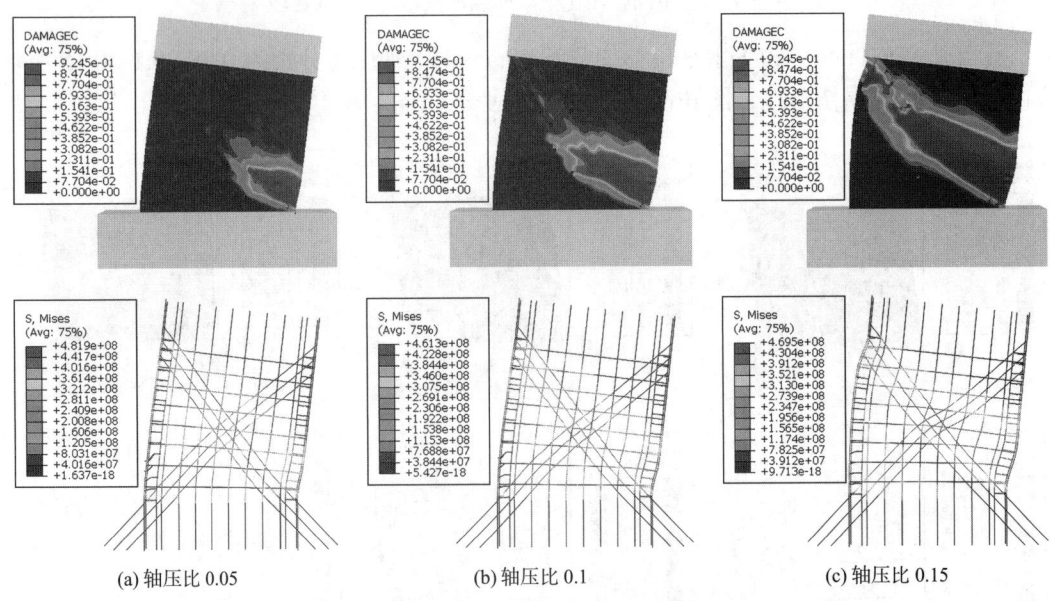

(a) 轴压比 0.05　　　　　　(b) 轴压比 0.1　　　　　　(c) 轴压比 0.15

图 3.4-44　不同轴压比下试件 SW1.0-3 混凝土受压损伤塑性云图、钢筋应力云图

计算所得试件 SW1.0-4 水平位移加载到 30mm 时,轴压比分别为 0.05、0.1、0.15 所对应的混凝土受压损伤塑性云图和钢筋应力云图见图 3.4-45。

计算所得试件 SW1.0-5 水平位移加载到 30mm 时,轴压比分别为 0.05、0.1、0.15 所对应的混凝土受压损伤塑性云图和钢筋应力云图见图 3.4-46。

分析可知:

1）随轴压比增加，试件承载力增大，但其提高幅度并非线性增长。

2）当试件轴压比为 0.15 时较轴压比 0.05 时承载力提高明显，但峰值荷载后承载力下降加速，很快下降到峰值荷载的 85%，试件的延性降低。试件 SW1.0-1 由于未设置斜筋，轴压比达到 1.5 时，承载力较其他试件下降明显，因此随着轴压比的增大，斜筋对于剪力墙延性的提高作用越明显。

3）随着轴压比的增加，当位移达到 30mm 时，试件受压损伤区域增加迅速，沿墙体对角线开展充分，墙底角部钢筋屈服变形明显。

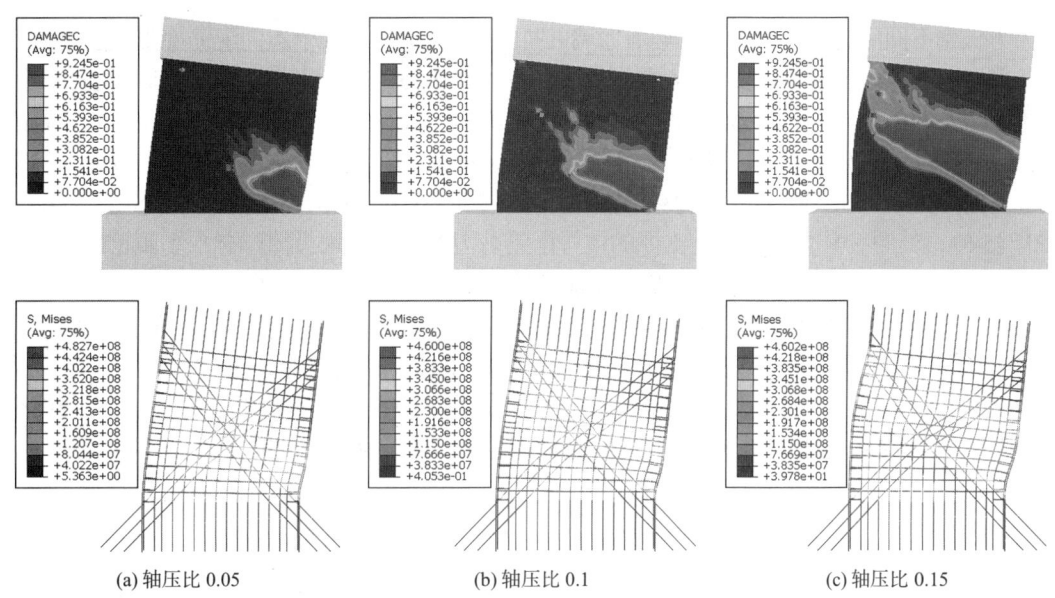

(a) 轴压比 0.05　　　　　　(b) 轴压比 0.1　　　　　　(c) 轴压比 0.15

图 3.4-45　不同轴压比下试件 SW1.0-4 混凝土受压损伤塑性云图、钢筋应力云图

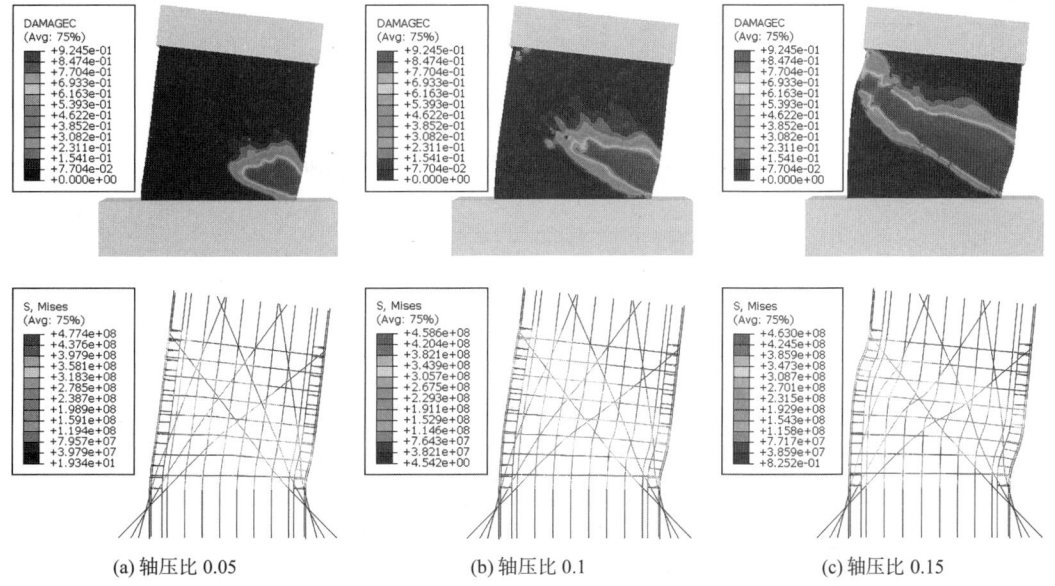

(a) 轴压比 0.05　　　　　　(b) 轴压比 0.1　　　　　　(c) 轴压比 0.15

图 3.4-46　不同轴压比下试件 SW1.0-5 混凝土受压损伤塑性云图、钢筋应力云图

3.5 带钢筋暗支撑单排配筋剪力墙

3.5.1 不同配筋率带钢筋暗支撑低矮剪力墙抗震性能试验

1. 试验概况

为研究不同配筋率带暗支撑低矮剪力墙的抗震性能,进行了 6 个不同配筋率带钢筋暗支撑低矮剪力墙的低周反复荷载试验。6 个试件中包括 1 个未设置暗支撑的单排配筋剪力墙和 5 个设置了暗支撑的单排配筋剪力墙,6 个试件的外形尺寸、总配筋量及暗支撑倾角一致,主要改变了暗支撑及墙板分布筋的配筋比例,且各试件均按 1/3 缩尺设计。主要研究配筋改变与抗震性能之间的关系。试件编号分别为:SW、SBW45-22、SBW45-38、SBW45-49、SBW45-60、SBW45-69。其中 SW 为未设置暗支撑的单排配筋剪力墙。SBW45 为带 45°水平倾角暗支撑的剪力墙,符号"-"后面的数字表示暗支撑配筋量占墙体腹板总配筋量的百分比ζ_{cb}。

6 个剪力墙试件墙板配筋参数见表 3.5-1。表中 ρ 为墙板水平及竖直分布筋的配筋率,W_d、W_{cb}、W_c、W_w、W 分别为分布筋配筋量、暗支撑配筋量、暗边框柱配筋量、不含边框柱的墙板配筋量、含边框柱时墙板配筋量。ζ_{cb} 为墙体腹板暗支撑配筋百分比,ζ 为墙体全截面暗支撑配筋百分比。图 3.5-1 为试件模板图,图 3.5-2 为试件配筋图。

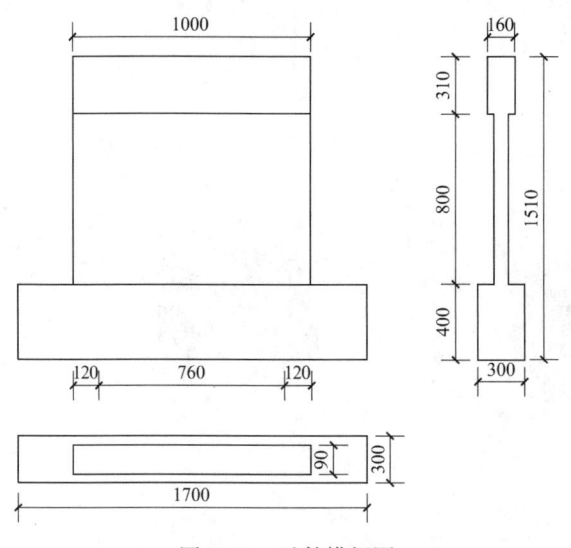

图 3.5-1 试件模板图

6 个剪力墙试件墙板配筋参数　　　　表 3.5-1

试件	W_d(N) ρ(%)	W_{cb}(N)	W_c(N)	$W_w = W_d + W_{cb}$ (N)	$W = W_w + W_c$ (N)	$\zeta_{cb} = W_{cb}/W_w$	$\zeta = W_{cb}/W$
SW	39.605（φ6@80） $\rho=0.393$	0	39.488（8φ10）	39.605	79.093	0	0
SBW45-22	30.998（φ4@45） $\rho=0.31$	8.960（8φ4）	39.488（8φ10）	39.958	79.446	22.42%	11.28%

续表

试件	W_d (N) ρ (%)	W_{cb} (N)	W_c (N)	$W_w = W_d + W_{cb}$ (N)	$W = W_w + W_c$ (N)	$\zeta_{cb} = W_{cb}/W_w$	$\zeta = W_{cb}/W$
SBW45-38	23.934（φ4@60） $\rho = 0.233$	15.07 （6φ6）	39.488 （8φ10）	39.004	78.492	38.64%	19.20%
SBW45-49	20.608（φ4@70） $\rho = 0.20$	20.093 （8φ6）	39.488 （8φ10）	40.701	80.189	49.37%	25.06%
SBW45-60	15.895（φ4@90） $\rho = 0.156$	24.008 （6φ6+2φ8）	39.488 （8φ10）	39.903	79.391	60.19%	30.24%
SBW45-69	12.363（φ4@120） $\rho = 0.116$	27.922 （4φ6+4φ8）	39.488 （8φ10）	40.285	79.773	69.33%	35.00%

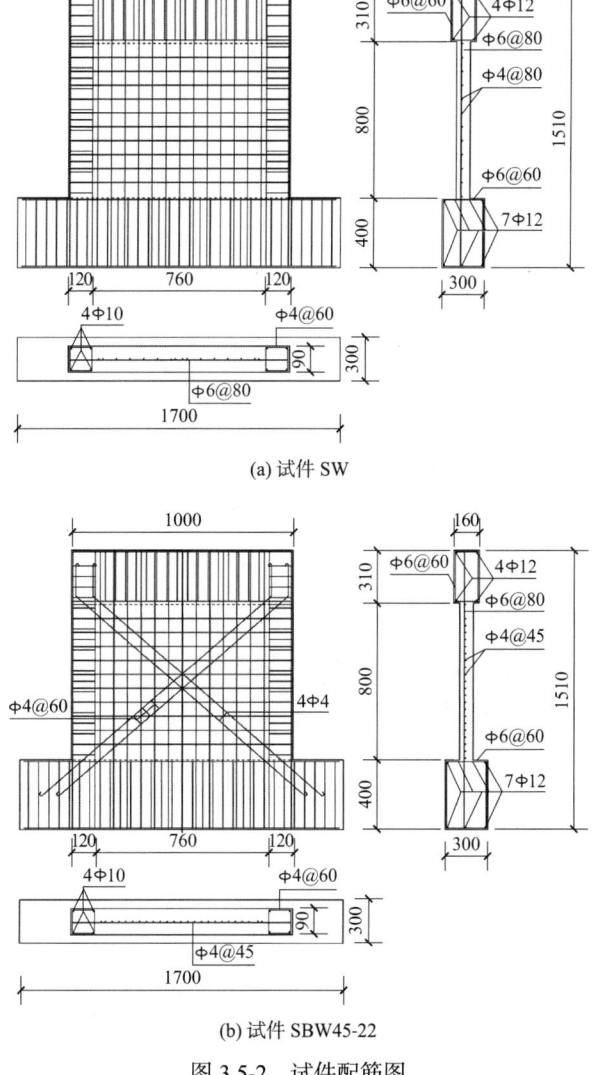

图 3.5-2 试件配筋图

除 SW 混凝土为 C25 外，其余试件为 C30，用细石混凝土制作。带钢筋暗支撑剪力墙细石混凝土 C30 的配合比为：水泥∶砂∶细石∶水 = 1∶1.29∶2.62∶0.51，坍落度为50～70mm。实测混凝土材料性能见表3.5-2。实测钢筋材料性能见表3.5-3。

混凝土材料性能　　　　　　　　　　　　　表 3.5-2

试件编号	立方体抗压强度 $f_{cu(100)}$（MPa）	立方体抗压强度 $f_{cu(150)}$（MPa）
SW	26.1	24.8
SBW45-22	41.2	39.1
SBW45-38	42.2	40.1
SBW45-49	38.5	36.6
SBW45-60	36.2	34.4
SBW45-69	37.0	35.2

钢筋材料性能　　　　　　　　　　　　　表 3.5-3

规格	屈服强度（MPa）	极限强度（MPa）	延伸率（%）	弹性模量（MPa）
8号铁丝	262	370	33.0	2.03×10^5
φ4	697	876	6.0	2.05×10^5
φ6.5	469	528	16.9	2.01×10^5
φ8	400	474	22.5	2.02×10^5
φ10	467	517	14.0	2.00×10^5
φ12	303	433	40.0	2.04×10^5

2．破坏特征分析

各试件最终裂缝图如图3.5-3所示。图中数据 F/n 表示在 n 次循环，水平荷载为 F（kN）时出现的裂缝。各试件的破坏过程：

（1）SW 试件，主斜裂缝分布在墙板中部，数量少但宽度较大，墙板对角斜裂缝是导致墙体破坏、承载力过早降低的主要原因。

（2）SBW45-22 试件，在墙板下部出现多条45°左右斜裂缝，并伴有混凝土开裂声；随着荷载的增加，受压区混凝土出现压碎现象，纵筋屈曲出轴线。

（3）SBW45-38 试件，加载初期出现短斜裂缝，负向加载时裂缝出现较少；随着荷载增加，出现45°斜裂缝，角部混凝土受压破坏，纵筋屈曲；受拉区混凝土崩落，露出钢筋。

（4）SBW45-49 试件，加载初期墙板下部正负两向均出现斜裂缝，此后墙板边缘出现多条先水平发展后斜向发展的裂缝；随着荷载增加，出现对角斜裂缝，受压区混凝土压碎，支撑纵筋屈曲。

（5）SBW45-60 试件，加载初期出现先水平后转斜向的裂缝，之后不断有混凝土开裂声，加载至极限荷载时出现对角斜裂缝，两条主斜裂缝下部出现许多坡度较缓的斜裂缝；墙角混凝土压碎，纵筋屈曲，4根暗支撑纵筋出现灯笼状屈曲失稳现象。

（6）SBW45-69 试件，加载初期在距墙板底1/3处出现一短斜裂缝；随着荷载增加，墙体出现对角主斜裂缝，两对角主斜裂缝交叉于墙板中部距板底320mm处，随后裂缝逐步加宽，角部混凝土有压酥现象，拉区混凝土脱落，纵筋拉直。

6个试件的最终裂缝图形态相近，均有对角主斜裂缝，裂缝密度相近；暗支撑配筋比例越大,其交叉对角主斜裂缝下部开展的裂缝越多,耗能越充分;暗支撑对裂缝有制约作用。

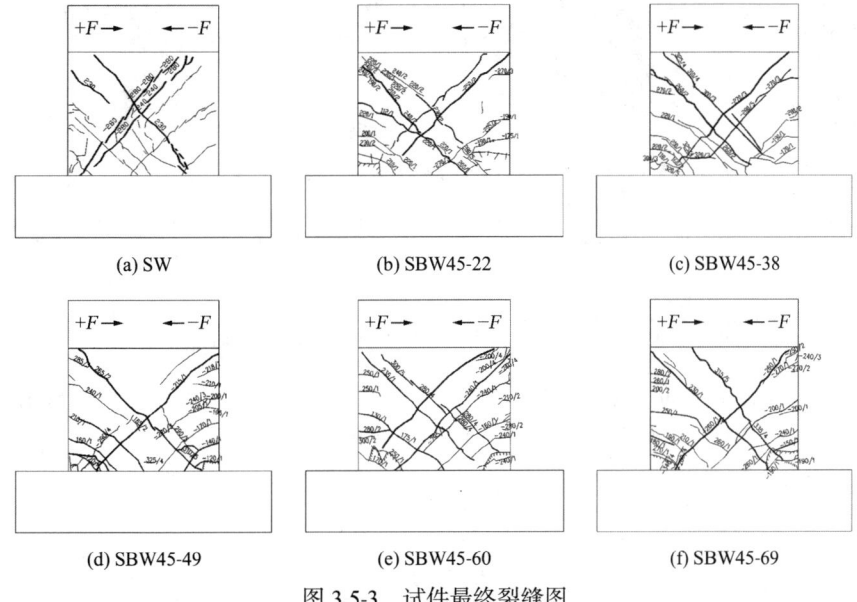

图 3.5-3　试件最终裂缝图

3. 滞回特性

实测 6 个试件的"水平荷载 F-水平位移 U"滞回曲线见图 3.5-4。由图 3.5-4 可见:带钢筋暗支撑剪力墙的滞回环相对饱满,中部捏拢现象较轻;随着暗支撑配筋比例的提高,其承载力及延性均明显提高。

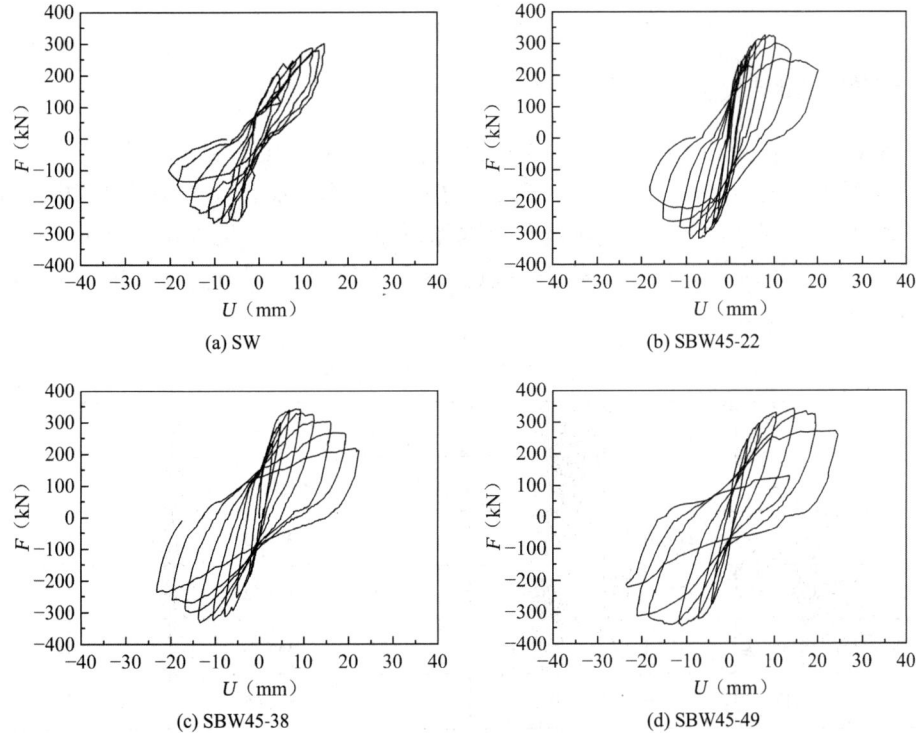

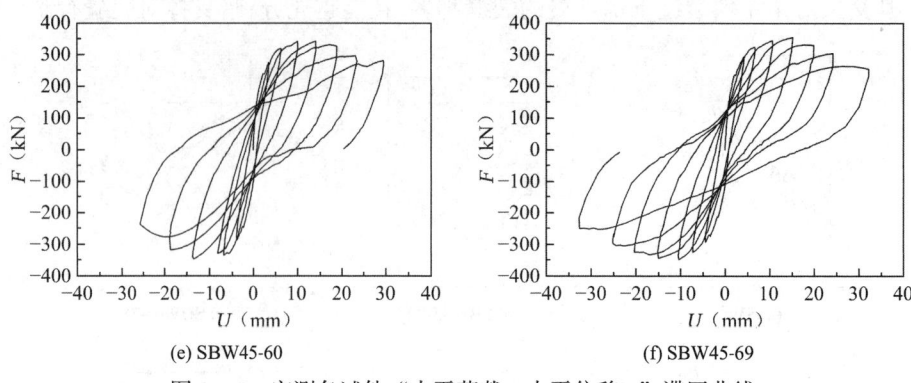

(e) SBW45-60　　　　　　　　　　(f) SBW45-69

图 3.5-4　实测各试件"水平荷载F-水平位移U"滞回曲线

6 个试件的正向骨架曲线比较如图 3.5-5 所示。由图可见：当墙板总配筋量相同时，无暗支撑的普通剪力墙 SW 的承载力低，屈服后刚度也较小，带钢筋暗支撑剪力墙的承载力和延性均比 SW 明显提高。

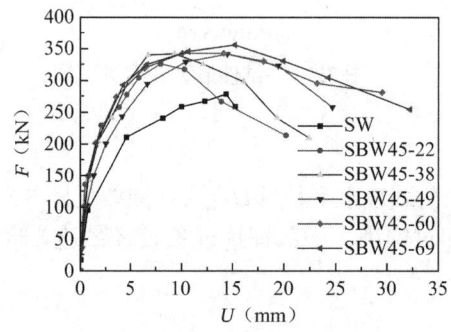

图 3.5-5　各试件的正向骨架曲线比较

4. 承载力实测结果及分析

表 3.5-4 为各剪力墙的开裂荷载、明显屈服荷载、极限荷载的实测值及其比值。F_c 为试件开裂水平荷载；F_y 为试件屈服荷载；F_m 为试件极限荷载；μ_{ym} 为屈服荷载与极限荷载比值，这里将其称为屈强比。开裂荷载均指首次加载开裂的荷载；明显屈服之前未出现平面外扭转现象，其正负两向明显屈服荷载较接近，F_y 为正负两向的均值；μ_{ym} 采用正负向F_m绝对值的均值计算。

试件承载力实测值及其比值　　　　表 3.5-4

试件编号	F_c（kN）	F_y（kN）	F_m（kN）				μ_{ym}
			正向	负向	绝对值均值	相对比值	
SW	95.00	211.10	285.19	−266.67	275.93	1.000	0.765
SBW45-22	112.00	232.57	320.06	−313.38	316.72	1.148	0.734
SBW45-38	118.00	241.64	341.34	−330.21	335.78	1.217	0.720
SBW45-49	120.00	241.79	341.69	−343.60	342.65	1.242	0.706

续表

试件编号	F_c (kN)	F_y (kN)	F_m (kN)				μ_{ym}
			正向	负向	绝对值均值	相对比值	
SBW45-60	130.00	242.70	342.96	−346.78	344.87	1.250	0.704
SBW45-69	150.00	250.67	355.97	−348.34	352.16	1.276	0.712

分析可知：带钢筋暗支撑剪力墙的开裂荷载比普通剪力墙明显提高，带钢筋暗支撑剪力墙的屈服荷载和极限荷载均比普通剪力墙明显提高，随ζ增大，其极限荷载提高比例也越大，试验试件提高比例为14.8%～27.6%；带钢筋暗支撑剪力墙的屈强比μ_{ym}比普通剪力墙小，说明它从明显屈服到极限荷载的发展过程较长，也就是有约束的屈服段较长，这对"大震不倒"是有利的。

5. 耗能能力

滞回环所包含的面积的积累反映了结构弹塑性耗能的大小。一般来说滞回环越饱满，结构的耗能性能越好。由于本次试验中各试件的加载过程和滞回环的多少有些差异，故取骨架曲线在第一象限所包含的面积作为耗能进行比较，显见它是总耗能的一部分。表3.5-5为各试件配筋量与耗能能力的比较。

各试件配筋量及实测耗能能力比较　　　表 3.5-5

试件编号	墙板总钢筋重量（N）	ζ（%）	耗能E_p（kN·mm）	耗能提高百分比
SW	79.093	0.00	2471.4	0
SBW45-22	79.446	11.28	4688.0	89.7%
SBW45-38	78.492	19.20	5800.0	134.7%
SBW45-49	80.189	25.06	6388.0	158.5%
SBW45-60	79.391	30.24	8076.0	226.8%
SBW45-69	79.773	35.00	8764.0	254.6%

分析可知：在试件总配筋量基本不变的情况下，提高暗支撑钢筋配筋比例，能使试件的耗能能力显著地提高；暗支撑配筋比例越大，试件耗能提高的比例也越大；当暗支撑配筋比ζ分别为11.28%、19.20%、25.06%、30.24%、35.00%时，其耗能比普通剪力墙分别提高了89.7%、134.7%、158.8%、226.8%、254.6%。

6. 低矮剪力墙单调水平荷载作用下有限元分析

利用ANSYS软件进行计算分析，采用SOLID65混凝土带筋单元。边框、暗柱及暗支撑内的混凝土采用约束混凝土的本构关系，其他部分为普通混凝土本构关系。混凝土的等效应力-应变曲线在上升段取5个点，其中第一个点取$0.3f_c$处；下降段取2个点，极限应变ε_u取为0.0033，泊松比$\nu = 0.2$。试件SW混凝土抗压强度$f_c = 19.0$MPa，抗拉强度$f_t = 2.2$MPa，弹性模量$E_c = 2.8 \times 10^4$MPa；其余试件混凝土抗压强度$f_c = 22.8$MPa，抗拉强度

$f_t = 2.5\text{MPa}$,弹性模量$E_c = 3.0 \times 10^4 \text{MPa}$。钢筋的弹性模量取为$2.1 \times 10^5\text{MPa}$,泊松比$\nu = 0.3$。混凝土裂纹剪力传递系数$\beta_t$取0.2。

试验中,5个暗支撑倾角为45°的低矮剪力墙有限元网格剖分及边界条件见图3.5-6。对于另一个用作比较的无暗支撑的低矮剪力墙SW也采用此种单元划分,其中的材料及钢筋配筋体积比按各自模型输入。

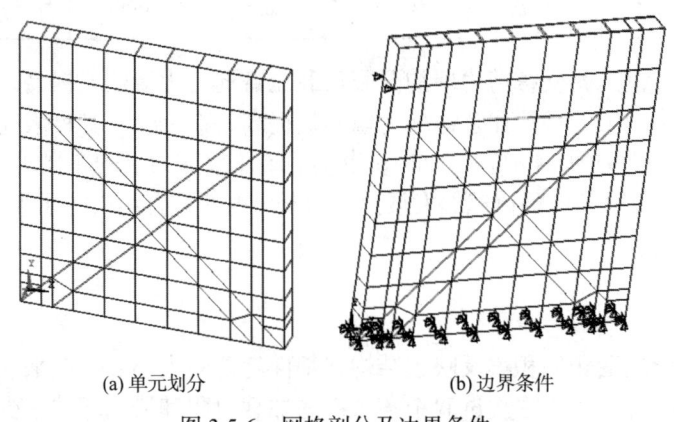

(a) 单元划分　　　　　　　(b) 边界条件

图3.5-6　网格剖分及边界条件

按照低矮剪力墙试验的加载方式,即首先通过剪力墙的加载梁在剪力墙板顶面施加3.0N/m² 的均布荷载,然后在加载梁端的上部距墙底0.95m高度处施加单调水平荷载。将加载梁的水平力加载端设为钢板,剪力墙底部与基础固接。为得到荷载-位移曲线的全过程,分析过程采用分级加位移的方法。

有限元计算所得单向加载下"力F-位移U"曲线与试验结果的比较见图3.5-7。

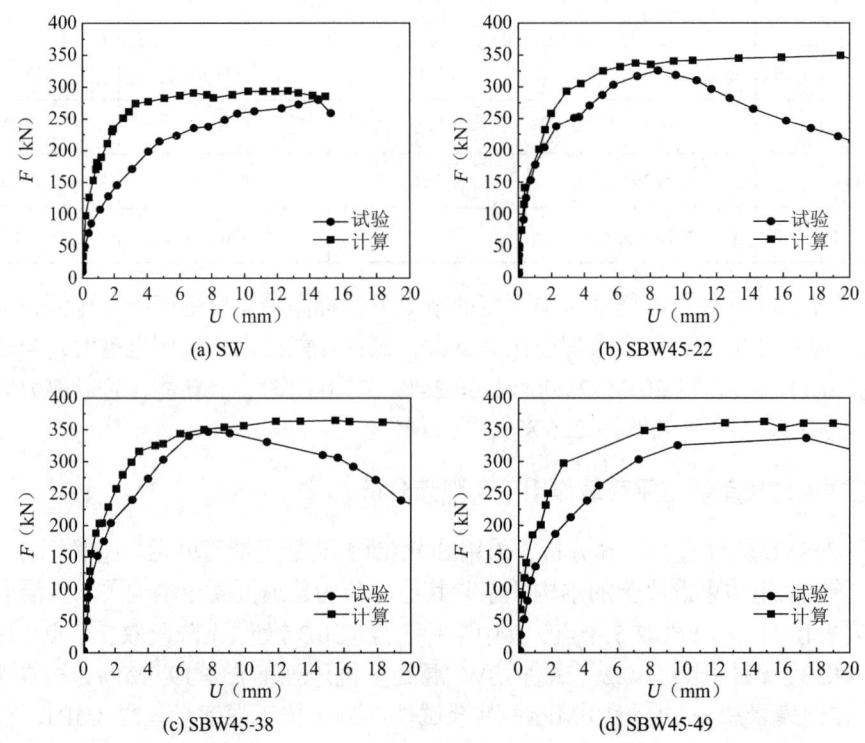

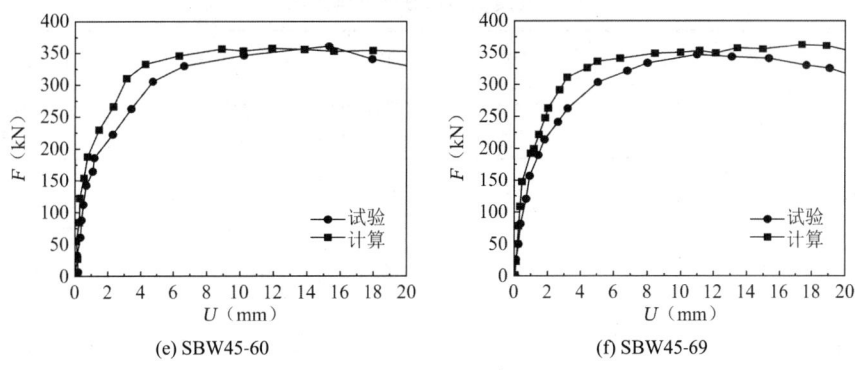

(e) SBW45-60　　　　　　　　　　　(f) SBW45-69

图 3.5-7　"F-U"计算曲线与试验曲线对比

有限元计算所得开裂荷载 F_c 和极限荷载 F_m 与试验结果比较见表 3.5-6。

6 个低矮剪力墙试件单调加载计算和试验结果比较　　　　表 3.5-6

试件		SW	SBW45-22	SBW45-38	SBW45-49	SBW45-60	SBW45-69
开裂荷载（kN）	计算	108.00	117.00	119.00	119.00	119.00	120.00
	试验	95.00	112.00	118.00	120.00	130.00	150.00
	误差	13.68%	4.46%	0.85%	−0.83%	−8.46%	−20.00%
极限荷载（kN）	计算	294.11	346.69	361.53	361.64	360.64	354.42
	试验	275.93	316.72	335.78	342.65	344.87	352.16
	误差	6.59%	9.46%	7.67%	5.54%	4.57%	0.64%

研究表明：

（1）计算所得的荷载-位移曲线与试验所得的骨架曲线有的情况符合尚好；

（2）计算误差的原因：一是试验与计算加载方式不同，二是计算模型建立总是与实际有些差异。

3.5.2　设置竖缝带暗支撑单排配筋低矮剪力墙抗震性能试验

1. 试验概况

为研究设置竖缝带暗支撑单排配筋低矮剪力墙抗震性能，进行了 6 个试件的低周反复荷载试验。6 个试件边框几何尺寸及配筋相同，试件采用 1/3 缩尺。试件编号：SW 为普通单排配筋剪力墙；DFW 为双功能剪力墙，其做法是在竖缝中加设混凝土键，提高了带竖缝剪力墙的初始刚度和承载力，其后期承载力与带竖缝剪力墙接近；BDFW 为带钢筋暗支撑双功能剪力墙，它是在 DFW 配筋基础上加设暗支撑后的剪力墙；SLW 为开竖通缝的剪力墙；SBW 为设竖通缝带钢筋暗支撑但无分布钢筋的剪力墙，将该剪力墙作为特例与其他试件进行比较；SLBW 为设置竖通缝带钢筋暗支撑剪力墙，它是在 SLW 配筋基础上加设暗支撑的剪力墙。各试件的几何参数见表 3.5-7。

单排配筋混凝土剪力墙结构

6个低矮剪力墙试件几何参数 表3.5-7

试件编号	SW	SLW	SBW	SLBW	DFW	BDFW
墙板宽（mm）	1000	墙肢宽470 竖通缝宽20	墙肢宽470 竖通缝宽20	墙肢宽470 竖通缝宽20	墙肢宽470 竖通缝宽20	墙肢宽470 竖通缝宽20
墙板净高（mm）	900	900	900	900	900 （混凝土键长100）	900 （混凝土键长100）
墙板厚（mm）	80	80	80	80	80 （混凝土键厚80）	80 （混凝土键厚80）

实测钢筋的力学性能见表3.5-8，混凝土的力学性能见表3.5-9。各试件的模板图见图3.5-8，各试件的配筋图见图3.5-9。结构试验加载示意图见图3.5-10，水平加载点至基础上表面1050mm，在与水平加载点同高度处布置水平位移计。

采用低周反复荷载，用联机数采系统采集钢筋应变、水平位移、水平荷载，并用其绘制滞回曲线。人工对裂缝进行绘制，并用"X-Y"函数记录仪进行加载监控。

钢筋实测力学性能 表3.5-8

规格	屈服强度（MPa）	极限强度（MPa）	延伸率（%）	弹性模量（MPa）
8号铁丝	262	370	33	2.03×10^5
$\phi 6.5$	464	500	23	2.02×10^5
$\phi 8$	393	449	20	2.07×10^5
$\phi 10$	443	478	20	2.02×10^5
$\phi 12$	373	577	30	1.96×10^5

混凝土的力学性能 表3.5-9

试件编号	SW	SLW	SBW	SLBW	DFW	BDFW
立方体抗压强度（MPa）	22.8	24.9	27.7	23.1	33.0	23.9
备注	试件DFW所用水泥与其他试件为不同批次，故其强度与其他试件有一定差距					

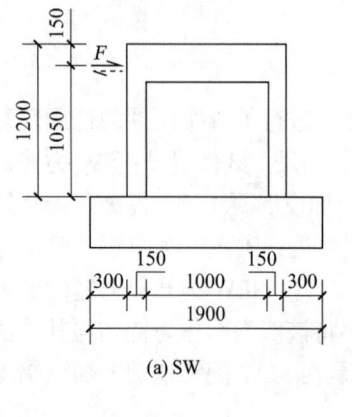
(a) SW

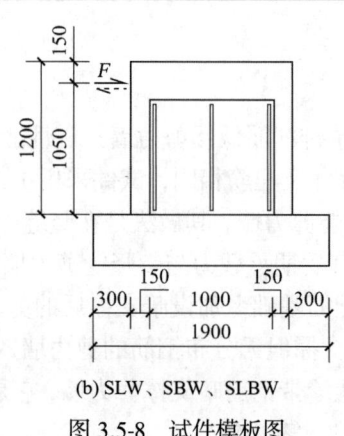
(b) SLW、SBW、SLBW

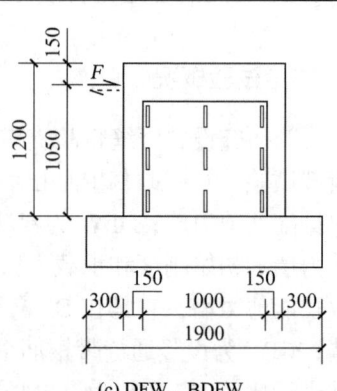
(c) DFW、BDFW

图3.5-8 试件模板图

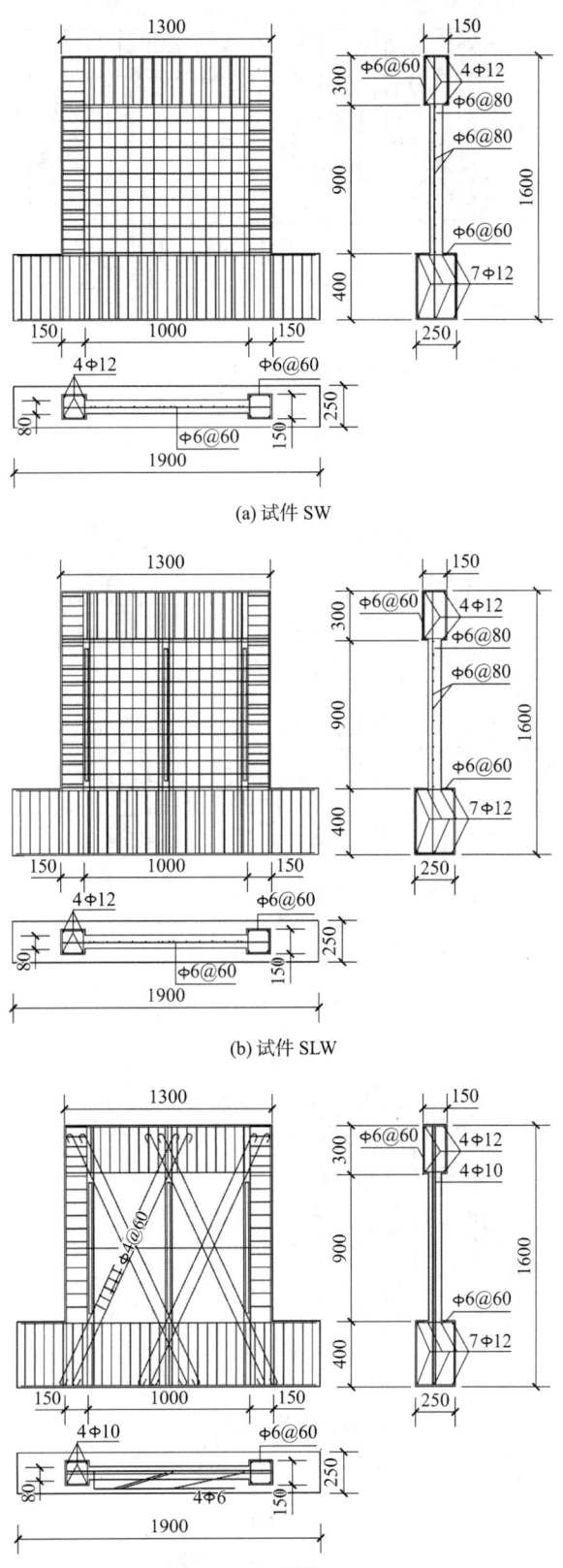

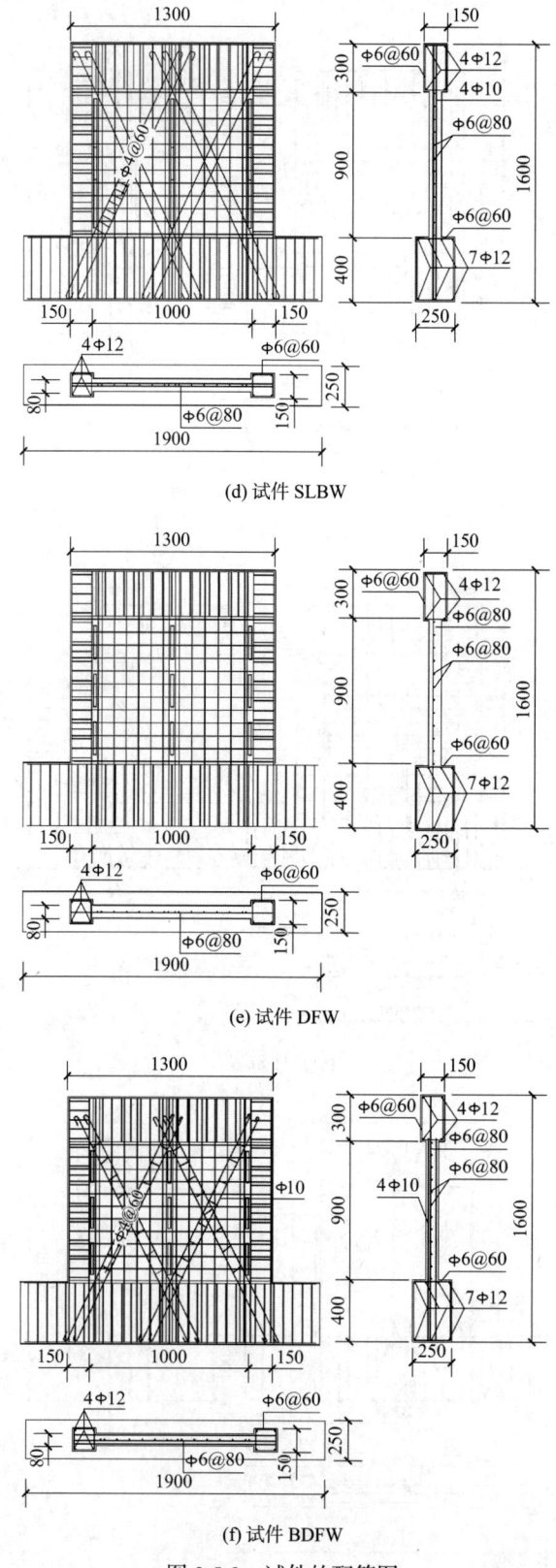

图 3.5-9 试件的配筋图

第 3 章 单排配筋剪力墙抗震性能

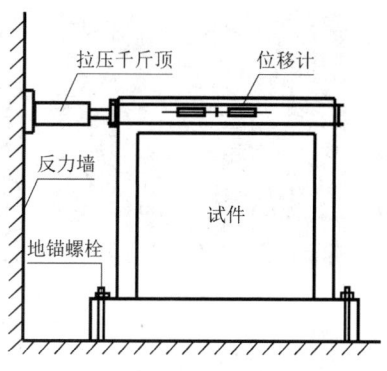

图 3.5-10 试验加载示意图

2. 破坏特征分析

各试件最终裂缝图如图 3.5-11 所示。图中数据 F/n 表示在第 n 次循环，水平荷载为 F（kN）时出现的裂缝。各试件的破坏照片见图 3.5-12。各试件的破坏过程：

（1）普通剪力墙 SW 的裂缝相对少，其主斜裂缝出现早且发展快，裂缝角度约呈 45°。

（2）双功能剪力墙的主斜裂缝多向混凝土连接键的端角发展，最终导致混凝土连接键剪坏。

（3）带钢筋暗支撑双功能剪力墙 BDFW 比普通双功能剪力墙裂缝密且分布广，部分裂缝的走向有明显向暗支撑角度逼近的趋势。

（4）开通缝剪力墙 SLW 的墙板主斜裂缝宽且少。

（5）带钢筋暗支撑开通缝未设分布筋剪力墙 SBW 的裂缝相对 SLW 多，且部分斜裂缝角度有向暗支撑角度逼近的趋势。

（6）带钢筋暗支撑开通缝剪力墙 SLBW 裂缝稠密且分布广，其主斜裂缝出现较晚且发展慢，并且较多裂缝角度有向暗支撑角度逼近的趋势。

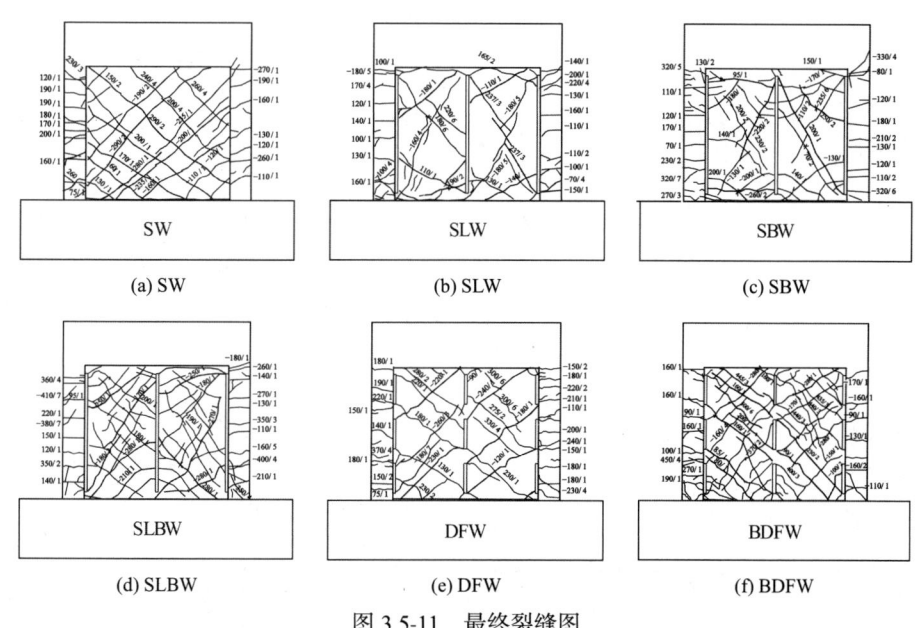

图 3.5-11 最终裂缝图

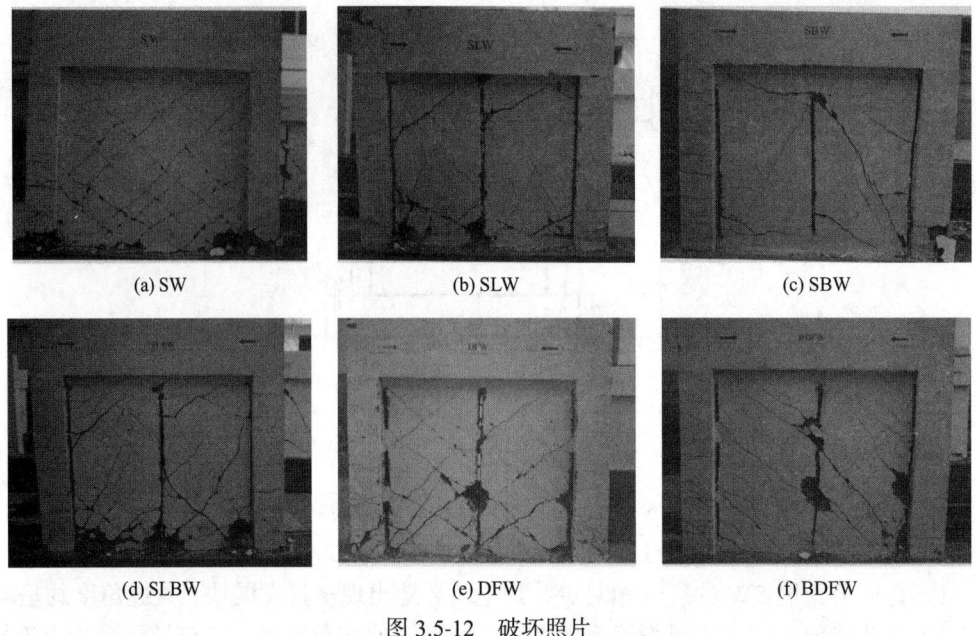

图 3.5-12 破坏照片

总之，带钢筋暗支撑剪力墙裂缝分布域广，这样可充分发挥混凝土裂缝在开裂、闭合过程中的耗能能力；暗支撑可有效地控制斜裂缝的走向及其开展，使之裂缝多，总体耗能能力发挥得更充分。

3. 滞回特性分析

实测各试件的滞回曲线如图 3.5-13 所示，各试件正向加载骨架曲线如图 3.5-14 所示。

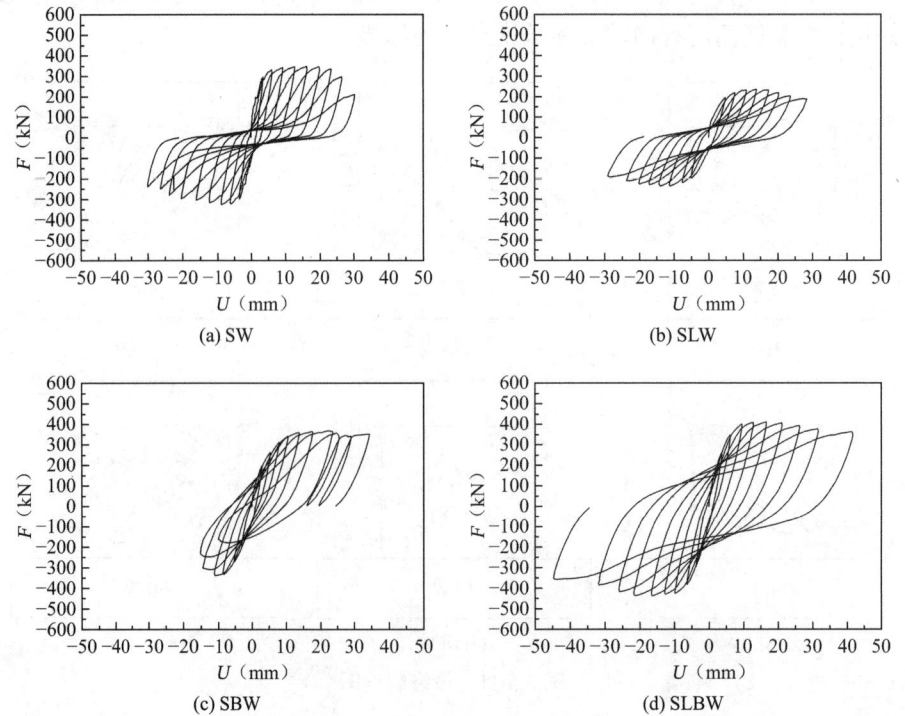

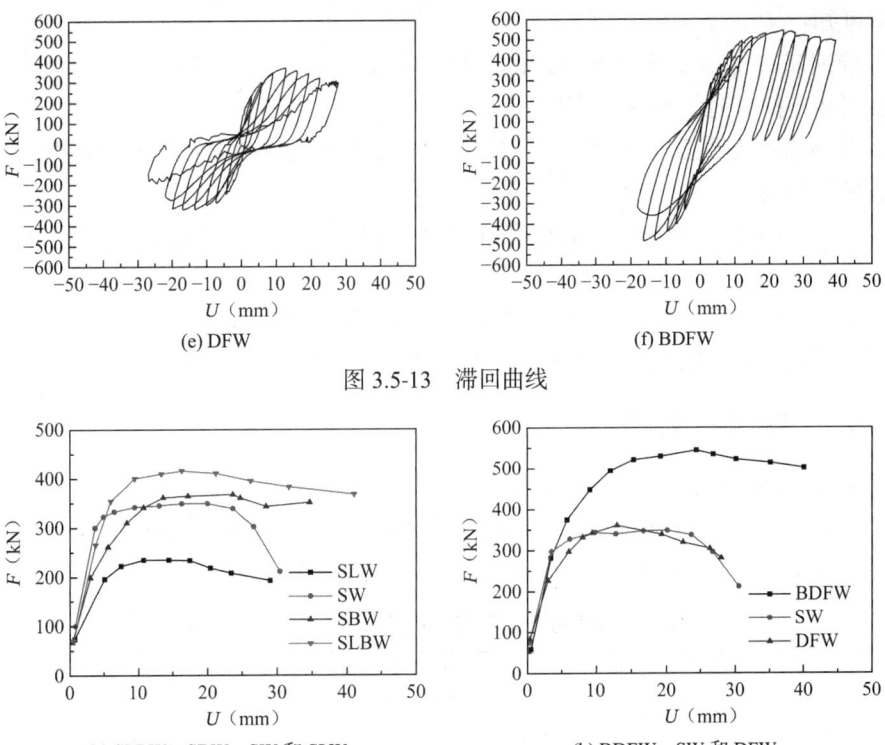

图 3.5-13 滞回曲线

(a) SLBW、SBW、SW 和 SLW

(b) BDFW、SW 和 DFW

图 3.5-14 骨架曲线

试验表明:

(1) 各试件的滞回曲线均较饱满,其中 SW、SLW、DFW 均存在一定捏拢现象,加载后期不可恢复的残余变形较大,骨架曲线均有明显下降段;各试件滞回曲线饱满程度依次为试件 SLW、SW、DFW、SBW、BDFW、SLBW。

(2) 带钢筋暗支撑开竖缝剪力墙的滞回环相比于其他形式剪力墙饱满,中部捏拢现象较轻,说明竖缝的开设使墙变形能力增强,钢暗撑的设置约束了墙体混凝土,保证了墙体与内部配筋的共同工作性能。

(3) 带钢筋暗支撑剪力墙的承载力、延性均明显提高。

实测各剪力墙位移及延性系数见表 3.5-10。表 3.5-10 中:u_c 为 F_c 对应的开裂位移;u_y 为 F_y 对应的屈服位移;u_d 为正向弹塑性最大位移。$\mu = u_d/u_y$ 是剪力墙的延性系数。

实测各剪力墙位移及延性系数 表 3.5-10

试件编号	u_c (mm)	u_y (mm)	u_d (mm) 正向	u_d (mm) 负向	$\mu = u_d/u_y$	μ 相对值
SW	0.30	4.88	20.00	20.25	4.10	1.00
SLW	0.50	5.00	25.25	24.75	5.05	1.23
SBW	0.48	6.75	34.38	—	5.09	1.27
SLBW	0.52	6.05	40.97	43.5	6.77	1.69
DFW	0.31	6.25	28.00	27.00	4.48	1.09
BDFW	0.35	7.20	39.46	—	5.62	1.37

分析可知：

（1）带钢筋暗支撑双功能剪力墙的开裂位移比普通双功能剪力墙及普通剪力墙有所提高，表明暗支撑有延缓开裂的作用。

（2）带钢筋暗支撑双功能剪力墙和开通缝带钢筋暗支撑剪力墙的明显屈服位移比普通剪力墙显著提高。

（3）带钢筋暗支撑双功能剪力墙和开通缝带钢筋暗支撑剪力墙的弹塑性位移比普通剪力墙显著提高。

（4）带钢筋暗支撑双功能剪力墙和开通缝带钢筋暗支撑剪力墙的延性系数比普通剪力墙显著提高。其中BDFW、SLBW的延性系数分别比普通剪力墙提高了37%、69%。

4. 承载力实测结果及分析

实测各剪力墙的开裂荷载、明显屈服荷载、极限荷载见表3.5-11。表中：F_c为试件开裂荷载，它指首次加载开裂时的荷载；F_y为试件屈服荷载，取正、负两向的均值；F_u为试件极限水平荷载；$\mu_{cy} = F_c/F_y$；$\mu_{cu} = F_c/F_u$；$\mu_{yu} = F_y/F_u$称为屈强比。计算μ_{cu}、μ_{yu}时均取F_u的正向值。

实测各剪力墙的开裂荷载、明显屈服荷载、极限荷载　　表3.5-11

试件编号	F_c（kN）	F_y（kN）	F_u（kN） 正向	F_u（kN） 正向比值	F_u（kN） 负向	μ_{cy}	μ_{cu}	μ_{yu}
SW	76.22	304.89	348.43	1.00	319.41	0.250	0.219	0.875
SLW	72.59	192.37	234.84	0.67	225.04	0.377	0.309	0.819
SBW	76.22	301.26	366.50	1.05	—	0.253	0.208	0.822
SLBW	98.96	337.02	411.07	1.18	421.04	0.294	0.241	0.820
DFW	77.11	294.00	356.11	1.02	304.89	0.262	0.217	0.826
BDFW	88.07	392.59	529.93	1.52	—	0.224	0.166	0.741

分析可知：

（1）带钢筋暗支撑双功能剪力墙和开通缝带钢筋暗支撑剪力墙的开裂荷载比普通剪力墙高。

（2）带钢筋暗支撑双功能剪力墙和开通缝带钢筋暗支撑剪力墙的屈服荷载和极限荷载均比普通剪力墙明显提高。其中BDFW、SLBW的极限荷载分别比普通剪力墙提高了52%、18%。

（3）带钢筋暗支撑双功能剪力墙和开通缝带钢筋暗支撑剪力墙的屈强比μ_{yu}比普通剪力墙小，且它们的开裂荷载比普通剪力墙高，说明它从明显屈服到极限荷载的发展过程较长，即有约束的屈服段较长，这对"大震不倒"是有利的。

5. 刚度及其退化过程

实测各剪力墙的刚度及各阶段刚度退化系数见表3.5-12。K_0为试件初始弹性刚度；K_c为试件开裂割线刚度；K_y为试件明显屈服割线刚度；$\beta_{c0} = K_c/K_0$，它为从初始弹性到开裂过程中的刚度退化系数；$\beta_{y0} = K_y/K_0$，它为从初始弹性到明显屈服过程中的刚度退化系数；$\beta_{yc} = K_y/K_c$，它为从开裂到明显屈服过程中的刚度退化系数。

实测各剪力墙刚度及其各阶段刚度退化系数　　　表 3.5-12

试件	K_0 (kN/mm)	K_c (kN/mm)	K_y (kN/mm)	β_{c0}	β_{yc}	β_{y0}	β_{y0} 相对值
SW	539.26	254.07	62.48	0.471	0.246	0.116	1.00
SLW	364.00	145.18	38.47	0.346	0.265	0.106	0.91
SBW	362.00	158.79	44.63	0.439	0.281	0.123	1.06
SLBW	370.62	190.31	55.71	0.513	0.268	0.150	1.29
DFW	463.27	248.74	47.04	0.537	0.189	0.102	0.88
BDFW	474.67	251.63	54.53	0.530	0.217	0.115	0.99

分析可知：

（1）带钢筋暗支撑双功能剪力墙和普通双功能剪力墙的初始弹性刚度非常接近，并略低于普通剪力墙的初始弹性刚度；开通缝带钢筋暗支撑剪力墙和开通缝剪力墙的初始弹性刚度非常接近，并明显低于普通剪力墙的初始弹性刚度；剪力墙的初始刚度可由计算求得。

（2）带钢筋暗支撑双功能剪力墙和开通缝带钢筋暗支撑剪力墙的屈服刚度比普通剪力墙略低，而它们的弹性刚度比普通剪力墙低得更明显，说明暗支撑的存在，约束了斜裂缝的开展，使剪力墙刚度退化速度变慢。

（3）由于加设了暗支撑，试件后期的刚度和性能相对于普通剪力墙都较稳定，有利于抗震。

带暗支撑与不带暗支撑双功能剪力墙与普通剪力墙的刚度 K 随位移角 θ 增大而退化的关系曲线见图 3.5-15（a）；开通缝的带钢筋暗支撑与不带钢筋暗支撑剪力墙与普通剪力墙的刚度 K 随位移角 θ 增大而退化的全过程见图 3.5-15（b）。由图可见：带钢筋暗支撑剪力墙的刚度退化较慢，说明暗支撑具有稳定剪力墙后期性能的作用。

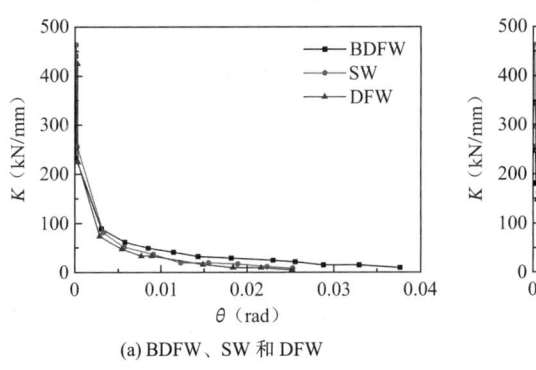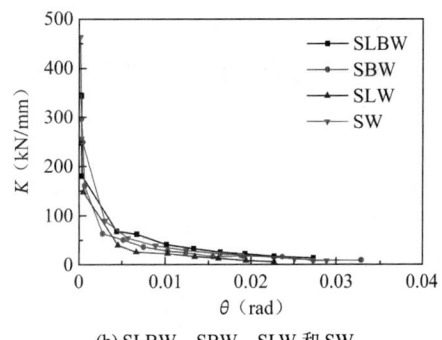

(a) BDFW、SW 和 DFW　　　　(b) SLBW、SBW、SLW 和 SW

图 3.5-15　"K-θ"关系曲线

分析可见：带钢筋暗支撑低矮剪力墙的割线刚度 K 随位移角 θ 的退化过程可分为三个阶段：（1）混凝土微裂缝出现的刚度速降阶段；（2）从结构明显开裂到明显屈服为刚度次速降阶段；（3）从明显屈服到最大弹塑性变形为刚度缓降阶段。

6. 耗能能力

考虑本次试验中各试件的加载过程和滞回环的差异，取滞回曲线骨架曲线在第一象限所包含的面积作为比较各试件耗能能力的一个指标。显见，它是总耗能的一部分。按这样的比较指标，实测所得的 6 个试件的耗能情况见表 3.5-13。

各试件耗能实测值 表 3.5-13

试件编号	总钢筋（kg）	支撑钢筋（kg）	暗支撑配筋比	耗能E_p（kN·mm）	钢筋增加百分比（%）	耗能提高百分比（%）
SW	32.790	0.000	0.000	8473.4	0.0	0.00
SLW	33.920	0.000	0.000	4823.8	3.4	−43.07
SBW	42.818	16.388	0.383	11015.9	30.6	30.01
SLBW	50.308	16.388	0.326	14413.3	53.4	70.10
DFW	33.920	0.000	0.000	8596.8	3.4	1.46
BDFW	50.308	16.388	0.326	16689.0	53.4	96.96

分析可知：试件 BDFW、SLBW 的耗能分别比 SW 墙提高了 96.96%、70.10%，提高幅度较大。

3.5.3 带钢筋暗支撑中高剪力墙抗震性能试验

1. 试验概况

为研究带钢筋暗支撑中高剪力墙抗震性能，进行了 4 个中高剪力墙试件的低周反复荷载试验。4 个试件均为带边框的中高剪力墙，其剪跨比均为 1.615。试件编号：HSW 为普通剪力墙；HSBIIW 是在 HSW 的配筋基础上沿高度分两层布置 X 形暗支撑，其中下部暗支撑设计强于上部暗支撑；HSBIW 是在 HSW 的配筋基础上只在底部加设 X 形暗支撑的剪力墙；HSLBW 是同时设有竖缝与暗支撑两种措施的剪力墙。钢筋力学性能同表 3.5-8，混凝土的力学性能见表 3.5-14。试件的模板图见图 3.5-16，配筋图见图 3.5-17。试件加载示意图见图 3.5-18。

水平加载点至基础顶面距离为 2100mm，并分别在距基础顶面 2100mm、1050mm 处布置水平位移计。

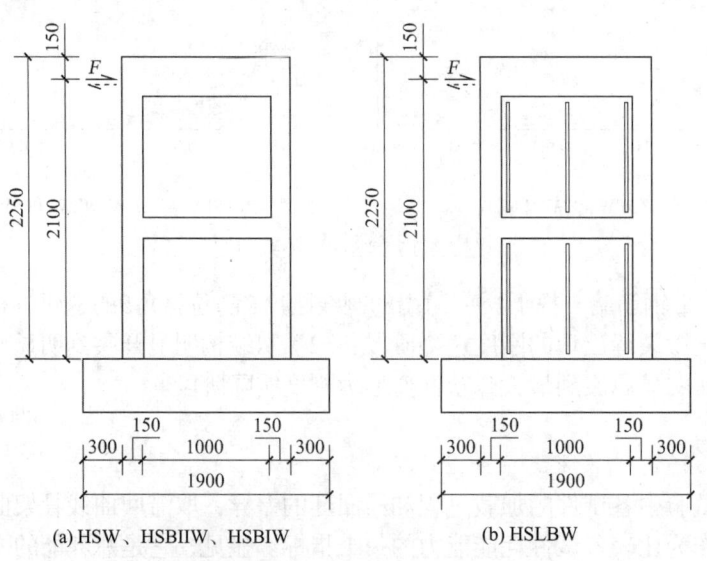

图 3.5-16 试件模板图

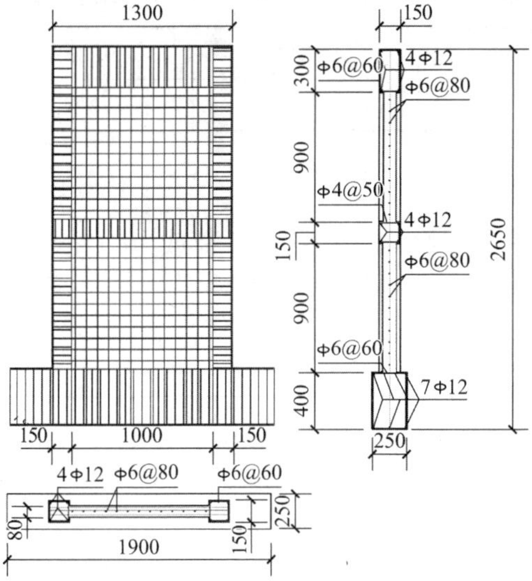

第3章 单排配筋剪力墙抗震性能

(a) 试件 HSW 配筋图

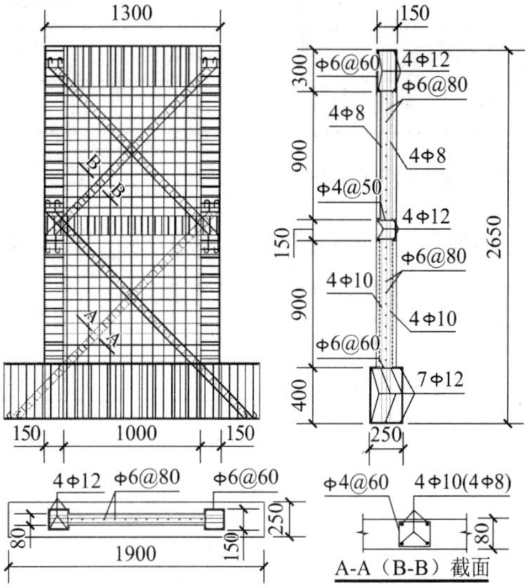

(b) 试件 HSBIIW 配筋图

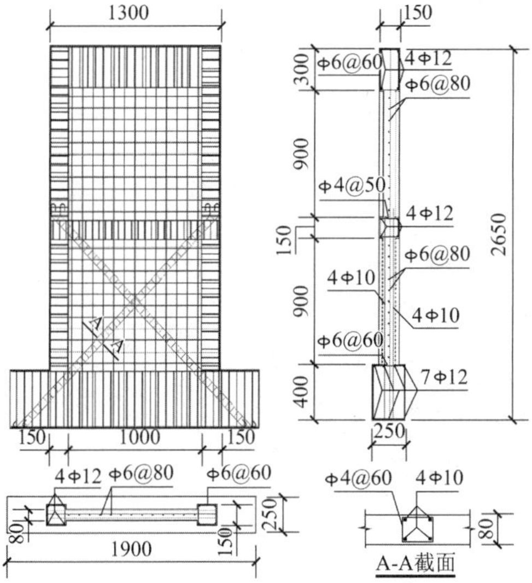

(c) 试件 HSBIW 配筋图

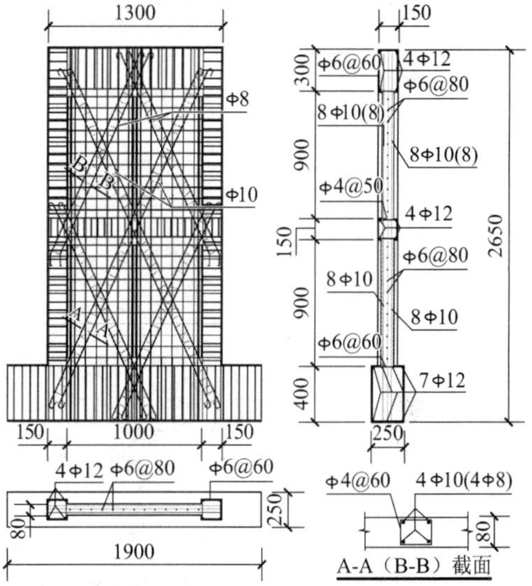

(d) 试件 HSLBW 配筋图

图 3.5-17 试件配筋图

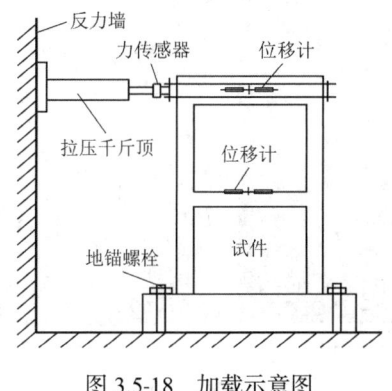

图 3.5-18 加载示意图

混凝土的力学性能				表 3.5-14
试件编号	HSW	HSBIIW	HSBIW	HSLBW
立方体抗压强度（MPa）	32.2	21.9	24.7	24.2

2. 破坏特征分析

试件最终裂缝图见图 3.5-19，图中数据 F/n 表示在第 n 次循环，水平荷载为 F（kN）时出现的裂缝。破坏照片见图 3.5-20。

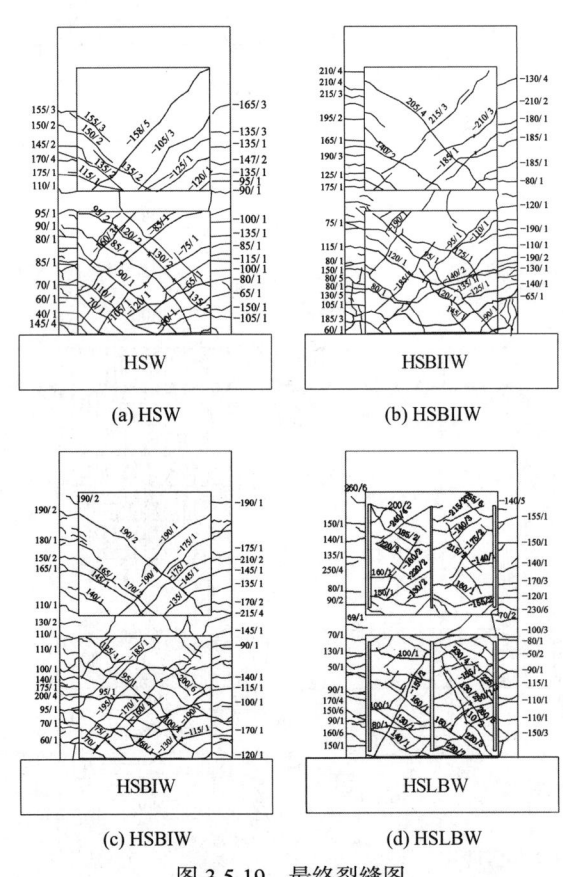

图 3.5-19 最终裂缝图

图 3.5-20 破坏照片

分析各试件破坏过程与特征：

（1）普通中高剪力墙 HSW 的裂缝相对少，其斜裂缝出现早且发展快，裂缝角度约呈 45°。

（2）有边框带钢筋暗支撑中高剪力墙裂缝密且分布广，加载前几个循环，裂缝大多数斜向开展，裂缝角度有向暗支撑角度逼近的趋势；到加载后期，几条平缓的裂缝左右贯通，发展成接近水平的弯曲主裂缝，使试件最终呈弯曲破坏形态。

（3）开竖缝带钢筋暗支撑中高剪力墙裂缝密且分布广，其主斜裂缝出现较晚且发展慢，并且裂缝角度有向暗支撑角度逼近的趋势。表明暗支撑的存在不仅影响着承载力、刚度、延性，还影响着剪力墙的破坏过程和形态。

3. 滞回特性分析

带钢筋暗支撑剪力墙的滞回环相对饱满。各试件"水平力 F-顶点位移 U"的滞回曲线见图 3.5-21。各试件"水平力 F-1050mm 高度位移 U"的滞回曲线见图 3.5-22。各试件"水平力 F-顶点位移 U"骨架曲线见图 3.5-23。

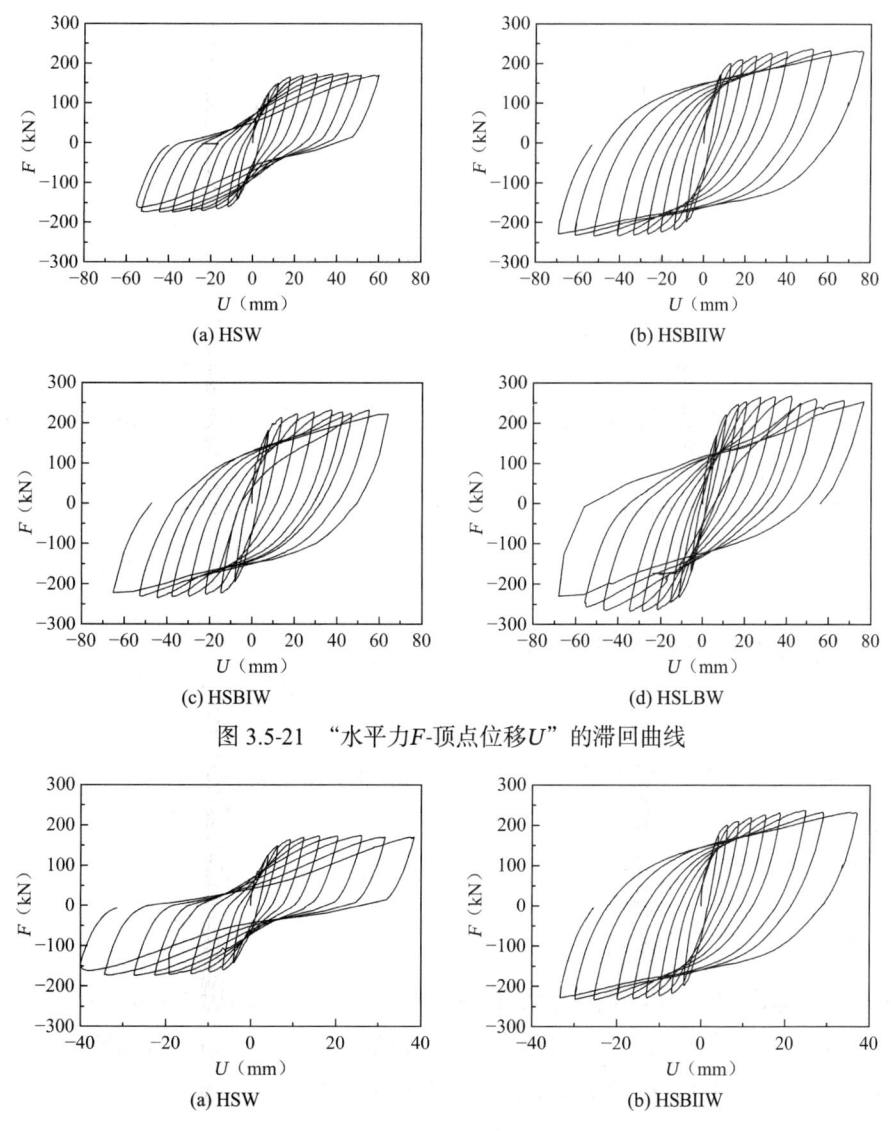

图 3.5-21 "水平力 F-顶点位移 U"的滞回曲线

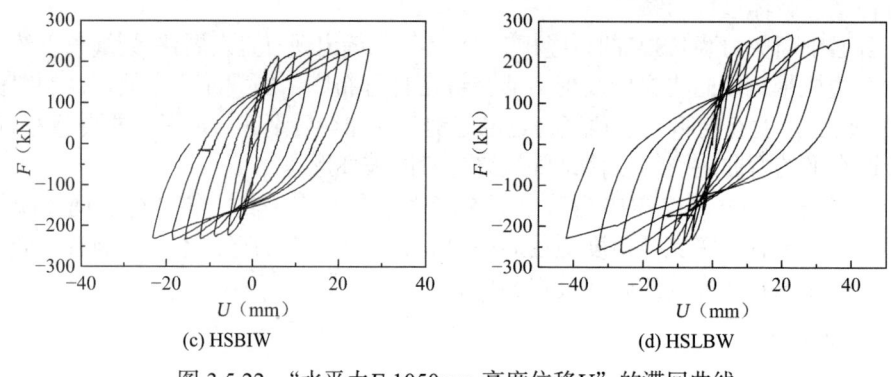

图 3.5-22 "水平力F-1050mm 高度位移U"的滞回曲线

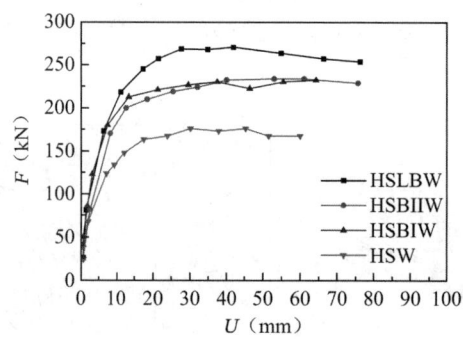

图 3.5-23 "水平力F-顶点位移U"骨架曲线

分析可得：

（1）试件"水平力-顶点位移"的滞回曲线：除了 HSW 稍有捏拢现象外，各试件的滞回曲线均较饱满；各试件滞回曲线饱满程度依次为试件 HSW、HSBIW、HSBIIW、HSLBW。

（2）试件"水平力-1050mm 高度位移"的滞回曲线：除了 HSW 有捏拢现象外，各试件的滞回曲线均较饱满；各试件滞回曲线饱满程度依次为试件 HSW、HSBIW、HSBIIW、HSLBW。

（3）不论是顶点位移还是 1050mm 高度位移，底部加设 X 形暗支撑的剪力墙较普通剪力墙其滞回环更加饱满；沿高度分两层加设 X 形暗支撑的剪力墙较只在底部加设 X 形暗支撑的剪力墙，滞回环面积更加饱满；设竖缝与设暗支撑两种措施相结合的中高剪力墙的滞回环比其他形式中高剪力墙的滞回环饱满；中部捏拢现象较轻说明竖缝的开设使墙变形能力增强，钢暗撑的设置约束了墙体混凝土，保证了墙体与内部配筋的共同工作性能。

（4）开竖缝带钢筋暗支撑中高剪力墙承载力、延性均明显提高。

4. 延性性能分析

各剪力墙位移及延性系数实测值见表 3.5-15。表中u_c为F_c对应的开裂位移；u_y为F_y对应的屈服位移；u_d为正向弹塑性最大位移，$\mu = u_d/u_y$是剪力墙的延性系数（u_d取正向值计算）。u_1为 1050mm 高度的位移，u_2为 2100mm 高度的位移。

各剪力墙位移及延性系数实测值 表 3.5-15

试件编号	位置	u_c（mm）	u_y（mm）	u_d（mm）		μ	μ相对值
				正向	负向		
HSW	u_2 u_1	0.67	12.20	59.95 38.37	55.20 38.02	4.80	1.00
HSBIIW	u_2 u_1	0.90	10.60	75.59 36.64	68.40 34.39	6.73	1.40
HSBIW	u_2 u_1	0.91	10.70	64.20 32.50	65.20 32.80	6.05	1.26
HSLBW	u_2 u_1	1.76	10.80	76.40 39.29	66.80 35.35	6.63	1.38

分析可知：

（1）带暗支撑的试件，其开裂位移均比普通中高剪力墙有所提高，表明暗支撑有延缓开裂的作用。

（2）有边框带钢筋暗支撑中高剪力墙的明显屈服位移与普通中高剪力墙接近。

（3）有边框带钢筋暗支撑中高剪力墙的顶点弹塑性位移比普通中高剪力墙显著提高。

（4）有边框带钢筋暗支撑中高剪力墙的延性系数比普通中高剪力墙显著提高。HSBIIW、HSBIW、HSLBW 的相应延性系数分别比普通中高剪力墙提高了 40%、26%、38%。

5. 承载力实测结果及分析

实测各中高剪力墙的开裂荷载、屈服荷载、极限荷载见表 3.5-16。表中：F_c 为试件开裂荷载，它指首次加载开裂时的荷载；F_y 为试件屈服荷载，取正、负两向的均值；F_u 为试件极限荷载；$\mu_{cy} = F_c/F_y$、$\mu_{cu} = F_c/F_u$、$\mu_{yu} = F_y/F_u$ 称为屈强比。

各剪力墙的开裂荷载、屈服荷载、极限荷载的实测值 表 3.5-16

试件编号	F_c（kN）	F_y（kN）	F_u（kN）			μ_{cy}	μ_{cu}	μ_{yu}
			正向	正向比值	负向			
HSW	42.59	153.73	174.08	1.00	166.67	0.277	0.230	0.883
HSBIIW	59.26	193.52	236.61	1.36	234.4	0.306	0.296	0.819
HSBIW	58.85	190.59	231.89	1.33	229.63	0.309	0.280	0.822
HSLBW	81.48	211.11	268.52	1.54	259.26	0.386	0.298	0.787

分析可知：

（1）有边框带钢筋暗支撑中高剪力墙的开裂荷载比普通中高剪力墙有所提高，HSBIIW、HSBIW 两试件开裂荷载接近，暗支撑配筋量比较高的 HSLBW 试件开裂荷载比 HSBIIW、HSBIW 两试件高。

（2）有边框带钢筋暗支撑中高剪力墙的屈服荷载和极限荷载均比普通中高剪力墙明显提高。其中：HSBIIW、HSBIW、HSLBW 相应极限荷载分别比普通剪力墙提高了 36%、

33%、54%。

（3）有边框带钢筋暗支撑中高剪力墙的屈强比μ_{yu}均值比普通剪力墙小，说明它从明显屈服到极限荷载的发展过程长，也就是有约束的屈服段较长，这有利于抗震。

6. 刚度及其退化过程

实测各中高剪力墙刚度及其退化系数见表3.5-17。表中：K_0为试件初始弹性刚度；K_c为试件开裂割线刚度；K_y为试件屈服割线刚度；$\beta_{c0} = K_c/K_0$，它为从初始弹性到开裂过程中的刚度退化系数；$\beta_{y0} = K_y/K_0$，它为从初始弹性到屈服过程中的刚度退化系数；$\beta_{yc} = K_y/K_c$，它为从开裂到屈服过程中的刚度退化系数。

实测各中高剪力墙刚度及其退化系数　　　表3.5-17

试件	K_0 （kN/mm）	K_c （kN/mm）	K_y （kN/mm）	β_{c0}	β_{yc}	β_{y0}	β_{y0}相对值
HSW	127.31	63.66	12.82	0.500	0.201	0.101	1.000
HSBIIW	132.80	65.71	18.09	0.495	0.275	0.136	1.347
HSBIW	130.58	64.46	17.81	0.494	0.276	0.136	1.347
HSLBW	101.85	46.30	19.55	0.455	0.422	0.192	1.901

分析可知：

（1）中高剪力墙试件的初始弹性刚度非常接近。

（2）中高剪力墙的开裂刚度变化不大，说明初始阶段主要由混凝土强度等级及试件尺寸决定刚度。

（3）开竖缝中高剪力墙的初始弹性刚度、开裂刚度均比其他中高剪力墙的相应值低，这说明开竖缝降低了结构刚度。

（4）有边框带钢筋暗支撑中高剪力墙的屈服刚度比普通剪力墙明显提高。说明暗支撑的存在，约束了斜裂缝的开展，使剪力墙刚度退化速度变慢。由于加设了暗支撑，结构后期的刚度和性能相对于普通剪力墙稳定，这对抗震有利。

（5）各中高剪力墙的β_{c0}接近，说明直到开裂之前结构的刚度主要取决混凝土的强度等级。

（6）有边框带钢筋暗支撑整体中高剪力墙的β_{yc}比普通剪力墙明显提高，这是它们开裂刚度接近而屈服刚度提高明显的结果；开竖缝有边框带钢筋暗支撑中高剪力墙的β_{yc}比普通剪力墙显著提高，这是其屈服刚度比其开裂刚度提高显著的结果。

（7）有边框带钢筋暗支撑中高剪力墙的β_{y0}值比普通剪力墙显著提高。HSBIIW、HSBIW、HSLBW的相应β_{y0}分别提高了34.7%、34.7%、90.1%。这也表明暗支撑配筋比（暗支撑钢筋用量占总钢筋用量的比例）对屈服刚度的提高有一定的影响。

其中3个试件的刚度K随位移角θ增大而退化的关系曲线见图3.5-24（a）。其中2个试件的刚度K随位移角θ增大而退化的关系曲线见图3.5-24（b）。由图可见：双层设暗支撑试件与只在底层设暗支撑试件对刚度退化规律影响不大；带钢筋暗支撑剪力墙刚度退化速度比普通剪力墙明显减慢。

第 3 章 单排配筋剪力墙抗震性能

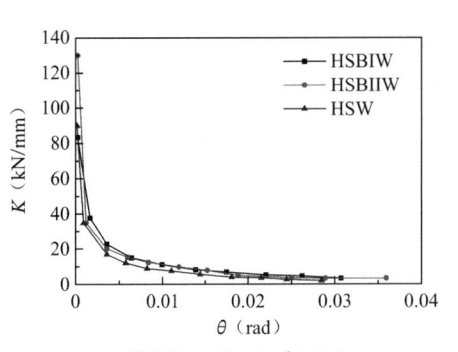
(a) HSBIW、HSBIIW 和 HSW

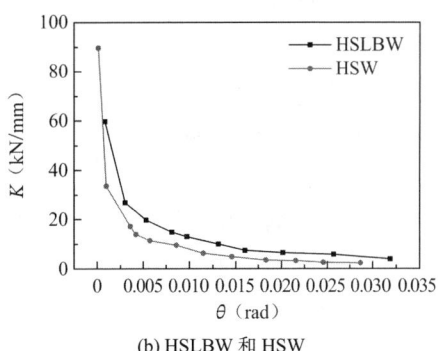
(b) HSLBW 和 HSW

图 3.5-24 试件"K-θ"关系曲线

试验表明，带钢筋暗支撑中高剪力墙的刚度 K 随位移角 θ 的衰减过程可分为三个阶段：（1）从微裂发展到肉眼可见的裂缝为刚度速降阶段；（2）从结构明显开裂到明显屈服为刚度次速降阶段；（3）从明显屈服到最大弹塑性变形为刚度缓降阶段。

7. 耗能能力及分析

滞回环所包含的面积的积累反映了结构弹塑性耗能的大小。一般说来，滞回环越饱满结构的耗能能力越强。由于本试验中各试件的加载过程和滞回环的多少有些差异，这里取滞回曲线在第一象限所包含的面积作为比较各试件耗能能力的一个指标。显见它只是总耗能的一部分。按这样的比较指标，实测所得的 4 个试件耗能实测值见表 3.5-18。

4 个试件耗能实测值　　　　　表 3.5-18

试件编号	总钢筋（kg）	支撑钢筋（kg）	暗支撑配筋比	耗能 E_p（kN·mm）	钢筋增加百分比（%）	耗能提高百分比（%）
HSW	56.398	0.000	0.000	9460.3	0.0	0.0
HSBIIW	71.918	15.520	0.216	15960.7	27.5	68.7
HSBIW	66.624	10.266	0.153	13410.7	18.1	41.8
HSLBW	84.433	26.270	0.311	18210.7	46.6	92.5

分析可知：与试件 HSW 相比，HSBIIW、HSBIW 的钢筋用量增加分别为 27.5%、18.1%，耗能提高分别为 68.7%、41.8%，耗能提高幅度显著大于用钢量增加的幅度；试件 HSBIIW 与 HSBIW 相比说明，在第二层也设暗支撑能进一步提高其耗能能力；试件 HSLBW 比 HSW 的耗能提高了 92.5%，用钢量提高了 46.6%，耗能提高比例是用钢量提高比例的 1.98 倍。

3.5.4 带钢筋暗支撑低矮、中高剪力墙的力学模型及计算分析

1. 初始弹性刚度计算公式

（1）整体剪力墙的刚度计算公式

$$K = \frac{1}{\delta_s + \delta_b} = \frac{1}{\dfrac{\xi H}{AG} + \dfrac{H^3}{3EI}} \tag{3.5-1}$$

$$\xi = \frac{A}{A_1} \quad (3.5\text{-}2)$$

式中：ξ——剪应变不均匀系数；

A——模型水平截面面积；

A_1——截面腹板面积；

δ_s——剪力墙的剪切变形量；

δ_b——剪力墙的弯曲变形量；

H——模型计算高度；

G——剪切模量；

E——弹性模量；

I——截面惯性矩。

（2）开竖缝中高剪力墙的刚度计算公式

考虑到中间横梁的刚度较小，底层墙肢及边柱的抗弯刚度近似取悬臂及两端固定两种情况的均值。因上、下两层墙肢及边框柱几何尺寸一致，顶点抗侧移刚度为底层抗侧移刚度的 1/2。

底层：

$$K_{墙肢} = \frac{1}{\delta_s + \delta_b} = \frac{1}{\frac{3H}{EA} + \frac{1}{2}\left(\frac{H^3}{3EI} + \frac{H^3}{12EI}\right)} \quad (3.5\text{-}3)$$

$$K_{边框柱} = \frac{1}{2}\left(\frac{12EI}{H^3} + \frac{3EI}{H^3}\right) \quad (3.5\text{-}4)$$

式中：H——墙肢边框柱计算高度，$H = 900\text{mm}$。

顶点抗侧移刚度：

$$K = \frac{1}{2}(2K_{墙肢} + 2K_{边框柱}) \quad (3.5\text{-}5)$$

（3）开竖缝低矮剪力墙的刚度计算公式

$$K_{墙肢} = \frac{1}{\frac{3H}{EA} + \frac{H^3}{12EI}} \quad (3.5\text{-}6)$$

$$K_{边框柱} = \frac{12EI}{H^3} \quad (3.5\text{-}7)$$

$$K = 2(K_{墙肢} + K_{边框柱}) \quad (3.5\text{-}8)$$

（4）双功能剪力墙的刚度计算公式

双功能剪力墙 DFW 及带钢筋暗支撑双功能剪力墙 BDFW 的初始抗侧移刚度与整体墙的初始抗侧移刚度相差不多，可用整体墙初始抗侧移刚度计算值乘以折减系数 β 近似求得。试验表明 β 取 0.8～0.9。当混凝土连接键较少时 $\beta = 0.8$，混凝土连接键较多时 $\beta = 0.9$。

（5）初始刚度计算结果与实测结果的比较

初始刚度计算结果与实测结果的比较见表 3.5-19。

初始刚度计算结果与实测结果的比较　　　　表 3.5-19

试件编号	计算值（kN/mm）	实测值（kN/mm）	相对误差（%）
HSW	134.46	127.31	5.62
HSBIW	134.46	130.58	2.97

续表

试件编号	计算值（kN/mm）	实测值（kN/mm）	相对误差（%）
HSBIIW	134.46	132.80	1.25
HSLBW	108.48	101.85	6.51
SW	553.40	539.26	2.56
SLW	389.84	364.00	6.63
SBW	362.00	392.00	8.29
SLBW	389.94	370.62	4.93
DFW	433.15	463.27	6.95
BDFW	433.15	474.67	9.59

2. 带钢筋暗支撑低矮剪力墙的承载力计算

试件 SLBW 的承载力是由边框柱和墙肢两端受弯屈服决定的，据此建立的带钢筋暗支撑开通缝剪力墙承载力计算模型见图 3.5-25。图中 f_y、f_{yw} 为暗支撑纵筋和墙肢分布竖筋的屈服强度；A_{sb}、A_{sw} 为受拉暗支撑纵筋、墙肢分布竖筋的截面面积；A_{cb}、f_{ck} 为受压支撑箍筋约束区混凝土的截面面积、混凝土抗压强度标准值；f'_y、A'_{sb} 为受压支撑纵筋屈服强度、纵筋截面面积；h_w、b_w 为墙肢水平截面的高与宽；a_b 为暗支撑水平截面高度；α 为暗支撑倾角；M_w 为墙肢水平截面抵抗矩；M_c 为边框柱水平截面抵抗矩；V_b 代表暗支撑对水平剪力的贡献值。

试件 SLBW 承载力的计算可简化为由三部分组成：普通墙肢承担的水平剪力；边框柱承担的水平剪力；墙肢中暗支撑承担的水平剪力。试件 SLW 承载力的计算包含两部分：普通墙肢承担的水平剪力；边框柱承担的水平剪力。试件 SBW 是 SLBW 的特殊情况。

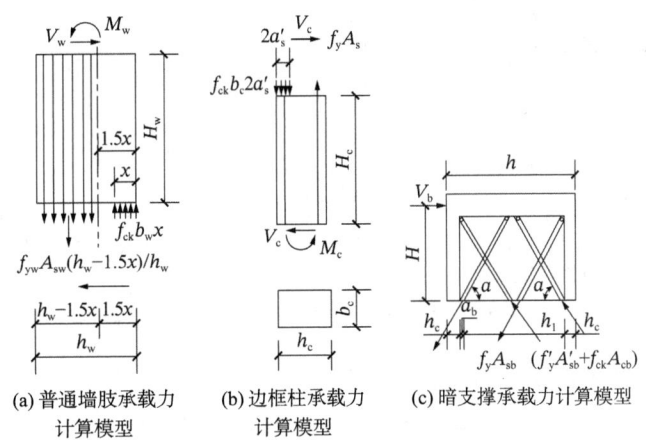

(a) 普通墙肢承载力计算模型　　(b) 边框柱承载力计算模型　　(c) 暗支撑承载力计算模型

图 3.5-25　带钢筋暗支撑开通缝剪力墙承载力计算模型

由图 3.5-25（a）得：

$$f_{yw}A_{sw}\frac{h_w - 1.5x}{h_w} - f_{ck}b_w x = 0 \quad (3.5\text{-}9)$$

$$M_w = f_{yw}A_{sw}\frac{h_w - 1.5x}{h_w}\left(\frac{h_w}{2} + \frac{x}{4}\right) \quad (3.5\text{-}10)$$

两个墙肢总剪力：

$$V_w = \frac{4M_w}{H_w} \tag{3.5-11}$$

两个边框柱承担的总水平剪力：

$$V_c = \frac{4M_c}{H_c} = \frac{4f_y A_s(h_{c0} - a'_s)}{H_c} \tag{3.5-12}$$

全部暗支撑承担的水平剪力：

$$V_b = \sum f_y A_{sb} \cos\alpha + \sum \gamma (f'_y A'_{sb} + f_{ck} A_{cb}) \cos\alpha \tag{3.5-13}$$

剪力墙整体水平承载力：

$$F = V_w + V_c + V_b \tag{3.5-14}$$

式中：γ——考虑受压支撑根部材料性能降低的系数，试验表明，设缝墙中的受压暗支撑因周边混凝土约束不好，受压暗支撑混凝土核芯束的作用较弱，近似取 $\gamma = 0.5$；

h_{c0}——边框柱有效截面高度。

3. 带钢筋暗支撑双功能低矮剪力墙承载力计算（图 3.5-26）

试验表明，试件 BDFW、DFW 模型的破坏过程是缝中混凝土键先剪坏，后墙肢进入屈服。墙体承载力由以下三部分组成：墙肢极限水平剪力；边框柱极限水平剪力；暗支撑对承载力的贡献值 V_b。图 3.5-26 与图 3.5-25 比较，只是增加了混凝土键的剪力 V_k。计算公式的不同点是在两个墙肢和两个边框柱承受的水平剪力中，增加了 V_k 的贡献值。

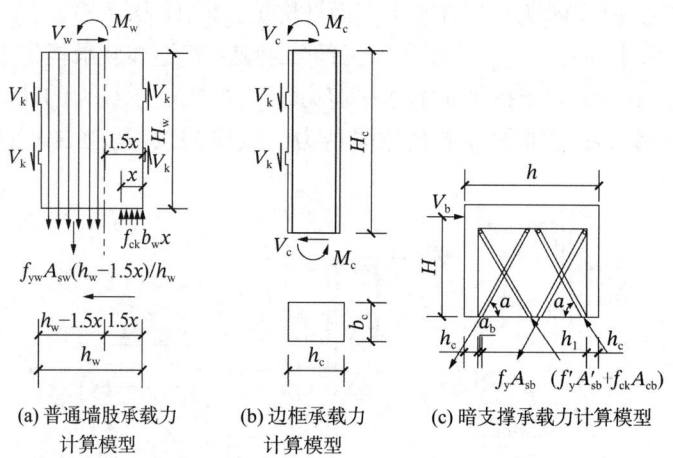

(a) 普通墙肢承载力计算模型　(b) 边框承载力计算模型　(c) 暗支撑承载力计算模型

图 3.5-26　带钢筋暗支撑双功能剪力墙力学模型

由图 3.5-26 得两个墙肢总剪力：

$$V_w = 2\left[2\frac{M_w}{H_w} + 2\frac{V_k(h_w + w_k)}{H_w}\right] \tag{3.5-15}$$

两个边框柱总剪力：

$$V_c = 2\left[\frac{2M_c}{H_c} + \frac{V_k(h_c + w_k)}{H_c}\right] \tag{3.5-16}$$

其中：

$$V_k = \tau L_k t_k \tag{3.5-17}$$

$$\tau = \left[0.1646 + 1.0579\rho\frac{f_y}{f_{ck}} - 0.9323\left(\rho\frac{f_y}{f_{ck}}\right)^2\right]f_{ck} \tag{3.5-18}$$

式中：M_w、M_c——计算方法同式(3.5-10)、式(3.5-12)；

ρ、f_y、f_{ck}、τ、V_k——混凝土键中钢筋的配筋率、钢筋屈服强度、混凝土轴心抗压强度标准值、截面平均剪应力和剪力；

L_k、t_k、w_k——混凝土键的长度、厚度和宽度（即缝宽）。

试件 DFW 的承载力计算只有前两部分。

低矮剪力墙承载力计算结果与实测结果比较：按钢筋实测强度计算所得 6 个试件的极限承载力与实测结果比较见表 3.5-20。

低矮剪力墙极限承载力计算结果与实测结果的比较 表 3.5-20

试件编号	SW	SLW	SBW	SLBW	DFW	BDFW
计算值（kN）	348.17	218.68	363.25	433.70	332.93	542.83
实测值（kN）	348.43	234.84	366.50	411.07	356.11	529.93
相对误差（%）	−0.07	−6.88	−0.27	5.51	−6.51	2.43

4. 带钢筋暗支撑中高剪力墙的承载力计算

普通钢筋混凝土带边框中高剪力墙 HSW 的承载力按现行国家标准《混凝土结构设计标准》GB/T 50010 计算。

（1）试件 HSBIW、HSBIIW 的承载力计算

理论计算方法：根据试件的破坏过程和钢筋应变分析可知，HSBIIW 和 HSBIW 两试件因弯曲破坏而失效，底部弯矩起控制作用，因此可按弯曲模式对承载力进行计算；为了计算带钢筋暗支撑中高剪力墙在任何状态下的承载力，尤其是在屈服和极限状态下的承载力，采用的混凝土受压应力-应变模型见图 3.5-27。计算混凝土的压应力，忽略混凝土受拉的作用，并假定试件水平截面的应变线性分布。带钢筋暗支撑中高剪力墙承载力计算模型见图 3.5-28。

图 3.5-27 中，混凝土的受压应力-应变曲线方程为：

$$\sigma = \psi\varepsilon^4 + \eta\varepsilon^3 + E_c\varepsilon \quad (3.5\text{-}19)$$

式中：$\psi = \dfrac{2E_c}{\varepsilon_0^3} - \dfrac{3\sigma_{\max}}{\varepsilon_0^4}$，$\eta = \dfrac{4\sigma_{\max}}{\varepsilon_0^3} - \dfrac{3E_c}{\varepsilon_0^2}$

图 3.5-28 中，受压区总的合力 C：

$$C = \int_0^d b\sigma\,\mathrm{d}x + \sum f'_{sj}A'_{sj} + \sum f'_{si}A'_{si}\sin\alpha \quad (3.5\text{-}20)$$

将几何关系代入上式得：

$$C = \frac{d}{\varepsilon_c}\int_0^{\varepsilon_c} b\sigma\,\mathrm{d}\varepsilon + \sum f'_{sj}A'_{sj} + \sum f'_{si}A'_{si}\sin\alpha \quad (3.5\text{-}21)$$

受拉区总的合力 T：

$$T = \sum f_{sj}A_{sj} + \sum f_{si}A_{si}\sin\alpha \quad (3.5\text{-}22)$$

以上各式中：b 为剪力墙的厚度，当中和轴在墙板内时，按 $\int_0^{d-h_c} b_w\sigma\,\mathrm{d}x + \int_{d-h_c}^d b_c\sigma\,\mathrm{d}x$ 计算混凝土的压力；当中和轴在边框柱内时，取 $b = b_c$。

试件截面抵抗弯矩M_R为受拉钢筋抵抗弯矩M_{st}、受压钢筋抵抗弯矩M_{sc}和混凝土抵抗弯矩M_{cc}之和：

$$M_R = M_{st} + M_{sc} + M_{cc} \tag{3.5-23}$$

式中：

$$M_{st} = \sum f_{sj}A_{sj}(d_j - d) + \sum f_{si}A_{si}(d_i - d)\sin\alpha \tag{3.5-24}$$

$$M_{cc} = \frac{bd^2}{\varepsilon_c^2}\int_0^{\varepsilon_c}\sigma\varepsilon\,d\varepsilon \tag{3.5-25}$$

$$M_{sc} = \sum f'_{sj}A'_{sj}(d - d_j) + \sum f'_{si}A'_{si}(d - d_i)\sin\alpha \tag{3.5-26}$$

承载力F：

$$F = \frac{M_R}{H} \quad （H为模型水平加载点至基础顶面高度） \tag{3.5-27}$$

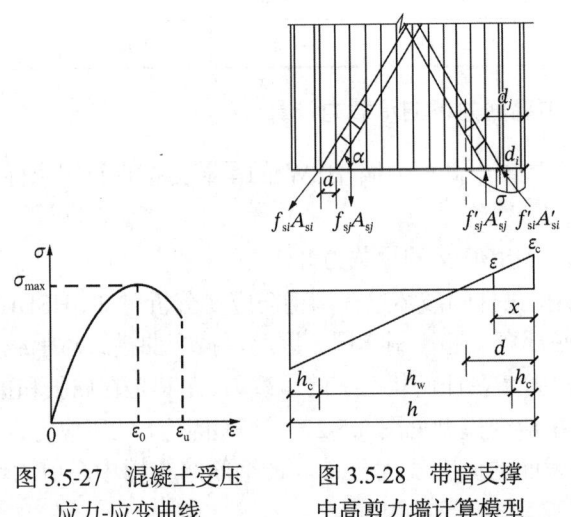

图 3.5-27 混凝土受压应力-应变曲线

图 3.5-28 带暗支撑中高剪力墙计算模型

图 3.5-28 中：h_c为边框柱截面的高度；h_w为墙板水平截面的长度；d_i、d_j为第i、j根纵筋距受压区边缘的距离；d为中和轴距混凝土受压边缘的距离；a为暗支撑截面的水平高度；f'_{sj}、A'_{sj}为受压区第j根竖向钢筋的强度与截面面积；f'_{si}、A'_{si}为受压支撑第i根纵筋的强度与截面面积，f_{sj}、A_{sj}为受拉区第j根竖向钢筋的强度与截面面积，f_{si}、A_{si}为受拉支撑第i根纵筋的强度与截面面积，ε_c为受压区边缘混凝土的压应变。记b_c、b_w为边框柱截面宽度和墙板厚度。

简化计算方法：带钢筋暗支撑中高剪力墙的理论计算方法比较繁琐，不便于结构设计时应用，为了得到比较简便的计算方法，由试验及综合分析可假定：在几何中心线受拉一侧的纵筋全部屈服，中和轴附近的受拉纵筋及墙板受压纵筋不予考虑，受压边框柱只考虑外侧受压纵筋。力学模型图见图 3.5-29 和图 3.5-30。

由图 3.5-29 和图 3.5-30 得：

$$f_{y1}A_{s1} + f_{y3}A_{s3} + f_{y2}A_{s2}\sin\alpha - f'_{y2}A'_{s2}\sin\alpha - f'_{y3}A'_{s3} - f_{ck}bx = 0 \tag{3.5-28}$$

$$M_{cy} = f_{y2}A_{s2}\sin\alpha\left(h_1 + h_2 - \frac{x}{2}\right) - f'_{y2}A'_{s2}\sin\alpha\left(h_2 - \frac{x}{2}\right) + f_{y3}A_{s3}\left(h_1 + \frac{3h_2}{2} - \frac{x}{2}\right) -$$
$$f'_{y3}A'_{s3}\left(\frac{x}{2} - a'_s\right) + f_{y1}A_{s1}\left(\frac{3h_1}{4} + h_2 - \frac{x}{2}\right) \tag{3.5-29}$$

$$F = \frac{M_{cy}}{H} \tag{3.5-30}$$

式中：A_{s1}——受拉分布竖筋的截面积和；

A_{s2}、A'_{s2}——受拉支撑、受压支撑纵筋截面积和；

A_{s3}、A'_{s3}——受拉边框柱、受压边框柱纵筋截面积和；

f_{y1}——分布竖筋抗拉强度；

f_{y2}、f'_{y2}——暗支撑纵筋抗拉、抗压强度；

f_{y3}、f'_{y3}——边框柱纵筋抗拉、抗压强度；

α——暗支撑倾角；

M_{cy}——底部截面弯矩；

x——混凝土受压区高度；

f_{ck}——混凝土抗压强度标准值；

H——模型水平加载点至基础顶面高度。

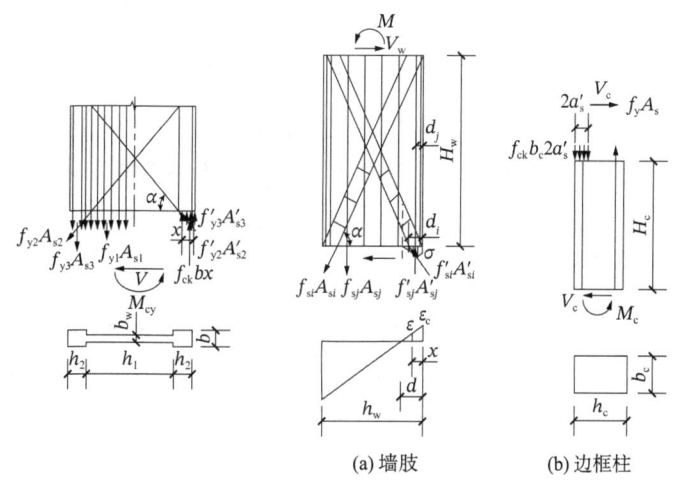

图 3.5-29 试件 HSBIIW、HSBIW 力学模型   图 3.5-30 试件 HSLBW 力学模型

（2）试件 HSLBW 的承载力计算

理论计算方法：分析试件 HSLBW 的破坏过程及钢筋应变表明，试件 HSLBW 底层墙肢分别独立地以两端形成塑性铰，继而底层边框柱也分别独立地以两端形成塑性铰而达到承载力极限状态；试件 HSLBW 承载力的计算可简化为由两部分组成：墙肢承担的水平剪力；边框柱承担的水平剪力。每个墙肢承担的剪力 V_w 按式(3.5-20)～式(3.5-27)计算，边框柱承担的水平剪力按式(3.5-12)计算。

简化计算方法：墙肢剪力的理论计算方法比较繁琐，为便于设计应用，由试验及综合分析可假定：墙肢在几何中心线受拉一侧的纵筋全部屈服，中和轴附近的受拉纵筋及墙板受压纵筋不予考虑；边框柱混凝土受压区高度为 $2a'_s$；底层墙肢、边框柱的计算高度均取中间横梁的中线至基础顶面的距离（1050mm）。墙肢的简化力学模型如图 3.5-31 所示。

由图 3.5-31 可得：

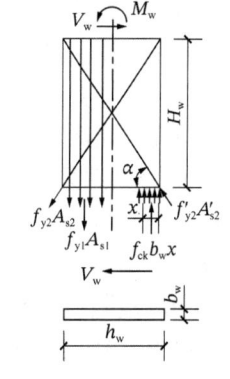

图 3.5-31 试件 HSLBW 墙肢的简化力学模型

$$f_{y1}A_{s1} + f_{y2}A_{s2}\sin\alpha - f_{ck}b_w x - \gamma_1 f'_{y2}A'_{s2}\sin\alpha = 0 \quad (3.5\text{-}31)$$

$$M_w = f_{y2}A_{s2}\sin\alpha\left(h_w - \frac{a_b}{2} - \frac{x}{2}\right) + \gamma_1 f'_{y2}A'_{s2}\sin\alpha\left(\frac{x}{2} - \frac{a_b}{2}\right) + f_{y1}A_{s1}\left(\frac{3}{4}h_w - \frac{x}{2}\right) \quad (3.5\text{-}32)$$

$$M_w^* = \gamma_2 M_w \quad (3.5\text{-}33)$$

每个墙肢承担的水平剪力：

$$V_w = \frac{2M_w^*}{H_w} \quad (3.5\text{-}34)$$

式中：a_b——暗支撑截面高度的水平投影值；

M_w^*——考虑修正后的墙肢弯矩；

γ_1——边框约束对暗支撑工作性能的影响系数，有边框墙肢$\gamma_1 = 1.0$，无边框墙肢$\gamma_1 = 0.0$；

γ_2——边框约束对墙肢弯矩影响系数，有边框墙肢$\gamma_2 = 1.0$，无边框墙肢$\gamma_2 = 0.85$。

边框柱承担的水平剪力按式(3.5-12)计算。试件 HSLBW 的承载力为各墙肢和边框柱所承担的水平剪力之和。

中高剪力墙极限承载力计算结果与实测结果比较：按钢筋实测强度计算所得 4 个试件的承载力及与实测结果的比较见表 3.5-21。可见计算结果与实测结果符合较好。

中高剪力墙极限承载力计算结果与实测结果的比较 表 3.5-21

项目	理论计算方法				简化计算方法		
	HSW	HSBIIW	HSBIW	HSLBW	HSBIIW	HSBIW	HSLBW
计算值（kN）	173.27	247.49	246.96	275.67	243.55	243.55	287.71
实测值（kN）	174.08	236.61	231.89	268.52	236.61	231.89	268.52
相对误差（%）	−0.5	4.4	6.7	2.7	2.9	4.8	6.7

3.5.5 带钢筋暗支撑低矮及中高剪力墙有限元计算分析

1. 分析模型与单元划分

（1）分析模型

应用有限元软件 ANSYS 弹塑性计算功能进行带钢筋暗支撑剪力墙的单调水平加载全过程分析，剪力墙有限元模型采用整体式模型。混凝土采用该软件的 SOLID 65 空间混凝土单元；混凝土的强度准则采用 Willian-Warnke 5 参数模型，无约束混凝土的单轴受压应力-应变关系采用 Saenz 模型。墙的暗柱、边框和暗支撑内的混凝土采用过镇海的约束混凝土的本构关系。混凝土强度根据每个试件的实测抗压强度选用，初始弹性模量$E_c = 2.8 \times 10^4$MPa（按 C25 混凝土强度等级取用），泊松比为 0.2。无约束混凝土峰值应变ε_0取为 0.002，极限应变ε_u取为 0.0033。钢筋采用理想弹塑性模型，弹性模量$E_s = 2.1 \times 10^5$MPa，泊松比为 0.3，屈服强度按实测值选取。

（2）单元划分和边界条件

6 个低矮剪力墙和 4 个中高剪力墙的有限元网格划分图（其中 SBW、SLBW 模型的单元划分一致）如图 3.5-32 所示。

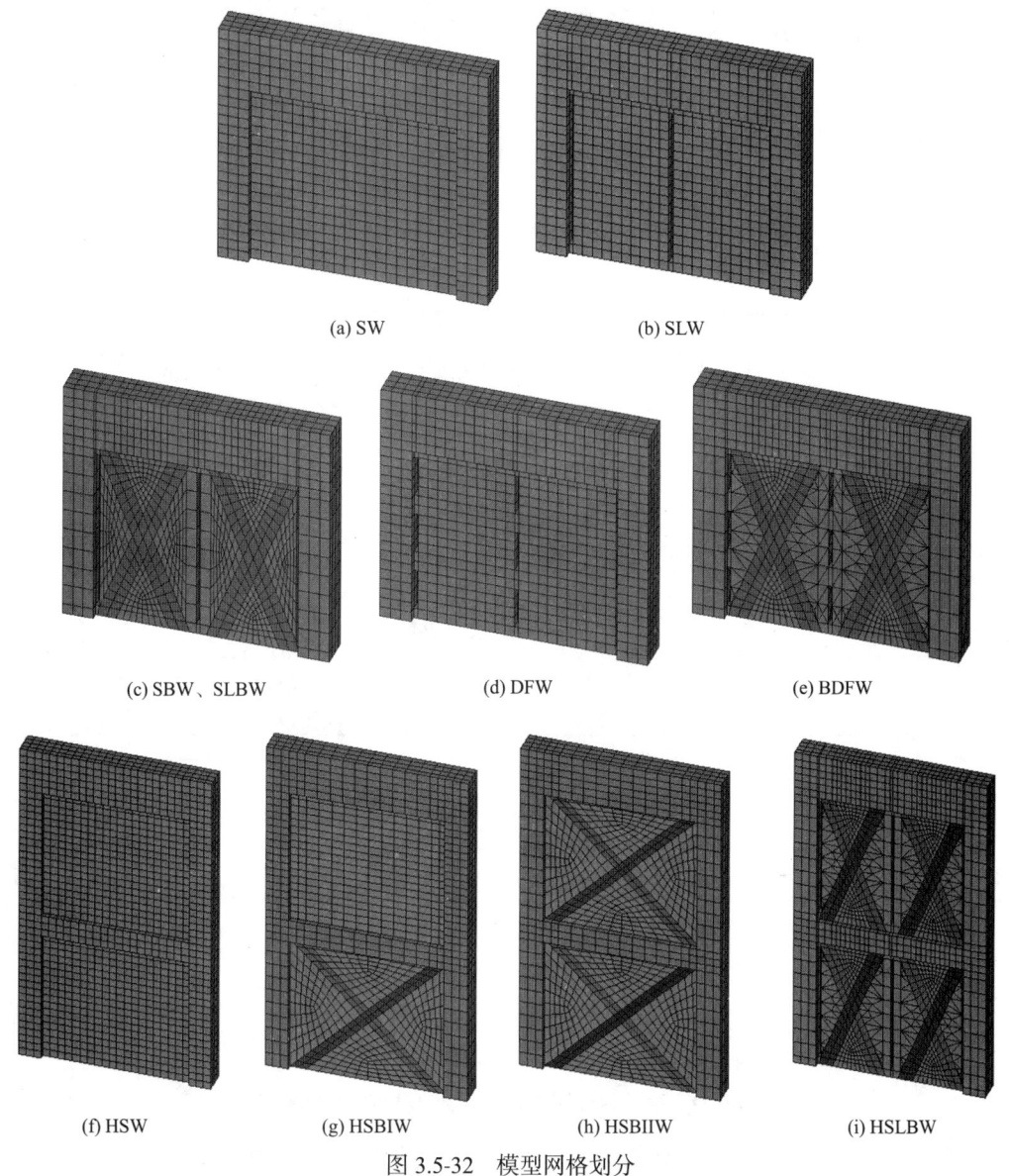

图 3.5-32　模型网格划分

假设所有单元的节点位移协调，墙体底部设为固定端。以斜直线形的荷载步方式加载，其位置与试验时在加载梁处施加荷载的位置一致。为了避免应力奇异，将加载梁的水平力加载端设置为钢板。在计算过程中，当迭代超过 25 次不收敛，则将加载步长折半，如重复折半超过 1000 次仍不收敛，则认为已产生很大的塑性变形而达到破坏极限状态，计算结束。

2. 低矮剪力墙的计算结果与分析

（1）荷载-位移计算结果及分析

6 个低矮剪力墙 SW、SLW、SBW、SLBW、DFW、BDFW 在单向加载下计算所得的"试件荷载 F-位移 U 曲线"曲线与实测骨架曲线比较见图 3.5-33。

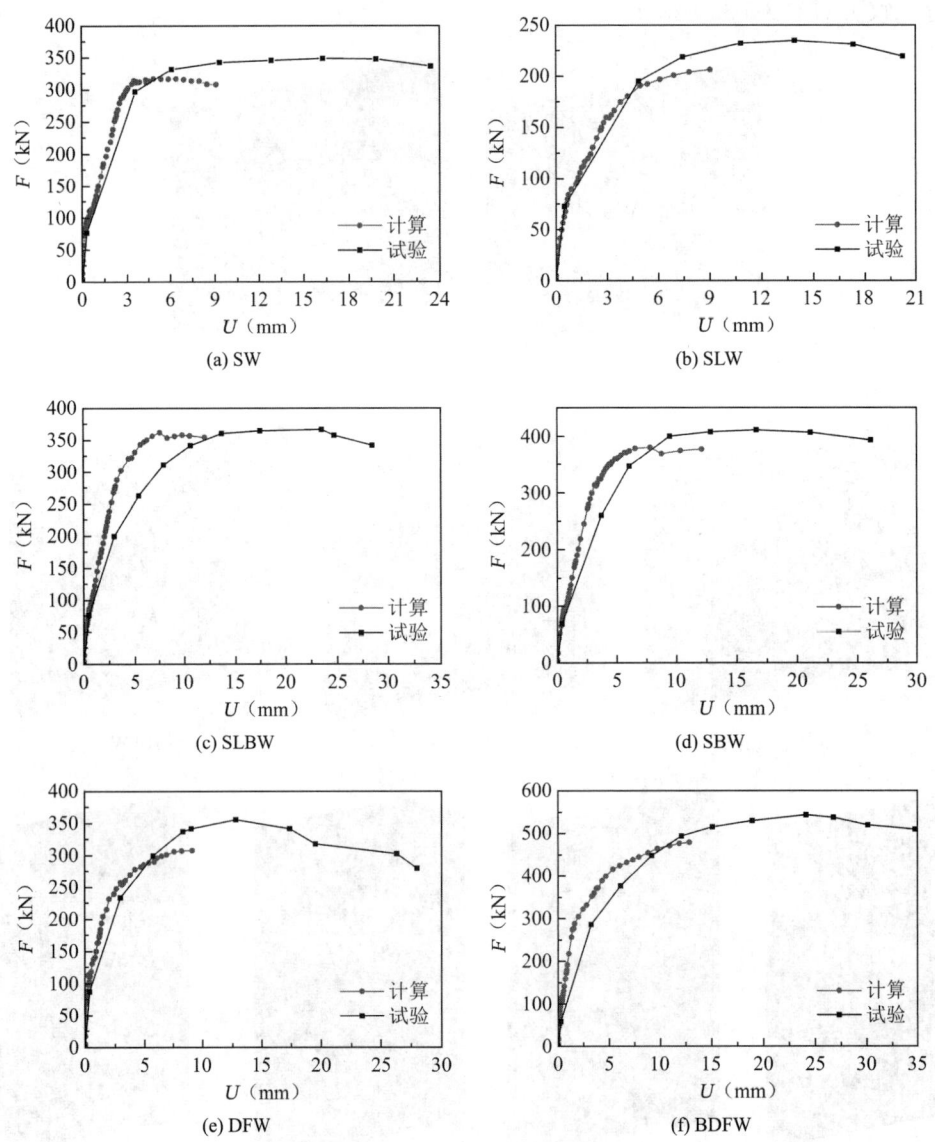

图 3.5-33 试件的计算荷载-位移曲线与实测骨架曲线

分析可知：在加载前期，"荷载-位移"的计算曲线与试验曲线吻合较好；但到加载后期时，计算因混凝土达到破坏准则而终止，致使计算曲线未能像试验所得骨架曲线那样继续延伸。原因主要有：一是在复杂应力状态下，混凝土的破坏模型不能很好地反映混凝土的实际破坏状况；二是钢筋混凝土整体式模型中没有考虑加载后期钢筋的粘结滑移现象；三是试验中混凝土在受压状态下出现应变软化，部分混凝土压酥后退出工作，而在钢筋混凝土整体式模型的计算分析中这一点很难考虑；四是钢筋混凝土整体式模型中的裂缝是均匀分布的，不能很好地模拟主裂缝的开展与闭合对位移的影响；五是试验与计算的加载方式不同，计算是单调水平加载，而试验是低周反复加载。

计算所得 6 个低矮剪力墙试件在单向加载情况下的开裂荷载 F_c 及极限荷载 F_m 与试验值比较见表 3.5-22。

第3章 单排配筋剪力墙抗震性能

6个低矮剪力墙试件特征荷载计算结果与试验结果比较　　　　表 3.5-22

试件		SW	SLW	SBW	SLBW	DFW	BDFW
开裂荷载	计算（kN）	74.87	74.75	74.89	74.82	74.62	74.97
	试验（kN）	76.22	72.59	76.22	98.96	77.11	88.07
	相对误差	−1.77%	2.98%	−1.74%	−24.32%	−3.29%	−14.87%
极限荷载	计算（kN）	317.09	206.18	361.93	380.23	308.03	479.55
	试验（kN）	348.43	234.84	366.50	411.07	356.11	529.93
	相对误差	−8.99%	−12.20%	−1.25%	−7.50%	−13.50%	−9.51%

分析可见：计算所得的极限承载力与试验值符合较好；不带钢筋暗支撑剪力墙试件的开裂荷载计算值与试验值符合很好；带钢筋暗支撑试件的开裂荷载计算值低于试验值。

（2）破坏过程与变形计算分析

计算所得 6 个低矮剪力墙试件的最终破坏时裂缝图及其相应的变形、竖向应变图见图 3.5-34。裂缝图中以小圆圈标出有裂纹的地方，以八边形表示混凝土已压溃的地方。竖向应变图中的 MX 表示应变值最大位置（受拉），MN 表示应变值最小位置（受压）。

计算所得的裂缝发展图与试验时裂缝实际开展情况相比较：计算所得的开裂部位及过程与试验中某一方向加载所得的结果符合较好；竖向应变图中最大压应变及最大拉应变位置的不断变化充分地反映了加载过程中内力不断变化的情况。

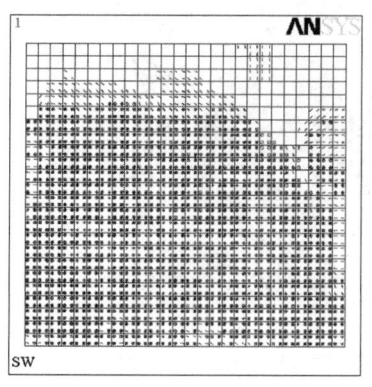
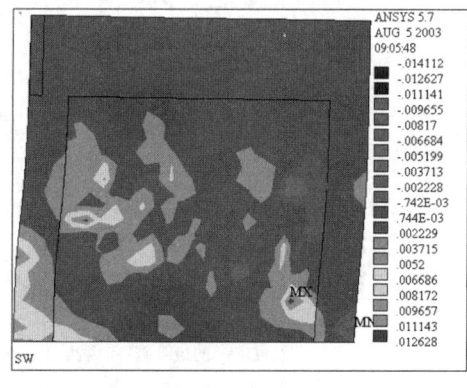

(a) SW 的最终破坏时裂缝及其相应的变形与竖向应变图

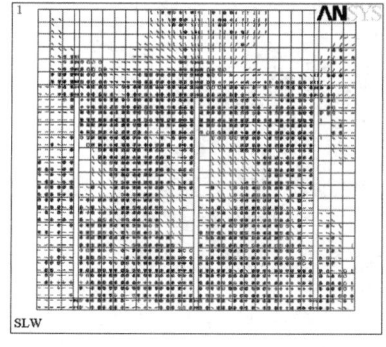
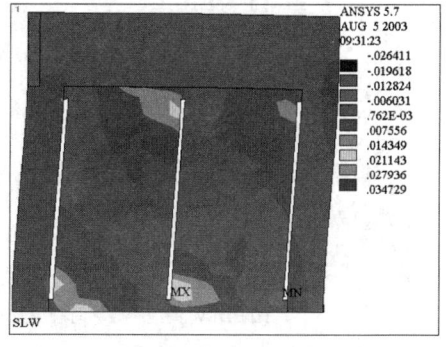

(b) SLW 的最终破坏时裂缝及其相应的变形与竖向应变图

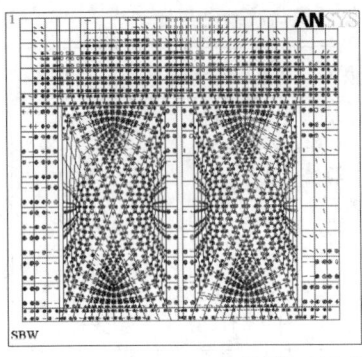 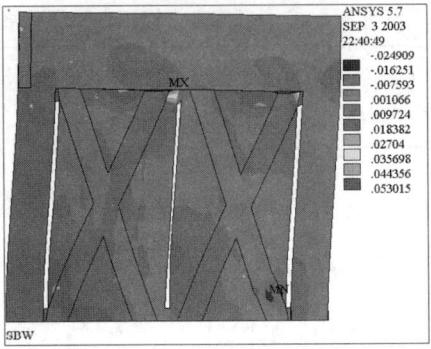

(c) SBW 的最终破坏时裂缝及其相应的变形与竖向应变图

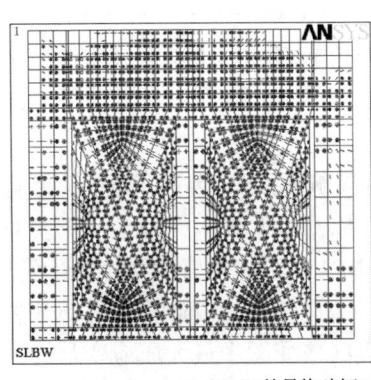 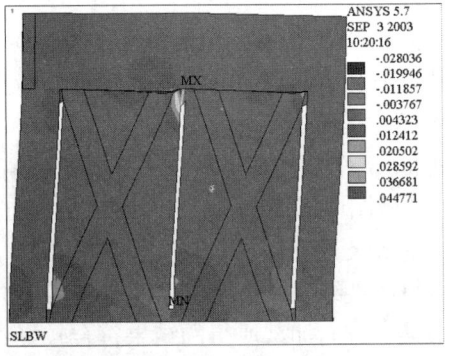

(d) SLBW 的最终破坏时裂缝及其相应的变形与竖向应变图

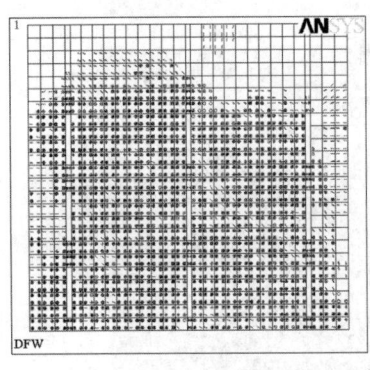 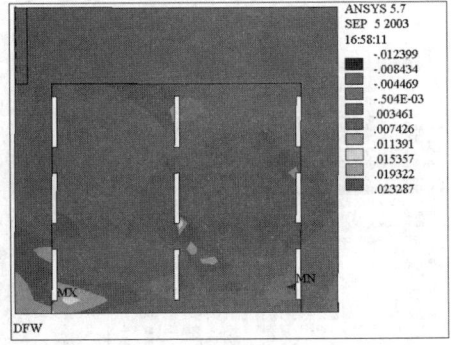

(e) DFW 的最终破坏时裂缝及其相应的变形与竖向应变图

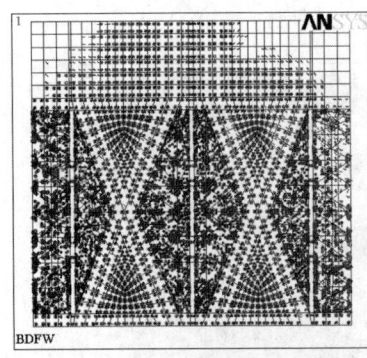 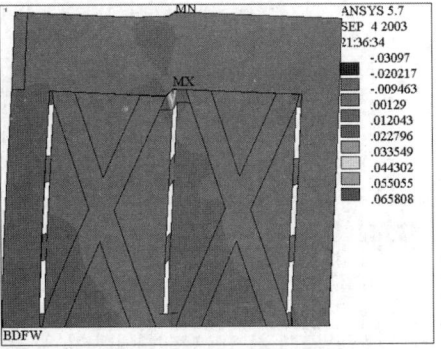

(f) BDFW 的最终破坏时裂缝及其相应的变形与竖向应变图

图 3.5-34　试件最终破坏时裂缝及其相应的变形与竖向应变图

3. 中高剪力墙计算分析

（1）荷载-位移计算结果及分析

4 个中高剪力墙 HSW、HSBIIW、HSBIW、HSLBW 在单向加载下计算所得的"荷载-位移"曲线与其在低周反复荷载下实测骨架曲线的比较见图 3.5-35。

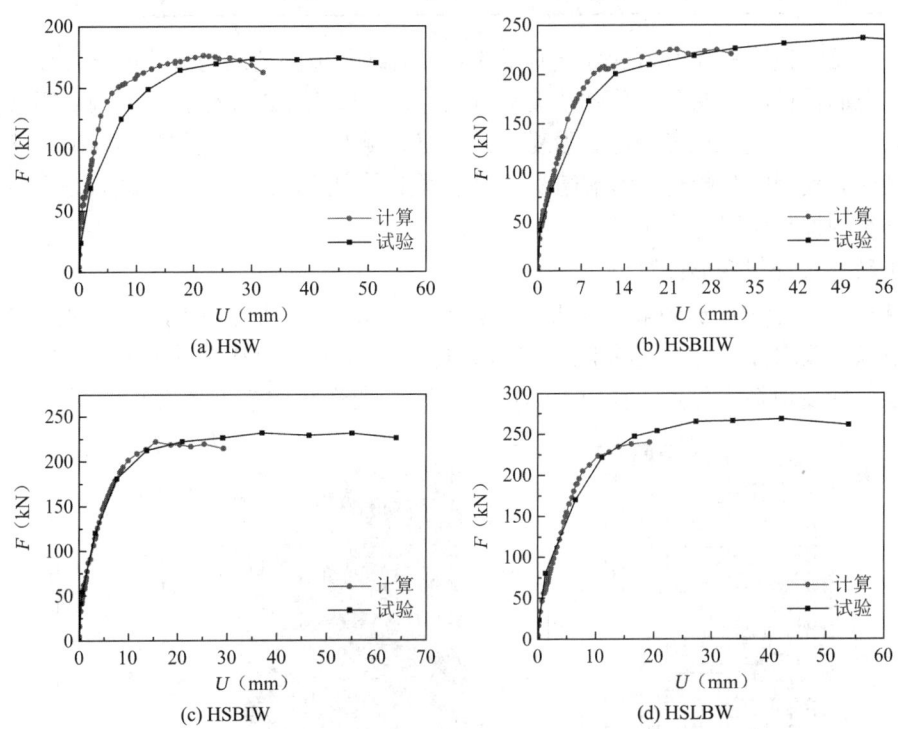

图 3.5-35　试件荷载-位移曲线与实测骨架曲线

分析可见：在加载前期，"荷载-位移"的计算曲线与试验曲线吻合较好；但到加载后期时，计算因混凝土达到破坏准则而终止，致使计算曲线未能像试验所得骨架曲线那样继续延伸。原因主要有：一是在复杂应力状态下，混凝土的破坏模型不能很好地反映混凝土的实际破坏状态；二是钢筋混凝土整体式模型中没有考虑加载后期钢筋的粘结滑移现象；三是试验中混凝土在受压状态下出现应变软化，部分混凝土压酥后退出工作，而在钢筋混凝土整体式模型的计算分析中这一点很难考虑；四是钢筋混凝土整体式模型中的裂缝是均匀分布的，不能很好地模拟主裂缝的开展与闭合对位移的影响；五是试验与计算的加载方式不同，计算是单调水平加载，而试验是低周反复加载。

计算所得单向加载情况下开裂荷载 F_c 及极限荷载 F_m 与低周反复荷载情况下的试验值比较见表 3.5-23。

中高剪力墙特征荷载计算结果与试验结果比较　　　表 3.5-23

试件	开裂荷载			极限荷载		
	计算值（kN）	试验值（kN）	相对误差（%）	计算值（kN）	试验值（kN）	相对误差（%）
HSW	42.09	42.59	−1.17	175.70	174.08	0.93
HSBIIW	56.39	59.26	−4.84	226.18	236.61	−4.41

续表

试件	开裂荷载			极限荷载		
	计算值（kN）	试验值（kN）	相对误差（%）	计算值（kN）	试验值（kN）	相对误差（%）
HSBIW	56.55	58.85	−3.91	219.53	231.89	−5.33
HSLBW	72.55	81.48	−10.96	240.05	268.52	−10.60

分析可见：整体中高剪力墙计算所得的开裂荷载及极限荷载与试验值符合较好；带竖缝中高剪力墙计算所得的开裂荷载及极限荷载与试验值相比误差较大，原因主要有：一是开竖缝后剪力墙的应力状态变得更为复杂，致使混凝土的破坏模型与其实际破坏状态不相符；二是计算模型中没能充分考虑暗支撑对混凝土开裂的抑制作用，而试验表明暗支撑对混凝土开裂的抑制作用十分明显。

（2）破坏过程与变形计算分析

计算所得 4 个中高剪力墙最终破坏时裂缝及其相应的变形、竖向应变图见图 3.5-36。裂缝图中以小圆圈标出有裂纹的地方，以八边形表示混凝土已压溃的地方。竖向应变图中的 MX 表示应变值最大位置（受拉），MN 表示应变值最小位置（受压）。

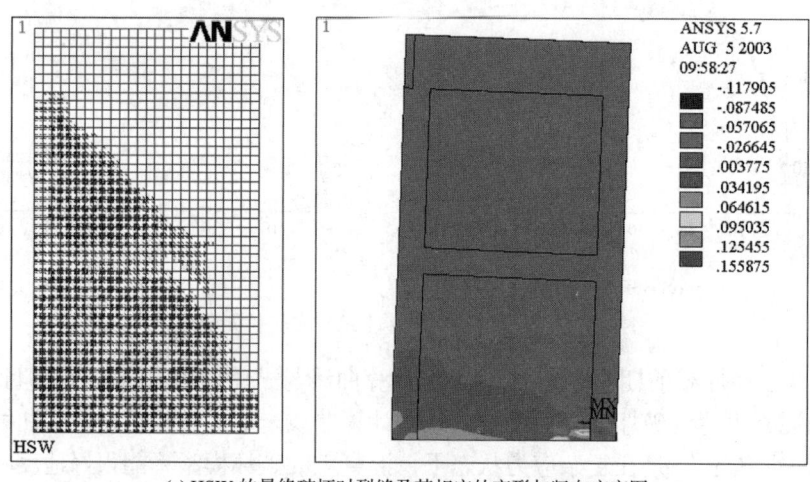

(a) HSW 的最终破坏时裂缝及其相应的变形与竖向应变图

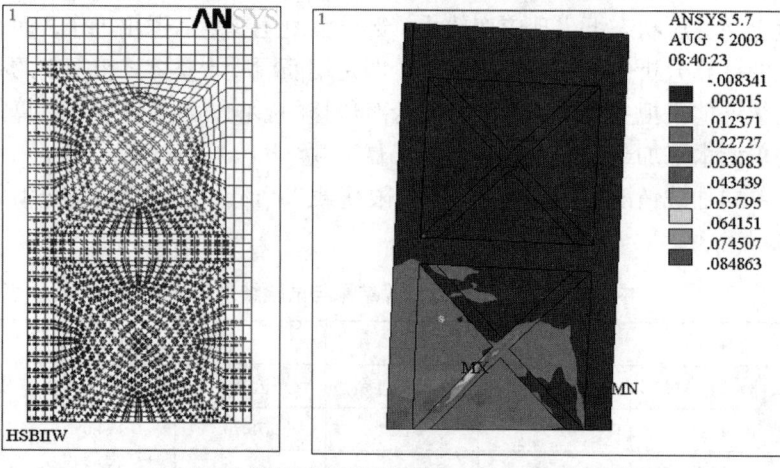

(b) HSBIIW 的最终破坏时裂缝及其相应的变形与竖向应变图

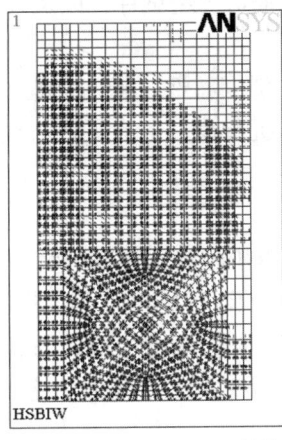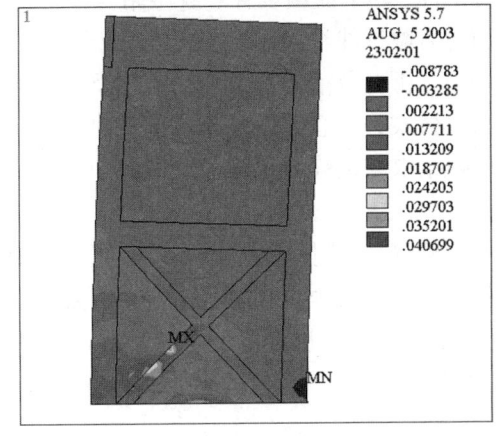

(c) HSBIW 的最终破坏时裂缝及其相应的变形与竖向应变图

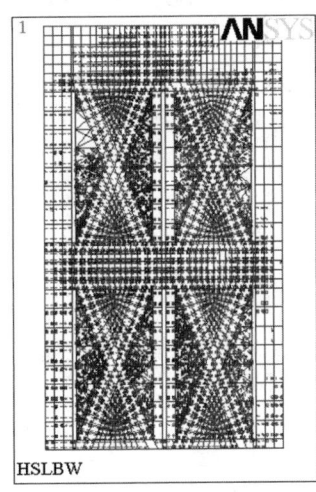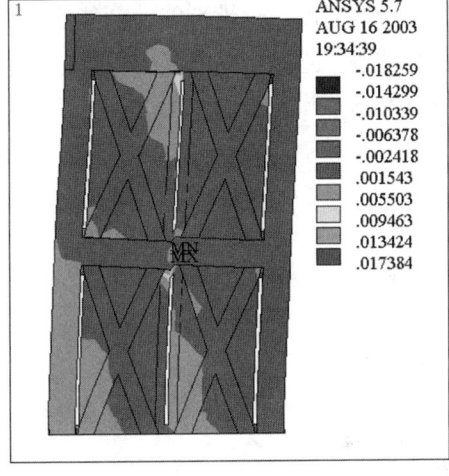

(d) HSLBW 的最终破坏时裂缝及其相应的变形与竖向应变图

图 3.5-36　试件最终破坏时裂缝及其相应的变形与竖向应变图

分析可见：计算所得的开裂部位及过程与试验中某一方向加载所得的结果符合较好；竖向应变图中最大压应变及最大拉应变位置的不断变化充分反映了加载过程中内力不断变化的情况。

3.6 本章小结

进行了低周反复荷载下单排配筋剪力墙试件、双排配筋剪力墙对比试件以及页岩砖砌体墙对比试件的抗震性能试验研究，包括：6 个低矮单排配筋剪力墙试件、1 个低矮双排配筋剪力墙对比试件和 1 个低矮页岩砖砌体墙对比试件；6 个中高单排配筋剪力墙试件、1 个中高双排配筋剪力墙对比试件和 1 个中高页岩砖砌体墙对比试件；6 个高单排配筋剪力墙试件、1 个高双排配筋剪力墙对比试件和 1 个高页岩砖砌体墙对比试件；4 个低矮带斜筋单排配筋剪力墙试件；5 个低矮不同斜筋配置方式单排配筋剪力墙试件；6 个低矮带暗支撑单排配筋剪力墙试件；6个低矮设置竖缝带暗支撑单排配筋剪力墙试件；以及4个中高带暗支撑单排配筋剪力墙试件。

进行了理论分析，包括：承载力、刚度及其退化、滞回特性、延性、破坏特征；建立了承载力模型与公式；建立了恢复力模型；建立了有限元模型并进行了数值模拟；理论计算及有限元模拟结果与试验结果符合较好。

主要结论：

（1）在相同配筋率、钢筋直径和等级情况下，双向单排配筋低矮剪力墙、中高剪力墙、高剪力墙与相同剪跨比的普通双向双排配筋剪力墙相比，承载力接近，延性性能明显提高。

（2）140mm厚双向单排配筋低矮剪力墙、中高剪力墙、高剪力墙，与相同剪跨比的240mm厚边缘设置混凝土构造柱的页岩砖砌体墙相比，承载能力、延性性能、耗能能力均显著提升。

（3）单排配筋低矮剪力墙、中高剪力墙、高剪力墙，墙板配置斜筋或设置带钢筋暗支撑，其承载力、后期刚度、延性性能、耗能能力显著提升。

夏昊、黄小坤等[1]进行了低轴压比双向单排配筋剪力墙结构性能试验研究。笔者团队进行了与本章主要内容相关的研究[2-15]，可供参考。

参 考 文 献

[1] 夏昊, 黄小坤, 孔慧, 等. 低轴压比单排双向配筋混凝土剪力墙结构性能试验研究[J]. 工程抗震与加固改造, 2012, 34(3): 69-75.

[2] 曹万林, 吴定燕, 杨兴民, 等. 双向单排配筋混凝土低矮剪力墙抗震性能试验研究[J]. 世界地震工程, 2008, 24(4): 19-24.

[3] 张建伟, 曹万林, 吴定燕, 等. 单排配筋低矮剪力墙抗震试验及承载力模型[J]. 北京工业大学学报, 2010, 36(2): 179-186.

[4] 刘春燕, 曹万林, 张建伟, 等. 暗支撑配筋比对剪力墙抗震性能的影响[J]. 世界地震工程, 2000(3): 73-76.

[5] ZHOU Z Y, CAO W L. Experimental study on seismic performance of low-rise recycled aggregate concrete shear wall with single-layer reinforcement[J]. Advances in Structural Engineering, 2017, 20(10): 1493-1511.

[6] 曹万林, 殷伟帅, 杨兴民, 等. 双向单排配筋中高剪力墙抗震性能试验研究[J]. 地震工程与工程振动, 2009, 29(1): 103-108.

[7] 张建伟, 曹万林, 殷伟帅. 简化边缘构造的单排配筋中高剪力墙抗震性能试验研究[J]. 土木工程学报, 2009, 42(12): 99-104.

[8] 曹万林, 孙天兵, 杨兴民, 等. 双向单排配筋混凝土高剪力墙抗震性能试验研究[J]. 世界地震工程, 2008(3): 14-19.

[9] 曹万林, 张建伟, 孙天兵, 等. 双向单排配筋高剪力墙抗震试验及计算分析[J]. 建筑结构学报, 2010, 31(1): 16-22.

[10] 张建伟, 杨兴民, 曹万林, 等. 带斜筋单排配筋低矮剪力墙的抗震性能[J]. 工程力学, 2016, 33(S1): 125-132.

[11] 张建伟, 李琬荻, 曹万林, 等. 斜筋配置对单排配筋低矮墙抗震性能影响试验[J]. 哈尔滨工业大学学报, 2017, 49(6): 28-34.

[12] 张建伟, 蔡翀, 曹万林, 等. 带斜筋单排配筋中高剪力墙抗震性能试验研究[J]. 北京工业大学学报, 2016, 42(11): 1681-1690.

[13] 张建伟, 曹万林, 刘建民, 等. 带双层暗支撑开竖缝剪力墙抗震性能试验研究[J]. 世界地震工程, 2000(4): 87-91.

[14] 张建伟, 曹万林, 赵长军, 等. 带暗支撑中高剪力墙弹塑性有限元分析[J]. 北京工业大学学报, 2008(1): 53-58.

[15] 赵长军, 曹万林, 张建伟, 等. 暗支撑剪力墙非线性分析模型[J]. 地震工程与工程振动, 2008(2): 85-89.

第4章
保温模块单排配筋剪力墙抗震性能

4.1 保温模块单排配筋剪力墙

4.1.1 试验概况

1. 试件设计

为了研究异形边缘构件约束的EPS保温模块单排配筋再生混凝土剪力墙抗震性能，共设计了6个足尺试件，异形边缘构件均为由三个小暗柱组成的L形截面异形柱，混凝土均采用全再生粗骨料混凝土。试件主要设计参数见表4.1-1。

2个剪跨比为1.5的试件，编号分别为ESW1-1.5、SW1-1.5。ESW1-1.5为带EPS模块试件，SW1-1.5为无EPS模块试件；两个试件区别在于有无EPS模块及面层砂浆，其他参数均相同，再生混凝土强度等级均为C30，墙体竖向和水平分布钢筋均为ϕ10@300，配筋率为0.2%；L形柱配筋采用简化方式，角部和端部用小暗柱，墙体水平单排配筋贯穿延伸至柱边缘，角部小暗柱纵筋为4ϕ12，端部小暗柱纵筋为4ϕ10，两个柱肢中部加配2根竖向分布钢筋。ESW1-1.5试件墙体厚度为290mm，其中，混凝土墙厚130mm，墙体两侧EPS保温模块壁厚各60mm，模块两侧面层砂浆各20mm。由于EPS模块壁间设置拉结肋，以增强其刚度和提升浇筑混凝土时抗胀模的能力，设计SW1-1.5时，在混凝土墙体中设置了孔洞，其墙体厚度为130mm，墙体上孔洞位置及洞口面积与ESW1-1.5芯肋相同。ESW1-1.5、SW1-1.5墙体几何尺寸及配筋分别见图4.1-1（a）和图4.1-1（b）。

4个剪跨比为1.0的试件，编号分别为SW1-1.0、ESW1-1.0、ESW2-1.0、ESW3-1.0。其中：试件ESW1-1.0带EPS保温模块，墙体总厚度、混凝土强度等级及分布筋配筋率同试件ESW1-1.5。试件SW1-1.0与ESW1-1.0的区别仅在于试件SW1-1.0无EPS保温模块及面层砂浆，在设计试件SW1-1.0时，在混凝土墙体中设置了圆形孔洞，其墙体厚度为130mm，墙体上孔洞位置及洞口面积与试件SW1-1.5芯肋相同。试件ESW2-1.0与ESW1-1.0区别仅在于ESW2-1.0再生混凝土强度等级为C60；试件ESW3-1.0与ESW1-1.0区别在于，再生混凝土强度等级为 C60，墙体竖向和水平分布钢筋均为 φ12@300，配筋率为 0.3%，L 形柱角部小暗柱纵筋为 4φ14，端部小暗柱纵筋为 4φ12，两个柱肢中部加配 2 根竖向分布钢筋。ESW1-1.0 墙体几何尺寸及配筋见图 4.1-1（c），SW1-1.0 墙体几何尺寸及配筋见图 4.1-1（d）。

试件主要设计参数　　　　　　　　　　　　表 4.1-1

试件编号		SW1-1.0	ESW1-1.0	ESW2-1.0	ESW3-1.0	SW1-1.5	ESW1-1.5
有无 EPS 保温模块		无	有	有	有	无	有
剪跨比		1.0	1.0	1.0	1.0	1.5	1.5
混凝土强度等级		C30	C30	C60	C60	C30	C30
水平分布钢筋		φ10@300	φ10@300	φ10@300	φ12@300	φ10@300	φ10@300
竖向分布钢筋		φ10@300	φ10@300	φ10@300	φ12@300	φ10@300	φ10@300
异形边缘构件	角柱纵筋	4φ12	4φ12	4φ12	4φ14	4φ12	4φ12
	端柱纵筋	4φ10	4φ10	4φ10	4φ12	4φ10	4φ10
	角、端柱箍筋	φ4@150	φ4@150	φ4@150	φ4@150	φ4@150	φ4@150

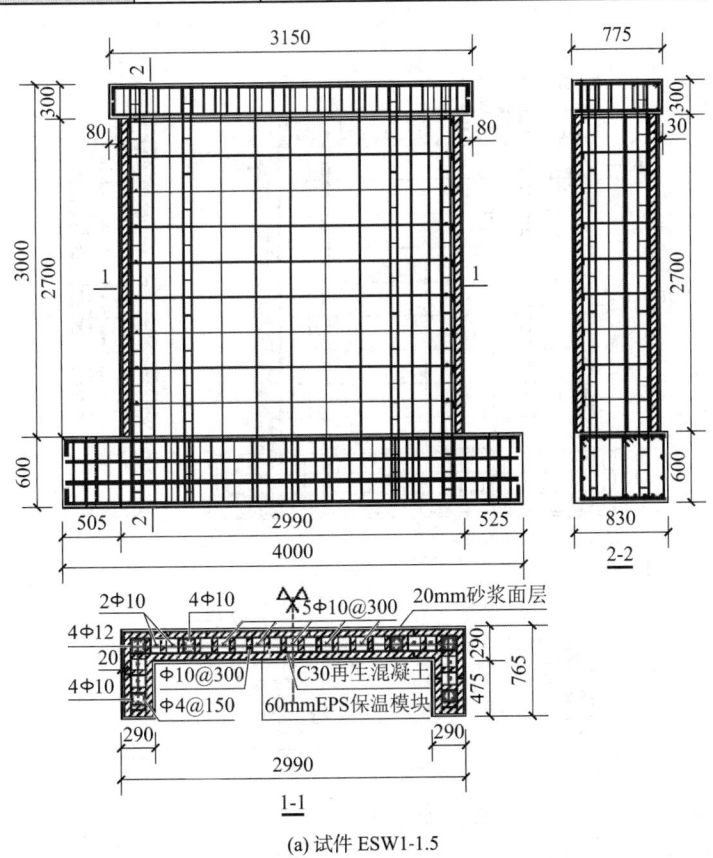

(a) 试件 ESW1-1.5

单排配筋混凝土剪力墙结构

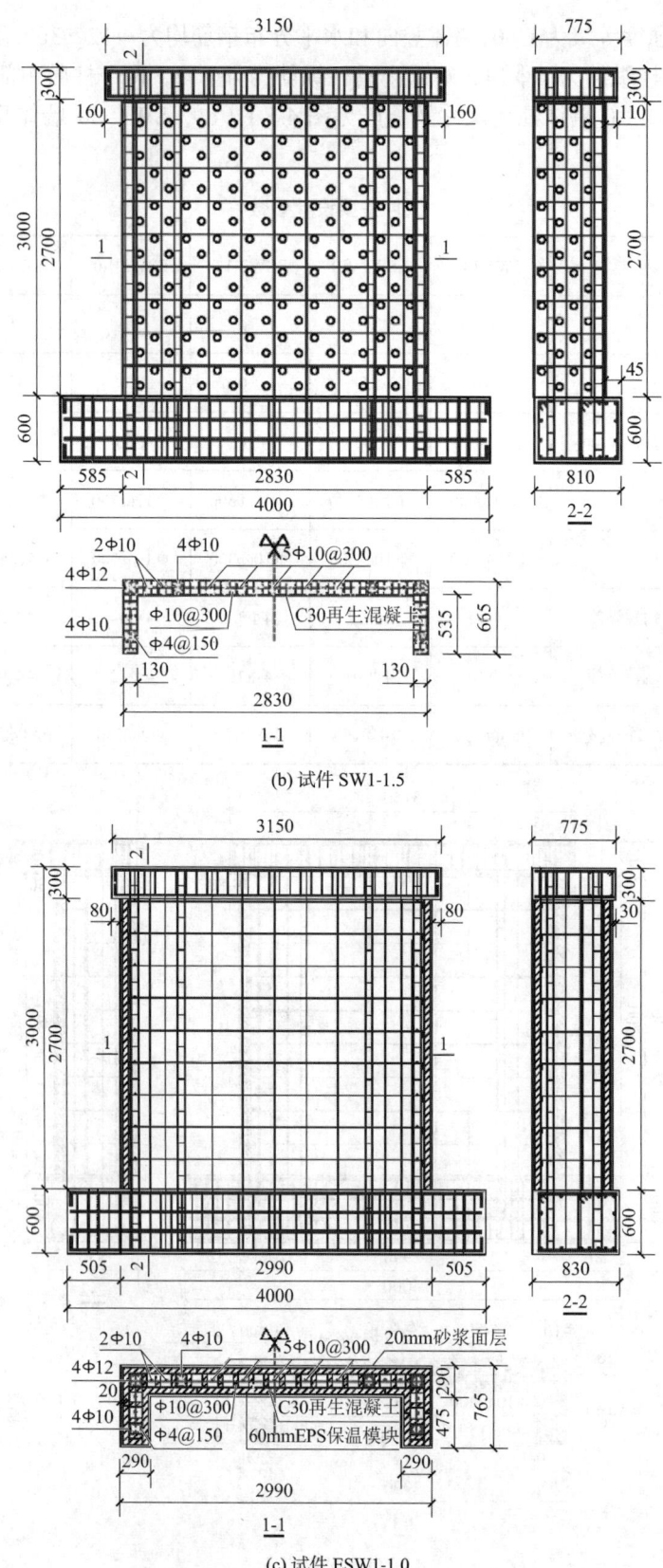

(b) 试件 SW1-1.5

(c) 试件 ESW1-1.0

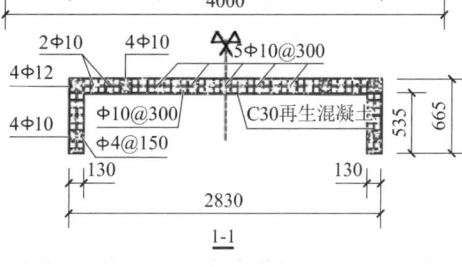
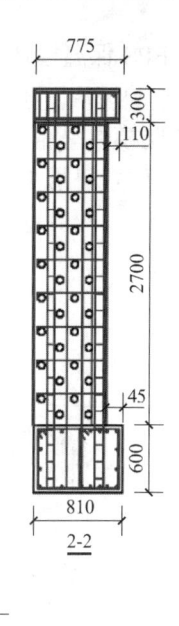

(d) 试件 SW1-1.0

图 4.1-1　试件几何尺寸及配筋

2. 试件制作

试验所用的再生混凝土配合比设计时，选用的水泥为普通硅酸盐水泥；粗骨料为再生粗骨料，再生粗骨料粒径为 5～25mm，为连续级配；细骨料为天然砂。试验前测得其抗压强度和弹性模量的平均值见表 4.1-2，实测钢筋的力学性能见表 4.1-3。试验所用面层砂浆设计强度为 M10，实测其立方体抗压强度为 10.57MPa，弹性模量为 0.78×10^4MPa。

墙体混凝土力学性能　　　　　　　　　表 4.1-2

混凝土强度设计等级	组分（单位体积质量比） 水泥∶水∶砂∶石子	抗压强度 f_{cu}（MPa）	弹性模量 E_c（MPa）
C30	1∶0.49∶2.4∶2.94	32.53	2.52×10^4
C60	1∶0.36∶1.51∶2.17	60.73	3.28×10^4

钢筋力学性能　　　　　　　　　表 4.1-3

钢筋类别	屈服强度 f_y（MPa）	极限强度 f_u（MPa）	伸长率 δ（%）	弹性模量 E_s（MPa）
ϕ10 热轧螺纹钢筋	635.3	649.0	14.8	2.02×10^5
ϕ12 热轧螺纹钢筋	461.3	599.3	24.6	2.05×10^5
ϕ14 热轧螺纹钢筋	397.3	597.7	23.7	1.98×10^5
ϕ4（镀锌铁丝）	312.4	351.7	18.9	1.79×10^5

试件采用的EPS保温模块为聚苯乙烯泡沫塑料板材。墙体空腔模块包括直板墙体空腔模块和直角墙体空腔模块。直板墙体空腔模块规格：900mm×250mm×300mm（长×厚×高）。直板墙体空腔模块呈矩形，内外表面按一定模数有均匀分布的燕尾槽，四周边有矩形企口，在上下企口位置每隔150mm有一定位卡，其位置与上下交错设置的芯肋对应，内外两侧壁厚均为60mm；两侧壁净间距为130mm，芯肋上部边缘有一道半圆形钢筋限位槽，如图4.1-2所示。

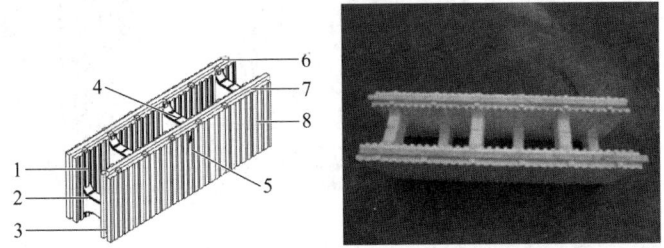

1—内燕尾槽；2—芯肋；3—左右企口；4—钢筋限位槽；5—商标标识；6—上下企口；7—定位卡；8—外燕尾槽

图4.1-2 直板墙体空腔模块

直角墙体空腔模块：分为大直角墙体空腔模块和小直角墙体空腔模块。大直角外边长为725mm，厚250mm，高300mm；小直角外边长为425mm，厚250mm，高300mm，其他尺寸与直板空腔模块相同，如图4.1-3所示。

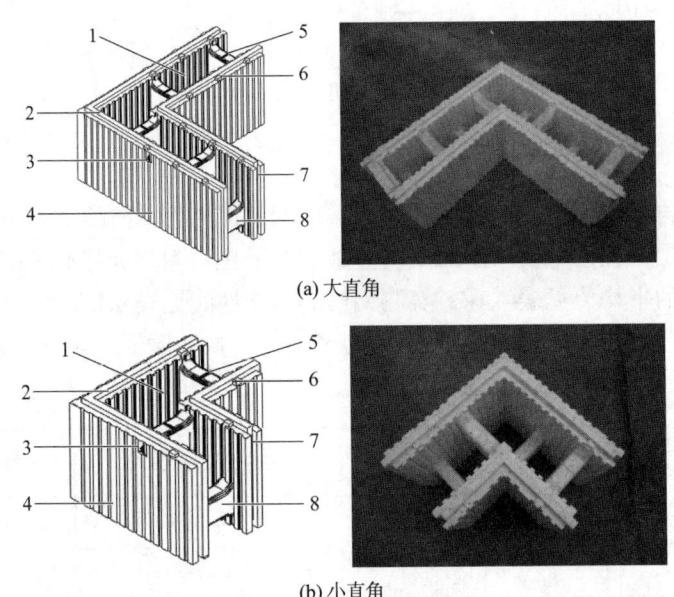

(a) 大直角

(b) 小直角

1—内燕尾槽；2—上下企口；3—商标标识；4—外燕尾槽；5—钢筋限位槽；6—定位卡；7—左右企口；8—芯肋

图4.1-3 直角墙体空腔模块

EPS保温模块性能指标：表观密度为19~21kg/m³；抗压强度≥0.14MPa；导热系数≤0.037；垂直于板面方向的抗拉强度≥0.2MPa，其他物理性能指标按照行业标准《聚苯模块保温墙体应用技术规程》JGJ/T 420—2017[1]确定。试件制作具体步骤：基础钢筋绑扎、墙体竖向钢筋定位、浇筑基础混凝土、拼装EPS保温模块、绑扎墙体水平钢筋和箍筋、浇筑再生混凝土墙体、养护、面层砂浆抹面等工艺。试件制作过程部分照片见图4.1-4。

第4章 保温模块单排配筋剪力墙抗震性能

(a) 基础钢筋绑扎及竖向钢筋定位

(b) EPS 保温模块拼装

(c) 墙体再生混凝土浇筑及养护

(d) 面层砂浆抹面

图 4.1-4　试件制作照片

3. 加载方案

试验采用低周反复加载方式。试验时，首先施加 1600kN 的竖向荷载（两个竖向千斤顶各 800kN），竖向荷载通过竖向千斤顶-滚轴支座-反力梁加载系统施加，并控制在试验过程中保持不变；之后分级施加低周反复荷载，加载点在加载梁形心高度处。

试验采用力和位移混合控制加载。试件屈服前采用荷载控制，每级荷载下循环一次；当出现明显的非线性趋势后认为达到屈服状态，采用位移控制加载，以屈服位移的倍数作为位移增量，每级荷载下循环一次，直至试件明显破坏、无法继续加载或水平荷载下降到峰值荷载的 85%以下，结束加载。试验加载装置示意图见图 4.1-5。部分试件试验现场照片见图 4.1-6。

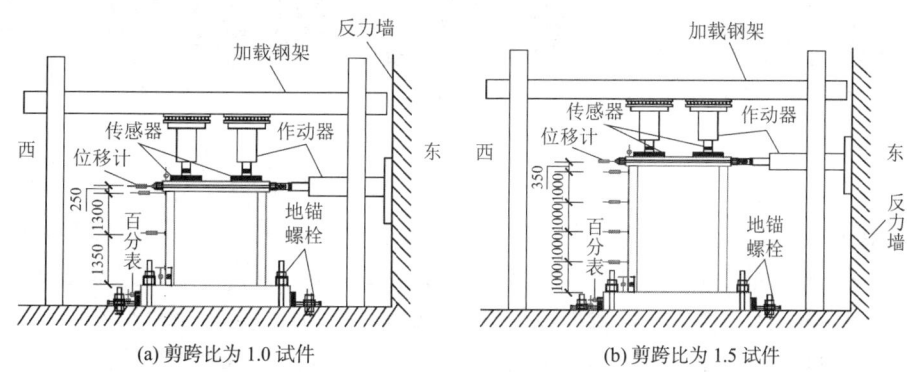

图 4.1-5　试验加载装置示意图

(a) 剪跨比为 1.0 试件　　　　　　(b) 剪跨比为 1.5 试件

图 4.1-6　试验现场照片

4.1.2　破坏特征分析

各试件的最终破坏形态如图 4.1-7 所示。

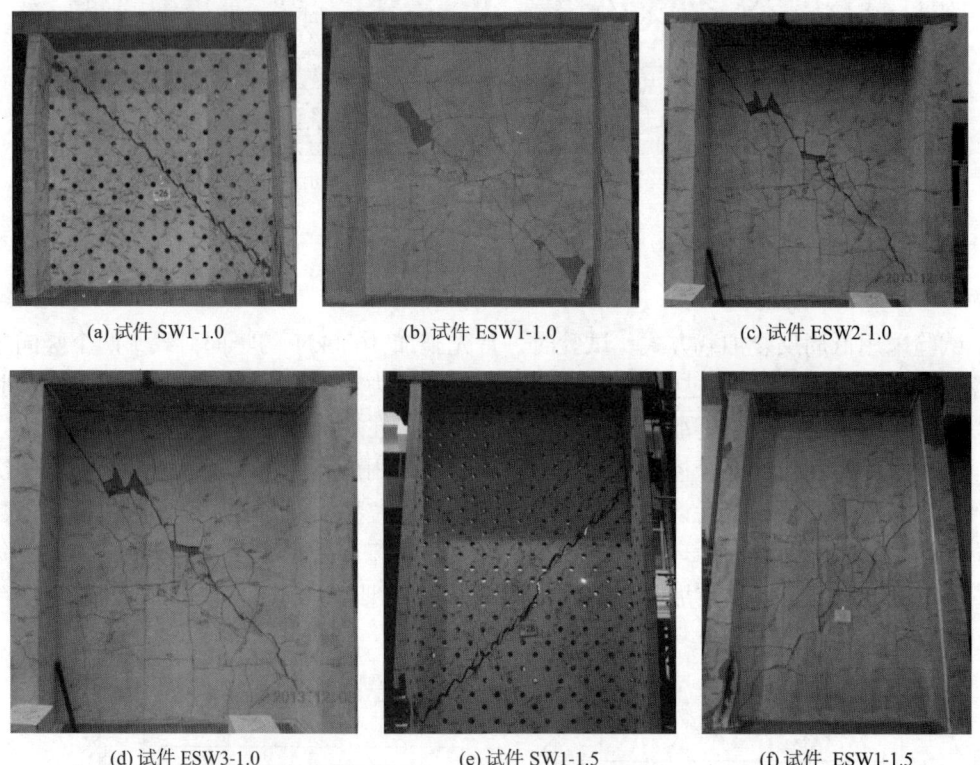

(a) 试件 SW1-1.0　　　(b) 试件 ESW1-1.0　　　(c) 试件 ESW2-1.0

(d) 试件 ESW3-1.0　　　(e) 试件 SW1-1.5　　　(f) 试件 ESW1-1.5

图 4.1-7　各试件的最终破坏形态

分析可见：4 个小剪跨比的低矮剪力墙试件均表现为腹板主斜裂缝出现后，翼缘底部出现剪切斜裂缝的剪拉破坏；2 个较大剪跨比的中高剪力墙试件破坏时表现为腹板主斜裂缝出现后，翼缘底部受压破坏的剪压破坏。试件 SW1-1.0：裂缝主要为剪力墙腹板上的斜裂缝和翼缘根部的水平裂缝；随着加载的进行，墙体中部形成多条"X"形裂缝，墙体斜裂缝由墙体中部向两斜下方发展；当负向位移角达 1/228 时，墙体中部突然出现通透贯穿整个墙身的斜裂缝，受压侧翼缘底部也出现沿翼缘平面的斜裂缝，墙体中部水平钢筋被拉断，整个墙体表现为剪拉破坏。试件 SW1-1.5：裂缝主要为剪力墙腹板的斜裂缝和翼缘下部的水平裂缝；当正向位移角达 1/133 时，墙体中部突然出现通透贯穿整个墙身的锯齿形斜裂缝，斜裂缝与基础顶面大致成 45°角；墙体翼缘底部混凝土被压碎，墙体中下部部分水平钢筋被拉断。

4.1.3 滞回特性

实测各试件的"水平荷载 F-水平位移 U"滞回曲线如图 4.1-8 所示。

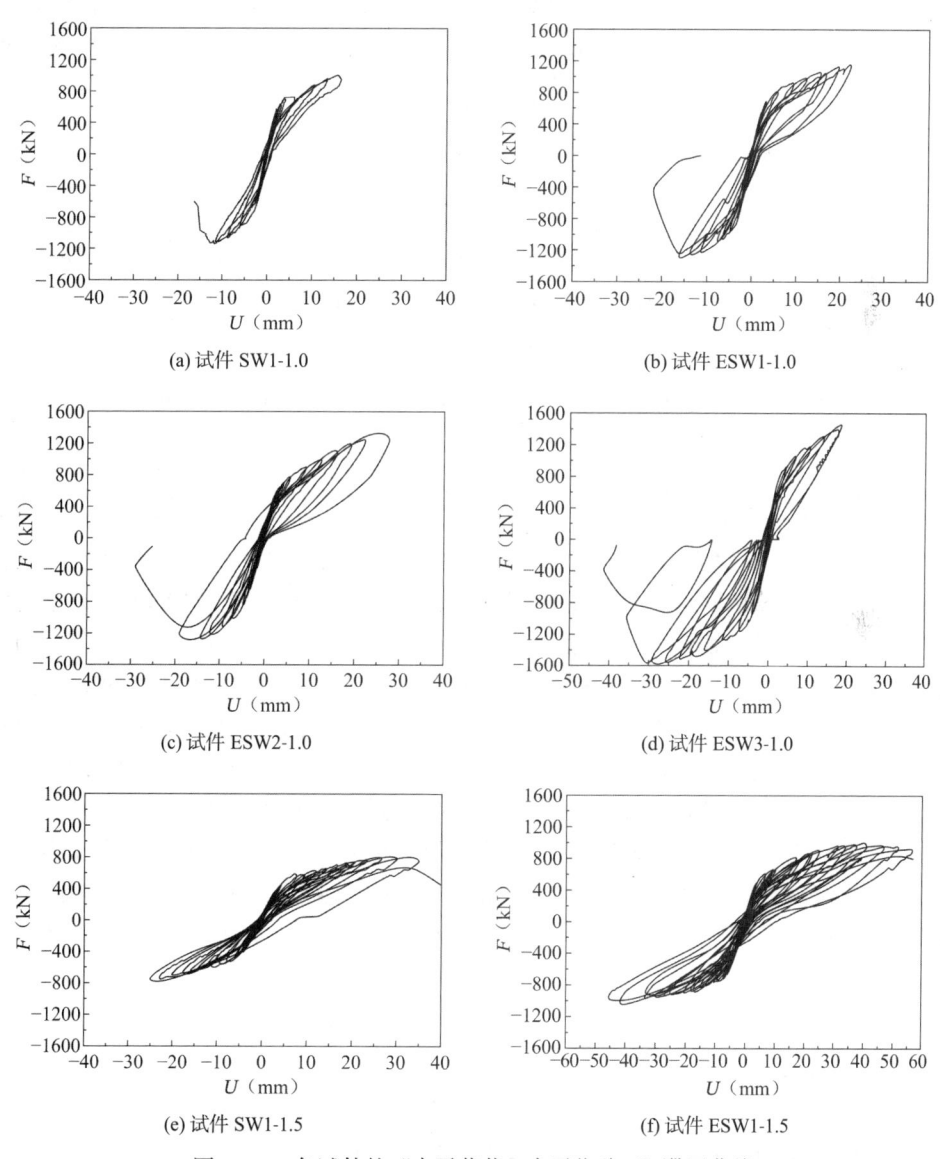

图 4.1-8 各试件的"水平荷载 F-水平位移 U"滞回曲线

分析可得，加载初期，试件处于弹性工作状态，随着施加的水平荷载不断增大，各试件滞回环包围的面积逐渐增大，卸载时出现一定的残余变形，结构进入非线性工作阶段，此时,残余变形较为明显。试件ESW1-1.0与SW1-1.0相比,及试件ESW1-1.5与试件SW1-1.5相比,由于外包EPS保温模块和面层砂浆,相同位移角下滞回环较饱满,中部捏拢较轻,承载力较高,弹塑性变形能力较大,抗震耗能能力较强。试件SW1-1.5与SW1-1.0相比,由于剪跨比较大,试件受弯曲作用成分较多,滞回环较饱满,中部捏拢较轻,弹塑性变形能力较大,抗震耗能能力较强,但承载力较低。

4.1.4 承载力与位移

部分试件加载后期均出现剪切脆性破坏,墙体腹板和翼缘开裂严重,部分水平钢筋出现拉断,已不适合继续加载,因此取试件加载结束时的荷载为极限荷载,特征点试验结果见表4.1-4。

特征点试验结果　　　　　　表 4.1-4

试件编号	屈服点			峰值点			极限点			μ
	F_y(kN)	U_y(mm)	θ_y	F_m(kN)	U_m(mm)	θ_m	F_u(kN)	U_u(mm)	θ_u	
SW1-1.0	955.43	7.28	1/391	1068.77	13.99	1/204	1068.77	13.99	1/204	1.92
ESW1-1.0	1001.45	8.12	1/351	1228.30	19.09	1/149	1228.30	19.09	1/149	2.35
ESW2-1.0	1114.50	9.13	1/312	1339.70	19.03	1/150	1263.70	25.51	1/112	2.79
ESW3-1.0	1200.31	9.55	1/298	1581.49	27.61	1/103	1567.46	30.33	1/94	3.18
SW1-1.5	735.12	15.13	1/288	792.81	26.08	1/167	790.62	28.14	1/155	1.86
ESW1-1.5	852.42	17.62	1/247	1023.58	40.23	1/108	959.89	49.04	1/89	2.78

分析可知:(1)试件ESW1-1.0与试件SW1-1.0相比,屈服荷载与极限荷载分别提高了4.8%和14.9%;弹塑性最大位移提高了36.5%,延性系数提高了22.4%;表明EPS保温模块及其面层砂浆对提高剪力墙的承载力及弹塑性变形能力有明显作用。(2)试件ESW2-1.0与ESW1-1.0相比,峰值荷载提高了9.1%,极限位移提高了33.6%,延性系数提高了18.7%,表明,在相同轴向压力下,提高混凝土强度,能延缓墙体斜裂缝的开展,进而提高墙体的弹塑性变形能力,但对承载力提高有限。(3)在剪压作用下,由于翼缘的截面大小对墙体翼缘底部的破坏起决定作用,此时提高混凝土强度对提高承载力有限。(4)试件ESW3-1.0与试件ESW2-1.0相比,峰值荷载提高了18.0%,极限位移提高了18.9%;表明提高墙体配筋率对提高墙体的承载力和弹塑性变形能力有一定作用。(5)试件SW1-1.5与试件SW1-1.0相比,弹塑性最大位移提高了101.14%,表明中高剪跨比低矮剪力墙弹塑性变形能力强。

4.1.5 刚度退化

实测各试件的"刚度K-位移角θ"关系曲线如图4.1-9所示。

分析可见:(1)随着位移增大,各试件的刚度退化均表现出由快到慢的规律。试件在开裂之前刚度均较大,退化曲线基本为直线。随着位移的增加,墙体斜裂缝不断出现,塑性变形不断发展,刚度衰减速度逐渐变慢。(2)试件ESW1-1.0与试件SW1-1.0相比,初始阶段刚度较为接近,说明初始刚度主要取决于混凝土墙体,而通过 EPS 模块过渡起作用的面层砂浆变形慢于混凝土墙体,当混凝土墙体损伤到一定程度后,变形相对慢的面层砂浆开始发挥较大作用,为延缓整个复合墙体的破坏和提高延性起到了重要的补充作用,二者刚度退化全过程曲线变化相对平缓。(3)试件 ESW1-1.5 与试件 SW1-1.5 相比,初始刚度提高了 31.85%,且在相同位移角下,具有更高的刚度,说明 EPS 保温模块和面层砂浆对提高中高剪力墙的初始刚度和延缓刚度退化有明显作用。(4)试件 SW1-1.0 与试件 SW1-1.5 相比,刚度较大,但其刚度退化速率较快。(5)试件 ESW3-1.0、ESW2-1.0 与试件 ESW1-1.0 相比,初始弹性抗侧刚度分别提高了 20.11%、21.49%,说明提高混凝土强度或提高边缘构件纵筋配筋率能有效提高墙体的初始刚度,且对减缓试件屈服后刚度退化有一定作用。

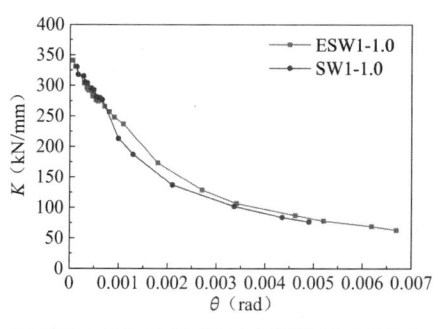

(a)试件 ESW1-1.0 与 SW1-1.0 刚度退化曲线对比

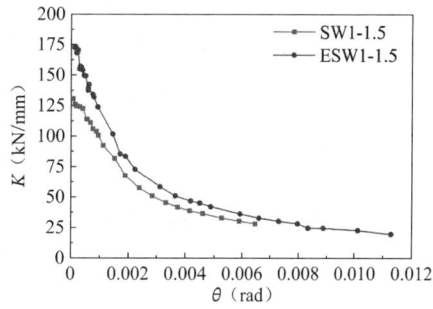

(b)试件 SW1-1.5 与 ESW1-1.5 刚度退化曲线对比

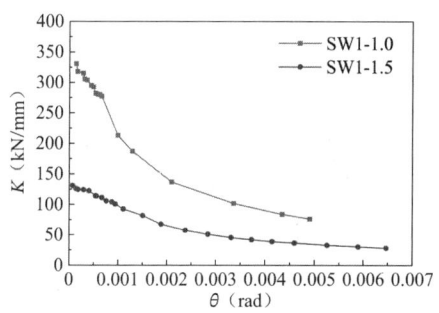

(c)试件 SW1-1.0 与 SW1-1.5 刚度退化曲线对比

图 4.1-9 试件"刚度 K-位移角 θ"关系曲线

4.1.6 耗能能力

滞回环所包含的面积的积累反映了结构弹塑性耗能的大小,取试件破坏前各滞回曲线峰值点连成的外包络线围成的面积作为耗能代表值进行比较。实测所得各试件耗能值见表 4.1-5。

试件实测耗能值　　　　　　　　　　表 4.1-5

试件	耗能代表值 E(kN·mm)	相对值
SW1-1.0	8000.48	1.000
ESW1-1.0	19424.75	2.428
ESW2-1.0	27814.12	3.477

续表

试件	耗能代表值 E（kN·mm）	相对值
ESW3-1.0	34539.84	4.317
SW1-1.5	20104.13	2.513
ESW1-1.5	49206.69	6.150

分析可知：(1) 试件 ESW1-1.0 与 SW1-1.0 相比，耗能提高了 142.8%，表明 EPS 保温模块及面层砂浆与混凝土墙体共同工作可大幅度提高剪力墙抗震耗能能力。(2) 试件 ESW1-1.5 与试件 SW1-1.5 相比，耗能提高了 144.8%；表明 EPS 保温模块及面层砂浆与混凝土墙体共同工作可大幅度提高剪力墙抗震耗能能力。(3) 试件 SW1-1.5 与 SW1-1.0 相比，耗能提高了 151.3%。表明较大剪跨比剪力墙具有更强的抗震耗能能力。(4) 试件 ESW2-1.0 与试件 ESW1-1.0 相比，耗能提高了 43.2%。(5) 试件 ESW3-1.0 与试件 ESW1-1.0 相比，耗能提高了 77.8%，表明提高混凝土强度等级及增大墙体分布钢筋配筋率均可以有效提高剪力墙的抗震耗能能力。

4.1.7 承载力计算模型与分析

基于本文试验研究，参考已有的异形截面剪力墙承载力计算方法，考虑本文中异形边缘构件 EPS 保温模块单排配筋再生混凝土剪力墙不同构造特点，建立了相应的正截面和斜截面承载力计算模型。

1. 正截面承载力

计算假定：忽略受压区及中和轴附近部分竖向分布钢筋抗力作用；考虑 $h_{w0} - 1.5x$ 范围内竖向分布钢筋抗拉作用，不考虑受拉区混凝土和面层砂浆的抗拉作用，截面应变分布采用平截面假定。正截面承载力计算模型见图 4.1-10，正截面承载力计算公式见式(4.1-1)~式(4.1-3)：

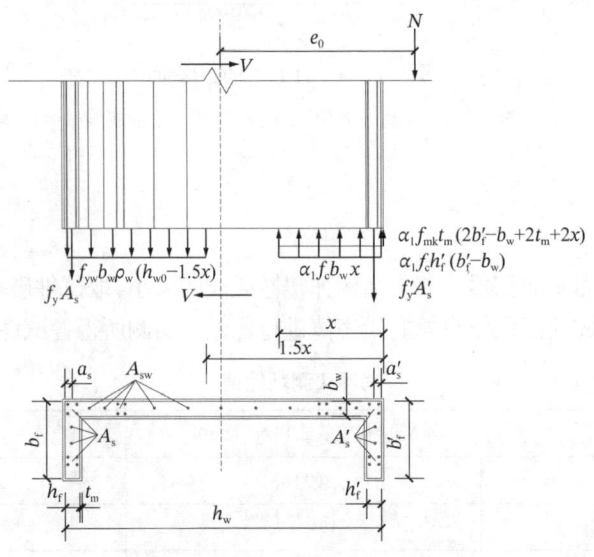

图 4.1-10 正截面承载力计算模型

$$N = \alpha_1 f_c b_w x + \alpha_1 f_c h'_f (b'_f - b_w) + \alpha_1 f_{mk} t_m (2b'_f - b_w + 2t_m + 2x) + \\ f'_y A'_s - f_y A_s - f_{yw} b_w \rho_w (h_{w0} - 1.5x) \quad (4.1\text{-}1)$$

$$Ne = \alpha_1 f_c b_w x (h_{w0} - 0.5x) + \alpha_1 f_c h'_f (b'_f - b_w) \cdot (h_{w0} - 0.5h'_f) + \\ \alpha_1 f_{mk} t_m (2b'_f - b_w + 2t_m + 2x) \cdot [h_{w0} - 0.5(x + t_m)] + \\ f'_y A'_s (h_{w0} - a'_s) - 0.5 f_{yw} b_w \rho_w (h_{w0} - 1.5x)^2 \quad (4.1\text{-}2)$$

其中，$e = e_0 + 0.5(h_w + 2t_m) - a_s$，$e_0 = \dfrac{M}{N}$，$x \geqslant 2a'_s$

墙体的水平承载力：

$$F = \frac{M}{H} = \frac{Ne_0}{H} \quad (4.1\text{-}3)$$

式(4.1-1)~式(4.1-3)是在第二类梯形截面基础上假定 $x > h'_f$ 给出的正截面承载力计算公式，当计算所得受压区高度 $x \leqslant h'_f$ 时，取 $x = h'_f = 2a'_s$，按第一类梯形截面进行计算。

式中：h_w、b_w——内部混凝土墙体截面高度、厚度；

b'_f、h'_f——内部混凝土墙体受压翼缘宽度、厚度；

t_m——面层砂浆厚度；

f_c——混凝土的轴心抗压强度；

f_{mk}——面层砂浆的轴心抗压强度；

f_y、f'_y——墙体端部受拉、受压纵向钢筋的屈服强度；

f_{yw}——墙体竖向分布钢筋的屈服强度；

ρ_w——墙体竖向分布钢筋的配筋率；

A_s、A'_s——墙体翼缘受拉、受压纵筋面积；

a_s、a'_s——墙体端部暗柱受拉、受压纵向钢筋合力点到截面边缘的距离，取 $a_s = a'_s = h'_f/2$；

N——墙身施加的竖向荷载；

e_0——偏心距；

x——受压区高度；

H——剪力墙水平加载点距基础顶面高度。

2. 斜截面承载力

Hwang 等[2,3]提出了以对角抗压失效的非连续区域受剪承载力简化计算公式，该公式基于软化拉压杆模型（图 4.1-11），满足开裂钢筋混凝土单元的平衡方程、应变协调方程及材料本构方程，考虑了混凝土抗压强度、水平分布钢筋、竖向分布钢筋、竖向荷载以及构件截面几何特征，并以大量已有试验数据的构件如深梁、牛腿、低矮剪力墙及梁柱节点等受剪承载力进行了验证，计算结果与试验符合较好，研究表明提出的简化抗震承载力公式可用于预测该类试件的受剪承载力，其计算模型和公式见图 4.1-11 和式(4.1-4)。

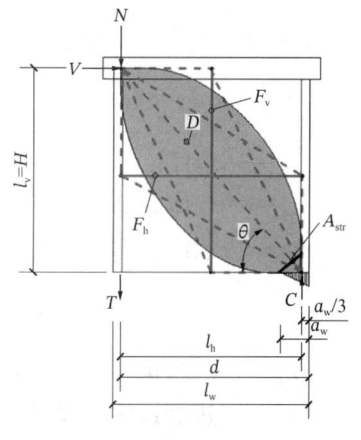

图 4.1-11　Hwang 软化拉压杆模型[3]

$$V_c = K\zeta f_c A_{str} \cos\theta \tag{4.1-4}$$

式中：K——拉压杆系数，$K = K_h + K_v - 1$；
　　　K_h——水平拉杆系数；
　　　K_v——竖向拉杆系数，具体计算方法可参见文献[3]；
　　　f_c——混凝土圆柱体轴心抗压强度，近似取 $0.8 f_{cu,k}$；
　　　$f_{cu,k}$——再生混凝土立方体抗压强度平均值；
　　　A_{str}——对角压杆的有效截面面积，$A_{str} = a_s \times b_s$；
　　　b_s——对角斜压杆截面厚度，取墙厚为t_w；
　　　a_s——对角压杆截面宽度，其值取决于墙体底部抗压区提供的压杆下端条件，可直观假定$a_s = a_w$；
　　　a_w——墙体底部抗压区的水平高度，可通过截面分析而定，为简化计算，a_w可按式(4.1-5)计算。

$$a_w = \left(0.25 + 0.85\frac{N}{A_w f_c}\right) l_w \tag{4.1-5}$$

式中：A_w——混凝土沿剪力方向截面面积，其值可由墙体厚度t_w乘以沿剪力方向截面总长l_w得到；
　　　θ——对角压杆倾斜角度，可按式(4.1-6)计算。

$$\theta = \arctan(l_v/l_h) \tag{4.1-6}$$

式中：l_v——抗剪桁架单元高度；
　　　l_h——抗剪桁架单元宽度，$l_h = d - a_w/3$，其中d为截面有效宽度，为受压边缘到所有受拉钢筋合力点之间的距离，可近似取为$0.8 l_w$；
　　　l_w——整个墙体沿剪力方向长度；
　　　ζ——混凝土抗压软化系数，可按式(4.1-7)计算。

$$\zeta = 3.35/\sqrt{f_c} \leqslant 0.52 \tag{4.1-7}$$

Tu[4]等在Hwang等基础上考虑边缘构件影响，提出了受剪承载力半经验分析模型。其认为边缘构件增加墙体受剪承载力主要归功于墙体底部抗压区沿墙体高度方向的高度a_b，一方面增加了对角压杆的有效面积，另一方面使对角压杆变得平缓，使得水平传递机制更有效。

Tu模型中有效截面面积可按式(4.1-8)计算。

$$A_{str} = t_w \times \sqrt{a_w^2 + a_b^2} \tag{4.1-8}$$

式中：t_w——墙厚；
　　　a_w——墙体底部抗压区的水平高度；
　　　a_b——墙体底部受压区的竖向高度，a_b可按式(4.1-9)计算。

$$a_b = \frac{1}{2}\frac{h_b}{H_n t_w}(7b_b h_b + l_n t_w) \leqslant \frac{H_n}{2} \tag{4.1-9}$$

式中：b_b——边缘构件沿墙厚方向的长度；
　　　h_b——边缘构件沿墙长方向的长度；
　　　l_n——墙体腹板长度；

H_n——墙体净高度。

由于受压区竖向高度a_b的影响,相应的对角压杆倾角θ也随之变化,按式(4.1-10)进行计算。

$$\theta = \arctan\left(\frac{l_v - \dfrac{a_b}{3}}{l_h}\right) \quad (4.1\text{-}10)$$

Tu 提出的受剪承载力计算模型见图 4.1-12。

在计算本章提出的 EPS 保温模块单排配筋再生混凝土剪力墙的斜截面承载力时,可认为其抗剪承载力由两部分组成:内部格构钢筋混凝土墙体的受剪承载力V_c和面层砂浆的受剪承载力V_m。

内部钢筋混凝土墙体抗剪承载力V_c采用 Tu 提出的计算模型(图 4.1-12)进行计算。内部混凝土墙体抗剪承载力计算时,先按未开洞墙体进行计算,然后考虑孔洞对墙体抗剪承载力的削弱,按孔洞面积率进行折减。

面层砂浆抗剪承载力V_m参考美国规范 ACI 318-11[5]按式(4.1-11)进行近似计算。

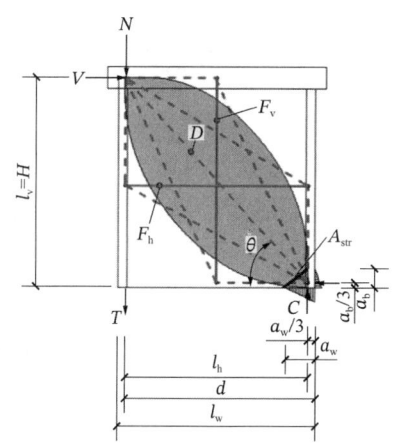

图 4.1-12 Tu 软化拉压杆模型[4]

$$V_m = 0.17\sqrt{f_{cm}}\, t_m b_m \quad (4.1\text{-}11)$$

式中:f_{cm}——面层砂浆圆柱体轴心抗压强度,近似取 $0.8f_{cm,k}$,$f_{cm,k}$为面层砂浆立方体抗压强度平均值;

t_m——面层砂浆总厚度;

b_m——面层砂浆截面有效高度,取 $0.8l_w$,l_w为整个墙体沿剪力方向长度。

3. 承载力计算分析

按式(4.1-1)~式(4.1-11)计算所得各试件的正截面承载力、斜截面承载力与实测值比较见表 4.1-6。计算中,钢筋、混凝土、面层砂浆的强度取实测强度平均值。

计算结果与实测结果的比较 表 4.1-6

试件编号	正截面承载力计算值F(kN)	斜截面承载力计算值V_c(kN)	实测值V_t(kN)	相对误差η(%)
SW1-1.0	1445.20	988.85	1068.77	8.08%
ESW1-1.0	1453.01	1160.78	1228.30	5.82%
ESW2-1.0	1590.18	1460.27	1339.70	9.00%
ESW3-1.0	1658.21	1733.87	1581.49	9.64%
SW1-1.5	946.86	774.65	792.91	2.36%
ESW1-1.5	951.97	946.58	1023.58	8.13%

分析可见:计算值与实测值符合较好;采用以上计算方法,材料取设计强度,考虑一

定安全系数，可用于此类复合墙体的抗剪承载力计算。

4.1.8 有限元分析

基于异形边缘构件带孔洞单排配筋再生混凝土剪力墙低周反复荷载试验，利用ABAQUS软件，对异形边缘构件带孔洞单排配筋再生混凝土剪力墙进行推覆分析，分析不同再生混凝土强度、不同异形柱边框参数对剪力墙受力性能的影响，为结构设计提供参考。

1. 材料本构模型

（1）再生混凝土本构模型

再生混凝土应力-应变曲线

再生混凝土受压本构方程选用文献[6]提出的再生混凝土在单调轴向压力下的应力-应变关系方程，见式(4.1-12)。

$$y = \begin{cases} ax + (3-2a)x^2 + (a-2)x^3, & 0 \leqslant x \leqslant 1 \\ \dfrac{x}{b(x-1)^2 + x}, & x \geqslant 1 \end{cases} \quad (4.1\text{-}12)$$

式中：$x = \varepsilon/\varepsilon_{c0}^r$，$y = \sigma/f_c^r$，$\varepsilon_{c0}^r$ 为再生混凝土棱柱体峰值压应变。

f_c^r——再生混凝土棱柱体抗压强度。

a——无量纲曲线初始切线的斜率，$a = 2.2(0.748r^2 - 1.231r + 0.957)$，$a$ 值反映了再生混凝土的初始弹性模量。a 值越小，在应力达峰值时塑性变形占全部变形的比例越小，材料脆性越大。

b——曲线下降段参数，$b = 0.8(7.6483r + 1.142)$，b 值与曲线下降段的面积有关。b 值越大，下降段越陡，延性越差。当再生骨料的取代率为 100%，参数 $a = 1.8024$，$b = 7.03224$。

ε_{c0}^r——再生混凝土棱柱体峰值压应变，再生骨料的取代率为 100% 时，ε_{c0}^r 取普通混凝土峰值应变的 1.2 倍。普通混凝土峰值应变计算公式：

$$\varepsilon_{c0}^r = (700 + 172\sqrt{f_c^r}) \times 10^{-6} \quad (4.1\text{-}13)$$

f_c^r——再生混凝土棱柱体抗压强度，取 $f_c^r = 0.8 f_{cu}^r$，f_{cu}^r 取实测再生混凝土立方体抗压强度平均值。

再生混凝土受拉应力-应变曲线，在达到极限应力时假设其应力-应变曲线为直线，此阶段没有损伤。在极限应力峰值后采用规范给出的应力-应变曲线。混凝土单轴受拉的应力-应变曲线下降段方程可按公式(4.1-14)确定。

$$y = \dfrac{x}{\alpha_t(x-1)^2 + x}, \quad x \geqslant 1 \quad (4.1\text{-}14)$$

式中：$x = \varepsilon/\varepsilon_{t0}^r$，$y = \sigma/f_t^r$；

ε_{t0}^r——再生混凝土棱柱体峰值拉应变，$\varepsilon_{t0}^r = f_t^r/E_c$；

E_c——再生混凝土弹性模量；

α_t——混凝土单轴受拉应力-应变曲线下降段的参数值，暂且按普通混凝土计算方法按公式(4.1-15)进行计算。

$$\alpha_t = 0.312(f_t^r)^2 \tag{4.1-15}$$

式中：f_t^r——再生混凝土棱柱体抗拉强度，按式(4.1-16)取值。

$$f_t^r = (-0.06r + 0.24)(f_{cu}^r)^{2/3} \tag{4.1-16}$$

式中：r——再生粗骨料取代率；

f_{cu}^r——立方体抗压强度。

（2）钢筋本构关系

钢筋本构模型：采用双线性模型，强化段的弹性模量取值为 $0.01E_s$，E_s 为钢材的弹性模量。

（3）有限元分析模型

有限元分析时，再生混凝土采用 8 节点三维减缩积分实体单元 C3D8R；钢筋单元采用 2 节点线性三维杆单元 T3D2。采用分离式方法，将钢筋单独建模，再嵌入到再生混凝土墙体单元中，不考虑钢筋和再生混凝土之间的粘结滑移。墙体顶面与加载梁底面、墙体底面与基础梁顶面均为绑定约束，基础梁底面为固定端，荷载作用在加载梁顶面。

2. 骨架曲线对比分析

计算所得各试件"荷载F-位移U"骨架曲线与实测骨架曲线比较见图 4.1-13。试件 SW1-1.0、SW1-1.5 部分特征点荷载计算结果与试验结果比较见表 4.1-7。

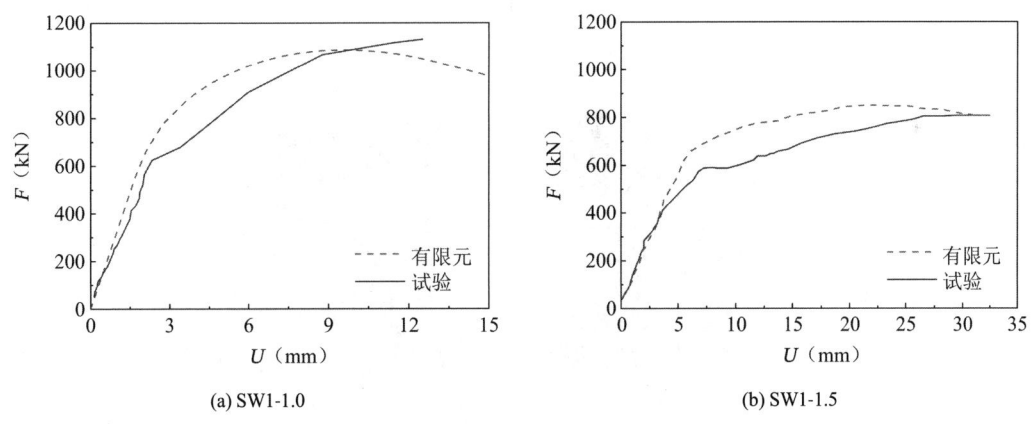

(a) SW1-1.0　　　　　　　　　(b) SW1-1.5

图 4.1-13　计算荷载F-位移U曲线与实测骨架曲线比较

试件 SW1-1.0、SW1-1.5 特征点荷载计算结果与试验结果比较　　表 4.1-7

试件编号		峰值点		极限点	
		峰值位移（mm）	峰值荷载（kN）	极限位移（mm）	极限荷载（kN）
SW1-1.0	试验值	—	—	12.51	1131.20
	计算值	10.52	1111.22	12.50	1098.21
SW1-1.5	试验值	26.08	792.91	28.14	790.62
	计算值	23.12	843.05	32.80	795.46

分析可见：(1)两个试件计算特征点荷载和位移与试验符合较好，加载初期计算曲线与试验曲线符合较好；随着荷载的增大，计算曲线与试验曲线符合程度变差。(2)计算刚度退化慢于试验刚度，这是由于试验过程中墙体的开裂、斜裂缝的开展及钢筋与混凝土的粘结滑移造成的，而在建模过程中未考虑钢筋与混凝土的粘结滑移。(3)由于墙体开裂损伤过程相对复杂，弹塑性后期变形与试验曲线误差相对较大，但总体趋势和承载力仍符合较好。

ABAQUS的混凝土损伤塑性模型中当混凝土单元中出现受拉塑性应变（最大主塑性应变）即表示混凝土单元已经开裂，混凝土裂缝方向垂直于最大主塑性应变方向，裂缝宽度可以近似地由最大主塑性应变矢量箭头的长短来反映。同时，通过受拉损伤云图也能判断出混凝土开裂位置及开裂程度，通过受压损伤云图可以判断混凝土受压损伤情况。

图4.1-14为试件SW1-1.0达极限位移时的受拉损伤云图。图4.1-15为试件SW1-1.0达极限位移时的最大主塑性应变云图及其矢量图。图4.1-16为试件SW1-1.0达极限位移时的受压损伤云图。图4.1-17为试件SW1-1.0达极限位移时的钢筋Mises应力云图。

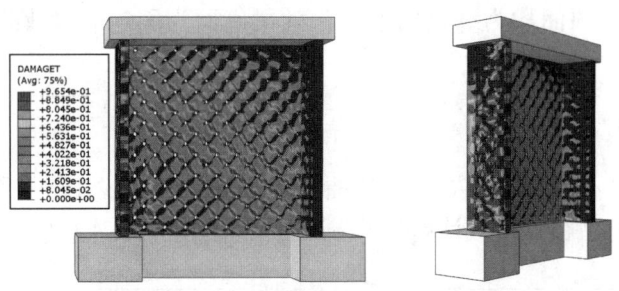

图4.1-14 达极限位移时的受拉损伤云图

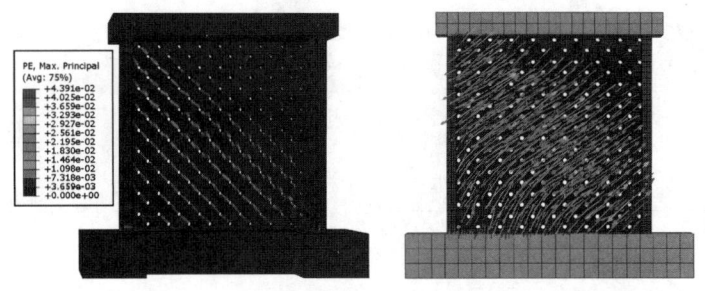

图4.1-15 极限位移时的最大主塑性应变云图与其矢量图

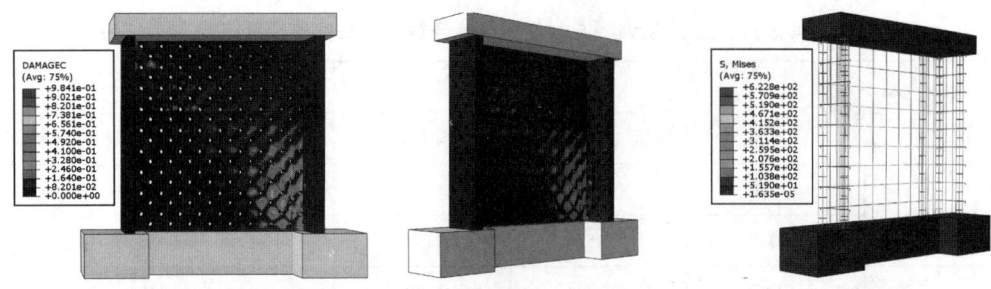

图4.1-16 极限位移时的受压损伤云图   图4.1-17 极限位移时钢筋Mises应力云图

分析可见：(1) 试件 SW1-1.0 由于高宽比较小，裂缝主要为出现在翼缘的水平裂缝和腹板的对角斜裂缝，斜裂缝角度大致与基础顶面成 45°，由于墙体孔洞的削弱，平行斜裂缝主要出现在对角孔洞之间，这点与试验裂缝分布比较吻合；墙体根部水平裂缝较短，且腹板没有明显的水平裂缝，以斜裂缝为主，说明墙体主要以剪切变形为主；试件达试验极限位移时，腹板底角混凝土损伤较为严重，受压侧翼缘底部受压损伤较小，而受拉损伤较大，这点与试验结束时受压侧翼缘角部出现沿翼缘平面的斜裂缝相符合，表现为剪拉破坏；试件模型达试验极限位移时，墙体下部水平钢筋与对角线相交位置已经屈服，受拉侧暗柱部分纵筋底角出现屈服，受压侧纵筋底部尚未屈服。(2) 最大 Mises 应力出现在墙体水平下部水平钢筋处，为 622MPa，这点从实测钢筋应变曲线可以看出。总体来看，试件 SW1-1.0 有限元计算模型损伤过程及破坏形态与试验符合较好。

图 4.1-18 给出了试件 SW1-1.5 达极限位移时的受拉损伤云图；图 4.1-19 给出了试件 SW1-1.5 达极限位移时的最大主塑性应变云图及其矢量图；图 4.1-20 为试件 SW1-1.5 达极限位移时的受压损伤云图；图 4.1-21 为试件 SW1-1.5 达极限位移时的钢筋 Mises 应力云图。

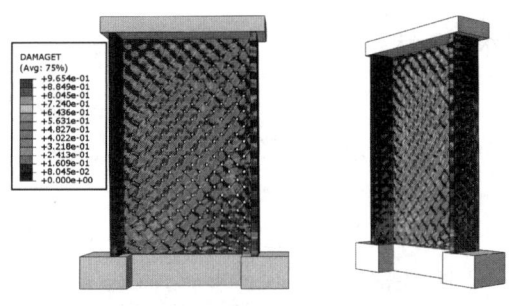

图 4.1-18　达极限位移时的受拉损伤云图

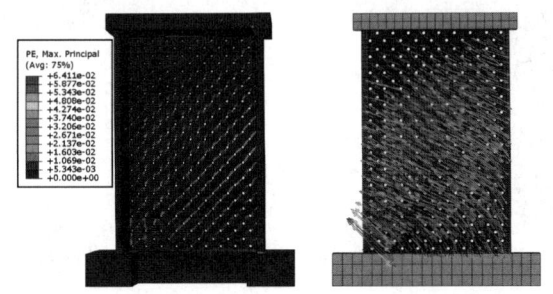

图 4.1-19　极限位移时的最大主塑性应变云图与其矢量图

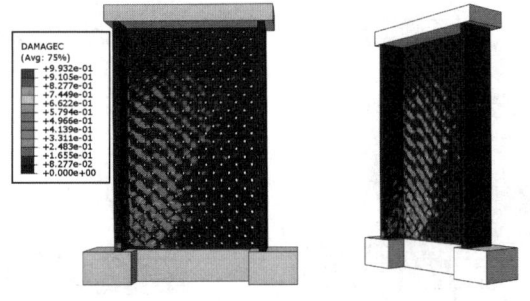

图 4.1-20　极限位移时的受压损伤云图

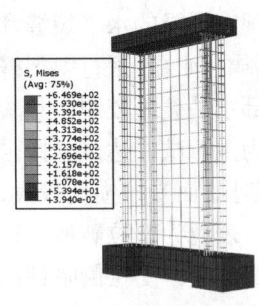

图 4.1-21 极限位移时钢筋 Mises 应力云图

分析可知：（1）试件 SW1-1.5 虽然高宽比比试件 SW1-1.0 大，但裂缝主要还是出现在翼缘的水平裂缝和腹板的对角斜裂缝，斜裂缝角度大致与基础顶面成 45°，同样，由于墙体孔洞的削弱，平行斜裂缝主要出现在对角孔洞之间，这点与试验裂缝分布比较吻合；墙体根部水平裂缝较长，这是由于试件高宽比较大，底部截面受弯矩作用较大，但腹板没有明显的水平裂缝，以斜裂缝为主，说明墙体主要以剪切变形为主；试件达试验极限位移时，腹板底角混凝土损伤较为严重，受压侧翼缘底部受压损伤也较大，这点与试验结束时受压侧翼缘角部出现压碎但是并无明显斜裂缝相符合，表现为剪压破坏；试件模型达试验极限位移时，墙体受压侧翼缘纵筋底部出现屈服，墙体中下部对角线附近水平钢筋屈服，受拉侧暗柱部分纵筋底角出现屈服。（2）最大 Mises 应力出现在受压侧翼缘纵筋底部，为 646.9MPa，这点也与实测钢筋应变曲线相符合。总体来看，试件 SW1-1.5 有限元计算模型损伤过程及破坏形态与试验也符合较好。

3. 再生混凝土强度等级的影响

为研究再生混凝土强度等级对剪力墙受力性能的影响，在原有异形柱边框单排配筋剪力墙有限元模型基础上，对再生混凝土强度等级分别为 C20、C30、C40 三种方案进行有限元模拟，模拟分析结果如下：

图 4.1-22 为不同再生混凝土强度墙体的应力云图。图 4.1-23 为不同再生混凝土强度墙体的荷载-位移曲线。实测不同再生混凝土强度的峰值荷载、峰值荷载下的位移见表 4.1-8。

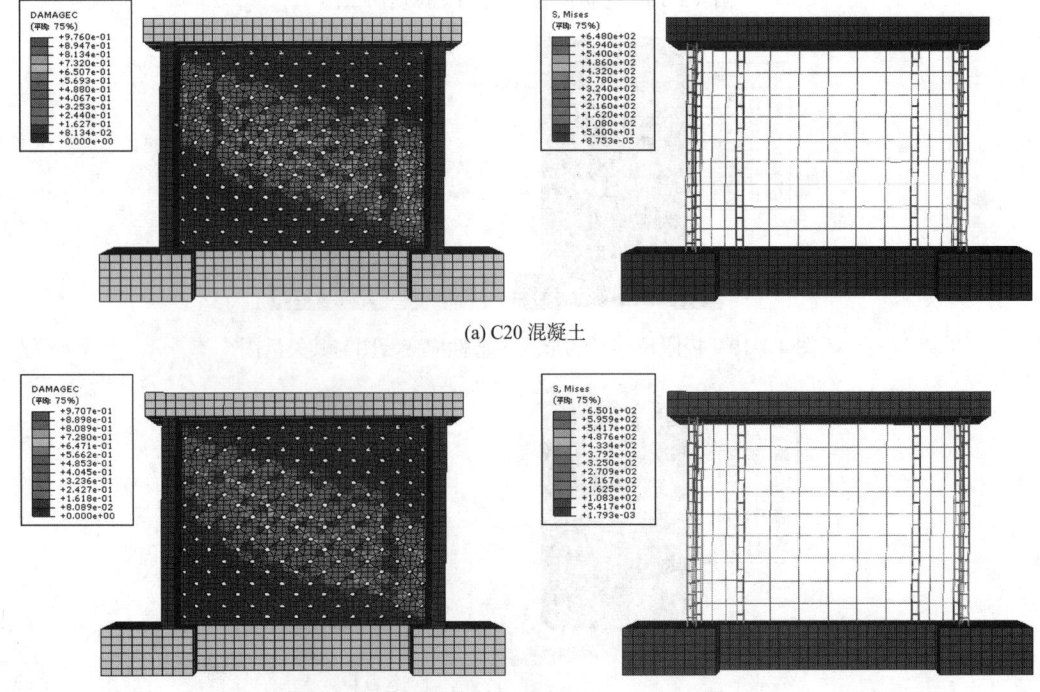

(a) C20 混凝土

(b) C30 混凝土

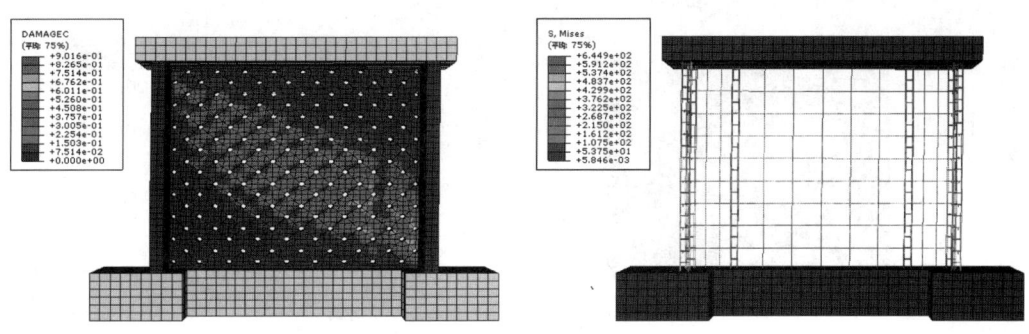

(c) C40 混凝土

图 4.1-22　不同再生混凝土强度墙体的应力云图

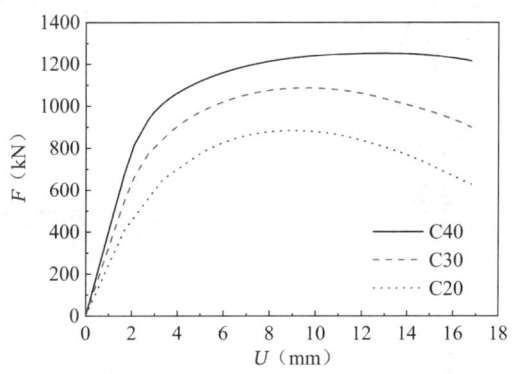

图 4.1-23　不同再生混凝土强度墙体的荷载-位移曲线

不同再生混凝土强度墙体的峰值荷载、峰值荷载下的位移　　表 4.1-8

方案编号	再生混凝土强度等级	峰值荷载（kN）	峰值荷载下的位移（mm）
1	C20	883.7	8.9
2	C30	1086.8	9.5
3	C40	1253.3	12.9

分析可见：（1）在其他条件相同的情况下，再生混凝土强度等级提高，试件的初始刚度、承载力都有明显的提高，再生混凝土受压损伤越轻；墙体仍呈剪切变形为主。（2）再生混凝土 C30 的墙体、再生混凝土 C40 的墙体与再生混凝土 C20 的墙体相比，承载力分别提高了 22.97%、41.81%，表明随着再生混凝土强度等级的提高，剪力墙的承载力提高。

4. 孔洞形状的影响

为研究孔洞形状对剪力墙受力性能的影响，在原有异形柱边框单排配筋剪力墙有限元模型基础上，对无孔洞墙体、圆形孔洞墙体、矩形孔洞墙体三种方案进行有限元模拟，其中孔洞的截面面积相等。模拟分析结果如下：

图 4.1-24 为不同孔洞形状墙体的应力云图。图 4.1-25 为不同孔洞形状墙体的"荷载 F-位移 U"曲线。实测不同孔洞形状的峰值荷载、峰值荷载下的位移见表 4.1-9。

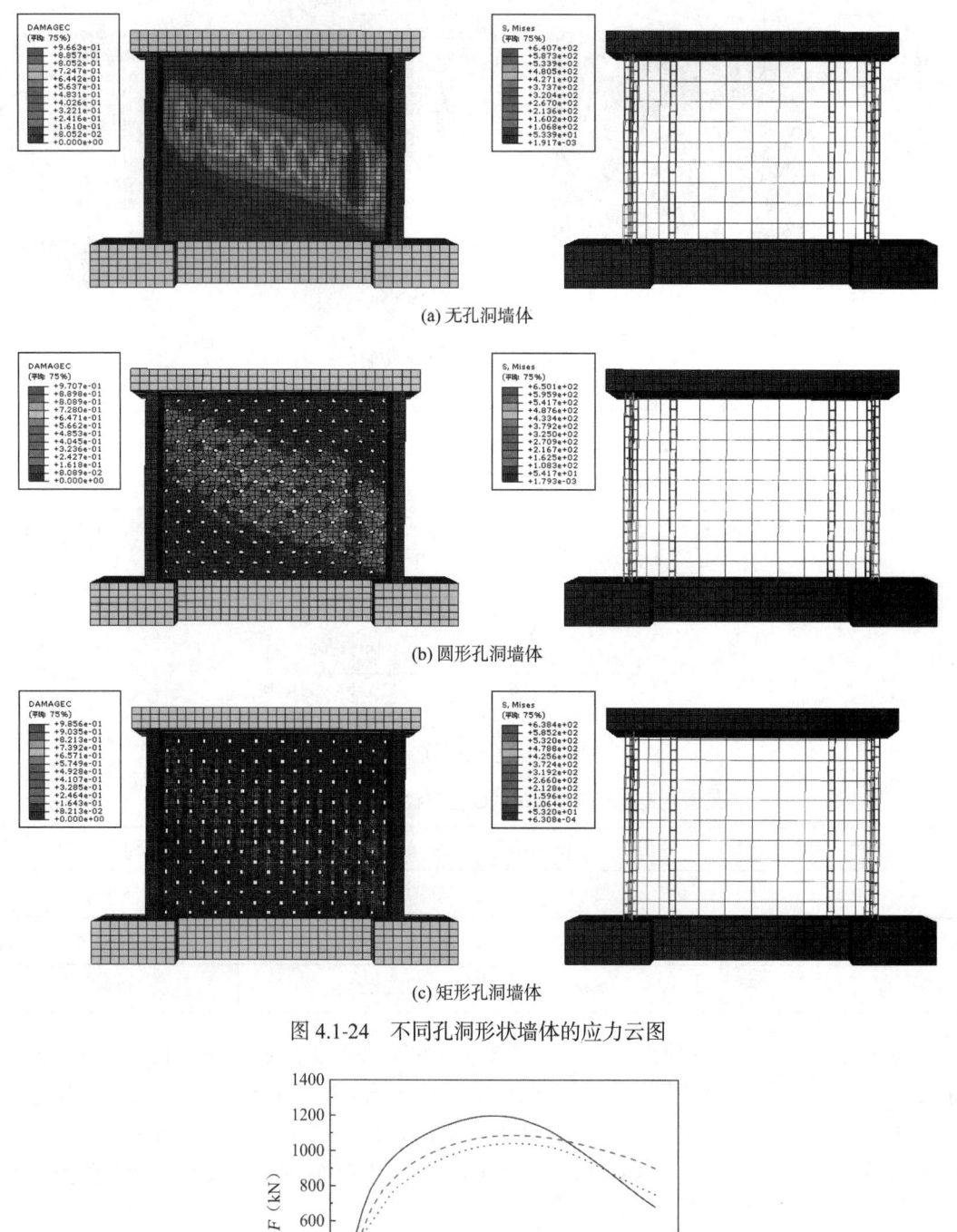

(a) 无孔洞墙体

(b) 圆形孔洞墙体

(c) 矩形孔洞墙体

图 4.1-24 不同孔洞形状墙体的应力云图

图 4.1-25 不同孔洞形状墙体的"荷载F-位移U"曲线

分析可知：（1）在其他条件相同的情况下，改变再生混凝土墙体的孔洞形状，试件的初始刚度、承载力、峰值荷载下的位移都有明显的变化；墙体仍呈剪切变形为主。（2）洞口墙体的再生混凝土受压损伤主要沿着主对角线墙体洞口连线方向，墙体腹板角部再生混凝土损伤较为严重；矩形墙体主对角线方向墙体的孔洞间竖向短柱受压损伤较为明显；圆形孔洞墙体与矩形孔洞墙体相比，承载力提高 4.42%、峰值荷载下的位移接近。（3）无孔洞墙体与圆形孔洞墙体相比，承载力提高 10.12%、峰值荷载下的位移降低 13.48%；表明带孔洞剪力墙比无孔洞剪力墙承载力低、刚度小。（4）带孔洞剪力墙较无孔洞剪力墙结构自重减轻、刚度降低、周期增大，抗震性能较好；孔洞形状对剪力墙的承载力影响不大。

不同孔洞形状墙体的峰值荷载、峰值荷载下的位移　　　　　　表 4.1-9

方案编号	孔洞形式	峰值荷载（kN）	峰值荷载下的位移（mm）
1	无孔洞	1196.8	8.3
2	圆形孔洞	1086.8	9.5
3	矩形孔洞	1040.8	9.6

5. 异形柱边框参数的影响

为研究异形柱边框参数对剪力墙受力性能的影响，在原有异形柱边框单排配筋剪力墙有限元模型基础上，对异形柱边框参数分别为 L 形简化配筋墙体、无暗柱墙体进行有限元模拟。模拟分析结果如下：

图 4.1-26 为不同异形柱边框参数墙体的应力云图。图 4.1-27 为不同异形柱边框参数墙体的"荷载 F-位移 U"曲线。实测不同异形柱边框参数墙体的极限荷载、极限荷载下的位移见表 4.1-10。

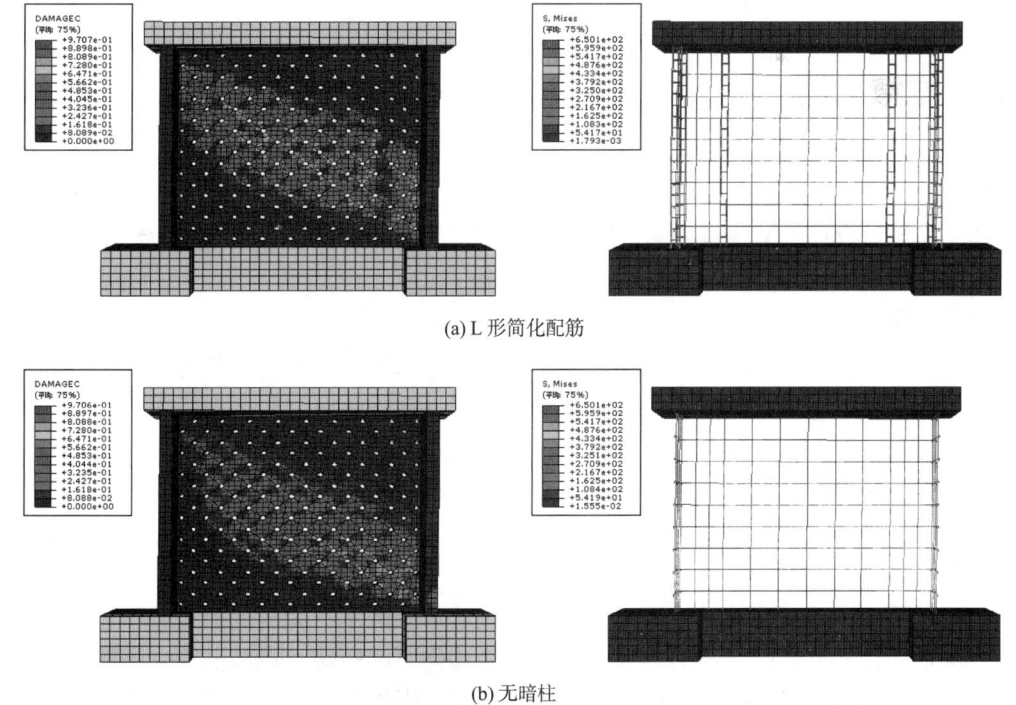

(a) L 形简化配筋

(b) 无暗柱

图 4.1-26　不同异形柱边框参数墙体的应力云图

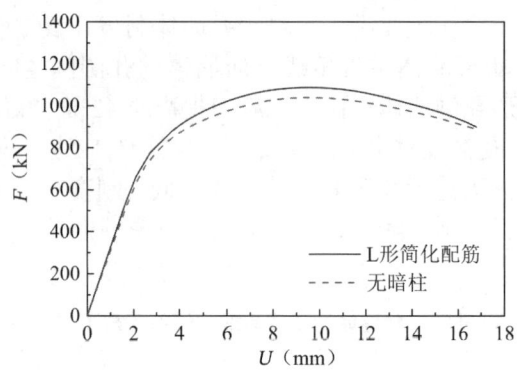

图 4.1-27 不同异形柱边框参数墙体的"荷载F-位移U"曲线

不同异形柱边框参数墙体的峰值荷载、峰值荷载下的位移　　　表 4.1-10

方案	异形柱边框参数	峰值荷载（kN）	峰值荷载下的位移（mm）
1	L形简化配筋	1086.8	9.5
2	无暗柱	1039.0	9.6

分析可见：(1)在其他条件相同的情况下，改变再生混凝土墙体的异形柱边框参数，试件的初始刚度影响不大，对剪力墙的承载力有明显影响，墙体仍呈剪切变形为主。(2)L形简化配筋墙体与无暗柱墙体相比，再生混凝土受压损伤严重；无暗柱墙体受拉端翼缘钢筋应力较大；异形柱边框参数为 L 形简化配筋墙体与无暗柱墙体相比，承载力提高 4.59%。

4.2　本章小结

本章提出了 EPS 保温模块单排配筋再生混凝土剪力墙，该剪力墙由 EPS 保温模块、再生混凝土、单排钢筋、异形柱边框、面层砂浆复合而成。进行了该新型剪力墙低周反复荷载下的抗震性能试验研究、理论分析和数值模拟。

研究表明：

(1)带 EPS 保温模块及面层砂浆单排配筋再生混凝土剪力墙与普通单排配筋再生混凝土剪力墙相比，承载力明显提高，刚度退化减慢，耗能能力大幅度提高。

(2)异形边缘构件单排配筋再生混凝土剪力墙，破坏形态受剪跨比影响明显，小剪跨比的低矮剪力墙试件破坏时表现为腹板主斜裂缝出现后，翼缘底部出现剪切斜裂缝的剪拉破坏，而较大剪跨比的中高剪力墙试件破坏时表现为腹板主斜裂缝出现后，翼缘底部受压破坏的剪压破坏。

(3)墙体翼缘对提高墙体受弯承载力，抑制墙体底部水平裂缝的出现有明显作用。简化配筋异形边缘构件单排配筋剪力墙，由于翼缘墙体厚度较薄，翼缘截面大小特别是翼缘厚度对墙体破坏起决定性作用，此时提高墙体混凝土强度对提高墙体承载力作用有限；增加墙体分布钢筋配筋率能延缓墙体斜裂缝的开展，提高墙体的承载力与弹塑性变形能力。

（4）建立了 EPS 保温模块单排配筋再生混凝土剪力墙的正截面、斜截面承载力计算模型及计算公式，对正截面承载力、斜截面承载力进行了计算分析，计算与试验结果符合较好。

（5）基于试验，利用 ABAQUS 软件对试验墙体进行了数值模拟，分析了墙体受力特点，计算所得荷载-位移关系曲线与实测骨架曲线符合较好。在此基础上，进一步计算分析了不同再生混凝土强度等级、不同孔洞形状、不同异形柱边框参数对剪力墙受力性能的影响，阐明了其影响规律。

（6）异形边缘构件 EPS 保温模块单排配筋再生混凝土剪力墙结构，实现了抗震节能一体化，具有成本低，施工简便，保温性能和抗震性能良好的优势，经合理设计可用于村镇低层和多层住宅抗震建筑。

笔者团队就本章研究内容发表了相关文章[7-12]，可供参考。

参 考 文 献

[1] 住房和城乡建设部. 聚苯模块保温墙体应用技术规程: JGJ/T 420—2017[S]. 北京: 中国建筑工业出版社, 2017.

[2] HWANG S J, FANG W H, LEE H J, et al. Analytical model for predicting shear strength of squat walls[J]. Journal of Structural Engineering, 2001, 127(1):43-50.

[3] HWANG S J, LEE H J. Strength prediction for discontinuity regions by softened strut-and-tie model[J]. Journal of Structural Engineering, 2002, 128(12):1519-1526.

[4] TU Y S. An analytical study of the lateral load-deflection responses of low rise RC walls and frames[D]. Taibei: Taiwan University of Science and Technology, 2005.

[5] American Concrete Institute (ACI). Building code requirements for structural concrete: ACI 318-11[S]. Farmington, Mich, 2011.

[6] 肖建庄. 再生混凝土单轴受压应力-应变全曲线试验研究[J]. 同济大学学报（自然科学版）. 2007, 35(11): 1445-1449.

[7] 曹万林, 程娟, 张勇波, 等. 保温模块单排配筋再生混凝土低矮剪力墙抗震性能试验研究[J]. 建筑结构学报, 2015, 36(1): 51-58.

[8] 曹万林, 马恒, 张建伟, 等. 不同构造 EPS 模块再生混凝土剪力墙抗剪性能试验研究[J]. 地震工程与工程振动, 2015, 35(4): 78-84.

[9] 曹万林, 张勇波, 董宏英, 等. 村镇建筑抗震节能结构体系研究与应用[J]. 工程力学, 2015, 32(12): 1-12.

[10] 张勇波, 曹万林, 周中一, 等. 保温模块单排配筋再生混凝土中高剪力墙抗震性能试验研究[J]. 建筑结构学报, 2015, 36(9): 29-36.

[11] LIU W C, CAO W L, ZHANG J W, et al. Seismic performance of composite shear walls constructed using recycled aggregate concrete and different expandable polystyrene configurations[J]. Materials, 2016,9(3): 1-25.

[12] 周中一, 曹万林, 张勇波. L 形边框单排配筋保温模块矮剪力墙抗震性能研究[J]. 土木工程学报, 2016, 49(12): 35-44.

第5章 装配式单排配筋剪力墙抗震性能

5.1 装配式单排配筋低矮剪力墙

5.1.1 试验概况

1. 试件设计

为了研究装配式单排配筋再生混凝土低矮剪力墙抗震性能，设计了15个工字形截面单排配筋剪力墙试件，其中：2个全装配式，10个半装配式，3个现浇用于对比。考虑剪力墙装配方式、轴压比、混凝土再生粗骨料取代率、钢筋直径等参数。各剪力墙试件中的分布钢筋与连接钢筋均采用HRB400级钢筋；混凝土设计强度等级为C50，分为普通混凝土和再生混凝土，再生混凝土的再生粗骨料取代率分为0、33%、66%。全装配式单排配筋剪力墙试件的双向单排配筋剪力墙腹板与翼缘作为整体预制，预制剪力墙与基础梁之间采用墩头钢筋预留孔灌浆连接，中间设置20mm厚的坐浆层。半装配式单排配筋剪力墙试件，双向单排配筋的剪力墙腹板与左右翼缘的两侧分别预制，腹板与翼缘相交处为现浇暗柱，预制腹板、翼缘预制部分与基础梁之间通过墩头钢筋预留孔灌浆连接，中间设置20mm厚的坐浆层。各剪力墙试件编号及主要设计参数见表5.1-1。试件尺寸及配筋见图5.1-1，部分试件制作过程见图5.1-2。

试件设计参数　　　　　　　　表5.1-1

试件编号	墙体类型	粗骨料取代率（%）	钢筋直径（mm）	设计轴压比	剪跨比	墩头钢筋
B-8-0.15-1.0-66	半装配	66	8	0.15	1	—
B-8-0.3-1.0-66	半装配	66	8	0.30	1	—
B-10-0.15-1.0-66	半装配	66	10	0.15	1	5Φ10
B-10-0.15-1.0-66-L	半装配	66	10	0.15	1	3Φ12
B-10-0.3-1.0-66	半装配	66	10	0.30	1	5Φ10
B-10-0.3-1.0-66-L	半装配	66	10	0.30	1	3Φ12
B-10-0.15-1.0-33	半装配	33	10	0.15	1	5Φ10

续表

试件编号	墙体类型	粗骨料取代率（%）	钢筋直径（mm）	设计轴压比	剪跨比	墩头钢筋
B-10-0.3-1.0-33	半装配	33	10	0.30	1	5ϕ10
B-10-0.15-1.0-0	半装配	0	10	0.15	1	5ϕ10
B-10-0.3-1.0-0	半装配	0	10	0.30	1	5ϕ10
Z-10-0.15-1.0-66	全装配	66	10	0.15	1	5ϕ10
Z-10-0.15-1.0-66-L	全装配	66	10	0.15	1	3ϕ12
X-8-0.15-1.0-66	现浇	66	8	0.15	1	—
X-10-0.15-1.0-66	现浇	66	10	0.15	1	5ϕ10
X-10-0.15-1.0-66-L	现浇	66	10	0.15	1	3ϕ12

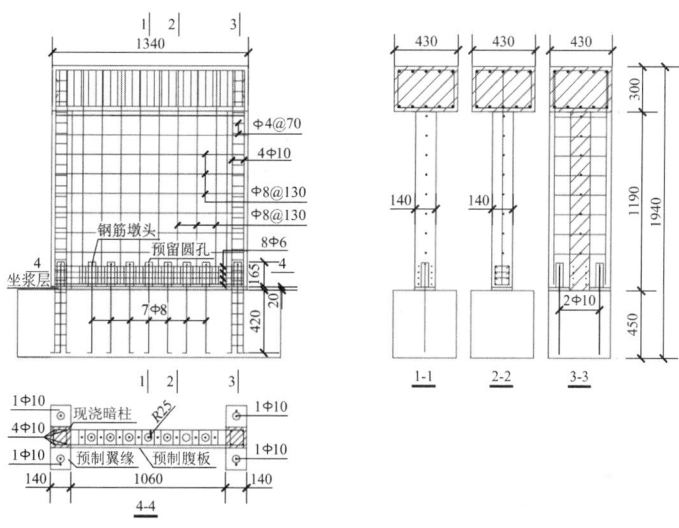

(a) B-8-0.15-1.0-66 与 B-8-0.3-1.0-66

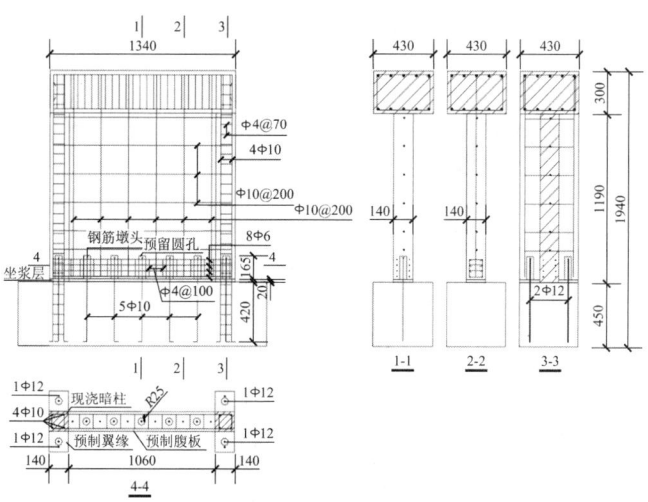

(b) B-10-0.15-1.0-66、B-10-0.3-1.0-66、
B-10-0.15-1.0-33、B-10-0.3-1.0-33、
B-10-0.15-1.0-0、B-10-0.3-1.0-0

单排配筋混凝土剪力墙结构

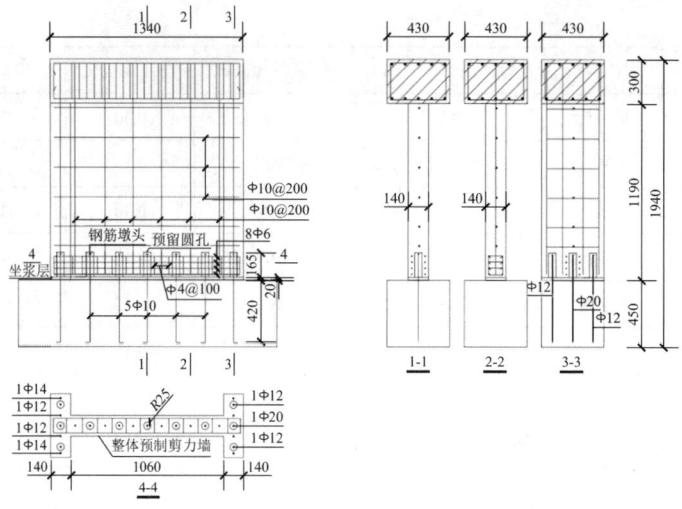

(c) Z-10-0.15-1.0-66

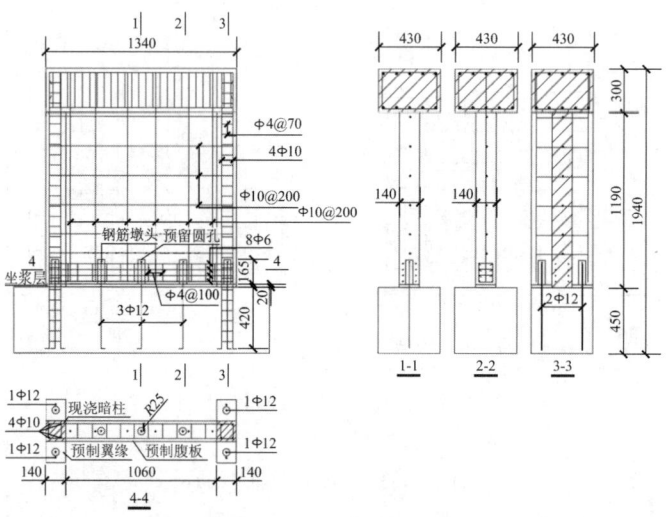

(d) B-10-0.15-1.0-66-L、B-10-0.3-1.0-66-L

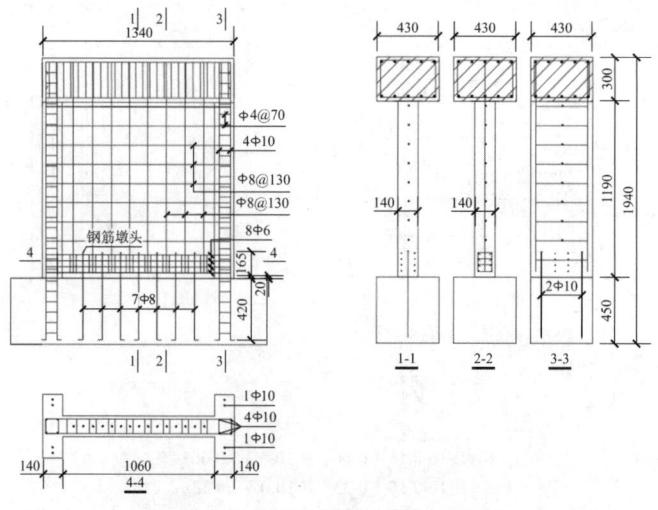

(e) X-8-0.15-1.0-66

第 5 章 装配式单排配筋剪力墙抗震性能

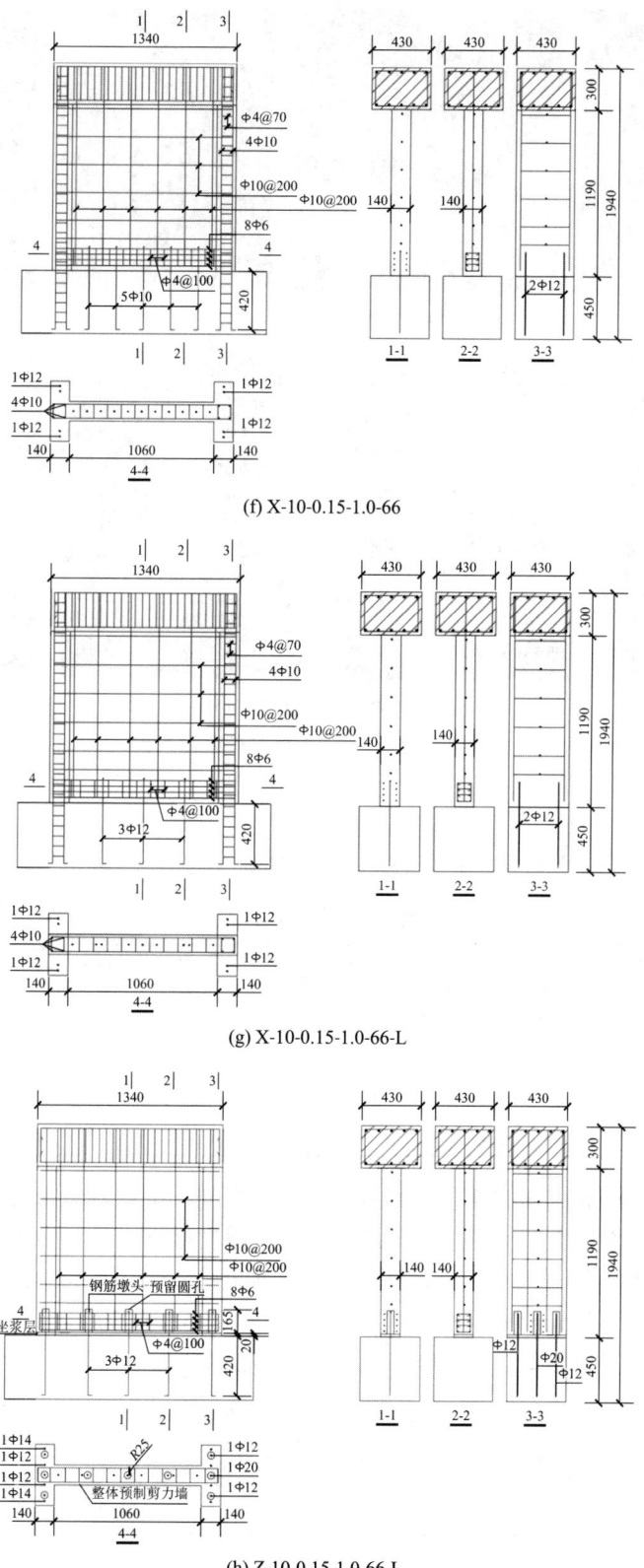

(f) X-10-0.15-1.0-66

(g) X-10-0.15-1.0-66-L

(h) Z-10-0.15-1.0-66-L

图 5.1-1 试件尺寸及配筋图

(a) 半装配式剪力墙试件制作

(b) 全装配式剪力墙试件制作

图 5.1-2　装配式剪力墙试件制作过程

2. 材料性能

试件墙体普通混凝土与再生粗骨料混凝土的配合比见表 5.1-2。

普通混凝土与再生粗骨料混凝土配合比　　　表 5.1-2

再生粗骨料取代率（%）	水泥（kg/m³）	粉煤灰（kg/m³）	矿粉（kg/m³）	天然细骨料（kg/m³）	天然粗骨料（kg/m³）	再生粗骨料（kg/m³）	水（kg/m³）	外加剂（kg/m³）
0	434	54	54	757	926	0	151	3.5
33	434	54	54	757	620	305	154	3.5
66	434	54	54	757	315	611	158	3.5

相同再生粗骨料取代率的混凝土剪力墙试件采用同一批混凝土浇筑。半装配式剪力墙试件暗柱区混凝土为后浇。实测强度与设计混凝土强度接近，计算中采用平均值。

各试件浇筑混凝土的同时，制作 100mm×100mm×100mm 的立方体试块以及 150mm×150mm×300mm 的棱柱体试块，进行混凝土立方体抗压强度、棱柱体抗压强度试验并取其均值，实测混凝土立方体强度与棱柱体强度见表 5.1-3。

实测混凝土立方体强度与棱柱体强度　　　表 5.1-3

再生粗骨料取代率（%）	立方体强度 f_{cu}（MPa）	棱柱体强度 f_{ck}（MPa）	f_{ck}/f_{cu}
0	46.8	41.7	0.89
33	51.9	43.6	0.84
66	52.7	44.7	0.85

剪力墙水平分布钢筋、竖向分布钢筋和竖向连接钢筋选用直径 8mm、10mm、12mm、14mm、20mm 的 HRB400 级钢筋，实测钢筋力学性能见表 5.1-4。

实测钢筋力学性能 表 5.1-4

钢筋直径（mm）	屈服强度（MPa）	极限强度（MPa）	弹性模量（MPa）	延伸率（%）
4	344	458	2.01×10^5	14.2
6	408	569	2.01×10^5	22.4
8	456	644	2.01×10^5	16.6
10	486	688	2.00×10^5	20.8
12	458	688	2.00×10^5	23.2
14	507	619	2.01×10^5	20.0
20	440	616	1.99×10^5	18.5

3. 加载装置及加载方案

装配式单排配筋剪力墙抗震性能试验在北京工业大学工程结构试验中心进行。加载装置包括：加载钢架、滚轴支座、竖向千斤顶、水平千斤顶以及液压控制系统，采用地锚螺栓固定试件的基础梁，试验装置见图 5.1-3。试验过程中利用 2000kN 的液压千斤顶-滚轴支座-分配梁加载系统施加恒定的竖向荷载，通过水平液压作动器施加低周反复水平荷载。

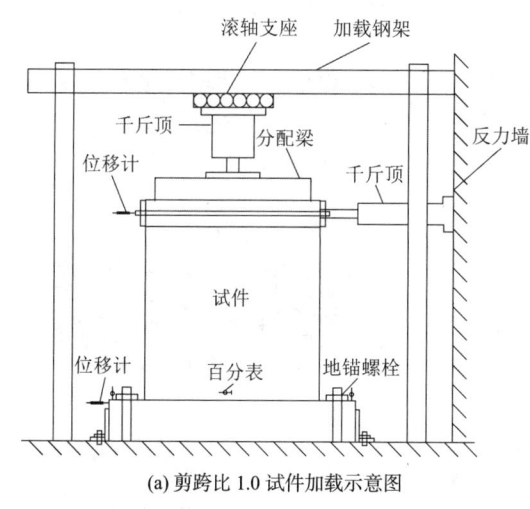
(a) 剪跨比 1.0 试件加载示意图

(b) 剪跨比 1.0 试件加载照片

图 5.1-3 试验装置

采用拟静力试验方法。正式试验之前，按照拟施加竖向荷载的 40%对试件进行预加载，正式试验过程中施加恒定的竖向荷载。然后施加低周反复水平荷载，剪跨比 1.0 的试件，加载点距离基础梁顶面 1.34m，采用荷载和位移联合控制的方法加载，试件屈服前，采用水平荷载控制加载；试件屈服后，采用水平位移控制加载。每级荷载加载一次，直至水平荷载下降至峰值荷载的 85%或试件明显破坏，停止加载。

5.1.2 破坏特征

各试件的最终破坏形态见图 5.1-4。

(a) B-8-0.15-1.0-66　　(b) B-8-0.3-1.0-66　　(c) B-10-0.15-1.0-66

(d) B-10-0.15-1.0-66-L　　(e) B-10-0.3-1.0-66　　(f) B-10-0.3-1.0-66-L

(g) B-10-0.15-1.0-33　　(h) B-10-0.3-1.0-33　　(i) B-10-0.15-1.0-0

(j) B-10-0.3-1.0-0　　(k) Z-10-0.15-1.0-66　　(l) Z-10-0.15-1.0-66-L

(m) X-8-0.15-1.0-66　　　　　　(n) X-10-0.15-1.0-66　　　　　(o) X-10-0.15-1.0-66-L

图 5.1-4　试件最终破坏形态

分析可见：（1）由于装配式单排配筋剪力墙试件底部连接部位坐浆层与预制剪力墙、基础梁之间存在灌浆料与预制混凝土接触面，现浇剪力墙试件底部剪力墙与基础梁之间存在施工缝，在低周反复荷载作用下均产生了贯通的水平裂缝。（2）全装配式剪力墙试件在加载过程中主要表现为底部水平缝的张开与闭合，以及翼缘底部、腹板下角部混凝土的压碎，其余部分并未发生明显破坏。（3）剪跨比 1.0 的半装配式剪力墙、现浇剪力墙试件在加载过程中，翼缘由下至上产生多条水平裂缝，墙身分布着 X 形交叉斜裂缝，轴压比 0.3 的试件裂缝分布比轴压比 0.15 的试件更加充分。（4）半装配式剪力墙、现浇剪力墙试件的破坏过程后期主要表现为剪力墙与基础梁之间水平缝的张开与闭合，试件在水平荷载下的塑性变形集中在底部连接部位附近，混凝土压碎范围较小，接近破坏时部分纵筋拉断。（5）半装配式剪力墙试件的翼缘预制部分、现浇暗柱与预制腹板之间产生竖向裂缝，但弯曲水平裂缝可以由翼缘较平滑地开展到腹板，三者能够有效地共同工作。

5.1.3　滞回曲线

试件加载点的"水平荷载F-加载高度水平位移U"滞回曲线见图 5.1-5。加载高度水平位移指距离试件基础顶面 1340mm 高度处的水平位移，加载过程中，推力为水平力正值，拉力为水平力负值。

试验表明：

（1）半装配式单排配筋剪力墙试件的滞回曲线与现浇单排配筋剪力墙试件相似，加载初期滞回环为细长梭形，加载曲线在后期变得平缓，由于剪力墙与基础梁之间的裂缝宽度不断增大，捏拢现象逐渐明显，卸载时开始曲线较陡，恢复变形较小，之后恢复变形加快，曲线平缓，残余变形越来越大，滞回环较为饱满。

（2）全装配式单排配筋剪力墙试件，屈服以后较快达到峰值荷载，随着加载位移的增加，荷载并无明显降低；剪力墙与基础梁之间的水平缝宽度不断增大，卸载时曲线捏拢严重。

（3）不同再生粗骨料取代率的再生混凝土剪力墙试件与普通混凝土剪力墙试件的滞回曲线无明显差别。

（4）轴压比越小，加载时底部水平缝张开的宽度越大，卸载时由于裂缝闭合，捏拢现象更加明显。

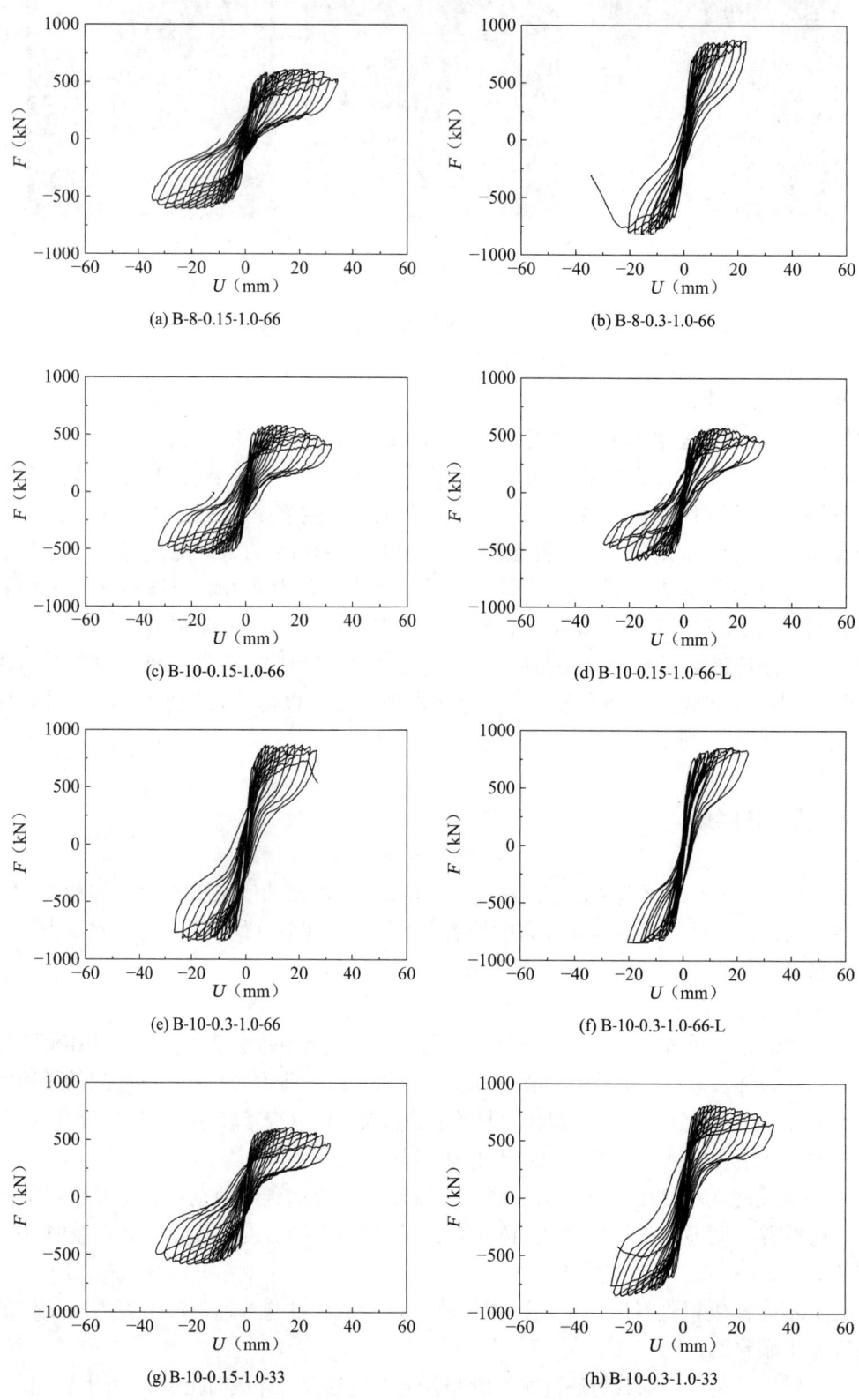

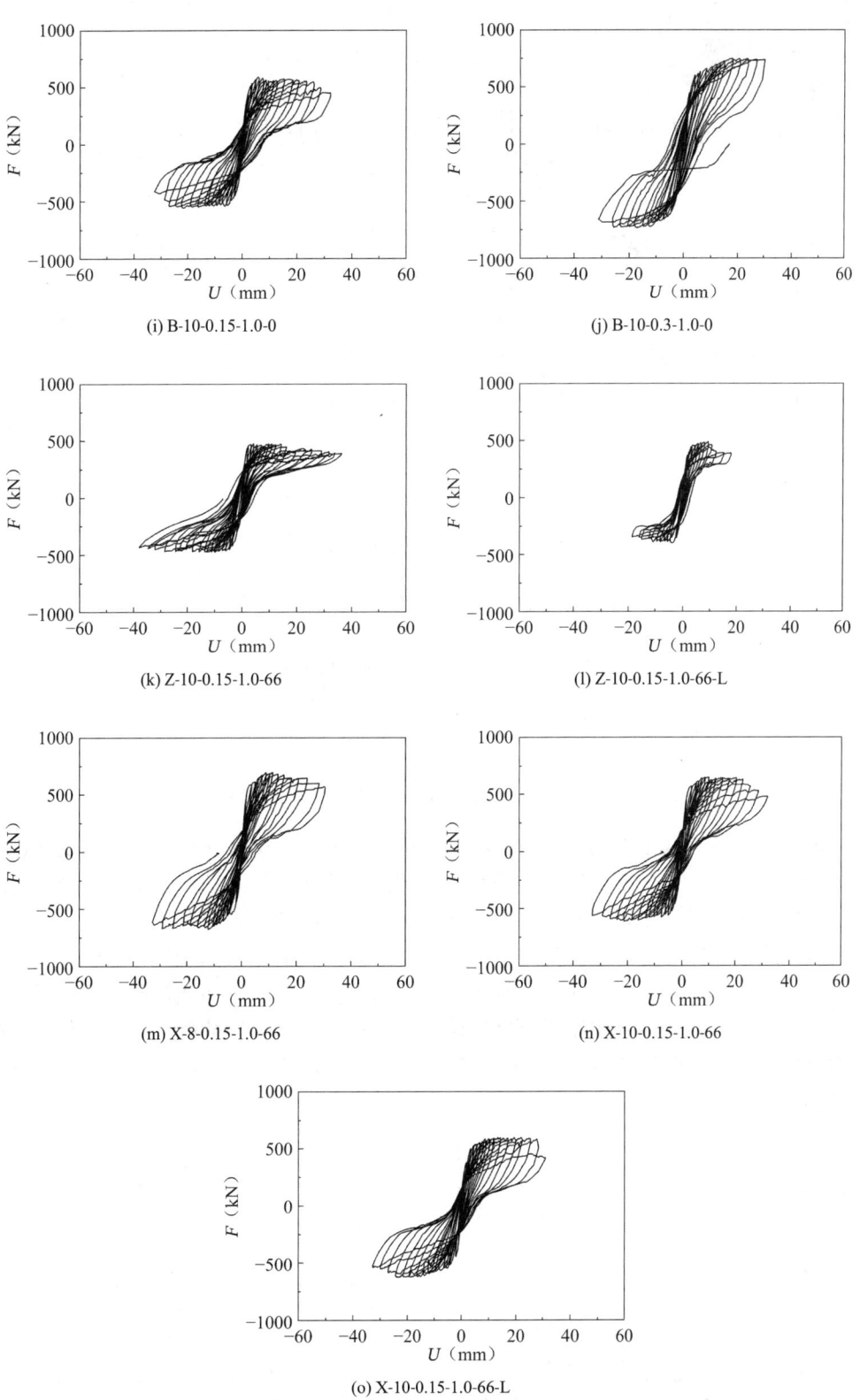

图 5.1-5 试件加载点"水平荷载F-加载高度水平位移U"滞回曲线

5.1.4 骨架曲线

不同构造形式剪力墙试件"水平荷载F-位移U"骨架曲线对比见图5.1-6。

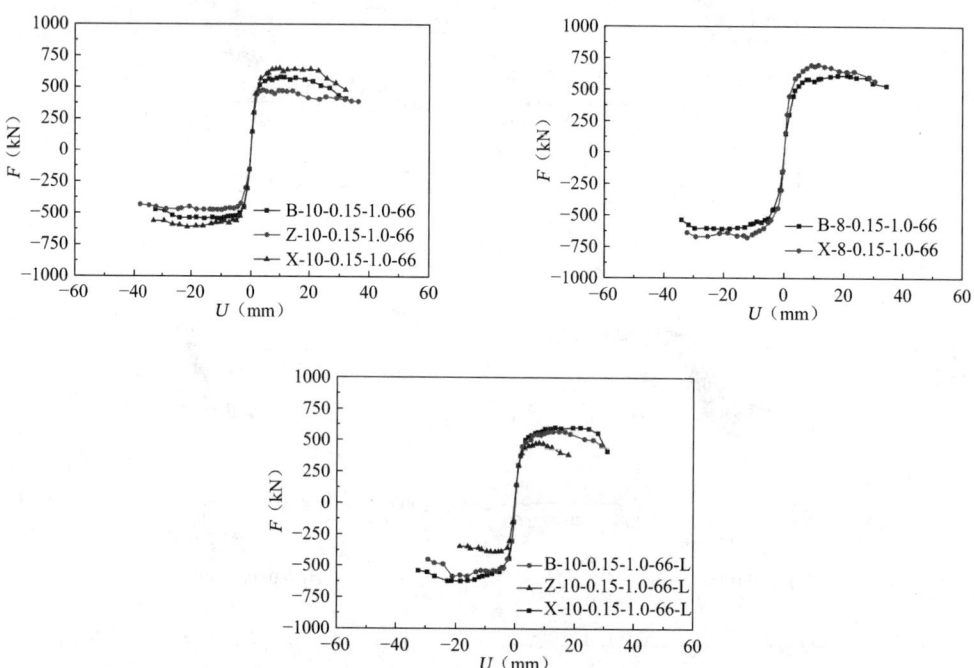

图 5.1-6 试件"水平荷载F-位移U"骨架曲线对比

分析可知：（1）其余参数相同时，不同构造形式剪力墙试件在屈服之前刚度接近，骨架曲线基本为线性。（2）现浇单排配筋剪力墙试件的承载力较高，半装配式单排配筋剪力墙试件与现浇试件承载力相差不多，全装配式剪力墙试件的承载力较小。

实测不同轴压比下剪力墙试件"水平荷载F-位移U"骨架曲线对比见图5.1-7。

分析可知：（1）其余参数相同，轴压比不同的各剪力墙试件加载初期刚度接近，骨架曲线基本为线性。（2）试件屈服后刚度下降明显，较快达到峰值荷载，峰值荷载后承载力并无明显降低。（3）轴压比0.3的试件屈服荷载及峰值荷载均大于轴压比0.15的试件，但极限位移较小。

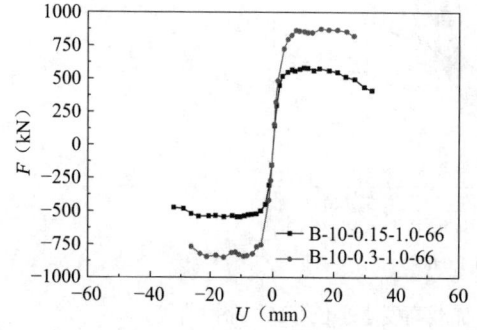 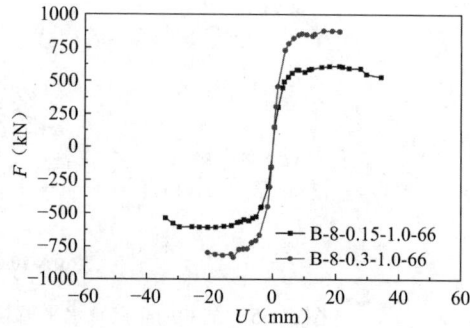

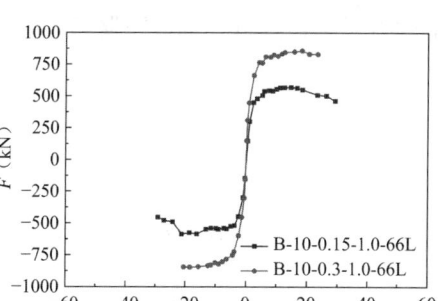

图 5.1-7　不同轴压比剪力墙试件"水平荷载F-位移U"骨架曲线对比

实测不同再生粗骨料取代率试件"水平荷载F-位移U"骨架曲线对比见图 5.1-8。

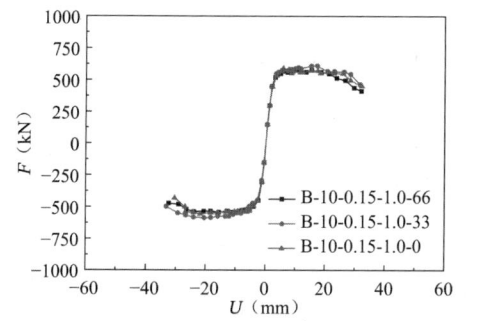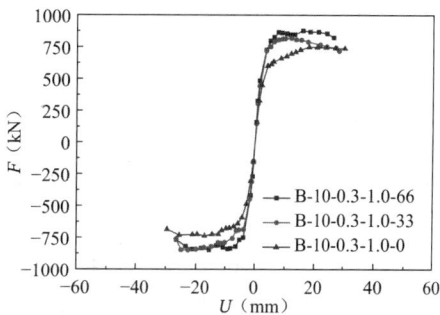

图 5.1-8　不同再生粗骨料取代率试件"水平荷载F-位移U"骨架曲线对比

分析可知：(1) 其余参数相同时，三个不同再生粗骨料取代率混凝土剪力墙试件的骨架曲线相似。(2) 轴压比 0.15 时，三条曲线基本重合；轴压比 0.3 时，随着再生粗骨料取代率（0、33%、66%）的增大，试件的承载力也略有提高。

实测不同配筋构造形式试件"水平荷载F-位移U"骨架曲线对比见图 5.1-9。

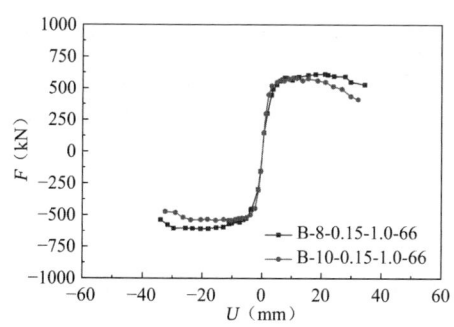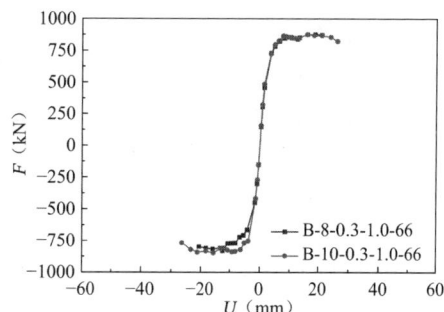

图 5.1-9　不同配筋构造形式试件"水平荷载F-位移U"骨架曲线对比

分析可知：剪力墙配筋率大致相同时，分布钢筋采用$\phi 8@130$、腹板连接钢筋采用$7\phi 8$的半装配式剪力墙试件与分布钢筋采用$\phi 10@200$、腹板连接钢筋采用$5\phi 10$的半装配式剪力墙试件骨架曲线形状相似，骨架曲线基本重合。

由图 5.1-6～图 5.1-9 可见：装配式单排配筋剪力墙试件的骨架曲线变化大致分为三个阶段：(1) 加载初期基本为线性，试件刚度较大；(2) 屈服以后试件较快达到峰值荷载；

（3）峰值荷载后各试件的承载力无明显降低，曲线下降段较为平缓，装配式单排配筋剪力墙的延性较好。

5.1.5 承载力

实测各试件的开裂荷载F_{cr}、屈服荷载F_y和峰值荷载F_p及相应的位移实测值见表5.1-5。

试件开裂荷载、屈服荷载、峰值荷载及位移实测值　　　表5.1-5

试件编号	F_{cr}（kN）	U_y（mm）	F_y（kN）	U_p（mm）	F_p（kN）	U_u（mm）	θ_y	θ_p	θ_u	μ
B-8-0.15-1.0-66	120	3.9	488.9	20.8	609.5	36.3	1/348	1/65	1/37	9.4
B-8-0.3-1.0-66	初始	3.7	676.4	14.2	833.4	20.9	1/367	1/94	1/64	5.6
B-10-0.15-1.0-66	140	2.8	483.1	10.3	561.9	32.2	1/479	1/130	1/41	11.4
B-10-0.15-1.0-66-L	180	4.2	503.8	18.0	592.0	29.4	1/318	1/81	1/45	7.0
B-10-0.3-1.0-66	270	3.6	730.7	15.7	861.9	26.4	1/372	1/85	1/51	7.2
B-10-0.3-1.0-66-L	250	5.2	751.7	18.4	852.3	21.9	1/258	1/73	1/61	5.3
B-10-0.15-1.0-33	140	2.9	466.6	18.9	598.0	32.4	1/470	1/71	1/41	11.4
B-10-0.3-1.0-33	230	3.4	690.3	17.3	833.0	27.5	1/394	1/77	1/48	8.1
B-10-0.15-1.0-0	140	2.8	464.4	19.6	563.4	31.3	1/479	1/68	1/43	11.2
B-10-0.3-1.0-0	270	3.2	522.0	17.6	742.7	29.9	1/426	1/75	1/45	6.8
Z-10-0.15-1.0-66	初始	2.9	435.7	7.1	474.8	37.1	1/462	1/190	1/37	12.7
Z-10-0.15-1.0-66-L	170	4.0	372.0	7.3	462.0	18.3	1/337	1/183	1/73	9.5
X-8-0.15-1.0-66	130	3.0	514.7	11.8	685.9	31.3	1/454	1/114	1/43	10.6
X-10-0.15-1.0-66	130	3.1	517.3	15.6	630.7	32.5	1/432	1/86	1/42	10.4
X-10-0.15-1.0-66-L	190	4.6	526.1	15.9	611.3	31.7	1/295	1/84	1/42	7.0

分析可知：（1）全装配式单排配筋剪力墙试件的承载力较低，约为同类现浇剪力墙试件承载力的67.08%～75.28%。（2）半装配式单排配筋剪力墙的承载力约为同类现浇剪力墙试件承载力的88.78%～96.85%。（3）轴压比0.3的剪力墙试件承载力均大于同类轴压比0.15的试件，比值范围在1.31～1.53之间，平均约为1.43倍，其原因是轴压比的增大能有效抑制混凝土的开裂及裂纹的扩展，从而提高了剪力墙试件的承载力。（4）采用再生粗骨料取代率0、33%、66%的混凝土剪力墙试件，承载力比值范围在1.00～1.16之间，考虑混凝土立方体抗压强度的差异，承载力相差不大。（5）配筋率大致相同、配筋形式不同的剪力墙试件，连接钢筋采用直径8mm或直径10mm时，二者承载力比值范围在0.97～1.09之间，相差不大。

5.1.6 延性

表5.1-5同时列出了各试件的屈服位移U_y、峰值位移U_p、极限位移U_u、屈服位移角θ_y、峰值位移角θ_p、极限位移角θ_u和位移延性系数μ。

分析可知：（1）装配式剪力墙试件的延性较好，全装配式剪力墙的位移延性系数为同类现浇剪力墙的 103.23%～122.16%，半装配式剪力墙的位移延性系数为同类现浇剪力墙的 88.68%～109.62%，说明半装配式单排配筋再生混凝土低矮剪力墙与现浇单排配筋低矮剪力墙在塑性变形能力方面基本相同。（2）设计轴压比 0.15 的试件，其延性优于设计轴压比 0.3 的试件，这是由于轴压比越高，墙底剪切滑移和墙体裂缝的开展受到的限制作用越强，就会减小墙体的水平变形，使得试件屈服位移、峰值位移有所增大，极限位移下降明显。（3）混凝土再生粗骨料取代率不同、剪力墙配筋形式不同时，延性差别不大。（4）试件的极限位移角基本达到 1/65 以上，试件的弹塑性变形性能较好。

5.1.7 刚度

实测各个试件的初始刚度 K_0、屈服刚度 K_y、极限刚度 K_u 及 K_u/K_y 见表 5.1-6。其中 K_y 为试件正反向加载屈服时的割线刚度，K_u 为试件最后一级加载时的割线刚度。各剪力墙试件的"刚度 K-位移 U"曲线比较，即刚度退化曲线比较见图 5.1-10。

试件刚度实测值及其比值　　　　表 5.1-6

试件编号	K_0（kN/mm）	K_y（kN/mm）	K_u（kN/mm）	K_u/K_y
B-8-0.15-1.0-66	256.5	126.4	14.3	0.12
B-8-0.3-1.0-66	367.1	182.8	34.0	0.22
B-10-0.15-1.0-66	323.0	176.2	14.8	0.07
B-10-0.15-1.0-66-L	339.9	119.7	17.1	0.14
B-10-0.3-1.0-66	350.6	201.4	27.8	0.15
B-10-0.3-1.0-66-L	414.0	144.8	33.0	0.23
B-10-0.15-1.0-33	271.2	163.7	15.7	0.09
B-10-0.3-1.0-33	329.6	203.0	25.8	0.15
B-10-0.15-1.0-0	276.2	165.9	15.3	0.09
B-10-0.3-1.0-0	261.0	164.9	21.1	0.16
Z-10-0.15-1.0-66	286.2	150.2	10.9	0.07
Z-10-0.15-1.0-66-L	304.7	93.7	21.5	0.23
X-8-0.15-1.0-66	372.7	191.4	18.7	0.10
X-10-0.15-1.0-66	333.4	171.5	16.5	0.09
X-10-0.15-1.0-66-L	345.5	115.6	16.4	0.14

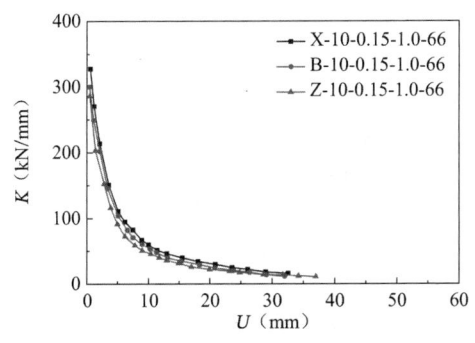
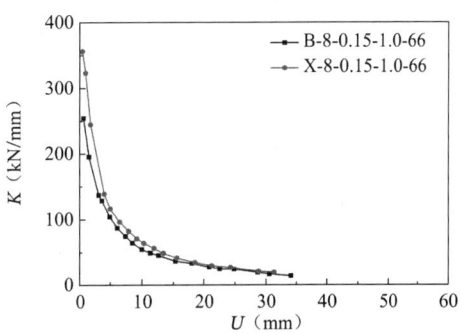

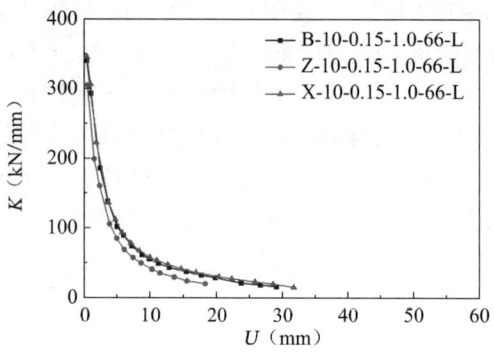

(a) 不同形式剪力墙试件的"刚度K-位移U"曲线比较

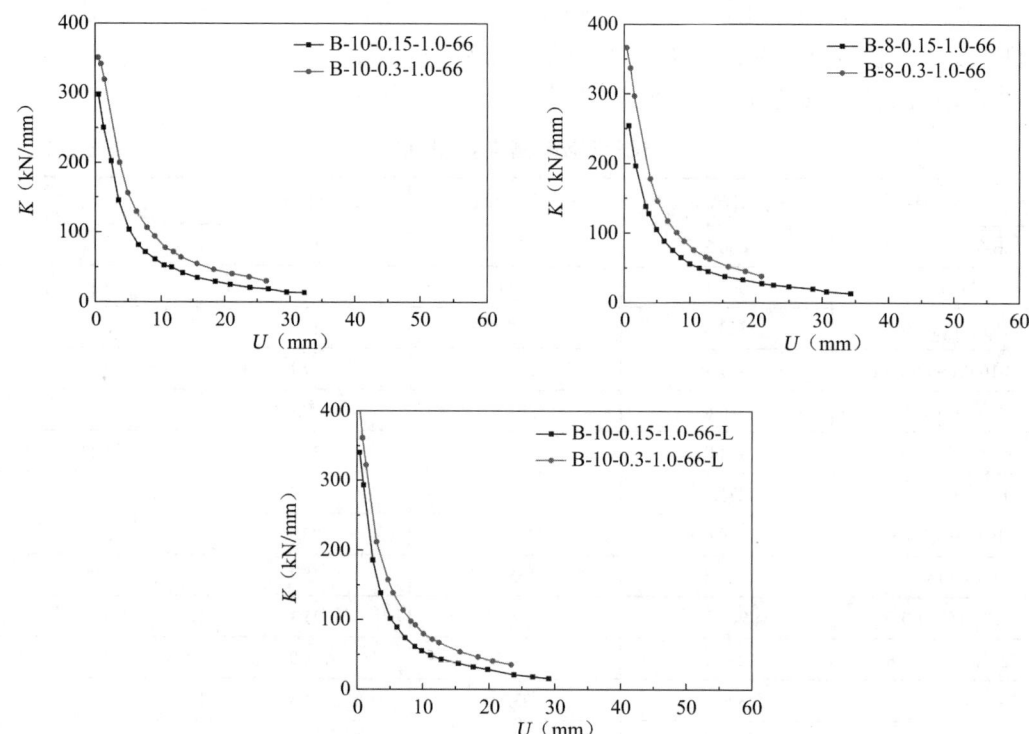

(b) 不同轴压比剪力墙试件的"刚度K-位移U"曲线比较

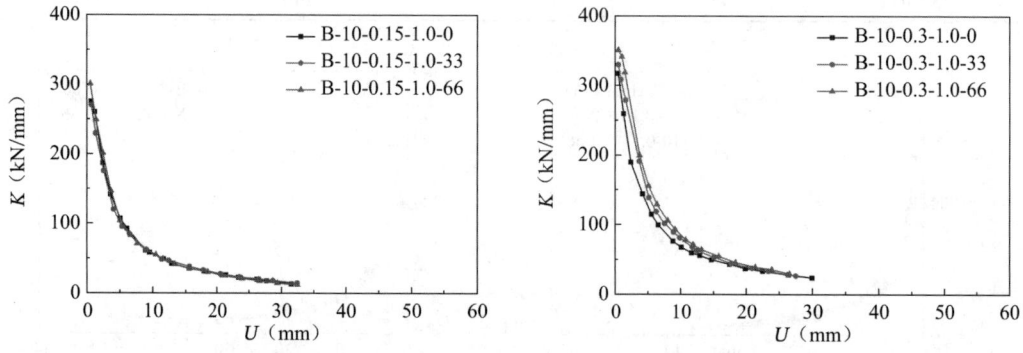

(c) 不同再生粗骨料取代率剪力墙试件的"刚度K-位移U"曲线比较

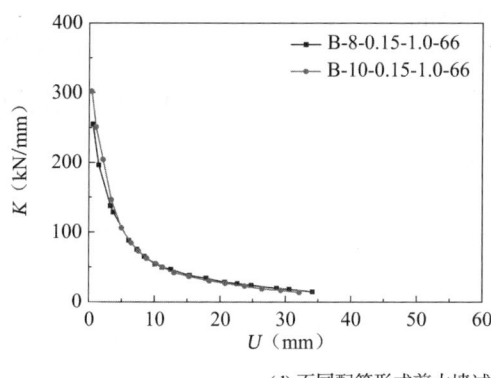 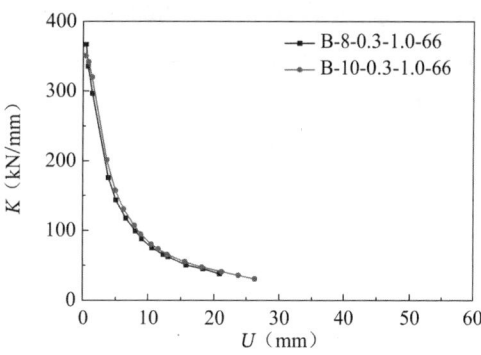

(d) 不同配筋形式剪力墙试件的"刚度K-位移U"曲线比较

图 5.1-10　各剪力墙试件的"刚度K-位移U"曲线比较

分析可知：

（1）试件刚度随着加载点位移的增大而减小。试件刚度退化过程主要分为 3 个阶段：刚度速降阶段（从开始加载至试件开裂）、刚度次降速阶段（从试件开裂至试件屈服）、刚度退化平缓阶段（从试件屈服至试验停止）。单排配筋剪力墙试件刚度退化的主要原因是反复荷载作用下混凝土的破碎、接缝处的变形以及墙体本身的变形。除 B-8-0.3-1.0-66 试验过程中发生设备故障提前停止加载，其余试件破坏时残余刚度为屈服刚度的 7%～16%。

（2）对于不同建造形式的剪力墙，现浇试件在加载初期的刚度最大，半装配式剪力墙试件次之，全装配式剪力墙试件的刚度最小，随着循环加载不同形式剪力墙试件的刚度差距逐渐减小，加载中后期刚度退化曲线接近重合；加载过程中，轴压比 0.3 的试件刚度始终大于轴压比 0.15 的试件，因为轴压比增大，增强了骨料间的咬合作用，限制了墙体斜裂缝的开展，减小了墙体剪切变形，同时限制了墙底剪切滑移变形，从而提高了墙体刚度；混凝土再生粗骨料取代率不同时，各试件刚度退化曲线差别不大；配筋率基本相同、配筋形式不同时，各试件刚度退化曲线基本重合。

5.2　装配式单排配筋中高剪力墙

5.2.1　试验概况

1. 试件设计

为了研究装配式单排配筋再生混凝土中高剪力墙抗震性能，共设计了 11 个工字形截面试件，其中 2 个全装配式、6 个半装配式、3 个现浇单排配筋混凝土中高剪力墙试件。设计参数为轴压比、配筋形式和装配方式。试件由三部分组成：加载梁、墙底基础梁及剪力墙墙体。试件的几何尺寸均相同，试件剪力墙为工字形截面，试件基础梁、加载梁为矩形截面。剪力墙截面腹板高度（含翼缘厚度）为 1340mm、厚度 140mm；剪力墙截面腹板高度 430mm、厚度 140mm；墙体高度为 1860mm；试件基础梁尺寸为 1800mm × 430mm ×

450mm；试件加载梁尺寸为1340mm×430mm×300mm。各试件的水平加载点到基础梁顶面距离为2010mm，剪跨比λ = 1.5。其中，试件的竖向及水平分布钢筋的配筋率均为0.28%。试件的边缘暗柱均采用矩形箍筋，纵筋为4根HRB400级直径为10mm的钢筋，暗柱箍筋为φ4@70，各剪力墙试件编号及主要参数见表5.2-1，部分试件的尺寸及配筋见图5.2-1。装配式剪力墙制作示意图见图5.2-2。

试件主要参数   表5.2-1

试件编号	墙体类型	粗骨料取代率（%）	钢筋直径（mm）	设计轴压比	剪跨比	竖向荷载（kN）
B-8-0.15-1.5-66	半装配	66	8	0.15	1.5	820
B-8-0.3-1.5-66	半装配	66	8	0.30	1.5	1640
B-10-0.15-1.5-66	半装配	66	10	0.15	1.5	820
B-10-0.15-1.5-66-L	半装配	66	10	0.15	1.5	820
B-10-0.3-1.5-66	半装配	66	10	0.30	1.5	1640
B-10-0.3-1.5-66-L	半装配	66	10	0.30	1.5	1640
Z-10-0.15-1.5-66	全装配	66	10	0.15	1.5	820
Z-10-0.15-1.5-66-L	全装配	66	10	0.15	1.5	820
X-8-0.15-1.5-66	现浇	66	8	0.15	1.5	820
X-10-0.15-1.5-66	现浇	66	10	0.15	1.5	820
X-10-0.15-1.5-66-L	现浇	66	10	0.15	1.5	820

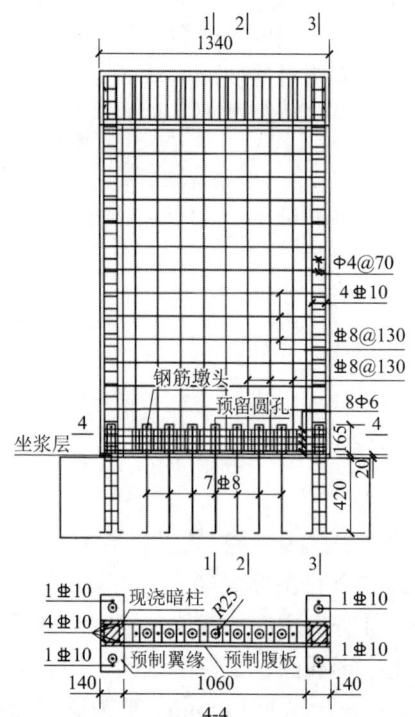
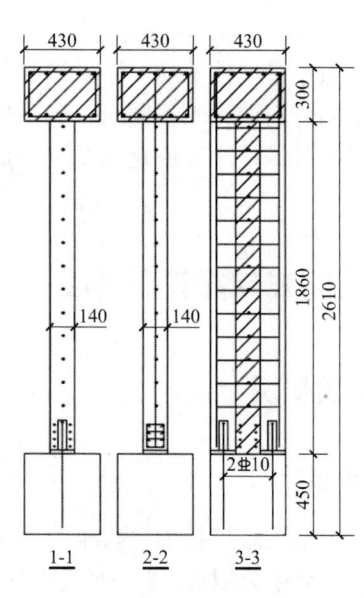

(a) B-8-0.15-1.5-66、B-8-0.3-1.5-66

第 5 章 装配式单排配筋剪力墙抗震性能

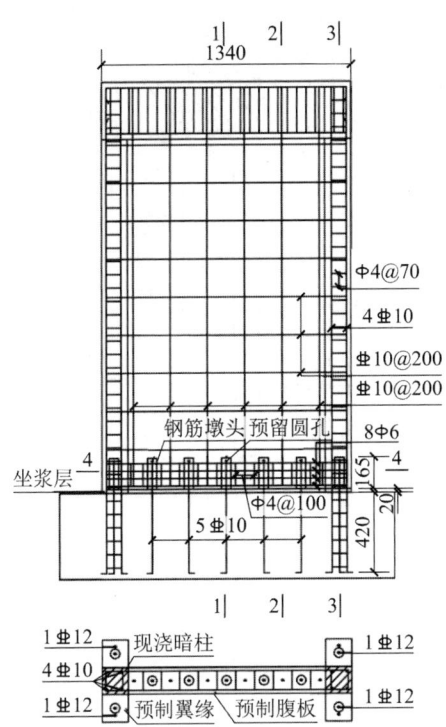
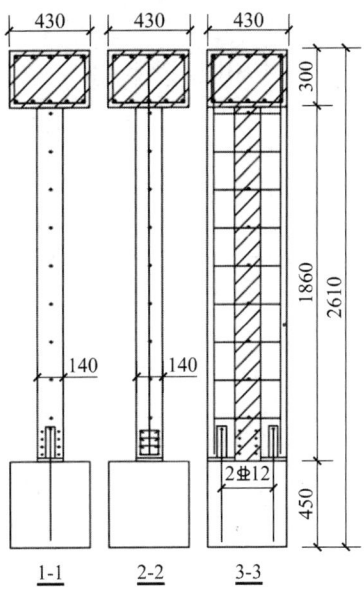

(b) B-10-0.15-1.5-66、B-10-0.3-1.5-66

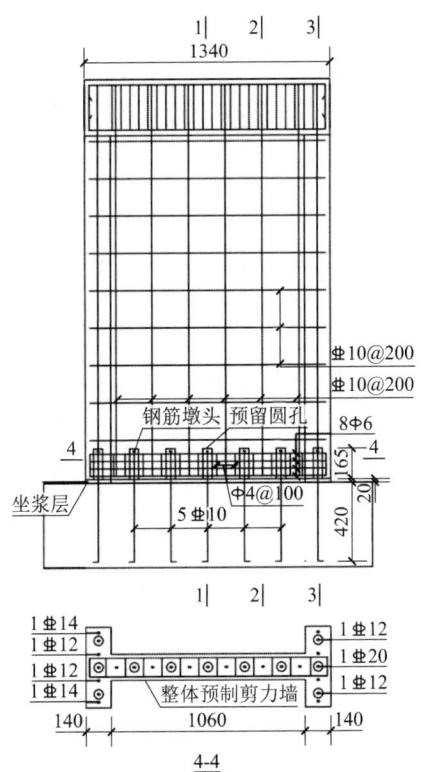
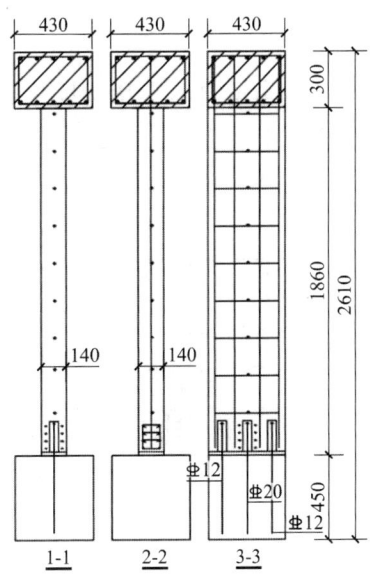

(c) Z-10-0.15-1.5-66

单排配筋混凝土剪力墙结构

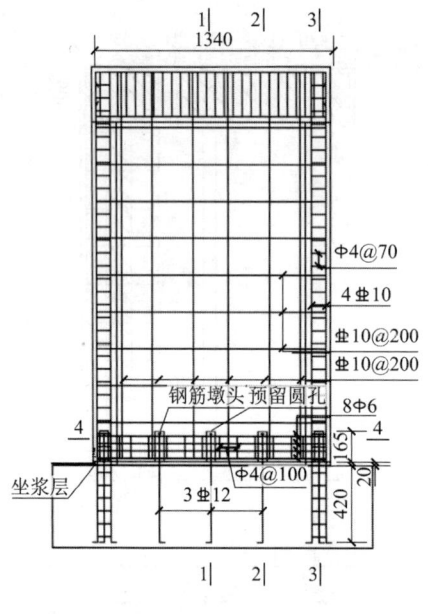
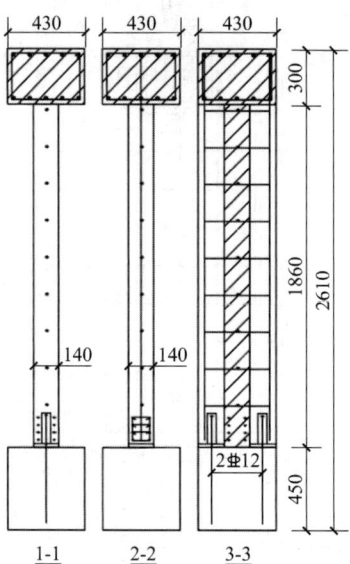
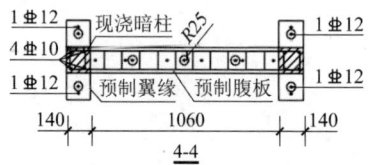

(d) B-10-0.15-1.5-66-L、B-10-0.3-1.5-66-L

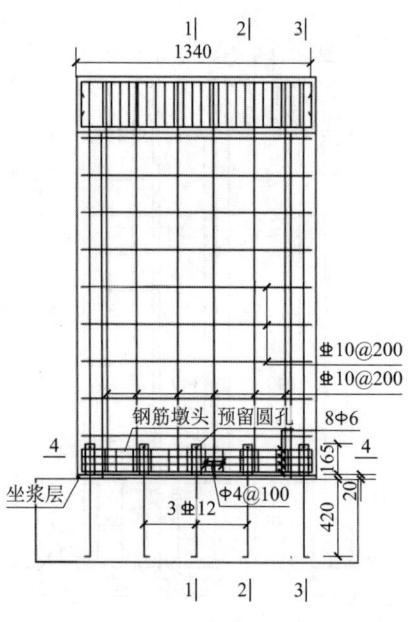
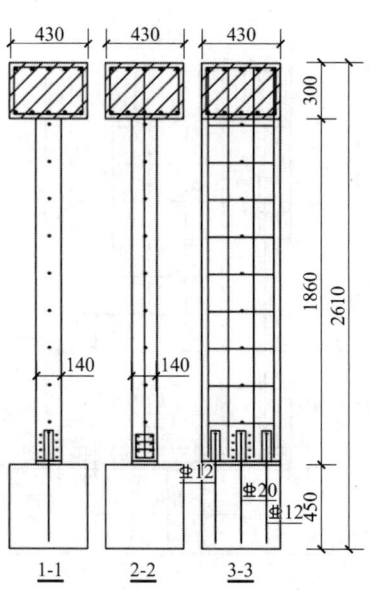
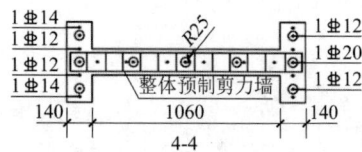

(e) X-8-0.15-1.5-66

第 5 章 装配式单排配筋剪力墙抗震性能

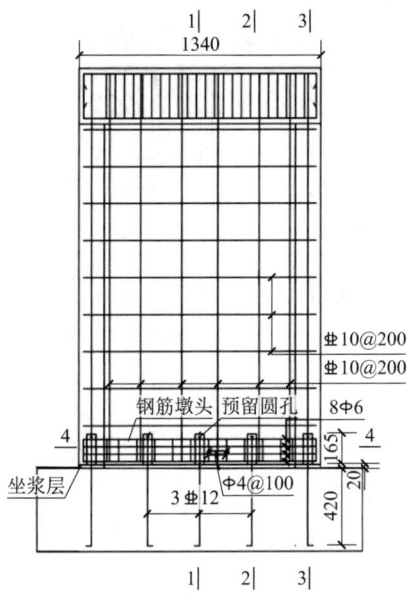
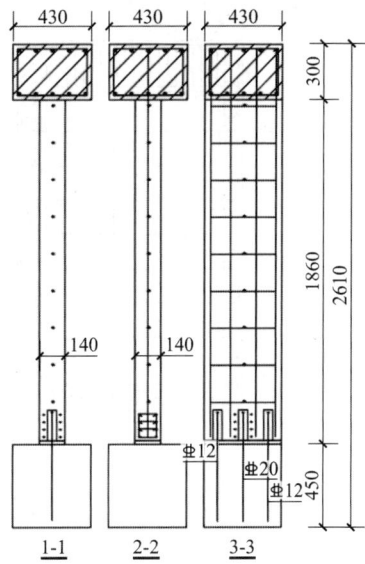
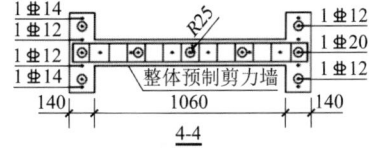

(f) Z-10-0.15-1.5-66-L

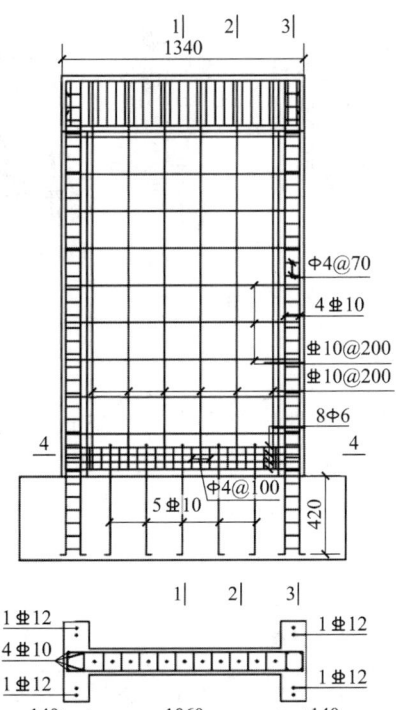
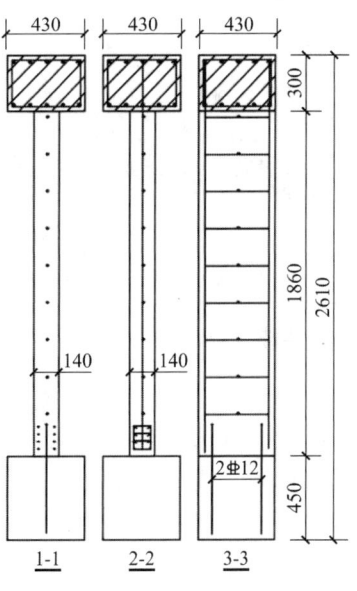

(g) X-10-0.15-1.5-66

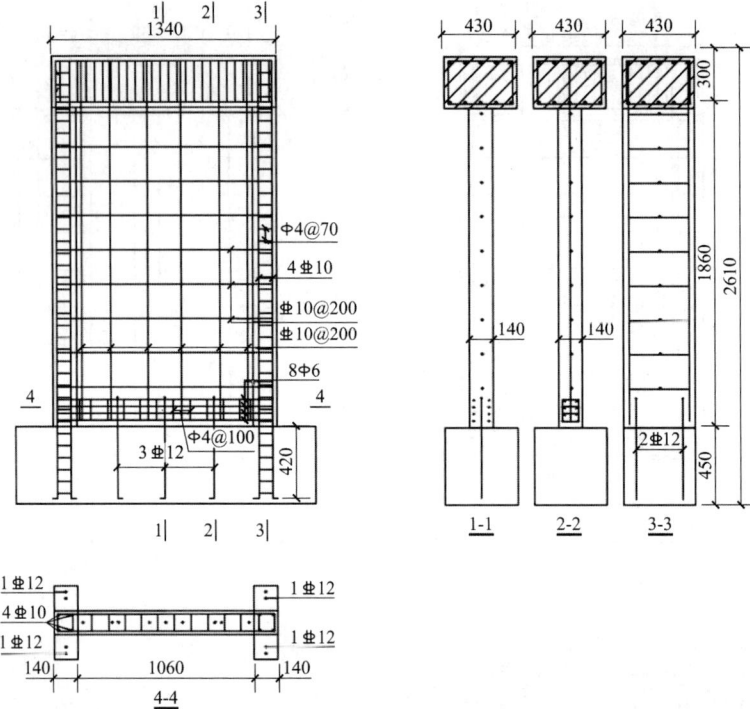

(h) X-10-0.15-1.5-66-L

图 5.2-1 试件尺寸及配筋图

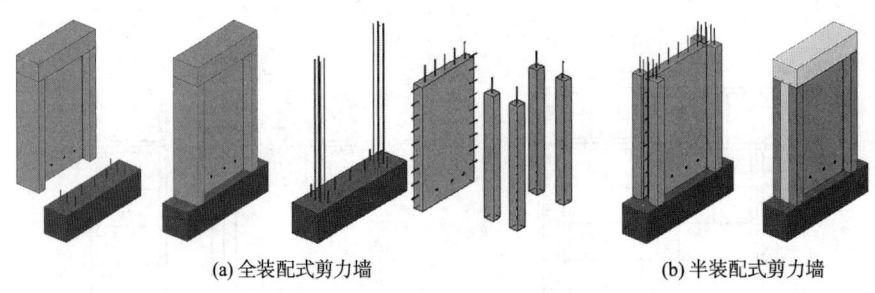

(a) 全装配式剪力墙　　　　　　(b) 半装配式剪力墙

图 5.2-2 装配式剪力墙制作示意图

2. 材料性能

剪力墙试件由再生混凝土浇筑而成，其中，粗骨料粒径为 5～25mm，表观密度为 2575.5kg/m³，细骨料为天然机制砂。墙体混凝土强度设计等级为 C50，再生粗骨料取代率为 66%。实测再生混凝土立方体抗压强度 f_{cu} 为 52.72MPa，高强灌浆料选择 CGMJM-Ⅵ 型钢筋接头灌浆料，实测抗压强度为 77.5MPa。

钢筋力学性能实测值的平均值见表 5.2-2。

钢筋力学性能实测的平均值　　　　　　表 5.2-2

钢筋直径（mm）	屈服强度（MPa）	极限强度（MPa）	弹性模量（MPa）	延伸率（%）
4	344	458	2.01×10^5	14.2
6	408	569	2.01×10^5	22.4

第5章 装配式单排配筋剪力墙抗震性能

续表

钢筋直径（mm）	屈服强度（MPa）	极限强度（MPa）	弹性模量（MPa）	延伸率（%）
8	456	644	2.01×10^5	16.6
10	486	688	2.00×10^5	20.8
12	458	688	2.00×10^5	23.2
14	507	619	2.01×10^5	20.0
20	440	616	1.99×10^5	18.5

3. 加载装置及加载方案

进行低周反复荷载下的抗震性能试验，竖向荷载通过2000kN的竖向千斤顶施加，为使竖向荷载均匀地分布在加载梁顶面，在加载梁顶部放置刚度非常大的钢垫梁，在试件顶部的加载梁中心处采用1000kN的拉压液压千斤顶施加低周反复荷载，加载点的位置距离基础顶面高度为2010mm，基础梁通过地锚螺栓固定在实验室台座上，使用自动数据采集系统对试验过程中荷载、位移、应变等进行数据采集。加载示意图及现场照片见图5.2-3。

试验在北京工业大学结构试验室进行。首先对试件施加竖向压力，对于轴压比0.15的试件施加850kN的竖向压力，对轴压比0.3的试件施加1700kN的竖向压力，试验过程中保持竖向压力恒定；之后，对试件施加水平力，水平力采用力-变形混合控制加载，在试件屈服之前采用力控制，共分为三级加载；从第四循环开始采用位移控制加载，每级位移增量取试件1/1000位移角；当顶点位移超过1/100时，每级位移增量改为1/500位移角，加载至剪力墙的水平承载力下降到峰值荷载的85%以下或者试件丧失承载能力时，试验结束。

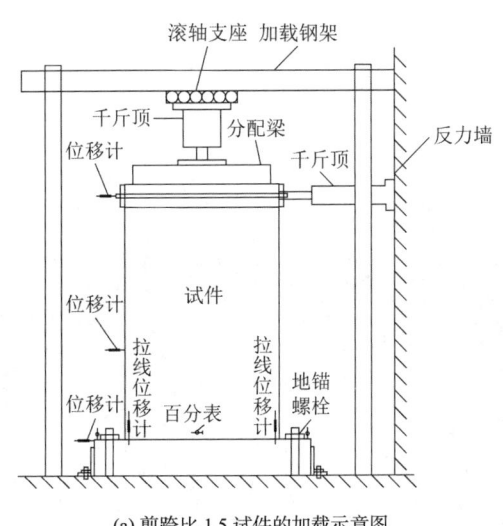
(a) 剪跨比1.5试件的加载示意图

(b) 剪跨比1.5试件的加载照片

图5.2-3 加载示意图及现场照片

4. 测试内容

测试内容主要有：加载点水平力、试件轴压力、水平加载高度的水平位移、基础水平滑移、墙体的水平滑移、钢筋应变。

在加载梁中心位置处布置一个位移计，位移计距离墙体底部 2010mm，用来量测墙体在正、负项荷载作用下的水平位移，在距离墙体底部 100mm 处布置一个百分表，用来测量墙体相对基础的水平滑移，在基础梁端部布置一个百分表，用来监测基础的滑移，在基础梁两侧上表面布置两个百分表，用来测量基础的翘起。

钢筋应变测量包括：暗柱底部纵向钢筋应变，腹板底部竖向连接钢筋应变，角柱处竖向连接钢筋应变，腹板水平分布钢筋应变。钢筋应变测点布置如图 5.2-4 所示。

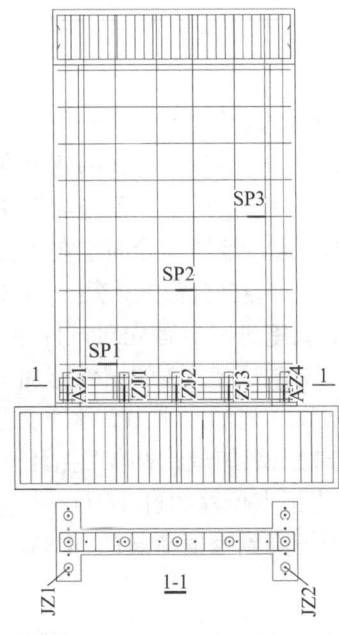

图 5.2-4　钢筋应变测点布置

5.2.2　破坏特征

实测各试件的最终破坏形态如图 5.2-5 所示。

(a) Z-10-0.15-1.5-66

(b) Z-10-0.15-1.5-66-L

(c) B-8-0.15-1.5-66

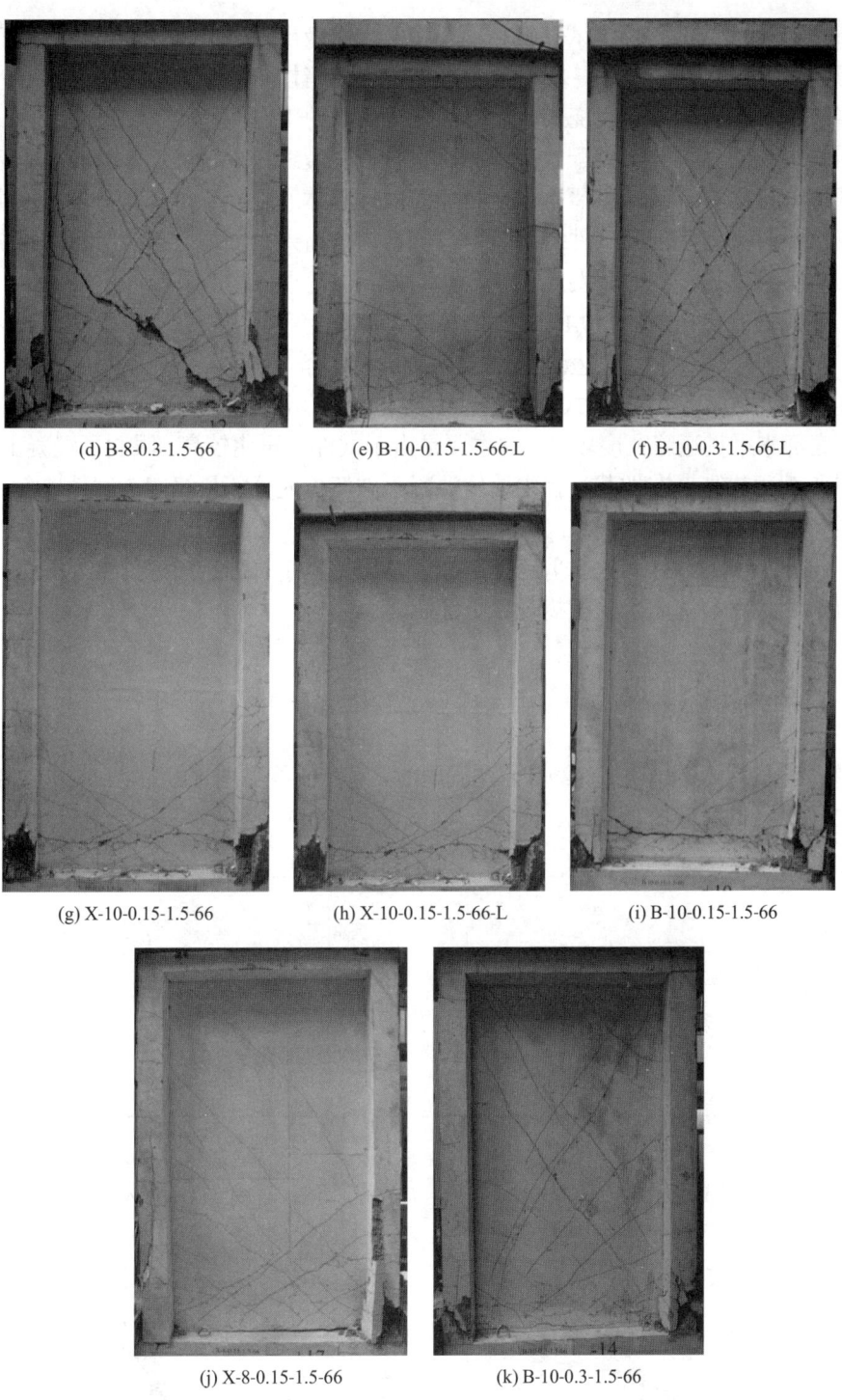

图 5.2-5 试件最终破坏形态

分析可见：

（1）各试件的破坏形态基本相同，破坏形态为剪切和弯曲共同作用，裂缝主要为剪力墙腹板上的斜裂缝、翼缘水平缝、上层墙体与基础或坐浆层之间的水平贯通缝，翼缘底部混凝土压碎。

（2）半装配式试件和现浇试件破坏形态相似，腹板出现多条水平裂缝，墙底底部水平贯通缝形状及宽度也基本一致，翼缘预制部分、现浇暗柱与预制腹板之间能够有效地共同工作，半装配式剪力墙与全现浇式剪力墙都具有良好的工作性能。

（3）全装配式试件与半装配式试件相比：腹板斜裂缝较少，破坏不够充分，墙体底部水平贯通缝宽度较大，破坏更严重，全装配式试件墙体的裂缝未得到充分发展，主要原因是全装配式试件墙体底部为试件的薄弱处，抗剪切能力差，墙体底部一旦出现裂缝就会迅速开裂，墙体裂缝得不到充分发展。

（4）剪跨比1.5、轴压比0.15时，墙体中下部产生弯剪裂缝，上部无明显破坏现象；剪跨比1.5、轴压比0.3时，腹板产生对角斜裂缝及多条弯剪裂缝。

（5）轴压比0.3的半装配式试件与轴压比0.15的半装配式试件相比，墙体破坏更严重，墙体底部水平贯通缝宽度较小，这主要是由于试件轴压比较高，限制了混凝土的开裂，导致水平承载力较高，在加载过程中墙体混凝土破坏更充分。最终四个试件墙角处均发生混凝土压碎脱落及钢筋外漏现象。

（6）同5.1节的试件相比，剪跨比越大、轴压比越小，加载时底部水平缝张开的宽度越大，卸载时由于裂缝闭合，捏拢现象更加明显。

5.2.3 滞回曲线

实测试件加载点的"水平荷载F-水平位移U"滞回曲线见图5.2-6。图5.2-7为部分不同形式剪力墙试件的骨架曲线对比。

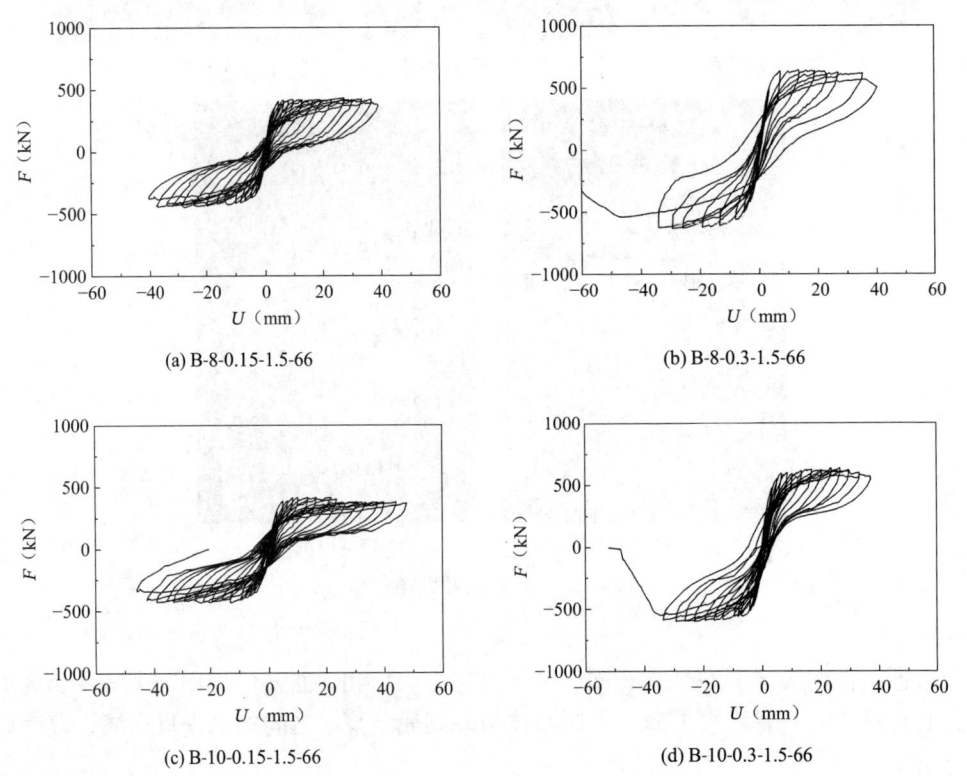

(a) B-8-0.15-1.5-66

(b) B-8-0.3-1.5-66

(c) B-10-0.15-1.5-66

(d) B-10-0.3-1.5-66

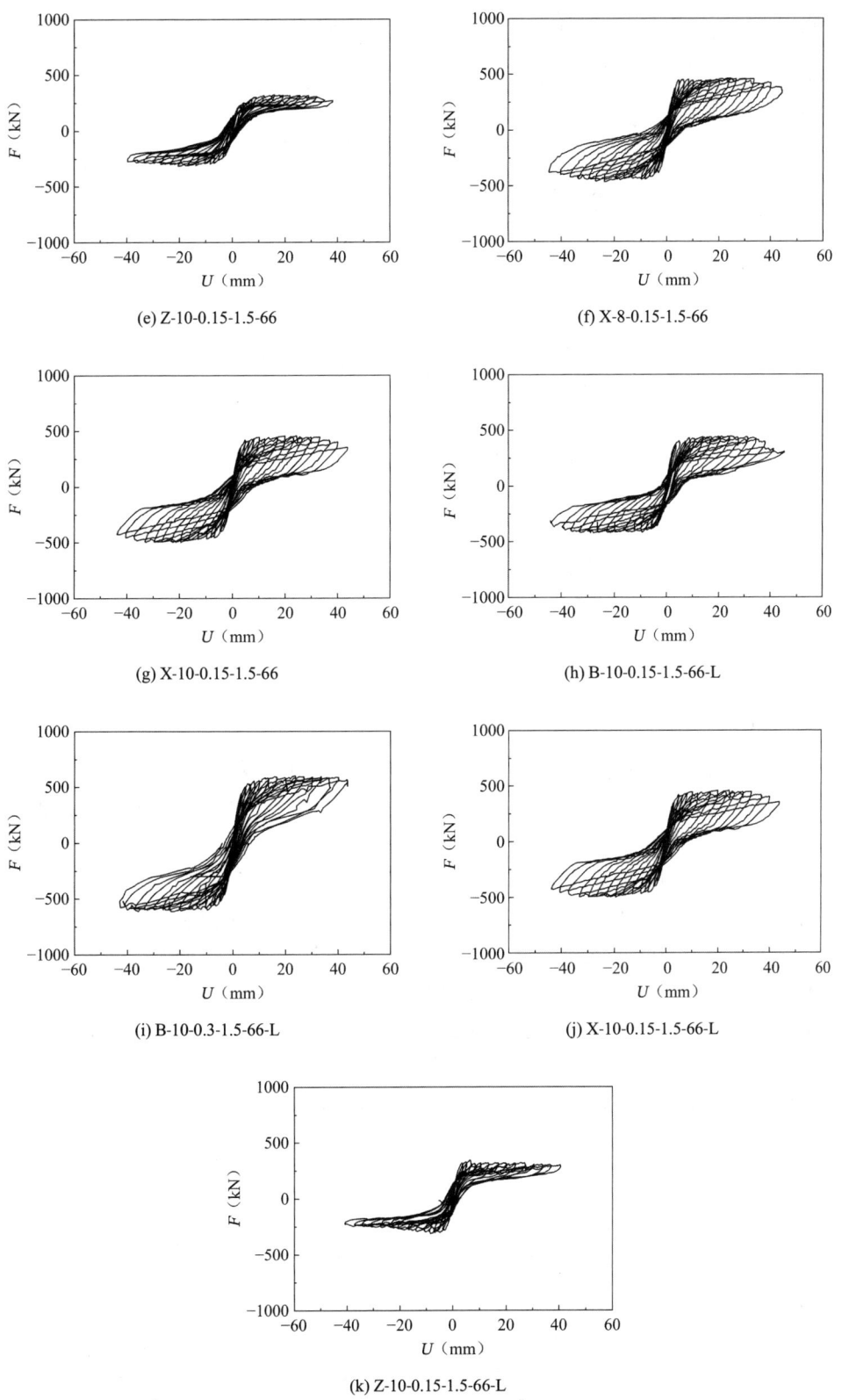

图 5.2-6 试件加载点"水平荷载F-水平位移U"滞回曲线

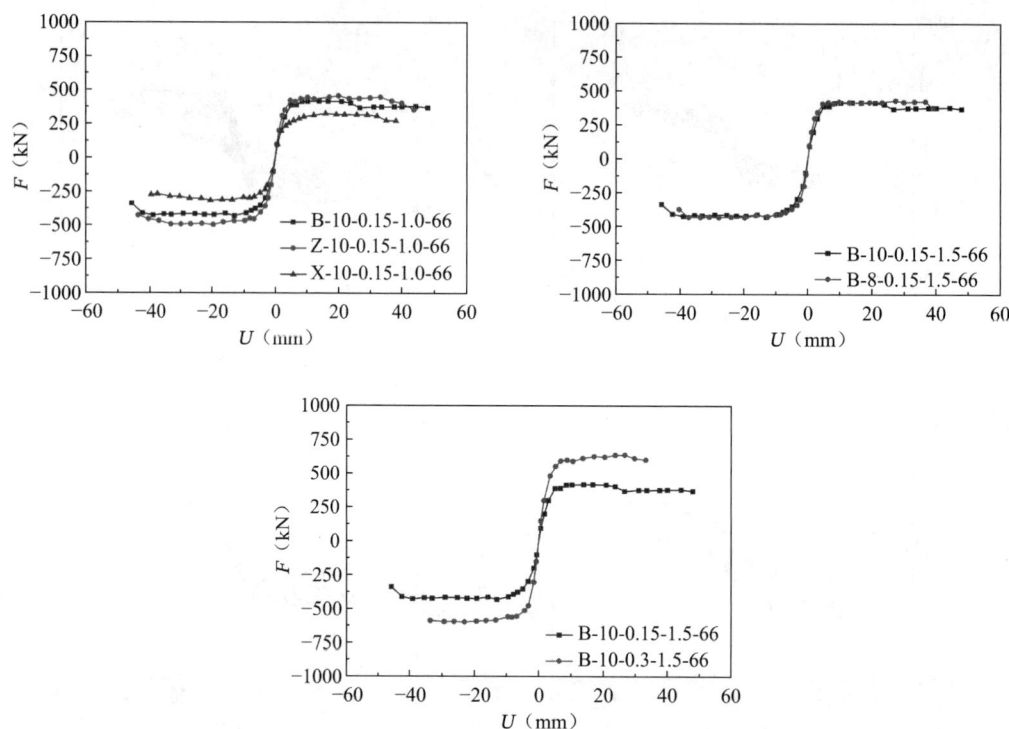

图 5.2-7 不同形式剪力墙的骨架曲线对比

分析可知：

（1）各试件滞回环加载初期呈梭形，随着加载的进行，反 S 形越来越明显；试件屈服前，残余变形很小，试件屈服后，随着水平位移的增大，残余变形越来越大，直至试件破坏。

（2）半装配式试件和现浇试件滞回环相似，滞回性能较为接近，中部有轻微捏拢现象，破坏后期力学性能退化速度较慢，变形能力较好；全装配式试件和半装配式试件相比，滞回环中部捏拢现象严重，承载能力低，变形能力差。说明全装配式再生混凝土剪力墙与半装配式再生混凝土剪力墙相比，耗能能力相差很多。

（3）轴压比 0.3 的试件的滞回环饱满程度与轴压比 0.15 的试件相比有所下降，中部捏拢现象比较明显，破坏后期力学性能退化速度较快，变形能力较差。

同 5.1 节的试件相比，部分不同剪跨比剪力墙试件的骨架曲线对比如图 5.2-8 所示。

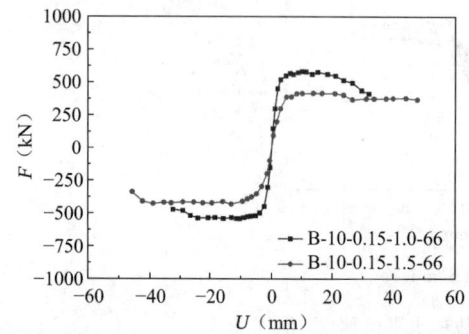
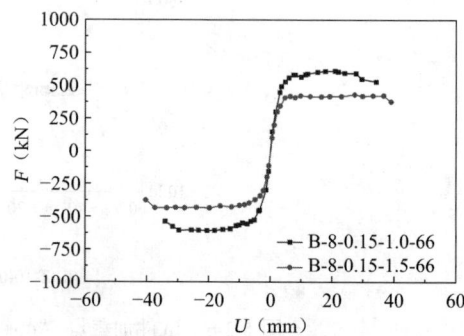

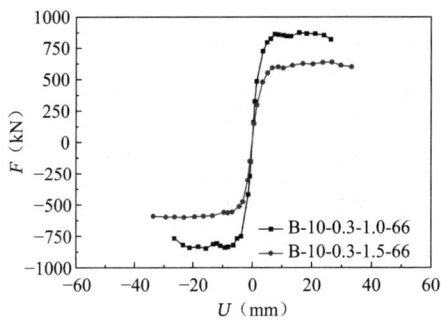
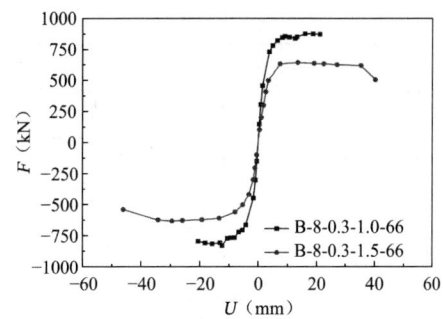

(a) 半装配式剪力墙试件

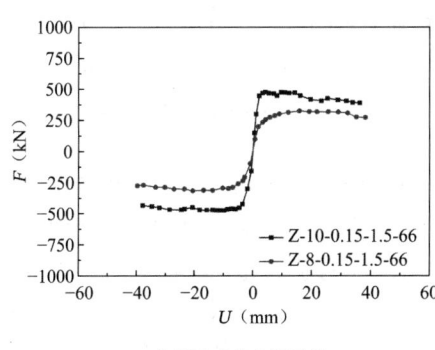
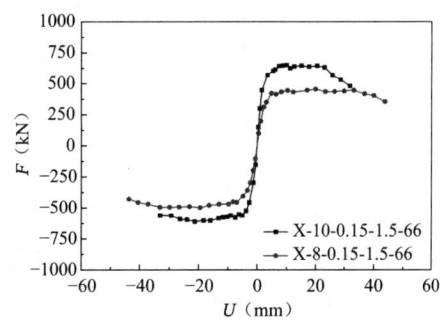

(b) 全装配式剪力墙试件　　　　　　　(c) 现浇剪力墙试件

图 5.2-8　不同剪跨比剪力墙的骨架曲线对比

分析可见：(1) 其余参数相同时，对于半装配式剪力墙、全装配式剪力墙和现浇剪力墙，均表现为剪跨比 1.0 的试件初始刚度较大，屈服荷载及峰值荷载大于剪跨比 1.5 的试件，但极限位移较小。(2) 剪跨比 1.0 的剪力墙试件承载力均大于同类剪跨比 1.5 的试件，比值范围在 1.32～1.48 之间，平均约为 1.38 倍。

5.2.4　承载力

实测各试件的开裂荷载 F_{cr}、屈服荷载 F_y 和峰值荷载 F_p 见表 5.2-3。

试件开裂荷载、屈服荷载、峰值荷载实测值　　　表 5.2-3

试件编号	F_{cr}（kN）	F_y（kN）			F_p（kN）		
		正向	反向	平均	正向	反向	平均
B-8-0.15-1.5-66	80	357.5	333.8	345.7	431.5	435.4	433.5
B-8-0.3-1.5-66	初始	525.4	475.9	500.7	642.4	632.4	637.4
B-10-0.15-1.5-66	初始	372.8	345.2	359.0	416.3	431.6	424.0
B-10-0.15-1.5-66-L	初始	361.9	398.7	380.3	444.1	430.4	437.3
B-10-0.3-1.5-66	初始	512.1	493.3	502.7	638.1	600.1	619.1
B-10-0.3-1.5-66-L	初始	533.5	538.9	536.2	598.4	606.6	602.5
Z-10-0.15-1.5-66	70	242.1	249.0	245.6	325.2	315.8	320.5

续表

试件编号	F_{cr}（kN）	F_y（kN）			F_p（kN）		
		正向	反向	平均	正向	反向	平均
Z-10-0.15-1.5-66-L	70	290.2	272.3	281.3	345.1	311.0	328.1
X-8-0.15-1.5-66	初始	370.6	338.4	354.5	459.0	465.5	462.3
X-10-0.15-1.5-66	100	376.7	424.1	400.4	456.0	497.3	476.7
X-10-0.15-1.5-66-L	100	376.7	419.7	398.2	450.8	457.3	454.1

分析可知：

（1）与轴压比 0.15 试件 B-10-0.15-1.5-66-L 相比，轴压比 0.3 的试件 B-10-0.3-1.5-66-L 的开裂荷载、屈服荷载及峰值荷载依次提高了 33.8%、37.9%、37.8%，同样轴压比 0.3 的剪力墙试件承载力均大于同类轴压比 0.15 的试件，这表明轴压比的增大对提高试件的开裂荷载、承载能力作用明显。

（2）与试件 B-10-0.15-1.5-66-L 相比，试件 X-10-0.15-1.5-66-L 和 Z-10-0.15-1.5-66-L 的开裂荷载依次提高了 3.1%、-14.8%，屈服荷载依次提高了 4.7%、-26.1%，峰值荷载依次提高 3.8%、-25%，同样全装配式单排配筋剪力墙试件的承载力均较同类现浇剪力墙试件承载力低，半装配式单排配筋剪力墙的承载力与同类现浇剪力墙试件承载力相近，由此可见，半装配式再生混凝土剪力墙与全现浇式再生混凝土剪力墙的开裂荷载、承载能力基本一致，全装配式再生混凝土剪力墙的开裂荷载、承载力明显低于半装配式再生混凝土剪力墙；其原因是半装配式剪力墙的现浇暗柱对抑制试件的开裂作用明显，试件开裂后半装配式试件的整体性好；而全装配式试件由于墙体和基础为全装配，没有现浇暗柱，试件的连接处为薄弱层，容易出现开裂，当试件开裂后，钢筋的受力会增大很多，并很快达到屈服。

（3）配筋率大致相同、配筋形式不同的剪力墙试件，承载力相差不大，故墩头钢筋配置数目及直径对开裂荷载和承载力影响不大。

（4）同 5.1 节的试件相比，剪跨比 1.0 的剪力墙试件承载力均大于同类剪跨比 1.5 的试件，比值范围在 1.32~1.48 之间，平均约为 1.38 倍。

5.2.5 延性

实测各试件的屈服位移 U_y、峰值位移 U_p、极限位移 U_u、屈服位移角 θ_y、峰值位移角 θ_p、极限位移角 θ_u 和位移延性系数 $\mu = U_u/U_y$ 见表 5.2-4。

各试件位移、位移角及延性系数实测结果　　　　表 5.2-4

试件编号	U_y（mm）	U_p（mm）	U_u（mm）	θ_y	θ_p	θ_u	μ
B-8-0.15-1.5-66	3.25	27.55	39.65	1/618	1/73	1/46	13.4
B-8-0.3-1.5-66	4.40	21.45	34.75	1/456	1/93	1/58	7.9
B-10-0.15-1.5-66	4.70	13.40	46.80	1/429	1/150	1/43	10.0
B-10-0.15-1.5-66-L	5.29	26.18	40.34	1/380	1/77	1/49	7.6
B-10-0.3-1.5-66	3.95	24.90	33.45	1/505	1/81	1/60	8.4

续表

试件编号	U_y（mm）	U_p（mm）	U_u（mm）	θ_y	θ_p	θ_u	μ
B-10-0.3-1.5-66-L	5.21	13.42	45.97	1/386	1/150	1/44	8.8
Z-10-0.15-1.5-66	4.05	19.15	38.95	1/495	1/105	1/52	9.6
Z-10-0.15-1.5-66-L	7.30	26.20	40.60	1/278	1/78	1/50	5.6
X-8-0.15-1.5-66	2.95	23.70	40.20	1/681	1/85	1/50	13.6
X-10-0.15-1.5-66	4.65	19.75	43.65	1/428	1/102	1/46	9.3
X-10-0.15-1.5-66-L	5.70	25.65	43.59	1/353	1/78	1/46	7.7

分析可知：

（1）各试件的位移角θ_u均大于1/50，满足规范规定的剪力墙在大震作用下弹塑性位移角限值1/120，变形能力较强。

（2）与轴压比0.15试件B-10-0.15-1.5-66-L相比，轴压比0.3试件B-10-0.3-1.5-66-L的延性系数降低了15%，同时设计轴压比0.15的试件的延性均优于设计轴压比0.3的试件，表明轴压比增大，会降低试件的延性。

（3）与试件B-10-0.15-1.5-66-L相比，试件X-10-0.15-1.5-66-L和Z-10-0.15-1.5-66-L的延性系数依次提高了3.8%、30%，同时，半装配式剪力墙的位移延性系数均与同类现浇剪力墙试件相近，表明半装配式试件和全现浇试件延性较好，差值在5%以内，近似相同；全装配式剪力墙由于墙肢没有现浇暗柱，试件的塑形变形能力及延性均较差。

（4）试件B-8-0.15-1.5-66与B-10-0.15-1.5-66相比延性系数大致相同，故当配筋率大致相同、配筋形式不同的剪力墙试件的延性相差不大。

（5）同5.1节的同类试件相比，剪跨比1.5的试件，其延性优于剪跨比1.0的试件。

5.2.6 刚度

实测各试件的屈服刚度K_y、极限刚度K_u实测值及二者的比值K_u/K_y见表5.2-5。表中各符号含义与5.1.7节中符号含义相同。

试件刚度实测值及其比值　　　　　　表5.2-5

试件编号	K_y（kN/mm）	K_u（kN/mm）	K_u/K_y
B-8-0.15-1.5-66	106.6	9.5	0.09
B-8-0.3-1.5-66	113.8	12.1	0.11
B-10-0.15-1.5-66	74.8	7.5	0.09
B-10-0.15-1.5-66-L	70.4	17.3	0.25
B-10-0.3-1.5-66	126.3	17.7	0.14
B-10-0.3-1.5-66-L	87.9	21.4	0.24
Z-10-0.15-1.5-66	61.9	7.0	0.11
Z-10-0.15-1.5-66-L	55.3	12.3	0.22

续表

试件编号	K_y(kN/mm)	K_u(kN/mm)	K_u/K_y
X-8-0.15-1.5-66	122.6	10.2	0.08
X-10-0.15-1.5-66	80.7	7.8	0.09
X-10-0.15-1.5-66-L	76.6	18.3	0.24

实测各剪力墙试件的"刚度K-位移U"曲线，即刚度退化曲线对比见图5.2-9。

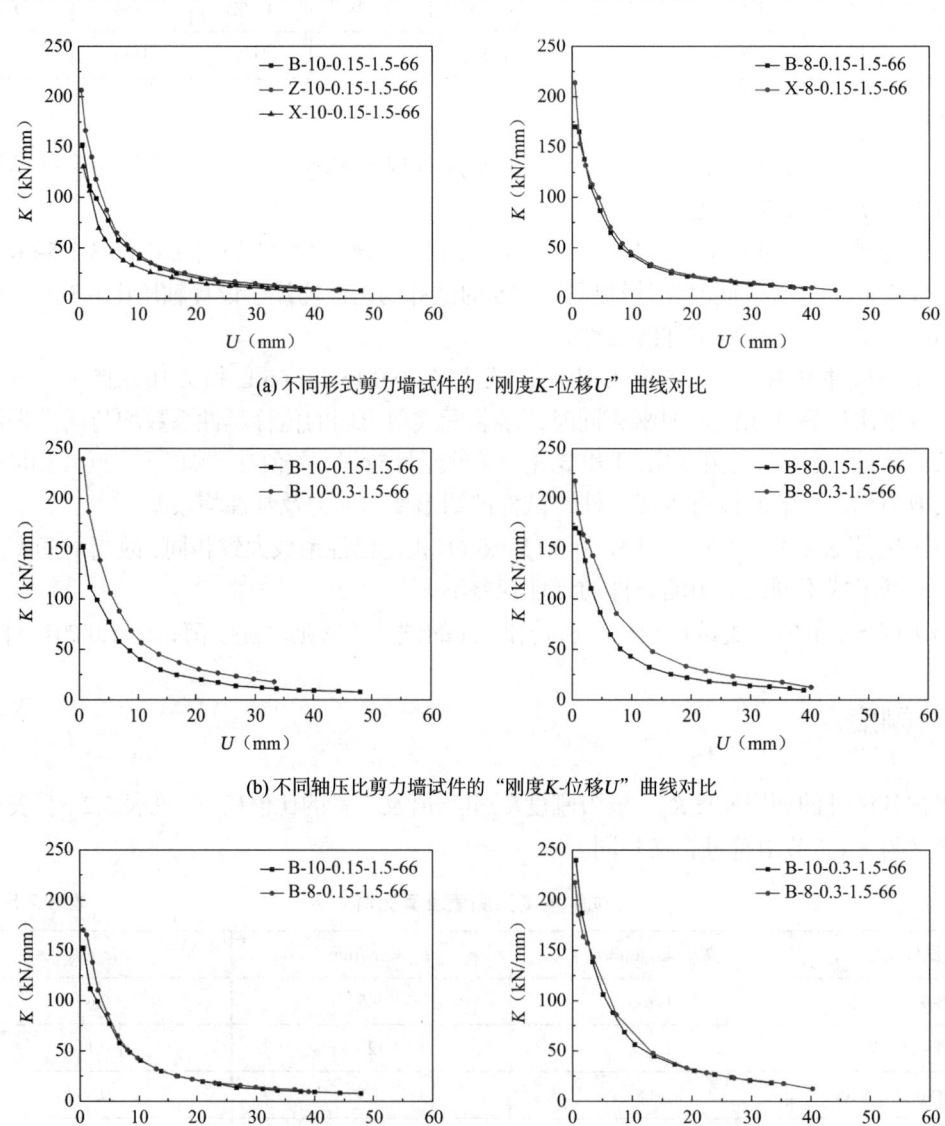

(a) 不同形式剪力墙试件的"刚度K-位移U"曲线对比

(b) 不同轴压比剪力墙试件的"刚度K-位移U"曲线对比

(c) 不同配筋形式剪力墙试件的"刚度K-位移U"曲线对比

图5.2-9 各剪力墙试件的"刚度K-位移U"曲线对比

分析可知：

（1）与试件 B-10-0.15-1.5-66-L 相比，轴压比 0.3 试件 B-10-0.3-1.5-66-L 初始刚度、屈

服割线刚度、峰值割线刚度依次增加了17%、25%、24%，轴压比0.3的试件刚度始终大于轴压比0.15的试件，这表明轴压比的增大可以提高试件的刚度。

（2）与试件 B-10-0.15-1.5-66-L 相比，试件 X-10-0.15-1.5-66-L 和 Z-10-0.15-1.5-66-L 的初始刚度依次增加了−1%、−14%，屈服割线刚度依次增加了9%、−22%，峰值割线刚度依次增加了6%、−29%，这表明半装配式试件与全现浇试件的刚度相差不大；全装配式剪力墙的刚度不如半装配式剪力墙，并且全装配式试件刚度的衰减速率要快于半装配式试件。且配筋率基本相同时，各试件刚度退化过程基本一致。

同 5.1 节的试件相比，部分不同剪跨比剪力墙试件的"刚度K-位移U"曲线对比如图 5.2-10 所示。分析可见：剪跨比 1.0 的试件刚度大于剪跨比 1.5 的试件，但剪跨比较小时刚度退化较快。

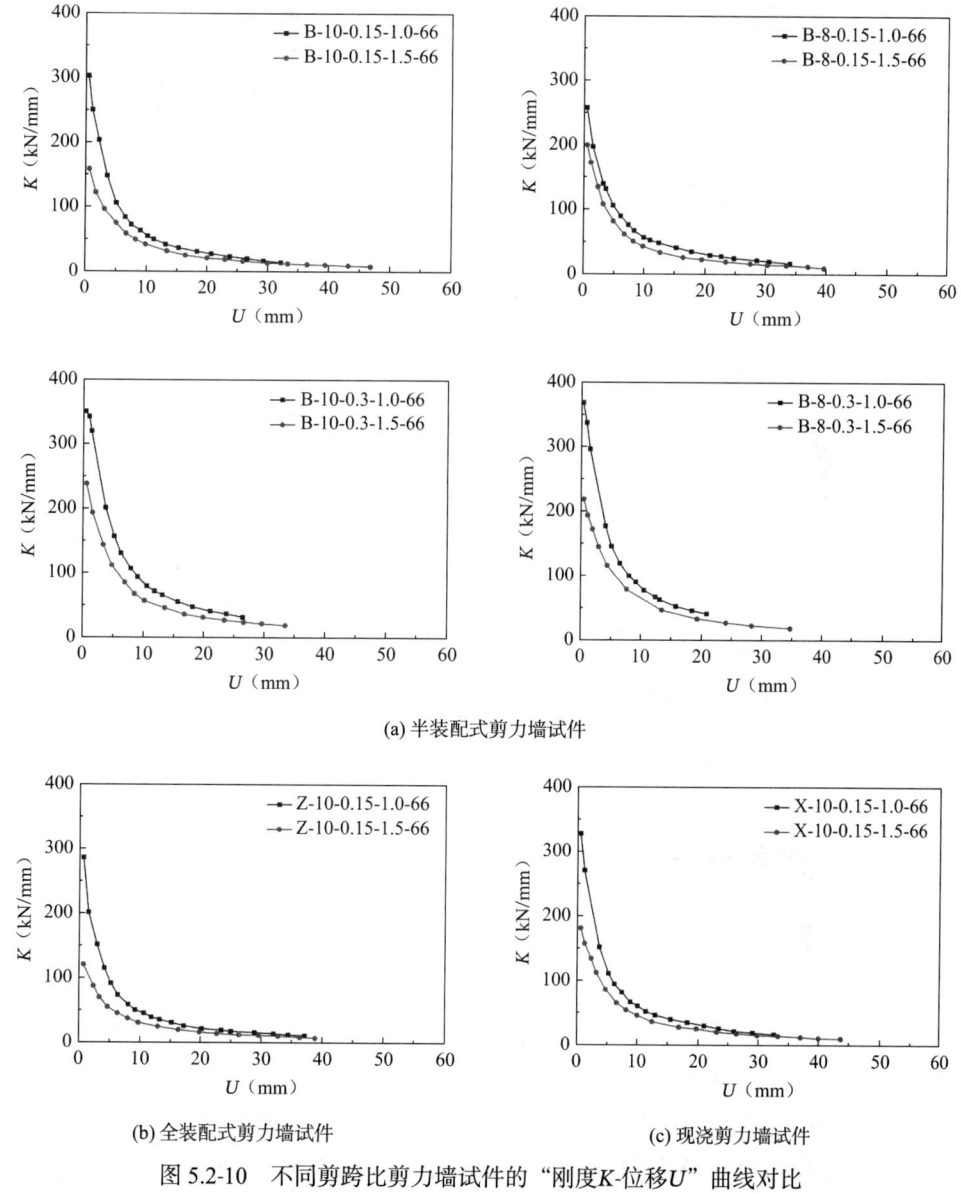

图 5.2-10　不同剪跨比剪力墙试件的"刚度K-位移U"曲线对比

5.2.7 墙体水平接缝开裂分析

各试件剪力墙与基础梁连接部位均产生了贯通的水平裂缝，低周反复荷载试验过程中伴随着水平缝的张开与闭合，轴压比较低、剪跨比较大时，受拉侧翼缘底部水平缝较宽。实测 3 个剪跨比 1.5 的剪力墙试件 B-10-0.15-1.5-66、B-10-0.3-1.5-66、Z-10-0.15-1.5-66 底部"水平荷载 F-翼缘底部水平缝宽度 w"曲线见图 5.2-11。

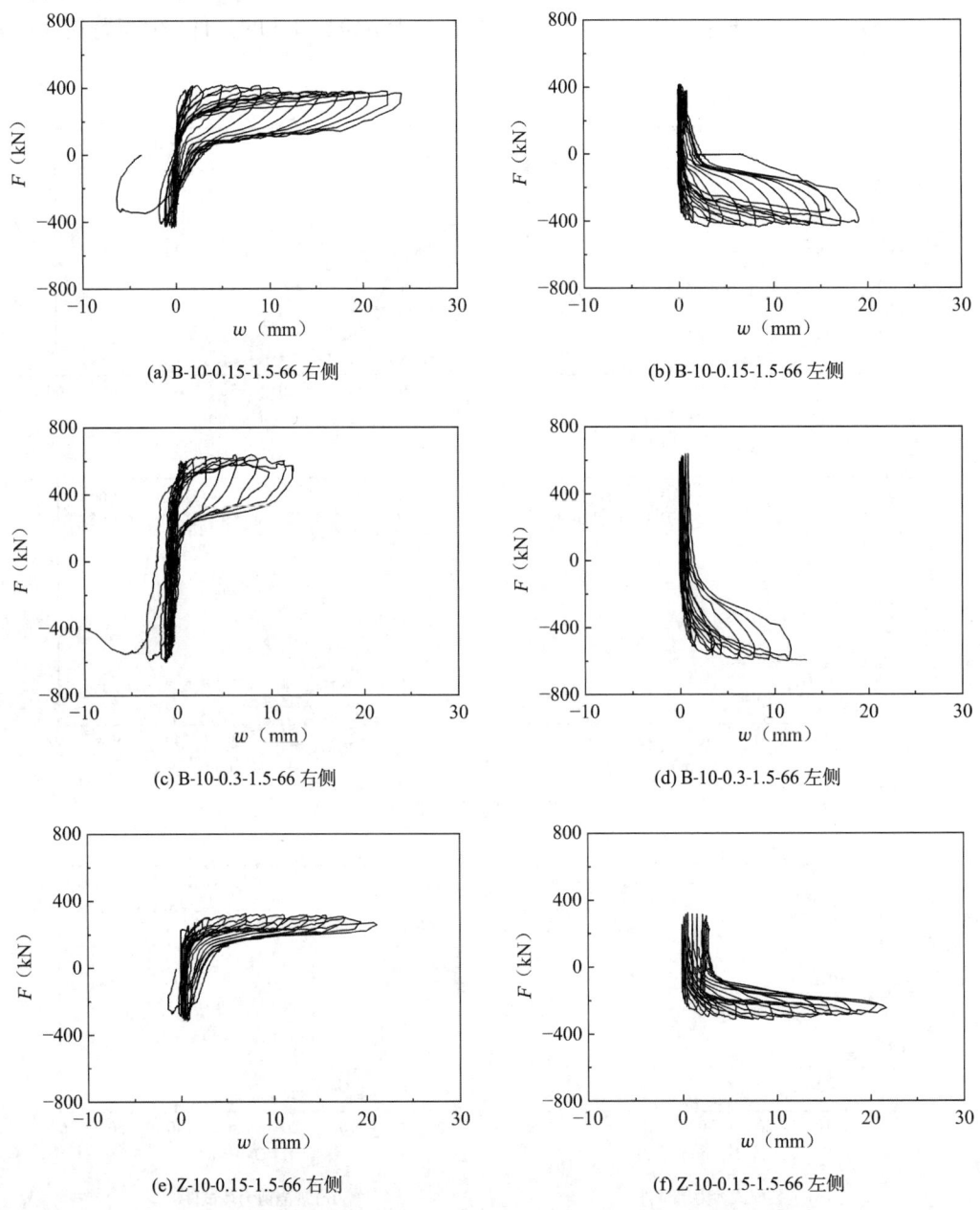

图 5.2-11　各试件底部"水平荷载 F-翼缘底部水平缝宽度 w"曲线

实测各剪跨比 1.5 的剪力墙试件底部翼缘"水平缝宽度w-加载点水平位移U"曲线见图 5.2-12。加载初期，水平裂缝宽度很小，试件屈服之后，受拉侧裂缝宽度与加载点水平位移基本呈线性关系，受压侧裂缝宽度保持在 0 值；当混凝土被压碎脱落时，裂缝宽度出现负值。

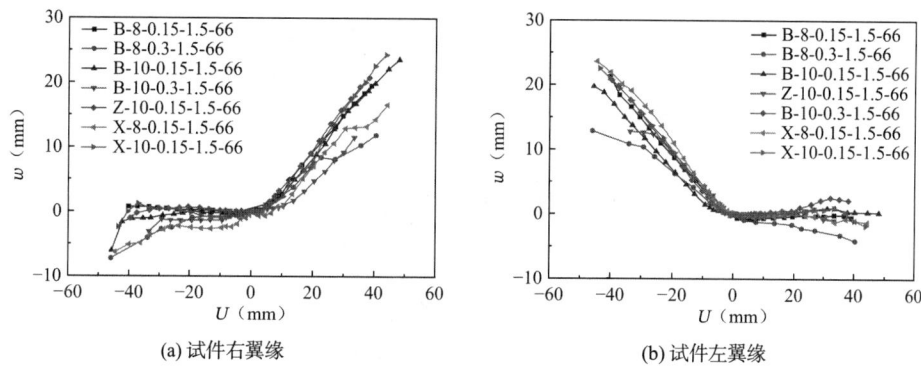

图 5.2-12　各试件底部翼缘"水平缝宽度w-加载点水平位移U"曲线

分析可知：

（1）其余参数相同时，全装配式单排配筋剪力墙试件底部水平缝的宽度大于半装配式与现浇剪力墙试件底部水平缝的宽度；轴压比对翼缘底部水平缝宽度的影响较大，轴压比越大，底部水平缝宽度越小。按照刚体转动估算底部水平缝宽度对加载点水平位移的贡献，对于各形式的剪力墙试件，轴压比 0.3 的试件底部裂缝宽度较小，至加载后期，其对加载点水平位移的贡献约占水平位移的 37%～52%；轴压比 0.15 的试件，至加载后期，底部水平缝宽度对加载点水平位移的贡献约占水平位移的 74%～83%。可见底部裂缝宽度是中高装配式单排配筋剪力墙变形的重要组成部分。

（2）装配式单排配筋剪力墙与基础梁之间的约束较弱，二者之间的界面可以受压但受拉能力很小，在顶部水平荷载产生的力矩作用下，剪力墙与基础梁接缝处发生一定的分离，尤其当剪跨比较大时，塑性变形主要集中在底部水平连接部位，混凝土压碎范围较小，接近破坏时部分纵筋拉断，而剪力墙上部破坏轻微，混凝土强度没有充分发挥，但这样可以降低地震作用下上部结构本身的延性设计需求，以后的研究中，可考虑在剪力墙底部界面设置耗能构件，增大抗侧力性能和耗能能力。

5.3　计算分析

5.3.1　承载力计算

1. 正截面承载力计算

工字形截面单排配筋剪力墙在轴向力、水平力作用下，假设受压区高度为x，翼缘暗柱位置通长受拉及受压纵筋屈服，距受压边缘 $1.5x$ 以外的竖向分布钢筋全部屈服，忽略中和轴附近的受拉竖向分布钢筋的作用，其正截面承载力计算模型见图 5.3-1。

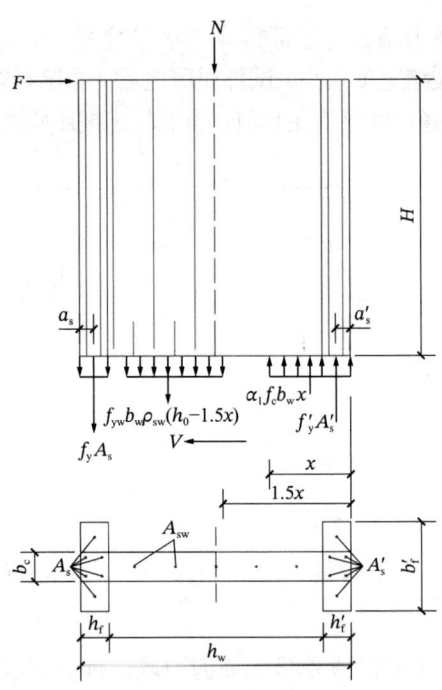

图 5.3-1　正截面承载力计算模型

图中：N、F 为轴向压力、水平力；f_y、f'_y 为翼缘受拉、受压纵向钢筋的屈服强度；A_s、A'_s 为翼缘受拉、受压纵向钢筋的面积；a_s、a'_s 为翼缘受拉、受压纵向钢筋合力点到截面边缘的距离；f_{yw} 为腹板内竖向连接钢筋的屈服强度；A_{sw} 为腹板内竖向连接钢筋的面积；ρ_{sw} 为腹板内竖向连接钢筋的配筋率；b'_f 为翼缘宽度，b_c 为暗柱宽度；h_f、h'_f 为受拉区、受压区翼缘高度；H 为水平力与计算截面竖向距离。

根据《混凝土结构设计标准》GB/T 50010—2010（2024 年版）[1]钢筋混凝土构件正截面承载力计算方法，当剪力墙试件对称配筋时，由平衡条件可得：

（1）当 $x \leqslant h'_f$，则：

$$N = \alpha_1 f_c b'_f x - f_{yw} A_{sw} \frac{h_0 - 1.5x}{h_0 - a'_s} \tag{5.3-1}$$

$$Ne = \alpha_1 f_c b'_f x \left(h_0 - \frac{x}{2}\right) + f'_y A'_s (h_0 - a'_s) - f_{yw} A_{sw} \frac{h_0 - 1.5x}{h_0 - a'_s} \left(\frac{h_0}{2} - \frac{3x}{4}\right) \tag{5.3-2}$$

（2）当 $x > h'_f$，则：

$$N = \alpha_1 f_c [bx + (b'_f - b)h'_f] - f_{yw} A_{sw} \frac{h_0 - 1.5x}{h_0 - a'_s} \tag{5.3-3}$$

$$Ne = \alpha_1 f_c bx\left(h_0 - \frac{x}{2}\right) + \alpha_1 f_c (b'_f - b)h'_f \left(h_0 - \frac{h'_f}{2}\right) +$$
$$f'_y A'_s (h_0 - a'_s) - f_{yw} A_{sw} \frac{h_0 - 1.5x}{h_0 - a'_s}\left(\frac{h_0}{2} - \frac{3x}{4}\right) \tag{5.3-4}$$

（3）当 $x \leqslant 2a'_s$，则取 $x = 2a'_s$

$$Ne = f_y A_s (h_w - 2a_s) + f_{yw} A_{sw} \frac{h_0 - 1.5x}{h_0 - a'_s}\left(\frac{h_0}{2} + \frac{x}{4}\right) \tag{5.3-5}$$

经计算，$x < 2a'_s$，与剪力墙试件底部水平缝张开至受压区翼缘的现象相符，其中 $e = e_0 - \frac{h_w}{2} + \frac{x}{2}$，则：

$$N\left(e_0 - \frac{h_\mathrm{w}}{2} + \frac{x}{2}\right) = f_\mathrm{y}A_\mathrm{s}(h_\mathrm{w} - 2a_\mathrm{s}) + f_{\mathrm{yw}}A_{\mathrm{sw}}\frac{h_0 - 1.5x}{h_0 - a'_\mathrm{s}}\left(\frac{h_0}{2} + \frac{x}{4}\right) \quad (5.3\text{-}6)$$

剪力墙水平承载力：

$$F = \frac{Ne_0}{H} \quad (5.3\text{-}7)$$

考虑设计中剪力墙受力偏于安全，建议：计算工字形截面装配式剪力墙底部截面的正截面承载力时，对基础梁与翼缘连接钢筋的作用适当折减。

2. 斜截面受剪承载力

根据《混凝土结构设计标准》GB/T 50010—2010（2024年版），现浇混凝土剪力墙斜截面受剪承载力计算公式为：

$$V_\mathrm{u} = \frac{1}{\lambda - 0.5}\left(0.5f_\mathrm{t}bh_0 + 0.13N\frac{A_\mathrm{w}}{A}\right) + f_{\mathrm{yv}}\frac{A_{\mathrm{sh}}}{s_\mathrm{v}}h_0 \quad (5.3\text{-}8)$$

式中：N——与剪力设计值V相应的轴向压力，当N大于$0.2f_\mathrm{c}bh_0$时，取$0.2f_\mathrm{c}bh_0$；

A_w——T形、I形截面剪力墙的腹板截面面积，对矩形截面剪力墙，取为A；

A——剪力墙的截面面积；

A_{sh}——配置在同一截面内的水平分布钢筋的全部截面面积；

s_v——水平分布钢筋的竖向间距；

λ——计算截面的剪跨比，取为$M/(Vh_0)$；当λ小于1.5时，取1.5，当λ大于2.2时，取2.2；此处，M为与剪力设计值V相应的弯矩设计值；当计算截面与墙底之间的距离小于$h_0/2$时，λ可按距墙底$h_0/2$处的弯矩值与剪力值计算。

3. 承载力计算值与试验结果对比

计算所得斜截面承载力、正截面承载力与实测值比较见表5.3-1。表中，承载力计算值取斜截面承载力、正截面承载力的较小值。

试件承载力计算值与实测值的比较　　　　表 5.3-1

试件编号	斜截面承载力（kN）	正截面承载力（kN）	计算值F_{pc}（kN）	实测值F_p（kN）	$F_{\mathrm{pc}}/F_\mathrm{p}$
B-8-0.15-1.0-66	537	575	537	609	0.88
B-8-0.15-1.5-66	537	383	383	433	0.88
B-8-0.3-1.0-66	611	942	611	833	0.73
B-8-0.3-1.5-66	572	628	572	637	0.90
B-10-0.15-1.0-66	555	588	555	562	0.99
B-10-0.15-1.0-66-L	555	588	555	592	0.94
B-10-0.15-1.5-66	555	392	392	424	0.92
B-10-0.15-1.5-66-L	555	392	392	437	0.90
B-10-0.3-1.0-66	629	955	629	862	0.73
B-10-0.3-1.0-66-L	629	955	629	852	0.74

续表

试件编号	斜截面承载力（kN）	正截面承载力（kN）	计算值F_{pc}（kN）	实测值F_p（kN）	F_{pc}/F_p
B-10-0.3-1.5-66	590	637	590	619	0.95
B-10-0.3-1.5-66-L	590	637	590	602	0.98
B-10-0.15-1.0-33	552	579	552	598	0.92
B-10-0.3-1.0-33	625	937	625	833	0.75
B-10-0.15-1.0-0	538	557	538	563	0.96
B-10-0.3-1.0-0	606	892	606	743	0.82
Z-10-0.15-1.0-66	555	451	451	475	0.95
Z-10-0.15-1.0-66-L	555	451	451	462	0.98
Z-10-0.15-1.5-66	555	301	301	320	0.94
Z-10-0.15-1.5-66-L	5552	3008	3008	3281	0.92
X-8-0.15-1.0-66	537	643	537	686	0.78
X-8-0.15-1.5-66	537	429	429	462	0.93
X-10-0.15-1.0-66	555	681	555	631	0.88
X-10-0.15-1.0-66-L	555	681	555	611	0.91
X-10-0.15-1.5-66	555	454	454	477	0.95
X-10-0.15-1.5-66-L	555	4421	4421	454	0.97

分析可见：

（1）剪跨比1.5、设计轴压比0.15的半装配式剪力墙试件，底部截面受弯承载力均小于墙体斜截面受剪承载力，主要发生以弯曲破坏为主的弯剪破坏，与破坏区域主要在墙体中下部、上部墙体破坏轻微的现象相符；剪跨比1.5、设计轴压比0.3时，墙体斜截面受剪承载力稍小于底部截面受弯承载力，主要发生以剪切破坏为主的弯剪破坏；剪跨比1.0的半装配式剪力墙试件，墙体斜截面受剪承载力均小于正截面承载力，以剪切破坏为主，与墙体本身剪切斜裂缝发展更加充分的现象相符。

（2）全装配式单排配筋剪力墙试件的承载力约为现浇剪力墙试件承载力的70%，半装配式单排配筋剪力墙试件的承载力约为现浇剪力墙试件承载力的90%，主要原因为翼缘预制部分与基础梁采用墩头钢筋预留孔灌浆连接时，由于施工原因在其周围未设置钢筋笼，低周反复荷载作用下，翼缘底部混凝土较快被压碎，其中的连接钢筋未能充分发挥作用。全装配式剪力墙试件的翼缘与基础梁全部采用墩头钢筋预留孔灌浆连接，连接钢筋失去作用后抗弯能力较小，而半装配式剪力墙试件翼缘暗柱中为通长钢筋，能够保证剪力墙的抗弯性能。若预留孔周围设置钢筋笼或采取其他构造措施能够保证翼缘钢筋连接的可靠性，在计算工字形装配式单排配筋剪力墙的承载力时，可考虑翼缘连接钢筋的作用。

5.3.2 恢复力模型

基于装配式单排配筋剪力墙试件的试验结果和理论计算，提出考虑刚度退化的"水平力F-水平位移U"恢复力模型。

1. 骨架曲线确定

装配式单排配筋剪力墙的骨架曲线可以简化成正反向对称的带有平缓下降段的三折线，转折点分别为屈服点(U_y, F_y)、峰值点(U_p, F_p)，折线最终极限点(U_u, F_u)，如图5.3-2所示。

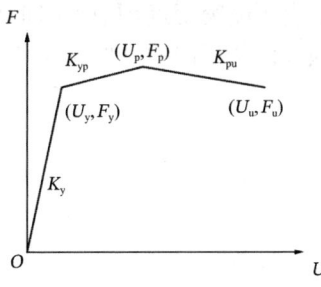

图 5.3-2 骨架曲线模型

（1）初始刚度

当单排配筋剪力墙构件不存在连接界面或施工缝时，应按整体剪力墙考虑其初始弹性刚度。在单位荷载作用下，剪力墙的变形由弯曲变形和剪切变形组成，剪力墙的初始刚度K按下式计算：

$$K = \frac{1}{\delta_s + \delta_b} = \frac{1}{\frac{\zeta H}{GA} + \frac{H^3}{3EI}} \tag{5.3-9}$$

（2）屈服点

试件屈服前刚度$K_y = \alpha_1 K_c$，式中α_1为折减系数。对本节装配式剪力墙试件的数据进行了拟合分析：全装配式单排配筋剪力墙，取$\alpha_1 = 0.15$；半装配式单排配筋剪力墙，取$\alpha_1 = 0.10\mu + 0.19\lambda - 0.04$。对应全装配式单排配筋剪力墙和半装配式单排配筋剪力墙屈服荷载F_y的均取0.8倍的峰值荷载。屈服位移U_y由屈服荷载F_y和屈服前刚度K_y确定，即$U_y = \frac{F_y}{K_y}$。

（3）峰值点

屈服后刚度K_{yp}取值，需将屈服前刚度K_y进行折减，$K_{yp} = \alpha_2 K_y$，式中α_2为折减系数。根据试验数据的统计分析：全装配式单排配筋剪力墙，取$\alpha_2 = 0.4$；半装配式单排配筋剪力墙，取$\alpha_2 = 0.18$。峰值荷载F_p按5.3.1节计算，峰值位移为$U_p = \frac{F_p - F_y}{K_{yp}} + U_y$。

（4）极限点

对于全装配式单排配筋剪力墙，试件个数很少，剪跨比1.0、轴压比0.15时，按实测取极限位移角1/37；剪跨比1.5、轴压比0.15时，取极限位移角1/52；对于半装配式单排配筋剪力墙，拟合得到极限位移角$\theta_u = -0.0154\mu - 0.009\lambda + 0.036$，极限位移$U_u = \theta_u H$，$H$为位移测点高度。

2. 滞回规则

恢复力模型如图5.3-3所示，水平力-位移恢复力模型规则如下：

（1）正反向对称的骨架曲线采用带有下降段的三折线模型，转折点分别为屈服点和峰值点。（2）构件受力未超过屈服强度时，加载及卸载路线均沿骨架曲线的弹性段，卸载时不考虑刚度退化和残余变形；正向加载路线为Oa，反向加载路线为Od，加载、卸载路线的刚度为K_y。（3）构件受力超过屈服强度后，加载路径沿骨架曲线进行，正向加载路线为ab和bc，反向加载路线为de和ef，屈服点至峰值点之间的刚度为K_{yp}，峰值点至极限点之间的刚度为K_{pu}。（4）正向卸载时，首先按刚度K_{ni}卸载至捏拢点ni，随后按刚度K_{si}卸载至刚度突变点si，后由刚度突变点si指向反向再加载时的定点 p2，再指向反向曾经经历过的最大位移点。反向卸载时，首先按刚度K_{ni}卸载至捏拢点ni，随后按刚度K_{si}指向刚度突变点si，后由刚度突变点si指向正向加载时的定点 p1，再指向正向曾经经历过的最大位移点，遵循最大位移指向的再加载规则。

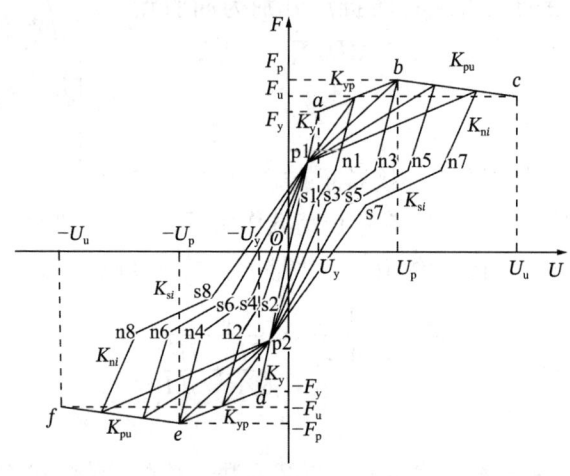

图 5.3-3 恢复力模型

通过数据拟合得到捏拢点、刚度突变点和定点，将计算所得恢复力模型与试验所得滞回曲线进行了对比，部分对比图如图 5.3-4 所示。结果表明，二者符合较好。

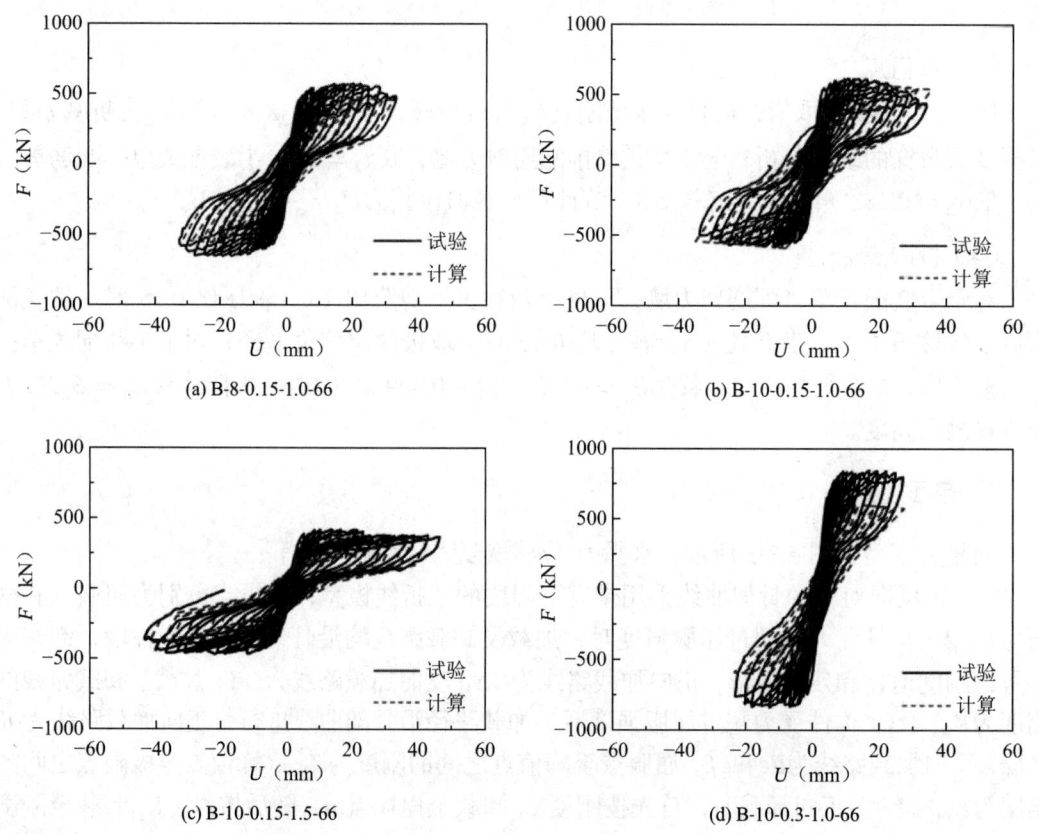

(a) B-8-0.15-1.0-66

(b) B-10-0.15-1.0-66

(c) B-10-0.15-1.5-66

(d) B-10-0.3-1.0-66

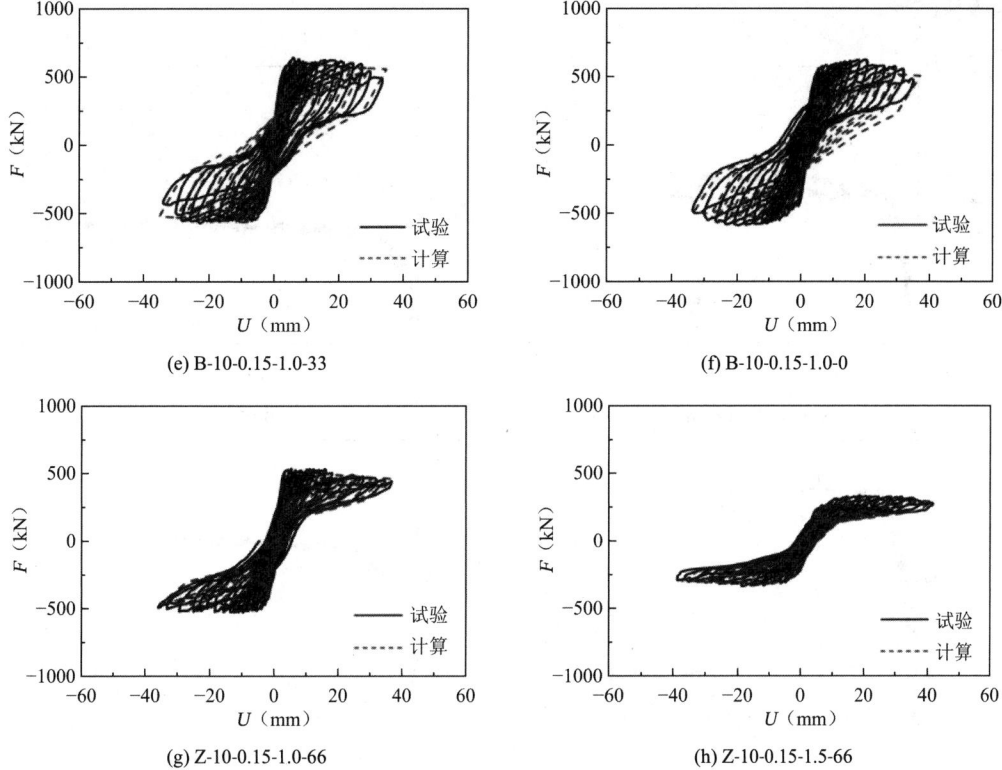

(e) B-10-0.15-1.0-33　　　　　　　　　(f) B-10-0.15-1.0-0

(g) Z-10-0.15-1.0-66　　　　　　　　　(h) Z-10-0.15-1.5-66

图 5.3-4　恢复力模型计算与试验曲线对比

5.3.3　有限元分析

1. 接触关系

利用 ABAQUS 软件进行有限元计算分析。对于全装配式剪力墙试件，加载梁与腹板和翼缘之间、腹板与暗柱之间、翼缘的两边与暗柱之间均采用绑定（Tie）进行连接，作为一个整体，上部剪力墙与基础梁之间的结合界面通过定义接触关系进行模拟；对于半装配式试件，加载梁与翼缘之间采用绑定（Tie）进行连接，加载梁与腹板之间、腹板与暗柱之间的结合面、上部剪力墙与基础梁之间的结合界面通过定义接触关系进行模拟。切向行为则采用库仑摩擦准则模拟，摩擦系数取为 0.5。

2. 荷载-位移曲线

有限元计算所得各剪力墙试件在单调加载下的荷载-位移曲线与实测骨架曲线对比见图 5.3-5。

分析可见：（1）各试件利用 ABAQUS 模拟计算得到的荷载-位移曲线与试验骨架曲线比较接近，试件屈服之前二者基本重合，峰值荷载接近。（2）剪跨比 1.0、设计轴压比 0.3 的装配式剪力墙试件在有限元模拟加载中较早达到峰值荷载，之后曲线下降较快，中后期近似水平段稳定强度与 5.3.1 中公式计算所得的承载力接近。（3）计算所得荷载-位移曲线与实测骨架曲线符合较好，承载力有限元计算结果及试验结果符合较好。

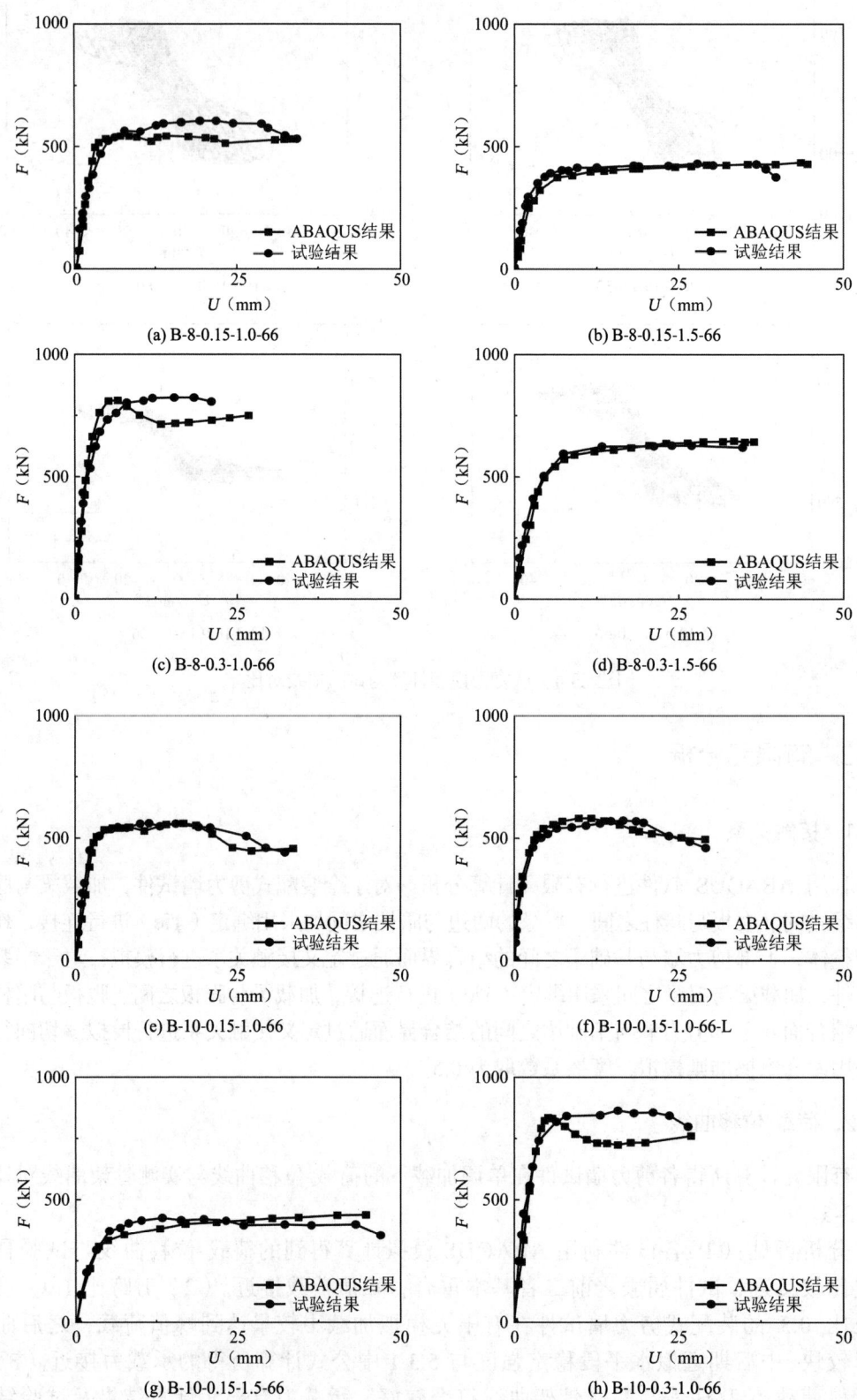

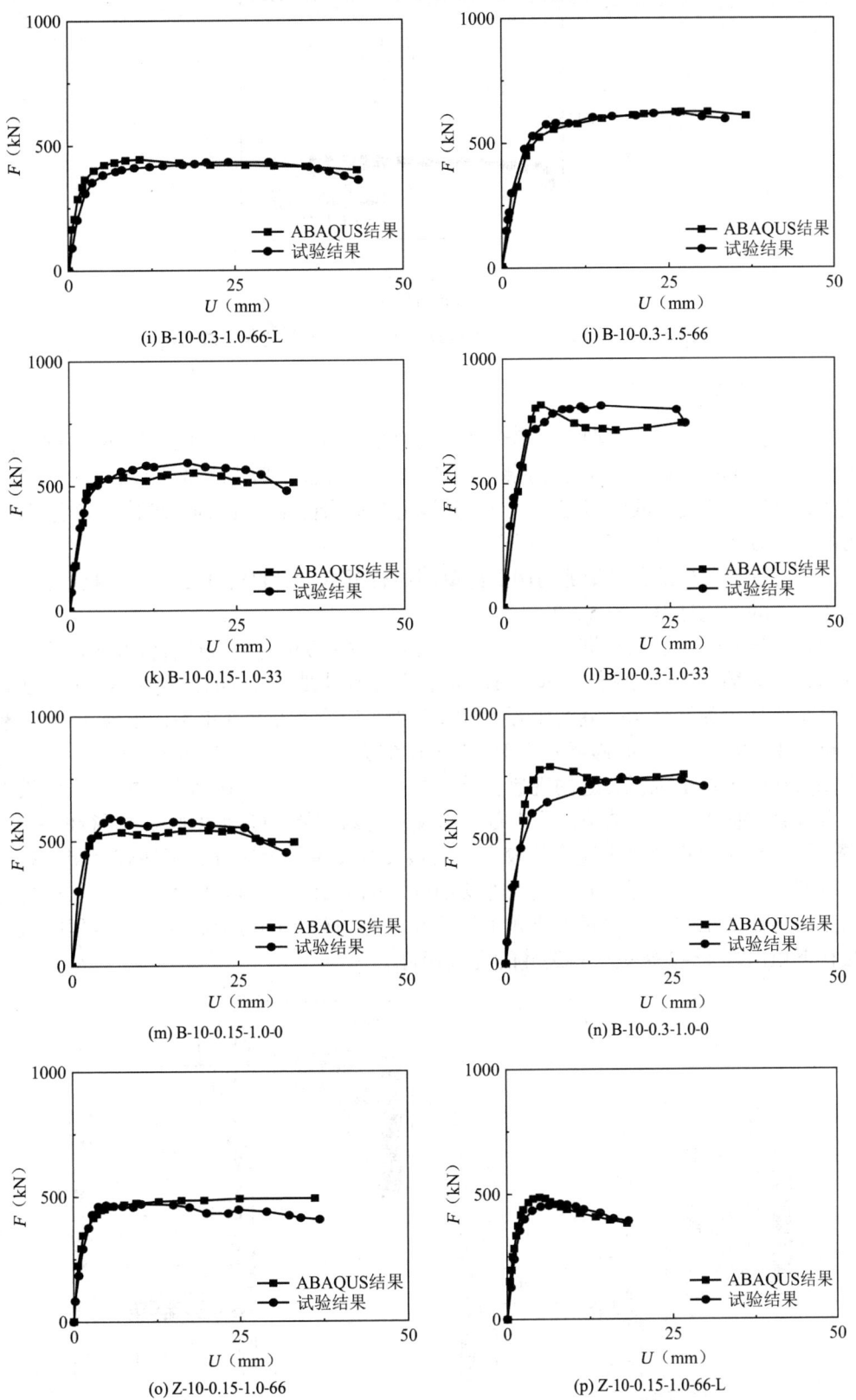

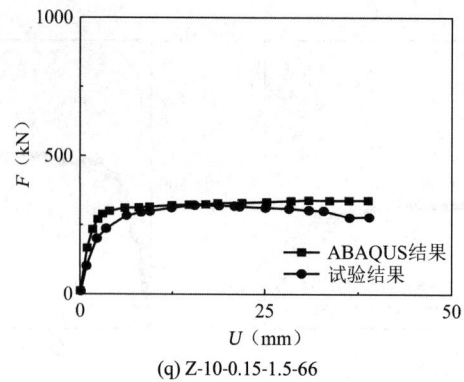

(q) Z-10-0.15-1.5-66

图 5.3-5 有限元计算所得荷载-位移曲线与实测骨架曲线对比

3. 钢筋及混凝土应力

有限元计算所得部分典型剪力墙试件单调加载下的钢筋应力图见图 5.3-6。分析可见：（1）剪跨比 1.0 的装配式剪力墙及剪跨比 1.5、轴压比 0.3 的剪力墙试件，水平分布钢筋应力较大，抵抗墙体发生的剪切变形。（2）剪跨比 1.5、轴压比 0.15 时，墙体剪切变形较小，剪力墙水平分布钢筋应力较小。

有限元计算所得部分典型剪力墙试件单调加载至 1/10、1/5、1/2、1.0 倍极限位移时，混凝土应力的变化过程见图 5.3-7。

分析可知：（1）加载初期，试件 B-10-0.15-1.0-66 腹板对角线位置混凝土应力较大，出现对角斜裂缝，随后向两侧转移，与试验中剪力墙斜裂缝出现的位置基本相符，加载后期试件主要变形为底部水平缝的张开，腹板混凝土应力减小，几乎不再出现新的斜裂缝。（2）试件 B-10-0.15-1.5-66 腹板右下部 45°方向应力较大，其余部分应力较小，与试验中剪力墙只在中下部出现斜裂缝的现象相符。（3）试件 B-10-0.3-1.0-66 加载初期在腹板对角线位置混凝土应力较大，试验过程中首先出现对角斜裂缝，随后出现与之平行的斜裂缝，加载过程中整个腹板混凝土应力均较大，腹板裂缝发展较为充分，至加载后期仍有新的斜裂缝产生。（4）全装配式剪力墙试件 Z-10-0.15-1.0-66、Z-10-0.15-1.5-66 在加载过程中混凝土应力总体上较小，腹板右下角混凝土出现相对较大的应力，与试验过程中试件只在腹板下角出现 1~2 条短小斜裂缝的现象相符。

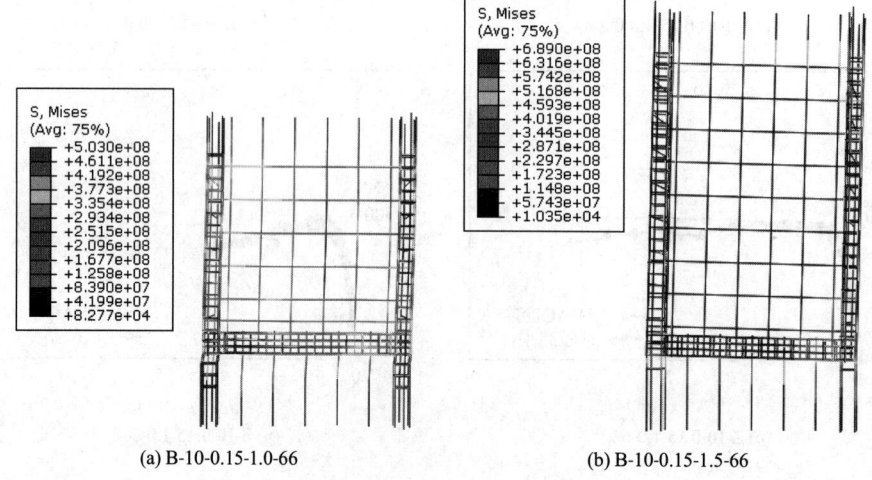

(a) B-10-0.15-1.0-66　　　　　　　　(b) B-10-0.15-1.5-66

第 5 章 装配式单排配筋剪力墙抗震性能

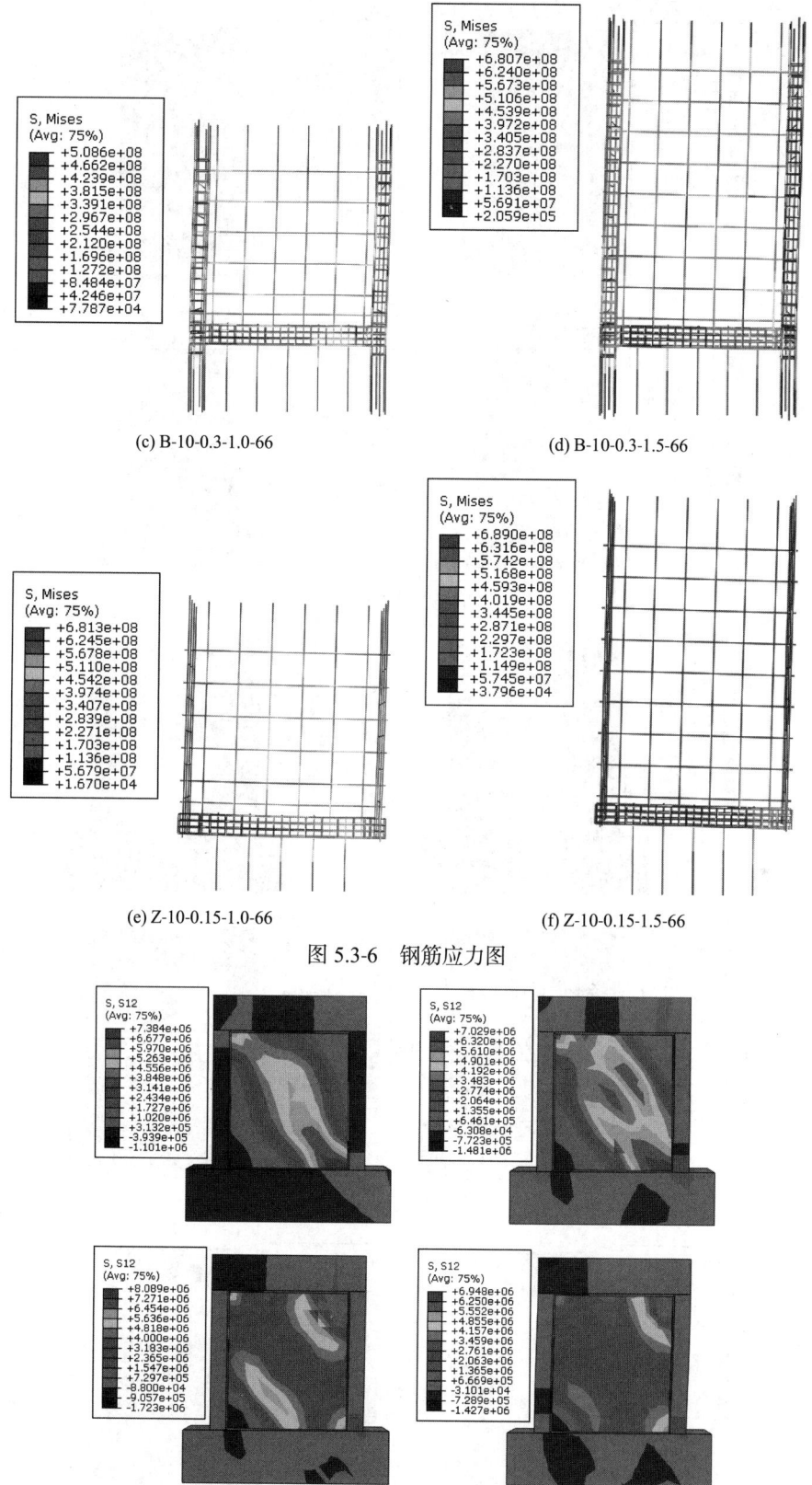

(c) B-10-0.3-1.0-66 (d) B-10-0.3-1.5-66

(e) Z-10-0.15-1.0-66 (f) Z-10-0.15-1.5-66

图 5.3-6 钢筋应力图

(a) B-10-0.15-1.0-66

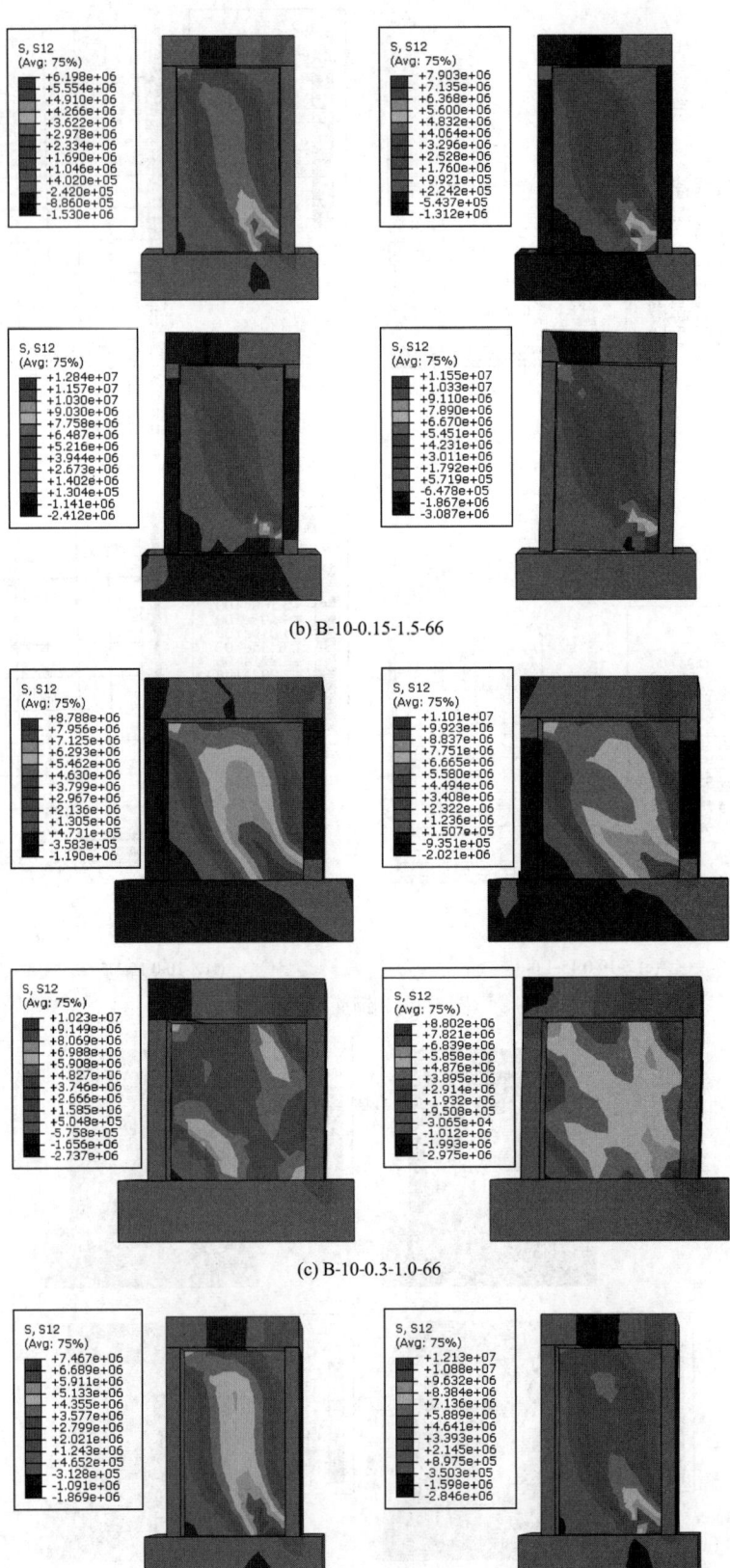

(b) B-10-0.15-1.5-66

(c) B-10-0.3-1.0-66

第 5 章 装配式单排配筋剪力墙抗震性能

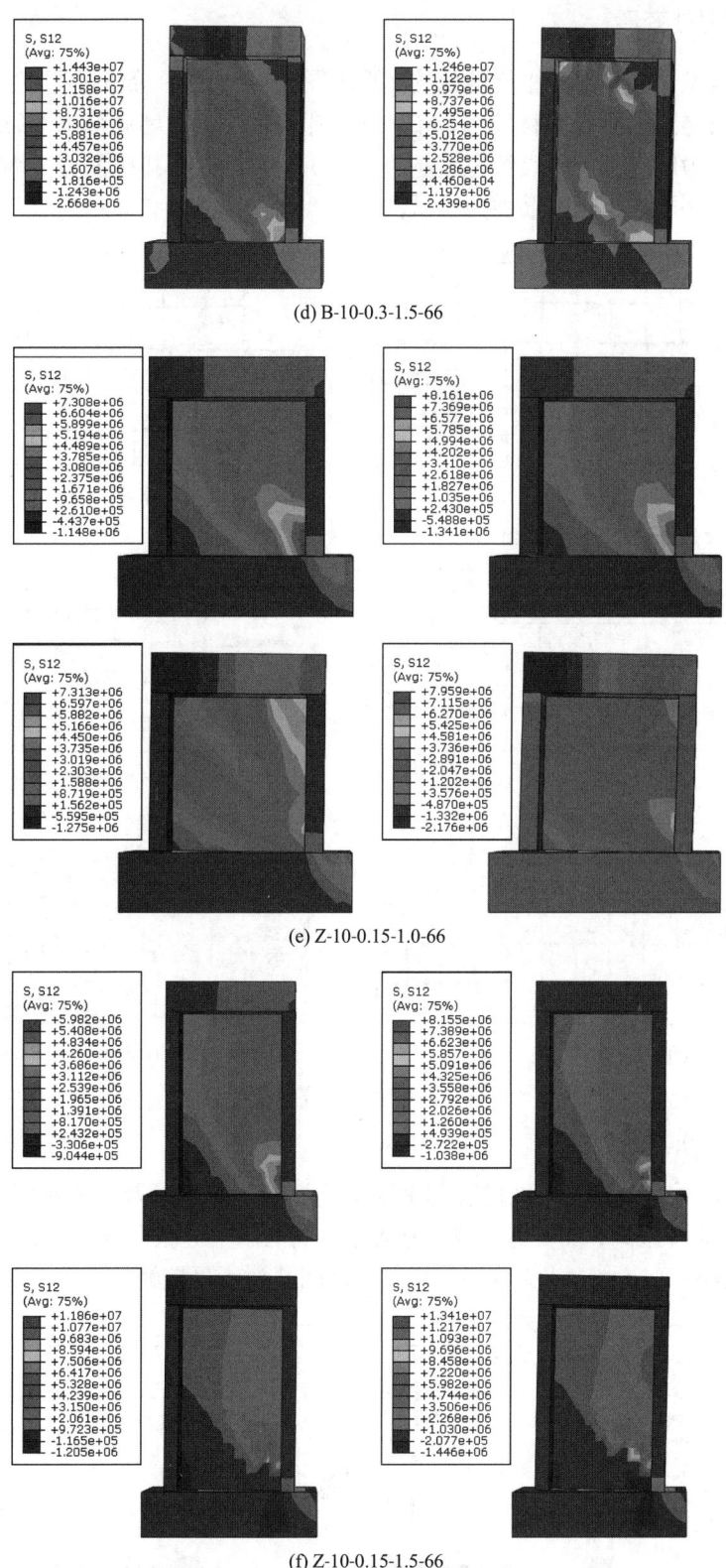

(d) B-10-0.3-1.5-66

(e) Z-10-0.15-1.0-66

(f) Z-10-0.15-1.5-66

图 5.3-7 混凝土应力的变化过程

4. 水平接缝处变形

实测部分典型试件底部水平接缝处的变形如图 5.3-8 所示。分析可见：(1) 各试件剪力墙底部与基础梁之间的相对滑移较小。(2) 剪跨比越大，剪力墙底部水平裂缝宽度越大；轴压比越大，剪力墙底部水平裂缝宽度越小。(3) 全装配式单排配筋剪力墙试件的底部水平缝宽度大于半装配式单排配筋剪力墙试件。

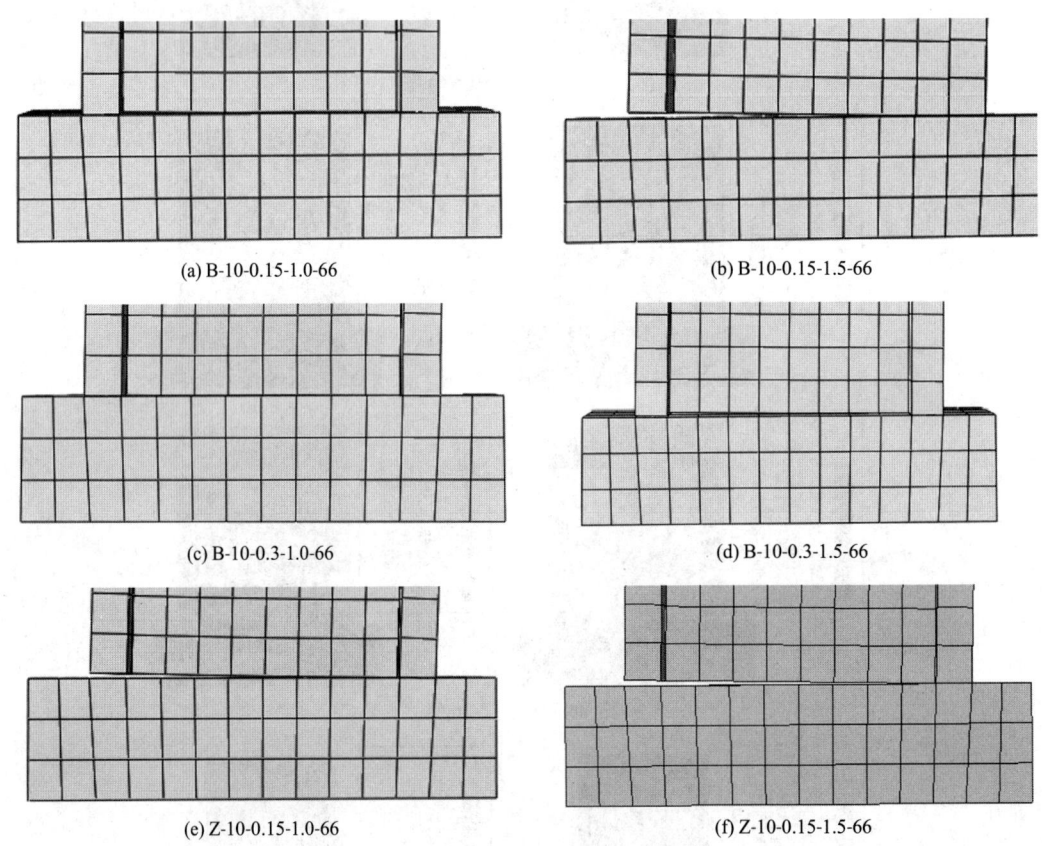

(a) B-10-0.15-1.0-66　　　　(b) B-10-0.15-1.5-66

(c) B-10-0.3-1.0-66　　　　(d) B-10-0.3-1.5-66

(e) Z-10-0.15-1.0-66　　　　(f) Z-10-0.15-1.5-66

图 5.3-8　接缝处的变形

（1）翼缘底部水平缝宽度

有限元计算所得部分典型试件底部水平接缝界面开裂宽度及应力见图 5.3-9。图中，COPEN 为接触张开距离，代表剪力墙与基础梁之间的水平缝张开宽度，CPRESS 为剪力墙与基础梁接触面的压应力，值为 0 则代表二者之间开裂不再接触。

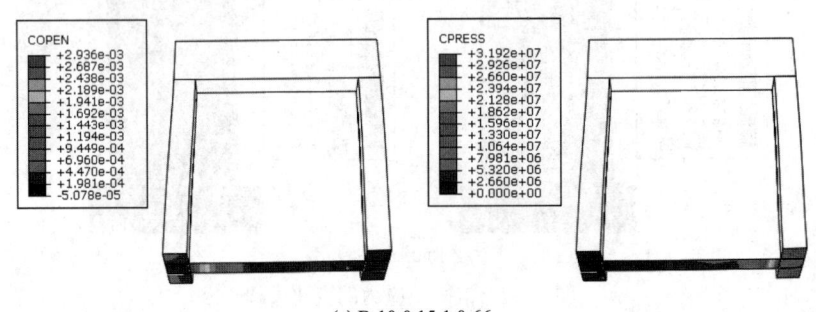

(a) B-10-0.15-1.0-66

第 5 章 装配式单排配筋剪力墙抗震性能

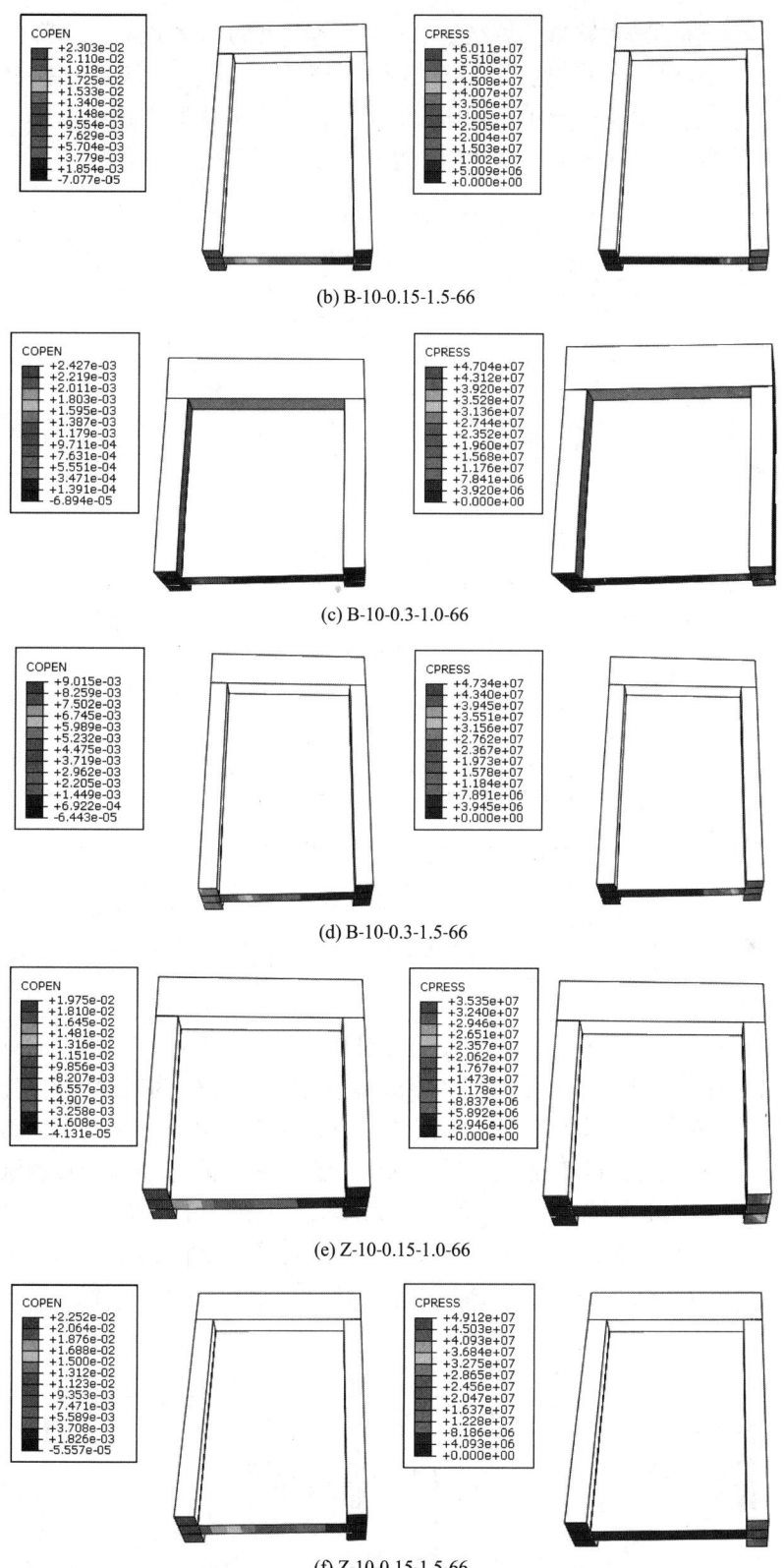

(b) B-10-0.15-1.5-66

(c) B-10-0.3-1.0-66

(d) B-10-0.3-1.5-66

(e) Z-10-0.15-1.0-66

(f) Z-10-0.15-1.5-66

图 5.3-9 接缝界面开裂宽度及应力

有限元计算得到的剪力墙试件翼缘底部"水平缝宽度w-加载点水平位移U"曲线与试验结果对比见图 5.3-10。分析可见：①计算结果与试验符合较好。②剪跨比越大，底部水平缝张开宽度越大，受压区范围越小；轴压比越大，底部水平缝张开宽度越小。③全装配式剪力墙试件底部裂缝宽度大于半装配式剪力墙试件，且张开范围较大。

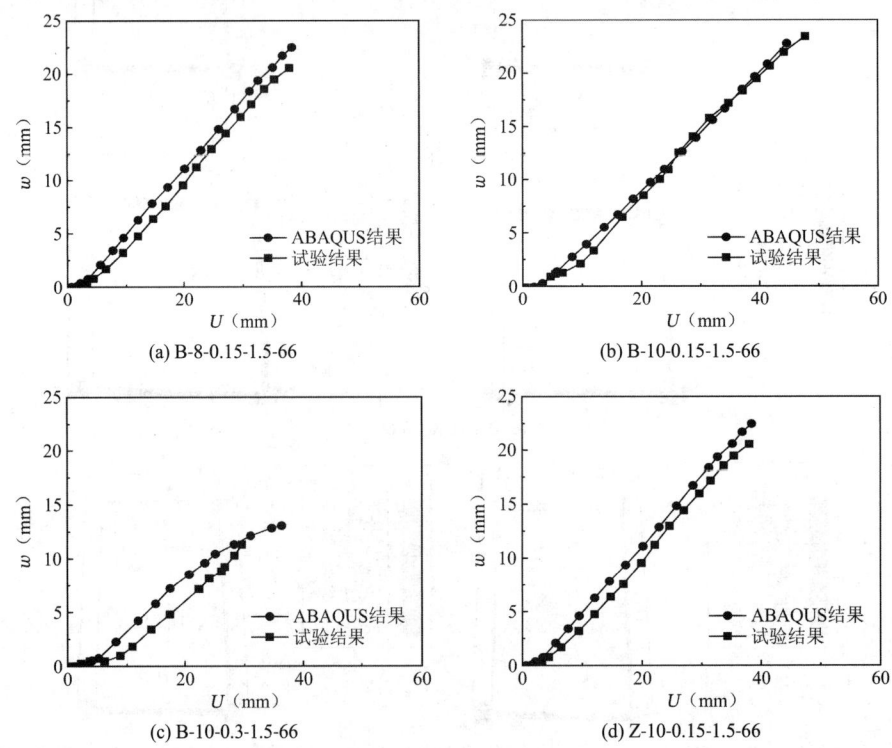

图 5.3-10 试件翼缘底部"水平缝宽度w-加载点水平位移U"曲线与试验结果对比

（2）剪切滑移

有限元计算所得部分典型试件剪力墙底部滑移情况见图 5.3-11。图中，CSLIP1 为接触切向相对位移，即剪力墙与基础梁之间的相对滑移，CSHEAR1 为接触切向应力。

分析可见：①有限元分析所得 CSLIP1 图对比可以看出，剪跨比 1.0 的剪力墙试件底部滑移大于剪跨比 1.5 的试件；设计轴压比 0.15 的剪力墙试件底部滑移大于设计轴压比 0.3 的试件；全装配式剪力墙底部滑移大于半装配式剪力墙试件，但各试件剪力墙与基础梁接缝处的剪切滑移整体较小；峰值荷载时剪切滑移在 3mm 以内，大部分试件在达到极限水平荷载时剪力墙底部滑移值保持在 4mm 以内。②各试件水平接缝处的变形规律与试验结果符合较好。

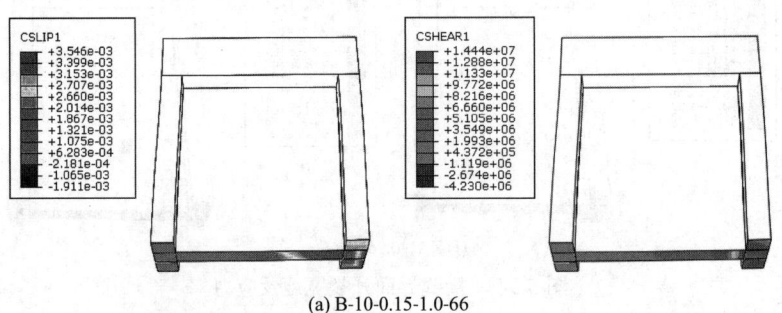

(a) B-10-0.15-1.0-66

第 5 章 装配式单排配筋剪力墙抗震性能

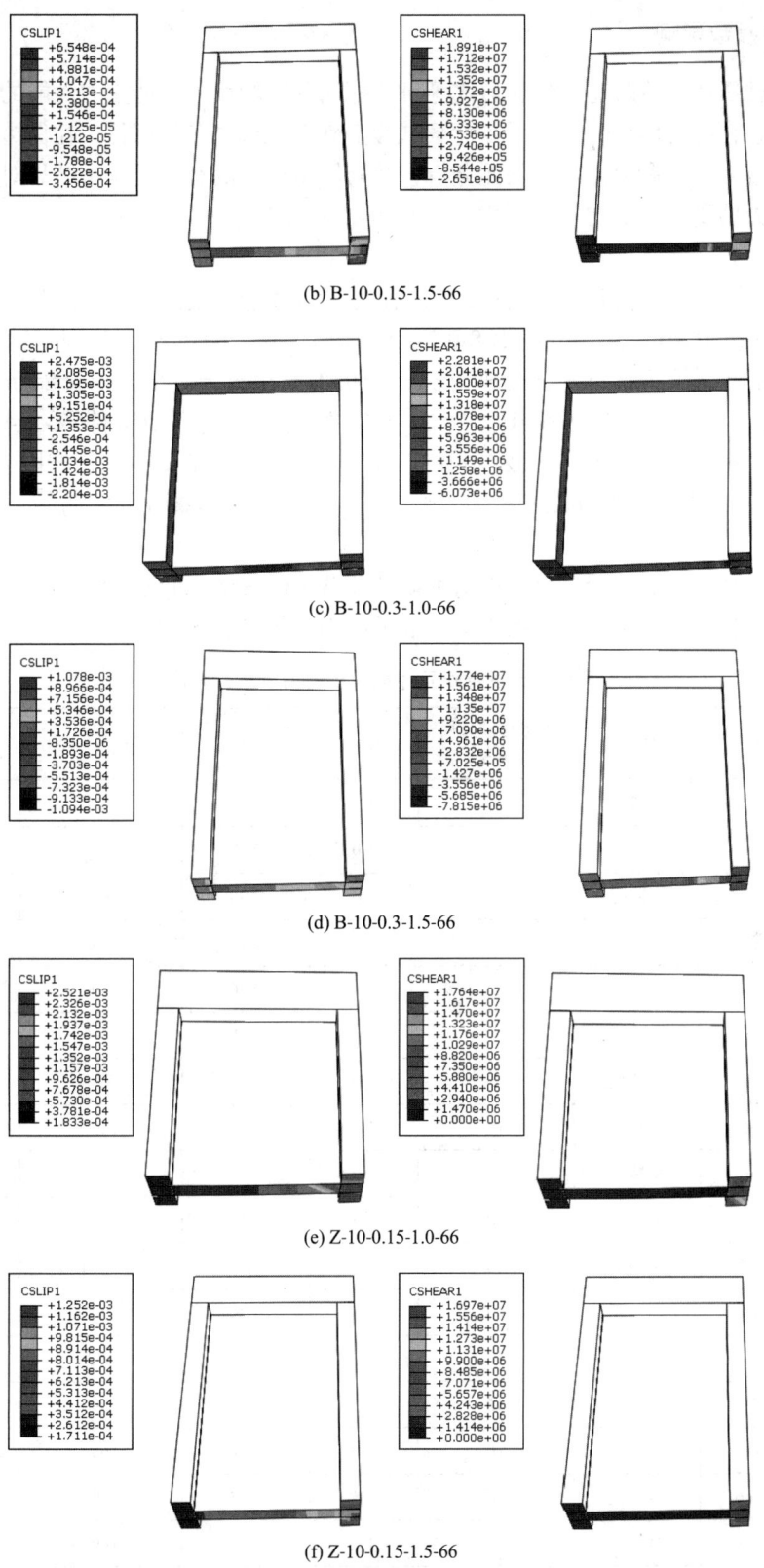

(b) B-10-0.15-1.5-66

(c) B-10-0.3-1.0-66

(d) B-10-0.3-1.5-66

(e) Z-10-0.15-1.0-66

(f) Z-10-0.15-1.5-66

图 5.3-11 剪力墙底部滑移情况

5. 设计参数影响

为研究轴压比、剪跨比、配筋形式等对装配式单排配筋剪力墙受力性能的影响，采用控制变量法，在剪力墙试件低周反复荷载试验基础上，选择典型试件，在保持其他参数不变情况下只改变某一参数进行有限元分析，并与原型试件的有限元分析结果对比，研究此项参数对剪力墙受力性能的影响规律。

（1）轴压比影响

在其他参数不变的情况下，改变轴压比，设计了轴压比 0.2 的半装配式模型试件 B-8-0.2-1.0-66、B-10-0.2-1.0-66、B-8-0.2-1.5-66、B-10-0.2-1.5-66，分别与轴压比 0.15、0.3 的试验原型试件进行有限元分析对比，分析轴压比对半装配式单排配筋剪力墙受力性能的影响。同样，设计了轴压比 0.2、0.3 的全装配式模型试件 Z-10-0.2-1.0-66、Z-10-0.3-1.0-66、Z-10-0.2-1.5-66、Z-10-0.3-1.5-66，与试验原型试件进行有限元分析对比，分析轴压比对全装配式单排配筋剪力墙受力性能的影响。混凝土、配筋等均与对比原型试件相同。

不同轴压比下，有限元计算所得剪力墙"荷载F-位移U"曲线比较见图 5.3-12。

不同轴压比下，有限元计算所得剪力墙承载力比较见表 5.3-2。

不同轴压比下有限元计算所得剪力墙承载力比较　　　　表 5.3-2

试件编号	墙体类型	分布钢筋直径（mm）	剪跨比	设计轴压比	竖向荷载（kN）	承载力F_{pa}（kN）
B-8-0.15-1.0-66	半装配	8	1.0	0.15	820	550
B-8-0.2-1.0-66	半装配	8	1.0	0.20	1090	640
B-8-0.3-1.0-66	半装配	8	1.0	0.30	1640	815
B-8-0.15-1.5-66	半装配	8	1.5	0.15	820	434
B-8-0.2-1.5-66	半装配	8	1.5	0.20	1090	505
B-8-0.3-1.5-66	半装配	8	1.5	0.30	1640	647
B-10-0.15-1.0-66	半装配	10	1.0	0.15	820	561
B-10-0.2-1.0-66	半装配	10	1.0	0.20	1090	652
B-10-0.3-1.0-66	半装配	10	1.0	0.30	1640	832
B-10-0.15-1.5-66	半装配	10	1.5	0.15	820	435
B-10-0.2-1.5-66	半装配	10	1.5	0.20	1090	504
B-10-0.3-1.5-66	半装配	10	1.5	0.30	1640	625
Z-10-0.15-1.0-66	全装配	10	1.0	0.15	820	490
Z-10-0.2-1.0-66	全装配	10	1.0	0.20	1090	592
Z-10-0.3-1.0-66	全装配	10	1.0	0.30	1640	793
Z-10-0.15-1.5-66	全装配	10	1.5	0.15	820	332
Z-10-0.2-1.5-66	全装配	10	1.5	0.20	1090	411
Z-10-0.3-1.5-66	全装配	10	1.5	0.30	1640	564

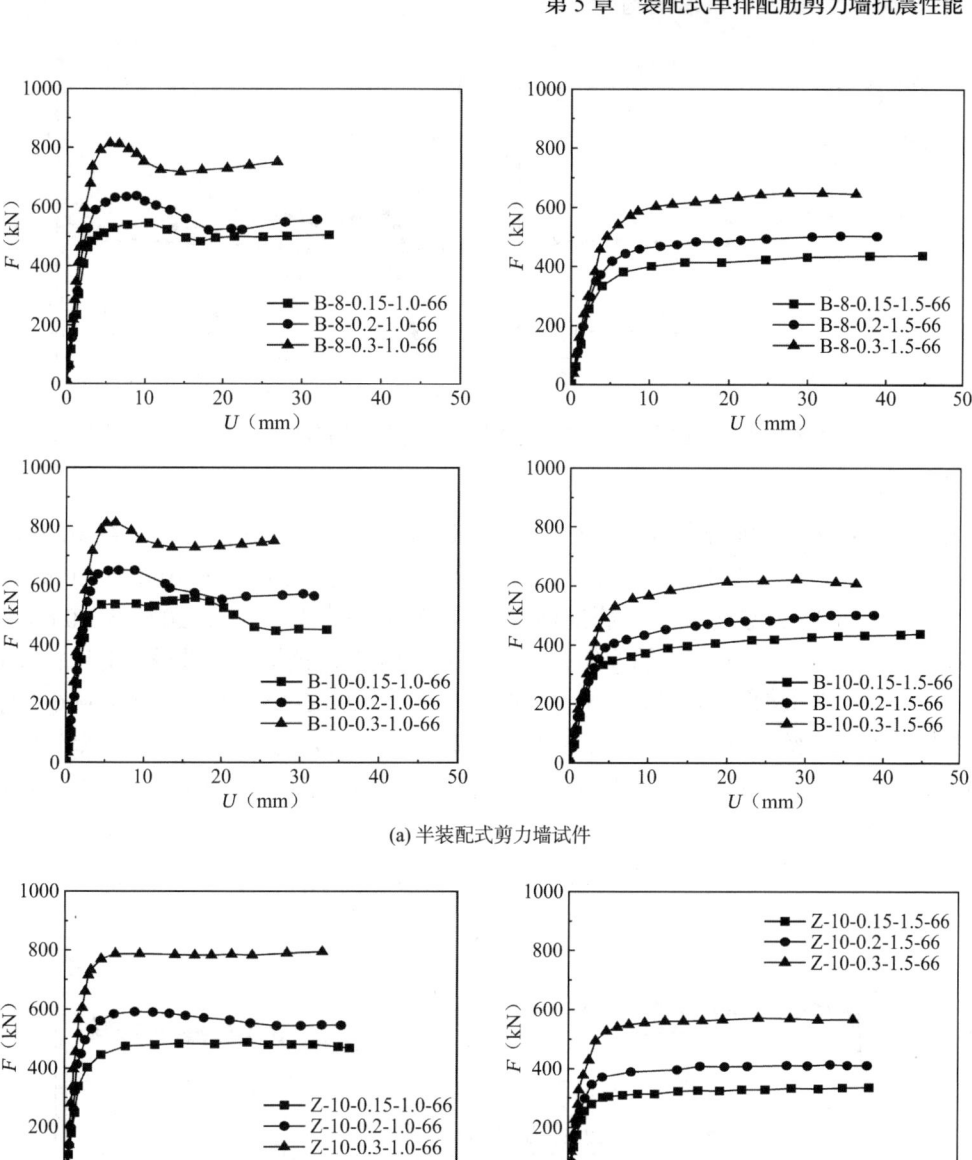

(a) 半装配式剪力墙试件

(b) 全装配式剪力墙试件

图 5.3-12　计算所得不同轴压比下剪力墙 "荷载 F-位移 U" 曲线比较

分析图 5.3-12 和表 5.3-2 可知：随着轴压比的增大，半装配式剪力墙与全装配式剪力墙各试件的承载力均近似呈线性增长；剪跨比 1.0 的试件在峰值荷载后承载力下降较快，延性较差。

（2）剪跨比影响

有限元计算所得部分剪跨比 1.0 与剪跨比 1.5 的单排配筋剪力墙原型试件的 "荷载 F-位移 U" 曲线见图 5.3-13。分析可见：剪跨比 1.0 的试件初始刚度较大，屈服荷载及峰值荷载均大于剪跨比 1.5 的试件，与试验结果符合较好；有限元计算得到的剪跨比 1.0 试件的骨架曲线在峰值荷载后下降较快。

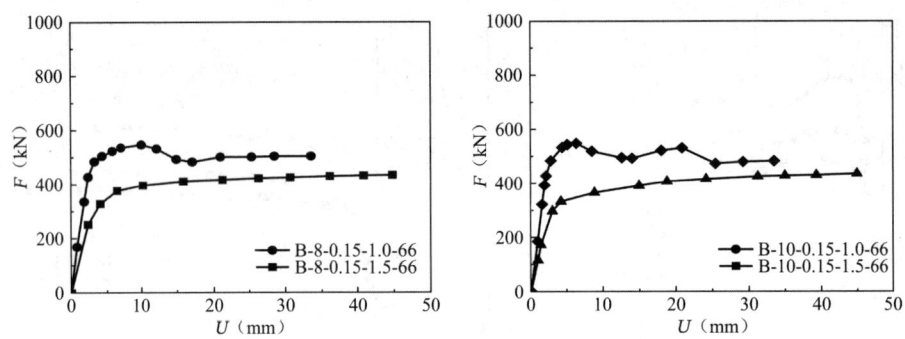

图 5.3-13 计算所得不同剪跨比下原型试件的"荷载F-位移U"曲线

（3）配筋影响

为研究竖向分布钢筋配筋率对弯曲破坏为主的装配式单排配筋剪力墙承载力的影响，配筋设计如下：竖向分布钢筋配筋率约为 0.4%的半装配式模型试件 B-10-0.15-1.0-66-A1、B-10-0.15-1.5-66-A3，竖向分布钢筋配筋率约为 0.5%的模型试件 B-10-0.15-1.0-66-A2、B-10-0.15-1.5-66-A4，与分布钢筋配筋率约为 0.3%的半装配式原型试件进行对比；竖向分布钢筋配筋率约为 0.4%的全装配式模型试件 Z-10-0.15-1.0-66-A5、Z-10-0.15-1.5-66-A7，竖向分布钢筋配筋率约为 0.5%的模型试件 Z-10-0.15-1.0-66-A6、Z-10-0.15-1.5-66-A8，与分布钢筋配筋率约为 0.3%的全装配式原型试件进行对比。有限元计算所得试件"荷载F-位移U"曲线对比见图 5.3-14。

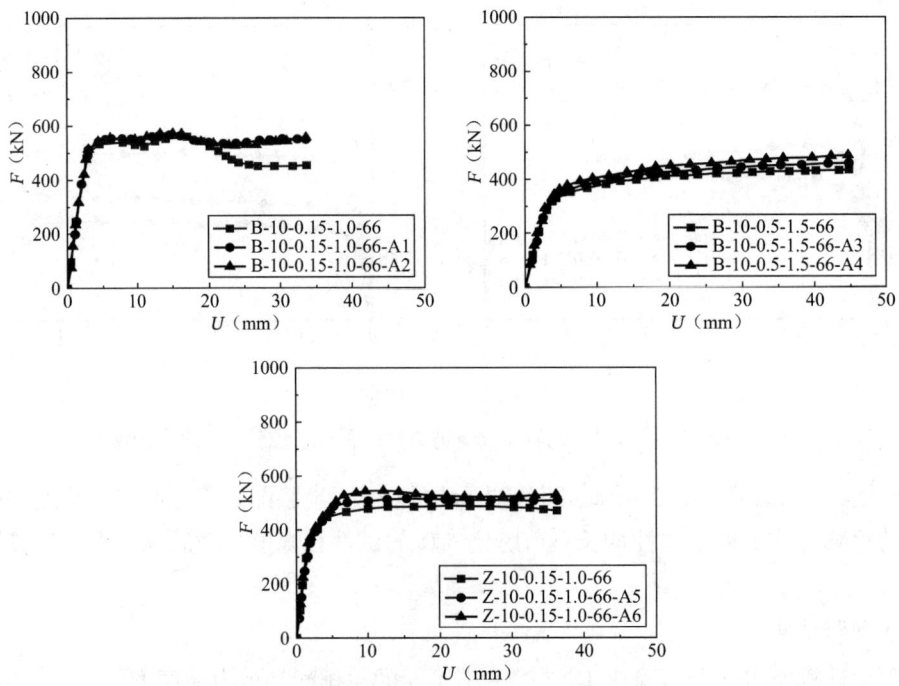

图 5.3-14 不同竖向分布钢筋配筋率下剪力墙"荷载F-位移U"曲线对比

分析可知：随着竖向分布钢筋配筋率的增大，各试件的承载力均有所提高。竖向分布钢筋配筋率增加 10%、20%情况下：①半装配式剪力墙，试件 B-10-0.15-1.0-66-A1、

B-10-0.15-1.0-66-A2 的承载力提高 2%、3%，延性也有一定提高；B-10-0.15-1.5-66-A3、B-10-0.15-1.5-66-A4 的承载力提高 6%、10%。②全装配式剪力墙，试件 Z-10-0.15-1.0-66-A5、Z-10-0.15-1.0-66-A6 的承载力提高 5%、12%，试件 Z-10-0.15-1.5-66-A7、Z-10-0.15-1.5-66-A8 的承载力提高 9%、16%。③竖向分布钢筋加密，剪跨比 1.5 的剪力墙试件承载力提高比例大于剪跨比 1.0 的试件，全装配式剪力墙试件承载力提高比例大于半装配式剪力墙试件。

5.4 本章小结

本章提出了采用"墩头钢筋-钢筋笼强化式预留孔-灌浆锚固"连接的装配式单排配筋剪力墙。进行了全装配式、半装配式和现浇单排配筋再生混凝土剪力墙低周反复荷载下的抗震性能试验。对比分析了不同轴压比、不同剪跨比、不同再生粗骨料取代率的混凝土条件下，全装配式、半装配式、现浇式单排配筋剪力墙的承载力、刚度及退化、滞回特性、延性及破坏特征；提出了装配式单排配筋剪力墙承载力计算模型与公式；建立了装配式单排配筋剪力墙恢复力模型；利用 ABAQUS 软件，考虑装配式单排配筋剪力墙构造特点，建立了有限元模型，进行有限元分析，阐明了不同参数试件的损伤演化过程与受力机理，优化了设计参数。

研究表明：

（1）半装配式单排配筋剪力墙的综合抗震性能与现浇剪力墙相近；全装配式单排配筋剪力墙的综合抗震性能相对较差。

（2）再生混凝土在预制剪力墙中的应用效果良好，不同再生粗骨料取代率的再生混凝土剪力墙与等强度普通混凝土剪力墙抗震性能相近。

（3）提出了装配式单排配筋剪力墙承载力计算模型与公式计算方法，建立了恢复力模型，计算结果与试验结果符合较好。

（4）利用 ABAQUS 软件，考虑装配式单排配筋剪力墙构造特点，建立了考虑装配界面影响的单排配筋剪力墙有限元模型，模拟分析了损伤演化过程，计算得到了荷载-位移曲线等，计算结果与试验符合较好。

本章研发的装配式单排配筋剪力墙技术，与钢筋连接的灌浆套筒技术相比，具有装配构造简单、易于装配、造价低的技术优势。国家标准《装配式混凝土建筑技术标准》GB/T 51231—2016[2]未涉及本章研发的装配式单排配筋剪力墙技术。高志杰等[3]对我国装配式混凝土剪力墙结构体系发展进行了归纳总结。笔者团队对本章内容进行了较系统的试验、理论与设计研究并发表了相关成果[4-8]，可供参考。

■ 参 考 文 献

[1] 住房和城乡建设部. 混凝土结构设计标准: GB/T 50010—2010 (2024 年版) [S].

[2] 住房和城乡建设部. 装配式混凝土建筑技术标准: GB/T 51231—2016[S]. 北京: 中国建筑工业出版

社, 2017.

[3] 高志杰, 郭振雷, 张佳阳, 等. 我国装配式混凝土剪力墙结构体系发展综述[J]. 混凝土与水泥制品, 2023(9): 69-74.

[4] 刘程炜, 曹万林, 董宏英, 等. 半装配式再生混凝土低矮剪力墙抗震性能试验[J]. 哈尔滨工业大学学报, 2017, 49(6): 35-39.

[5] 刘程炜, 曹万林, 董宏英, 等. 低轴压比半装配式单排配筋再生混凝土剪力墙抗震性能试验研究[J]. 建筑结构学报, 2017, 38(6): 23-33.

[6] 曹万林, 秦成杰, 董宏英, 等. 装配式单排配筋再生混凝土中高剪力墙抗震性能研究[J]. 地震工程与工程振动, 2018, 38(1): 108-116.

[7] DONG H Y, LI Y N, CAO W L, et al. Seismic performance of precast single-row reinforced concrete shear walls connected by grouted joints with button-head bars[J]. Structures, 2022,41:1655-1671.

[8] QIAO Q Y, PENG J, CAO W L, et al. Seismic performance of innovative prefabricated reinforced recycled concrete shear walls[J]. Structures, 2023,58: 105617.

第6章 异形截面单排配筋剪力墙抗震性能

6.1 单排配筋 L 形截面剪力墙

6.1.1 试验概况

1. 试验设计

为研究 L 形截面单排配筋剪力墙的抗震性能，设计了 4 个足尺 L 形截面剪力墙。试件的主要设计参数见表 6.1-1。试件尺寸及配筋见图 6.1-1。

试件主要设计参数　　　　　　　　表 6.1-1

试件编号	配筋形式	混凝土强度等级	轴压比	斜筋配筋率	分布钢筋配筋率	剪跨比	水平及纵向分布筋	边缘构造	加载方向
SWL-1	普通单排	C20	0.2	0	0.25%	1.5	φ6@80	3φ8 及 4φ8	腹板方向
SWLX-1	带斜筋单排	C20	0.2	0.1%	0.15%	1.5	φ6@80	3φ8 及 4φ8	工程轴方向
SWL-2	普通单排	C20	0.2	0	0.25%	1.5	φ6@80	3φ8 及 4φ8	翼缘方向
SWLX-2	带斜筋单排	C20	0.2	0.1%	0.15%	1.5	φ6@80	3φ8 及 4φ8	非工程轴方向

4 个 L 形截面单排配筋剪力墙的两个墙肢相同，主要参数：墙肢截面高度均为 1000mm、厚度均为 140mm；试件墙高均为 1350mm；试件墙体混凝土强度等级为 C20，试件基础混凝土强度等级为 C40；剪跨比为 1.5，轴压比为 0.2；4 个试件两个墙肢总配筋率相同均为 0.25%，其中 2 个试件为水平和竖向分布钢筋配筋率 0.25% 的单排配筋混凝土剪力墙，2 个试件为斜筋配筋 0.1%、水平和竖向分布钢筋配筋 0.15% 的带斜筋单排配筋混凝土剪力墙。钢筋材料力学性能见表 6.1-2，混凝土材料力学性能见表 6.1-3。

试件编号：试件 SWL-1 为普通单排配筋混凝土剪力墙，SWLX-1 为带斜筋单排配筋混凝土剪力墙，为沿工程轴方向加载试件，试件尺寸及配筋图见图 6.1-1（a）、（b）；试件 SWL-2 为普通单排配筋混凝土剪力墙，试件 SWLX-2 为带斜筋单排配筋混凝土剪力墙，为与工程轴呈 45°方向加载试件，试件尺寸及配筋图见图 6.1-1（c）、（d）。

钢筋材料力学性能　　　　　　　　　　　　　　表 6.1-2

钢筋直径（mm）	屈服强度（MPa）	极限强度（MPa）	伸长率（%）	弹性模量（MPa）
4	290	431	35.1	2.07×10^5
6	428	462	11.3	2.01×10^5
8	425	472	17.3	2.00×10^5

混凝土材料力学性能　　　　　　　　　　　　　表 6.1-3

混凝土强度等级	弹性模量（MPa）	立方体抗压强度（MPa）
C20	2.57×10^4	22.76
C40	3.28×10^4	45.30

2. 试验加载及测点布置

（1）试验加载

首先在试件顶部施加 427kN 的竖向荷载，并在试验过程中保持其不变。在距试件基础顶面 1000mm 高度处施加水平低周反复荷载。试验加载装置见图 6.1-2。

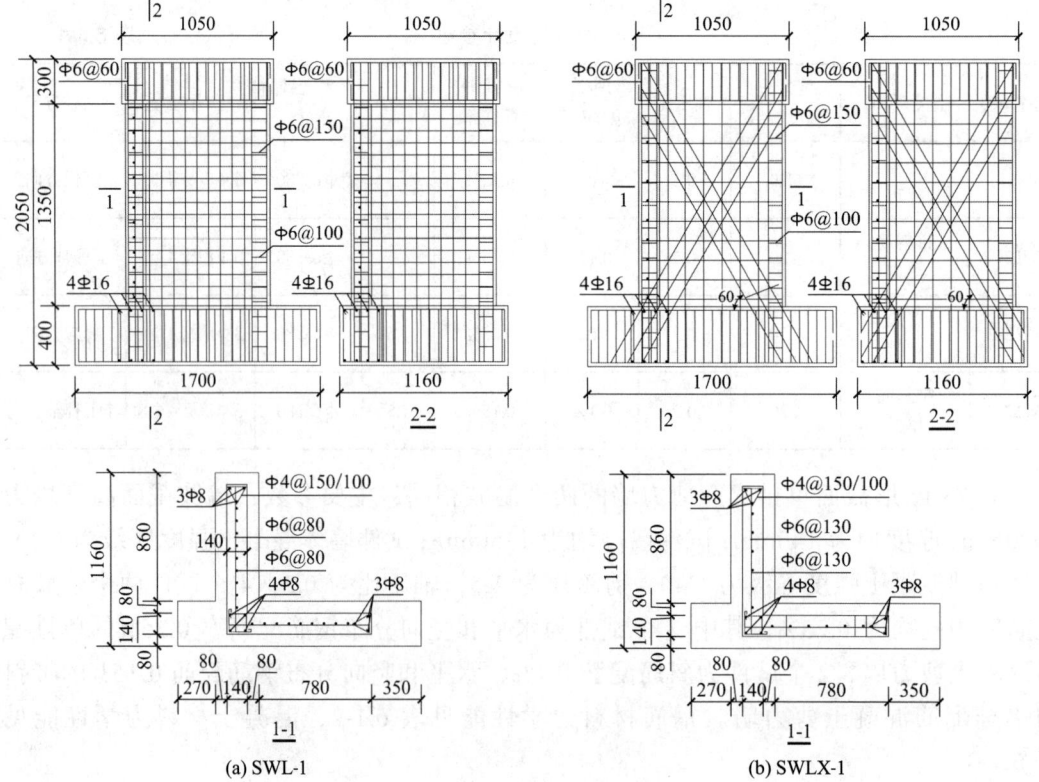

(a) SWL-1　　　　　　　　　　　(b) SWLX-1

第 6 章 异形截面单排配筋剪力墙抗震性能

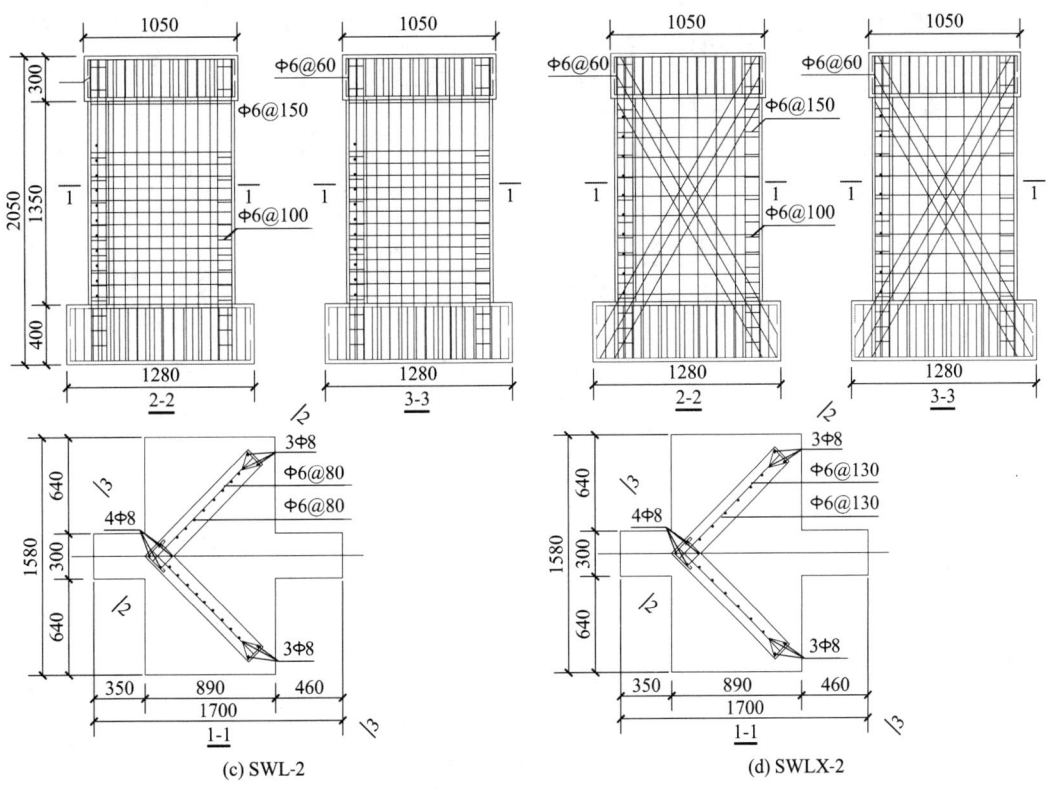

图 6.1-1 试件尺寸及配筋图

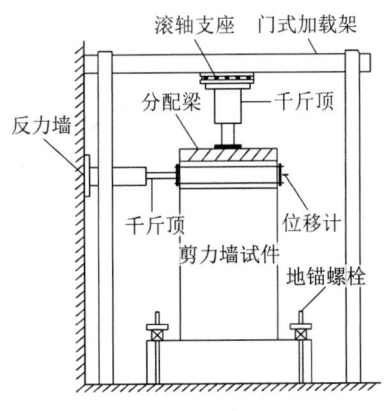

图 6.1-2 试验加载装置示意图

试验分两个阶段进行：第一阶段为弹性阶段，采用荷载和位移联合控制加载的方法；第二阶段为弹塑性阶段，采用位移控制加载的方法。

（2）测点布置

力和位移：竖向千斤顶和水平千斤顶端部布置力传感器；加载梁中部布置位移传感器，基础上布置监测水平滑移的电子百分表，以上数据均采用 IMP 数据采集系统自动采集。

应变测点包括：边缘构造纵向钢筋应变（ZZ），剪力墙竖向分布钢筋应变（FBZ），剪力墙水平分布钢筋应变（FBH），斜向钢筋应变（X）。应变测点布置图见图 6.1-3。

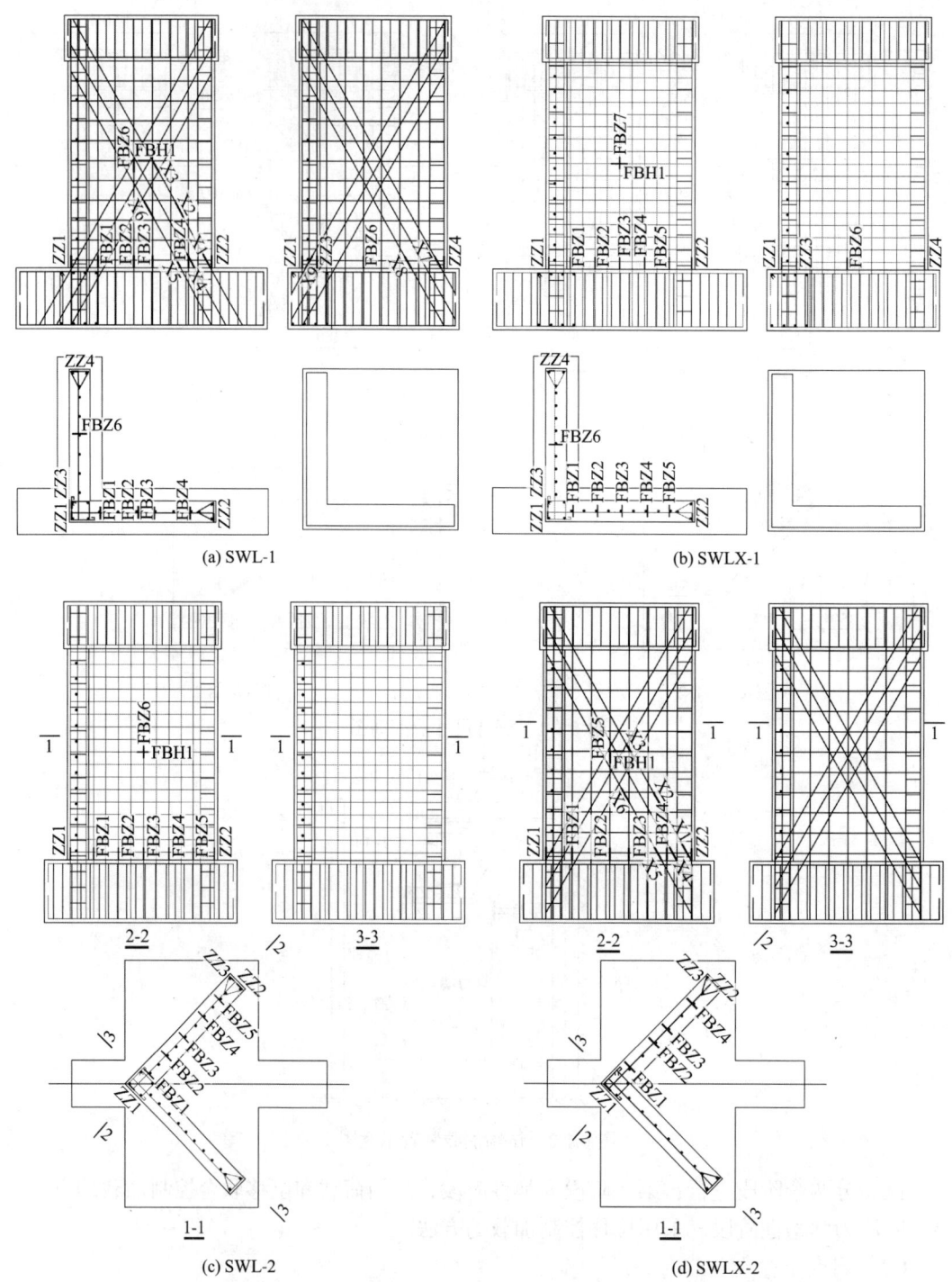

图 6.1-3 应变测点布置图

6.1.2 破坏特征

试验表明：（1）试件 SWL-1 与 SWLX-1 相对比，两试件表现为弯曲破坏，但试件

SWLX-1 裂缝明显增多，裂缝分布域广，塑性铰范围扩大，能充分发挥剪力墙耗能能力。（2）试件 SWL-2 与 SWLX-2 相对比，两试件最终均呈现弯曲破坏为主的特征，但试件 SWLX-2 裂缝数量多些、宽度小些，耗能相对好些。各试件最终破坏形态如图 6.1-4 所示。

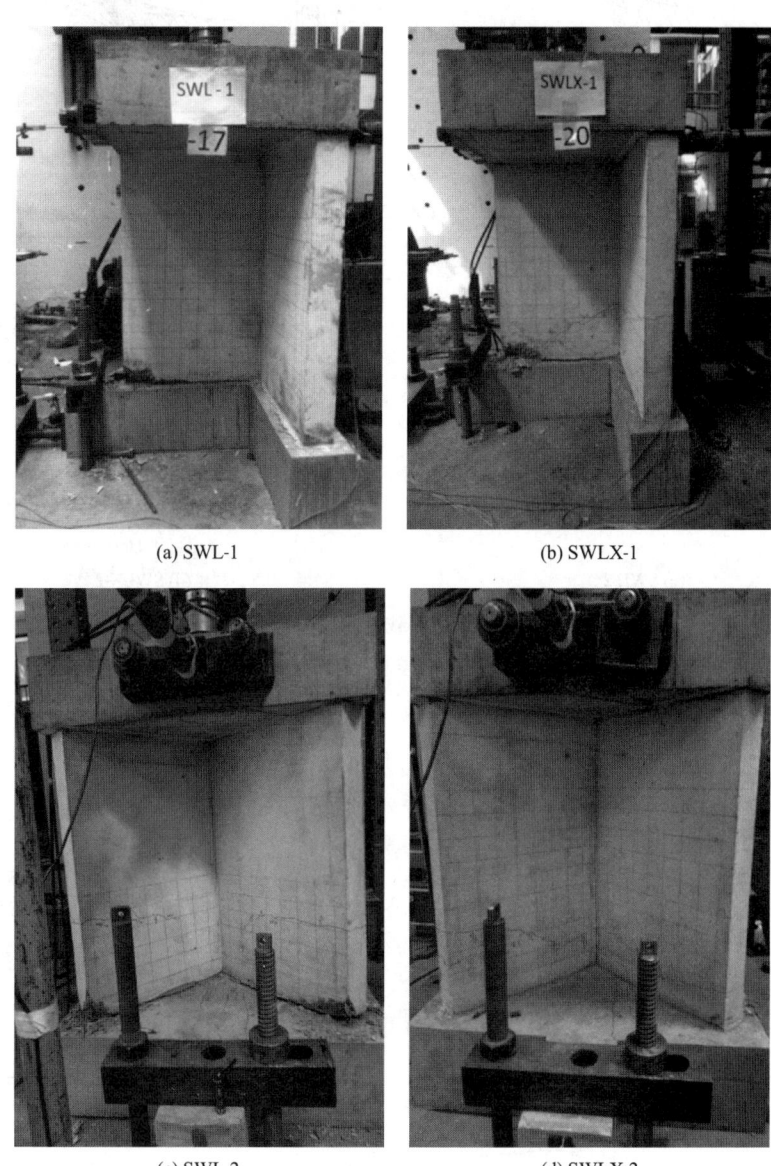

图 6.1-4　各试件最终破坏形态

6.1.3　滞回特征

实测各试件的"水平荷载 F-加载点水平位移 U"滞回曲线见图 6.1-5。各试件的"水平荷载 F-加载点水平位移 U"骨架曲线及"累积耗能 E_p-加载点水平位移 U"曲线比较见图 6.1-6。

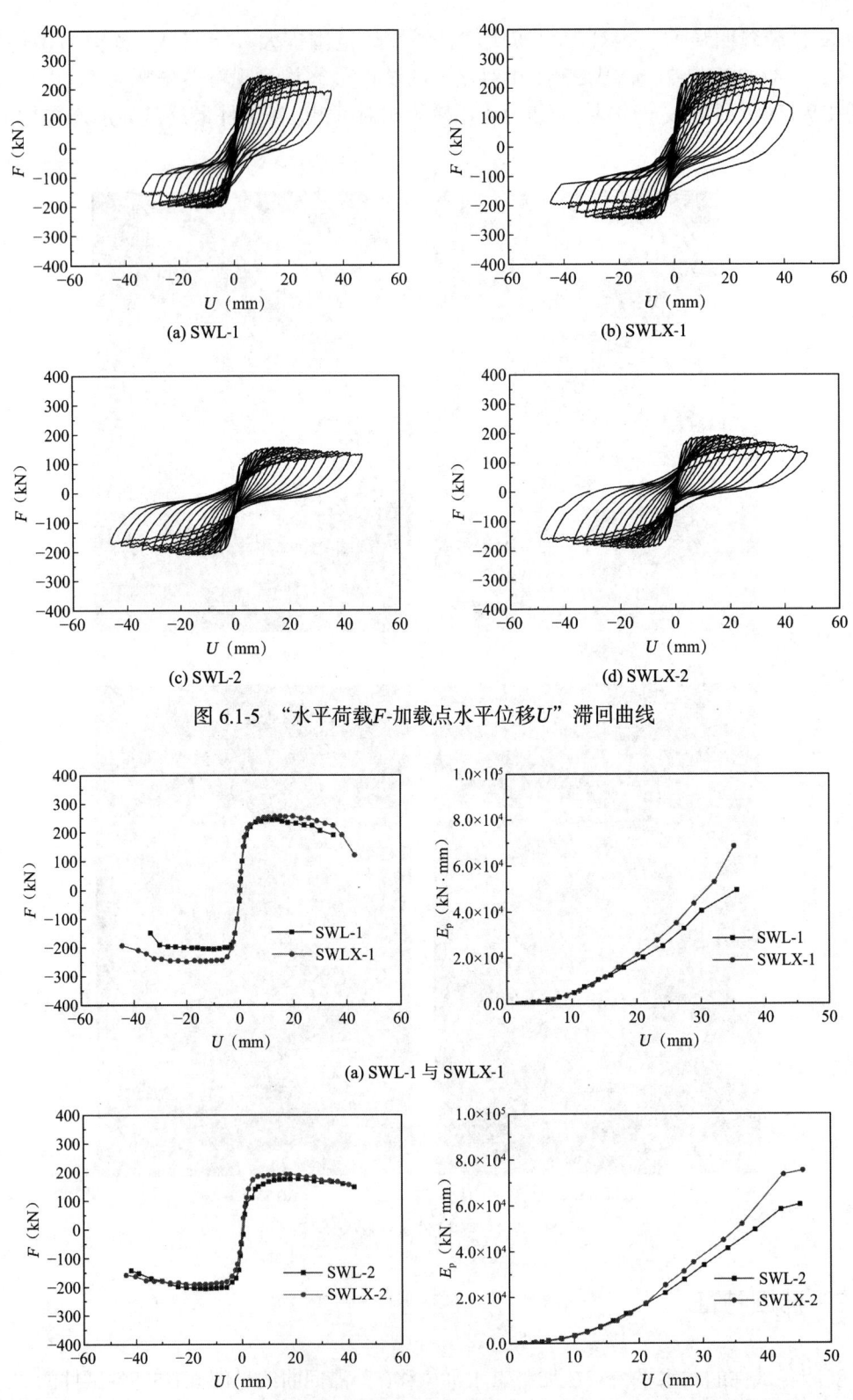

图 6.1-5 "水平荷载F-加载点水平位移U"滞回曲线

(a) SWL-1 与 SWLX-1

(b) SWL-2 与 SWLX-2

图 6.1-6 各试件"F-U"骨架曲线及"E_p-U"曲线比较

6.1.4 承载力与位移

实测各试件的明显开裂荷载、正负两方向屈服荷载、极限荷载及其比值见表6.1-4。表中：F_c为明显开裂荷载；F_y为屈服荷载；F_u为极限荷载。

实测各试件特征荷载及其比值　　表6.1-4

试件编号	F_c（kN）		F_y（kN）		F_u（kN）		F_y/F_u
	实测值	相对值	实测值	相对值	实测值	相对值	
SWL-1	129.3	1.000	179.8	1.000	225	1.000	0.799
SWLX-1	132.3	1.023	190.2	1.057	257.9	1.146222	0.737
SWL-2	94.34	1.000	147.42	1.000	183.05	1.000	0.805
SWLX-2	103.46	1.097	149.34	1.013	191.65	1.046982	0.779

6.1.5 刚度及其退化

实测各试件的"刚度K-位移角θ"关系曲线见图6.1-7。分析可见：试件SWLX-1与SWL-1相比，刚度退化相对慢；试件SWLX-2与SWL-2相比，刚度退化相对慢。

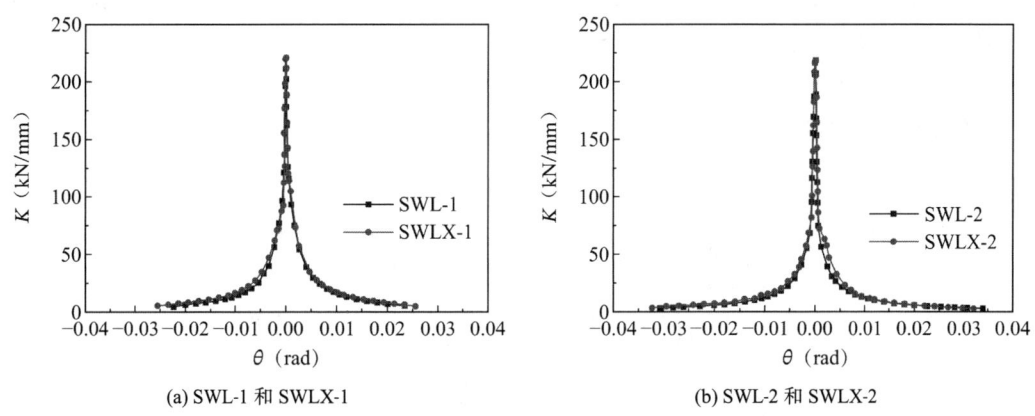

(a) SWL-1 和 SWLX-1　　(b) SWL-2 和 SWLX-2

图6.1-7 "刚度K-位移角θ"关系曲线

6.1.6 耗能能力

实测各试件的等效黏滞阻尼系数ζ_{eq}及累积耗能E_p见表6.1-5。

实测各试件的耗能能力　　表6.1-5

试件编号	ζ_{eq}	E_p（kN·mm）	E_p相对值
SWL-1	0.167	49488.5	1.000

续表

试件编号	ζ_{eq}	E_p (kN·mm)	E_p相对值
SWLX-1	0.191	68566.5	1.386
SWL-2	0.138	60501.2	1.000
SWLX-2	0.151	75324.1	1.245

分析可知：

（1）等配筋量的试件SWLX-1与SWL-1相比，滞回环相对饱满，残余变形量较小，承载力大，累积耗能提高了38.6%，表明斜筋能减小L形截面单排配筋剪力墙的水平剪切滑移，明显提高其抗震耗能能力。

（2）等配筋量的试件SWLX-2与SWL-2相比，滞回环相对饱满，捏拢效应不明显，承载力有所提高，累计耗能提高了24.5%，说明斜筋对提升L形截面剪力墙非工程轴方向的抗震耗能有明显的作用。

6.1.7 力学模型

设计中，通常按照两个工程轴方向进行计算分析，故这里重点分析工程轴方向施加水平荷载的试件SWL-1和SWLX-1。分析这两个试件的破坏形态及实测钢筋应变可知：试件受拉一侧底部暗柱纵筋首先屈服，之后受压一侧暗柱纵筋屈服，最后受压混凝土破坏，试件最终以弯曲破坏为主，即发生大偏压破坏。

（1）承载力模型与公式

试件SWL-1、SWLX-1承载力计算模型见图6.1-8、图6.1-9。

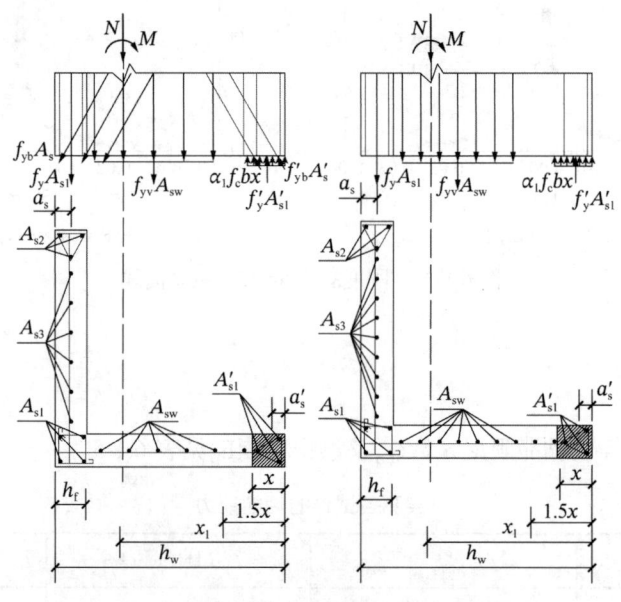

图6.1-8 翼缘受拉时两试件承载力计算模型

第 6 章 异形截面单排配筋剪力墙抗震性能

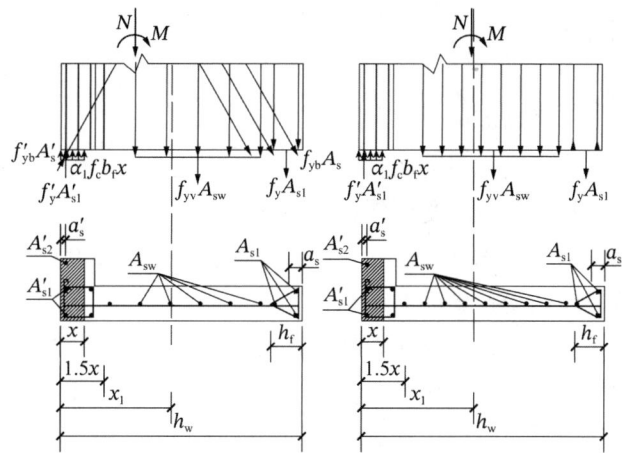

图 6.1-9 翼缘受压时两试件承载力计算模型

试件 SWL-1：

翼缘受拉时，由平衡条件可得：

$$N = \alpha_1 f_c bx + f_y' A_{s1}' - f_y A_{s1} - \zeta f_y A_{s2} - \zeta f_{yv} A_{s3} - f_{yv} A_{sw} \quad (6.1\text{-}1)$$

$$Ne' = (f_y A_{s1} + \zeta f_y A_{s2} + \zeta f_{yv} A_{s3})\left(h_w - \frac{h_f}{2} - \frac{x}{2}\right) + f_{yv} A_{sw}\left(\frac{h_w - b_w}{2} + \frac{x}{4}\right) + f_y' A_{s1}'\left(\frac{x}{2} - a_s'\right) \quad (6.1\text{-}2)$$

翼缘受压时，由平衡条件可得：

$$N = \alpha_1 f_c b_f x + f_y' A_{s1}' + f_y' A_{s2}' - f_y A_{s1} - f_{yv} A_{sw} \quad (6.1\text{-}3)$$

$$Ne' = f_y A_{s1}\left(h_w - \frac{x}{2} - a_s\right) + f_{yv} A_{sw}\left(\frac{h_w - h_f}{2} + \frac{x}{4}\right) + (f_y' A_{s1}' + f_y' A_{s2}')\left(\frac{x}{2} - a_s'\right) \quad (6.1\text{-}4)$$

试件 SWLX-1：

翼缘受拉时，由平衡条件可得：

$$N = \alpha_1 f_c bx + f_y' A_{s1}' + f_{yb}' A_s' \sin\alpha - f_y A_{s1} - \zeta f_y A_{s2} - \zeta f_{yv} A_{s3} - \zeta f_{sb} A_{sb} \sin\alpha - f_{yv} A_{sw} - f_{yb} A_s \sin\varphi \quad (6.1\text{-}5)$$

$$Ne' = (f_y A_{s1} + \zeta f_y A_{s2} + \zeta f_{yv} A_{s3} + \zeta f_{sb} A_{sb} \sin\varphi)\left(h_w - \frac{h_f}{2} - \frac{x}{2}\right) + f_{yb} A_s \sin\alpha \left(h_w - h_f - \frac{x}{2}\right) + f_{yv} A_{sw}\left(\frac{h_w - b_w}{2} + \frac{x}{4}\right) + f_y' A_{s1}'\left(\frac{x}{2} - a_s'\right) + f_{yb}' A_s' \sin\alpha\left(\frac{x}{2} - a_s'\right) \quad (6.1\text{-}6)$$

翼缘受压时，由平衡条件可得：

$$N = \alpha_1 f_c b_f x + f_y' A_{s1}' + f_y' A_{s2}' + f_{yb}' A_s' \sin\alpha - f_y A_{s1} - f_{yv} A_{sw} - f_{yb} A_s \sin\alpha \quad (6.1\text{-}7)$$

$$Ne' = f_y A_{s1}\left(h_w - a_s - \frac{x}{2}\right) + f_{yb} A_s \sin\alpha\left(h_w - h_f - \frac{x}{2}\right) + f_{yv} A_{sw}\left(\frac{h_w - h_f}{2} + \frac{x}{4}\right) + (f_y' A_{s1}' + f_y' A_{s2}')\left(\frac{x}{2} - a_s'\right) + f_{yb}' A_s' \sin\alpha\left(\frac{x}{2} - a_s'\right) \quad (6.1\text{-}8)$$

剪力墙的水平承载力为：$F = \dfrac{M}{H} = \dfrac{Ne_0}{H}$。

式中： $e' = e_0 - x_1 + a_s$；

  偏心距 $e_0 = \dfrac{M}{N}$；

  x——混凝土受压区高度；

  f_{sb}——剪力墙翼缘内受拉斜筋屈服强度；

  f_{yb}、f'_{yb}——剪力墙腹板内受拉、受压斜筋屈服强度；

  f_y、f'_y——剪力墙端部边缘构件受拉、受压纵向钢筋的屈服强度；

  A_{sb}——剪力墙翼缘内受拉斜筋的面积；

  A_s、A'_s——剪力墙腹板内受拉、受压斜筋的面积；

  A_{s1}、A'_{s1}——剪力墙腹板端部边缘构件受拉、受压纵向钢筋的面积；

  A_{sw}——剪力墙腹板受拉纵筋的计算面积；

  f_{yv}——墙体内竖向分布钢筋屈服强度；

  x_1——截面形心到受压边缘的距离；

  A_{s2}——剪力墙翼缘受拉边缘构件纵筋的面积；

  A'_{s2}——剪力墙翼缘受压边缘构件纵筋的面积；

  A_{s3}——剪力墙翼缘受拉分布纵筋的面积；

  α——斜筋与水平分布筋的夹角；

  a_s、a'_s——剪力墙端部边缘构件受拉、受压纵向钢筋合力点到截面边缘的距离；

  h_w、b_w——墙肢截面高度和厚度；

  h_f——墙肢受拉端部边缘构件截面高度；

  H——剪力墙高度（水平加载点距基础顶面距离）。

（2）计算值与实测值比较

按照上述公式计算所得两个试件正、负两向加载水平极限承载力与试验值比较见表 6.1-6。计算中钢筋取实测屈服强度，混凝土取实测抗压强度。

承载力计算值与实测值比较 表 6.1-6

试件	正向			负向		
	计算值（kN）	实测值（kN）	误差（%）	计算值（kN）	实测值（kN）	误差（%）
SWL-1	258.56	244.73	5.35	−198.28	−205.31	−3.42
SWLX-1	275.18	266.48	3.16	−243.99	−249.25	−2.11

6.1.8 有限元分析

利用 ABAQUS 软件进行了数值模拟，得到了受力-变形关系曲线。网格划分示例见图 6.1-10。

有限元计算所得 4 个 L 形截面剪力墙试件当轴压比为 0.2 时"水平荷载 F-加载点水平位移 U"骨架曲线与试验值结果比较见图 6.1-11。

第6章 异形截面单排配筋剪力墙抗震性能

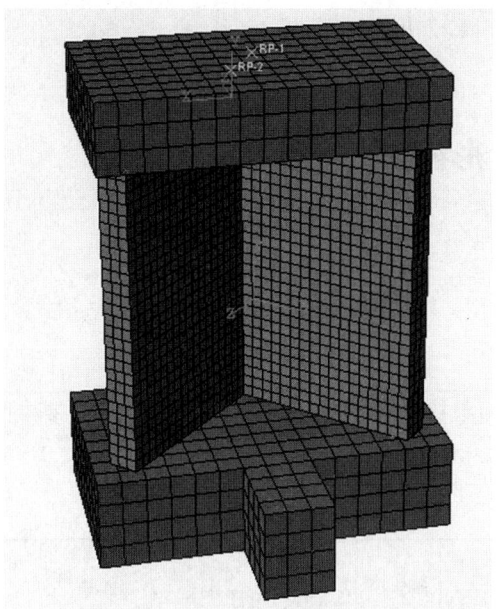

图 6.1-10 网格划分示例

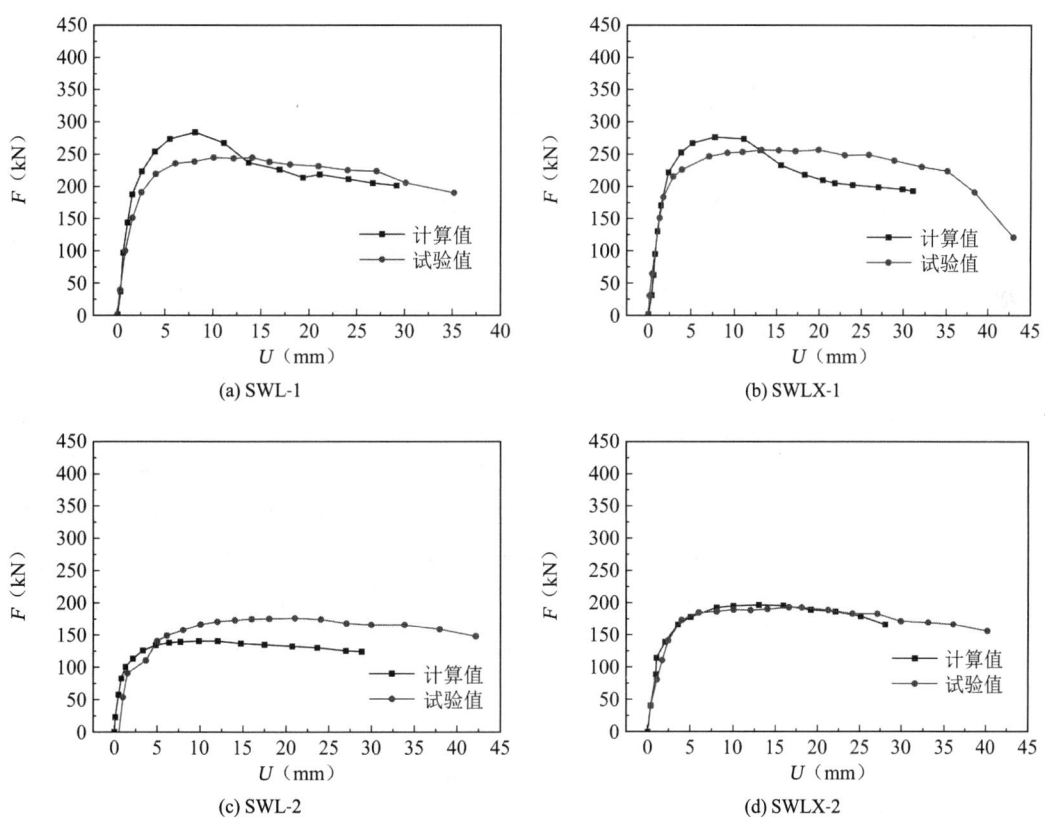

图 6.1-11 计算所得 4 个试件 "$F\text{-}U$" 骨架曲线与试验结果比较

由图可见：L形截面单排配筋剪力墙试件当轴压比为 0.2 时，模拟计算所得"水平荷载 F-加载点水平位移 U"骨架曲线与试验所得骨架曲线前期符合较好，但在后期混凝土达到

-259-

极限强度后计算承载力下降较快。

6.2 单排配筋T形截面剪力墙

6.2.1 试验概况

1. 试验设计

设计了4个T形截面单排配筋剪力墙。试件的主要设计参数见表6.2-1。试件尺寸及配筋见图6.2-1。

试件主要设计参数　　　　　表6.2-1

试件编号	配筋形式	混凝土强度等级	轴压比	斜筋配筋率	分布钢筋配筋率	高宽比	水平及纵向分布筋	边缘构造	加载方向
SWT-1	普通单排	C20	0.2	0	0.25%	1.5	φ6@80	3φ8及4φ8	腹板方向
SWTX-1	带斜筋单排	C20	0.2	0.1%	0.15%	1.5	φ6@80	3φ8及4φ8	腹板方向
SWT-2	普通单排	C20	0.2	0	0.25%	1.5	φ6@80	3φ8及4φ8	翼缘方向
SWTX-2	带斜筋单排	C20	0.2	0.1%	0.15%	1.5	φ6@80	3φ8及4φ8	翼缘方向

实测钢筋力学性能同表6.1-2,实测混凝土力学性能同表6.1-3。

4个T形截面单排配筋剪力墙的墙肢总配筋率均为0.25%。试件编号：试件SWT-1为墙体水平和竖向分布钢筋配筋率为0.25%的单排配筋混凝土剪力墙，试件SWTX-1为墙体斜筋配筋率为0.1%、竖向和水平分布钢筋配筋率为0.15%的带斜筋单排配筋混凝土剪力墙，这2个试件沿腹板方向施加水平荷载，试件尺寸及配筋图见图6.2-1（a）、（b）；试件SWT-2为墙体水平和竖向分布钢筋配筋率为0.25%的单排配筋混凝土剪力墙，试件SWTX-2为墙体斜筋配筋率为0.1%、竖向和水平分布钢筋配筋率为0.15%的带斜筋单排配筋混凝土剪力墙，这2个试件沿翼缘方向施加水平荷载，试件尺寸及配筋图见图6.2-1（c）、（d）。

2. 试验加载及测点布置

（1）试验加载

加载方式和试验加载装置与L形截面单排配筋剪力墙试件试验类似。

（2）测点布置

各试件的应变测点布置图见图6.2-2。

第 6 章 异形截面单排配筋剪力墙抗震性能

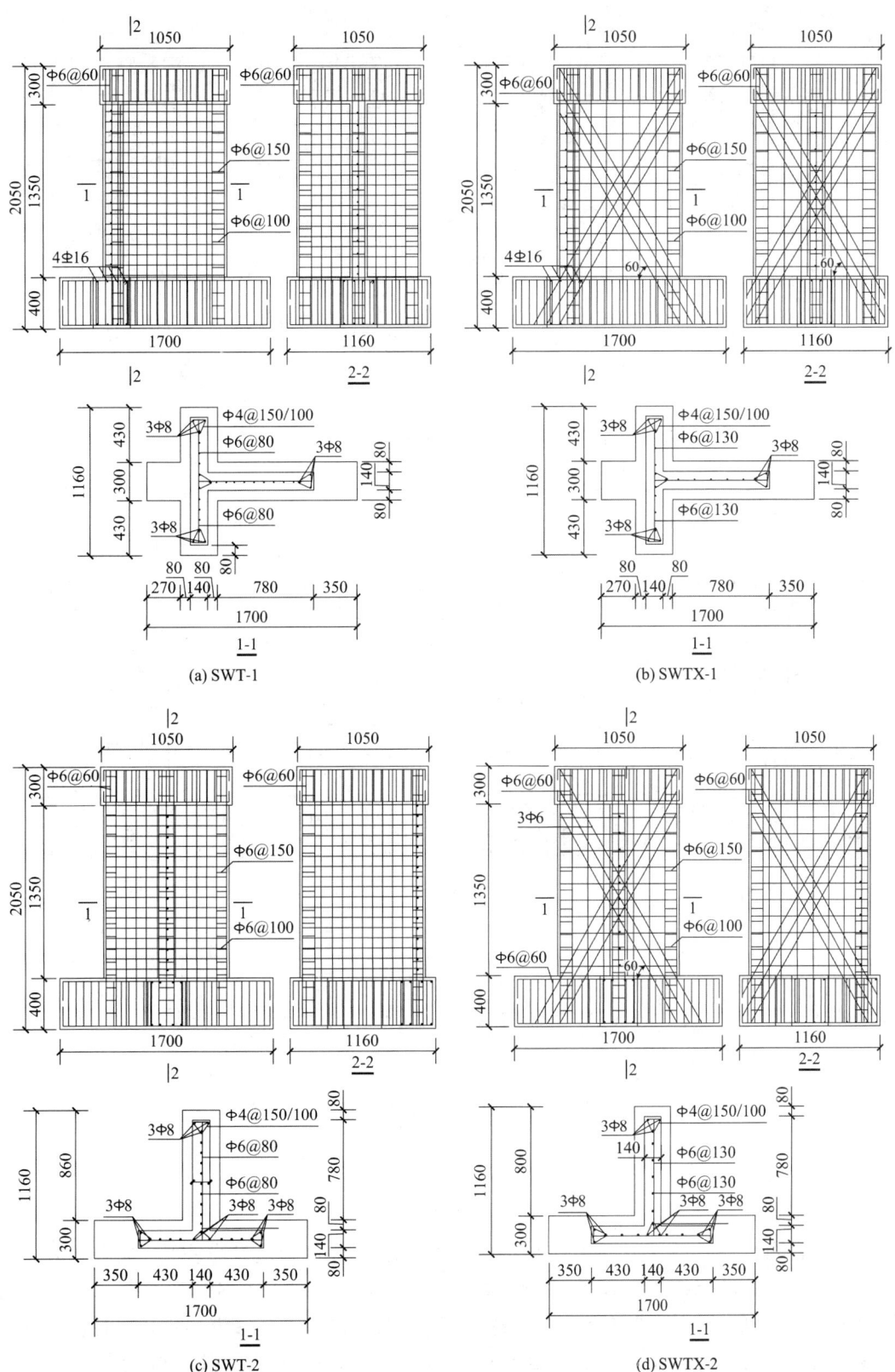

图 6.2-1 试件尺寸及配筋图

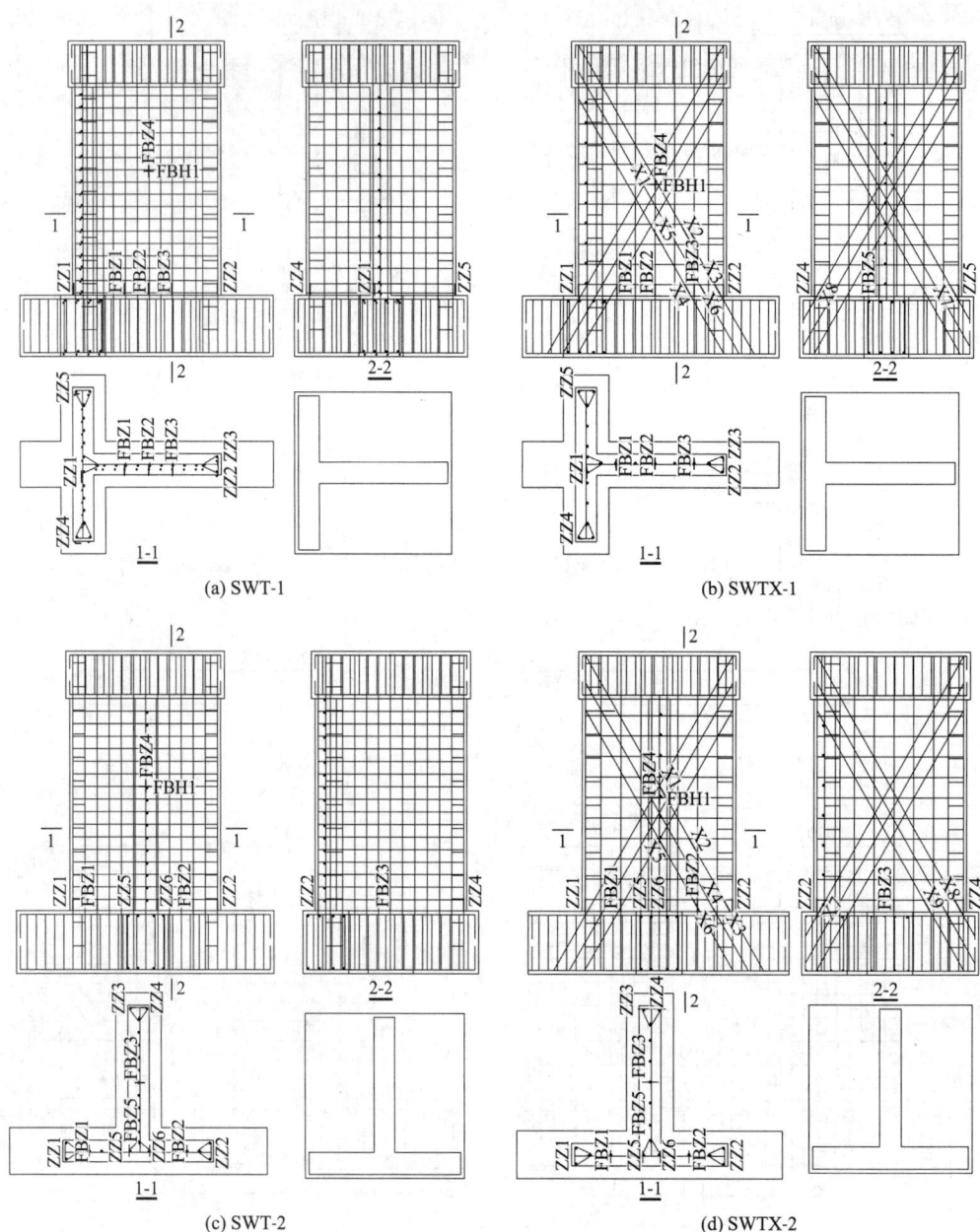

图 6.2-2 各试件应变测点布置图

6.2.2 破坏特征

试验表明：试件 SWT-1 与 SWTX-1 相对比，两试件的腹板最终均呈现弯曲破坏为主的特征，但试件 SWTX-1 裂缝较多，塑性铰域增高。试件 SWT-2 与 SWTX-2 相对比，两试件的翼缘最终也均呈现弯曲破坏为主的特征，但试件 SWTX-2 主裂缝出现较晚且发展慢，斜裂缝走向有向斜筋逼近的趋势，表明斜筋对斜裂缝的开展具有一定的控制作用。各试件最终破坏形态如图 6.2-3 所示。

第6章 异形截面单排配筋剪力墙抗震性能

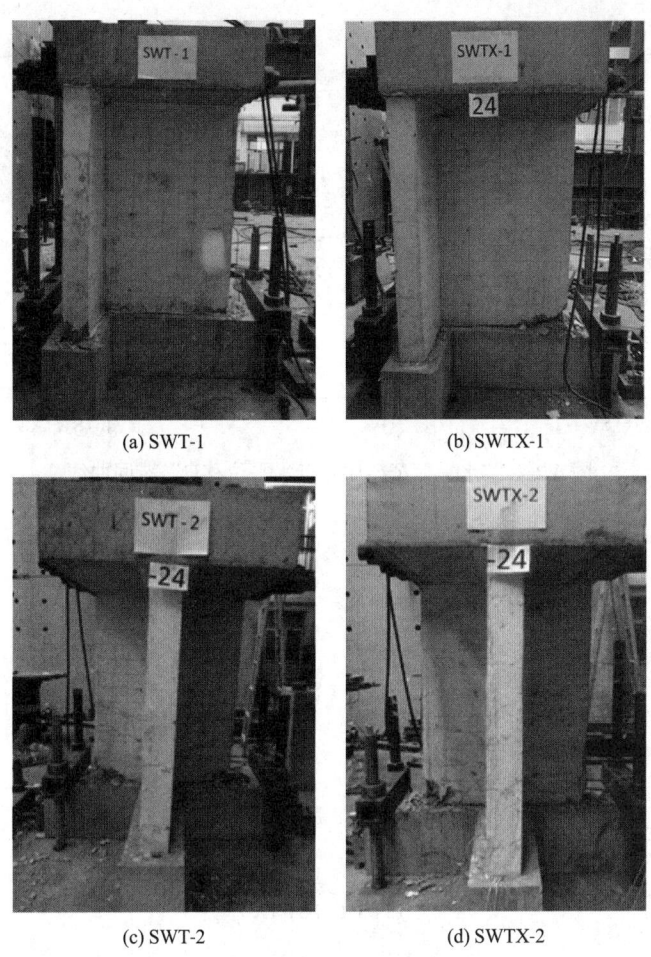

图 6.2-3　各试件最终破坏形态

6.2.3　滞回特性

实测所得各试件的"水平荷载F-加载点水平位移U"滞回曲线见图 6.2-4。实测各试件的"水平荷载F-加载点水平位移U"骨架曲线及各试件的"累积耗能E_p-加载点水平位移U"曲线比较见图 6.2-5。由图可见：T 形截面带斜筋单排配筋剪力墙总体上的抗震性能较好。

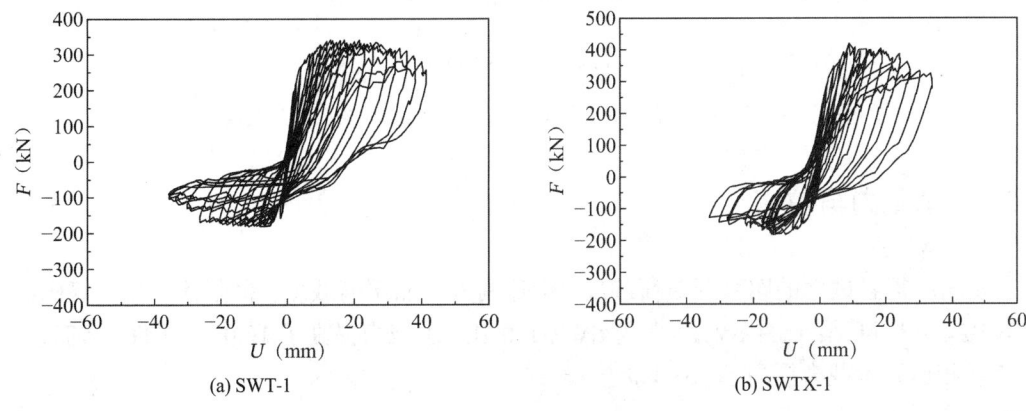

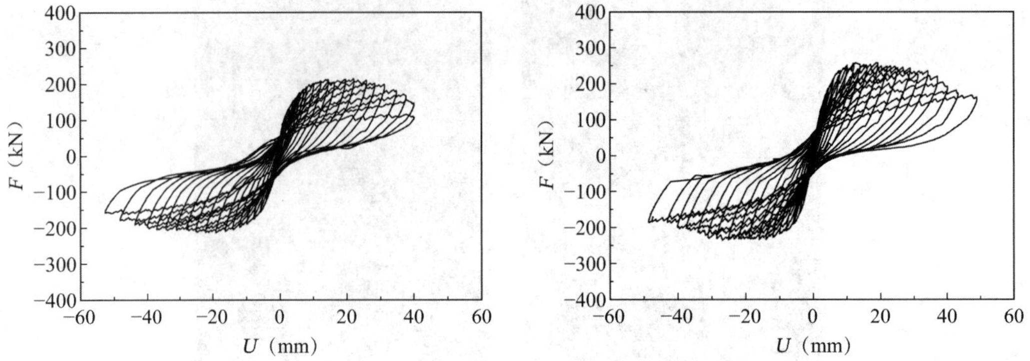

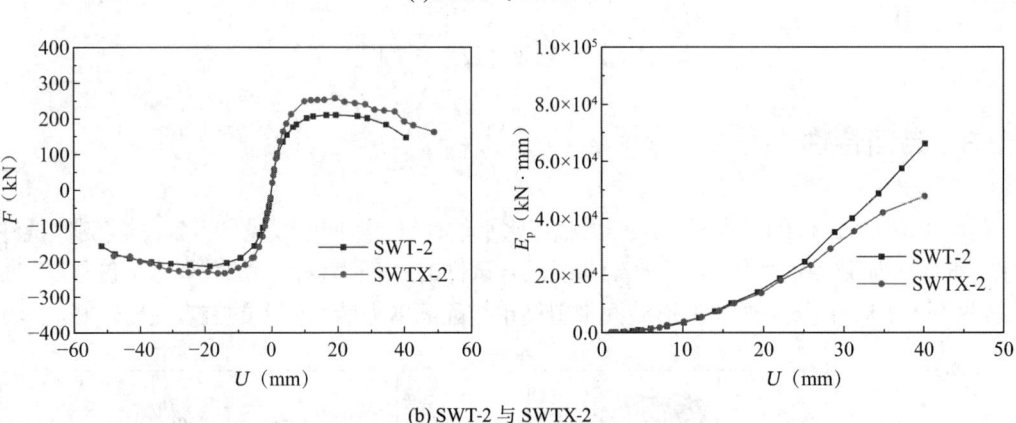

(c) SWT-2　　　　　　　　　(d) SWTX-2

图 6.2-4 "水平荷载F-加载点水平位移U"滞回曲线

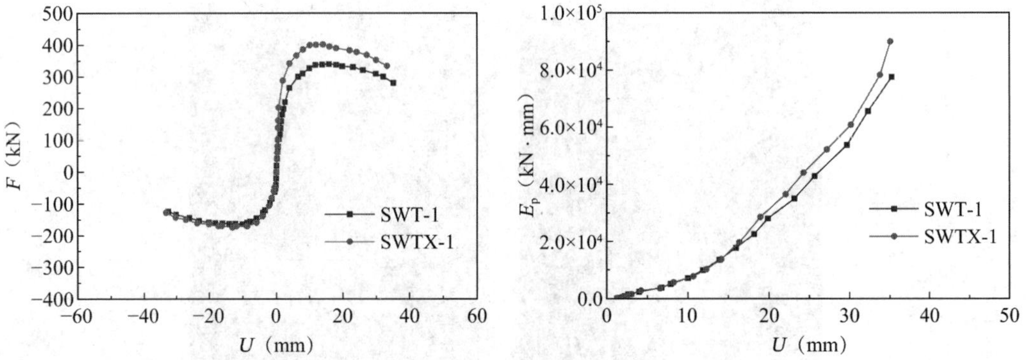

(a) SWT-1 与 SWTX-1

(b) SWT-2 与 SWTX-2

图 6.2-5 实测各试件"F-U"骨架曲线及各试件"E_p-U"曲线比较

6.2.4 承载力与位移

实测所得各试件的明显开裂荷载F_c、正负两方向屈服荷载F_y、极限荷载F_u及其比值见表 6.2-2。分析可见：试件 SWTX-1 与 SWT-1 相比，承载力提高了 12.0%；试件 SWTX-2 与 SWT-2 相比，承载力提高了 15.7%。

实测各试件特征荷载及其比值　　　　　表 6.2-2

试件编号	F_c（kN）		F_y（kN）		F_u（kN）		F_y/F_u
	实测值	相对值	实测值	相对值	实测值	相对值	
SWT-1	78.81	1.000	206.62	1.000	259.95	1.000	0.794
SWTX-1	83.42	1.058	228.55	1.106	291.57	1.120	0.784
SWT-2	93.46	1.000	185.45	1.000	212.35	1.000	0.873
SWTX-2	102.60	1.098	193.25	1.042	245.65	1.157	0.787

6.2.5　刚度及其退化

实测各试件的"刚度 K-位移角 θ"关系曲线见图 6.2-6。分析可见：等配筋条件下，试件 SWTX-1 与 SWT-1 相比刚度退化相对慢，试件 SWTX-2 与 SWT-2 相比刚度退化相对慢。

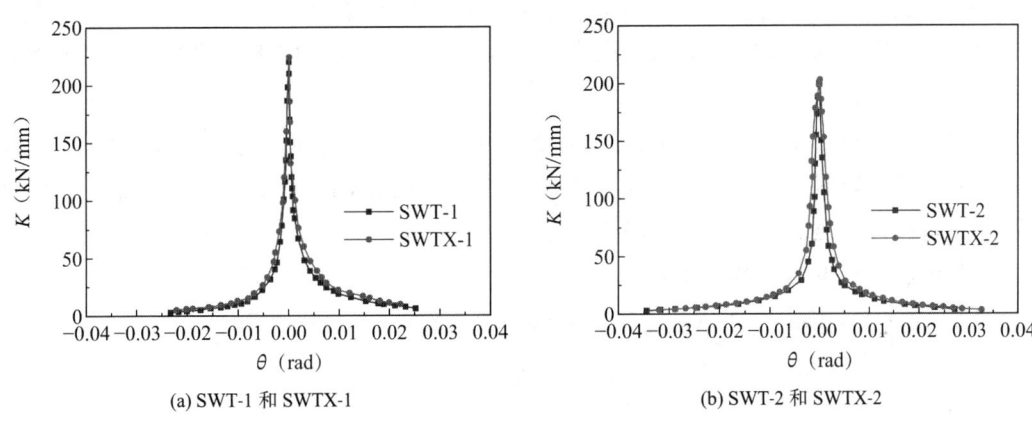

(a) SWT-1 和 SWTX-1　　　　　(b) SWT-2 和 SWTX-2

图 6.2-6　"K-θ"关系曲线

6.2.6　耗能能力

实测所得各试件的等效黏滞阻尼系数 ζ_{eq} 及累计耗能 E_p 见表 6.2-3。

实测各试件耗能性能　　　　　表 6.2-3

试件编号	ζ_{eq}	E_p（kN·mm）	E_p 相对值
SWT-1	0.168	77563.135	1.000
SWTX-1	0.176	89976.268	1.160
SWT-2	0.148	47803.244	1.000
SWTX-2	0.166	56940.245	1.191

分析可见：

（1）等配筋量的试件 SWTX-1 与 SWT-1 相比，等效黏滞阻尼系数增大，累计耗能提高了 16.0%，说明斜筋提高 T 形截面单排配筋剪力墙腹板方向的抗震性能作用明显。

（2）等配筋量的试件 SWTX-2 与 SWT-2 相比，累计耗能提高了 19.1%，表明交叉斜筋对提高 T 形截面单排配筋剪力墙翼缘方向抗震性能的作用明显。

6.2.7 力学模型

1. 试件 SWT-1 与 SWTX-1

分析 2 个试件的破坏形态及实测钢筋应变可知：试件最终发生弯曲破坏，底部弯矩起主要控制作用，即发生大偏压破坏。

（1）基本假设

1）平截面假定适用；

2）不计受拉区混凝土的受拉作用和中和轴附近的受压分布钢筋；

3）翼缘受拉时，假定受拉和受压边缘构件纵筋全部屈服，距受压边 $1.5x$（混凝土受压区高度）范围以外的竖向受拉分布钢筋全部屈服，对带斜筋的剪力墙，假定受拉侧和受压侧斜筋全部屈服；

4）翼缘受压时，假定腹板内纵筋全部受拉屈服，翼缘中心线附近纵筋忽略不计，翼缘最外侧纵筋受压屈服，最内侧纵筋受拉屈服，对于带斜筋的单排配筋剪力墙，假定受拉侧斜筋全部屈服，受压侧最外一根斜筋达到屈服。

（2）承载力模型与计算公式

试件 SWT-1 大偏心受压承载力计算模型见图 6.2-7。

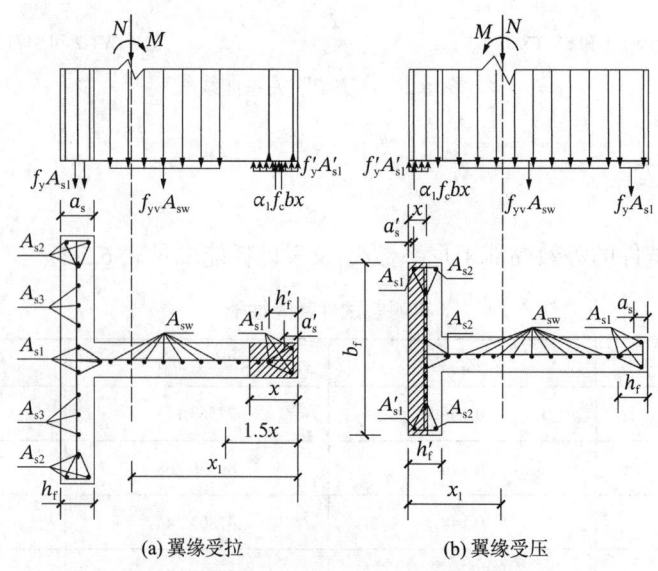

(a) 翼缘受拉　　　　　(b) 翼缘受压

图 6.2-7　SWT-1 大偏心受压承载力计算模型

试件 SWT-1：

翼缘受拉时，由平衡条件可得：

$$N = \alpha_1 f_c bx - f_{yv} A_{sw} - f_y A_{s2} - f_{yv} A_{s3} \tag{6.2-1}$$

$$Ne' = f_y A_{s1}\left(h_w - \frac{h_f}{2} - \frac{x}{2} - a_s\right) + (f_y A_{s2} + f_{yv} A_{s3})\left(h_w - \frac{h_f}{2} - \frac{x}{2}\right) + $$

$$f'_y A'_{s1}\left(\frac{x}{2} - a'_s\right) + f_{yv} A_{sw}\left(\frac{h_w - h_f}{2} + \frac{x}{4}\right) \tag{6.2-2}$$

翼缘受压时，由平衡条件可得：

$$N = \alpha_1 f_c b_f x + f'_y A'_{s1} - f_y A_{s1} - f_y A_{s2} - f_{yv} A_{sw}(h_w - h_f - h'_f) \tag{6.2-3}$$

$$Ne' = f_y A_{s1}\left(h_w - a_s - \frac{x}{2}\right) + f_{yv} A_{sw}\left(\frac{h_w - h_f + h'_f - x}{2}\right) + $$

$$f_y A_{s2}\left(h'_f - a'_s - \frac{x}{2}\right) + f'_y A'_{s1}\left(\frac{x}{2} - a'_s\right) \tag{6.2-4}$$

试件 SWTX-1 大偏心受压承载力计算模型见图 6.2-8。

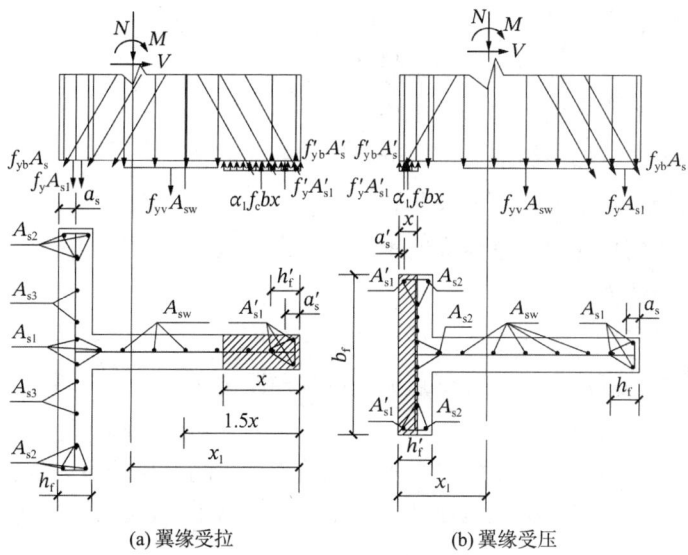

(a) 翼缘受拉　　　　　　　　(b) 翼缘受压

图 6.2-8　SWTX-1 大偏心受压承载力计算模型

试件 SWTX-1：

翼缘受拉时，由平衡条件可得：

$$N = \alpha_1 f_c bx - f_y A_{s2} - f_{yv} A_{s3} - f_{yb} A_{sb} \sin\alpha - f_{yv} A_{sw} \tag{6.2-5}$$

$$Ne' = f_y A_{s1}\left(h_w - \frac{h_f}{2} - \frac{x}{2} - a_s\right) + f'_y A'_{s1}\left(\frac{x}{2} - a'_s\right) + f_{yv} A_{sw}\left(\frac{h_w - h_f}{2} + \frac{x}{4}\right) + $$

$$(f_y A_{s2} + f_{yv} A_{s3} + f_{yb} A_{sb} \sin\alpha)\left(h_w - h_f - \frac{x}{2}\right) + $$

$$f_{yb} A_s \sin\alpha\left(h_w - \frac{h_f}{2} - \frac{x}{2}\right) + f'_y A'_s \sin\alpha\left(\frac{x}{2} - a'_s\right) \tag{6.2-6}$$

翼缘受压时，由平衡条件可得：

$$N = \alpha_1 f_c b_f x + f'_y A'_{s1} - f_y A_{s2} - f_{yv} A_{sw} - f_y A_{s1} - f_{yb} A_s \sin\alpha + f'_{yb} A'_s \sin\alpha \tag{6.2-7}$$

$$Ne' = f_y A_{s1}\left(h_w - \frac{x}{2} - a_s\right) + f_{yv} A_{sw}\left(\frac{h_w - h_f + h'_f - x}{2}\right) + f_y A_{s2}\left(h'_f - a'_s - \frac{x}{2}\right) +$$

$$f'_y A'_{s1}\left(\frac{x}{2} - a'_s\right) + f_{yb} A_s \sin\alpha \left(h_w - h_f - \frac{x}{2}\right) - f'_{yb} A'_s \sin\alpha \left(\frac{h'_f}{2} - \frac{x}{2}\right) \quad (6.2\text{-}8)$$

剪力墙的水平承载力：$F = \dfrac{M}{H} = \dfrac{Ne_0}{H}$

式中：$e' = e_0 - x_1 + \dfrac{x}{2}$；

偏心距 $e_0 = \dfrac{M}{N}$；

x——混凝土受压区高度；

f_{yb}、f'_{yb}——墙体内受拉、受压斜筋屈服强度；

f_y、f'_y——剪力墙边缘构件受拉、受压纵向钢筋的屈服强度；

A_{sb}——剪力墙翼缘受拉斜筋的面积；

A_s、A'_s——腹板内受拉、受压斜筋的面积；

A_{s1}、A'_{s1}——腹板边缘构件受拉、受压纵向钢筋的面积；

A_{sw}——墙体腹板内竖向分布钢筋的面积；

f_{yv}——墙体内竖向分布钢筋屈服强度；

x_1——截面形心到受压边缘的距离；

A_{s2}、A_{s3}——翼缘边缘构件纵筋、竖向分布钢筋的面积；

α——斜筋与水平分布筋的夹角；

a_s、a'_s——边缘构件受拉、受压纵向钢筋合力点到截面边缘的距离；

h_w——墙肢截面高度；

h_f、h'_f——墙肢受拉、受压端部边缘构件截面高度；

H——剪力墙高度（水平加载点距基础顶面距离）。

（3）计算值与实测值比较

按上述公式计算所得 2 个试件水平极限承载力与实测值比较见表 6.2-4。计算中钢筋取实测屈服强度、混凝土取实测抗压强度。可见，计算结果与试验符合较好。

试件水平极限承载力计算值与实测值比较　　　　表 6.2-4

模型	正向			负向		
	计算值（kN）	实测值（kN）	误差（%）	计算值（kN）	实测值（kN）	误差（%）
SWT-1	337.33	339.92	−0.76	−178.98	−179.98	−0.56
SWTX-1	396.23	401.99	−1.43	−180.99	−181.14	−0.08

2. 试件 SWT-2 与 SWTX-2

分析 2 个试件的破坏形态及实测钢筋应变可知：2 个试件最终以弯曲破坏为主，即发生大偏压破坏。

（1）基本假设

1）截面应变分布满足平截面假定；

2）翼缘墙体中受拉、受压边缘构件纵筋全部屈服；

3）翼缘内在腹板边缘以外的受拉竖向分布钢筋全部屈服，腹板内竖向钢筋按 50%受拉屈服考虑；

4）不计受拉区混凝土的受拉作用；

5）对于带交叉斜筋的单排配筋剪力墙，假定受拉侧斜筋全部屈服，受压侧在边缘构件范围内的斜筋达到屈服。

（2）承载力模型与计算公式

大偏心受压承载力计算模型见图 6.2-9。

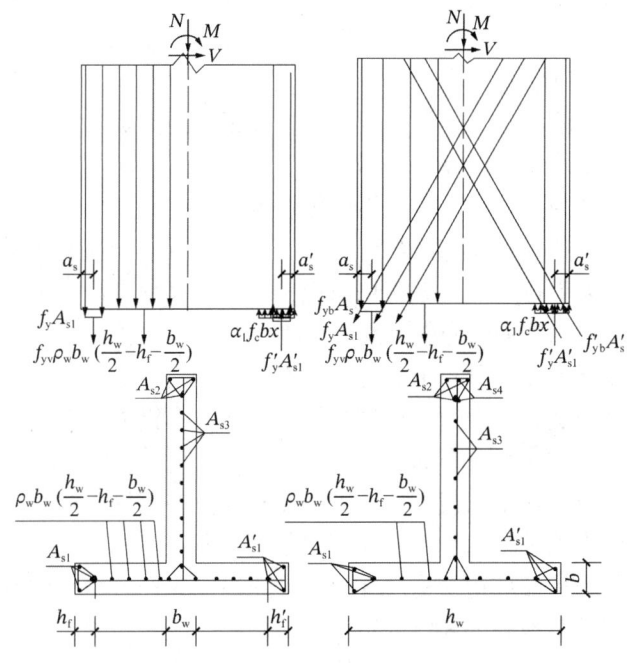

图 6.2-9 大偏心受压承载力计算模型

试件 SWT-2：

根据力平衡条件，可得：

$$N = \alpha_1 f_c bx - f_{yv}\rho_w b_w \left(\frac{h_w}{2} - h_f - \frac{b_w}{2}\right) - f_y A_{s2} - f_{yv} A_{s3} \tag{6.2-9}$$

$$\begin{aligned}Ne' = &f_y A_{s1}\left(h_w - a_s - \frac{x}{2}\right) + f_y' A_{s1}'\left(\frac{x}{2} - a_s'\right) + \\ &f_{yv}\rho_w b_w \left(\frac{h_w}{2} - h_f - \frac{b_w}{2}\right)\left(\frac{3h_w}{2} + \frac{b_w}{4} - \frac{h_f}{2} - \frac{x}{2}\right) + \\ &(f_y A_{s2} + f_{yv} A_{s3})\left(\frac{h_w}{2} - \frac{x}{2}\right)\end{aligned} \tag{6.2-10}$$

试件 SWTX-2：

根据力平衡条件，可得：

$$\begin{aligned}N = &\alpha_1 f_c bx + f_{yb}' A_s' \sin\alpha - f_{yb} A_s \sin\alpha - f_{yv}\rho_w b_w \left(\frac{h_w}{2} - h_f - \frac{b_w}{2}\right) - \\ &f_y A_{s2} - f_{yv} A_{s3} - f_{yb} A_{s4} \sin\alpha\end{aligned} \tag{6.2-11}$$

$$Ne' = f_y A_{s1}\left(h_w - a_s - \frac{x}{2}\right) + f'_y A'_{s1}\left(\frac{x}{2} - a'_s\right) +$$
$$f_{yv}\rho_w b_w \left(\frac{h_w}{2} - h_f - \frac{b_w}{2}\right)\left(\frac{3h_w}{4} + \frac{b_w}{4} - \frac{h_f}{2} - \frac{x}{2}\right) +$$
$$(f_y A_{s2} + f_{yv} A_{s3} + f_{yb} A_{s4} \sin\alpha)\left(\frac{h_w}{2} - \frac{x}{2}\right) +$$
$$f_{yb} A_s \sin\alpha\left(h_w - h_f - \frac{x}{2}\right) + f'_{yb} A'_s \sin\alpha\left(\frac{x}{2} - a'_s\right) \quad (6.2\text{-}12)$$

试件的水平承载力为：

$$F = M/H = Ne_0/H \quad (6.2\text{-}13)$$

式中：　　　$e' = e_0 - \frac{h_w}{2} + a'_s$；

偏心距 $e_0 = M/N$；

H——剪力墙高度（水平加载点距基础顶面距离）；

x——混凝土受压区高度；

f_y、f'_y——墙体内受拉、受压斜筋屈服强度；

f_{yb}、f'_{yb}——剪力墙翼缘端部边缘构件受拉、受压纵向钢筋的面积；

A_{s1}、A'_{s1}——翼墙受拉、受压纵筋总面积；

f_{yv}——墙体内竖向分布钢筋屈服强度；

ρ_w——墙体内竖向分布钢筋的配筋率；

A_{s2}、A_{s3}、A_{s4}——剪力墙腹板内边缘构件纵筋、竖向分布钢筋、斜筋面积的50%；

α——斜筋与水平分布筋的夹角；

ρ_w——平行于水平加载方向的剪力墙竖向分布钢筋配筋率；

A_s、A'_s——剪力墙翼缘内受拉、受压斜筋的面积；

a_s、a'_s——剪力墙端部边缘构件受拉、受压纵向钢筋合力点到截面边缘的距离；

h_w、b_w——墙肢截面高度和厚度；

h_f、h'_f——墙肢受拉、受压端部边缘构件截面高度。

（3）计算值与实测值比较

用上述公式进行计算所得2个试件的水平极限承载力与试验实测值及其结果比较见表6.2-5。计算中钢筋取实测屈服强度、混凝土取实测抗压强度。可见，计算结果与实测值符合较好。

水平极限承载力计算值与实测值及其比较　　　　　表6.2-5

试件编号	计算值（kN）	实测值（kN）	相对误差（%）
SWT-2	215.89	212.33	1.64
SWTX-2	249.72	245.64	1.63

6.2.8　有限元分析

利用ABAQUS软件进行了数值模拟，计算所得4个T形截面剪力墙试件当轴压比为0.2时的"水平力F-加载点水平位移U"关系曲线与试验所得"水平力F-加载点水平位移U"

骨架曲线的比较见图 6.2-10。可见，加载前期二者符合较好，但在加载后期混凝土达到极限强度后二者符合程度较弱。

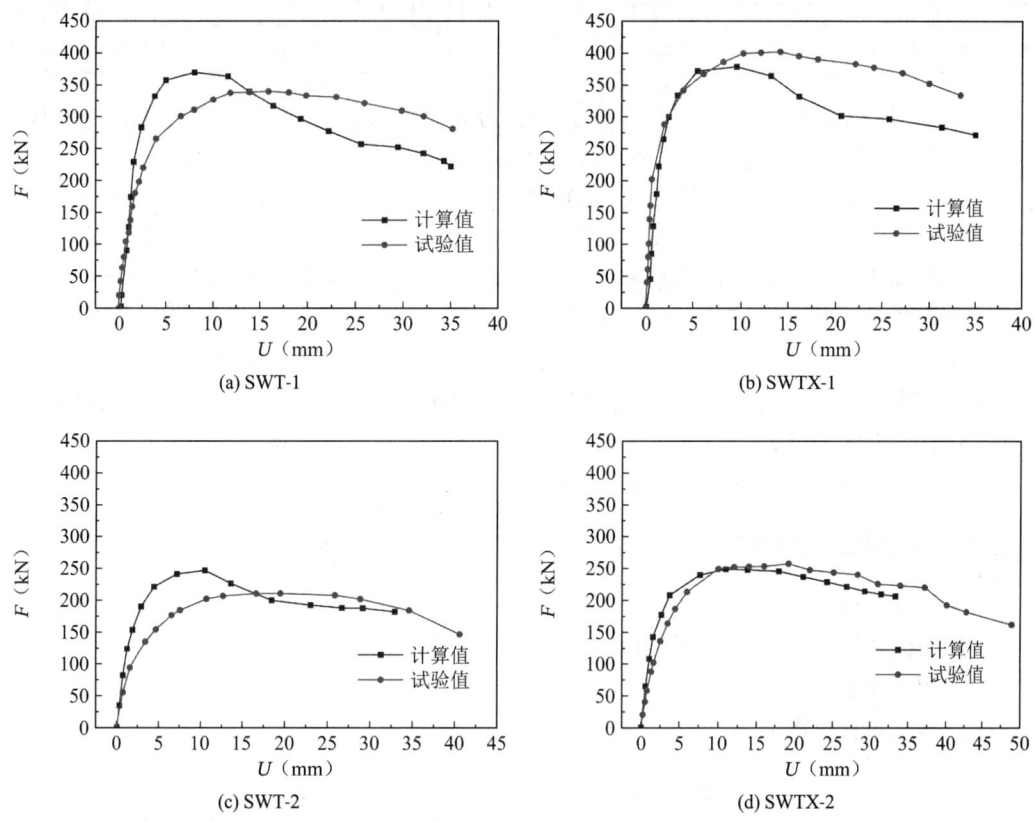

图 6.2-10 计算所得"F-U"关系曲线与试验所得"F-U"骨架曲线比较

6.3 单排配筋 Z 形截面剪力墙

6.3.1 试验概况

1. 试验设计

设计了 4 个 Z 形截面单排配筋剪力墙试件，试件的主要设计参数见表 6.3-1。

试件主要设计参数 表 6.3-1

试件编号	配筋形式	混凝土强度等级	轴压比	斜筋配筋率	分布钢筋配筋率	高宽比	水平及纵向分布筋	边缘构造	加载方向
SWZ-1	普通单排	C20	0.2	0	0.25%	1.5	φ6@80	3φ8 及 4φ8	腹板方向
SWZX-1	带斜筋单排	C20	0.2	0.1%	0.15%	1.5	φ6@80	3φ8 及 4φ8	腹板方向
SWZ-2	普通单排	C20	0.2	0	0.25%	1.5	φ6@80	3φ8 及 4φ8	翼缘方向

续表

试件编号	配筋形式	混凝土强度等级	轴压比	斜筋配筋率	分布钢筋配筋率	高宽比	水平及纵向分布筋	边缘构造	加载方向
SWZX-2	带斜筋单排	C20	0.2	0.1%	0.15%	1.5	φ6@80	3φ8 及 4φ8	翼缘方向

4个Z形截面剪力墙试件主要参数：剪力墙截面腹板高度（包括两侧翼缘厚度）1000mm、厚度140mm，剪力墙两侧翼缘截面总高度（包括腹板厚度）1000mm，剪力墙高度1350mm，混凝土设计强度等级为C20；剪跨比为1.5，轴压比为0.2；4个试件墙体总配筋量相等，包括：2个为墙体水平和竖向分布钢筋配筋率为0.25%的无斜筋单排配筋混凝土剪力墙试件，2个为斜筋配筋率为0.1%、水平和竖向分布钢筋配筋率为0.15%的带斜筋单排配筋混凝土剪力墙试件。钢筋力学性能同表6.1-2，混凝土力学性能同表6.1-3。

试件编号：试件SWZ-1为单排配筋混凝土剪力墙，SWZX-1为带斜筋单排配筋混凝土剪力墙，加载方向为沿腹板方向，试件尺寸及配筋图见图6.3-1（a）、（b）；试件SWZ-2为单排配筋混凝土剪力墙，SWZX-2为带斜筋单排配筋混凝土剪力墙，加载方向为沿翼缘方向，试件尺寸及配筋图见图6.3-1（c）、（d）。

2. 试验加载及测点布置

（1）试验加载

试验加载和加载装置与L形截面剪力墙低周反复荷载试验类似。

（2）测点布置

应变测点布置见图6.3-2。

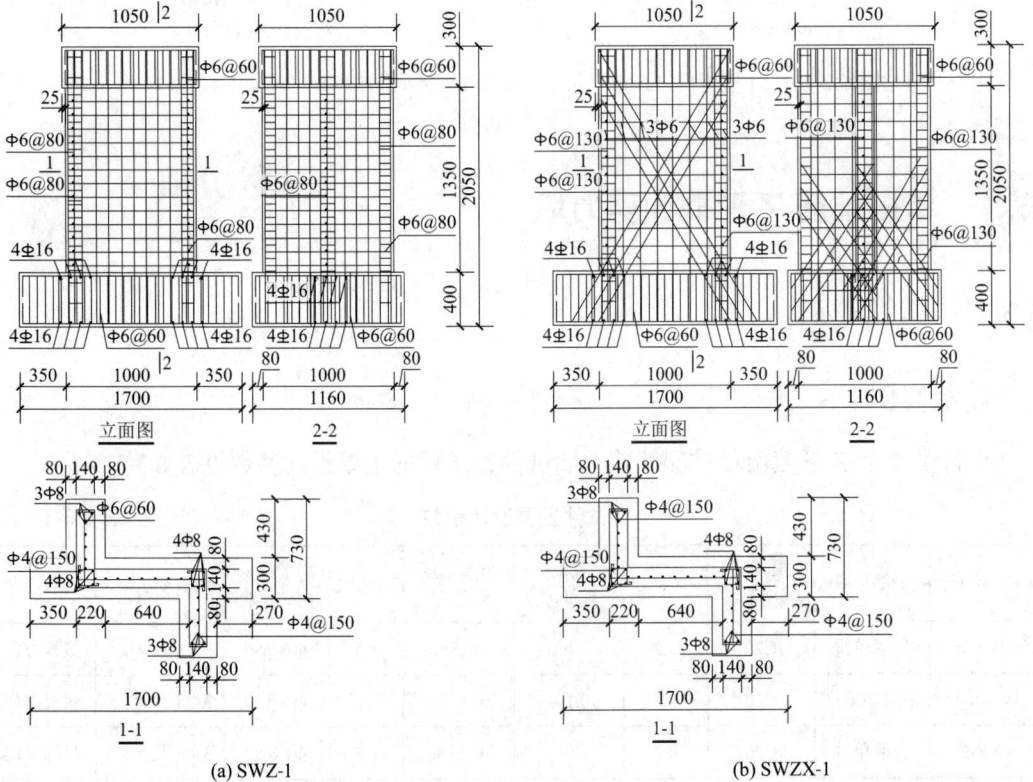

(a) SWZ-1　　　　　　　　　　　(b) SWZX-1

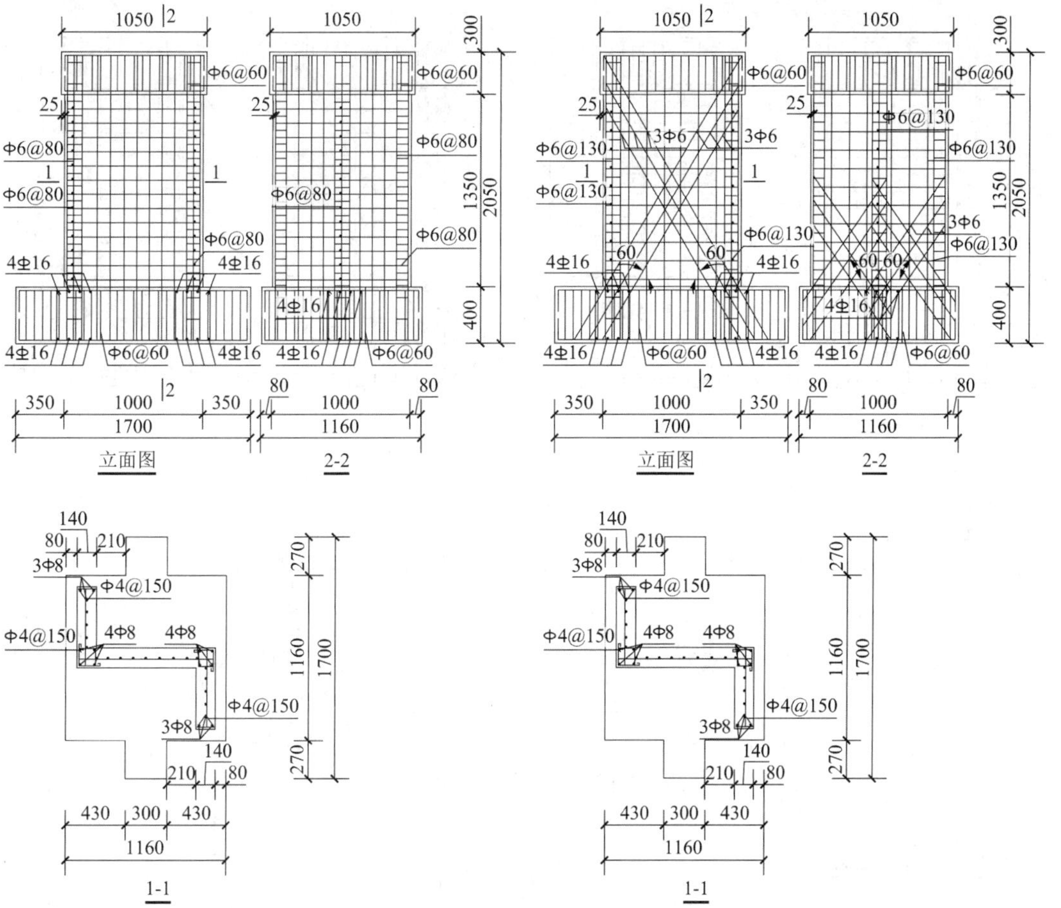

第6章 异形截面单排配筋剪力墙抗震性能

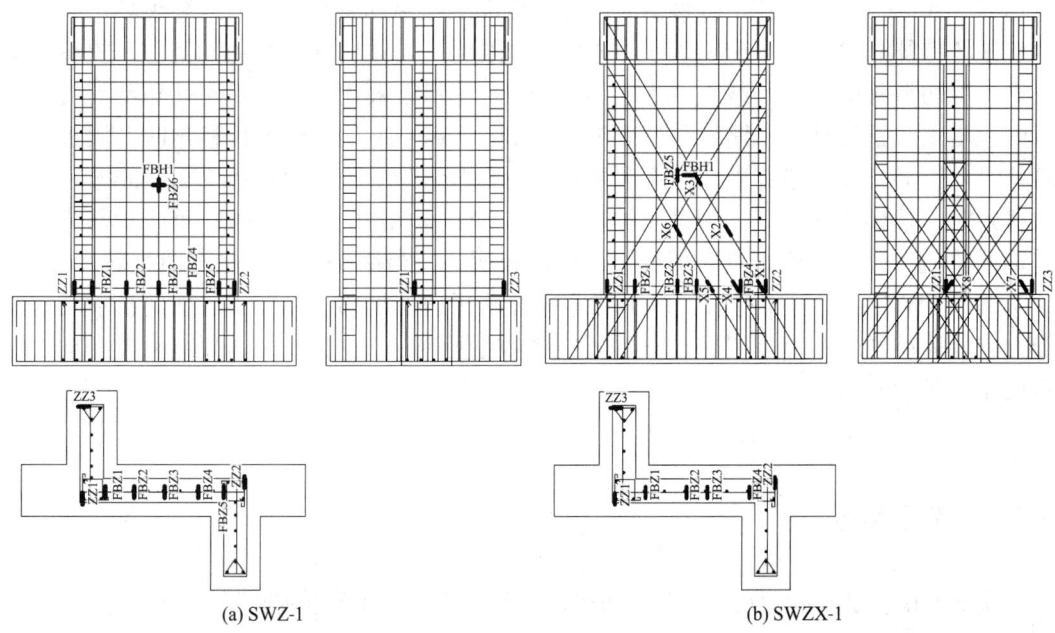

(c) SWZ-2 (d) SWZX-2

图 6.3-1 试件尺寸及配筋图

(a) SWZ-1 (b) SWZX-1

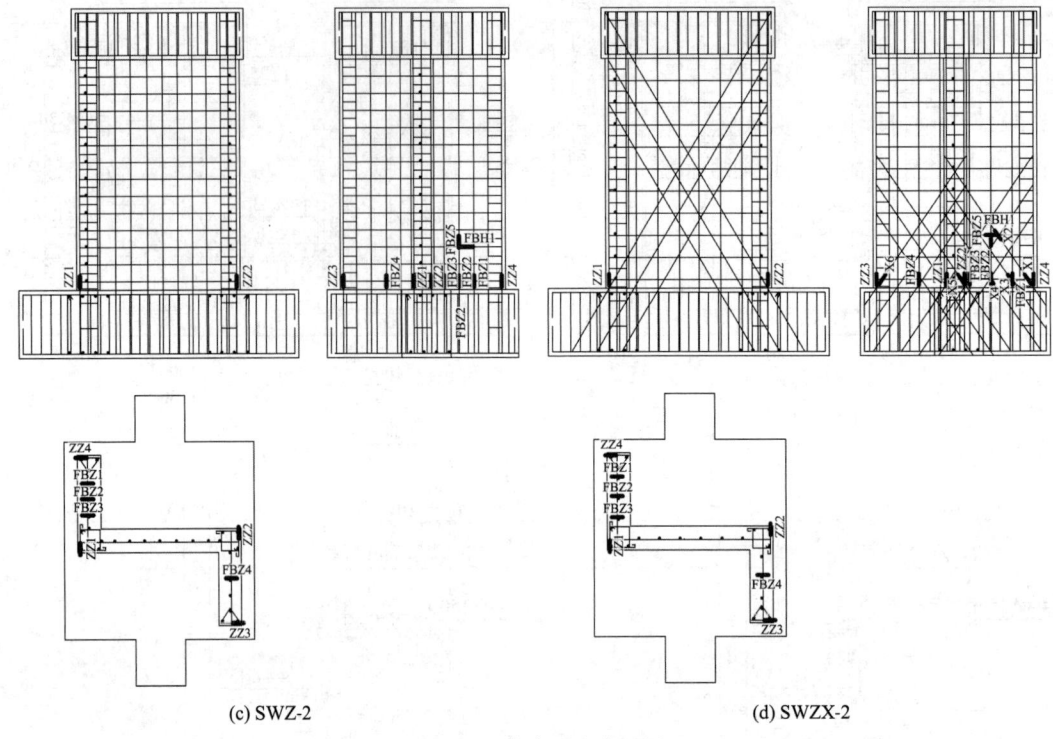

图 6.3-2 应变测点布置图

6.3.2 破坏特征

试件损伤过程：（1）试件 SWZ-1，在水平加载至 1/70 位移角时，达到极限荷载；加载至 1/60 位移角时，腹板两端角部混凝土脱落面积增大，钢筋外露，墙体与基础缝隙达到 11mm；加载至 1/41 位移角时，腹板角部暗柱纵向钢筋拉断；最终破坏形态呈弯曲型破坏特征。（2）试件 SWZX-1，斜筋有效限制了墙体底部水平剪切滑移，提高了墙底的抗剪切滑移能力，加载至 1/55 位移角时，达到极限荷载，腹板两端角部混凝土脱落面积增大，钢筋外露，墙体与基础缝隙达到 7mm；加载至 1/28 位移角时，腹板角部暗柱纵向钢筋拉断；最终破坏形态呈弯曲型破坏特征。（3）试件 SWZ-2，加载至 1/88 位移角时，达到极限荷载，裂缝延伸至墙顶；加载至 1/30 位移角时，翼缘角部暗柱纵向钢筋拉断；破坏时剪力墙底部剪切滑移现象明显，最终破坏形态呈弯曲型破坏特征。（4）试件 SWZX-2，斜筋有效限制了墙体底部水平剪切滑移，提高了墙底的抗剪切滑移能力，墙体剪切斜裂缝发展较充分，其裂缝数量相对于 SWZ-2 多，裂缝角度有向交叉斜筋角度逼近趋势。

各试件最终破坏照片见图 6.3-3。

6.3.3 滞回特征

实测所得各试件的"水平荷载 F-加载点水平位移 U"滞回曲线见图 6.3-4。实测各试件

第6章 异形截面单排配筋剪力墙抗震性能

的"水平荷载F-加载点水平位移U"骨架曲线比较见图6.3-5。由图可见：Z形截面带斜筋单排配筋剪力墙总体上的抗震性能较好。

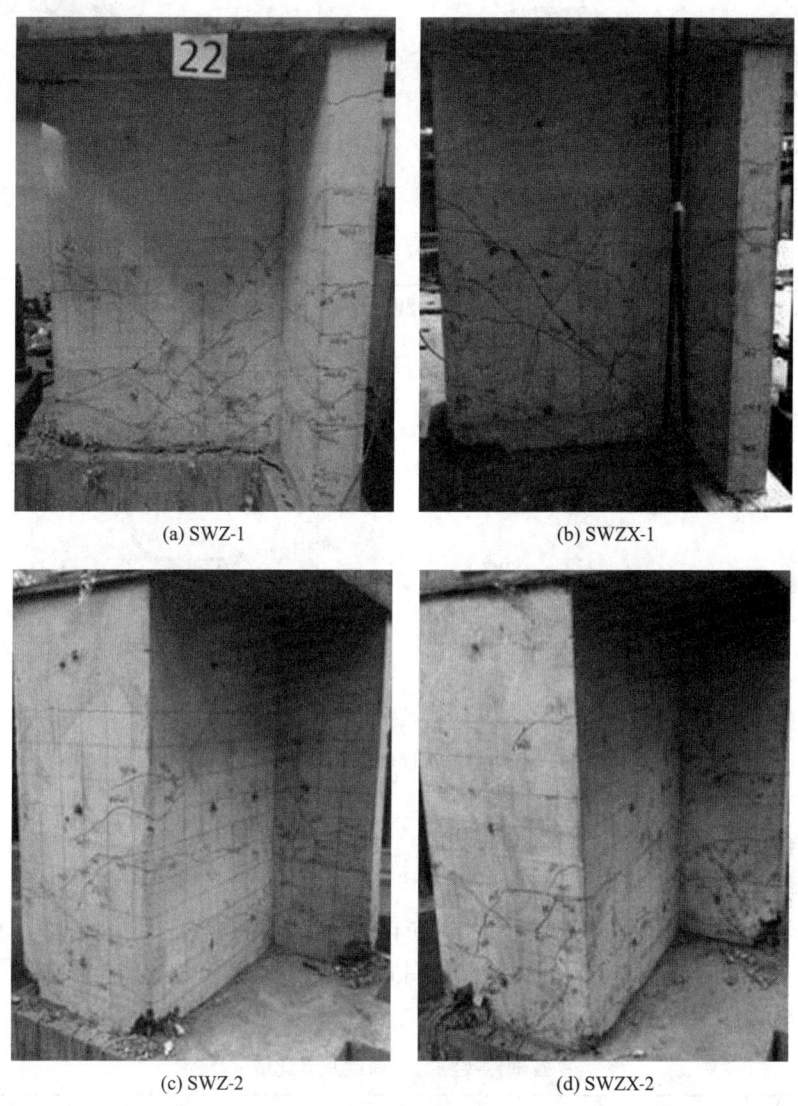

图6.3-3 各试件最终破坏照片

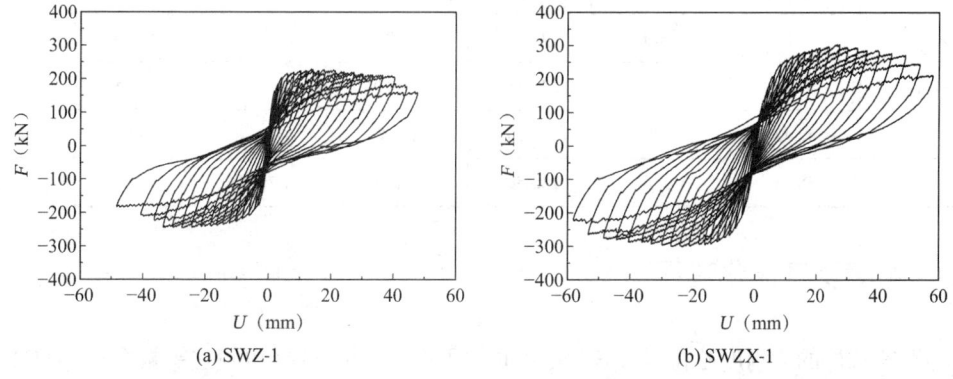

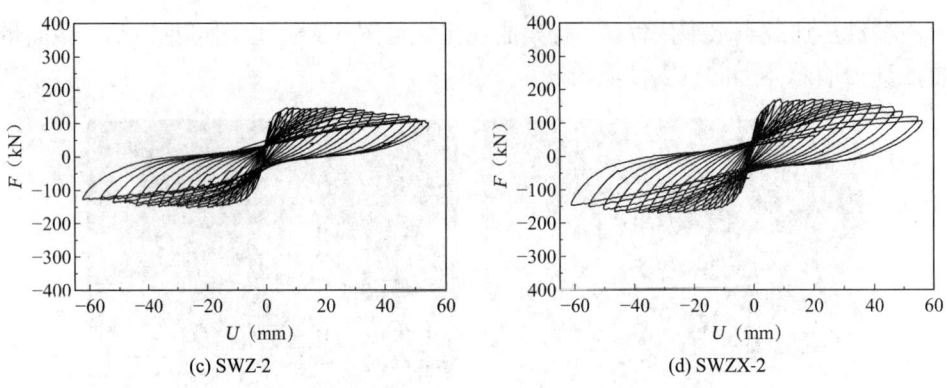

(c) SWZ-2　　　　　　　　　　(d) SWZX-2

图 6.3-4 "水平荷载F-加载点水平位移U"滞回曲线

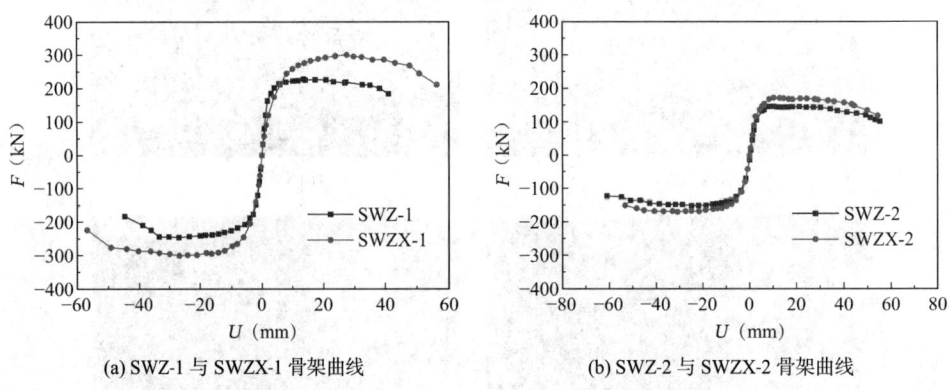

(a) SWZ-1 与 SWZX-1 骨架曲线　　　　(b) SWZ-2 与 SWZX-2 骨架曲线

图 6.3-5 各试件"水平荷载F-加载点水平位移U"骨架曲线比较

6.3.4 承载力与位移

实测所得试件的明显开裂荷载F_c、正负两方向屈服荷载F_y、极限荷载F_u及其比值见表 6.3-2。分析可见：等量配筋条件下，与单排配筋剪力墙试件相比，带斜筋单排配筋剪力墙试件的承载力明显提升。

各试件实测特征荷载及其比值　　　　表 6.3-2

试件编号	F_c（kN）		F_y（kN）		F_u（kN）		F_y/F_u
	实测值	相对值	实测值	相对值	实测值	相对值	
SWZ-1	68.31	1.000	193.42	1.000	237.31	1.000	0.82
SWZX-1	83.73	1.226	220.61	1.141	300.43	1.266	0.73
SWZ-2	52.42	1.000	117.85	1.000	149.28	1.000	0.79
SWZX-2	55.36	1.056	135.56	1.150	170.38	1.141	0.80

6.3.5 刚度及其退化过程

实测各试件的"刚度K-位移角θ"关系曲线见图 6.3-6。分析可见：等量配筋条件下，与单排配筋剪力墙试件相比，带斜筋单排配筋剪力墙试件的刚度退化速度较慢。

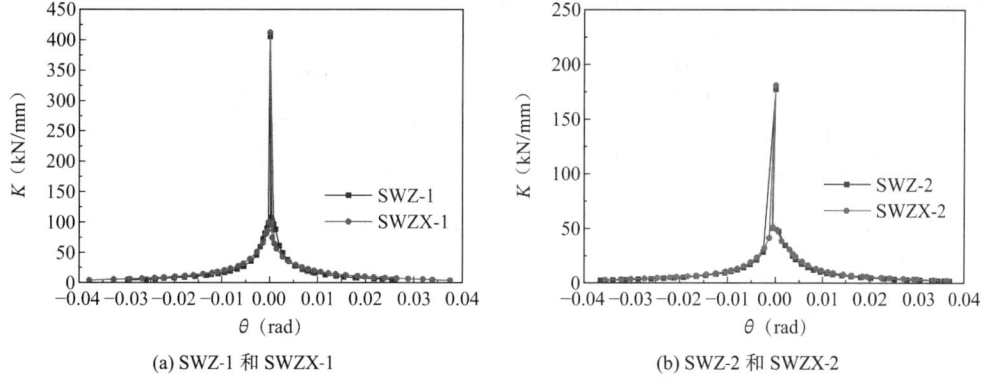

图 6.3-6 "K-θ"关系曲线

6.3.6 耗能能力

实测所得各试件的等效黏滞阻尼系数ζ_{eq}及累积耗能E_p见表6.3-3。

各试件实测耗能值　　　　表 6.3-3

试件编号	ζ_{eq}	E_p（kN·mm）	E_p相对值
SWZ-1	0.1397	83661.2	1.000
SWZX-1	0.1524	124113.8	1.484
SWZ-2	0.1495	57460.01	1.000
SWZX-2	0.1620	66018.18	1.149

分析可见：

（1）等配筋量条件下，试件SWZX-1与SWZ-1相比，其等效黏滞阻尼系数较大，累积耗能量提高了48.4%。说明斜筋可以显著提高单排配筋Z形截面剪力墙腹板方向的耗能能力。

（2）等配筋量条件下，试件SWZX-2与SWZ-2相比，其等效黏滞阻尼系数较大，累积耗能量提高了14.9%。说明斜筋可以明显提高单排配筋Z形截面剪力墙翼缘方向的耗能能力。

6.3.7 力学模型

1. 试件SWZ-1与SWZX-1

试验表明：试件SWZ-1和SWZX-1的最后破坏特征以弯曲破坏为主，即为大偏心受压破坏；腹板内的纵向分布钢筋及边缘构件以外的斜筋没有达到受拉屈服状态。为简化计算，假定：受拉翼缘内纵向及斜向钢筋全部受拉屈服；试件在极限承载力状态下，剪力墙截面的受压区基本在翼缘内，临近中和轴的翼缘内侧及中部钢筋应变较小，可忽略不计，只考虑受压翼缘最外侧钢筋受压达到屈服；不计受拉区混凝土的抗拉作用。试件 SWZ-1 承载力计算模型见图 6.3-7（a），试件 SWZX-1 承载力计算模型见图 6.3-7（b）。

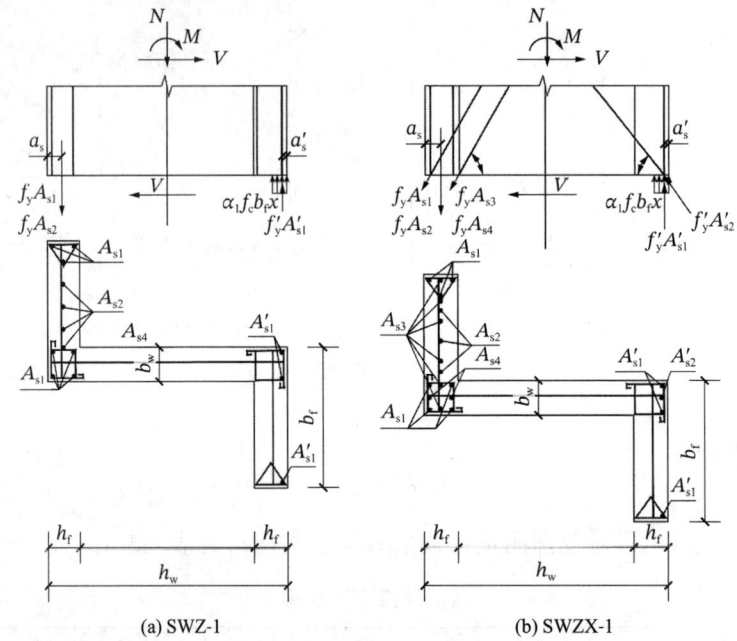

图 6.3-7　承载力计算模型

根据力平衡条件 $\sum N = 0$ 和 $\sum M = 0$，可得：

SWZ-1 承载力计算公式：

$$N = \alpha_1 f_c b_f x + f'_y A'_{s1} - f_y A_{s1} - f_y A_{s2} \tag{6.3-1}$$

$$Ne = (f_y A_{s1} + f_y A_{s2})\left(h_w - a_s - \frac{x}{2}\right) + f'_y A'_{s1}\left(\frac{x}{2} - a'_s\right) \tag{6.3-2}$$

SWZX-1 承载力计算公式：

$$N = \alpha_1 f_c b_f x + f'_y A'_{s1} \sin\theta - f_y A_{s1} - f_y A_{s2} - f_y A_{s3} \sin\theta - f_y A_{s4} \sin\theta \tag{6.3-3}$$

$$Ne = (f_y A_{s1} + f_y A_{s2} + f_y A_{s3} \sin\theta)\left(h_w - a_s - \frac{x}{2}\right) + f_y A_{s4} \sin\theta\left(h_w - h_d - \frac{x}{2}\right) +$$

$$(f'_y A'_{s1} + f'_y A'_{s2} \sin\theta)\left(\frac{x}{2} - a'_s\right) \tag{6.3-4}$$

公式适用条件为：$x \leq h_f$

墙体水平承载力：

$$F = \frac{M}{H} = \frac{Ne_0}{H} \tag{6.3-5}$$

式中：$e = e_0 - \frac{h_w}{2} + \frac{x}{2}$；

$e_0 = \frac{M}{N}$；

h_d——受拉斜筋合力作用点至受拉边缘的距离；

f_y、f'_y——构件受拉、受压钢筋的屈服强度；

a_s、a'_s——墙体边缘构件受拉、受压纵向钢筋合力点到截面边缘的距离；

b_f——墙体翼缘宽度；

h_w——墙体腹板宽度；

h_f——墙体翼缘厚度；

A_{s1}——墙体受拉翼缘内边缘构件的受拉钢筋面积；

A_{s2}——墙体受拉翼缘内竖向分布钢筋面积；

A_{s3}——剪力墙受拉翼缘内斜筋面积；

A_{s4}——腹板边缘构件内受拉斜筋面积；

A'_{s1}——受压翼缘外侧受压纵筋面积；

A'_{s2}——受压区外侧受压斜筋面积；

θ——斜筋倾角；

H——剪力墙墙高。

2. 试件 SWZ-2 与 SWZX-2

试验表明：试件 SWZ-2 和 SWZX-2 的最后破坏特征以弯曲破坏为主，即呈大偏心受压破坏；腹板内的纵向分布钢筋和斜向钢筋以及边缘构件中的纵向钢筋没有达到屈服状态，受拉翼缘内纵向分布钢筋也没有受拉屈服。为简化计算，仅考虑受拉翼缘边缘构件内纵向钢筋及斜向钢筋受拉屈服；试件在极限承载力状态下，剪力墙截面的受压区在翼缘内，只考虑受压翼缘边缘构件内受压钢筋达到屈服；忽略受拉区混凝土的抗拉作用。

试件 SWZ-2 承载力计算模型见图 6.3-8（a），试件 SWZX-2 承载力计算模型见图 6.3-8（b）。

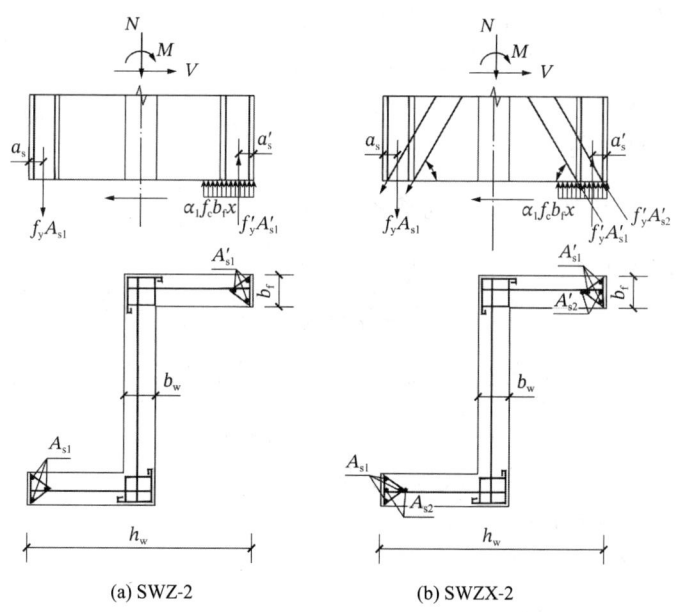

(a) SWZ-2   (b) SWZX-2

图 6.3-8 承载力计算模型

根据力平衡条件 $\sum N = 0$ 和 $\sum M = 0$，可得：

试件 SWZ-2 的承载力计算公式：

$$N = \alpha_1 f_c b_f x + f'_y A'_{s1} - f_y A_{s1} \tag{6.3-6}$$

$$Ne = f_y A_{s1}\left(h_w - a_s - \frac{x}{2}\right) + f'_y A'_{s1}\left(\frac{x}{2} - a'_s\right) \quad (6.3\text{-}7)$$

试件 SWZX-2 承载力计算公式：

$$N = \alpha_1 f_c b_f x + f'_y A'_{s1} + f'_y A_{s2} \sin\theta - f_y A_{s1} - f_y A_{s2} \sin\theta \quad (6.3\text{-}8)$$

$$Ne = f_y A_{s1}\left(h_w - a_s - \frac{x}{2}\right) + f_y A_{s2}\sin\theta\left(h_w - h_d - \frac{x}{2}\right) +$$

$$f'_y A'_{s1}\left(\frac{x}{2} - a'_s\right) + f'_y A'_{s2}\left(\frac{x}{2} - h'_d\right) \quad (6.3\text{-}9)$$

墙体水平极限承载力：

$$F = \frac{M}{H} = \frac{Ne_0}{H} \quad (6.3\text{-}10)$$

式中：$e = e_0 - \frac{h_w}{2} + \frac{x}{2}$；

$e_0 = \frac{M}{N}$；

h_d——受拉斜筋合力作用点至受拉边缘的距离；

h'_d——受压翼缘内受压斜筋合力作用点至受压边缘的距离；

f_y、f'_y——墙体边缘构件受拉、受压纵向钢筋屈服强度；

a_s、a'_s——墙体边缘构件受拉、受压纵向钢筋合力点到截面边缘的距离；

b_f——墙体翼缘厚度；

h_w——墙体翼缘总宽度；

A_{s1}——墙体受拉翼缘内边缘构件的受拉钢筋面积；

A_{s2}——剪力墙受拉翼缘边缘构件内斜筋面积；

A'_{s1}——受压翼缘边缘构件内的受压钢筋面积；

A'_{s2}——受压翼缘边缘构件内受压斜筋面积；

θ——斜筋倾角；

H——剪力墙墙高。

3. 单排配筋混凝土剪力墙斜截面承载力计算

单排配筋混凝土剪力墙斜截面承载力公式为：

$$V_u = V_c + V_s + V_b \quad (6.3\text{-}11)$$

$$V_u = \frac{1}{\lambda - 0.5}\left(0.5 f_t b_w h_{w0} + 0.13 N \frac{A_w}{A}\right) + f_{yh}\frac{A_{sb}}{s}h_{w0} + V_{bs} \quad (6.3\text{-}12)$$

其中：
$$V_{bs} = f_{yb} A_{sb} \cos\theta \quad (6.3\text{-}13)$$

式中：V_{bs}——斜向钢筋对受剪承载力的贡献值；

f_t——混凝土抗拉强度设计值；

f_{yh}——水平分布筋抗拉强度；

f_{yb}——斜向筋抗拉强度；

s——水平分布筋间距；

A——剪力墙截面面积；

A_w——矩形面积取 A，Z 形截面剪力墙为腹板面积；

A_{sb}——斜向钢筋面积；

b_w——剪力墙截面宽度;

λ——计算截面处剪跨比,$\lambda < 1.5$ 时取 $\lambda = 1.5$;$\lambda > 2.2$ 时取 $\lambda = 2.2$;

N——轴力;

h_{w0}——剪力墙截面有效高度 $h_{w0} = h_w - a_s$;

θ——斜筋倾角。

上述剪力墙受剪承载力计算公式具有一般性:当不设斜向钢筋时,$V_b = 0$,公式(6.3-11)退化为单排配筋混凝土剪力墙的受剪承载力计算公式;当设置斜向钢筋时,$V_b = V_{bs}$;公式(6.3-11)为带斜筋双向单排配筋混凝土剪力墙的受剪承载力计算公式。

6.3.8 有限元分析

利用 ABAQUS 软件进行了数值模拟,计算所得 4 个 Z 形截面剪力墙试件当轴压比为 0.2 时的"水平力 F-加载点水平位移 U"关系曲线与试验所得"水平力 F-加载点水平位移 U"骨架曲线的比较见图 6.3-9。可见,加载前期二者符合较好,但在加载后期混凝土达到极限强度后二者符合程度较弱。

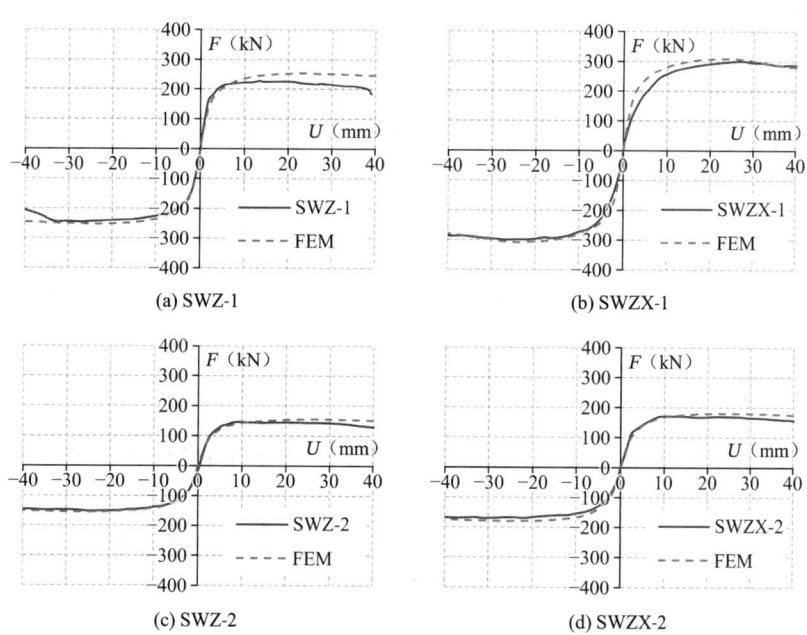

图 6.3-9 Z 形截面计算所得 F-U 关系曲线与试验所得骨架曲线比较

6.4 本章小结

本章对 12 个异形截面单排配筋中高剪力墙试件进行了低周反复荷载下的抗震性能试验研究,包括 4 个 L 形截面单排配筋中高剪力墙试件、4 个 T 形截面单排配筋中高剪力墙试件、4 个 Z 形截面单排配筋中高剪力墙试件。对比分析了不同试件的破坏特征、承载力、刚度及退化、滞回特征、耗能性能。提出了承载力计算模型与公式，进行了有限元数值模拟，计算结果与试验符合较好。

研究表明：

（1）等量配筋条件下，当部分钢筋用量用作配置剪力墙的斜筋时，可有效控制剪力墙基底滑移，此外：可以明显提高 L 形截面单排配筋剪力墙非工程轴方向的抗震耗能性能；明显提高 T 形截面单排配筋剪力墙翼缘方向抗震性能；明显提高 Z 形截面剪力墙腹板和翼缘方向的抗震耗能能力。

（2）利用 ABAQUS 软件对 L 形、T 形、Z 形截面单排配筋剪力墙进行有限元模拟分析，有限元计算结果与试验结果总体上符合较好。

本章研发的异形截面带斜筋单排配筋剪力墙，主要用于单排配筋短肢剪力墙结构的角部墙肢段（L 形）、边部墙肢段（T 形）、楼梯间墙肢段（Z 形）。笔者团队对本章内容进行了较系统的试验、理论与设计研究并发表了相关成果[1-7]，可供参考。

■ 参 考 文 献

[1] 张建伟, 程焕英, 杨兴民, 等. 带斜筋的 T 形截面单排配筋剪力墙翼缘方向抗震性能[J]. 地震工程与工程振动, 2014, 34(1): 165-171.

[2] 张建伟, 胡剑民, 杨兴民, 等. 带斜筋单排配筋 Z 形截面剪力墙抗震性能研究[J]. 施工技术, 2014, 43(9): 63-68.

[3] 张彬彬, 曹万林, 张建伟, 等. 双向单排配筋 L 形剪力墙抗震性能试验研究[J]. 工程抗震与加固改造, 2011, 33(5): 37-44+57.

[4] 张彬彬, 曹万林, 张建伟, 等. 双向单排配筋 Z 形剪力墙抗震性能试验研究[J]. 工程抗震与加固改造, 2011, 33(5): 45-52.

[5] 张彬彬, 曹万林, 潘毅, 等. 双向单排配筋 T 形剪力墙抗震性能试验研究[J]. 土木建筑与环境工程, 2011, 33(S1): 203-208.

[6] 杨兴民, 程焕英, 张建伟, 等. 带斜筋单排配筋 L 形截面剪力墙的非工程方向抗震性能[J]. 震灾防御技术, 2014, 9(4): 872-881.

[7] 杨兴民, 胡剑民, 张建伟, 等. 带斜筋单排配筋 Z 形截面剪力墙翼缘方向抗震性能[J]. 世界地震工程, 2016, 32(1): 139-145.

第7章
带门窗洞口单排配筋剪力墙抗震性能

7.1 带门窗洞口单排配筋剪力墙

7.1.1 试验概况

1. 试件设计

带洞口单排配筋剪力墙的洞口主要包括门洞和窗洞。一般来说,门洞的高度比窗洞高,门洞的宽度比窗洞小,因此,带门洞单排配筋剪力墙与带窗洞单排配筋剪力墙抗震性能存在差异。设计了 1 个下部带门洞剪力墙试件 SWD,1 个下部带窗洞剪力墙试件 SWW。两个试件按 1/2 缩尺,轴压比均为 0.3。两个试件剪力墙混凝土设计强度等级为 C20(实测混凝土立方体抗压强度均值为 16.40N/mm², 弹性模量为 2.58×10^4N/mm²),混凝土采用细石混凝土,试件基础混凝土设计强度等级为 C35(实测混凝土立方体抗压强度与设计强度接近)。试件洞口连梁边缘构件的构造分为矩形暗梁强化型和简化构造型,以研究其矩形暗梁强化型边缘构件与简化构造型边缘构件的性能差异。各试件洞口墙肢边缘构件的构造分为矩形暗柱强化型和简化构造型,以研究其矩形暗柱强化型边缘构件与简化构造型边缘构件的性能差异。截面各试件设计参数见表 7.1-1。

试件设计参数　　　　　表 7.1-1

构件		参数	SWD		SWW	
			上侧	下侧	上侧	下侧
洞口构造	洞口连梁上下边缘构件	尺寸(mm)	70×70	—	70×70	—
		主筋	4φ4	2φ6	4φ4	2φ6
		箍筋	φ4@50	φ4@50	φ4@50	φ4@50
	洞口墙肢边缘构件		左侧	右侧	左侧	右侧
		尺寸(mm)	70×70	—	70×70	—

续表

构件		参数	SWD		SWW	
洞口构造	洞口墙肢边缘构件	主筋	4φ4	2φ6	4φ4	2φ6
		箍筋	φ4@50	φ4@50	φ4@50	φ4@50
墙肢分布筋		水平	φ4@70	φ4@70	φ4@70	φ4@70
		竖向	φ4@70	φ4@70	φ4@70	φ4@70
连梁分布筋		水平	φ4@70	φ4@70	φ4@70	φ4@70
		竖向	φ4@70	φ4@70	φ4@70	φ4@70

两个试件尺寸及配筋图分别见图 7.1-1、图 7.1-2。

实测钢筋力学性能见表 7.1-2。

实测钢筋力学性能　　　　表 7.1-2

钢筋规格	f_y（N/mm²）	f_u（N/mm²）	δ（%）	E（N/mm²）
8号铁丝	316.32	350.14	18.75	1.79×10^5
φ4	476.99	794.98	8.75	2.03×10^6
φ6	397.79	530.39	8.33	1.76×10^5

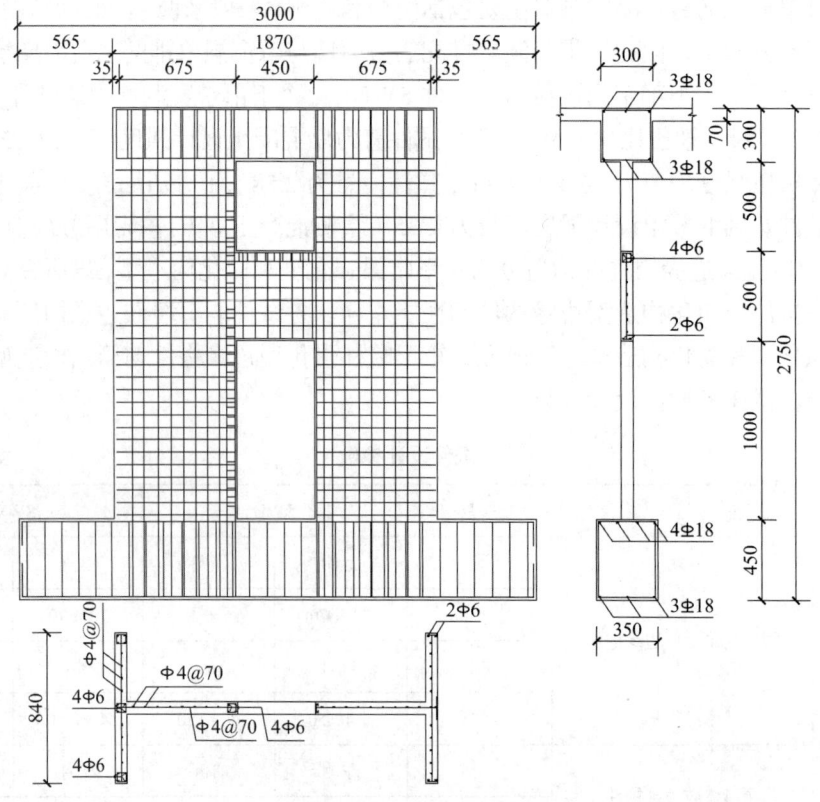

图 7.1-1　试件 SWD 尺寸及配筋图

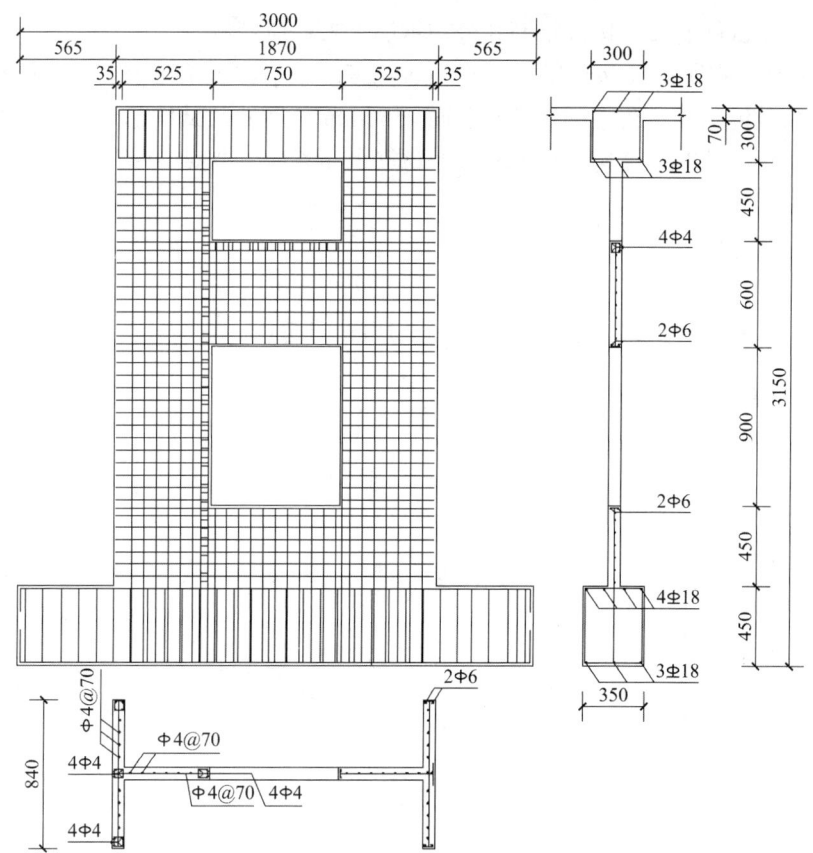

图 7.1-2 试件 SWW 尺寸及配筋图

2. 试验加载与测点布置

（1）加载装置

试验加载装置示意图见图 7.1-3。从左向右施加水平荷载为正向加载。

（2）试验加载与加载控制

试验加载：水平荷载采用低周反复荷载加载；竖向荷载采用千斤顶施加，竖向千斤顶下面用分配梁将竖向荷载分配到两块钢板，再由钢板传递给试件墙肢，竖向油压千斤顶与反力梁之间设置滚轴。竖向荷载加载系统由反力架、反力梁和竖向千斤顶组成。

加载控制：在弹性阶段采用荷载和位移联合控制加载，弹塑性阶段主要采用位移控制加载。

（3）测点布置

试件 SWD：在距试件基础顶面 2150mm 高度的水平拉压千斤顶端部、竖向千斤顶端部分别布置荷载传感器；在距试件基础顶面 2150mm 高度处及试件基础顶面分别设置水平

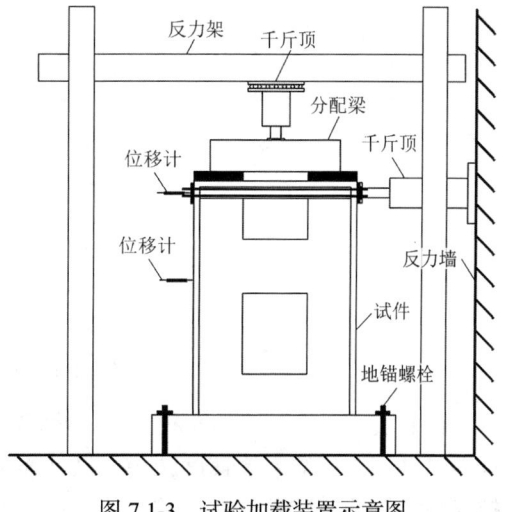

图 7.1-3 试验加载装置示意图

位移传感器；在试件的边缘构件钢筋和分布钢筋上布置应变测点。

试件 SWW：在距试件基础顶面 2550mm 高度的水平拉压千斤顶端部、竖向千斤顶端部分别布置荷载传感器；在距试件基础顶面 2550mm 高度处及试件基础顶面分别设置水平位移传感器；在试件的边缘构件钢筋和分布钢筋上布置应变测点。

7.1.2 破坏特征

实测各试件破坏时最终的裂缝形态见图 7.1-4、图 7.1-5。

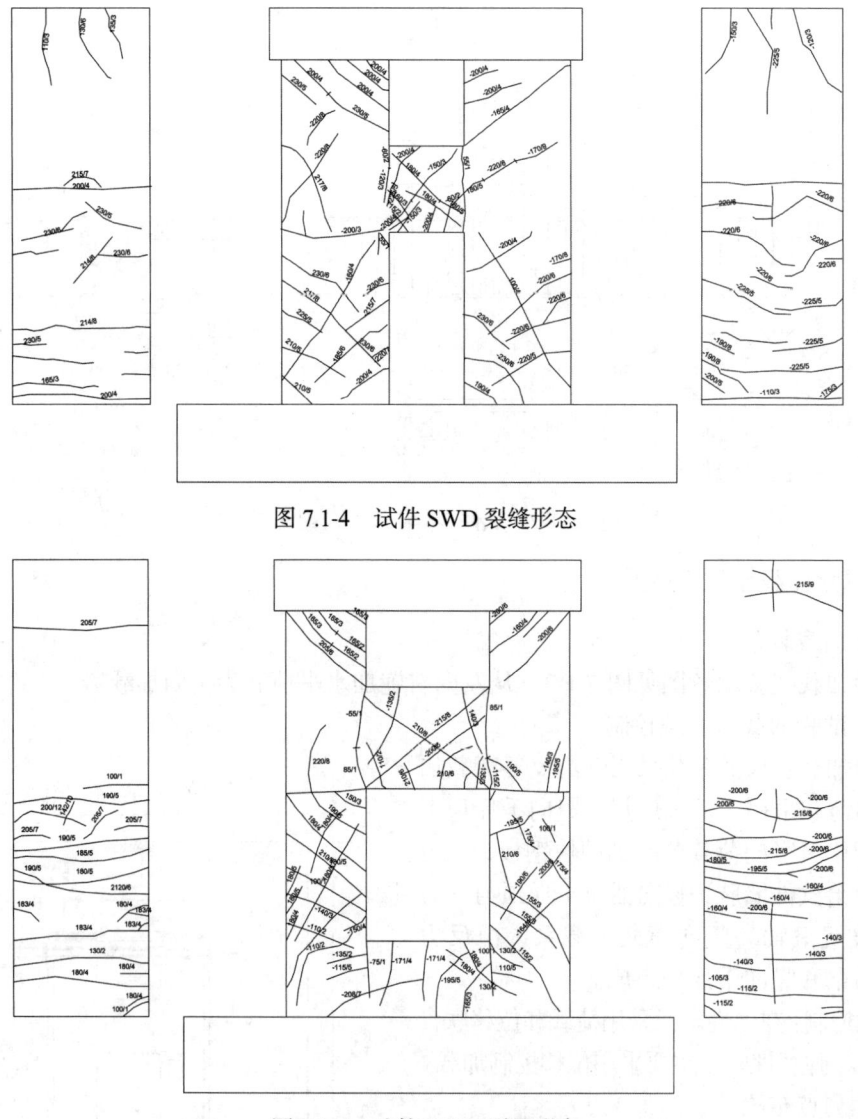

图 7.1-4 试件 SWD 裂缝形态

图 7.1-5 试件 SWW 裂缝形态

试验表明：（1）试件 SWD：第一循环时，试件连梁右侧端部出现竖向裂缝；自第七循环后试件墙肢裂缝发展速度减慢，试件连梁斜裂缝不断加宽；加载至第九循环时，试件受拉侧翼缘钢筋被拉断，试件破坏严重；试件破坏机制为连梁先破坏，之后两个墙肢发生弯曲破坏为主的弯剪破坏，故而出现受拉侧翼缘钢筋被拉断的现象。（2）试件SWW：第一循环时，试件受拉侧墙肢与基础交界处出现水平裂缝；第六循环之后，试件墙肢裂缝基本不再继续发展，试件连梁斜裂缝在第六循环负向沿对角线贯通；第七循环正向加载连梁另一对角线斜裂缝贯通；此后，试件斜裂缝宽度不断加大，试件洞口角部混凝土逐渐压碎并不断剥落；试件最终破坏时，两墙肢底部弯曲破坏形态明显，两个墙肢最终发生弯曲破坏为主的弯剪破坏。（3）试件SWD和SWW：两个试件洞口连梁上下水平边缘构件采用矩形暗梁强化型构造的区域、墙肢采用矩形暗柱强化型构造的区域，与相应的简化构造型设计相比，损伤过程较慢，破坏程度相对轻。

7.1.3　滞回特性

实测两个试件的"水平荷载F-水平加载点位移U"滞回曲线见图7.1-6、图7.1-7。

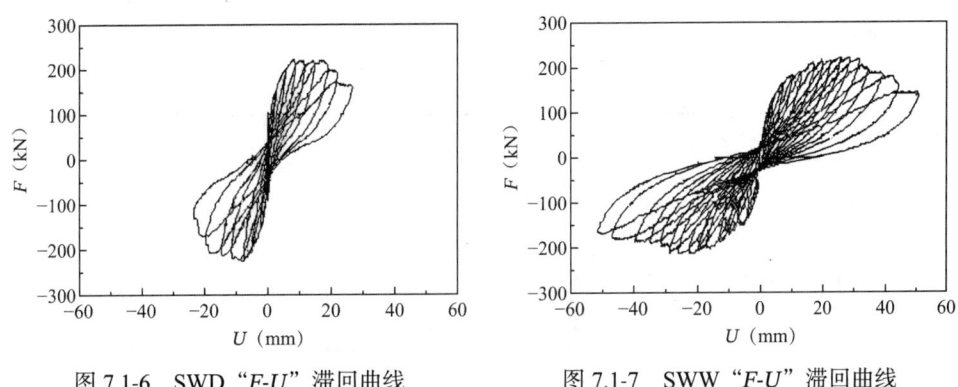

图7.1-6　SWD"F-U"滞回曲线　　　图7.1-7　SWW"F-U"滞回曲线

分析可见：下部带窗洞试件SWW与下部带门洞试件SWD相比，滞回环饱满，耗能能力及延性较好。

实测两个试件的"水平荷载F-水平加载点位移U"正、负向加载骨架曲线比较见图7.1-8。

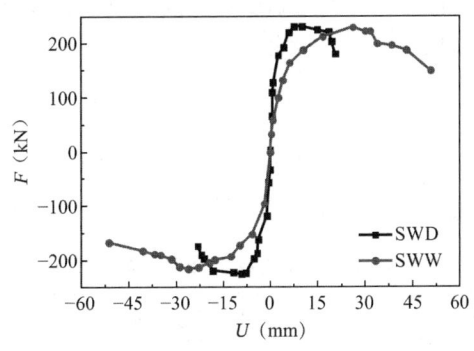

图7.1-8　试件骨架曲线

分析可见：

（1）试件SWD和SWW：各自正向和负向相比，承载力略有提高，这是由于两个试件洞口两侧墙肢的一侧墙肢采用矩形暗柱构造强化型、另一侧墙肢采用简化构造型的缘故。

（2）试件SWW与SWD相比：骨架曲线包围的面积较大，耗能能力较强。

（3）试件SWW与SWD相比：承载力接近；试件SWW窗洞下面至基础梁为实体墙，实体墙高度范围截面的受弯和受剪承载力显著大于上部窗洞范围的截面，故试件SWW的承载力大小取决于窗洞底部截面；窗洞范围两墙肢截面高度为525mm，门洞范围两墙肢截面高度为675mm，从这个角度分析带门洞试件承载力应该较大，但带窗洞试件的连梁截面刚度和承载力显著大于带门洞试件，故两个试件承载力接近。

7.1.4 承载力及延性

1. 承载力

实测试件的特征荷载及其比值见表7.1-3。表中：F_c为明显开裂荷载；F_y为明显屈服荷载；F_u为极限荷载；μ_{cu}为明显开裂荷载与极限荷载的比值，$\mu_{cu} = F_c/F_u$；μ_{yu}为明显屈服荷载与极限荷载的比值，$\mu_{yu} = F_y/F_u$。

实测试件的特征荷载及其比值　　　　表7.1-3

试件	F_c（kN）	F_y（kN）	F_u（kN）	μ_{cu}	μ_{yu}
SWD 正向加载	57.66	188.15	230.88	0.25	0.81
SWD 负向加载	55.72	182.89	227.63	0.24	0.80
SWW 正向加载	64.53	153.78	225.67	0.29	0.68
SWW 负向加载	61.28	145.43	215.58	0.28	0.67

由表可见：

（1）试件SWD的正向开裂荷载、屈服荷载和极限荷载比负向分别提高了3.4%、2.8%和1.4%，试件SWW的正向开裂荷载、屈服荷载和极限荷载比负向分别提高了5.0%、5.4%和4.5%，这是由于两个试件洞口两侧墙肢的一侧墙肢采用矩形暗柱构造强化型、另一侧墙肢采用简化构造型的缘故。

（2）试件SWD和SWW的正、负向屈强比μ_{yu}较为接近，表明试件正、负两向从屈服到极限荷载的弹塑性变形发展过程较为接近。

2. 延性性能分析

实测试件水平加载点位移及其延性系数见表7.1-4。表中：U_c为明显开裂位移；U_y为明显屈服位移；U_d为弹塑性最大位移；θ_p为弹塑性位移角；μ为延性系数，$\mu = U_d/U_y$。

各试件水平加载点位移实测值及其延性系数　　　　表7.1-4

试件	U_c（mm）	U_y（mm）	U_d（mm）	θ_p	μ
SWD 正向加载	0.92	4.91	19.45	1/110	3.96
SWD 负向加载	0.95	5.05	21.79	1/99	4.31
SWW 正向加载	1.38	5.89	38.42	1/66	6.52
SWW 负向加载	1.40	6.02	40.44	1/63	6.72

由表可见：

（1）试件 SWD 和 SWW：各自的正、负向开裂位移接近，负向比正向稍大，试件开裂主要由混凝土的强度决定。

（2）试件 SWD 和 SWW：各自的正、负向位移角比较接近；试件 SWW 的位移角较大。

（3）试件 SWW 的屈服位移比 SWD 的屈服位移大，说明试件 SWW 从开裂到屈服的过程较长。

（4）试件 SWW 的延性系数大于 SWD 的延性系数，表明试件 SWW 延性较好。

7.1.5 刚度及退化

实测试件各阶段刚度及其刚度退化系数见表 7.1-5。表中：K_0 为试件初始弹性刚度；K_c 为试件明显开裂割线刚度；K_y 为试件明显屈服割线刚度；β_{c0} 为明显开裂割线刚度与初始弹性刚度的比值，表示从初始弹性到明显开裂过程中刚度的退化；β_{y0} 为明显屈服割线刚度与初始弹性刚度的比值，表示从初始弹性到明显屈服过程中刚度的退化。

试件刚度实测值及其退化系数　　　　　表 7.1-5

试件	K_0（kN/mm）	K_c（kN/mm）	K_y（kN/mm）	β_{c0}	β_{y0}
SWD 正向加载	141.67	62.67	38.32	0.442	0.270
SWD 负向加载		58.65	36.22	0.414	0.256
SWW 正向加载	106.57	46.76	26.11	0.439	0.245
SWW 负向加载		43.77	24.16	0.411	0.227

由表可见：

（1）试件 SWD 和 SWW：各自的正、负向开裂刚度和屈服刚度均较接近，但各自正向开裂刚度和屈服刚度均略大于负向，这是两个试件洞口两侧墙肢的一侧墙肢采用矩形暗柱构造强化型、另一侧墙肢采用简化构造型的缘故。

（2）试件 SWD 和 SWW：各自的正向明显开裂线刚度与初始弹性刚度的比值 β_{c0} 和明显屈服割线刚度与初始弹性刚度的比值 β_{y0} 略高于负向值，这也是两个试件洞口两侧墙肢的一侧墙肢采用矩形暗柱构造强化型、另一侧墙肢采用简化构造型的缘故。

实测试件正、负两向水平加载下"刚度 K-位移角 θ"全过程曲线比较见图 7.1-9。

由图可见：（1）试件的刚度随位移角的增大而减小；试件的刚度退化规律大体分三个阶段：从微裂发展到肉眼可见的裂缝为刚度速降阶段；从结构开裂到明显屈服为刚度次速降阶段；从明显屈服到最大弹塑性变形为刚度缓降阶段。（2）在刚度退化的第一个阶段，两个试件刚度退化速度基本相同；在刚度退化的第三个阶段，试件 SWD 退化速度明显大于试件 SWW，试件 SWW 后期的性能比较稳定。

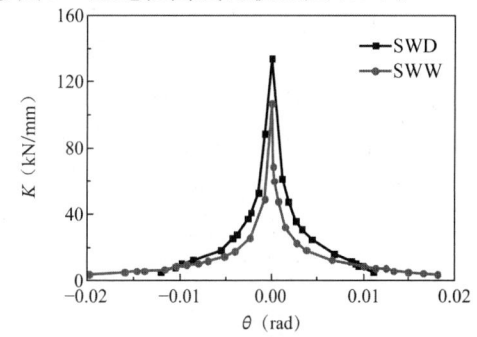

图 7.1-9　"K-θ"关系曲线

7.1.6 耗能

滞回环所包含的面积的积累反映了结构耗能的大小。一般来说，滞回环越饱满，结构的耗能能力就越好。由于各试件的加载历程有些不同，各试件均取滞回曲线的骨架曲线在第一、三象限所包含的面积的均值作为耗能代表值。

实测各试件耗能代表值见表 7.1-6。

实测各试件耗能代表值   表 7.1-6

试件编号	耗能代表值E_p（kN·mm）	耗能相对值
SWD 正向	3954.77	1.000
SWD 负向	4331.47	1.095
SWW 正向	7218.24	1.825
SWW 负向	7291.91	1.844

分析可见：（1）各试件正、负向耗能较为接近。（2）试件开洞形式及开洞尺寸对其耗能能力有较大影响，试件 SWW 的耗能能力显著大于试件 SWD。

7.1.7 力学模型与计算

1. 弹性刚度计算

（1）试件 SWD：开洞面积较小，属于整体小开口剪力墙，在侧向荷载作用下其刚度可采用下式计算：

$$K_0 = \frac{3EI_d}{H^3} \tag{7.1-1}$$

$$I_d = \frac{I_w}{1 + \frac{3\mu I_w}{GA_w H^2}} \tag{7.1-2}$$

式中：H——剪力墙总高度；

A_w——考虑洞口影响后剪力墙水平截面的折算面积，对于整截面剪力墙，$A_w = b_w h_w \left(1 - 1.25\sqrt{\frac{A_{op}}{A_f}}\right)$；对于整体小开口剪力墙 $A_w = \sum A_{wj}$；

b_w、h_w——剪力墙水平截面的宽度和高度；

A_{op}、A_f——剪力墙的洞口面积和剪力墙的总立面面积；

A_{wj}——剪力墙第 j 墙肢水平截面面积；

μ——截面上剪应力分布不均匀系数（矩形截面时，$\mu = 1.2$）；

I_w——考虑开洞影响后剪力墙水平截面的折算惯性矩，对于整截面剪力墙，$I_w = \frac{\sum I_i h_i}{\sum h_i}$；对于整体小开口剪力墙，$I_w = \frac{I}{1.2}$；

I_i——墙肢截面惯性矩；

I_d——剪力墙截面对组合截面形心的惯性矩；
E——混凝土弹性模量；
G——切弹性模量，$G = 0.4E$。

（2）试件 SWW：最后两墙肢底部弯曲破坏，属于双肢剪力墙破坏形态。在水平荷载作用下的刚度可采用下式计算：

$$K_0 = \frac{3EI_d}{H^3} \tag{7.1-3}$$

$$I_d = \frac{\sum_{i=1}^{2} I_i}{(1-T) + T\psi_\alpha + 3\gamma^2} \tag{7.1-4}$$

式中的几何计算参数：
连梁的折算惯性矩I_b：

$$I_b = \frac{I_{b0}}{1 + \frac{30\mu I_{b0}}{A_b l^2}} \tag{7.1-5}$$

连梁的刚度特征值D：

$$D = \frac{2I_b L^2}{l^3} \tag{7.1-6}$$

双肢剪力墙组合截面形心轴的惯性矩S：

$$S = \frac{LA_1 A_2}{A_1 + A_2} \tag{7.1-7}$$

未考虑墙肢轴向变形的整体系数α_1^2：

$$\alpha_1^2 = \frac{6H^2 D}{h \sum I_i} \tag{7.1-8}$$

考虑墙肢轴向变形的整体系数α^2（反映了连梁的刚度与墙肢刚度的比值）：

$$\alpha^2 = \alpha_1^2 + \frac{6H^2 D}{hLS} \tag{7.1-9}$$

剪切变形参数γ：

$$\gamma^2 = \frac{\mu E(I_1 + I_2)}{H^2 G(A_1 + A_2)} \tag{7.1-10}$$

$$T = \frac{\alpha_1^2}{\alpha^2} \tag{7.1-11}$$

式中：I_{b0}——连梁的截面惯性矩；
A_b——连梁的截面面积；
μ——面上剪应力分布不均匀系数（矩形截面时，$\mu = 1.2$）；
l——连梁的计算长度，$l = l_n + h_b/2$；
L——墙肢形心间距；
A_1、A_2——两墙肢截面面积；
I_i——墙肢截面惯性矩；
E——混凝土弹性模量；

G——混凝土剪切弹性模量，$G = 0.4E$。

（3）弹性刚度计算值与实测值比较

计算所得试件的初始弹性刚度与实测值比较见表7.1-7，可见二者符合较好。

试件初始弹性刚度实测值与计算值　　　　　　　　　表7.1-7

试件	实测值K_0（kN/mm）	计算值K_0（kN/mm）	相对误差绝对值（%）
SWD	141.67	133.13	6.41
SWW	106.57	104.03	2.44

2. 墙肢正截面承载力计算

构件正截面承载力计算时的假设：

1）截面保持平面；

2）不计受拉区混凝土的抗拉作用；

3）按现行混凝土结构设计规范确定混凝土受压应力-应变关系曲线，$\varepsilon_c < 0.0020$ 时为抛物线，$0.0020 < \varepsilon_c < 0.0033$ 时为水平直线，混凝土极限压应变值取0.0033，相应的最大压应力取混凝土抗压强度标准值f_{ck}；

4）钢筋应力-应变关系曲线采用双直线型，钢筋屈服前，应力取钢筋应变与其弹性模量的乘积，钢筋屈服后其屈服强度取f_{yk}。

（1）大偏心受压计算

当受压区位于T形截面墙肢翼缘一侧时，大偏心受压T形截面墙肢承载力计算模型见图7.1-10。

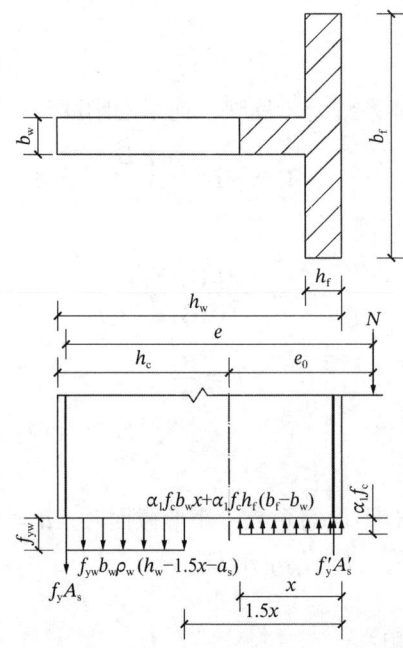

图7.1-10　大偏心受压T形截面墙肢承载力计算模型

由平衡条件得：

$$N = \alpha_1 f_c b_w x + \alpha_1 f_c h_f (b_f - b_w) + A'_s f'_s -$$
$$f_{yw} b_w \rho_w (h_w - 1.5x - a_s) - A_s f_s \quad (7.1\text{-}12)$$

$$Ne = \alpha_1 f_c b_w x (h_w - 0.5x - a_s) + \alpha_1 f_c h_f (b_f - b_w)(h_w - 0.5h_f - a_s) +$$
$$A'_s f'_y (h_w - a_s - a'_s) - 0.5 f_{yw} b_w \rho_w (h_w - 1.5x - a_s)^2 \quad (7.1\text{-}13)$$

$$e = e_0 + h_c - a_s \quad (7.1\text{-}14)$$

当受压区位于 T 形截面墙肢腹板一侧时,大偏心受压 T 形截面墙肢承载力计算模型见图 7.1-11。

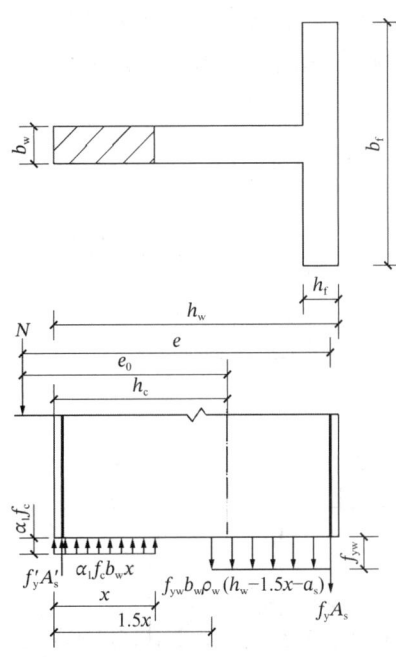

图 7.1-11 大偏心受压 T 形截面墙肢承载力计算模型

由平衡条件得:

$$N = \alpha_1 f_c b_w x + A'_s f'_y - f_{yw} b_w \rho_w (h_w - 1.5x - a_s) - A_s f_y \quad (7.1\text{-}15)$$

$$Ne = \alpha_1 f_c b_w x (h_w - 0.5x - a_s) + A'_s f'_y (h_w - a_s - a'_s) -$$
$$0.5 f_{yw} b_w \rho_w (h_w - 1.5x - a_s)^2 \quad (7.1\text{-}16)$$

$$e = e_0 + h_w - h_c - a_s \quad (7.1\text{-}17)$$

式中及图中:N——剪力墙轴压力设计值;

Ne——剪力墙弯矩设计值;

e_0——偏心距;

x——混凝土受压区高度;

f_c——混凝土抗压强度值;

f_{yw}——墙体竖向分布筋抗拉强度;

f_y、f'_y——边缘构造纵筋抗拉、抗压强度;

A_s、A'_s——边缘构造纵筋受拉、受压总面积;

ρ_w——分布钢筋配筋率;

h_w、b_w——截面的总高度、墙板厚度；

h_f、b_f——截面翼缘高度、厚度；

a_s、a_s'——受拉、受压纵筋合力点到截面近边缘的距离；

e——轴向力作用点至受拉钢筋A_s合力点之间的距离；

h_c——T形截面形心距边缘的距离。

（2）小偏心受压计算

T形截面墙肢小偏心受压时，截面全部受压或大部分受压，压应力较大的一侧混凝土达到极限抗压强度且端部钢筋及分布钢筋均达到抗压强度；小偏心受压时墙肢内的分布钢筋不予考虑。小偏心受压T形截面墙肢承载力计算模型见图7.1-12。

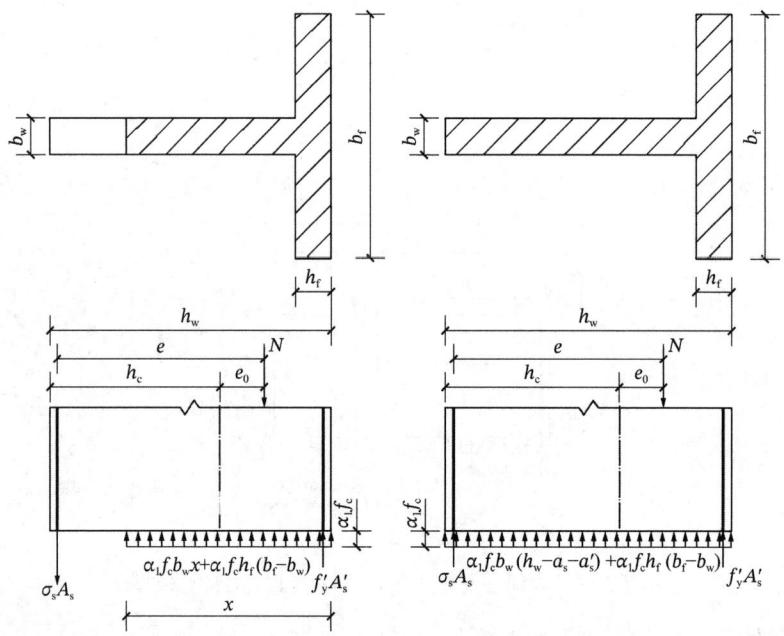

图7.1-12 小偏心受压T形截面墙肢承载力计算模型

由平衡条件得：

$$N = \alpha_1 f_c b_w x + \alpha_1 f_c h_f (b_f - b_w) + A_s' f_y' - A_s \sigma_s \tag{7.1-18}$$

$$Ne = \alpha_1 f_c b_f x(h_w - 0.5x - a_s) + \alpha_1 f_c h_f (b_f - b_w)(h_w - 0.5h_f - a_s) + A_s' f_y'(h_w - a_s - a_s') \tag{7.1-19}$$

$$e = e_0 + h_c - a_s \tag{7.1-20}$$

$$\sigma_s = \frac{f_y}{\xi_b - \beta_1}\left(\frac{x}{h_w - a_s} - \beta_1\right) \tag{7.1-21}$$

式中及图中：N——剪力墙轴压力设计值；

Ne——剪力墙弯矩设计值；

e_0——偏心距；

x——混凝土受压区高度；

f_c——混凝土抗压强度设计值；

f_{yw}——墙体竖向分布筋抗拉强度；

f_y、f_y'——边缘构造纵筋抗拉、抗压强度；

σ_s——钢筋受拉不屈服时的应力，受压时取负值；

A_s、A_s'——边缘构造钢筋受拉、受压总面积；

h_w、b_w——截面的总高度、墙板厚度；

h_f、b_f——截面翼缘高度、厚度；

h_c——T形截面形心距边缘的距离；

a_s、a_s'——受拉、受压纵筋合力点到截面近边缘的距离；

ξ_b——相对界限受压区高度。

3. 双肢墙呈整体墙破坏承载力计算

当带洞口剪力墙开洞面积较小时，试件最终破坏时呈整体墙破坏形态，承载力计算模型见图 7.1-13。

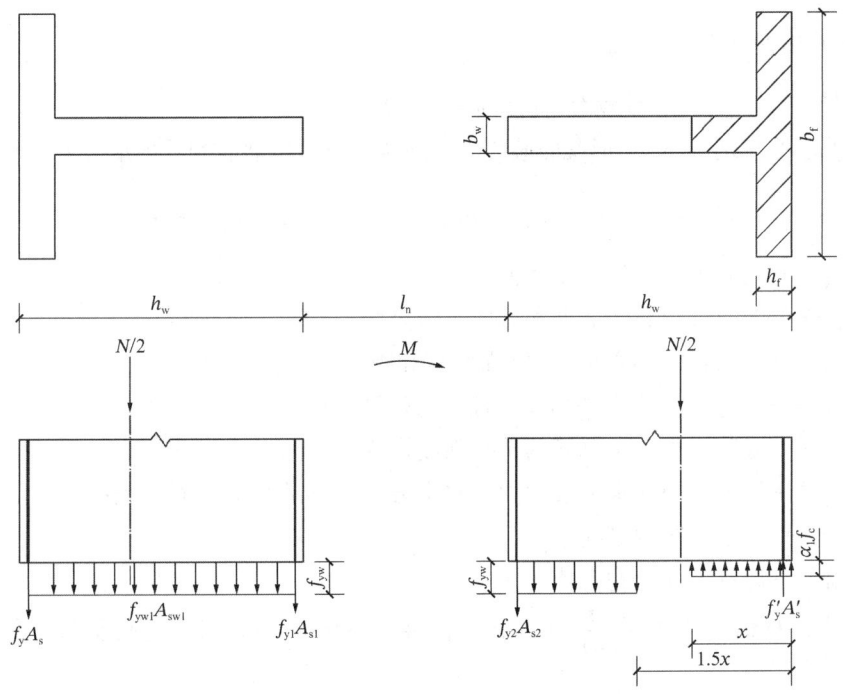

图 7.1-13 双肢墙呈整体墙破坏的承载力计算模型

由平衡条件得：

$$N = \alpha_1 f_c b_w x + \alpha_1 f_c b_f (b_f - b_w) + A_s' f_y' - A_{sw} f_{yw1} - A_{s1} f_{y1} - A_s f_y - f_{yw2} \rho_{w2} b_w (h_w - 1.5x - a_{s2}) - A_{s2} f_{y2} \tag{7.1-22}$$

$$\begin{aligned} M =\ & \alpha_1 f_c b_w x (h_w + 0.5 l_n - 0.5x) + \\ & \alpha_1 f_c h_f (b_f - b_w)(h_w + 0.5 l_n - 0.5 h_f) + \\ & A_s' f_y' (h_w - a_s' + 0.5 l_n) + A_s f_y (h_w - a_s + 0.5 l_n) + \\ & A_{sw1} f_{yw1} 0.5(h_w + l_n) + A_{s1} f_{y1}(0.5 l_n + a_{s1}) - \\ & A_{s2} f_{y2}(0.5 l_n + a_{s2}) - \\ & 0.5 f_{yw2} \rho_{w2} b_w (h_w - 1.5x - a_{s2})(h_w - 1.5x - a_{s2} + l_n) \end{aligned} \tag{7.1-23}$$

式中及图中：N——剪力墙轴压力设计值；
M——剪力墙弯矩设计值；
f_c——混凝土抗压强度设计值；
x——混凝土受压区高度；
f_{yw}——墙体竖向分布筋抗拉强度；
f_y、f'_y——边缘构造纵筋抗拉、抗压强度；
A_s、A'_s——边缘构造纵筋受拉、受压总面积；
ρ_w——分布钢筋配筋率；
h_w、b_w——截面的总高度、墙板厚度；
h_f、b_f——截面翼缘高度、厚度；
a_s、a'_s——受拉、受压纵筋合力点到截面近边缘的距离；
l_n——墙肢净距。

4. 墙肢斜截面承载力计算

（1）墙肢偏心受压时斜截面受剪承载力计算

墙肢偏心受压情况下，T形截面墙肢内轴向压力可提高墙肢的受剪承载力，计算公式为：

$$V_w = \frac{1}{\lambda - 0.5}\left(0.5 f_t b_w h_{w0} + 0.13 N \frac{A_w}{A}\right) + f_{yh}\frac{A_{sh}}{s} h_{w0} \qquad (7.1\text{-}24)$$

式中：f_t——混凝土抗拉强度设计值；
b_w、h_{w0}——墙肢腹板截面宽度和截面有效高度；
A、A_w——I形或T形截面的全截面面积和腹板面积；
N——与剪力设计值V_w相应的轴压力设计值；
f_{yh}——墙肢水平分布钢筋的抗拉强度设计值；
A_{sh}——配置在同一水平截面内的水平分布钢筋的全部截面面积；
s——水平分布钢筋间距；
λ——计算截面处的剪跨比。

当剪力设计值V_w不大于$\frac{1}{\lambda-0.5}\left(0.5f_t b_w h_{w0} + 0.13N\frac{A_w}{A}\right)$时，可不进行斜截面受剪承载力计算。

（2）墙肢偏心受拉时斜截面受剪承载力计算

墙肢偏心受拉情况下，墙肢内轴向拉力的存在会降低墙肢的受剪承载力，受剪承载力计算公式为：

$$V_w = \frac{1}{\lambda - 0.5}\left(0.5 f_t b_w h_{w0} - 0.13 N \frac{A_w}{A}\right) + f_{yh}\frac{A_{sh}}{s} h_{w0} \qquad (7.1\text{-}25)$$

式中：N——与剪力设计值V_w相应的轴向拉力设计值；

其余符号意义同前，当公式右边计算值小于$f_{yh}\frac{A_{sh}}{s}h_{w0}$时，取其等于$f_{yh}\frac{A_{sh}}{s}h_{w0}$。

5. 承载力计算结果与实测结果的比较

试件承载力计算值与实测值比较见表7.1-8。可见二者符合较好。

各试件承载力计算值与实测值的比较　　　　　　　　　　表 7.1-8

试件	计算值（kN）	实测值（kN）	相对误差（%）
SWD 正向加载	246.22	230.88	6.23
SWD 负向加载	234.54	227.63	2.94
SWW 正向加载	225.20	225.67	0.21
SWW 负向加载	200.33	215.58	7.61

7.2 本章小结

进行了 2 个 1/2 缩尺的带门窗洞口单排配筋剪力墙模型低周反复荷载下抗震性能试验研究。分析了各试件的承载力、刚度及刚度退化、延性、滞回特性、耗能能力和破坏特征等，阐明了带门窗洞口单排配筋剪力墙的损伤过程及屈服机制。在试验基础上，建立了带门窗洞口单排配筋剪力墙承载力计算模型与公式。

研究表明：

（1）带门洞试件 SWD 与带窗洞试件 SWW：两个试件两 T 形截面墙肢均发生了弯曲破坏为主的弯剪破坏；连梁均发生了剪切破坏；墙肢及连梁裂缝发展较充分。

（2）试件 SWD 与试件 SWW：两个试件的极限承载力接近；屈服承载力与极限承载力的比值也相近。

（3）试件 SWD 与试件 SWW：两个试件正向加载的承载力、刚度均略大于相应的负向加载的承载力、刚度，这是由于两个试件洞口两侧墙肢的一侧墙肢采用矩形暗柱构造强化型、另一墙肢采用简化构造型的缘故，建议墙肢采用矩形暗柱构造强化型设计构造。

（4）试件 SWW 与试件 SWD 相比，滞回曲线饱满，延性好，抗震耗能能力强。

（5）建立了带门窗洞口单排配筋剪力墙承载力计算模型与公式，计算结果与实测结果符合较好。

本章研究的带门窗洞口单排配筋剪力墙，包括了单排配筋剪力墙主要的洞口形式，建议的墙肢采用矩形暗柱构造强化型设计构造有利于提升剪力墙的抗震性能。笔者团队对本章内容进行了研究并发表了相关成果[1,2]，可供参考。

参 考 文 献

[1] 曹万林, 张建伟, 杨亚彬, 等. 单排配筋带洞口剪力墙抗震试验及承载力计算[J]. 北京工业大学学报, 2010, 36(9): 1186-1192.

[2] 孙超. 双向单排配筋带洞口混凝土剪力墙抗震性能试验与分析[D]. 北京: 北京工业大学, 2008.

第8章 单排配筋双肢剪力墙抗震性能

8.1 四层单排配筋双肢剪力墙

8.1.1 试验概况

清华大学和中国建筑科学研究院曾分别进行过钢筋混凝土普通 4 层三肢和 4 层双肢剪力墙模型试件低周反复荷载下抗震性能试验研究[1,2]，采用只在顶点处施加反复荷载的加载方法，重点研究了结构的破坏机制。本章在参照国内已有研究以及国外在连梁加配交叉钢筋方面的研究基础上，为使双肢剪力墙具有较优的暗支撑形式和设计参数，按照暗支撑布置形式及连梁跨高比的不同，设计了 7 个 4 层有边框带暗支撑双肢剪力墙模型试件，模型按 1/4 缩尺。7 个试件编号分别为：CSW-1、CSW-2、CSW-3、CSW-4、CSW-5、CSW-6、CSW-7。其中，试件 CSW-1、CSW-2、CSW-3、CSW-4、CSW-5 的连梁跨高比为 1∶1，试件 CSW-6、CSW-7 连梁的跨高比为 3∶2。7 个试件的连梁纵筋、边框及暗柱配筋一致，剪力墙水平、竖向分布钢筋的配筋也一致，混凝土采用设计强度等级为 C30 的细石混凝土；试件的模板图见图 8.1-1。7 个试件的尺寸及配筋图见图 8.1-2。

试件 CSW-1：普通双肢剪力墙模型，连梁截面高为 375mm，用作比较。

试件 CSW-2：在 CSW-1 的配筋基础上，每层连梁加设交叉斜筋，连梁斜筋配筋比（斜纵筋与连梁总纵筋重量之比）为 0.585。

试件 CSW-3：在 CSW-2 的配筋基础上，分别在两个墙肢中依次加设两层范围的 X 形暗支撑，暗支撑交叉点分别近似在 1 层、3 层楼板处，暗支撑仰角为 65°；连梁斜筋配筋比同 CSW-2，底层墙肢的暗支撑配筋比（暗支撑钢筋与墙肢总钢筋重量之比）为 0.240，其他层墙肢暗支撑配筋比为 0.203。

试件 CSW-4：在 CSW-1 的配筋基础上，加设穿过连梁并跨越两个墙肢的大 X 形暗支撑（顶层连梁处为人字形支撑），支撑交叉点位于连梁轴线中点；连梁内的暗支撑兼作连梁交叉配筋，连梁斜筋配筋比同 CSW-2；墙肢中暗支撑倾角为 45°，连梁处倾角为 37°，其相连处有一弯折，折角为 8°。底层墙肢暗支撑配筋比为 0.258，其他层暗支撑配筋比为 0.202。

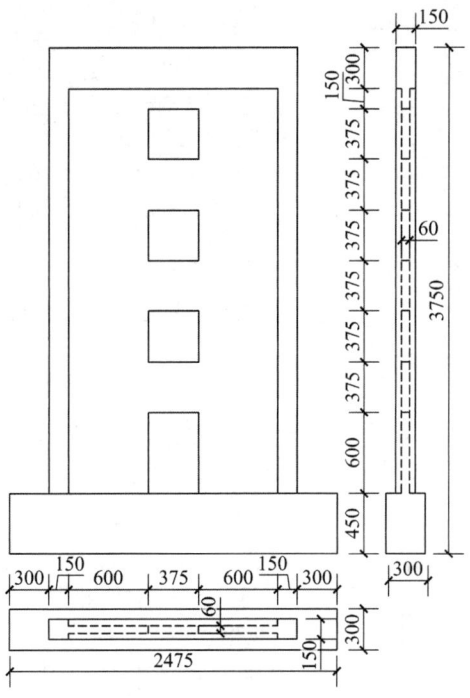

图 8.1-1 试件模板图

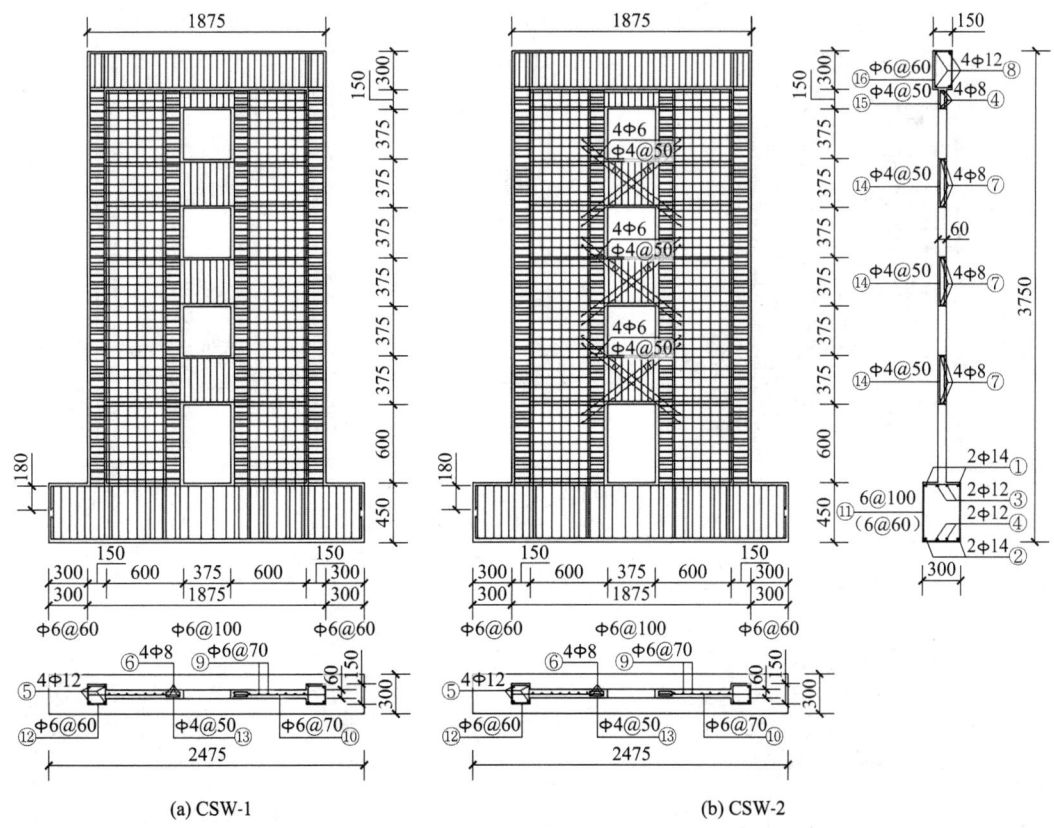

(a) CSW-1 (b) CSW-2

单排配筋混凝土剪力墙结构

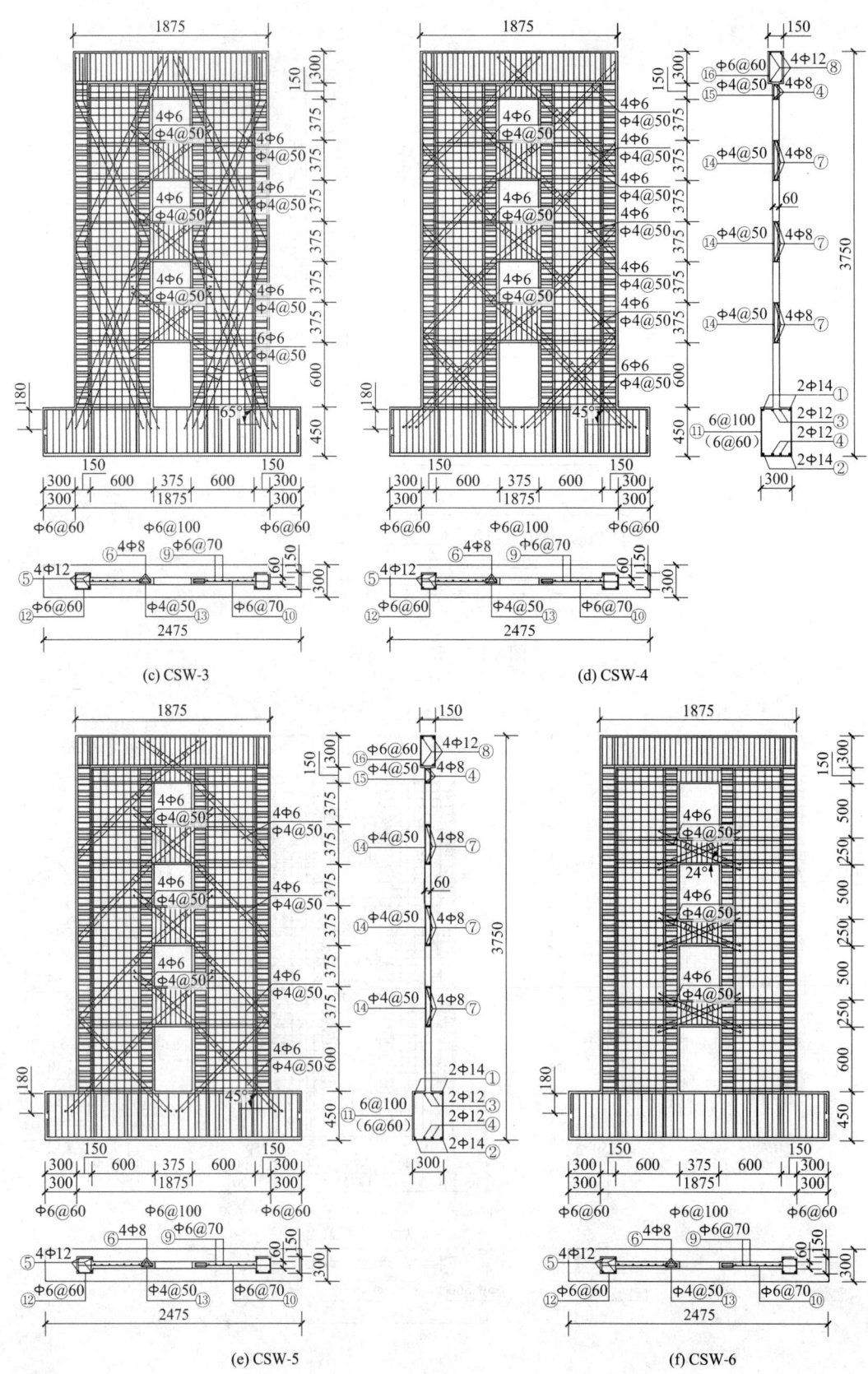

(c) CSW-3 (d) CSW-4 (e) CSW-5 (f) CSW-6

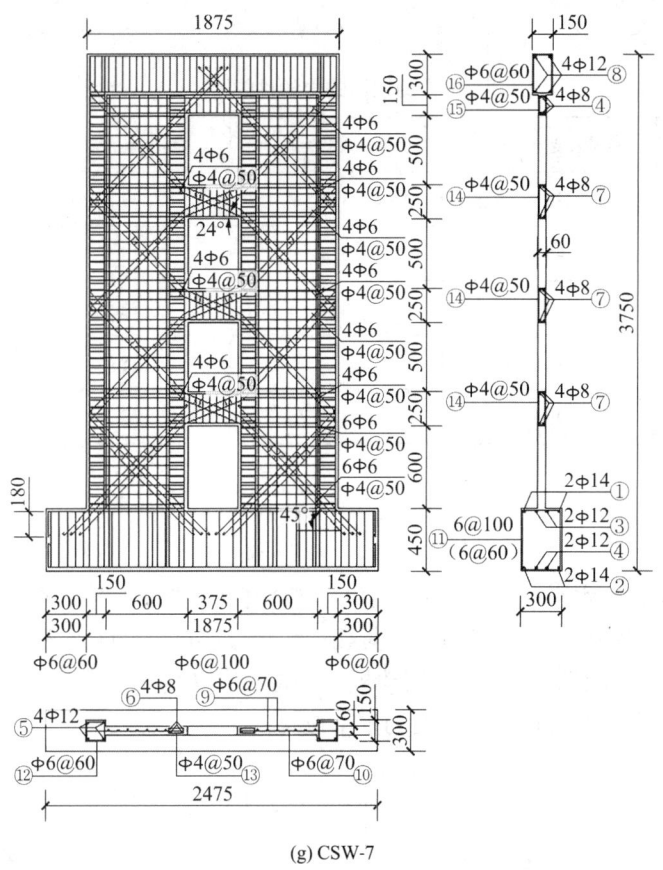

(g) CSW-7

图 8.1-2 试件的尺寸及配筋图

试件 CSW-5：在 CSW-1 的配筋基础上，从两个墙肢左、右边框向连梁加设倾角为 45° 的人字形暗支撑钢筋，暗支撑在连梁处倾角为 37°，其相连处有 8°折角。它相当于 CSW-4 的 X 形暗支撑从下向上穿过连梁后到另一个墙肢内的长度达锚固长度 l_{aE} 后切断的情况，但底层暗支撑配筋比减少。连梁斜筋配筋比同 CSW-2。底层墙肢暗支撑配筋比为 0.202，其他层暗支撑配筋比为 0.112。

试件 CSW-6：除连梁高度为 250mm 外，其余配筋方式同连梁带交叉钢筋的双肢剪力墙 CSW-2，连梁斜筋配筋比为 0.552。

试件 CSW-7：除连梁高度为 250mm 外，暗支撑布置形式同 CSW-4；墙肢处暗支撑倾角为 45°，由于连梁跨高比为 3∶2，连梁处暗支撑倾角为 24°，其相连处的折角为 21°。连梁斜筋配筋比同 CSW-6。底层墙肢暗支撑配筋比为 0.258，其他层暗支撑配筋比为 0.202。

本章双肢剪力墙试件，采用的 C30 细石混凝土配合比为：水泥∶砂∶细石∶水 = 1∶1.29∶2.62∶0.51，坍落度为 50～70mm。7 个试件的混凝土材料为同一批材料，施工制作是在同期相同条件下完成的，实测所得混凝土的立方体抗压强度总均值为 44.59MPa（100mm 边长的立方体试块），折算成 150mm 边长标准试块的抗压强度为 42.36MPa。考虑到模型试件尺寸较小，试件混凝土浇捣密实度与立方体试块浇捣密实度存在差异，故各试件的混凝土强度等级计算时按 C35 取值。实测钢筋的力学性能见

表 8.1-1。

实测钢筋的力学性能 表 8.1-1

规格	屈服强度（MPa）	极限强度（MPa）	延伸率（%）	弹性模量（MPa）
8 号铁丝	262	370	33.0	2.03×10^5
$\phi 6.5$	467	528	18.5	2.02×10^5
$\phi 8$	400	474	22.5	2.02×10^5
$\phi 10$	420	459	18.0	2.04×10^5
$\phi 12$	404	578	43.3	2.00×10^5

8.1.2 滞回特性

实测所得各试件"水平荷载F-水平位移U"滞回曲线见图 8.1-3～图 8.1-9。图中：水平荷载F——试件加载梁中部加载点的水平荷载；水平位移U——试件楼板水平位移，其中，U_1为第 1 层楼板水平位移，U_2为第 2 层楼板水平位移，U_3为第 3 层楼板水平位移，U_4为第 4 层楼板水平位移即水平加载点高度处的水平位移。

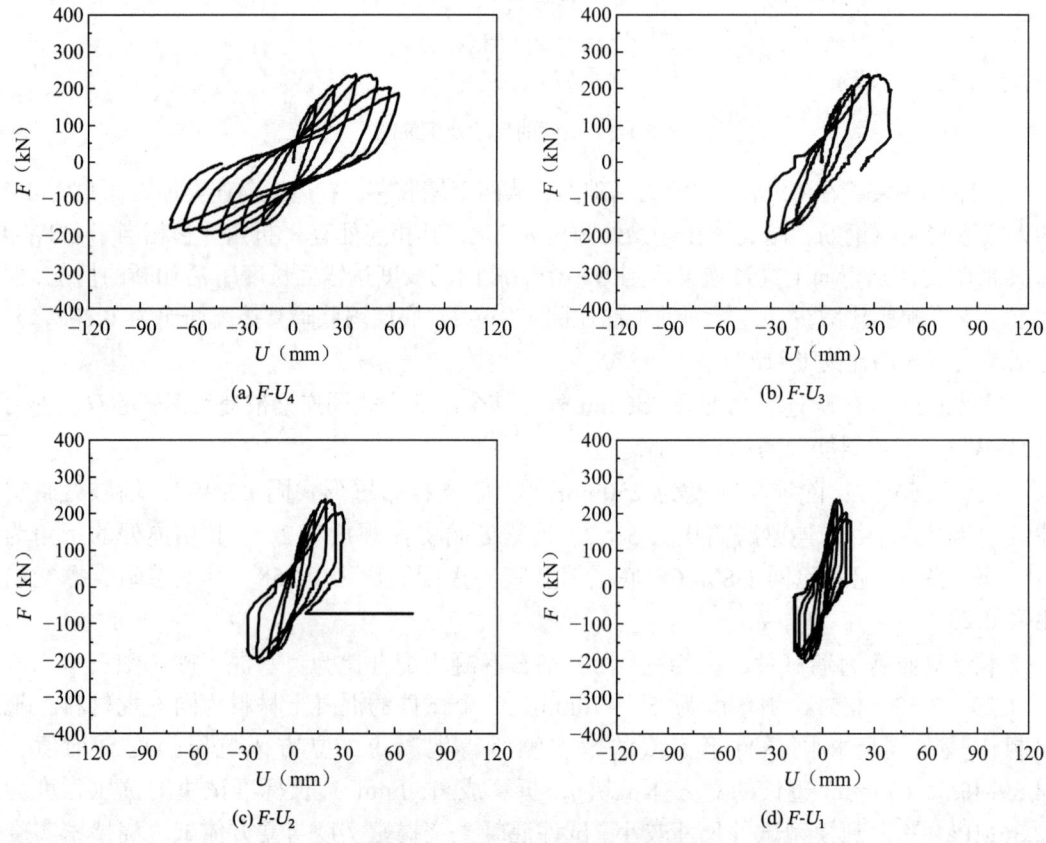

图 8.1-3　CSW-1 "F-U" 滞回曲线

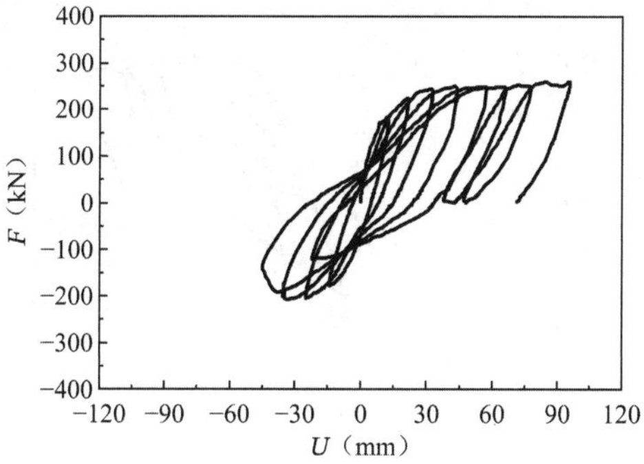

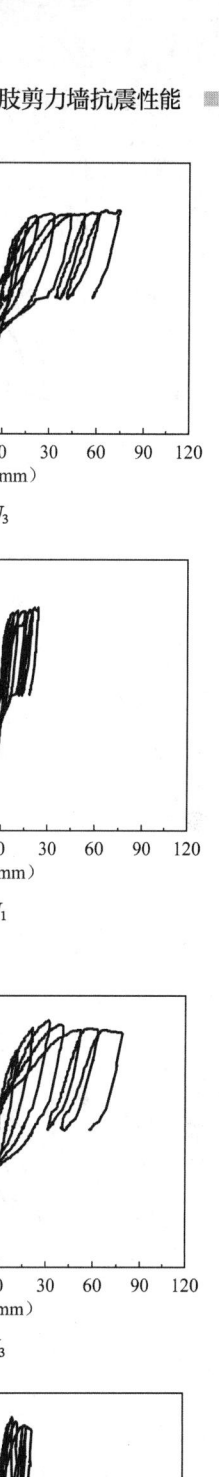

(a) $F\text{-}U_4$ 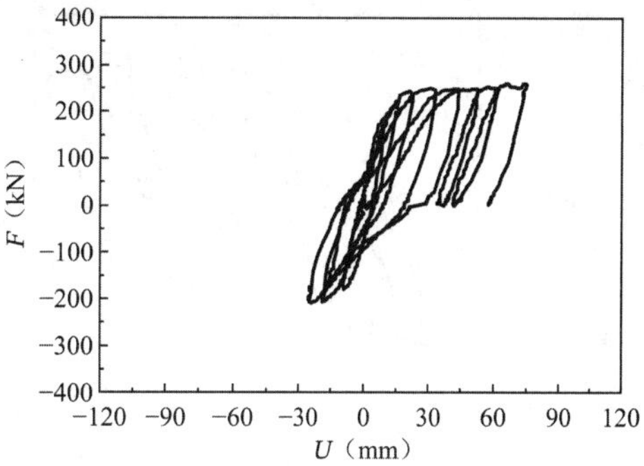　　　　　　　　　　(b) $F\text{-}U_3$

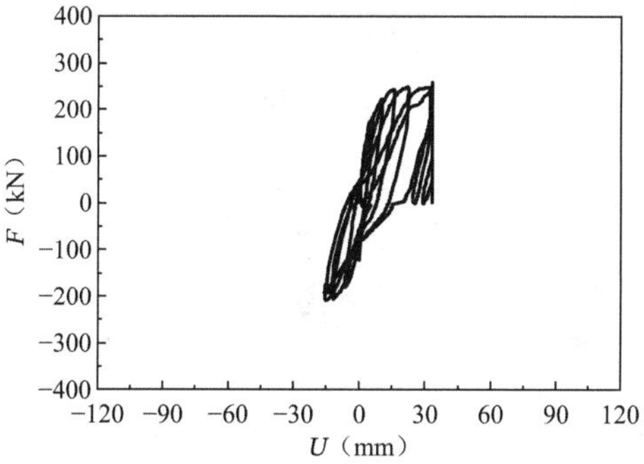

(c) $F\text{-}U_2$ 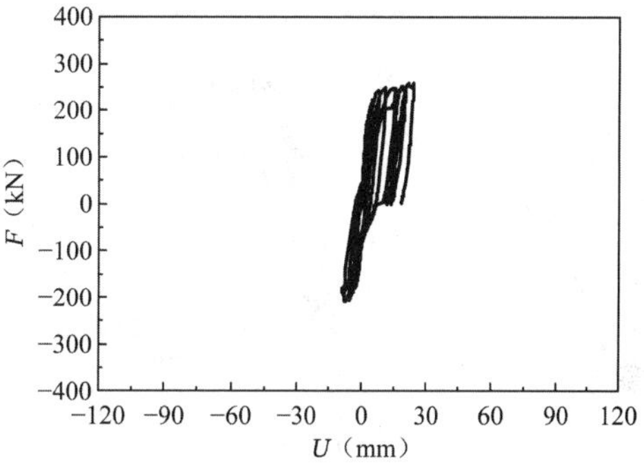　　　　　　　　　　(d) $F\text{-}U_1$

图 8.1-4　CSW-2 "$F\text{-}U$" 滞回曲线

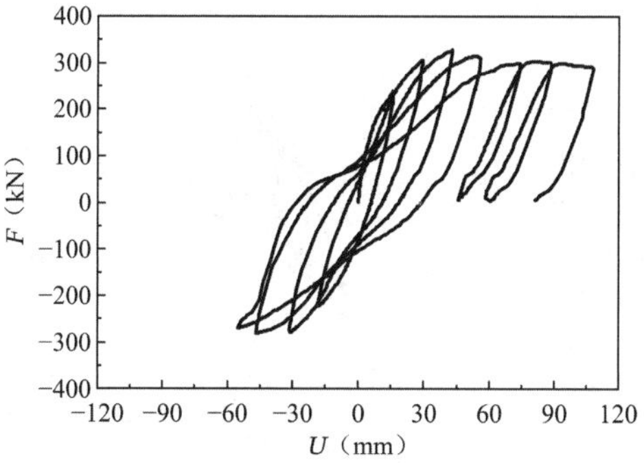

(a) $F\text{-}U_4$ 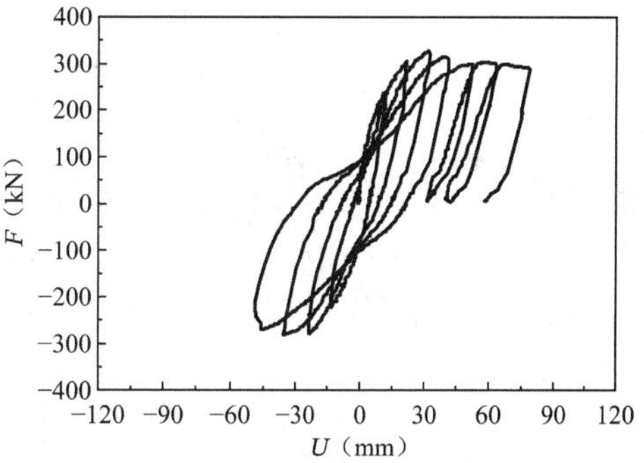　　　　　　　　　　(b) $F\text{-}U_3$

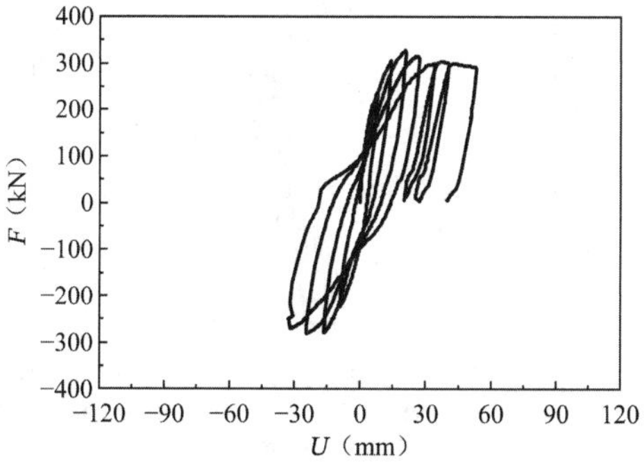

(c) $F\text{-}U_2$ 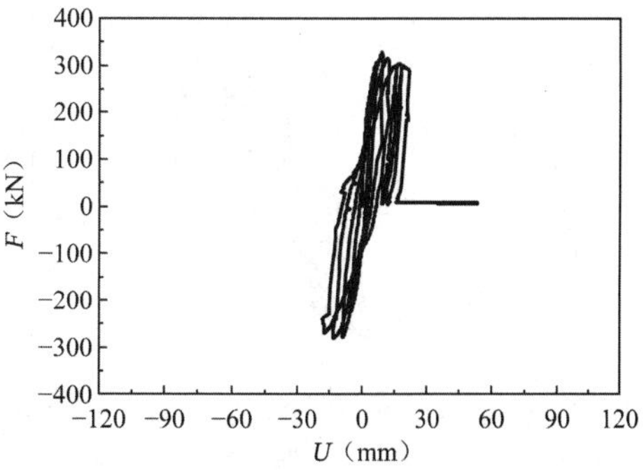　　　　　　　　　　(d) $F\text{-}U_1$

图 8.1-5　CSW-3 "$F\text{-}U$" 滞回曲线

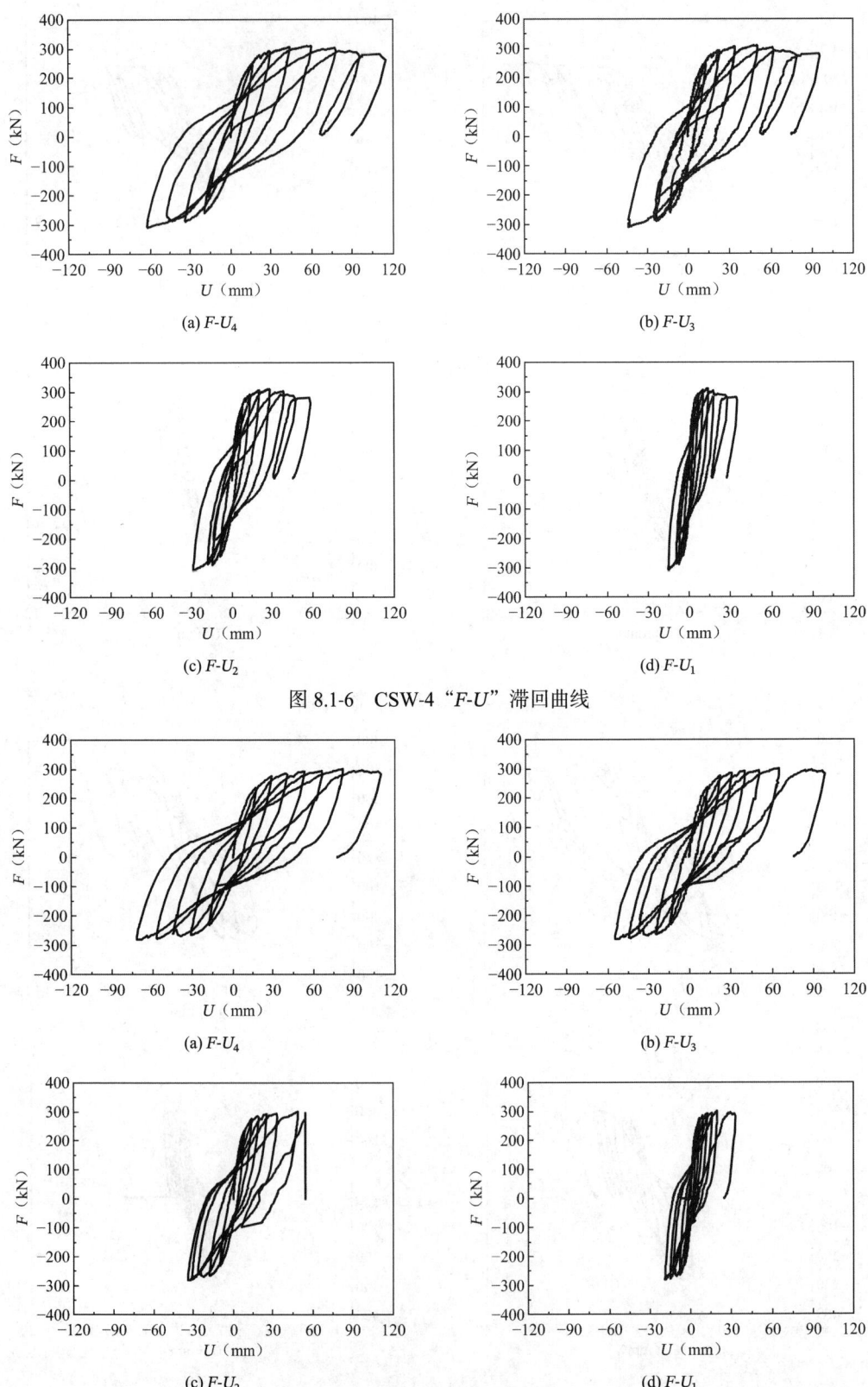

图 8.1-6 CSW-4 "F-U" 滞回曲线

图 8.1-7 CSW-5 "F-U" 滞回曲线

第8章 单排配筋双肢剪力墙抗震性能

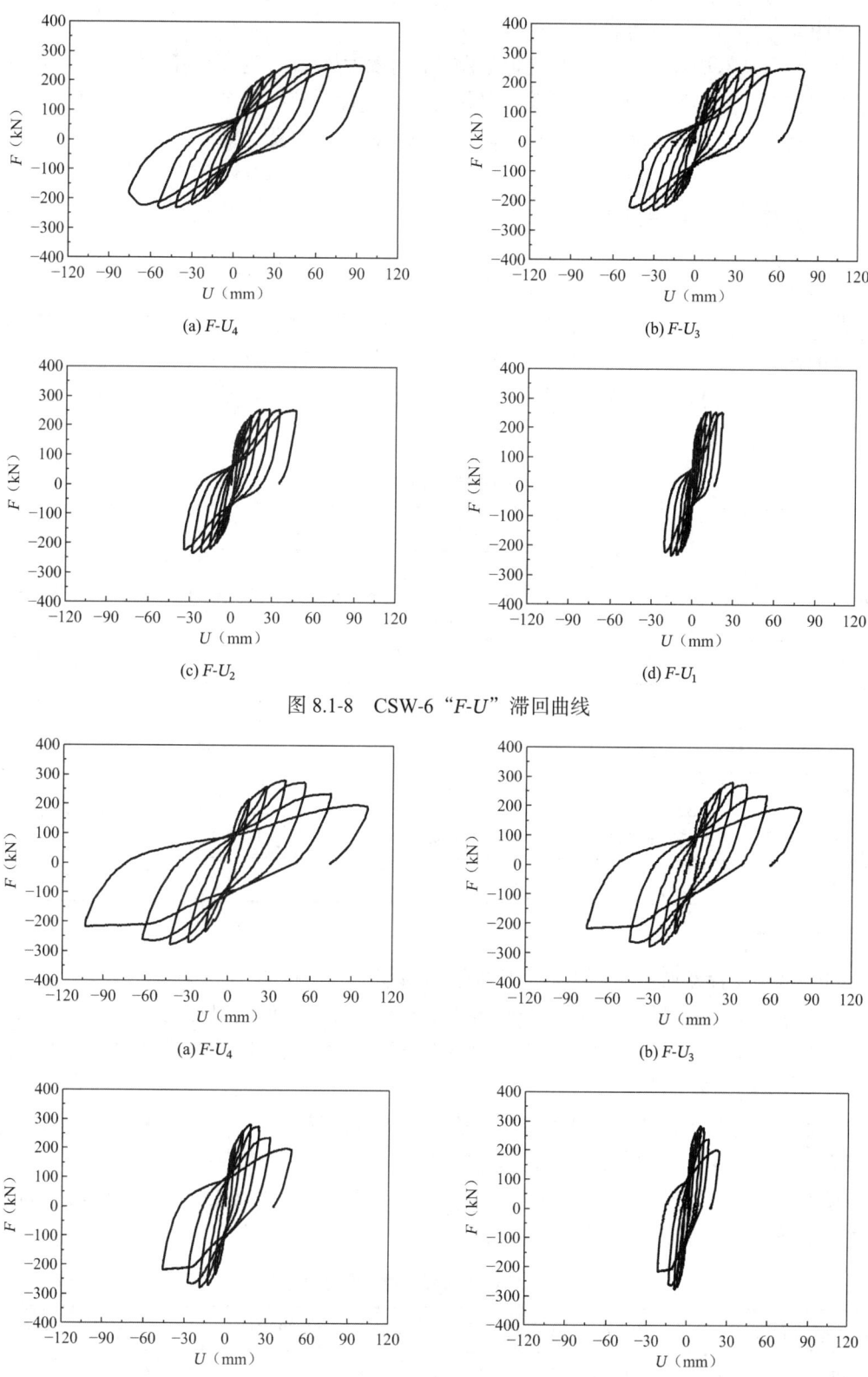

图 8.1-8 CSW-6 "F-U" 滞回曲线

图 8.1-9 CSW-7 "F-U" 滞回曲线

由图 8.1-3～图 8.1-9 可见：

（1）与普通双肢墙相比，带暗支撑双肢墙的承载力较高、延性较好、滞回环较饱满、耗能能力较强、变形后期刚度和承载力退化慢，后期性能较稳定。

（2）连梁加设交叉钢筋，可明显提高双肢剪力墙的抗震能力。

8.1.3 承载力实测结果及分析

实测各试件的特征荷载及其比值见表 8.1-2。表中：F_c 为开裂水平荷载，指首次加载开裂的荷载，取正、负两向开裂荷载的均值；F_y 为明显屈服水平荷载，取正、负两向明显屈服荷载的均值；F_m 为最大水平荷载，分别列出正、负两向的实测值；μ_{cy} 为开裂荷载与屈服荷载的比值；μ_{cm} 为开裂荷载与正向极限荷载的比值；μ_{ym} 为屈服荷载与正向极限荷载的比值，称其为屈强比。

实测各试件的特征荷载及其比值　　　　表 8.1-2

试件编号	F_c（kN）	F_y（kN）	F_m（kN）			μ_{cy}	μ_{cm}	μ_{ym}
			正向	正向比值	负向			
CSW-1	45	176.93	237.36	1.000	203.64	0.254	0.190	0.745
CSW-2	50	204.61	259.66	1.094	209.38	0.244	0.193	0.788
CSW-3	55	239.30	327.12	1.378	280.03	0.230	0.168	0.732
CSW-4	57	230.39	308.99	1.302	310.26	0.247	0.184	0.746
CSW-5	55	226.23	301.00	1.268	281.27	0.243	0.183	0.752
CSW-6	35	190.59	245.48	1.034	234.18	0.184	0.143	0.776
CSW-7	37	210.02	279.24	1.176	278.12	0.176	0.133	0.752

分析可见：

（1）带暗支撑双肢墙的开裂荷载比普通双肢墙均有所提高。

（2）带暗支撑双肢墙的屈服荷载和极限荷载比普通双肢墙明显提高。

（3）带暗支撑双肢墙的开裂荷载与普通双肢墙相比，其极限荷载提高的比例比开裂荷载提高的比例大。

实测各试件水平加载点位移及延性系数见表 8.1-3。表中：位移指水平加载点同一高度处相应的水平位移，其中，U_c 为与 F_c 对应的开裂位移；U_y 为与 F_y 对应的屈服位移；U_d 为荷载没显著下降时的弹塑性最大位移；$\mu = U_d/U_y$ 是剪力墙的延性系数，它是反映剪力墙延性的主要参数。位移取正、负两向位移均值。

实测各试件水平加载点位移及延性系数　　　　表 8.1-3

试件编号	U_c（mm）	U_y（mm）	相对 U_y	U_d（mm）	相对 U_d	$\mu = U_d/U_y$	相对 μ
CSW-1	1.20	17.49	1.000	63.04	1.000	3.604	1.000
CSW-2	1.27	16.77	0.959	95.73	1.519	5.708	1.584

续表

试件编号	U_c (mm)	U_y (mm)	相对U_y	U_d (mm)	相对U_d	$\mu = U_d/U_y$	相对μ
CSW-3	1.35	16.12	0.922	108.35	1.719	6.721	1.865
CSW-4	1.23	14.64	0.837	114.66	1.819	7.832	2.173
CSW-5	1.36	15.35	0.878	110.07	1.746	7.171	1.990
CSW-6	1.15	15.53	0.888	83.85	1.330	5.399	1.498
CSW-7	1.20	13.31	0.761	103.45	1.641	7.772	2.156

分析可见：

（1）带暗支撑双肢墙的开裂位移比普通双肢墙有所提高，这说明暗支撑有延缓裂缝出现的作用。

（2）带暗支撑双肢墙的弹塑性最大位移与普通双肢墙相比有显著提高，提高的比例随配筋形式不同而有所不同。

8.1.4 刚度及退化过程

实测试件各阶段刚度及其退化系数见表 8.1-4。表中：K_0 为试件初始弹性刚度；K_c 为试件开裂割线刚度；K_y 为试件明显屈服割线刚度；$\beta_{c0} = K_c/K_0$ 为开裂刚度与初始刚度的比值，它表示从初始弹性到开裂过程中刚度的退化；$\beta_{y0} = K_y/K_0$ 为屈服刚度与初始刚度的比值，它表示从初始弹性阶段到屈服时刚度的退化；$\beta_{yc} = K_y/K_c$ 为屈服刚度与开裂刚度的比值，它表示从开裂到屈服刚度的退化；$\beta_{y0}/\beta_{y0,CSW-1}$ 表示各试件的 β_{y0} 与普通剪力墙 $\beta_{y0,CSW-1}$ 的比值。

实测试件各阶段刚度及其退化系数　　表 8.1-4

试件编号	K_0 (kN/mm)	K_c (kN/mm)	K_y (kN/mm)	β_{c0}	β_{yc}	β_{y0}	$\dfrac{\beta_{y0}}{\beta_{y0,CSW-1}}$
CSW-1	92.31	37.50	10.12	0.406	0.270	0.110	1.000
CSW-2	103.19	39.37	12.20	0.382	0.310	0.118	1.073
CSW-3	104.76	40.74	14.84	0.389	0.364	0.142	1.291
CSW-4	106.83	46.34	15.74	0.434	0.340	0.147	1.336
CSW-5	105.80	40.44	14.74	0.382	0.364	0.139	1.264
CSW-6	80.15	30.43	12.27	0.380	0.403	0.153	1.391
CSW-7	80.06	30.83	15.78	0.385	0.512	0.197	1.791

分析可见：

（1）连梁高跨比对双肢剪力墙的初始刚度影响显著，连梁高跨比减小其相应的初始刚度及开裂刚度减小。

（2）连梁高跨比相同的带暗支撑双肢墙与普通双肢墙相比，屈服刚度明显提高，刚度退化速度较慢，后期工作性能较稳定，对抗震有利。

（3）连梁高跨比相同的带暗支撑双肢墙与普通双肢墙相比，β_{y0}明显提高，其屈服刚度比初始刚度提高的比例大。

（4）连梁高跨比相同的带暗支撑双肢墙与普通双肢墙相比，β_{yc}明显提高，其屈服刚度比开裂刚度提高的比例大，从开裂到屈服的时段长，有利于抗震。

（5）连梁高跨比相同的连梁带交叉钢筋的双肢墙与普通双肢墙相比，初始刚度、开裂刚度、屈服刚度均有提高，其中屈服刚度提高明显。

8.1.5 耗能能力

滞回环所包含的面积的累积反映了结构弹塑性耗能的大小。一般来说滞回环越饱满，结构的耗能性能越好。由于试验中各试件的加载过程和滞回环的多少有些差异，对具有可比性的试件CSW-1～CSW-5，取滞回曲线的骨架曲线在第一象限所包含的面积作为耗能量代表值；对具有可比性的试件CSW6和CSW7，由于正负两向加载均未出现平面外扭转，故取滞回曲线骨架曲线在第一、第三象限包含的面积的均值作为耗能量代表值，显见它们是总耗能的一部分。

实测各试件配筋量与耗能量代表值的比较见表8.1-5。各试件钢筋增加量与耗能提高量均以普通双肢墙CSW-1为比较基准。

实测各试件配筋量及耗能量代表值比较　　　　表8.1-5

试件编号		单侧墙肢分布钢筋面积（mm²）	单侧墙肢暗支撑钢筋面积（mm²）	连梁钢筋面积（mm²）	连梁暗支撑钢筋面积（mm²）	单侧墙肢边缘构件纵筋面积（mm²）	总面积（mm²）	钢筋增加百分比（%）	耗能E_p（kN·m）	耗能提高百分比（%）
CSW-1		565.20	0	301.44	0	653.12	6079.04	0	10340	0
CSW-2		565.20	0	301.44	226.08	653.12	6983.36	14.88%	19240	86.07%
CSW-3	首层	565.20	339.12	301.44	226.08	653.12	8000.72	31.61%	27700	167.89%
	其他	565.20	226.08	301.44	226.08	653.12				
CSW-4	首层	565.20	339.12	301.44	226.08	653.12	7661.6	26.03%	29040	180.85%
	其他	565.20	113.04	301.44	226.08	653.12				
CSW-5	首层	565.20	226.08	301.44	226.08	653.12	7548.56	24.17%	26480	156.09%
	其他	565.20	113.04	301.44	226.08	653.12				
CSW-6		536.94	0	301.44	226.08	653.12	6870.32	13.02%	15877	53.55%
CSW-7	首层	536.94	339.12	301.44	226.08	653.12	7887.68	29.75%	21224	105.26%
	其他	536.94	226.08	301.44	226.08	653.12				

分析表8.1-5可知：双肢墙中设置暗支撑，可使试件的耗能能力显著提高；通过改变暗支撑的配筋形式，在钢筋增加不多的情况下，使耗能能力明显提高；在墙肢不设暗支撑的情况下，采用连梁加配交叉筋的构造，可明显提高结构的抗震耗能能力。

8.1.6 带暗支撑双肢剪力墙的力学模型及计算分析

1. 力学模型

根据试件的破坏特征和钢筋应变分析可知：当双肢墙连梁较弱时，其连梁首先发生屈服，之后墙肢底部发生屈服，进而试件失效；当双肢墙连梁较强时，双肢墙在较长的变形时段内像整体墙一样工作，直到底部弯曲破坏而失效；在双肢墙连梁抗剪能力得到保证的前提下，若连梁与两墙肢刚度匹配合理，则双肢剪力墙首先在连梁出现塑性铰，继而底部墙肢屈服，这种双肢墙的屈服机制最好。

（1）偏压墙肢承载力计算模型

假定：墙肢受拉一侧的纵筋全部屈服，中和轴附近的受拉纵筋及墙板受压纵筋不予考虑。偏压墙肢在压力（N 为正）和弯矩作用下，承载力计算模型见图 8.1-10。

由平衡条件可得：

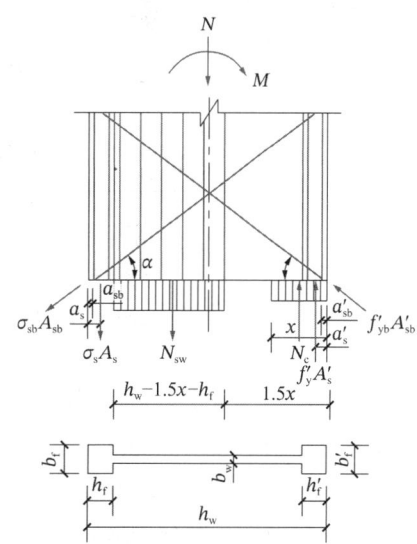

图 8.1-10 偏压墙肢承载力计算模型

$$N = A'_s f'_y - A_s \sigma_s + A'_{sb} f'_{yb} \sin \alpha' - A_{sb} \sigma_{sb} \sin \alpha - N_{sw} + N_c \quad (8.1\text{-}1)$$

$$N\left(e_0 + h_{w0} - \frac{h_w}{2}\right) = A'_s f'_y (h_{w0} - a'_s) + A'_{sb} f'_{yb} (h_{w0} - a'_{sb}) \sin' \alpha + A_{sb} \sigma_{sb} (a_s - a_{sb}) \sin \alpha - M_{sw} + M_c \quad (8.1\text{-}2)$$

当 $x > h'_f$ 时：

$$N_c = f_{cm} b_w x + f_{cm}(b'_f - b_w) h'_f \quad (8.1\text{-}3)$$

$$M_c = f_{cm} b_w x \left(h_{w0} - \frac{x}{2}\right) + f_{cm}(b'_f - b_w) h'_f \left(h_{w0} - \frac{h'_f}{2}\right) \quad (8.1\text{-}4)$$

当 $x \leqslant h'_f$ 时：

$$N_c = f_{cm} b'_f x \quad (8.1\text{-}5)$$

$$M_c = f_{cm} b'_f x \left(h_{w0} - \frac{x}{2}\right) \quad (8.1\text{-}6)$$

当 $x \leqslant \xi_b h_{w0}$ 时：

$$\sigma_s = f_y \quad (8.1\text{-}7)$$

$$\sigma_{sb} = f_{yb} \quad (8.1\text{-}8)$$

$$N_{sw} = (h_w - 1.5x - h_f) b_w f_{yw} \rho_w \quad (8.1\text{-}9)$$

$$M_{sw} = \frac{1}{2}(h_w - 1.5x - h_f)(h_w - 1.5x + h_f - 2a_s) b_w f_{yw} \rho_w \quad (8.1\text{-}10)$$

当 $x > \xi_b h_{w0}$ 时：

$$\sigma_s = \frac{f_y}{\xi_b - 0.8}\left(\frac{x}{h_{w0}} - 0.8\right) \quad (8.1\text{-}11)$$

$$\sigma_{sb} = \frac{f_{yb}}{\xi_b - 0.8}\left(\frac{x}{h_{w0}} - 0.8\right) \tag{8.1-12}$$

$$N_{sw} = 0 \tag{8.1-13}$$

$$M_{sw} = 0 \tag{8.1-14}$$

其中：$\xi_b = \dfrac{0.8}{1+\dfrac{f_y}{0.0033E_s}}$

式中：f_y、f'_y、f_{yw}、f'_{yb}——剪力墙端部受拉、受压钢筋、墙体竖向分布钢筋和斜向受压钢筋的屈服强度；

f_{cm}——混凝土弯曲抗压强度；

e_0——偏心距，$e_0 = M/N$；

h_{w0}——剪力墙截面有效高度，$h_{w0} = h_w - a'_s$；

a'_s——剪力墙受压区端部钢筋合力点到受压区边缘的距离；

ρ_w——剪力墙竖向分布钢筋配筋率；

ξ_b——界限相对受压区高度。

（2）偏拉墙肢承载力力学模型

假定：墙肢受拉一侧的纵筋全部屈服，中和轴附近的受拉纵筋及墙板受压纵筋不予考虑。偏压墙肢在拉力（N为负）和弯矩作用下，偏拉墙肢承载力计算模型见图8.1-11。

当墙肢截面承受拉力时，由偏心距大小判别其属于大偏心受拉还是小偏心受拉。

$e_0 \geqslant \dfrac{h_w}{2} - a_s$为大偏心受拉；

$e_0 < \dfrac{h_w}{2} - a_s$为小偏心受拉。

在大偏心受拉情况下，截面部分受压，极限状态下的截面应力分布与大偏心受压相同，故忽略受压区及中和轴附近分布钢筋作用的假定也适用。因而，基本计算公式与大偏压相似，仅轴力的符号不同。

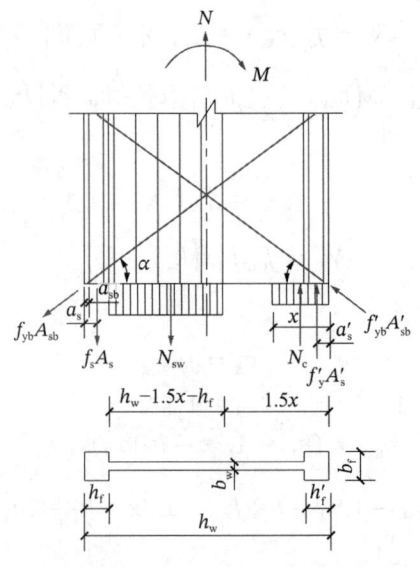

图8.1-11 偏拉墙肢承载力计算模型

由平衡条件可得：

$$-N = A'_s f'_y - A_s f_y + A'_{sb} f'_{yb} \sin\alpha' - A_{sb} f_{yb} \sin\alpha - N_{sw} + N_c \tag{8.1-15}$$

$$N\left(e_0 - h_{w0} + \frac{h_w}{2}\right) = A'_s f'_y(h_{w0} - a'_s) + A'_{sb} f'_{yb}(h_{w0} - a'_{sb})\sin\alpha' +$$
$$A_{sb} f_{yb}(a_s - a_{sb})\sin\alpha - M_{sw} + M_c \tag{8.1-16}$$

其中：

$$N_{sw} = (h_w - 1.5x - h_f) b_w f_{yw} \rho_w \tag{8.1-17}$$

$$M_{sw} = \frac{1}{2}(h_w - 1.5x - h'_f)(h_w - 1.5x) b_w f_{yw} \rho_w \tag{8.1-18}$$

当 $x > h'_f$ 时：

$$N_c = f_{cm} b_w x + f_{cm}(b'_f - b_w) h'_f \tag{8.1-19}$$

$$M_c = f_{cm} b_w x \left(h_{w0} - \frac{x}{2}\right) + f_{cm}(b'_f - b_w) h'_f \left(h_{w0} - \frac{h'_f}{2}\right) \tag{8.1-20}$$

当 $x \leqslant h'_f$ 时：

$$N_c = f_{cm} b'_f x \tag{8.1-21}$$

$$M_c = f_{cm} b'_f x \left(h_{w0} - \frac{x}{2}\right) \tag{8.1-22}$$

（3）双肢墙呈整体墙破坏时承载力计算模型

当双肢墙破坏呈整体墙破坏时，承载力计算模型见图 8.1-12。

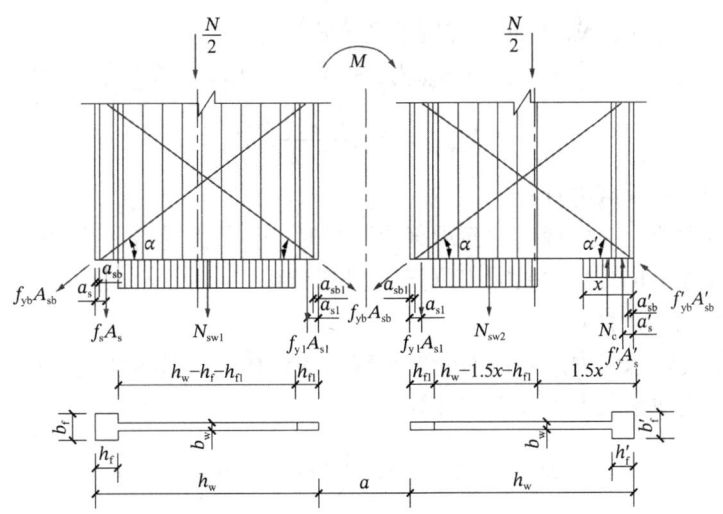

图 8.1-12 双肢墙呈整体墙破坏时承载力计算模型

$$N = A'_s f'_y - A_s f_y - 2A_{s1} f_{y1} - 2A_{sb} f_{yb} \sin\alpha - N_{sw1} - N_{sw2} + N_c \tag{8.1-23}$$

$$M = (A_s f_y + A'_s f'_y)\left(h_w + \frac{a}{2} - a_s\right) + (A_{sb} f_{yb} + A'_{sb} f'_{yb})\left(h_w + \frac{a}{2} - a_{sb}\right)\sin\alpha +$$
$$M_{sw1} - M_{sw2} + M_c \tag{8.1-24}$$

（取 $a_s = a'_s$, $a_{sb} = a'_{sb}$）

其中：

$$N_{sw1} = (h_w - h_f - h_{f1}) b_w f_{yw} \rho_w \tag{8.1-25}$$

$$N_{sw2} = (h_w - 1.5x - h_{f1})b_w f_{yw}\rho_w \tag{8.1-26}$$

$$M_{sw1} = \frac{1}{2}(h_w - h_f - h_{f1})(h_w - h_f + h_{f1} + a)b_w f_{yw}\rho_w \tag{8.1-27}$$

$$M_{sw} = \frac{1}{2}(h_w - 1.5x - h_{f1})(h_w - 1.5x + h_{f1} + a)b_w f_{yw}\rho_w \tag{8.1-28}$$

当 $x > h'_f$ 时：

$$N_c = f_{cm}b_w x + f_{cm}(b'_f - b_w)h'_f \tag{8.1-29}$$

$$M_c = f_{cm}b_w x\left(h_w - \frac{x}{2} + \frac{a}{2}\right) + f_{cm}(b'_f - b_w)h'_f\left(h_w - \frac{h'_f}{2} + \frac{a}{2}\right) \tag{8.1-30}$$

当 $x \leqslant h'_f$ 时：

$$N_c = f_{cm}b'_f x \tag{8.1-31}$$

$$M_c = f_{cm}b'_f x\left(h_w - \frac{x}{2} + \frac{a}{2}\right) \tag{8.1-32}$$

（4）墙肢小偏心受拉或大偏心受拉下混凝土受压区很小时承载力计算公式

墙肢在小偏心受拉情况下或大偏心受拉情况下混凝土受压区很小（$x \leqslant 2a'_s$）时，按墙肢全截面受拉假定计算配筋。可按下式计算：

$$N \leqslant \frac{1}{\dfrac{1}{N_{0u}} + \dfrac{e_0}{M_{wu}}} \tag{8.1-33}$$

当墙肢带暗支撑时，N_{0u} 和 M_{wu} 应按下列公式计算：

$$N_{0u} = A_s f_y + A'_s f'_y + A_{sw} f_{yw} + A_{sb} f_{yb}\sin\alpha + A'_{sb} f'_{yb}\sin\alpha' \tag{8.1-34}$$

$$M_{wu} = N_{0u}\frac{h_{w0} - a'_s}{2} \tag{8.1-35}$$

（5）斜截面受剪承载力计算

普通双肢剪力墙，未出现斜截面承载力不足时，斜截面受剪承载力可按《高层建筑混凝土结构技术规程》JGJ 3—2010[3]相关条文进行计算。

（6）连梁承载力计算

连梁正截面受弯承载力及斜截面受剪承载力的计算同普通构件，但应考虑斜筋的作用。连梁斜截面受剪承载力可按下式计算：

$$V_b \leqslant 0.07 f_c b_b h_{b0} + f_{yv}\frac{A_{sv}}{s}h_{b0} + 2A_{sb} f_{yb}\sin\alpha \tag{8.1-36}$$

式中：A_{sb}——每肢交叉斜筋总面积；

f_{yb}——交叉斜筋的屈服强度。

连梁正截面受弯承载力可近似采用下式计算：

$$M_b \leqslant f_y A_s(h_b - 2a_s) \tag{8.1-37}$$

2. 极限承载力

双肢剪力墙内力计算可按连续杆法，假设如下：

（1）将每一楼层处的连梁简化为均布在整个楼层高度上的连续连杆，这样就把两个墙肢仅在楼层标高处通过连梁连接在一起，双肢墙的墙肢在整个高度上都由连梁连接在一起。

（2）连梁的轴向变形忽略不计，同一标高处、两墙肢的转角和曲率是相等的，连梁的反弯点在梁的跨中。

（3）层高、惯性矩及面积等参数，沿高度均为常数。

计算所得各试件截面承载力"M-N"相关曲线见图 8.1-13、图 8.1-14。

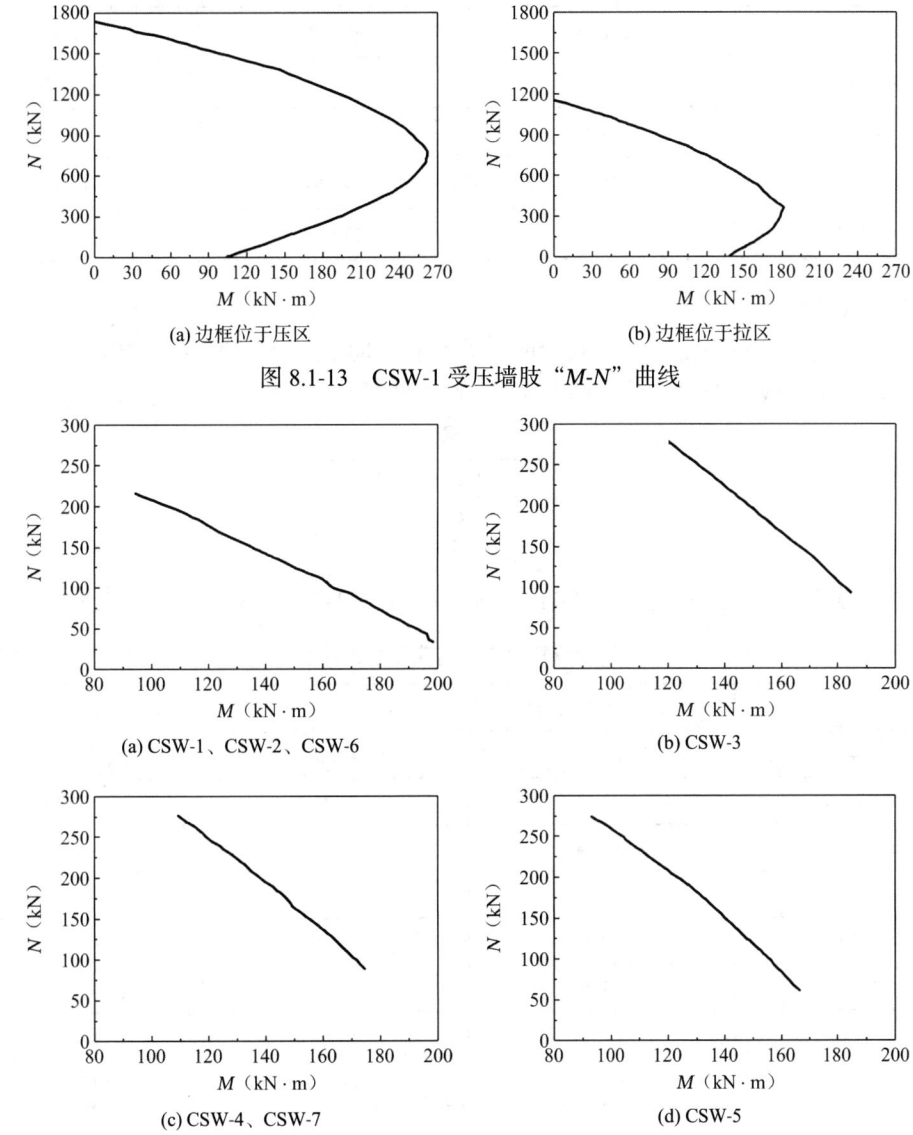

(a) 边框位于压区 (b) 边框位于拉区

图 8.1-13 CSW-1 受压墙肢"M-N"曲线

(a) CSW-1、CSW-2、CSW-6 (b) CSW-3

(c) CSW-4、CSW-7 (d) CSW-5

图 8.1-14 受拉墙肢"M-N"曲线

极限承载力计算结果与实测结果的比较见表 8.1-6。可见二者符合较好。

计算极限承载力与实测结果比较　　　　　　　　表 8.1-6

模型编号	极限承载力 F_m（kN）		相对误差
	计算值	实测值	
CSW-1	216.91	237.36	−8.62%

续表

模型编号	极限承载力F_m(kN)		相对误差
	计算值	实测值	
CSW-2	225.75	259.66	−13.06%
CSW-3	296.75	327.12	−9.28%
CSW-4	284.03	308.99	−8.08%
CSW-5	264.79	301.00	−12.03%
CSW-6	225.75	245.48	−8.04%
CSW-7	243.51	279.24	−12.80%

初始刚度计算:

双肢剪力墙的等效刚度,可将其弯曲、剪切和轴向变形之后的顶点位移,按顶点位移相等的原则,折算成一个只考虑弯曲变形的等效竖向悬臂杆的刚度。公式如下:

$$I_d = \frac{\sum I_i}{(1-T) + T\psi_\alpha + 3\gamma^2} \tag{8.1-38}$$

$$K = \frac{3EI_d}{H^3} \tag{8.1-39}$$

计算所得各试件初始刚度与实测结果的比较见表 8.1-7。可见二者符合较好。

试件计算初始刚度与实测结果比较　　　表 8.1-7

模型编号	初始刚度K(kN/mm)		相对误差
	计算值	实测值	
CSW-1	102.04	92.33	10.52%
CSW-2	102.04	103.19	−1.11%
CSW-3	102.04	104.76	−2.60%
CSW-4	102.04	106.83	−4.48%
CSW-5	102.04	105.80	−3.55%
CSW-6	90.91	80.15	13.42%
CSW-7	90.91	80.06	13.55%

8.1.7 双肢剪力墙单调水平荷载作用下有限元分析

双肢剪力墙有限元模型采用整体式。钢筋混凝土采用 ANSYS 中 SOLID65 混凝土带筋单元。边框、暗柱及暗支撑内的混凝土采用约束混凝土本构模型,其他部分采用普通混凝土本构模型。混凝土的等效应力-应变曲线在上升段取 5 个点,其中第一个点取在 $0.3f_c$ 处;下降段取 2 个点,极限应变 ε_u 取为 0.0033。混凝土抗压强度 $f_c = 26.6\text{MPa}$,抗拉强度 $f_t = 2.8\text{MPa}$;弹性模量 $E_c = 3.15 \times 10^4 \text{MPa}$,泊松比 $\nu = 0.3$;其他参数按试验值选取。混凝土裂纹剪力传递系数β_t取为0.2。钢筋的弹性模量取$2.1 \times 10^5 \text{N/mm}^2$，屈服强度按试验值选取，泊松比$\nu = 0.3$。本章7个试件单元内各方向钢筋体积比见表8.1-8和表8.1-9，水平钢筋为$0°$，竖直钢筋为$90°$，暗支撑与水平线所成角度与试件一致。

试件单元内各方向钢筋体积比（一） 表8.1-8

编号	位置	CSW1 单元内钢筋角度	配筋体积比	CSW2 单元内钢筋角度	配筋体积比	CSW6 单元内钢筋角度	配筋体积比
1	墙板	0°	0.00674	0°	0.00674	0°	0.00674
		90°	0.00674	90°	0.00674	90°	0.00674
2	边框	0°	0.00629	0°	0.00629	0°	0.00629
		90°	0.02010	90°	0.02010	90°	0.02010
3	暗柱	0°	0.00840	0°	0.00840	0°	0.00840
		90°	0.03730	90°	0.03730	90°	0.03730
4	连梁纵筋处	0°	0.03350	0°	0.03350	0°	0.03350
		90°	0.00840	90°	0.00840	90°	0.00840
5	顶连梁	0°	0.02240	0°	0.02240	0°	0.02240
		90°	0.00840	90°	0.00840	90°	0.00840
6	连梁其他处	0°	0.00000	0°	0.00000	0°	0.00000
		90°	0.00840	90°	0.00840	90°	0.00840
7	加载梁	0	0.01000	0°	0.01000	0°	0.01000
		90°	0.00633	90°	0.00633	90°	0.00633
8	连梁支撑锐角			0°	0.00510	0°	0.00342
				90°	0.01510	90°	0.01607
				37°	0.02690	24°	0.02690
9	连梁支撑钝角			0°	0.00510	0°	0.00342
				90°	0.01510	90°	0.01607
				143°	0.02690	156°	0.02690
10	连梁支撑纵筋处锐角			0°	0.03860	0°	0.03692
				90°	0.01510	90°	0.01607
				37°	0.02690	24°	0.02690
11	连梁支撑纵筋处钝角			0°	0.03860	0°	0.03692
				90°	0.01510	90°	0.01607
				143°	0.02690	156°	0.02690
12	连梁支撑汇交处			37°	0.02690	24°	0.02690
				143°	0.02690	156°	0.02690

试件单元内各方向钢筋体积比（二）　　　　表 8.1-9

编号	位置	CSW3		CSW4		CSW5		CSW7	
		单元内钢筋角度	配筋体积比	单元内钢筋角度	配筋体积比	单元内钢筋角度	配筋体积比	单元内钢筋角度	配筋体积比
1	墙板	0°	0.00674	0°	0.00674	0°	0.00674	0°	0.00674
		90°	0.00674	90°	0.00674	90°	0.00674	90°	0.00674
2	边框	0°	0.00629	0°	0.00629	0°	0.00629	0°	0.00629
		90°	0.02010	90°	0.02010	90°	0.02010	90°	0.02010
3	暗柱	0°	0.00840	0°	0.00840	0°	0.00840	0°	0.00840
		90°	0.03730	90°	0.03730	90°	0.03730	90°	0.03730
4	连梁纵筋处	0°	0.03350	0°	0.03350	0°	0.03350	0°	0.03350
		90°	0.00840	90°	0.00840	90°	0.00840	90°	0.00840
5	顶连梁	0°	0.02240	0°	0.02240	0°	0.02240	0°	0.02240
		90°	0.00840	90°	0.00840	90°	0.00840	90°	0.00840
6	连梁其他处	0°	0.00000	0°	0.00000	0°	0.00000	0°	0.00000
		90°	0.00840	90°	0.00840	90°	0.00840	90°	0.00840
7	加载梁	0°	0.01000	0°	0.01000	0°	0.01000	0°	0.01000
		90°	0.00633	90°	0.00633	90°	0.00633	90°	0.00633
8	连梁支撑锐角	0°	0.00510	0°	0.00510	0°	0.00510	0°	0.00342
		90°	0.01510	90°	0.01510	90°	0.01510	90°	0.01607
		37°	0.02690	37°	0.02690	37°	0.02690	24°	0.02690
9	连梁支撑钝角	0°	0.00510	0°	0.00510	0°	0.00510	0°	0.00342
		90°	0.01510	90°	0.01510	90°	0.01510	90°	0.01607
		143°	0.02690	143°	0.02690	143°	0.02690	156°	0.02690
10	连梁支撑纵筋处锐角	0°	0.03860	0°	0.03860	0°	0.03860	0°	0.03692
		90°	0.01510	90°	0.01510	90°	0.01510	90°	0.01607
		37°	0.02690	37°	0.02690	37°	0.02690	24°	0.02690
11	连梁支撑纵筋处钝角	0°	0.03860	0°	0.03860	0°	0.03860	0°	0.03692
		90°	0.01510	90°	0.01510	90°	0.01510	90°	0.01607
		143°	0.02690	143°	0.02690	143°	0.02690	156°	0.02690
12	连梁支撑汇交处	37°	0.02690	37°	0.02690	37°	0.02690	24°	0.02690
		143°	0.02690	143°	0.02690	143°	0.02690	156°	0.02690
13	墙板底层支撑锐角	0°	0.01340	0°	0.01264	0°	0.01264	0°	0.01264

续表

编号	位置	CSW3		CSW4		CSW5		CSW7	
		单元内钢筋角度	配筋体积比	单元内钢筋角度	配筋体积比	单元内钢筋角度	配筋体积比	单元内钢筋角度	配筋体积比
13	墙板底层支撑锐角	90°	0.01024	90°	0.01264	90°	0.01264	90°	0.01264
		65°	0.03150	45°	0.02670	45°	0.01780	45°	0.02670
14	墙板底层支撑钝角	0°	0.01340	0°	0.01264	0°	0.01264	0°	0.01264
		90°	0.01024	90°	0.01264	90°	0.01264	90°	0.01264
		115°	0.03150	135°	0.02670	135°	0.01780	135°	0.02670
15	暗柱底层支撑锐角	0°	0.01600	0°	0.01430	0°	0.01430	0°	0.01430
		90°	0.04080	90°	0.04320	90°	0.04320	90°	0.04320
		65°	0.03150	45°	0.02670	45°	0.01780	45°	0.02670
16	暗柱底层支撑钝角	0°	0.01600	0°	0.01430	0°	0.01430	0°	0.01430
		90°	0.04080	90°	0.04320	90°	0.04320	90°	0.04320
		115°	0.03150	135°	0.02670	135°	0.01780	135°	0.02670
17	墙板底层支撑交叉	65°	0.03824	45°	0.03344	45°	0.02454	45°	0.03344
		115°	0.03824	135°	0.03344	135°	0.02454	135°	0.03344
18	墙板其他层支撑锐角	0°	0.01434	0°	0.01264	0°	0.01264	0°	0.01264
		90°	0.01024	90°	0.01264	90°	0.01264	90°	0.01264
		65°	0.02690	45°	0.02690	45°	0.02690	45°	0.02690
19	墙板其他层支撑钝角	0°	0.01434	0°	0.01264	0°	0.01264	0°	0.01264
		90°	0.01024	90°	0.01264	90°	0.01264	90°	0.01264
		115°	0.02690	135°	0.02690	135°	0.02690	135°	0.02690
20	墙板其他层支撑交叉	65°	0.03364	45°	0.03364	45°	0.03364	45°	0.03364
		115°	0.03364	135°	0.03364	135°	0.03364	135°	0.03364
21	暗柱其他层支撑锐角	0°	0.01600	0°	0.01430	0°	0.01430	0°	0.01430
		90°	0.04080	90°	0.04320	90°	0.04320	90°	0.04320
		65°	0.02690	45°	0.02690	45°	0.02690	45°	0.02690
22	暗柱其他层支撑钝角	0°	0.01600	0°	0.01430	0°	0.01430	0°	0.01430
		90°	0.04080	90°	0.04320	90°	0.04320	90°	0.04320
		115°	0.02690	135°	0.02690	135°	0.02690	135°	0.02690
23	边框底层支撑锐角	0°	0.01389	0°	0.01219	0°	0.01219	0°	0.01219
		90°	0.02360	90°	0.02600	90°	0.02600	90°	0.02600
		65°	0.03150	45°	0.02670	45°	0.02670	45°	0.02670

续表

编号	位置	CSW3 单元内钢筋角度	CSW3 配筋体积比	CSW4 单元内钢筋角度	CSW4 配筋体积比	CSW5 单元内钢筋角度	CSW5 配筋体积比	CSW7 单元内钢筋角度	CSW7 配筋体积比
24	边框底层支撑钝角	0°	0.01389	0°	0.01219	0°	0.01219	0°	0.01219
		90°	0.02360	90°	0.02600	90°	0.02600	90°	0.02600
		115°	0.03150	135°	0.02670	135°	0.02670	135°	0.02670

7个试件的有限元网格剖分见图8.1-15。为节省建模工作量，CSW-4和CSW-5采用相同网格，CSW-6和CSW-7采用相同网格，只是其中的材料及钢筋配筋体积比按各自模型输入。

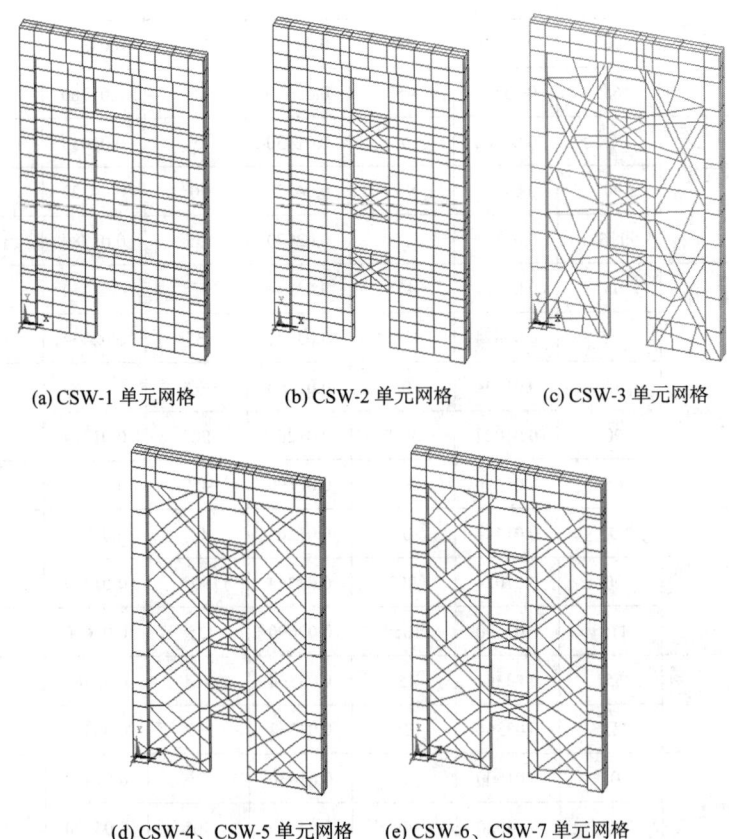

(a) CSW-1 单元网格　　(b) CSW-2 单元网格　　(c) CSW-3 单元网格

(d) CSW-4、CSW-5 单元网格　　(e) CSW-6、CSW-7 单元网格

图 8.1-15　7个试件的有限元网格剖分

首先通过剪力墙加载梁顶面施加竖向荷载，对剪力墙加载梁上表面产生了 $0.728N/mm^2$ 的均布应力，该竖向荷载对两墙肢产生的竖向应力为 $1.75N/mm^2$，对 C35 混凝土来说，其轴压比为 0.10。然后在加载梁端部距墙底 3.15m 高度处施加单调水平荷载。为避免应力奇异，将加载梁的水平力加载端设为钢板。剪力墙底部与基础固接。荷载及边界条件见图 8.1-16。为得到荷载-位移曲线的全过程，分析过程采用分级加位移的方法。

计算所得 7 个试件 CSW-1、CSW-2、CSW-3、CSW-4、CSW-5、CSW-6、CSW-7 在单向加载下的"水平荷载 F-加载点水平位移 U"曲线与试验曲线比较见图 8.1-17。

第 8 章 单排配筋双肢剪力墙抗震性能

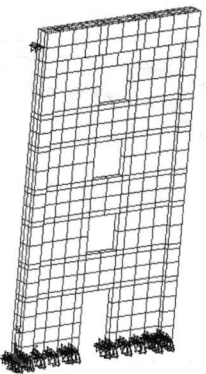

图 8.1-16 荷载及边界条件

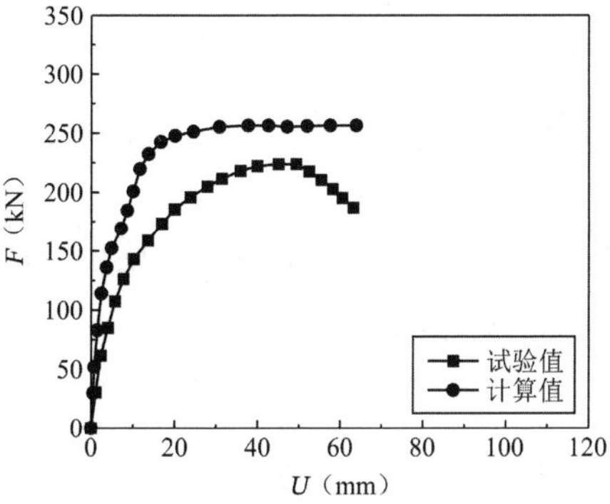

(a) CSW-1

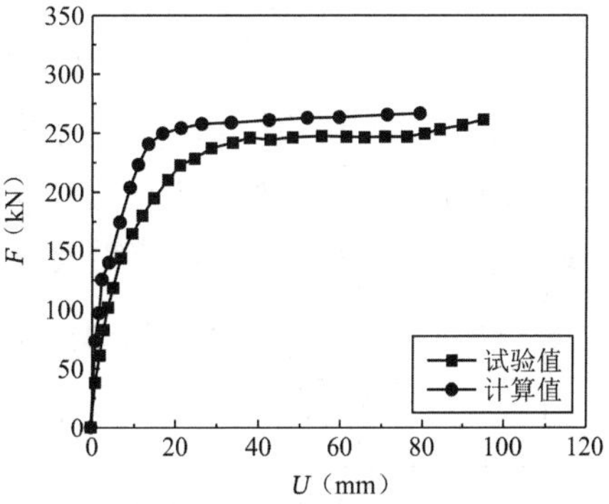

(b) CSW-2

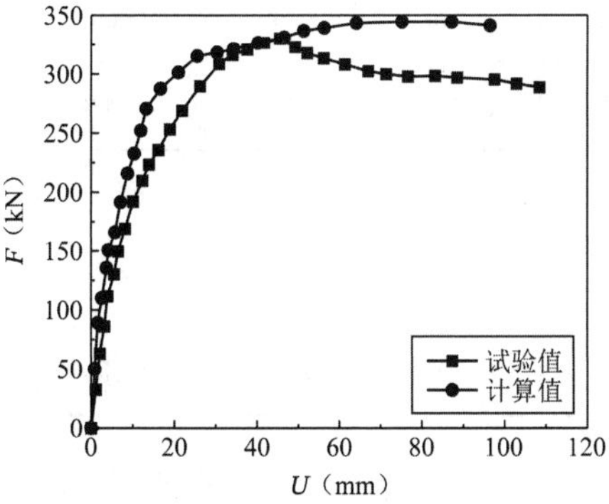

(c) CSW-3

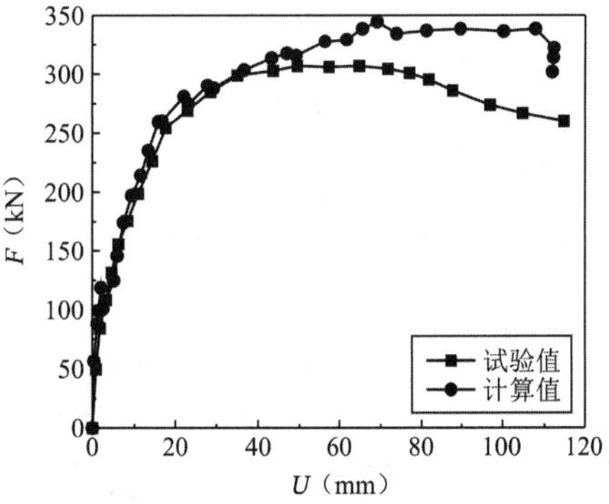

(d) CSW-4

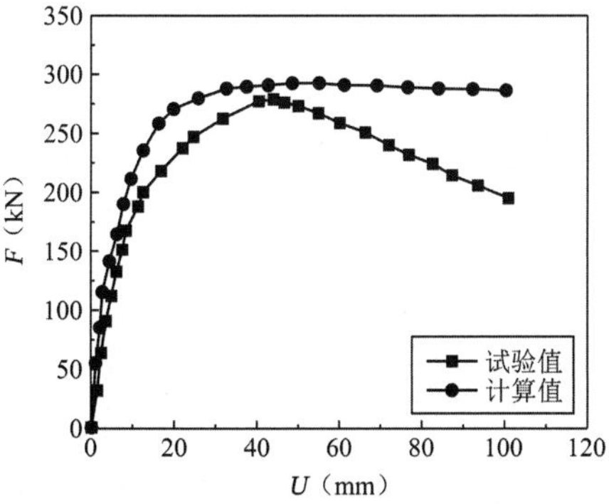

(e) CSW-5

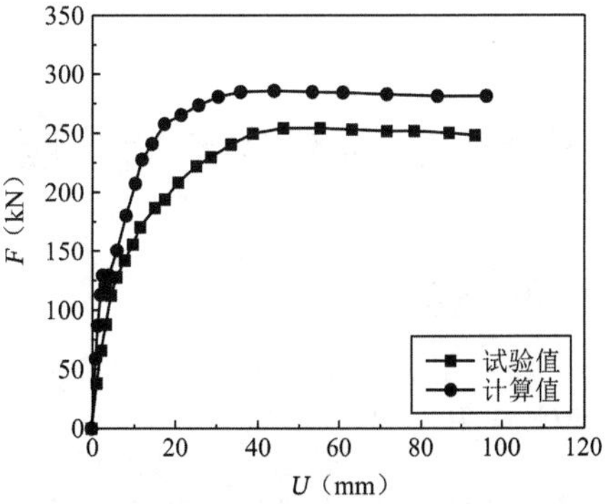

(f) CSW-6

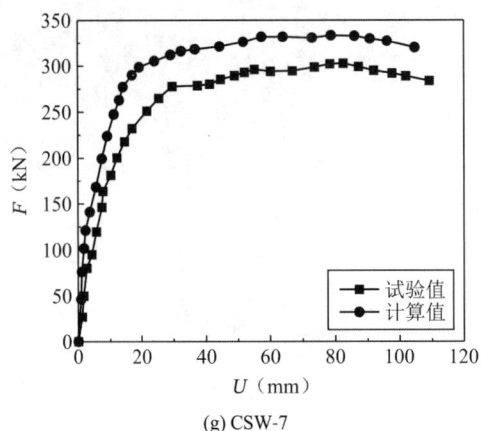

(g) CSW-7

图 8.1-17 "水平荷载F-加载点水平位移U"曲线与试验曲线比较

由图可见：计算所得曲线基本上位于实测曲线的上面，这主要是由于二者加载方式不同，反复荷载比单调荷载材料性能退化快。

7 个试件单调加载下的开裂荷载、极限承载力的计算与试验结果比较见表 8.1-10。

7 个试件单调加载计算与试验结果比较 表 8.1-10

项目		CSW-1	CSW-2	CSW-3	CSW-4	CSW-5	CSW-6	CSW-7
开裂荷载（kN）	计算	58.00	62.00	60.00	65.00	62.00	48.00	52.00
	试验	45.00	50.00	55.00	57.00	55.00	35.00	37.00
	误差	28.89%	24.00%	9.09%	17.78%	12.73%	37.14%	40.54%
极限承载力（kN）	计算	256.78	264.38	342.67	345.73	332.11	286.65	291.04
	试验	237.36	256.66	327.12	308.99	301.00	256.77	280.35
	误差	8.18%	3.01%	4.75%	11.89%	10.34%	11.64%	3.81%

分析表 8.1-10 可见：计算所得极限荷载与试验结果符合较好；计算所得的开裂荷载与试验结果误差较大，计算值偏高。

8.2 双肢剪力墙连梁与墙肢连接节点

8.2.1 试验概况

1. 试件设计

为研究双肢剪力墙连梁与墙肢连接节点抗震性能，设计了 10 个双肢剪力墙连梁与墙肢节点足尺试件，试件设计说明：（1）试件 SWNW-1～SWNW-4 的连梁剪跨比为 0.75；试件 SWNW-5 的连梁剪跨比为 1.75；试件 SWND-1～SWND-4 的连梁剪跨比为 0.60；试件 SWND-5 的连梁剪跨比为 1.50。（2）试件 SWNW-1、SWND-1 连梁和墙肢边缘构造主筋均为 4Φ8；试件 SWNW-2、SWND-2 连梁边缘构造主筋为 2Φ12，墙肢边缘构造主筋为 4Φ8；试件 SWNW-3、SWND-3 连梁和墙肢边缘构造主筋均为 2Φ12；试件 SWNW-4、SWND-4 连梁、墙肢边缘构造主筋均为 2Φ8；试件 SWNW-5、SWND-5 连梁、墙肢边缘构造主筋均为 2Φ12。（3）试件 SWNW-1～SWNW-4 墙肢截面高为 1120mm，连梁截面高为 1200mm，试件墙肢与连梁强弱关系相当；试件 SWNW-5 墙肢截面高为 970mm，连梁截面高为 600mm，试件属于强墙肢弱连梁型；试件 SWND-1～SWND-4 墙肢截面高为 1420mm，连梁截面高为 1000mm，试件属于强墙肢弱连梁型；试件 SWND-5 墙肢截面高为 1270mm，连梁截面高为 500mm，试件属于强墙肢弱连梁型。各试件尺寸及配筋图见图 8.2-1。各试件设计参数见表 8.2-1。

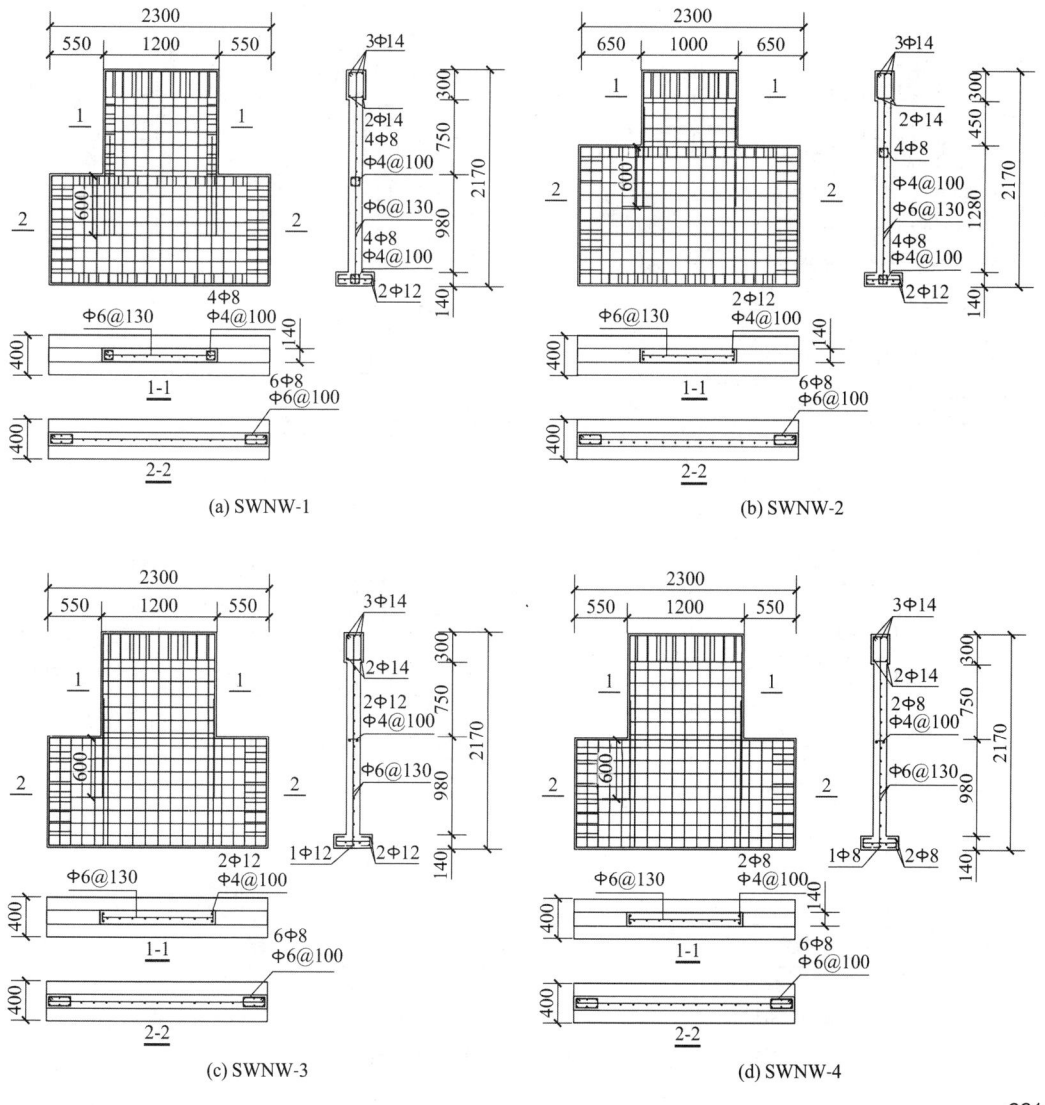

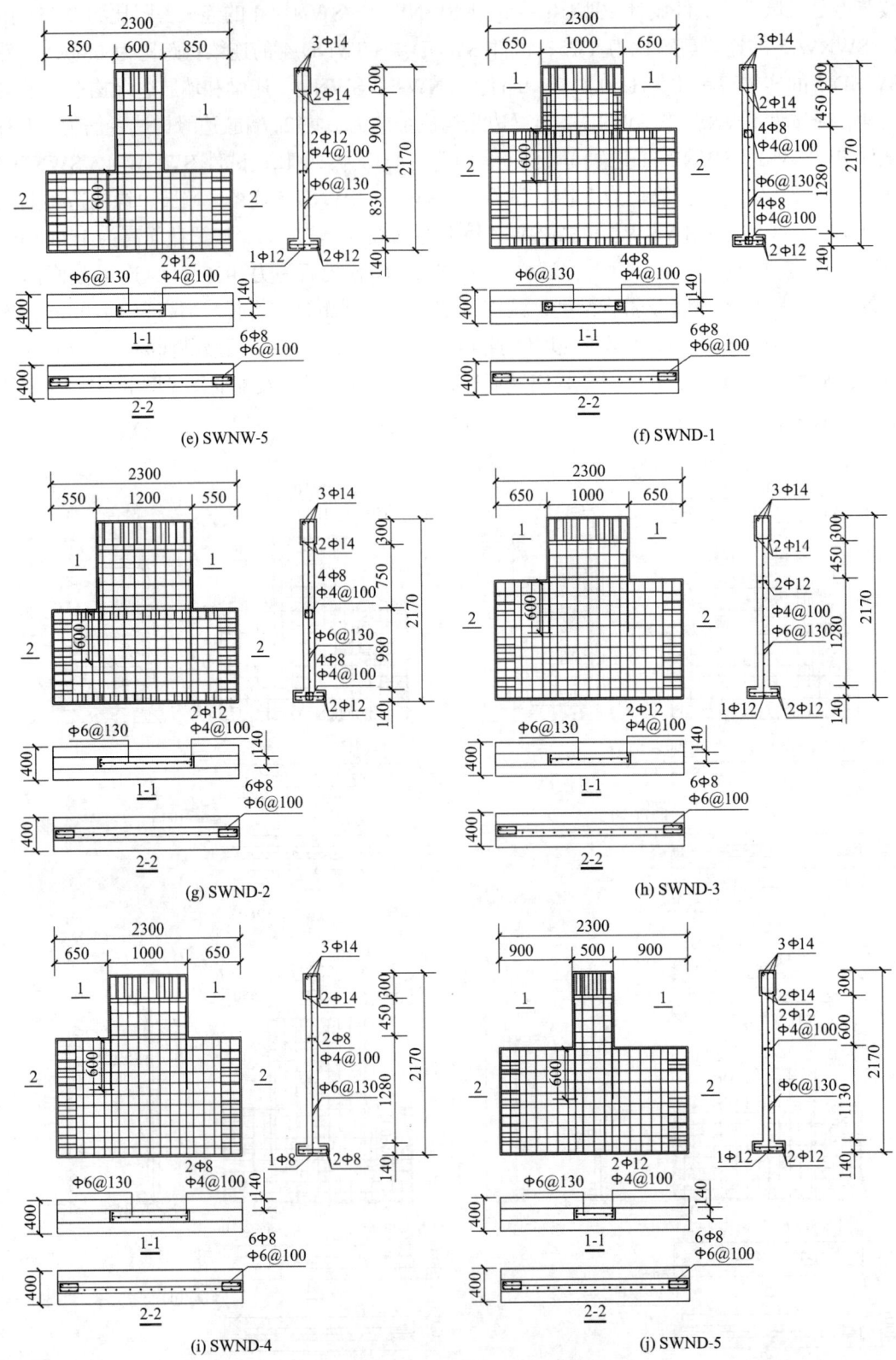

图 8.2-1　各试件尺寸及配筋图

第8章 单排配筋双肢剪力墙抗震性能

试件设计参数

表 8.2-1

试件	参数		SWNW-1	SWNW-2	SWNW-3	SWNW-4	SWNW-5	SWND-1	SWND-2	SWND-3	SWND-4	SWND-5
加载梁	尺寸（mm）		1200×300×200	1200×300×200	1200×300×200	1200×300×200	1200×300×200	1200×300×200	1200×300×200	1200×300×200	1200×300×200	1200×300×200
	主筋		5Φ14	5Φ14	5Φ14	5Φ14	5Φ14	5Φ14	5Φ14	5Φ14	5Φ14	5Φ14
	箍筋		φ6@100	φ6@100	φ6@100	φ6@100	φ6@100	φ6@100	φ6@100	φ6@100	φ6@100	φ6@100
梁边缘构造	尺寸（mm）		140×140	140×50	140×50	140×50	140×50	140×140	140×50	140×50	140×50	140×50
	主筋		4Φ8	2Φ12	2Φ12	2Φ8	2Φ12	4Φ8	2Φ12	2Φ12	2Φ8	2Φ12
	箍筋/拉接筋		Φ4@100	Φ4@100	Φ4@100	Φ4@100	Φ4@100	Φ4@100	Φ4@100	Φ4@100	Φ4@100	Φ4@100
柱边缘构造	尺寸（mm）		140×140	140×140	140×50	140×50	140×50	140×140	140×140	140×50	140×50	140×50
	主筋		4Φ8	4Φ8	2Φ12	2Φ8	2Φ12	4Φ8	4Φ8	2Φ12	2Φ8	2Φ12
	箍筋/拉接筋		Φ4@100	Φ4@100	Φ4@100	Φ4@100	Φ4@100	Φ4@100	Φ4@100	Φ4@100	Φ4@100	Φ4@100
墙肢分布筋	横向		φ6@130	φ6@130	φ6@130	φ6@130	φ6@130	φ6@130	φ6@130	φ6@130	φ6@130	φ6@130
	纵向		φ6@130	φ6@130	φ6@130	φ6@130	φ6@130	φ6@130	φ6@130	φ6@130	φ6@130	φ6@130
连梁分布筋	横向		φ6@130	φ6@130	φ6@130	φ6@130	φ6@130	φ6@130	φ6@130	φ6@130	φ6@130	φ6@130
	纵向		φ6@130	φ6@130	φ6@130	φ6@130	φ6@130	φ6@130	φ6@130	φ6@130	φ6@130	φ6@130
翼缘分布筋	横向		φ6@130	φ6@130	φ6@130	φ6@130	φ6@130	φ6@130	φ6@130	φ6@130	φ6@130	φ6@130
	纵向		φ6@130	φ6@130	φ6@130	φ6@130	φ6@130	φ6@130	φ6@130	φ6@130	φ6@130	φ6@130

试件混凝土设计强度等级为 C20；实测强度均值为 24.00N/mm^2，弹性模量为 $2.61 \times 10^4 \text{N/mm}^2$。

实测钢筋材料力学性能见表 8.2-2。

实测钢筋材料力学性能 表 8.2-2

钢筋规格	f_y（N/mm²）	f_u（N/mm²）	δ（%）	E（N/mm²）
8号铁丝	316.32	350.14	18.75	1.79×10^5
$\phi 6$	397.79	530.39	8.33	1.76×10^5
$\phi 8$	302.39	453.59	31.25	2.03×10^5
$\phi 12$	329.80	478.35	30.83	1.65×10^5

2. 试验加载

（1）加载方式

试件墙肢水平放置，试件连梁反弯点为水平加载位置。试件墙肢两端与试验台座垫40mm厚钢板，垫板中心与固定螺栓位置对应，其间距为2000mm，试件SWNW-1～SWNW-4水平加载点至墙肢距离为900mm，试件SWNW-5水平加载点至墙肢距离为1050mm，SWND-1～SWND-4水平加载点至墙肢距离为600mm，试件SWND-5水平加载点至墙肢距离为750mm，各试件的水平加载点至台面距离均为2060mm，在水平加载点等高度处布置水平位移计。加载过程中由力传感器测定荷载。

（2）加载装置

试验加载装置示意见图 8.2-2。

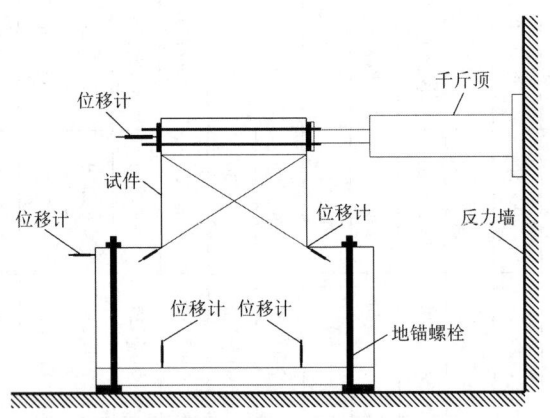

图 8.2-2 试验加载装置示意

（3）加载控制

试验分为两个阶段进行：第一阶段为弹性阶段；第二阶段为弹塑性阶段。在弹性阶段采用荷载和位移联合控制的加载方法，在弹塑性阶段主要采用位移控制的加载方法。

8.2.2 破坏特征

实测各试件的最终破坏形态见图 8.2-3。

第8章 单排配筋双肢剪力墙抗震性能

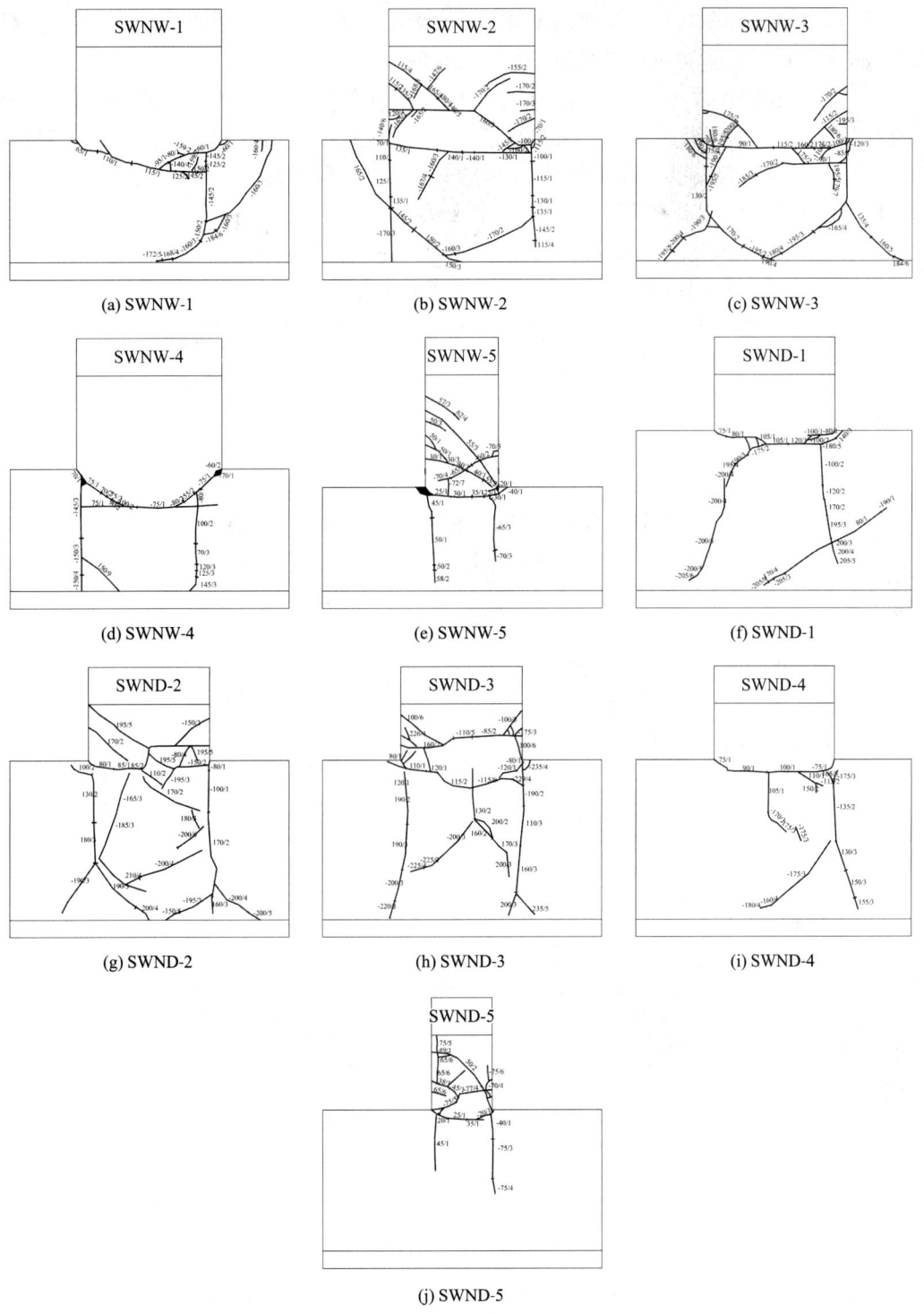

图 8.2-3 各试件最终破坏形态

试验表明：试件梁端水平弯曲裂缝一般在前两个循环即贯通；以后循环中：试件 SWND-4 水平弯曲裂缝发展较快，沿梁端弯曲裂缝产生的滑移错动逐渐明显；试件 SWND-2 与试件 SWND-3 初期以水平弯曲裂缝为主，后期斜裂缝开展，成为试件的主裂缝；试件

SWND-5存在多条主斜裂缝。试件SWND-1~SWND-5在沿连梁纵筋在墙肢内的锚固部位均有不同程度的破坏。各试件破坏特征的主要区别：

（1）试件SWND-1与SWND-4连梁中上部未见明显裂缝，裂缝主要出现在连梁与墙肢的界面处，主要由于墙肢最外边缘配筋相对试件SWND-2和SWND-3弱，故墙肢对连梁的约束略显不足，其墙肢与连梁界面的主裂缝呈穿过墙肢边缘、深入节点的弧形，试件SWND-2和SWND-3连梁根部主裂缝则呈水平状。

（2）试件SWND-2和SWND-3墙肢对连梁的约束较强，故这两个试件连梁的中上部均出现了较多的裂缝，这样可充分发挥连梁的耗能能力。

（3）试件SWND-5连梁的剪跨比较大，其墙肢对连梁的约束相对更强，故其连梁的裂缝较多且较密集，发挥了连梁的耗能能力。

8.2.3 滞回特征

实测各试件的"水平荷载F-水平位移U"滞回曲线见图8.2-4。各试件"水平荷载F-水平位移U"正、负两向加载骨架曲线比较见图8.2-5。

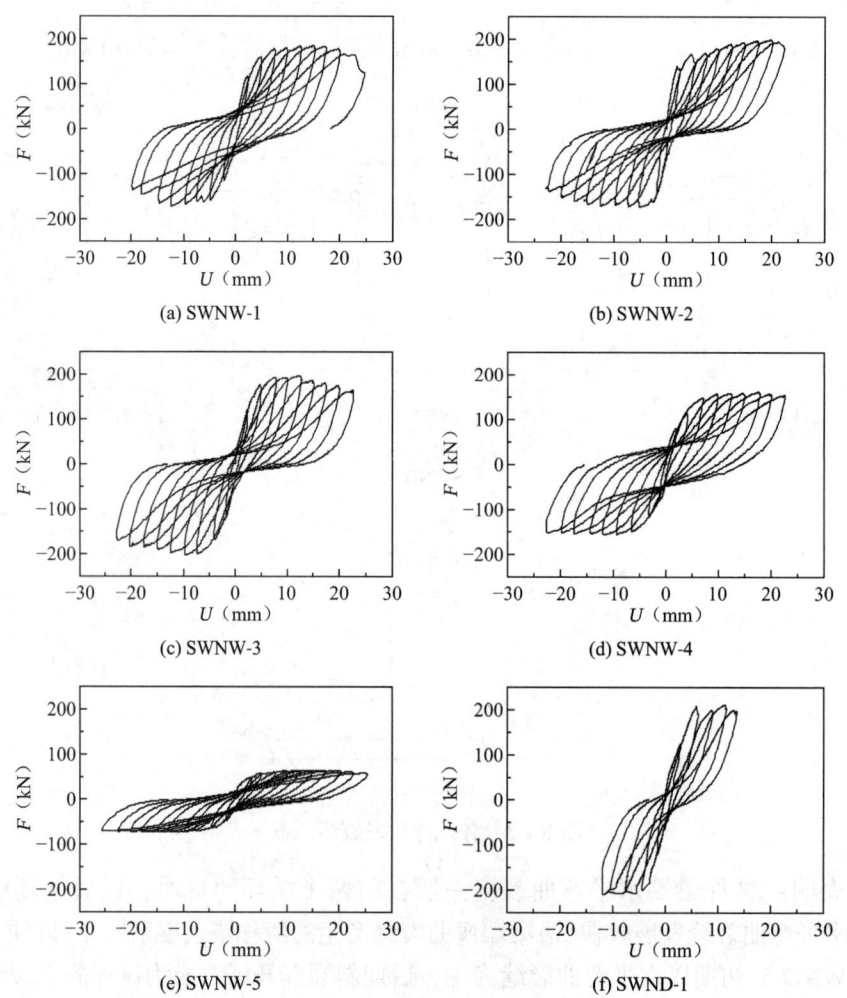

(a) SWNW-1 (b) SWNW-2
(c) SWNW-3 (d) SWNW-4
(e) SWNW-5 (f) SWND-1

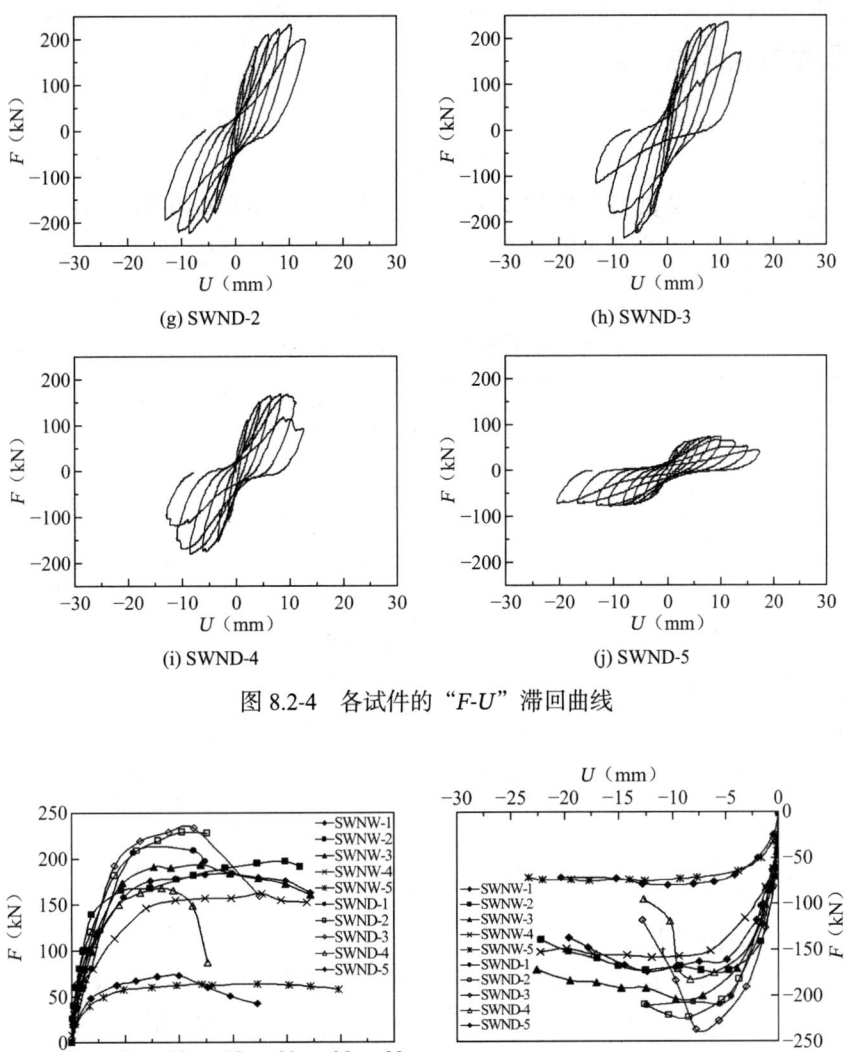

图 8.2-4 各试件的"F-U"滞回曲线

图 8.2-5 各试件"F-U"正、负两向加载骨架曲线比较

分析可见：

（1）各试件的滞回曲线均由初始的梭形发展至弓形，最后向反"S"形发展；试件 SWNW-1～SWNW-3 的极限承载力与耗能能力优于试件 SWNW-4；试件 SWND-1～SWND-3 的极限承载力与耗能能力优于试件 SWND-4；试件 SWNW-5 与 SWND-5 的耗能能力较差，但延性较好。

（2）连梁与墙肢的强弱关系及连梁的剪跨比对节点的工作性能起着关键的作用。试件 SWNW-1～SWNW-4 连梁与墙肢强弱比相当；试件 SWNW-5 与 SWND-1～SWND-5 属于强墙肢弱连梁；试件 SWNW-1～SWNW-3 三者承载力明显高于试件 SWNW-4；试件 SWND-1～SWND-3 三者承载力明显高于试件 SWND-4；试件 SWNW-5、SWND-5 承载力明显低于其他试件。

8.2.4 承载力及延性

1. 承载力

实测各试件的特征荷载及其比值见表 8.2-3。表中：F_c为明显开裂荷载；F_y为明显屈服荷载；F_u为极限荷载，μ_{cu}为明显开裂荷载与极限荷载的比值，$\mu_{cu} = F_c/F_u$；μ_{yu}为明显屈服荷载与极限荷载的比值，$\mu_{yu} = F_y/F_u$；表中F_c、F_y和F_u均取正负两向均值。

实测各试件的特征荷载及其比值 表 8.2-3

试件	F_c（kN）	F_y（kN）	F_u（kN）	μ_{cu}	μ_{yu}
SWNW-1	66.08	153.35	178.61	0.370	0.859
SWNW-2	68.15	157.70	185.49	0.367	0.850
SWNW-3	71.37	169.59	200.17	0.357	0.847
SWNW-4	64.38	135.38	160.66	0.401	0.843
SWNW-5	19.46	57.81	68.99	0.282	0.838
SWND-1	76.60	178.92	208.11	0.428	0.860
SWND-2	79.81	188.71	221.85	0.423	0.851
SWND-3	81.79	191.19	225.33	0.363	0.848
SWND-4	74.96	151.73	174.24	0.430	0.871
SWND-5	21.75	63.80	75.62	0.301	0.844

由表 8.2-3 中数值可见：

（1）试件 SWNW-3 的开裂荷载、屈服荷载和极限荷载比试件 SWNW-1 分别提高了 8.0%、10.6%和 12.1%；试件 SWNW-2 的开裂荷载、屈服荷载和极限荷载介于试件 SWNW-1 与 SWNW-3 之间；试件 SWND-3 的开裂荷载、屈服荷载和极限荷载比试件 SWND-1 分别提高了 6.8%、6.9%和 8.3%；试件 SWND-2 的开裂荷载、屈服荷载和极限荷载介于试件 SWND-1 与 SWND-3 之间。

（2）试件 SWNW-4、SWND-4 边缘构造配筋量较小，其中 SWNW-4 开裂荷载比试件 SWNW-1 开裂荷载略低，其屈服荷载与极限荷载比试件 SWNW-1 分别减小了 11.7%和 10.1%；SWND-4 开裂荷载比试件 SWND-1 开裂荷载略小，其屈服荷载与极限荷载比试件 SWND-1 分别减小了 15.2% 和 16.3%。

（3）试件的屈强比μ_{yu}较为接近，均在 0.85 左右，表明试件从屈服到极限荷载的屈服段较为接近，各试件均有明显的约束屈服段。

（4）试件 SWND-3、SWNW-3、SWND-5 与 SWNW-5 边缘构造钢筋配筋形式与配筋量相同，屈强比随试件剪跨比的增大而减小。

2. 延性性能分析

实测各试件顶部位移及其延性系数见表 8.2-4。表中：U_c为明显开裂位移；U_y为明显屈服位移；U_d为弹塑性最大位移；θ_p为弹塑性位移角；μ为延性系数，$\mu = U_d/U_y$。表中，U_c、U_y和U_d均取正负两向加载均值。

实测各试件顶部位移及其延性系数 表 8.2-4

试件	U_c（mm）	U_y（mm）	U_d（mm）	θ_p	μ
SWNW-1	0.82	4.49	20.00	1/45.0	4.45
SWNW-2	0.83	4.46	21.20	1/42.5	4.75
SWNW-3	0.85	4.36	21.63	1/41.6	4.96
SWNW-4	0.81	5.12	19.57	1/46.0	3.82
SWNW-5	0.29	3.86	25.46	1/41.2	6.60
SWND-1	0.88	4.12	12.44	1/48.3	3.02
SWND-2	0.89	3.91	12.64	1/47.5	3.23
SWND-3	0.91	3.80	12.68	1/47.3	3.34
SWND-4	0.85	4.14	10.58	1/56.7	2.55
SWND-5	0.31	3.49	18.10	1/41.4	5.19

由表 8.2-4 可见：

（1）试件 SWNW-1～SWNW-4 的开裂位移较接近；试件 SWND-1～SWND-4 的开裂位移也较接近；表明试件开裂主要取决于试件混凝土和截面尺寸。

（2）试件 SWNW-3 的延性系数比试件 SWNW-1 提高了 11.4%，试件 SWNW-2 的延性系数介于试件 SWNW-3 与试件 SWNW-1 之间；试件 SWND-3 的延性系数比试件 SWND-1 提高了 10.7%，试件 SWNW-2 的延性系数介于试件 SWND-3 与试件 SWND-1 之间。

（3）各试件的弹塑性位移角除试件 SWND-4 均超过了 1/50，表明各试件均有较好的延性；SWNW-3 弹塑性位移角比试件 SWNW-1 提高了 8.2%，试件 SWNW-2 弹塑性位移角在试件 SWNW-3 与试件 SWNW-1 之间。

（4）试件 SWND-1～SWND-3 的延性系数较小；试件 SWND-3、SWNW-3、SWND-5、SWNW-5 的延性系数随着试件剪跨比的增大而增大；试件 SWNW-3、SWND-5、SWNW-5 的延性系数比试件 SWND-3 分别提高 72.8%、80.6%、129.7%，说明剪跨比大的试件延性好。

8.2.5 刚度及退化

实测各试件各阶段刚度及其退化系数见表 8.2-5。表中：K_0 为初始弹性刚度；K_c 为明显开裂割线刚度；K_y 为明显屈服割线刚度；β_{c0} 为明显开裂线刚度与初始弹性刚度的比值，表示从初始弹性到明显开裂过程中刚度的退化；β_{y0} 为明显屈服割线刚度与初始弹性刚度的比值，表示从初始弹性到明显屈服过程中刚度的退化。表中 K_0、K_c 和 K_y 均取正负两向均值。

实测各试件各阶段刚度及其退化系数 表 8.2-5

试件	K_0（kN/mm）	K_c（kN/mm）	K_y（kN/mm）	β_{c0}	β_{y0}
SWNW-1	550.50	80.59	34.15	0.146	0.062

续表

试件	K_0（kN/mm）	K_c（kN/mm）	K_y（kN/mm）	β_{c0}	β_{y0}
SWNW-2	561.60	82.11	35.36	0.146	0.063
SWNW-3	565.57	84.46	38.90	0.149	0.069
SWNW-4	549.00	79.05	26.44	0.144	0.048
SWNW-5	107.92	67.10	14.98	0.622	0.139
SWND-1	890.22	86.66	43.43	0.097	0.049
SWND-2	906.50	89.67	48.26	0.099	0.053
SWND-3	907.10	89.88	50.31	0.099	0.055
SWND-4	889.01	86.61	36.65	0.097	0.041
SWND-5	210.50	73.39	18.28	0.349	0.087

由表8.2-5可见：

（1）试件SWNW-1～SWNW-4的初始弹性刚度、开裂刚度较为接近；试件SWND-1～SWND-4的初始弹性刚度、开裂刚度也较为接近，说明初始阶段和开裂之前试件的刚度主要由混凝土强度及试件尺寸决定。

（2）试件SWNW-1～SWNW-3屈服刚度比试件SWNW-4明显提高，其中SWNW-3比SWNW-4的屈服刚度提高了47.1%；试件SWND-1～SWND-3屈服刚度比试件SWND-4明显提高，其中SWND-3比SWND-4的屈服刚度提高了27.2%；表明试件边缘构件的配筋率对其屈服刚度有明显的影响。

（3）试件SWNW-2、SWNW-3屈服刚度比试件SWNW-1分别提高了3.5%、13.9%；试件SWND-2、SWND-3屈服刚度比试件SWND-1分别提高了11.1%、15.9%；表明试件边缘构件的配筋方式对其屈服刚度有明显的影响。

（4）试件的明显开裂线刚度与初始弹性刚度的比值β_{c0}和明显屈服割线刚度与初始弹性刚度的比值β_{y0}随剪跨比的增大明显提高；试件SWNW-3、SWND-5、SWNW-5比试件SWND-3的β_{c0}分别提高了49.95%、252.17%、528.04%，β_{y0}分别提高了25.04%、57.90%、152.32%；表明试件剪跨比对刚度退化有较大的影响；试件刚度随剪跨比增大其退化过程趋缓。

实测试件正、负两向"刚度K-位移角θ"关系曲线见图8.2-6。其中：图8.2-6（a）为试件SWNW-1～SWNW-5"刚度K-位移角θ"关系曲线；图8.2-6（b）为试件SWND-1～SWND-5"刚度K-位移角θ"关系曲线；图8.2-6（c）为试件SWNW-3、SWNW-5、SWND-3、SWND-5"刚度K-位移角θ"关系曲线。

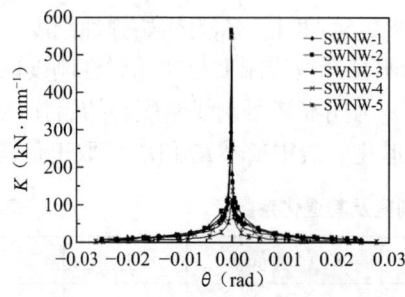 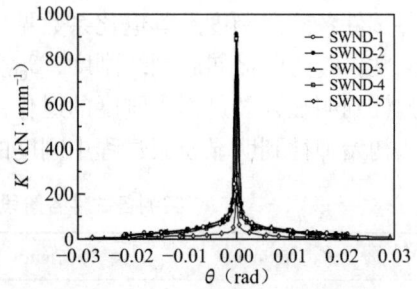

(a) 试件SWNW-1～SWNW-5"K-θ"关系曲线　　(b) 试件SWND-1～SWND-5"K-θ"关系曲线

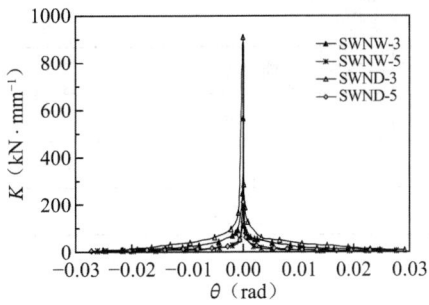

(c) 试件 SWNW-3、SWNW-5、SWND-3、SWND-5 "K-θ" 关系曲线

图 8.2-6 "刚度 K-位移角 θ" 关系曲线

由图 8.2-6 可见：

（1）试件的刚度随位移角的增大而减小。试件的刚度退化大体分三个阶段：从微裂发展到肉眼可见的裂缝为刚度速降阶段；从结构开裂到明显屈服为刚度次速降阶段；从明显屈服到最大弹塑性变形为刚度缓降阶段。

（2）在刚度退化第一个阶段——刚度速降阶段，试件 SWNW-1～SWNW-4 与 SWND-1～SWND-4 之间刚度退化速度变化不大，说明初始阶段主要由混凝土强度及试件尺寸决定刚度。

（3）在刚度退化第二个阶段——刚度次速降阶段，试件 SWNW-1～SWNW-3 比试件 SWNW-4 刚度有所提高；试件 SWND-1～SWND-3 比试件 SWND-4 刚度有所提高。

（4）在刚度退化的第三个阶段——刚度缓降阶段，试件 SWNW-1～SWNW-3 比试件 SWNW-4 屈服刚度明显提高；试件 SWND-1～SWND-3 比试件 SWND-4 屈服刚度明显提高；表明试件边缘构造及配筋量对试件屈服刚度有较大的影响。

8.2.6 耗能分析

滞回环所包含的面积的累积反映了结构耗能的大小。一般来说，滞回环越饱满，结构的耗能能力就越好。由于各试件的加载历程有所不同，各试件均取滞回曲线骨架曲线在第一、三象限所包含的面积的均值作为耗能量的代表值。

实测各试件的耗能见表 8.2-6。

实测各试件的耗能　　　　表 8.2-6

试件编号	耗能能力 E_p（kN·mm）	耗能相对值
SWNW-1	3055.11	1.000
SWNW-2	3234.65	1.059
SWNW-3	3525.94	1.154
SWNW-4	2814.49	0.921
SWNW-5	1393.76	0.456
SWND-1	1713.93	1.000
SWND-2	1898.22	1.108

续表

试件编号	耗能能力 E_p（kN·mm）	耗能相对值
SWND-3	2144.43	1.251
SWND-4	1592.15	0.929
SWND-5	1085.59	0.633

由表 8.2-6 可见：

（1）试件 SWNW-3 比试件 SWNW-1 耗能能力明显提高，试件 SWNW-2 耗能能力介于试件 SWNW-1 与 SWNW-3 之间；试件 SWNW-1～SWNW-3 耗能能力明显好于试件 SWNW-4；试件 SWND-3 比试件 SWND-1 耗能能力明显提高，试件 SWND-2 耗能能力介于试件 SWND-1 与 SWND-3 之间；试件 SWND-1～SWND-3 耗能能力明显好于试件 SWND-4。

（2）试件 SWNW-5 与 SWND-5 耗能能力较小。

8.2.7 刚度与承载力计算

1. 刚度计算

（1）初始弹性刚度

试件在初始阶段可以假设为一个弹性薄板，由于试件墙肢部分固定，所以认为水平荷载产生的位移为连梁位移。连梁产生弯曲变形与剪切变形，试件的等效刚度就是考虑连梁的弯曲、剪切变形之后，按位移相等的原则，折算成一个只考虑弯曲变形的等效刚度。

单位力作用下弯曲变形产生的相对位移为：

$$\delta_M = \frac{a^3}{3EI_{b0}} \tag{8.2-1}$$

单位力作用下剪切变形产生的相对位移为：

$$\delta_V = \mu \frac{a}{GA_b} \tag{8.2-2}$$

$$\delta = \delta_M + \delta_V = \frac{a^3}{3EI_{b0}} + \mu \frac{a}{GA_b} = \frac{a^3}{3EI_{b0}}\left(1 + \frac{7.5\mu I_{b0}}{A_b a^2}\right) \tag{8.2-3}$$

令 I_b 为考虑剪切变形影响后的连梁折算惯性矩，即：

$$I_b = \frac{I_{b0}}{1 + \dfrac{7.5\mu I_{b0}}{A_b a^2}} \tag{8.2-4}$$

则有：

$$\delta = \frac{a^3}{3EI_b} \tag{8.2-5}$$

则有：

$$K_0 = \frac{1}{\dfrac{a^3}{3EI_b}} = \frac{3EI_b}{a^3} \tag{8.2-6}$$

式中：a——连梁的计算跨度；

I_{b0}——连梁的截面惯性矩；

A_b——连梁的截面面积；

μ——截面上剪应力分布不均匀系数（矩形截面时，$\mu = 1.2$）；

G——混凝土剪切弹性模量，$G = 0.4E$；

I_b——连梁折算惯性矩。

各试件的弹性刚度实测值与计算值比较见表 8.2-7，可见二者符合良好。

各试件弹性刚度实测值与计算值比较　　　　表 8.2-7

模型编号	实测值K_0（kN/mm）	计算值K_0（kN/mm）	相对误差绝对值（%）
SWNW-1	550.50	531.77	1.79
SWNW-2	561.60	539.43	2.59
SWNW-3	565.57	539.43	3.31
SWNW-4	549.00	526.84	2.32
SWNW-5	107.92	104.59	2.43
SWND-1	890.22	946.29	5.92
SWND-2	906.50	952.42	4.82
SWND-3	907.10	952.42	4.76
SWND-4	889.01	938.50	5.27
SWND-5	210.50	220.38	4.48

（2）刚度退化

试件的刚度随位移角的增大而减小。试件的刚度退化规律大体分三个阶段：从微裂发展到肉眼可见的裂缝为刚度速降阶段；从结构开裂到明显屈服为刚度次速降阶段；从明显屈服到最大弹塑性变形为刚度缓降阶段。

1）开裂刚度

计算得到初始弹性刚度K_0后，开裂刚度K_c可根据公式(8.2-7)计算。

$$K_c = \beta_{c0} K_0 \tag{8.2-7}$$

式中：β_{c0}——初始刚度至开裂刚度的刚度退化系数（其值可参考试验结果确定）。

2）屈服刚度

试件的屈服割线刚度K_y，可由(8.2-8)式确定。

$$K_y = \beta_{y0} K_0 \tag{8.2-8}$$

式中：β_{y0}——初始刚度至屈服刚度的刚度退化系数（其值可参考试验结果确定）。

2. 节点承载力计算

（1）抗弯承载力计算模型

构件正截面承载力计算时假设：

1）计受拉区混凝土的抗拉作用；

2）混凝土受压"应力-应变"关系曲线，$\varepsilon_c < 0.0020$ 时为抛物线，$0.0020 < \varepsilon_c < 0.0033$ 时为水平直线，混凝土极限压应变值取 0.0033，相应的最大压应力取混凝土抗压强度标准值 f_{ck}。

3）钢筋"应力-应变"关系曲线采用双直线型，钢筋屈服前，应力取钢筋应变与其弹性模量的乘积，钢筋屈服后其屈服强度取 f_{yk}。

受弯承载力计算模型见图 8.2-7。

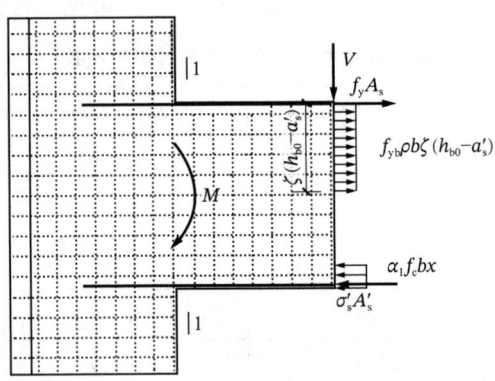

图 8.2-7 受弯承载力计算模型

由平衡条件可得：

$$M = f_y A_s (h_{b0} - a'_s) + f_{yb} \rho b \zeta (h_{b0} - a'_s) \left[\left(h_{b0} - \frac{1}{2} \zeta (h_{b0} - a'_s) \right) \right] \quad (8.2\text{-}9)$$

式中：f_y、f_{yb}——受拉主筋的屈服强度与连梁中水平分布钢筋的屈服强度；

A_s——受拉主筋面积；

h_{b0}——连梁截面有效高度；

b——连梁截面宽度；

a'_s——受压纵筋合力点到截面近边缘的距离；

ρ——连梁水平分布钢筋配筋率；

ζ——连梁水平分布钢筋屈服系数。

（2）受剪承载力计算模型

试件发生剪切破坏时，斜截面所受剪力由三部分组成：混凝土剪压区的剪力；与斜裂缝相交的水平分布筋对受剪承载力的贡献值；与斜裂缝相交的竖向分布筋对受剪承载力的贡献值。试件斜截面受剪承载力计算公式为下式：

$$V = \frac{1.75}{\lambda + 1} f_t b h_0 + \frac{5 - l_0/h}{6} f_{sh} \frac{A_{sh}}{s_v} h_0 + \frac{l_0/h - 2}{3} f_{sv} \frac{A_{sv}}{s_h} h_0 \quad (8.2\text{-}10)$$

式中：λ——计算剪跨比；

f_t——混凝土轴心抗拉强度设计值；

h_0——连梁截面有效高度；

b——连梁截面宽度；

l_0——连梁计算长度；

A_{sh}、A_{sv}——单肢水平分布筋面积，单肢竖向分布筋面积；

f_{sh}、f_{sv}——单肢水平分布筋抗拉强度设计值,单肢竖向分布筋抗拉强度设计值;

s_h、s_v——水平分布筋间距,竖向分布筋间距。

(3)计算承载力与实测结果的比较

各试件承载力计算值与实测值比较见表8.2-8。可见:各试件受弯承载力计算值均小于试件受剪承载力计算值,表明试件均为受弯破坏;各试件承载力计算值与实测值符合较好。

各试件承载力计算值与实测值比较 表8.2-8

试件	受弯计算值(kN)	受剪计算值(kN)	实测值(kN)	相对误差(%)
SWNW-1	177.25	408.36	178.61	0.77
SWNW-2	205.16	408.36	185.49	9.59
SWNW-3	205.16	408.36	200.17	2.43
SWNW-4	151.23	408.36	160.66	6.24
SWNW-5	70.81	123.75	68.99	2.56
SWND-1	199.04	517.12	208.11	4.56
SWND-2	240.59	517.12	221.85	7.79
SWND-3	240.59	517.12	225.33	6.34
SWND-4	169.35	517.12	174.24	2.89
SWND-5	78.73	119.93	75.62	3.95

8.3 本章小结

进行了7个1/4缩尺的4层单排配筋双肢剪力墙模型试件的低周反复荷载试验,以及10个足尺单排配筋双肢剪力墙墙肢与连梁连接节点试件的低周反复荷载试验。分析了斜向钢筋及其配筋比、钢筋暗支撑布置形式及其配筋比对单排配筋双肢剪力墙破坏模式、滞回特性、承载力、刚度及退化、耗能能力的影响;分析了连梁剪跨比、连梁构造主筋、连梁与墙肢墙截面高度比,对单排配筋双肢剪力墙的墙肢与连梁连接节点破坏特征、滞回特性、承载力、刚度及退化、延性以及耗能能力的影响。建立了单排配筋双肢剪力墙有限元模型并进行了数值模拟,阐明了单排配筋双肢剪力墙损伤演化过程及屈服机制;建立了单排配筋双肢剪力墙试件、双肢剪力墙墙肢与连梁连接节点试件的承载力计算模型与公式及刚度计算方法。

研究表明:

(1)带暗支撑双肢剪力墙与普通双肢剪力墙相比,承载力和后期刚度明显提高,抗震耗能能力和延性显著提升,但提高的比例随配筋形式不同而有所不同。

(2)连梁与墙肢的截面高度比越小,节点域裂缝越少,连梁与墙肢连接区域破坏越轻;连梁的剪跨比越大,连梁的裂缝发展越充分,变形能力越好;连梁的剪跨比越小,试件的剪切变形越明显。

（3）利用建立的单排配筋双肢剪力墙有限元模型，计算所得试件的损伤演化过程与试验符合较好；提出的单排配筋双肢剪力墙试件力学模型、墙肢与连梁连接节点力学模型以及刚度计算方法，较为符合试件构造特点，计算结果与试验符合较好。

本章研究的带暗支撑单排配筋双肢剪力墙以及双肢剪力墙墙肢与连梁连接节点，包括了多种构造形式，不同的构造形式对抗震性能的影响不同，从而为工程设计合理选择构造形式提供了试验依据。笔者团队对本章内容进行了研究并发表了相关成果[4-8]，可供参考。

参 考 文 献

[1] 包世华, 方鄂华. 高层建筑结构设计[M]. 北京: 清华大学出版社, 1985.

[2] 中国建筑科学研究院建筑结构研究所. 高层建筑结构设计[M]. 北京: 科学出版社, 1985.

[3] 住房和城乡建设部. 高层建筑混凝土结构技术规程: JGJ 3—2010[S]. 北京: 中国建筑工业出版社, 2011.

[4] 曹万林, 孙超, 杨兴民, 等. 双向单排配筋剪力墙节点抗震性能试验研究[J]. 地震工程与工程振动, 2008(3): 104-109.

[5] 曹万林, 张建伟, 孙超, 等. 单排配筋剪力墙节点抗震试验及承载力分析[J]. 北京工业大学学报, 2010, 36(10): 1344-1349.

[6] 孙超, 曹万林, 杨兴民, 等. 双向单排配筋剪力墙与连梁节点的抗震性能试验研究[J]. 世界地震工程, 2008(3): 84-88.

[7] 张建伟, 吴蒙捷, 曹万林, 等. 斜筋对大洞口率单排配筋双肢墙的抗震性能影响研究[J]. 土木工程学报, 2016, 49(S2): 20-25.

[8] 张建伟, 吴蒙捷, 曹万林, 等. 配置斜筋单排配筋混凝土双肢剪力墙抗震性能试验研究[J]. 建筑结构学报, 2016, 37(5): 201-207.

第9章 单排配筋剪力墙结构受力性能

9.1 单排配筋剪力墙结构楼板及墙体共同工作性能

9.1.1 试验概况

1. 试件设计

为了研究单排配筋墙体和楼板共同工作性能与双排配筋墙体和楼板共同工作性能的差异，设计了 1 个 1/2 缩尺的单层剪力墙结构模型试件，编号为 SWST(1)，层高为 1500mm，墙肢厚度为 70mm，一面墙体配筋采用双向双排配筋，竖直分布筋和水平分布筋均为 φ4@178，另一面墙体配筋采用双向单排配筋，竖直分布筋和水平分布筋均为 φ4@89，两面墙体配筋量相等且混凝土强度等级均为 C20。该试件的配筋图、立面图和剖面图见图 9.1-1。

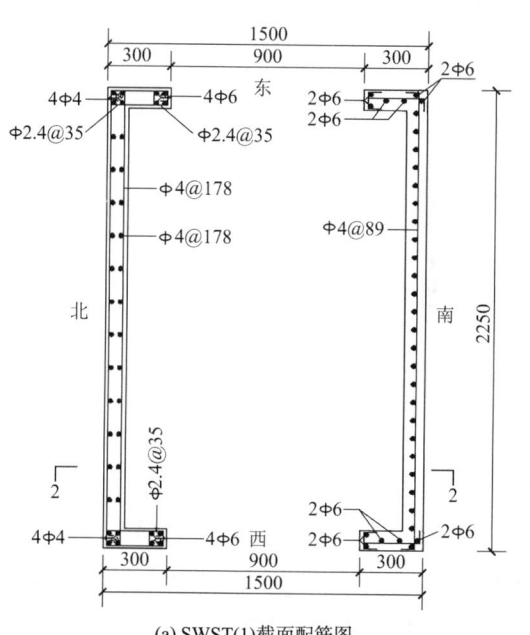
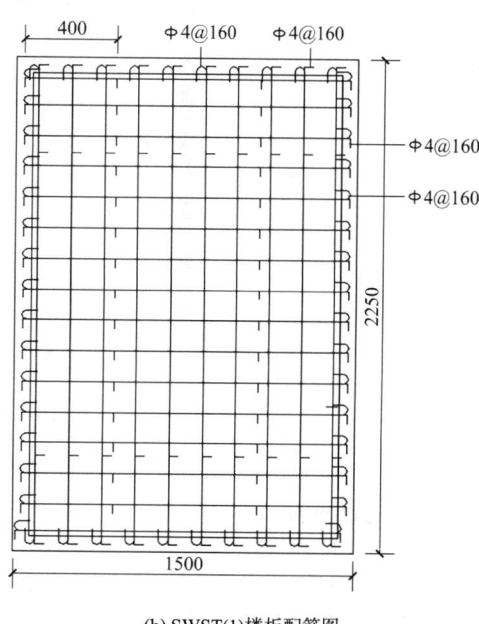

(a) SWST(1)截面配筋图 (b) SWST(1)楼板配筋图

■■ 单排配筋混凝土剪力墙结构

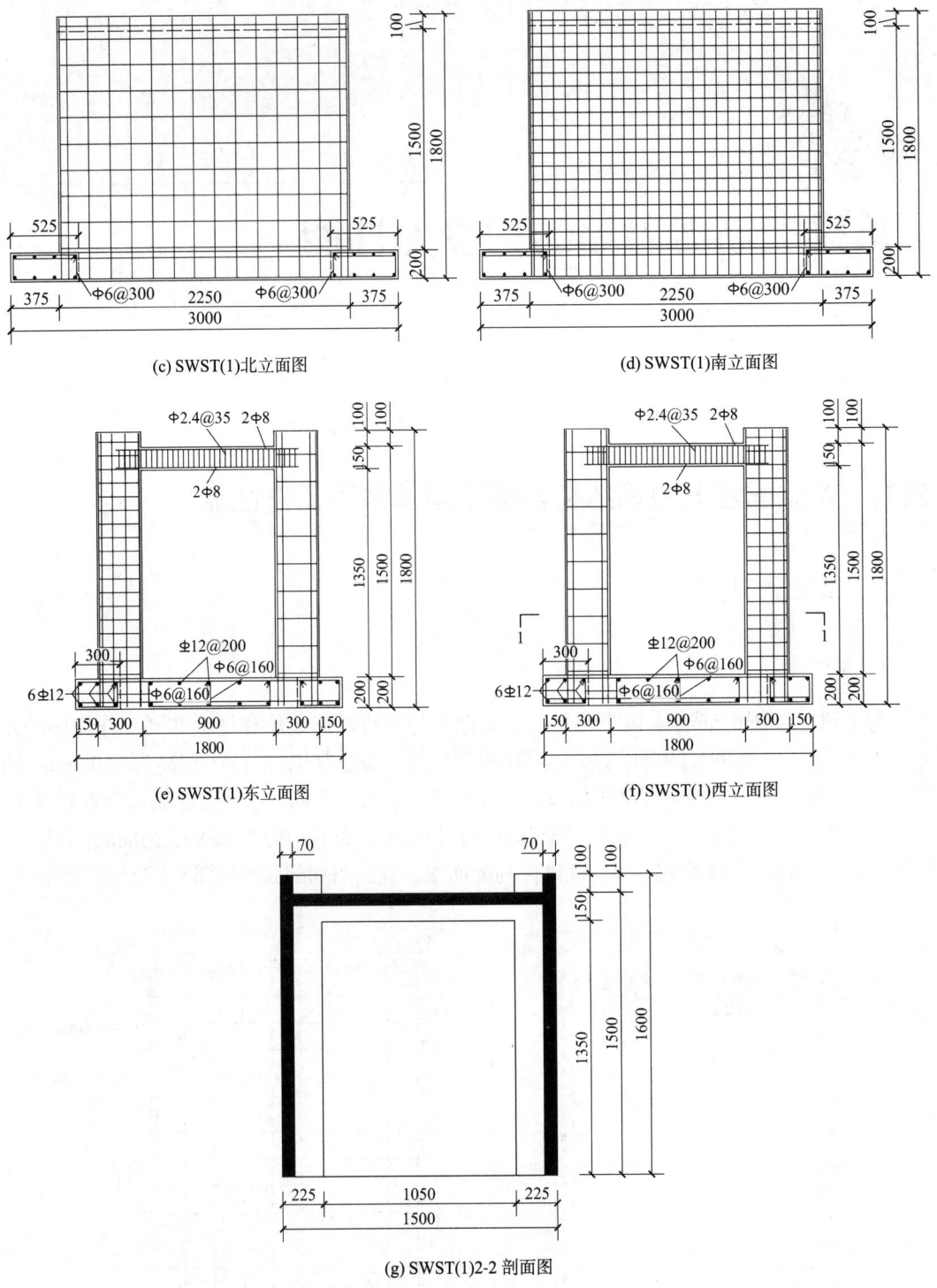

图 9.1-1　单层剪力墙结构试件 SWST(1)配筋图、立面图和剖面图

2. 材料的力学性能

单层剪力墙结构试件 SWST(1)的墙体和楼板均采用 C20 混凝土浇筑,基础采用 C30 混凝土浇筑,混凝土的力学性能见表 9.1-1,钢筋的力学性能见表 9.1-2。

第9章 单排配筋剪力墙结构受力性能

混凝土的力学性能　　表 9.1-1

混凝土强度等级	弹性模量（N/mm²）	立方体抗压强度（N/mm²）
C20	2.58×10^4	21.52
C30	—	35.66

钢筋的力学性能　　表 9.1-2

钢筋	屈服强度（MPa）	极限强度（MPa）	延伸率（%）	弹性模量（MPa）
φ2.4	238.69	320.56	21.37	1.88×10^5
φ4	632.76	753.62	13.28	1.90×10^5
φ6	400.26	550.59	19.67	2.01×10^5
φ8	352.95	460.30	17.61	1.99×10^5

3. 试验方案

在楼板位置垂直施加单向重复荷载，以研究双排配筋墙体、单排配筋墙体与楼板共同工作的性能差异。在楼板顶部放置四块钢板，钢板下铺砂子找平，四块钢板上再各放一块小钢板，在小钢板上沿墙体长边放置两钢梁，在两钢梁中间再横搭一短钢梁。加载方案如图 9.1-2 所示。

试验分为两个阶段进行：第一阶段为弹性阶段，采用荷载控制加载；第二阶段为弹塑性阶段，采用位移控制加载。

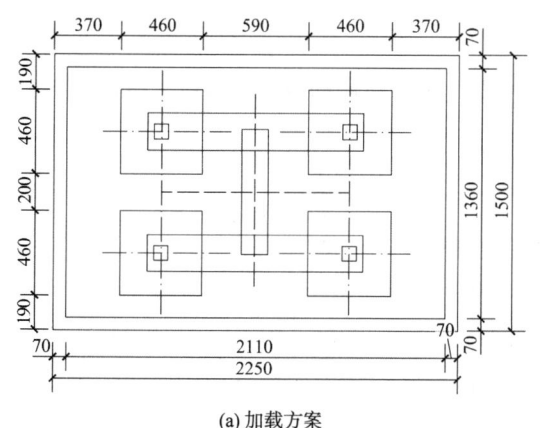
(a) 加载方案

(b) 加载现场

图 9.1-2　单层剪力墙结构试件 SWST(1) 加载方案

4. 主要测试内容

（1）位移及荷载

在楼板底部的形心处布置百分表 8，靠近双排钢筋墙体的西侧钢板形心下面布置百分表 7，靠近单排钢筋墙体西侧的钢板形心下面布置百分表 9；沿双排配筋墙体从上至下在四等分线处布置 3 个百分表，从上到下编号依次为表 1、表 2、表 3；沿单排配筋墙体从上至下在四等分线处布置 3 个百分表，从上到下编号依次为表 4、表 5、表 6。用 IMP 数据采集系统采集各百分表位移、竖向荷载，绘制滞回曲线，人工测绘裂缝。试验加载现场和主要量测仪表（百分表）布置见图 9.1-3。

单排配筋混凝土剪力墙结构

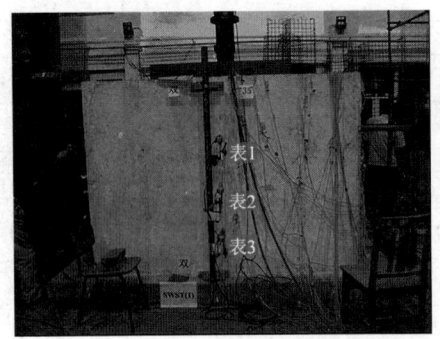

(a) 双排配筋墙体的百分表

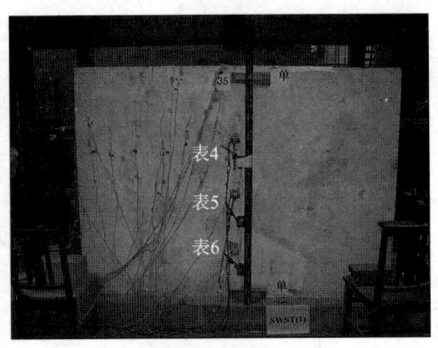

(b) 单排配筋墙体的百分表

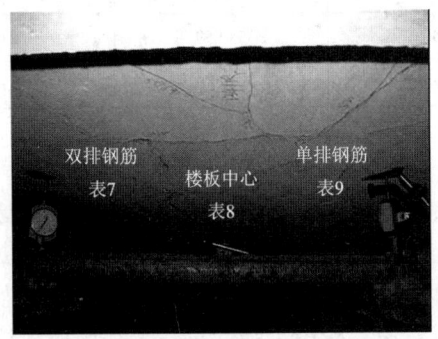

(c) 楼板下的百分表

图 9.1-3 单层剪力墙结构试件 SWST(1)百分表布置

（2）应变测点布置

应变测点：边缘构件纵筋应变（ZZ），剪力墙竖向分布钢筋应变（FBZ），楼板钢筋应变（LB）。应变测点布置见图 9.1-4。

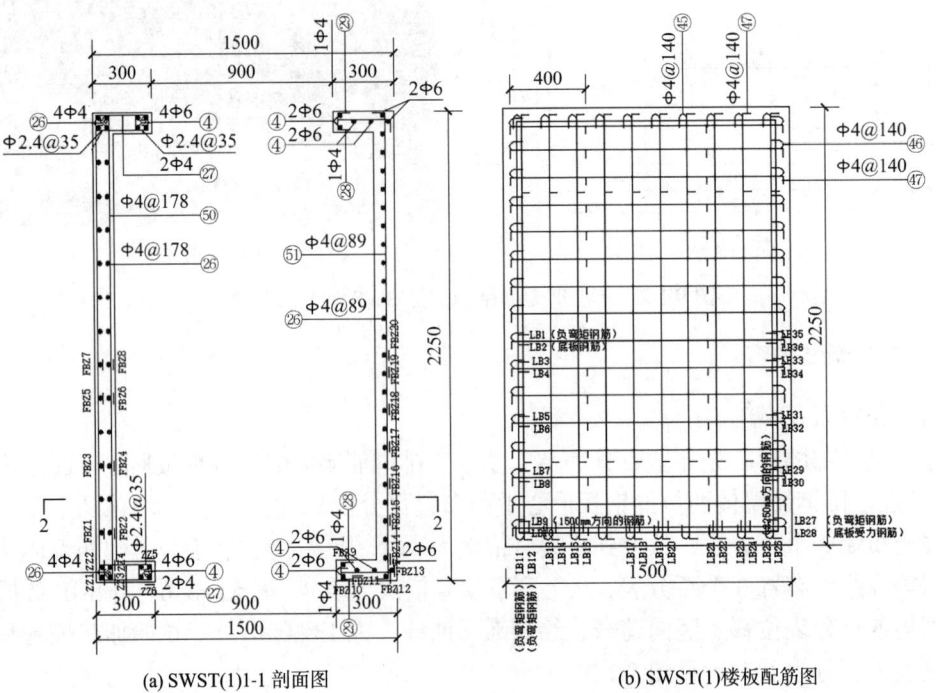

(a) SWST(1)1-1 剖面图

(b) SWST(1)楼板配筋图

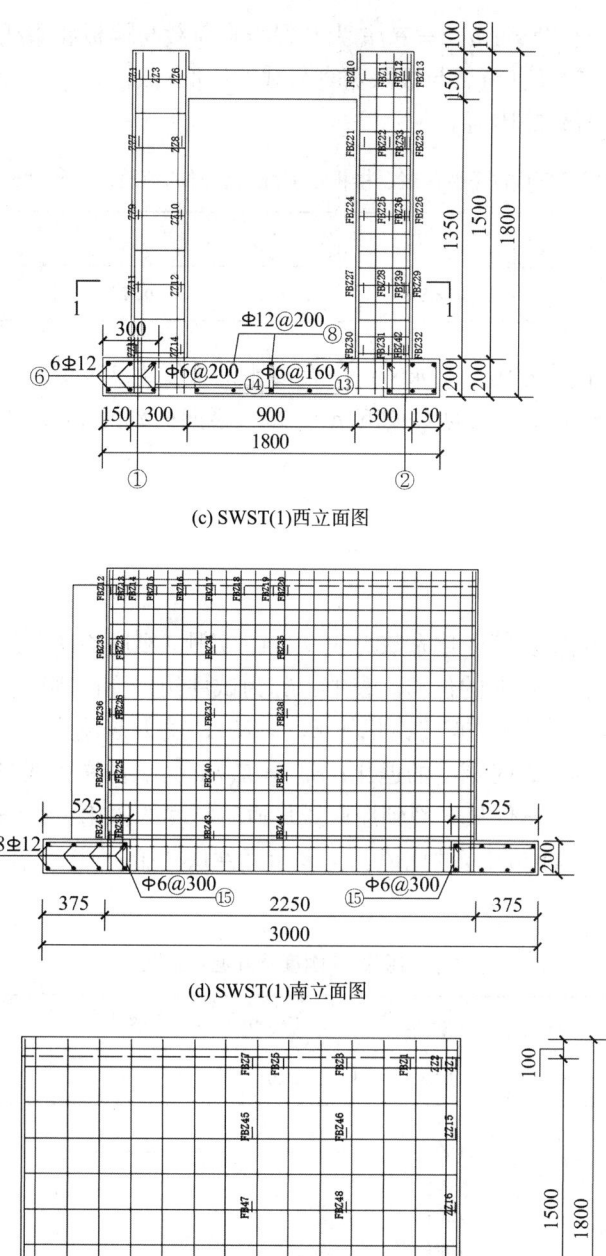

图 9.1-4 单层剪力墙结构试件 SWST(1)应变测点布置

实测所得单层剪力墙结构试件 SWST(1)的开裂荷载、楼板屈服线贯通时的荷载、极限荷载及其比值见表 9.1-3。表中：F_c 为试件开裂竖直荷载；F_y 为楼板屈服线贯通时的竖直荷载；F_u为试件极限竖直荷载；$\mu_{cy} = F_c/F_y$为开裂竖直荷载与楼板屈服线贯通时竖直荷载的比值；$\mu_{cu} = F_c/F_u$为开裂竖直荷载与极限竖直荷载的比值；$\mu_{yu} = F_y/F_u$为楼板屈服线贯通时竖直荷载与极限竖直荷载的比值。

实测 SWST(1)的开裂荷载、楼板屈服线贯通时的荷载、极限荷载及其比值　表 9.1-3

试件编号	F_c（kN）	F_y（kN）	F_u（kN）	μ_{cy}	μ_{cu}	μ_{yu}
SWST(1)	34.97	108.81	200.50	0.321	0.174	0.543

若取楼板的均布活荷载为 2.0kN/m²，混凝土的重度为 25kN/m³，楼板上面铺装为楼板自重的 0.2 倍，则楼板面荷载为 4.96kN/m²，楼板竖向荷载为 14.23kN，小于试验所得的开裂荷载。

9.1.2 刚度

实测所得试件刚度及其退化系数见表 9.1-4，实测"刚度K-U_8"关系曲线见图 9.1-5，其中U_8为楼板中心位移测点 8 的位移。表中：K_0为试件初始弹性刚度；K_c为试件开裂割线刚度；K_y为试件屈服线贯通时的割线刚度；$\beta_{c0} = K_c/K_0$为开裂刚度与初始刚度的比值，它表示试件从初始阶段到开裂时刚度的退化；$\beta_{yc} = K_y/K_c$为试件屈服线贯通时的割线刚度与开裂刚度的比值，它表示试件从开裂到屈服线贯通时刚度的退化；$\beta_{y0} = K_y/K_0$为试件屈服线贯通时的割线刚度与初始刚度的比值，它表示试件从初始阶段到试件屈服线贯通时刚度的退化。

实测试件刚度及其退化系数　表 9.1-4

试件编号	K_0（kN/mm）	K_c（kN/mm）	K_y（kN/mm）	β_{c0}	β_{yc}	β_{y0}
SWST(1)	155.36	94.33	20.05	0.607	0.213	0.131

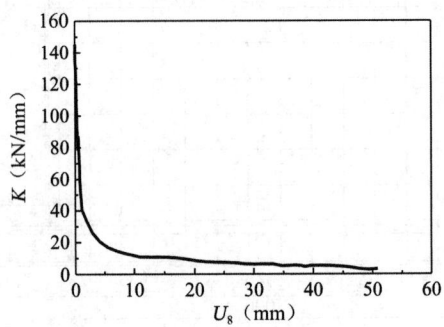

图 9.1-5 "刚度K-U_8"关系曲线

由图 9.1-5 可见：刚度随位移增大而减小；刚度退化规律大体分三阶段：从微裂发展到肉眼可见的裂缝为刚度速降阶段；从结构开裂到屈服线贯通为刚度次速降阶段；从屈服线贯通到最大弹塑性变形为刚度缓降阶段。

9.1.3 滞回曲线

实测试件在单向重复荷载作用下的"竖直荷载F-竖直位移U"滞回曲线及其骨架曲线见图9.1-6。图中：F为楼板中心处所加的竖向荷载，U_8为楼板中心处的竖向位移；U_7为靠近双排配筋墙体一侧加载钢垫板中心的竖向位移；U_9为靠近单排配筋墙体一侧加载钢垫板中心的竖向位移。

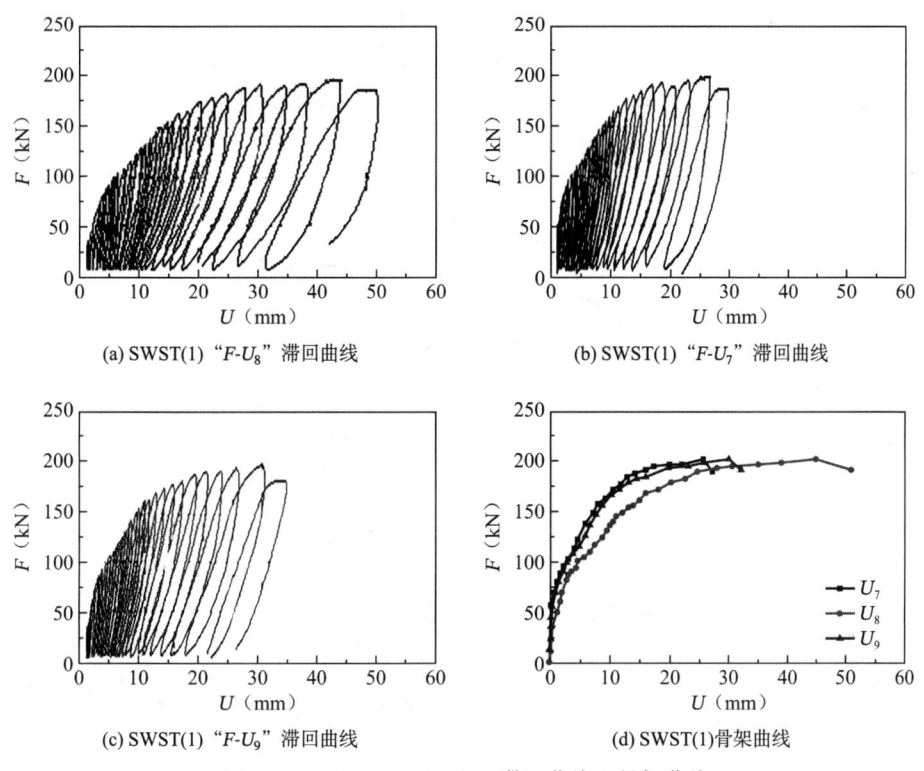

图9.1-6 SWST(1)"F-U"滞回曲线和骨架曲线

实测表明：极限竖直荷载下，$U_8 = 50.78$mm，$U_7 = 27.19$mm，$U_9 = 32.04$mm。U_7和U_9的最大位移差值为4.85mm，相差百分比为17%。

由图9.1-6可见：

（1）极限荷载下，楼板两侧滞回曲线仍相近，说明墙体对楼板约束效果相近。

（2）荷载-挠度曲线在混凝土开裂之前斜率不断下降，而后斜率有所增加，最后斜率重新开始不断下降。

9.1.4 骨架曲线

实测试件在单向重复荷载作用下，两面墙体对应位置的"荷载F-墙体平面外挠度U"骨架曲线对比见图9.1-7。图中：F为楼板中心处所加的竖向荷载；U_5为单排配筋墙体中心处的平面外挠度，U_2为双排配筋墙体中心处的平面外挠度；U_6为单排配筋墙体中心向下 1/4 高度处的平面外挠度，U_3为双排配筋墙体中心向下 1/4 高度处的平面外挠度；U_4为在单排配筋墙体中心向上 1/4 高度处的平面外挠度，U_1为双排配筋墙体中心向上 1/4 高度处的平面外挠度。

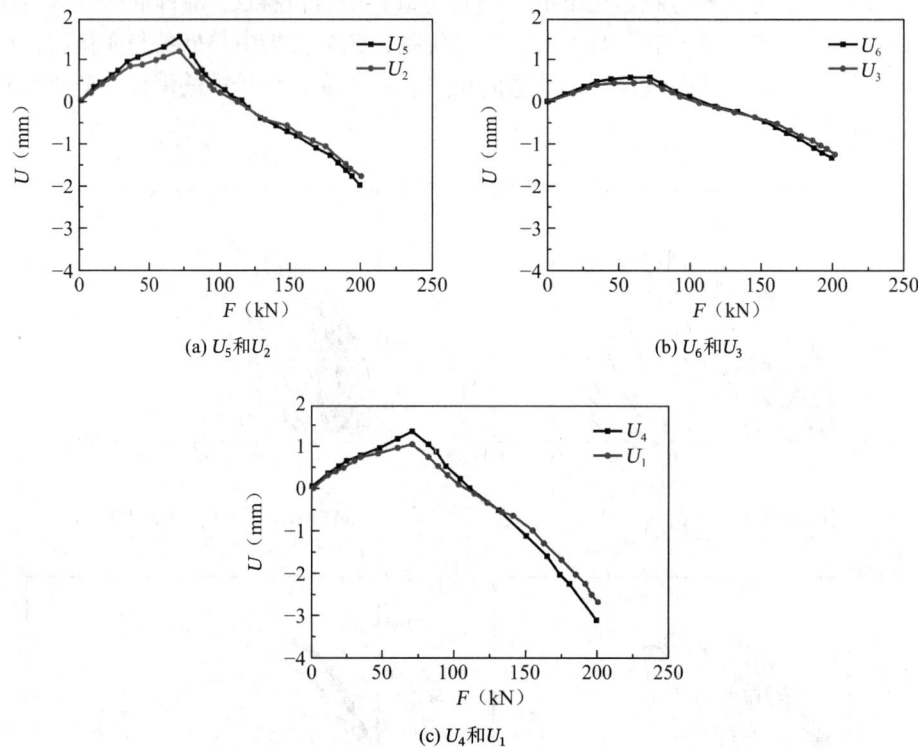

图 9.1-7　SWST(1)两面墙体对应位置"F-U"骨架曲线对比

试验表明：

（1）试件两侧墙体出现微裂缝时，墙体基本处于平面外弹性，这是由于翼缘墙体和腹板墙体空间工作的结果。

（2）竖向荷载加载过程中：①单排配筋墙体平面外正挠度最大值为 1.50mm，相应双排配筋墙体平面外正挠度最大值为 1.21mm，相差 19.3%，仅 0.29mm；最大正挠度仅是高度的 1/1000。②单排配筋墙体平面外负挠度最小值为 3.11mm，相应双排配筋墙体平面外负挠度最小值为 2.69mm，相差 13.5%，仅 0.42mm；最小负挠度仅是高度的 1/482。

（3）竖向荷载加载过程中：①墙体平面外正挠度在开裂后增长较慢，当裂缝发展到一定程度时，正挠度达到最大值；随着竖向荷载的继续加大，楼板的塑性铰充分发展，正挠度不断减小。②当荷载继续加大时，墙体出现平面外负挠度，这是由于楼板加载点的竖向位移加大，外侧墙体负挠度方向的侧移增大。

9.1.5　破坏形态

试件 SWST(1)的破坏形态及裂缝分布图见图 9.1-8，破坏照片见图 9.1-9。

第9章 单排配筋剪力墙结构受力性能

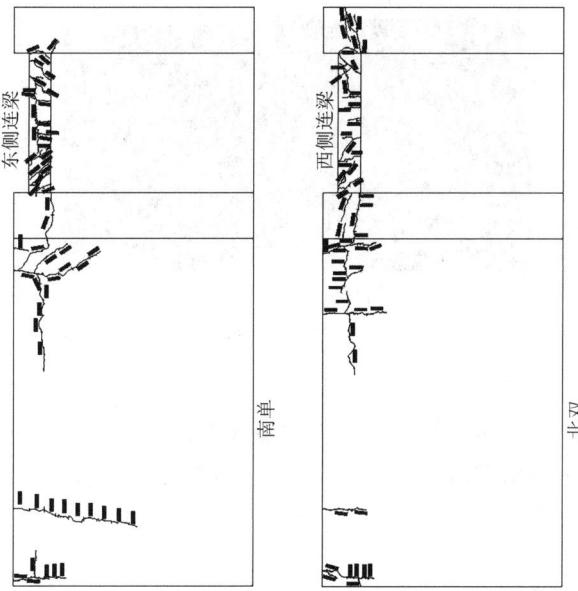

(a) 墙体破坏形态及裂缝分布图

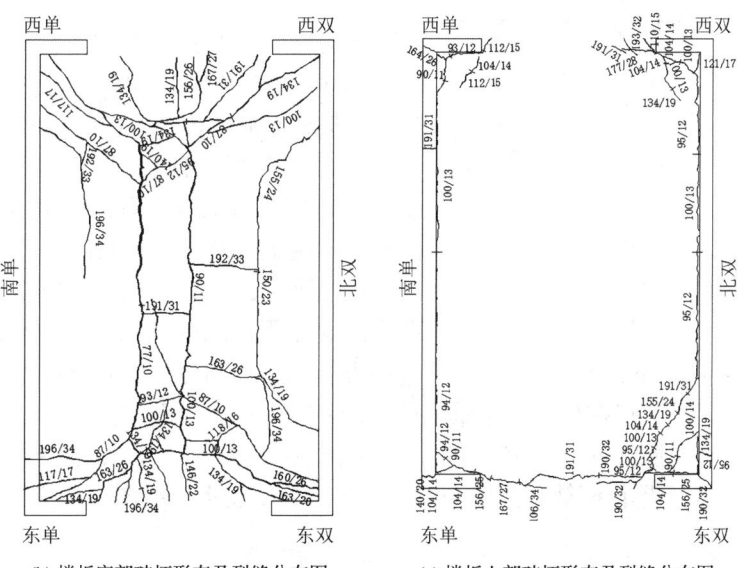

(b) 楼板底部破坏形态及裂缝分布图　　(c) 楼板上部破坏形态及裂缝分布图

图 9.1-8　试件 SWST(1) 破坏形态及裂缝分布图

(a) 西面连梁破坏照片

(b) 单排配筋剪力墙一侧楼板顶面破坏照片

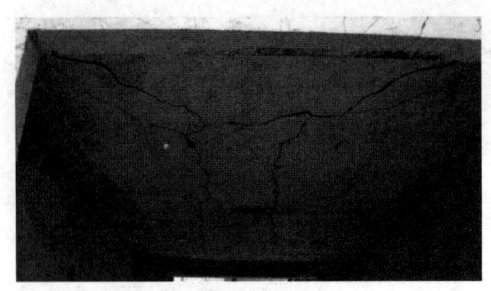

(c) 楼板底部破坏照片

图 9.1-9　SWST(1)破坏照片

由图 9.1-8 和图 9.1-9 可见：

（1）单排配筋墙体和双排配筋墙体出现的裂缝均较少，单排配筋墙体裂缝略多一些。

（2）楼板上部周边均出现裂缝，裂缝宽度均较大；楼板出现比较明显的多条裂缝，其中两条长方向的裂缝宽度较大。

9.1.6　承载力计算模型

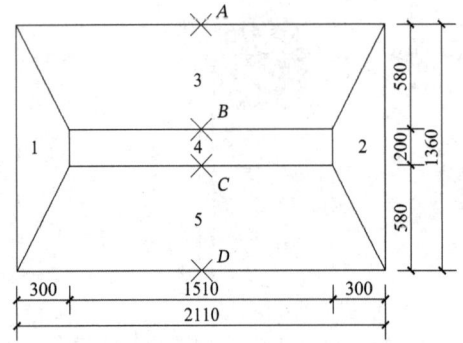

图 9.1-10　屈服线模式

楼板在竖向荷载的作用下，楼板上部周边均出现裂缝，底面有很多裂缝，尤其在接近板的中心部分。裂缝在荷载较小时即已呈现，荷载增大后，仅其中的几条裂缝有很大发展，因此，可采用屈服线理论计算竖向承载能力，按照出现大裂缝的部位勾画出屈服线模式见图 9.1-10。板的上部四边上均有负屈服线，楼板底部有 8 条正屈服线。屈服线理论假定屈服线间的板几乎是一平面，下面验证这一假设：A 点、B 点、C 点和 D 点位于位移表 7 和位移表 9 的连线上，A 点在板 3 负屈服线处，B 点在板 3 正屈服线处，C 点在板 5 正屈服线处，D 点在板 5 负屈服线处，B 和 C 处的位移均和位移表 8 位移相同，板 3 位于双排配筋剪力墙一侧，板 5 位于单排配筋剪力墙一侧。板 3 和板 5 变形连线图见图 9.1-11。

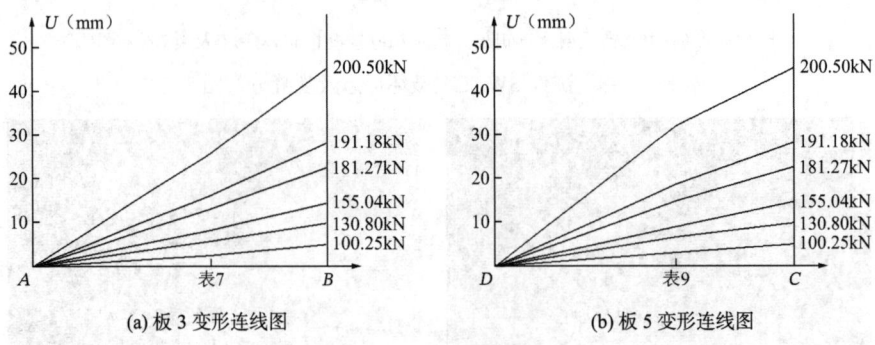

(a) 板 3 变形连线图　　　　(b) 板 5 变形连线图

图 9.1-11　板变形连线图

分析图 9.1-11 可见：当荷载较大时，板 3 和板 5 的变形连线图接近一条直线，这说明屈服线间的板几乎是一平面。

楼板竖向承载力计算：
外功是楼板全部刚性区域内外力所做的功，其一般表达式为：

$$\text{外功} = \sum \left(\int_A q\Delta \, dA \right) \quad (9.1\text{-}1)$$

式中：q——单位面积上的荷载；
Δ——移动的距离；
dA——一个微小面积单元。

内功是由屈服线转动所吸收的能量，其一般表达式为：

$$\text{内功} = \sum \left[\theta \int_s M_n \, ds \right] \quad (9.1\text{-}2)$$

式中：θ——屈服线的转角；
M_n——屈服线上的弯矩；
ds——一个屈服线上的一个微小长度。

楼板顶部的竖向荷载经过 4 块钢垫板扩散后，近似看成均布荷载，设为 q，则外功为：

$$W_1 = 1469800q \quad (9.1\text{-}3)$$

对板建立力的平衡方程，可以求出屈服线上的弯矩 M_n。

$$\begin{cases} M_n = f_c b x \left(h_0 - \dfrac{x}{2} \right) + f'_y A'_s (h_0 - a'_s) \\ f_c b x = f_y A_s - f'_y A'_s \end{cases} \quad (9.1\text{-}4)$$

由上式可得单位长度的弯矩为：$M_n = 2734.7 \text{N} \cdot \text{mm}$

$$\text{内功为：} W_2 = 32.69 M_n \quad (9.1\text{-}5)$$

由 $W_1 = W_2$，可以解得：$q = 0.0608 \text{N/mm}^2$
则由屈服线法算得的楼板竖向承载力为：$F = 0.0608 \times 2110 \times 1360 = 174471.7 \text{N} = 174.47 \text{kN}$

实测竖向承载力为 200.50kN，计算值与实测值相差 12.98%。

计算值比实测值略低一些，这是因为：

（1）计算板的抵抗弯矩时，忽略了钢筋强化影响，配筋率低的板，钢筋的应变硬化将有效地增加板的抵抗弯矩，即提高了板的强度。

（2）屈服线理论将板的实际工作状态予以理想化，它假定竖向荷载仅由板的弯曲作用承受。试验证明并非如此，由图 9.1-6（d）骨架曲线可以看出，曲线斜率最初是减小的，而后斜率却有所增加，然后斜率继续下降。

9.2 三层单排配筋剪力墙结构抗震性能

9.2.1 试验概况

1. 试件设计

设计了 1 个缩尺为 1/3 的三层剪力墙结构模型试件，编号为 SWST(3)；首层层高为

单排配筋混凝土剪力墙结构

1167mm，二层、三层层高均为 1000mm，墙肢厚度为 47mm；一面墙体采用双向双排配筋墙体，竖直分布筋和水平分布筋均为 φ4@306；一面墙体采用双向单排配筋，竖直分布筋和水平分布筋均为 φ4@153；配筋率均为 0.17%。混凝土强度等级为 C20。试件的尺寸、配筋图、立面图和剖面图见图 9.2-1。

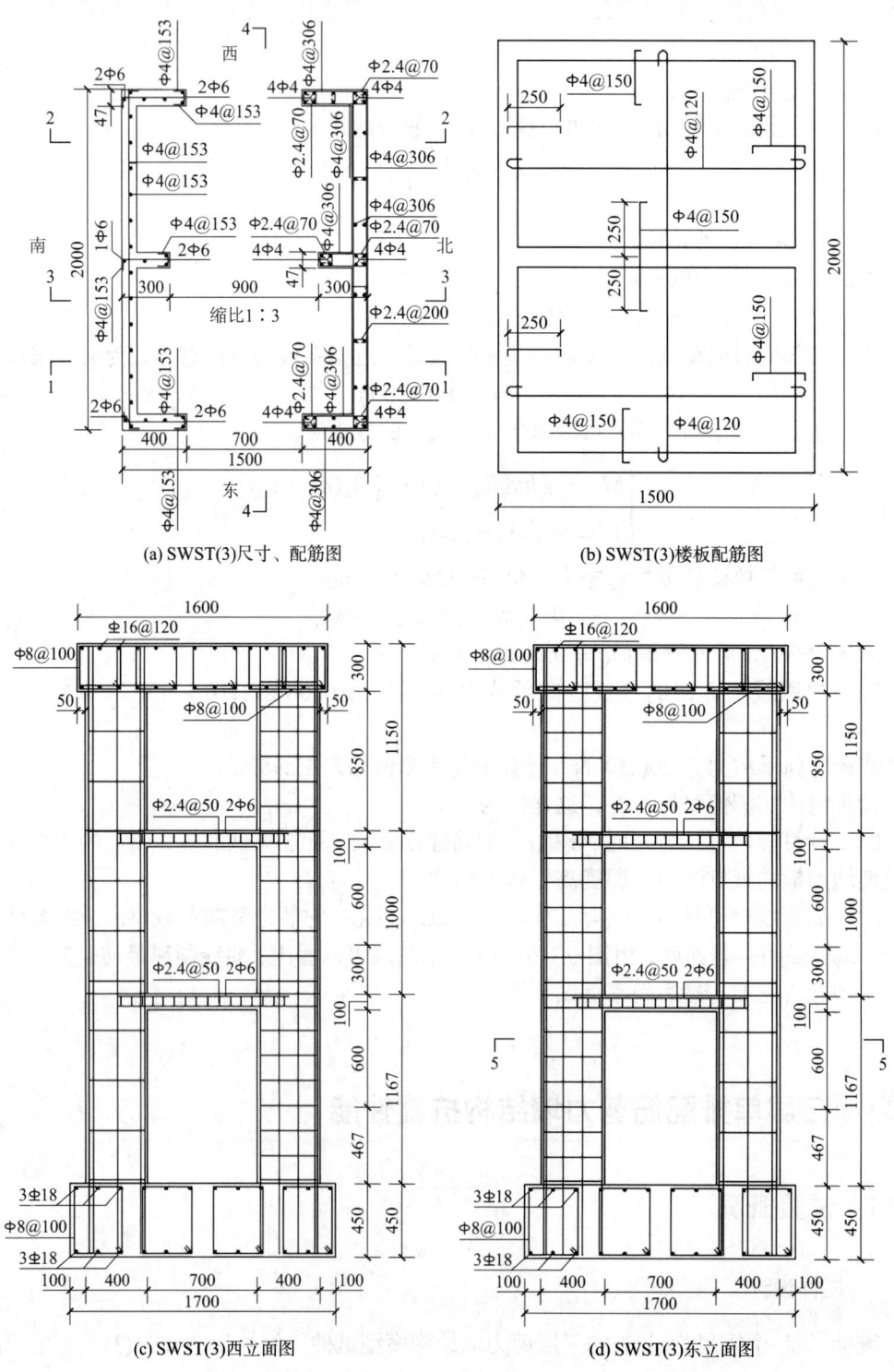

(a) SWST(3)尺寸、配筋图
(b) SWST(3)楼板配筋图
(c) SWST(3)西立面图
(d) SWST(3)东立面图

第 9 章 单排配筋剪力墙结构受力性能

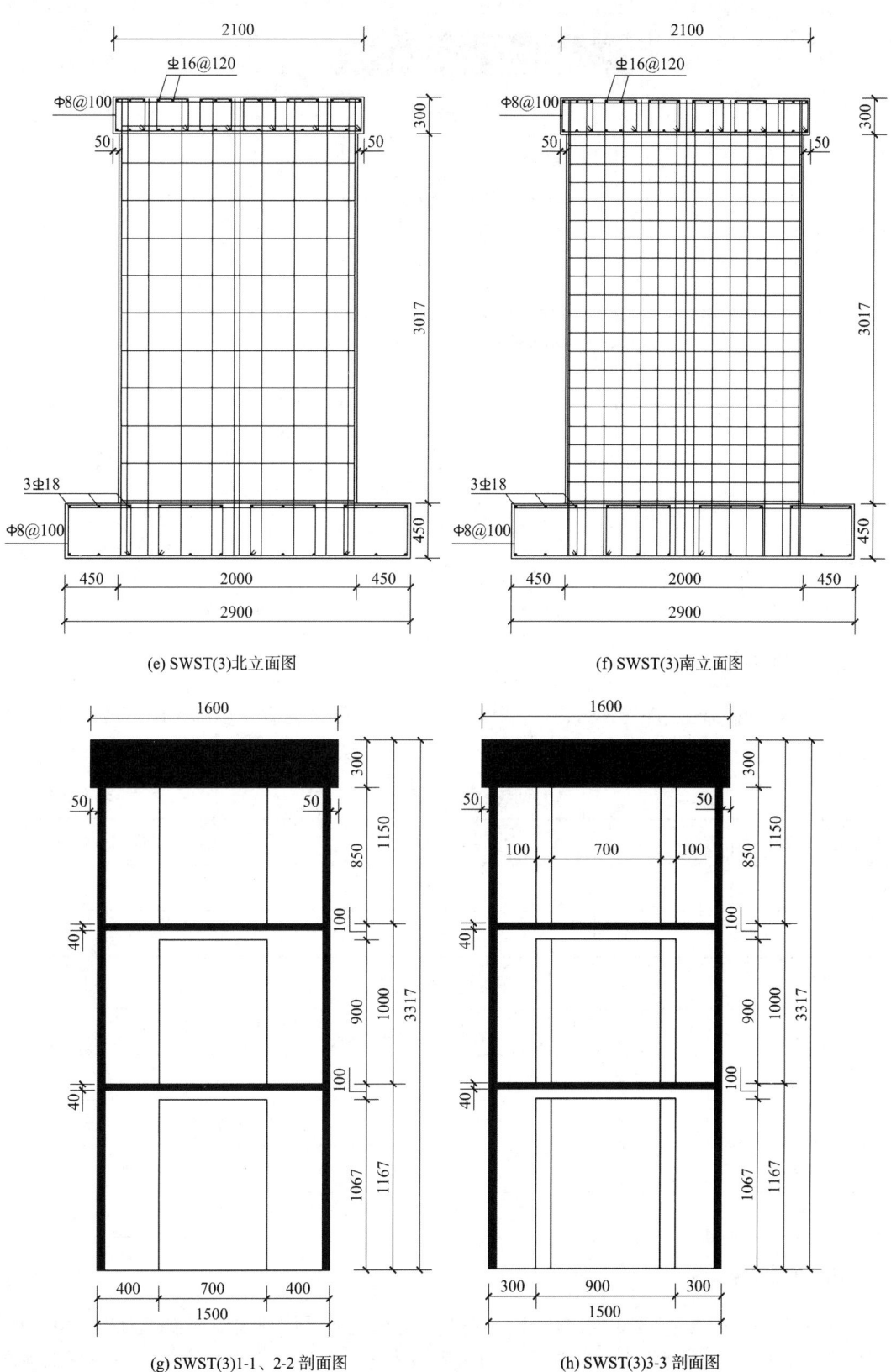

(e) SWST(3)北立面图 (f) SWST(3)南立面图

(g) SWST(3)1-1、2-2 剖面图 (h) SWST(3)3-3 剖面图

单排配筋混凝土剪力墙结构

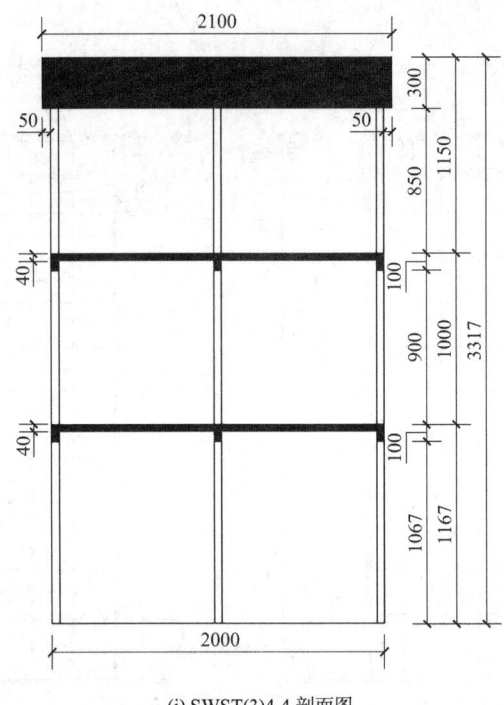

(i) SWST(3)4-4 剖面图

图 9.2-1 试件 SWST(3)的尺寸、配筋图、立面图和剖面图

2. 材料的力学性能

三层剪力墙结构试件 SWST(3)的墙体采用 C20 混凝土浇筑，基础采用 C30 混凝土浇筑。混凝土的力学性能见表 9.2-1。钢筋的力学性能见表 9.2-2。

混凝土的力学性能　　　　　　　　　　　　　　　　表 9.2-1

混凝土强度等级	弹性模量（N/mm²）	立方体抗压强度（N/mm²）
C20	2.56×10^4	23.67
C30	—	38.96

钢筋的力学性能　　　　　　　　　　　　　　　　表 9.2-2

钢筋	屈服强度（MPa）	极限强度（MPa）	延伸率（%）	弹性模量（MPa）
φ1.6	245.83	350.56	18.37	1.90×10^5
φ2.2	239.37	330.79	19.19	1.88×10^5
φ2.4	238.69	320.56	21.37	1.88×10^5
φ3	232.76	315.62	20.28	1.87×10^5

3. 试验加载

采用水平低周反复荷载。在施加水平荷载前，首先在试件顶面施加轴向力 $P = 801.1 \text{kN}$（轴压比为 0.3）并保持不变；竖向千斤顶与反力梁之间通过滚动支座连接；在距基础顶面

3167mm处施加低周反复水荷载。试验加载示意图见图9.2-2。

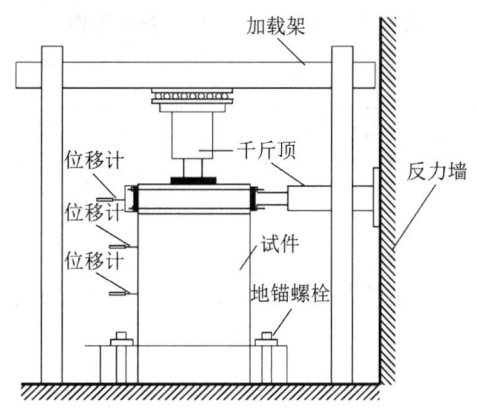

图9.2-2 试件SWST(3)试验加载示意图

试验分两个阶段进行：第一阶段为弹性阶段，采用荷载和位移联合控制加载的方法；第二阶段为弹塑性阶段，采用位移控制加载的方法。

4. 试验测试

在剪力墙试件距基础顶面3167mm处布置一个水平位移传感器，以测试剪力墙加载点处的水平位移；在二层楼板处、首层楼板处分别布置一个水平位移传感器，以测试楼板处的水平位移；在剪力墙试件基础顶面处布置一个水平位移传感器，以测试剪力墙基础水平滑移。

实测三层剪力墙结构SWST(3)的特征荷载及其比值见表9.2-3。表中：F_c为明显开裂水平荷载；F_y为明显屈服水平荷载；F_u为极限水平荷载；μ_{cu}为开裂荷载与极限荷载比值，$\mu_{cu}=F_c/F_u$；μ_{yu}为明显屈服荷载与极限荷载比值，$\mu_{yu}=F_y/F_u$；F_c、F_y和F_u均取正负两向加载均值。

实测SWST(3)的特征荷载及其比值　　　　表9.2-3

试件编号	正向加载			负向加载			正负两向均值				
	F_c（kN）	F_y（kN）	F_u（kN）	F_c（kN）	F_y（kN）	F_u（kN）	F_c（kN）	F_y（kN）	F_u（kN）	F_c/F_u	F_y/F_u
SWST(3)	216.57	337.48	419.47	203.96	350.36	424.68	210.27	343.92	422.08	0.498	0.815

分析可见：虽然双向单排配筋剪力墙结构的竖向和水平配筋率仅为0.17%，小于抗震设计的最小配筋率0.25%，同时墙肢厚度也较小，但是其屈强比仍达到了0.815，抗震性能良好。

9.2.2 延性

三层剪力墙结构SWST(3)的位移、延性系数实测值见表9.2-4。表中：U_c为试件明显开裂水平荷载F_c对应的开裂位移；U_y为试件明显屈服水平荷载对应的屈服位移；U_d为弹塑性最大位移；μ为最大弹塑性位移与屈服位移的比值，$\mu = U_d/U_y$称为延性系数。

SWST(3)的位移、延性系数实测值　　　表 9.2-4

试件编号	正向加载			负向加载			正负两向均值			θ	μ
	U_c (mm)	U_y (mm)	U_d (mm)	U_c (mm)	U_y (mm)	U_d (mm)	U_c (mm)	U_y (mm)	U_d (mm)		
SWST(3)	2.07	7.96	31.43	1.88	8.27	32.20	1.98	8.12	31.82	1/100	3.919

分析可见：该结构试件的位移延性系数为 3.919，结构具有良好的延性。

9.2.3 刚度及退化分析

试件刚度实测值及其退化系数见表 9.2-5。表中：K_0 为初始弹性刚度；K_c 为明显开裂割线刚度；K_y 为明显屈服割线刚度；$\beta_{c0} = K_c/K_0$，表示从初始弹性到明显开裂过程中刚度的退化；$\beta_{yc} = K_y/K_c$，表示从明显开裂到明显屈服过程中刚度的退化；$\beta_{y0} = K_y/K_0$，表示从初始弹性到明显屈服过程中刚度的退化。实测所得"刚度 K-位移角 θ"关系曲线见图 9.2-3。

试件刚度实测值及其退化系数　　　表 9.2-5

试件编号	K_0 (kN/mm)	K_c (kN/mm)	K_y (kN/mm)	β_{c0}	β_{yc}	β_{y0}
SWST(3)	196.53	104.62	42.40	0.532	0.405	0.216

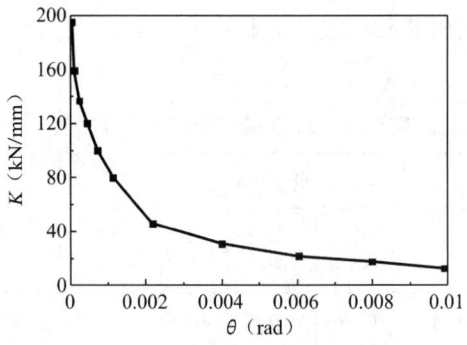

图 9.2-3　"刚度 K-位移角 θ"关系曲线

分析可见：

试件的刚度退化具有如下特征：从加载开始到结构明显开裂为刚度速降阶段；从结构明显开裂到明显屈服为刚度次速降阶段；从明显屈服到最大弹塑性变形为刚度缓降阶段。

9.2.4 滞回曲线

实测所得试件 SWST(3) 的"水平荷载 F-水平位移 U"滞回曲线见图 9.2-4。

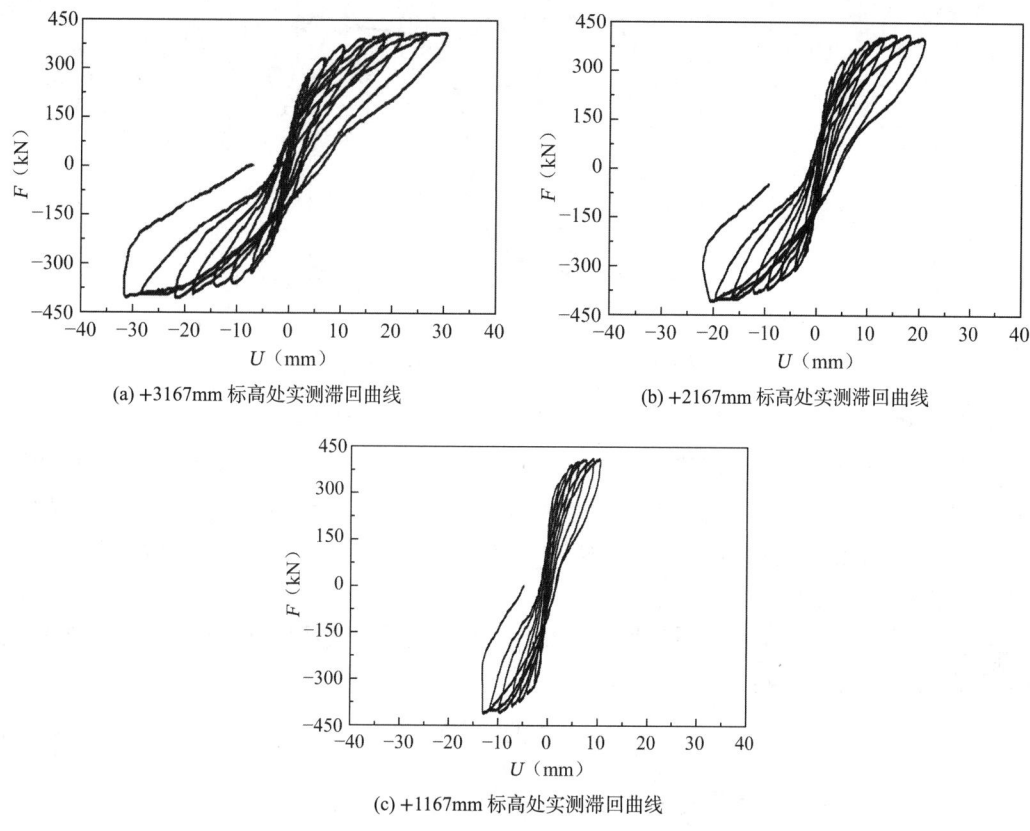

(a) +3167mm 标高处实测滞回曲线
(b) +2167mm 标高处实测滞回曲线
(c) +1167mm 标高处实测滞回曲线

图 9.2-4　SWST(3)"$F\text{-}U$"滞回曲线图

试验表明：

（1）当荷载在极限荷载的 30%以内时，剪力墙仅有少量裂缝，滞回曲线所包围的面积很小，滞回曲线狭长细窄，整体刚度变化不大，残余变形也很小，结构基本上处于弹性阶段。

（2）随着荷载的增加，剪力墙底部出现了较多的裂缝，滞回环略呈弓形，且开始向位移轴倾斜，滞回环面积逐渐增大，水平荷载卸载为零时，剪力墙的位移不再回零，有明显的残余变形，表明试件已进入了非线性工作阶段，这种非线性主要是由于裂缝的产生和发展以及钢筋的屈服形成的。

（3）当试件达到极限荷载时，剪力墙的有效塑性变形能力逐渐减弱；从剪力墙钢筋屈服开始，滞回环面积就不断增大；随着结构位移的逐渐增大，裂缝开展较大，结构的刚度下降速度逐步减慢。

（4）滞回环呈现捏拢现象，表明试件具有明显的滑移变形。

9.2.5　骨架曲线

实测所得试件 SWST(3)"水平荷载F-顶点水平位移U"骨架曲线见图 9.2-5。

由图 9.2-5 可见：剪力墙结构从开裂、屈服直至进入破坏的全过程中，骨架曲线的变化基本上比较平坦，构件的正向骨架曲线和负向骨架曲线比较接近。

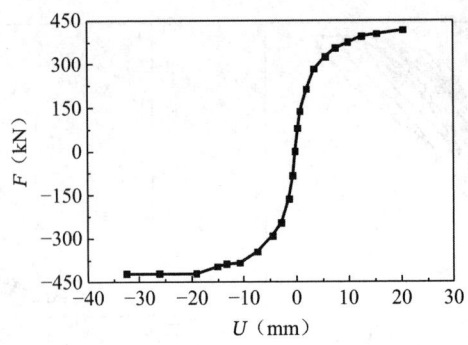

图 9.2-5 SWST(3)"F-U"骨架曲线

耗能分析：

结构耗能能力的大小是评价结构抗震性能的一个重要指标。从能量的观点来看，结构吸收的地震能量包括弹性势能、阻尼消能和塑性吸能。弹性势能在结构卸载后就会完全释放，因此，结构耗能主要以阻尼耗能和塑性耗能为主。一般地，滞回环所围面积越大，则说明结构的耗能能力越强。

结构的耗能能力通常用能量耗散系数E来评价，能量耗散系数计算示意见图 9.2-6。能量耗散系数E按下式计算：

$$E = \frac{S_{(ABC+CDA)}}{S_{(OBE+ODF)}} \tag{9.2-1}$$

式中：$S_{(ABC+CDA)}$——滞回曲线包络线所包围的面积；

$S_{(OBE+ODF)}$——两三角形面积之和。

E值越大，说明结构的耗能能力越强，结构消耗的地震能量越多。

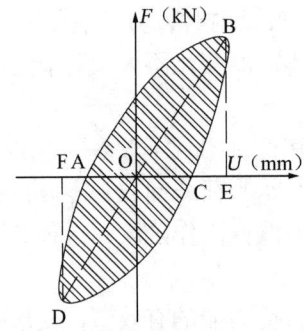

图 9.2-6 能量耗散系数计算示意图

9.2.6 破坏形态

实测试件 SWST(3)破坏形态及裂缝分布图见图 9.2-7，破坏照片见图 9.2-8。

试验表明：无论是腹板还是翼缘，双排配筋剪力墙比单排配筋剪力墙破坏严重；单排配筋剪力墙裂缝分布区域更大，数量更多，宽度较小，这是由于虽然墙体的配筋量一样，但是双排配筋的间距是单排配筋间距的 2 倍，因此双配筋阻止混凝土裂缝开展的能力比单排配筋弱。

第 9 章 单排配筋剪力墙结构受力性能

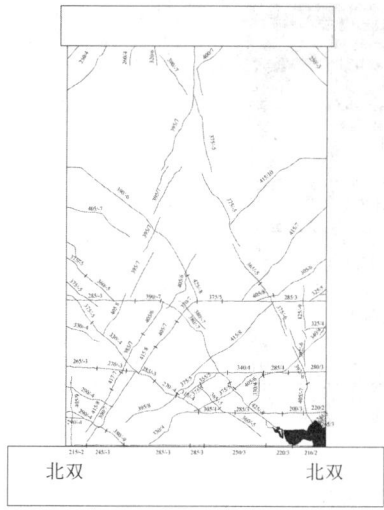
(a) SWST(3)北立面破坏图

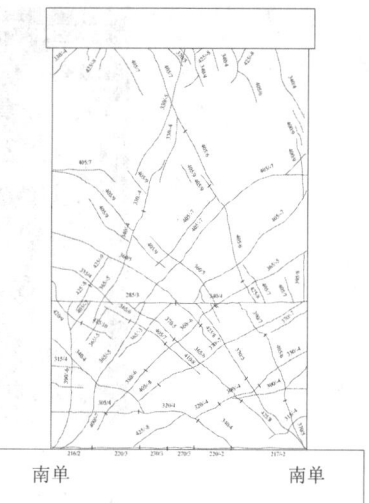
(b) SWST(3)南立面破坏图

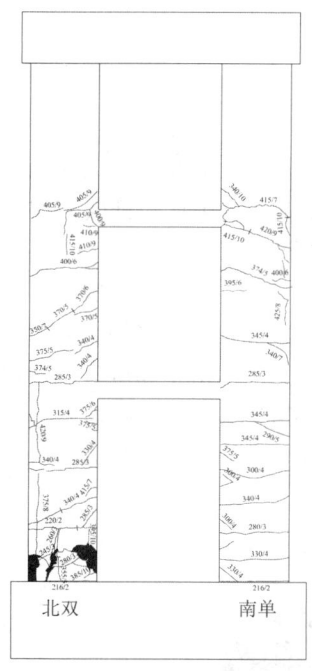
(c) SWST(3)西立面破坏图

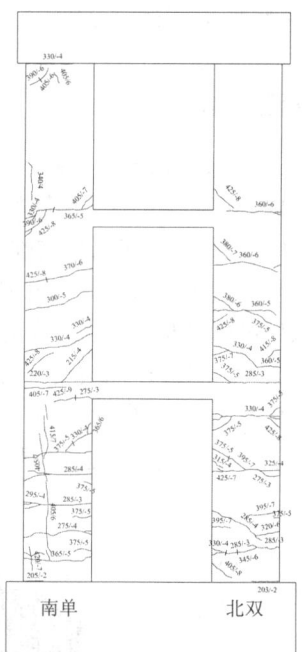
(d) SWST(3)东立面破坏图

图 9.2-7　SWST(3)破坏形态及裂缝分布图

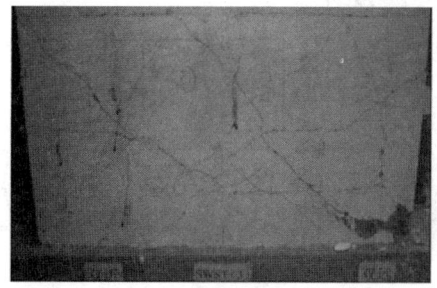
(a) 双排配筋剪力墙

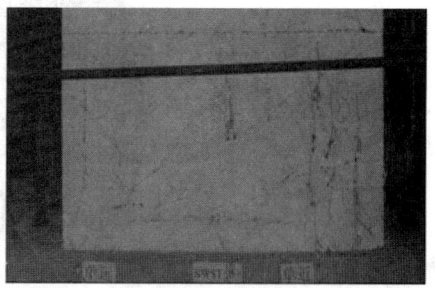
(b) 单排配筋剪力墙

(c) 最终破坏照片

图 9.2-8　SWST(3)破坏照片

9.2.7　结构弹塑性有限元分析

1. 有限元模型选取

采用 ANSYS 程序进行分析，混凝土单元选用 SOLID65 单元。混凝土的破坏准则采用 Willam 和 Warnke 五参数准则。钢筋的应力-应变关系采用理想弹塑性模型，不考虑其应力-应变关系中的强化阶段。其屈服准则采用 von Mises 准则。

按照试验实际的边界条件，三层单排配筋混凝土剪力墙结构的底部节点施加三个方向的固定约束。采用试验的加载方式，即首先将竖向均布荷载直接加在剪力墙结构顶部节点上，合力为 801.1kN，然后在加载板中部距基础顶面 3167mm 高度处加单调水平荷载。水平荷载加在加载板受力一侧的 75 个节点上。为得到荷载-位移全过程曲线，分析过程采用分级加力的方法。三层双向单排配筋混凝土剪力墙结构 SWST(3) 的网格划分边界条件及加载图见图 9.2-9。

图 9.2-9　SWST(3)网格划分边界条件及加载图

2. 荷载-位移全过程曲线

有限元计算所得：(1)试件 SWST(3) 在单向加载下的"荷载-位移"曲线与实测正向骨架曲线的比较见图 9.2-10，二者符合较好。(2)试件 SWST(3) 在单向加载情况下承载力(开裂荷载F_c、屈服荷载F_y、极限荷载F_u)的实测值与计算值比较见表 9.2-6，相对误差绝对值分别为 1.90%、1.29%、4.05%。

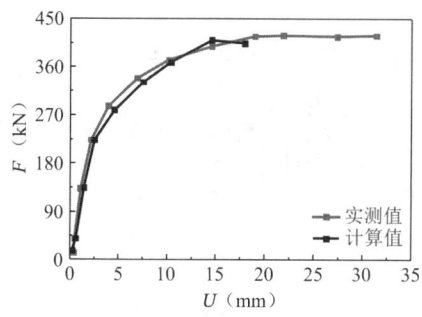

图 9.2-10　试件 SWST(3) "荷载-位移"实测正向骨架曲线与计算曲线比较

试件 SWST(3) 承载力实测值与计算值比较　　　　表 9.2-6

承载力	SWST(3)		
	计算值（kN）	实测值（kN）	相对误差（%）（绝对值）
开裂荷载F_c	214.26	210.27	1.90
屈服荷载F_y	339.50	343.92	1.29
极限荷载F_u	405.005	422.08	4.05

3. 混凝土裂缝分析

不同荷载阶段，三层单排配筋混凝土剪力墙结构 SWST(3) 的裂缝开展过程如图 9.2-11～图 9.2-14 所示。其中：(a)为与加载方向平行的剪力墙；(b)为与加载方向垂直的剪力墙。

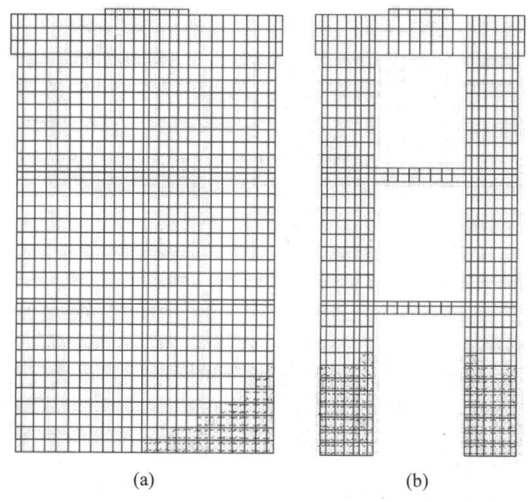

图 9.2-11　SWST(3) $F = 220.0$ kN 时裂缝开展过程

单排配筋混凝土剪力墙结构

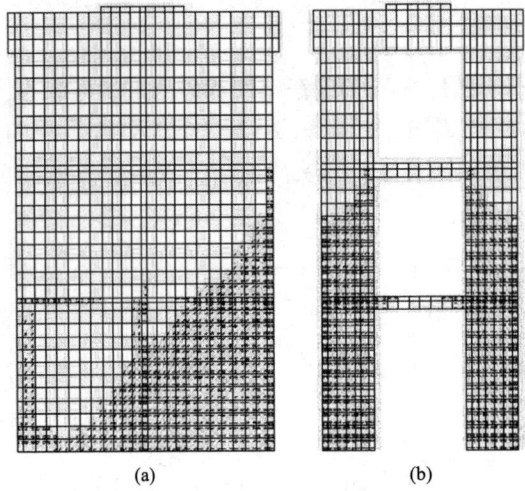

图 9.2-12　SWST(3)$F = 339.5$kN 时裂缝开展过程

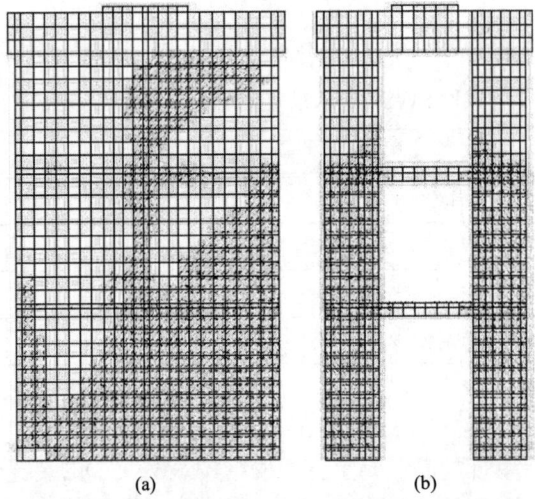

图 9.2-13　SWST(3)$F = 380.0$kN 时裂缝开展过程

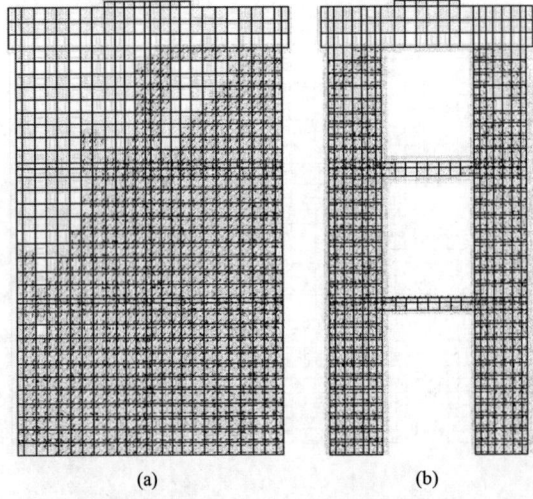

图 9.2-14　SWST(3)$F = 405.0$kN 时裂缝开展过程

结果表明：(1) 计算所得三层单排配筋剪力墙结构的裂缝开展过程与实测裂缝开展过程符合较好；(2) 当达到极限荷载时，两侧墙体裂缝均呈布满整个墙体的状态。

4. 变形及应力应变分析

有限元计算所得：不同荷载阶段，三层单排配筋混凝土剪力墙结构 SEWST(3) 的 Y 方向应力及应变图见图 9.2-15。其中，左图为与加载方向平行的墙体单元应力图，右图为与加载方向平行的墙体单元应变图。

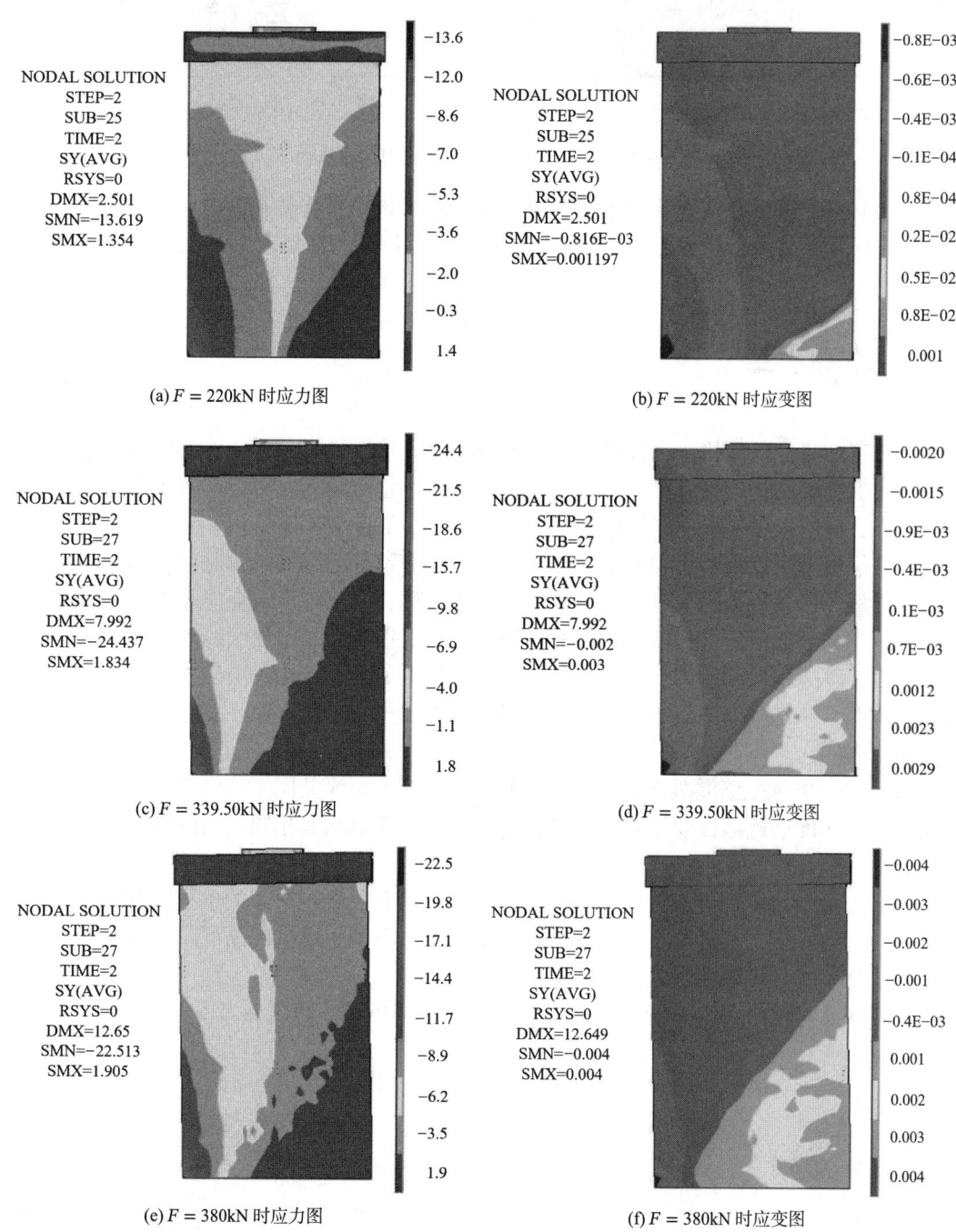

(a) $F = 220$kN 时应力图

(b) $F = 220$kN 时应变图

(c) $F = 339.50$kN 时应力图

(d) $F = 339.50$kN 时应变图

(e) $F = 380$kN 时应力图

(f) $F = 380$kN 时应变图

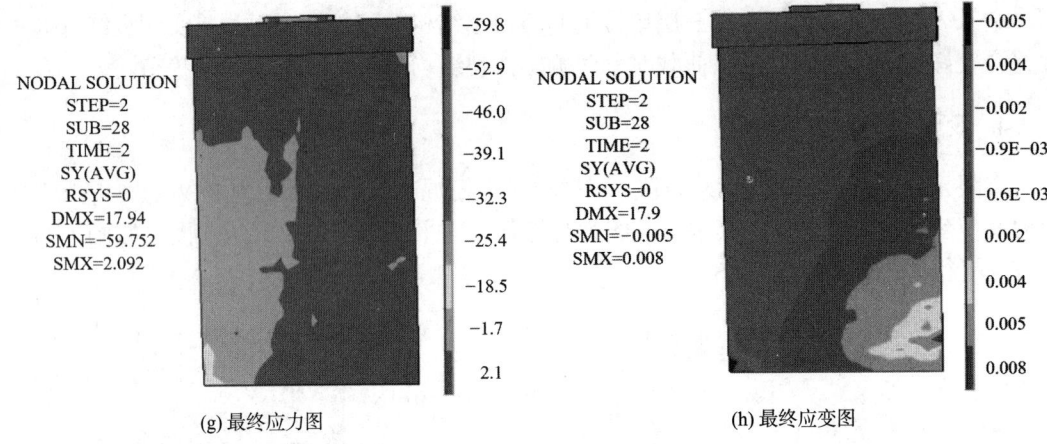

(g) 最终应力图　　　　　　　　(h) 最终应变图

图 9.2-15　SWST(3)在 Y 方向应力及应变图

由图 9.2-15 可见：试件 SWST(3)的最大应力和应变出现在墙体根部。墙体根部的最大拉应力、拉应变和最大压应力、压应变均随水平荷载的增大而增大。

9.3　本章小结

　　进行了单排配筋结构受力性能试验及理论研究，包括：（1）1个1/2缩尺的单层单排配筋混凝土剪力墙结构模型试件，在楼板处施加竖向重复荷载下，楼板与墙体共同工作性能试验研究，分析了破坏特征、承载力、刚度及退化以及墙体平面外工作性能。（2）1个1/3缩尺的三层单排配筋混凝土剪力墙结构模型试件，在低周反复荷载下的抗震性能试验研究，分析了破坏特征、承载力、延性、刚度及其退化过程、滞回特性、耗能能力等。（3）建立了单层单排配筋混凝土剪力墙结构楼板与墙体共同工作下，基于屈服线理论的结构楼板竖向承载力计算方法。（4）建立了三层单排配筋混凝土剪力墙结构有限元模型并进行了数值模拟，阐明了单排配筋混凝土剪力墙结构损伤演化过程及屈服机制。

　　研究表明：

（1）单层单排配筋混凝土剪力墙结构的墙体腹板与翼缘共同工作性能良好，单排配筋侧墙体与双排配筋侧墙体变形均匀，它们与楼板相对变形基本相同，两侧墙体平面外工作性能相近，满足设计要求。

（2）三层单排配筋混凝土剪力墙结构，相同钢筋直径和配筋率的单排配筋混凝土剪力墙一侧的抗震性能，显著好于双排配筋混凝土剪力墙一侧；单排配筋混凝土剪力墙可以满足抗震设计要求，可以用于低层和多层剪力墙结构。

　　笔者团队对本章内容进行了研究并发表了相关成果[1-3]，可供参考。

参考文献

[1] 杨兴民, 曹万林, 张建伟, 等. 单排配筋剪力墙结构单元工作性能试验研究[J]. 北京工业大学学报,

2011, 37(1): 72-79.

[2] 杨兴民, 曹万林, 张建伟, 等. 3 层单排配筋剪力墙结构抗震性能试验研究[J]. 地震工程与工程振动, 2009, 29(2): 92-97.

[3] 张建伟, 杨兴民, 曹万林, 等. 单排配筋剪力墙结构抗震性能及设计研究[J]. 世界地震工程, 2009, 25(1): 77-81.

第10章
单排配筋剪力墙及剪力墙结构振动台试验研究

10.1 配置斜向钢筋单排配筋剪力墙振动台试验研究

10.1.1 配置斜向钢筋单排配筋低矮剪力墙振动台试验

1. 试验设计

为研究配置斜向钢筋单排配筋低矮剪力墙在地震波激励下的地震反应,采用笔者发明的振动台附加装置,进行了配置斜向钢筋单排配筋低矮剪力墙振动台试验研究。设计了3个1/3缩尺试件,编号为SW1.0-1、SW1.0-2、SW1.0-3,其中的1.0表示剪跨比λ。SW1.0-1为不配置斜向钢筋普通单排配筋低矮剪力墙,墙体配筋率为0.25%;SW1.0-2为墙体内配置45°斜筋的单排配筋低矮剪力墙;SW1.0-3为墙体底部配置45°抗剪切滑移斜筋的单排配筋低矮剪力墙。3个剪力墙试件配筋参数见表10.1-1。

3个试件SW1.0-1、SW1.0-2、SW1.0-3的几何尺寸完全相同。试件采用刚性基础和刚性加载梁,几何尺寸及配筋图见图10.1-1。

3个试件的墙体采用细石商品混凝土进行浇筑,其中细石商品混凝土的设计强度等级为C30,粗骨料最大粒径为10mm,实测立方体抗压强度为37.77MPa,棱柱体抗压强度为27.33MPa。3个试件的基础均为外包钢板内浇C40商品混凝土的组合刚性基础。墙体和基础混凝土的实测力学性能见表10.1-2,钢筋实测力学性能见表10.1-3。

试件配筋参数 表10.1-1

试件编号	墙体配筋率	分布筋配筋率	斜筋配筋率	斜筋角度
SW1.0-1	0.25%	0.25%(φ4@100)	—	—
SW1.0-2	0.42%	0.25%(φ4@100)	0.17%(4φ4)	45°
SW1.0-3	0.42%	0.25%(φ4@100)	0.17%(10φ4)	45°

第10章 单排配筋剪力墙及剪力墙结构振动台试验研究

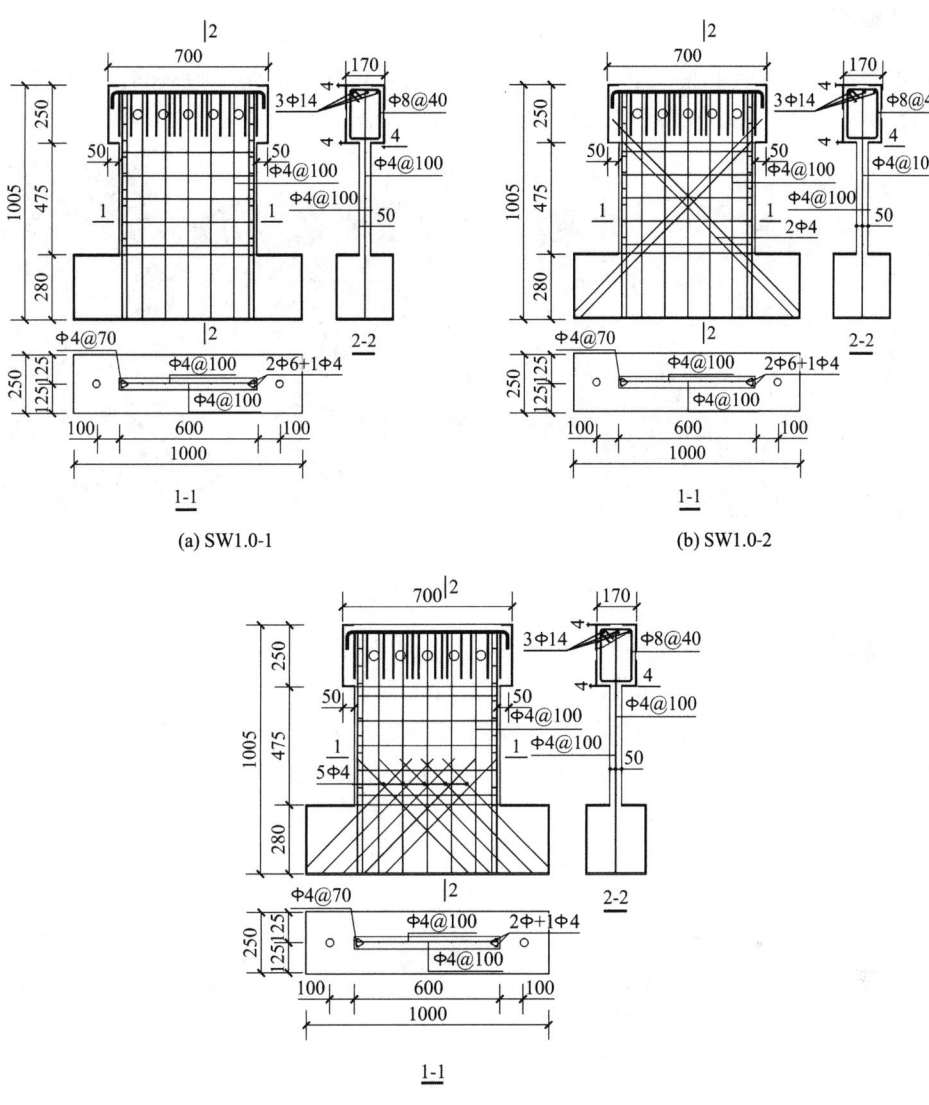

图 10.1-1 试件几何尺寸及配筋图

混凝土的实测力学性能　　　　　　　　　　　　　　　表 10.1-2

规格	最大粒径d（mm）	混凝土干密度ρ（kg/m³）	立方体抗压强度f_c（MPa）	轴向抗压强度f_{ck}（MPa）	弹性模量E_s（GPa）	用途
C30	10	2325	37.77	27.33	24.43	墙体
C40	25	2534	46.25	35.27	25.41	基础

钢筋实测力学性能　　　　　　　　　　　　　　　表 10.1-3

钢筋	屈服强度f_y（MPa）	极限强度f_u（MPa）	弹性模量E_s（GPa）	伸长率δ（%）	屈服应变ε_y（×10⁻⁶）
$\phi 4$	730.29	902.95	190.59	3.0	3928
$\phi 6$	394.51	578.27	220.72	22.0	1787

2. 试验方案

振动台试验在北京工业大学城市与工程安全减灾教育部重点实验室的振动台上进行，其台面尺寸为 3m×3m。试验加载装置如图 10.1-2 所示。

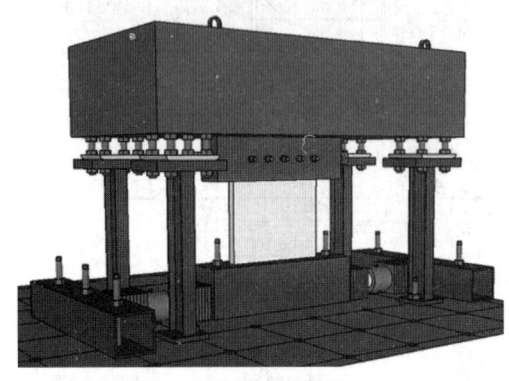

(a) 试验装置示意图　　　　　　　　　　　　　(b) 试验装置照片

图 10.1-2　试验加载装置

试验时振动台输入 El-Centro N-S 地震波（平面内方向）。输入加速度以台面采集加速度为准，其中加载前期输入地震波加速度峰值首先分别按照 7 度、8 度、9 度烈度进行加载，后期逐级增加输入加速度峰值，幅值采用 0.1g 的增幅，直至试件破坏。为了得到试验前试件的自振频率和阻尼比以及每次加载工况完成后试件的自振频率和阻尼比的变化，采用幅值 0.05g 的白噪声对三个试件进行激振。输入加速度峰值，以试验过程中实际采集到的振动台台面加速度峰值为准，加载工况见表 10.1-4。

加载工况　　　　　　　　　　表 10.1-4

序号	台面输入加速度峰值（g）		
	试件 SW1.0-1	试件 SW1.0-2	试件 SW1.0-3
T-1	0.136	0.134	0.145
T-2	0.323	0.333	0.319
T-3	0.469	0.486	0.483
T-4	0.529	0.567	0.586
T-5	0.728	0.738	0.621
T-6	0.808	0.813	0.808
T-7	0.965	0.924	0.922
T-8	1.139	1.181	1.032
T-9	1.442	1.446	1.160

3. 自振频率

实测各试件的白噪声传递函数频率衰减图见图 10.1-3。通过对试验过程中采集到的白噪声作传递函数处理，可得试件在各阶段的自振频率和阻尼比，结果列于表 10.1-5。

实测自振频率和阻尼比 表 10.1-5

试件 SW1.0-1			试件 SW1.0-2			试件 SW1.0-3		
工况	f(Hz)	ζ(%)	工况	f(Hz)	ζ(%)	工况	f(Hz)	ζ(%)
地震波激振前	9.57	1.9	地震波激振前	8.59	2.5	地震波激振前	8.10	2.1
0.136g激振后	8.30	2.2	0.134g激振后	8.30	2.8	0.145g激振后	7.91	3.7
0.323g激振后（初裂）	7.72	2.2	0.333g激振后（初裂）	7.42	3.7	0.319g激振后（初裂）	7.42	5.4
0.469g激振后	7.72	2.2	0.486g激振后	6.74	4.1	0.483g激振后	6.25	6.6
0.728g激振后	7.13	2.3	0.738g激振后	6.45	4.3	0.621g激振后	5.37	7.3
1.139g激振后	6.54	5.3	1.181g激振后	5.27	5.8	1.032g激振后	5.34	7.9
1.442g激振后	—	—	1.446g激振后	4.69	10.2	1.160g激振后	3.42	10.2

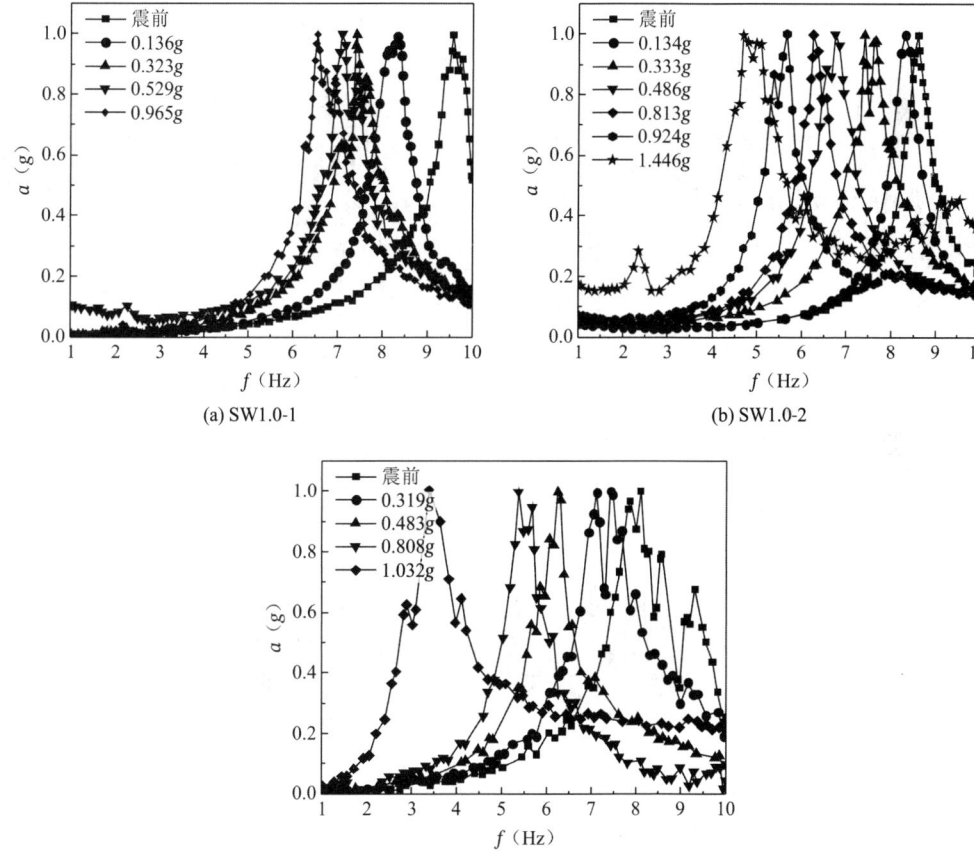

图 10.1-3 白噪声传递函数频率衰减图

分析可知：

（1）随着剪力墙墙体裂缝的增多，3个试件的自振频率下降，刚度降低，阻尼比增加。

（2）与 SW1.0-1 相比，SW1.0-2 和 SW1.0-3 的自振频率衰减相对缓慢，阻尼比增速较快，其中 SW1.0-3 的阻尼比增速最快。

（3）SW1.0-1 在最终工况下发生严重剪切破坏，水平抗侧刚度基本丧失，加载荷重主要由附加装置的 4 个竖向支杆承担，自振频率突降，阻尼比突增，而 SW1.0-2 和 SW1.0-3 在最终工况下损伤破坏相对较轻，其中 SW1.0-2 破坏最轻，自振频率与阻尼比变化相对稳定。

4. 加速度反应

实测试件在弹性、开裂、破坏（层间位移角大于 1/120）阶段的顶部加速度反应时程曲线（前 2s）见图 10.1-4。可见：在弹性工作阶段，3 个试件的顶部加速度反应较为接近，斜筋此时未起到明显作用；在墙体开裂时，SW1.0-1 由于配筋量较小，顶部加速度反应较为剧烈；在破坏阶段，SW1.0-1 由于底部水平剪切滑移现象明显以及墙体损伤相对较重，导致其顶部加速度反应整体小于 SW1.0-2 和 SW1.0-3；在工况 8 作用过程中，SW1.0-3 在墙体配筋突变截面发生了较重的局部水平裂缝损伤，导致其在此工况下的顶点加速度反应峰值相对另外 2 个剪力墙试件发生了后移现象。

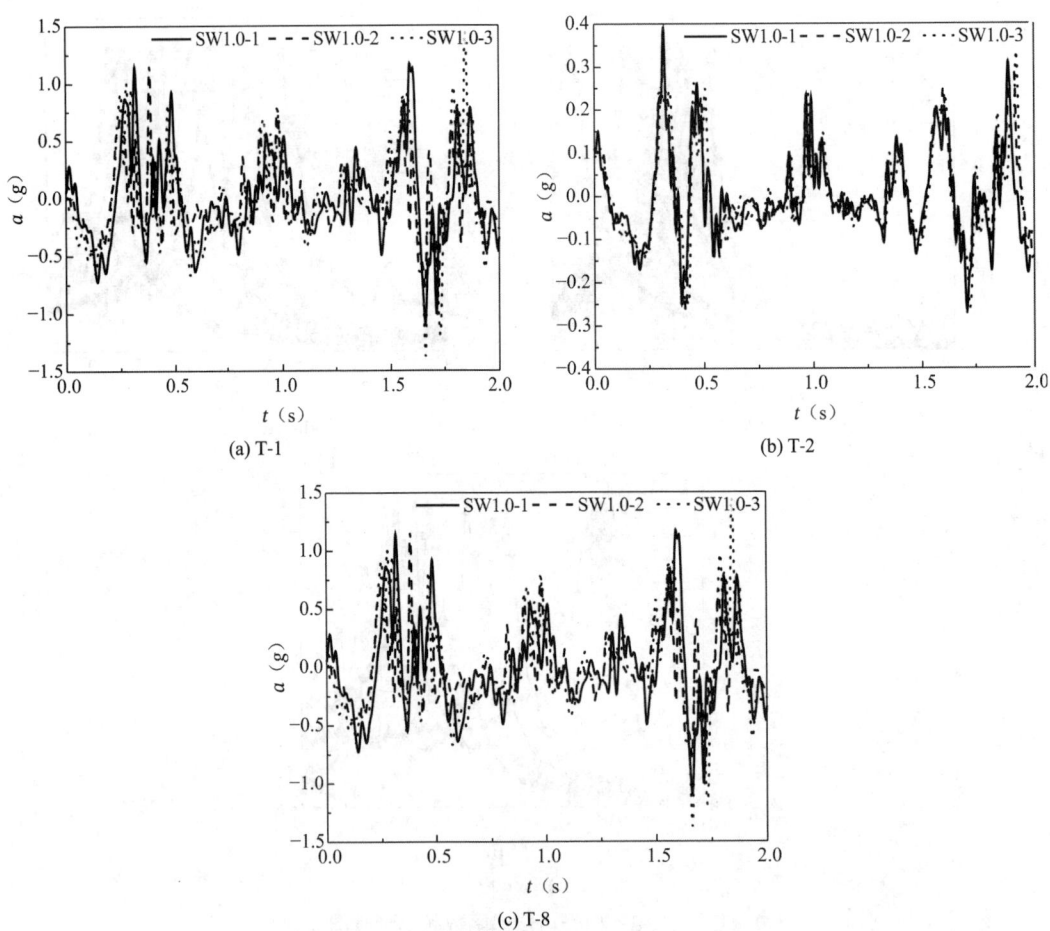

图 10.1-4　试件不同阶段的顶部加速度反应时程曲线

各试件顶部绝对加速度反应最大值和基底剪力最大值见表 10.1-6。由表 10.1-6 可见：在工况 8 作用下（各剪力墙的水平位移角均超过 1/100），SW1.0-2 和 SW1.0-3 的最大基底剪力相比 SW1.0-1 分别提高了 14.5% 和 23.5%，名义抗侧刚度（基底剪力/顶点位移）比

SW1.0-1 分别提高了 4.9%和 8.8%，表明墙体或墙体底部配置斜筋可明显提高单排配筋低矮剪力墙的抗震能力。

试件顶部绝对加速度反应最大值和基底剪力最大值   表 10.1-6

试件 SW1.0-1			试件 SW1.0-2			试件 SW1.0-3		
台面输入（g）	顶部加速度（g）	基底剪力（kN）	台面输入（g）	顶部加速度（g）	基底剪力（kN）	台面输入（g）	顶部加速度（g）	基底剪力（kN）
0.136	0.154	11.55	0.134	0.140	10.46	0.145	0.146	10.94
0.323	0.391	29.29	0.333	0.338	25.33	0.319	0.335	25.06
0.469	0.592	44.34	0.486	0.485	36.32	0.483	0.501	37.53
0.529	0.625	46.77	0.567	0.583	43.61	0.586	0.773	57.89
0.728	0.651	48.72	0.738	0.714	53.43	0.621	0.796	59.55
0.808	0.866	64.81	0.813	0.811	60.67	0.808	1.089	81.48
0.965	1.108	82.95	0.924	1.151	86.12	0.922	1.097	82.10
1.139	1.172	87.70	1.181	1.341	100.40	1.032	1.448	108.35

5. 位移反应

表 10.1-7 列出了各剪力墙试件在不同地震作用下的顶点位移及层间位移角反应最大值，图 10.1-5 为水平滑移变形所占比例的发展变化情况。由表 10.1-7 可见：单排配筋低矮剪力墙在地震作用下具有相对较好的变形能力，配置斜向钢筋单排配筋低矮剪力墙效果更佳。SW1.0-1 由于配筋率较低，底部会产生相对较大的水平剪切滑移，裂缝产生发展速度较快，最终墙体发生严重破坏，破坏时总位移急剧增大，导致墙体混凝土大面积脱落，水平抗侧刚度骤减，丧失抗震承载能力；由于斜筋对墙体剪切裂缝发展的限制作用，SW1.0-2 的墙体底部水平剪切滑移相对较小，且发展平稳，在总变形中所占比例没有发生明显变化，墙体在最终的强震作用下未发生严重破坏，具有较大的水平抗侧刚度；墙体下半部配置抗剪切滑移斜向钢筋的试件 SW1.0-3，在墙体开裂后期，底部斜筋作用明显，有效地限制了底部水平剪切滑移，相比 SW1.0-2，由于底部斜筋配置较大，水平剪切滑移在总变形中所占比例进一步减小，且在墙体破坏发展过程中保持相对稳定的比例，但由于墙体内存在配筋突变的薄弱截面，最终破坏时墙体底部施工缝处虽然没有发生较大剪切滑移，但墙体中部配筋突变的薄弱水平截面出现了较大的剪切滑移现象，因此底部斜筋的布置数量与区域高度需进行合理设计。

试件顶点位移及层间位移角反应最大值   表 10.1-7

试件 SW1.0-1			试件 SW1.0-2			试件 SW1.0-3		
台面输入（g）	层间位移（mm）	层间位移角	台面输入（g）	层间位移（mm）	层间位移角	台面输入（g）	层间位移（mm）	层间位移角
0.136	0.29	1/2061	0.134	0.26	1/2310	0.145	0.34	1/1764
0.323	0.71	1/842	0.333	0.63	1/957	0.319	0.79	1/759
0.469	1.43	1/418	0.486	1.22	1/493	0.483	1.78	1/336

续表

试件 SW1.0-1			试件 SW1.0-2			试件 SW1.0-3		
台面输入（g）	层间位移（mm）	层间位移角	台面输入（g）	层间位移（mm）	层间位移角	台面输入（g）	层间位移（mm）	层间位移角
0.529	2.40	1/251	0.567	1.52	1/395	0.586	3.09	1/194
0.728	3.02	1/199	0.738	2.54	1/237	0.621	3.83	1/157
0.808	3.61	1/166	0.813	3.56	1/169	0.808	4.10	1/146
0.965	4.57	1/131	0.924	4.90	1/123	0.922	5.40	1/111
1.139	6.10	1/98	1.181	6.44	1/93	1.032	7.22	1/83

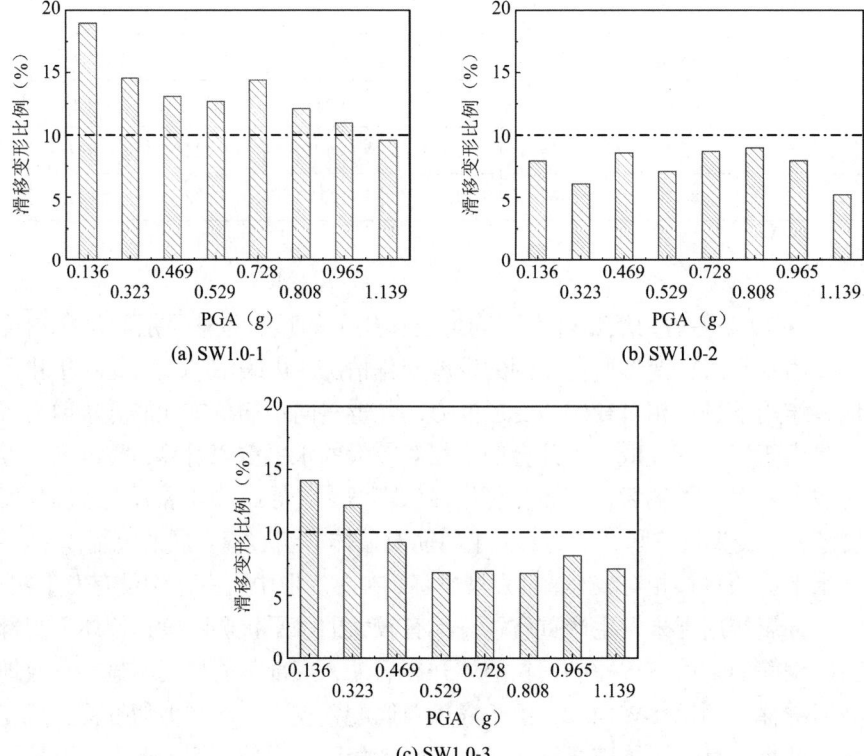

图 10.1-5 墙体底部水平滑移变形所占比例的发展变化情况

6. 破坏特征

图 10.1-6 和图 10.1-7 是各剪力墙试件在工况 T-4 和工况 T-8 激振后的裂缝开展分布图，图 10.1-8 是各试件在工况 T-9 激振后的最终破坏形态。

从各试件的破坏形态可见：SW1.0-1 破坏形态较 SW1.0-2 明显严重，墙体发生严重的剪切破坏，分布钢筋被拉断，墙体混凝土大面积脱落，角部混凝土压溃，墙体丧失承载能力；SW1.0-2 墙体虽然发生了剪切破坏，一条主斜裂缝开裂明显，但墙体尚有一定的承载能力；SW1.0-3 墙体破坏程度介于 SW1.0-1 和 SW1.0-2 之间，一条主斜裂缝开裂明显，且主斜裂缝在斜筋截断位置的水平区段破坏较重，有明显的水平错动滑移和混凝土酥碎现象，墙体尚有一定的承载能力。

第10章 单排配筋剪力墙及剪力墙结构振动台试验研究

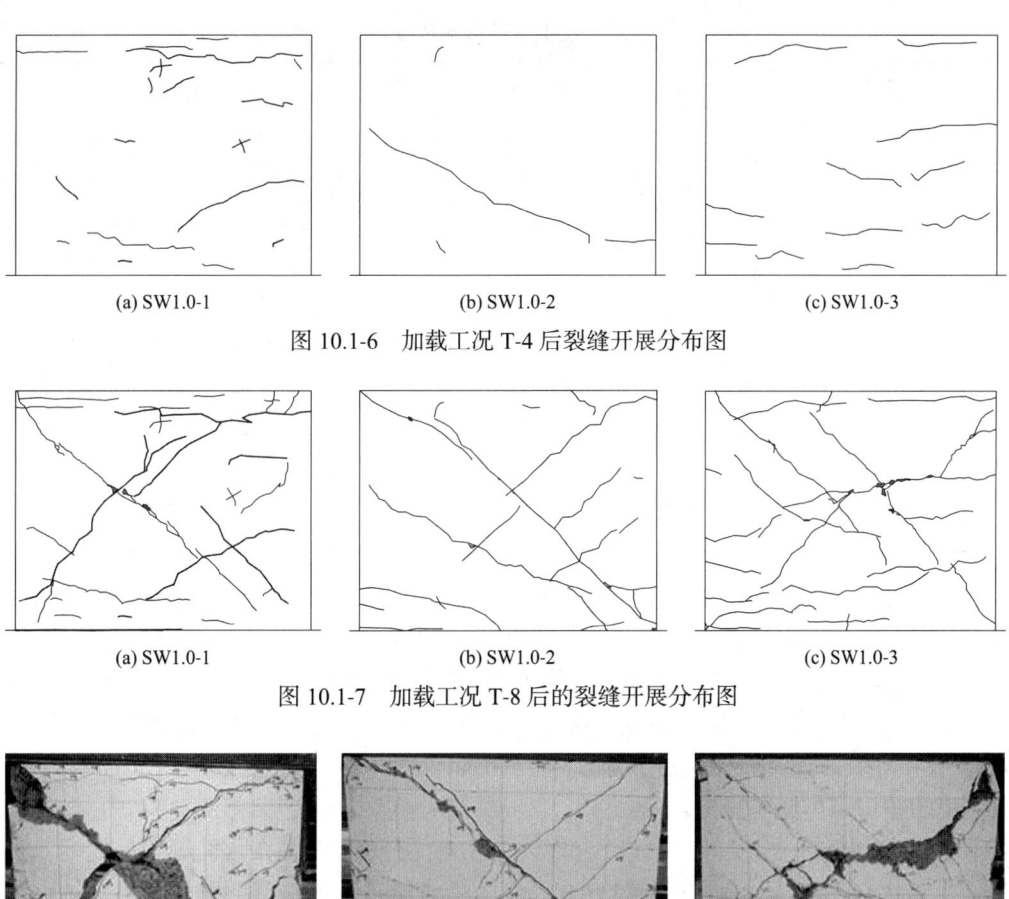

(a) SW1.0-1　　　　　　　　(b) SW1.0-2　　　　　　　　(c) SW1.0-3

图 10.1-6　加载工况 T-4 后裂缝开展分布图

(a) SW1.0-1　　　　　　　　(b) SW1.0-2　　　　　　　　(c) SW1.0-3

图 10.1-7　加载工况 T-8 后的裂缝开展分布图

(a) SW1.0-1　　　　　　　　(b) SW1.0-2　　　　　　　　(c) SW1.0-3

图 10.1-8　各试件最终破坏形态

7. 损伤程度

明确了单排配筋剪力墙的震害损伤等级划分，见表 10.1-8。通过对 3 个试件在不同强度地震激励下的损伤程度和墙体位移变化的归类总结，具体划分了不同工况下的震害分类见表 10.1-9。

单排配筋剪力墙的震害损伤等级划分　　　　　　　表 10.1-8

破坏等级	破坏等级描述
基本完好	外观基本无裂缝，或存在极为细小的局部微裂缝，最大位移角小于 1/1000
很轻微破坏	裂缝已开始轻微发展，最大位移角达到 1/1000 的限值
轻微破坏	细小裂缝不断发展，直至通长
中等破坏	裂缝开始发展贯穿整个试件，最大位移角达到 1/120 的限值，混凝土轻微剥落
重度破坏	位移角达到 1/50，混凝土剥落
严重破坏	承载力丧失

不同工况下的震害分类　　　　　　　　　　表 10.1-9

试件 SW1.0-1		试件 SW1.0-2		试件 SW1.0-3	
台面输入（g）	破坏等级	台面输入（g）	破坏等级	台面输入（g）	破坏等级
0.136	基本完好	0.134	基本完好	0.145	基本完好
0.323	很轻微破坏	0.333	很轻微破坏	0.319	很轻微破坏
0.469	轻微破坏	0.486	很轻微破坏	0.483	很轻微破坏
0.529	轻微破坏	0.567	很轻微破坏	0.586	轻微破坏
0.728	轻微破坏	0.738	轻微破坏	0.621	轻微破坏
0.808	轻微破坏	0.813	轻微破坏	0.808	轻微破坏
0.965	中等破坏	0.924	中等破坏	0.922	中等破坏
1.139	严重破坏	1.181	重度破坏	1.032	重度破坏

结合台面地震加速度时程进行对比分析：SW1.0-1 在台面峰值加速度 0.529g 激励下，发生轻度破坏，破坏轻微时最大位移角为 1/251，破坏等级为轻微破坏；SW1.0-2 在台面峰值加速度 0.567g 激励下损伤较小，最大层间位移角为 1/395，破坏等级为很轻微破坏；SW1.0-3 在台面峰值加速度 0.586g 激励下，墙体出现水平裂缝较多，最大层间位移角为 1/194，破坏等级为轻微破坏，能够满足《建筑抗震设计标准》GB/T 50011—2010（2024 年版）[1]中的"中震可修"要求。

在大震作用下，三个试件均已进入非线性损伤阶段：SW1.0-1 在台面峰值加速度 0.808g 激励下，最大位移角为 1/131；SW1.0-2 在台面峰值加速度 0.813g 激励下，最大位移角为 1/169；SW1.0-3 在台面峰值加速度 0.808g 激励下，最大位移角为 1/146。均小于《建筑抗震设计标准》GB/T 50011—2010（2024 年版）中所要求的 1/120 的极限位移角限值，能满足"大震不倒"设计要求。

8. 有限元分析

利用 ABAQUS 软件对试件 SW1.0-1、SW1.0-2、SW1.0-3 进行有限元建模与计算分析。通过 ABAQUS 模拟计算结果与试验实测结果进行对比分析，最终确立较为正确的配置斜向钢筋单排配筋剪力墙 ABAQUS 有限元模型，为进一步进行配置斜向钢筋单排配筋剪力墙整体结构优化分析打下基础。3 个模型在 ABAQUS 内的模型装配见图 10.1-9。

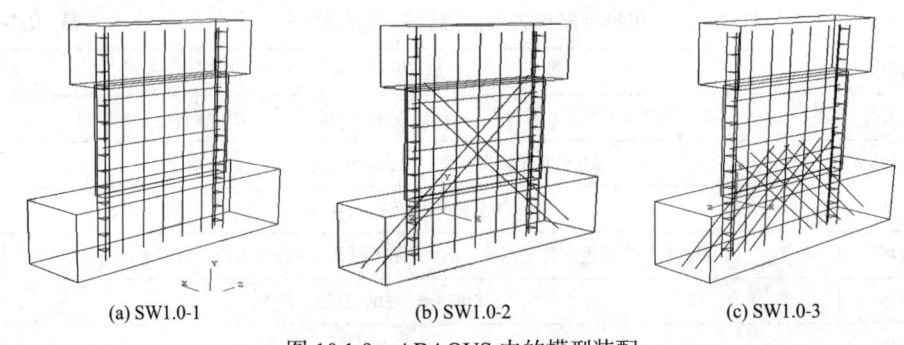

图 10.1-9　ABAQUS 内的模型装配

第10章 单排配筋剪力墙及剪力墙结构振动台试验研究

（1）配置斜向钢筋单排配筋低矮剪力墙模型自振频率

利用 ABAQUS 软件，对 3 个单排配筋低矮剪力墙试件的初始自振频率进行了分析和试验，结果见表 10.1-10。由表 10.1-10 可见：ABAQUS 模拟值和试验值的相对误差在 12% 以内。

自振频率计算值与实测值的比较　　　　表 10.1-10

自振频率	试件 SW1.0-1	试件 SW1.0-2	试件 SW1.0-3
计算值（Hz）	9.04	8.97	9.10
实测值（Hz）	9.57	8.59	8.10
相对误差	6.6%	10.4%	11.2%

（2）配置斜向钢筋单排配筋低矮剪力墙试件加速度对比

利用 ABAQUS 软件，计算所得试件加载梁的加速度反应与试验过程中采集到的加载梁的加速度反应见图 10.1-10～图 10.1-12。在开裂前的弹性阶段，试件 SW1.0-1、SW1.0-2 和 SW1.0-3 加载梁计算加速度时程与实测结果比较见图 10.1-10。开裂时弹性阶段试件 SW1.0-1、SW1.0-2 和 SW1.0-3 加载梁计算加速度时程与试验结果比较见图 10.1-11。开裂后弹塑性阶段试件 SW1.0-1、SW1.0-2 和 SW1.0-3 加载梁计算加速度时程与试验结果比较见图 10.1-12。可见，单排配筋低矮剪力墙加载梁有限元模拟所得加速度时程反应与试验结果符合较好。

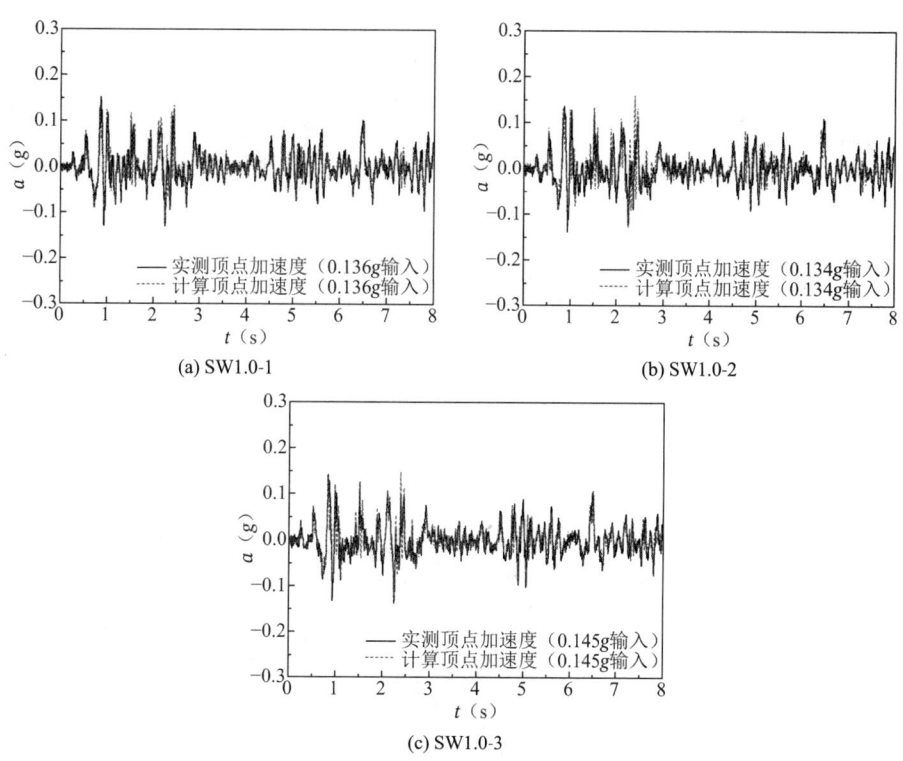

图 10.1-10 弹性阶段加载梁计算加速度时程曲线与试验结果比较

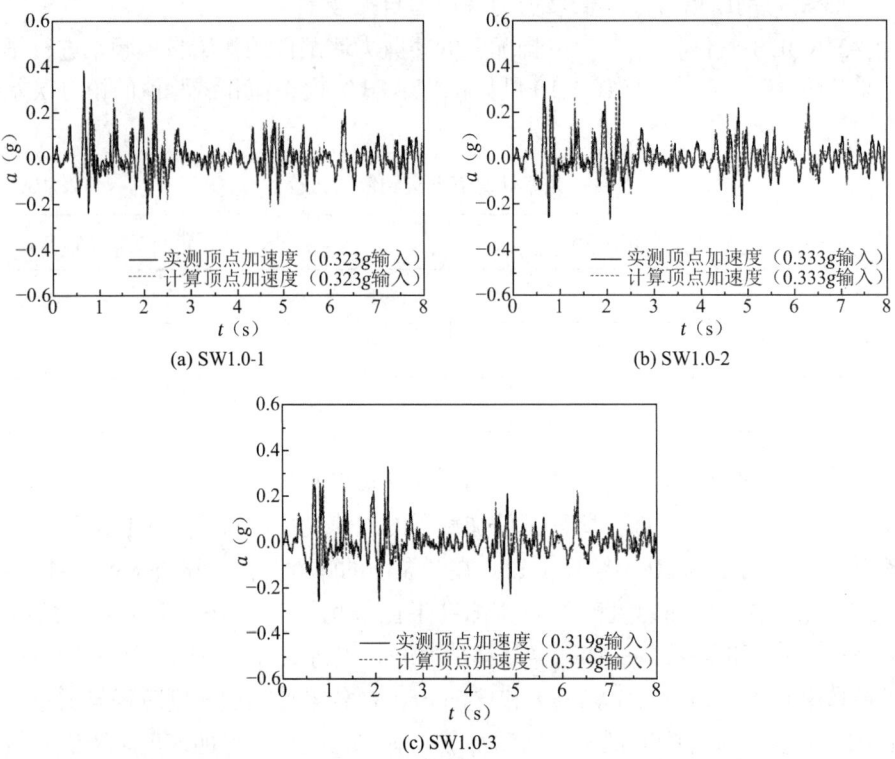

图 10.1-11 开裂阶段加载梁计算加速度时程曲线与试验结果比较

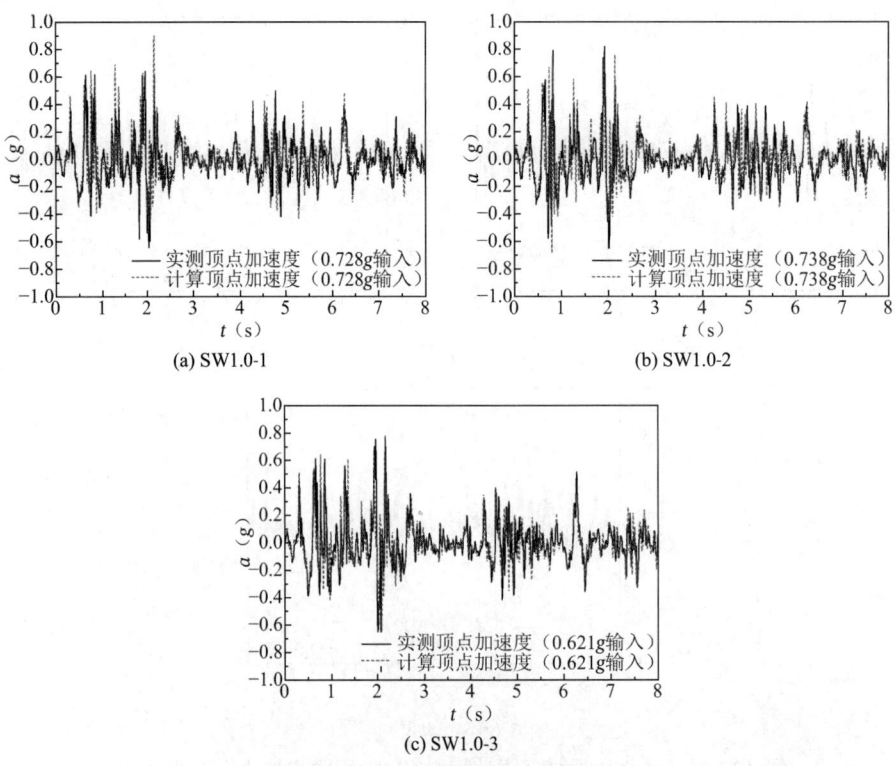

图 10.1-12 弹塑性阶段加载梁计算加速度时程曲线与试验结果比较

10.1.2 配置斜向钢筋单排配筋中高剪力墙振动台试验

1. 试件设计

为研究配置斜向钢筋单排配筋中高剪力墙抗震性能，设计了 4 个 1/2.5 缩尺试件，编号为 SW1.5-1～SW1.5-4，其中 1.5 表示 4 个剪力墙的剪跨比为 1.5。SW1.5-1 为普通单排配筋中高剪力墙；SW1.5-2 为墙体内配置 60°斜筋的单排配筋剪力墙，SW1.5-3 为墙体内配置扇形斜筋的单排配筋剪力墙，SW1.5-1、SW1.5-2 和 SW1.5-3 的总配筋率相同，皆为 0.26%，SW1.5-4 是在 SW1.5-1 的分布与构造钢筋的基础上在基础的底部配置抗剪切滑移斜筋试件。各试件配筋参数见表 10.1-11。

单排配筋中高剪力墙试件边缘构件采用了简化的三角形箍筋暗柱。4 个试件 SW1.5-1、SW1.5-2、SW1.5-3 和 SW1.5-4 的几何尺寸完全相同，试件采用刚性基础和刚性加载梁，其制作方式与上一节单排配筋低矮剪力墙的刚性基础和刚性加载梁相同，所用材料混凝土和钢筋与 SW1.0-1 的材料性能相同。试件尺寸及配筋图见图 10.1-13。

试件配筋参数　　　　　　　　表 10.1-11

试件编号	墙体配筋率	分布筋配筋率	斜筋配筋率	斜筋角度
SW1.5-1	0.26%	0.26%（φ4@80）	—	—
SW1.5-2	0.26%	0.12%（φ4@170）	0.14%（4φ4）	60°
SW1.5-3	0.26%	0.12%（φ4@170）	0.14%（4φ4）	45°及60°
SW1.5-4	0.40%	0.26%（φ4@80）	0.14%（10φ4）	60°

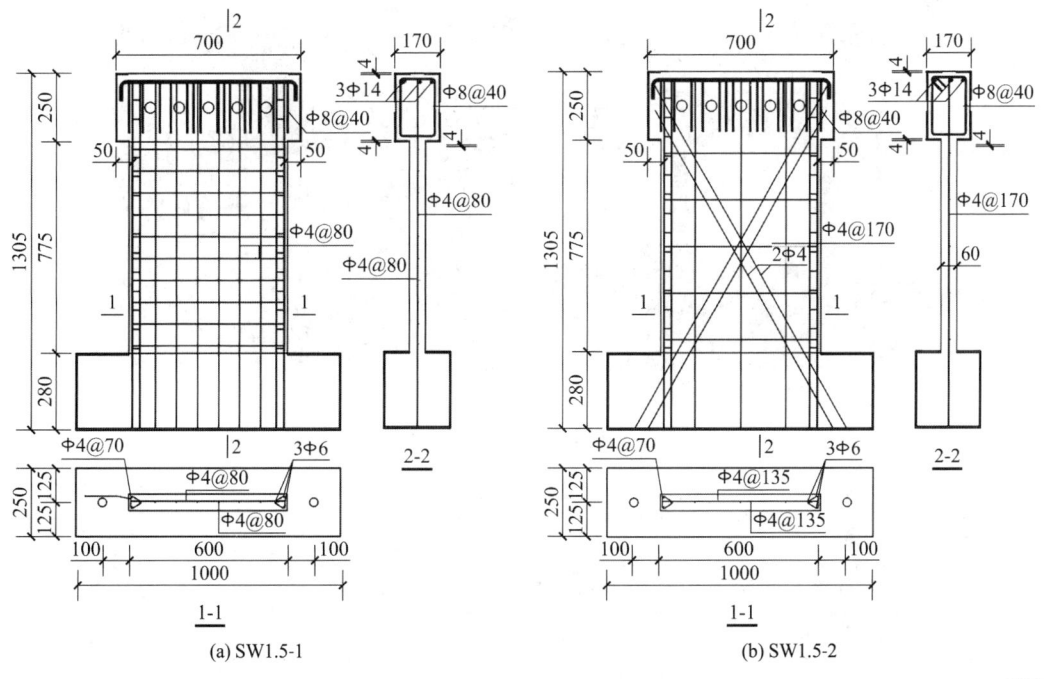

(a) SW1.5-1　　　　　　　　　(b) SW1.5-2

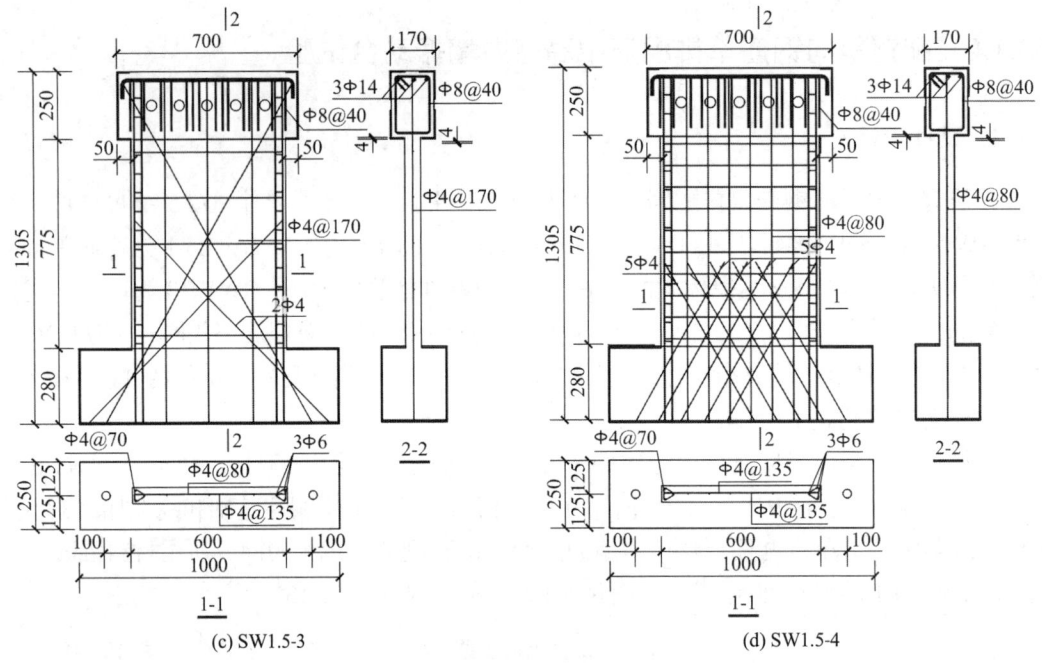

图 10.1-13 试件尺寸及配筋图

2. 试验方案

中高剪力墙试验过程中所使用的加载装置及加载制度与低矮剪力墙振动台试验相同，因此加载装置及加载制度在本节中不再赘述。适用于单排配筋中高剪力墙的振动台试验的整体试验装置示意如图 10.1-14 所示。试验过程中实际采集得到的台面输入加速度峰值（加载工况）见表 10.1-12。

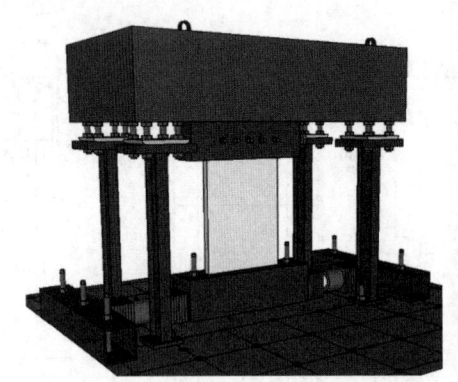

(a) 试验装置示意图

(b) 试验装置照片

图 10.1-14 试验装置示意图

加载工况　　　　表 10.1-12

序号	台面输入加速度峰值（g）			
	试件 SW1.5-1	试件 SW1.5-2	试件 SW1.5-3	试件 SW1.5-4
T-1	0.177	0.163	0.172	0.152

续表

序号	台面输入加速度峰值（g）			
	试件 SW1.5-1	试件 SW1.5-2	试件 SW1.5-3	试件 SW1.5-4
T-2	0.248	0.242	0.247	0.233
T-3	0.343	0.306	0.350	0.304
T-4	0.440	0.402	0.408	0.400
T-5	0.550	0.549	0.493	0.519
T-6	0.586	0.659	0.645	0.626
T-7	0.744	0.792	0.843	0.749
T-8	0.883	0.831	1.015	1.061
T-9	1.026	1.170	1.133	1.317

3. 自振频率

振动台试验过程中，通过幅值 0.05g 的白噪声激振对不同试件在不同试验加载工况阶段的反应，处理可得自振频率和阻尼比，其值详见表 10.1-13，白噪声传递函数频谱衰减图见图 10.1-15。

自振频率和阻尼比试验结果　　　　表 10.1-13

试件 SW1.5-1			试件 SW1.5-2			试件 SW1.5-3			试件 SW1.5-4		
工况	f（Hz）	ζ（%）	工况	f（Hz）	ζ（%）	工况	f（Hz）	ζ（%）	工况	f（Hz）	ζ（%）
地震波激振前	6.93	3.1	地震波激振前	7.22	2.3	地震波激振前	7.13	2.3	地震波激振前	7.32	3.7
0.248g 激励后（初裂）	5.96	3.6	0.242g 激励后	6.73	2.4	0.247g 激励后	6.74	3.9	0.233g 激励后	6.83	4.3
0.343g 激励后	5.08	4.1	0.306g 激励后（初裂）	6.34	2.5	0.350g 激励后	6.60	4.2	0.304g 激励后（初裂）	6.54	4.5
0.440g 激励后	4.81	5.0	0.402g 激励后	5.85	2.7	0.408g 激励后	6.54	4.3	0.400g 激励后	6.34	4.7
0.744g 激励后	4.49	5.7	0.792g 激励后	4.78	4.1	0.843g 激励后	5.37	6.1	0.749g 激励后	5.85	5.4
0.883g 激励后	3.89	6.7	0.831g 激励后	4.36	6.1	1.015g 激励后	4.29	7.6	1.061g 激励后	4.97	6.9

分析可知：

（1）随着4个试件损伤程度发展，自振频率值逐渐减小，阻尼比逐渐增大。随着斜向裂缝的出现和弹塑性位移的增加，试件的刚度逐渐减小。

（2）试验之前对试件进行激振，可得试件的初始自振频率，4个剪力墙的初始自振频率接近，可见斜筋对单排配筋中高剪力墙初始刚度影响不大。

（3）SW1.5-2、SW1.5-3 和 SW1.5-4 的自振频率衰减慢于 SW1.5-1，其中 SW1.5-4 的自振频率衰减最慢，这表明斜筋能有效提升单排配筋中高剪力墙的刚度，降低其刚度衰减速度。在最终破坏工况下，SW1.5-1 和 SW1.5-3 的自振频率快速下降，两个试件的承载能力丧失。而此时 SW1.5-4 的损伤相对轻，震后实测自振频率最大。

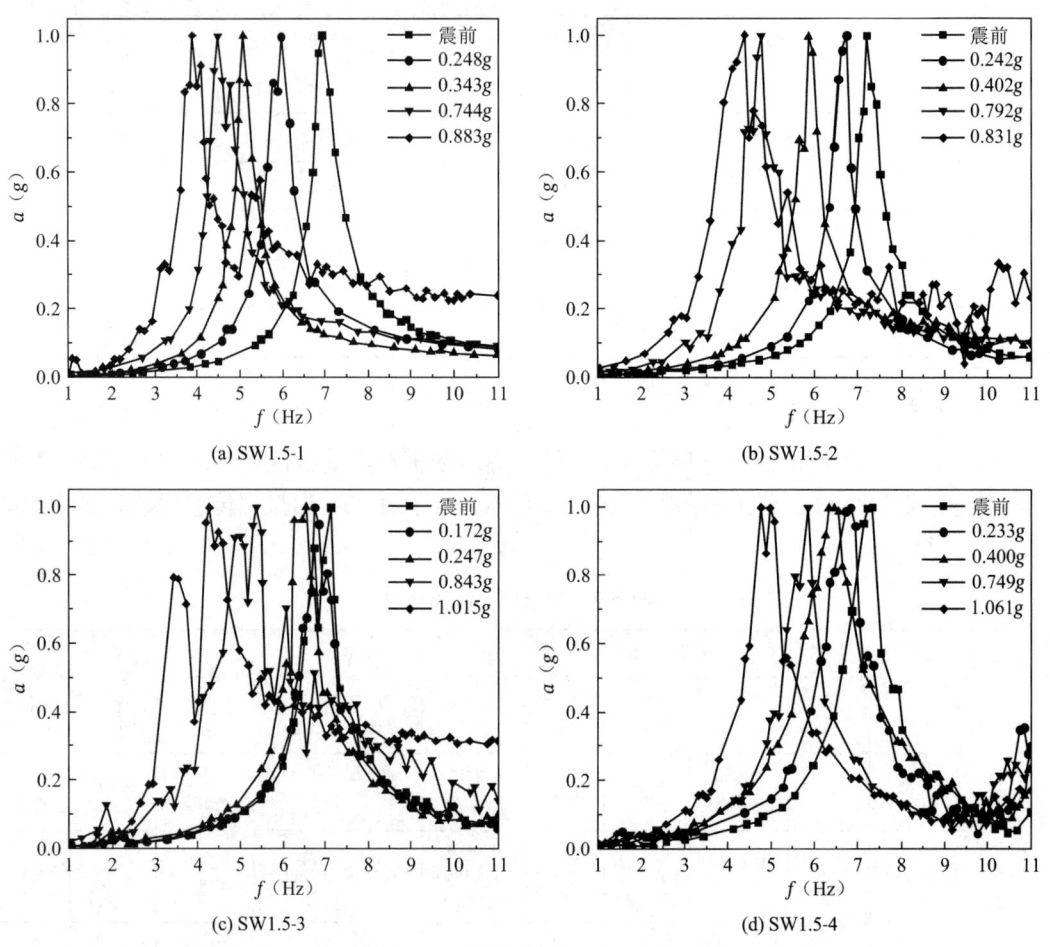

图 10.1-15　白噪声传递函数频率衰减图

4. 加速度反应

4 个试件的顶部绝对加速度反应最大值和基底剪力最大值列于表 10.1-14。4 个试件在开裂前、初始裂缝出现时以及开裂后 4s 的试件顶部加速度反应时程曲线见图 10.1-16。分析表 10.1-14 和图 10.1-16（a）可见：4 个试件在弹性工作阶段的顶部加速度时程反应很接近，此时斜筋未起到明显作用。分析图 10.1-16 可见：在混凝土开裂前后，SW1.5-2、SW1.5-3 和 SW1.5-4 最大顶部绝对加速度反应出现在最初 2s 的时程阶段内；而对于 SW1.5-1，在混凝土开裂前以及初始裂缝出现时，最大顶部绝对加速度反应出现在最初 2s 的时程阶段内。分析图 10.1-16（c）可见：当混凝土开裂后，SW1.5-1 最大绝对加速度反应出现后移现象，原因是 SW1.5-1 在工况 T-6 之后，墙体上出现了明显的斜向裂缝，此时 SW1.5-1 的损伤最为严重；而对于 SW1.5-2、SW1.5-3 和 SW1.5-4，斜筋的配置限制斜向裂缝的发展和保持了墙体的刚度，因此损伤较轻。

计算所得各试件按照实测加速度反应的最大基底剪力值见表10.1-14。分析表10.1-14可见：在工况T-8作用下，4个试件的基底剪力相近；SW1.5-2、SW1.5-3、SW1.5-4的名义抗侧刚度（基底剪力/顶点位移）与试件SW1.5-1相比，分别增加了5.2%、47.9%、58.6%；在墙体内或墙体底部配置斜筋可明显提高单排配筋中高剪力墙的抗震能力。

试件顶部绝对加速度反应最大值和基底剪力最大值　　　　表10.1-14

试件 SW1.5-1			试件 SW1.5-2			试件 SW1.5-3			试件 SW1.5-4		
台面输入(g)	顶部加速度(g)	基底剪力(kN)	台面输入(g)	顶部加速度(g)	基底剪力(kN)	台面输入(g)	顶部加速度(g)	基底剪力(kN)	台面输入(g)	顶部加速度(g)	基底剪力(kN)
0.177	0.151	11.33	0.163	0.154	11.49	0.172	0.183	13.68	0.152	0.166	12.43
0.248	0.295	22.04	0.242	0.261	19.51	0.247	0.268	20.03	0.233	0.274	20.51
0.343	0.459	34.38	0.306	0.378	28.26	0.350	0.382	28.62	0.304	0.382	28.59
0.440	0.504	37.72	0.402	0.394	29.49	0.408	0.526	39.41	0.400	0.412	30.84
0.550	0.827	61.93	0.549	0.537	40.19	0.493	0.615	46.03	0.519	0.577	43.19
0.586	0.991	74.15	0.659	0.660	49.39	0.645	0.744	55.67	0.626	0.796	59.58
0.744	1.045	78.19	0.792	1.007	75.37	0.843	0.933	69.81	0.749	0.893	66.84
0.883	1.405	105.20	0.831	1.339	100.19	1.015	1.360	101.81	1.061	1.411	105.61
1.026	1.141	—	1.170	1.550	116.02	1.133	1.322	—	1.317	1.711	128.07

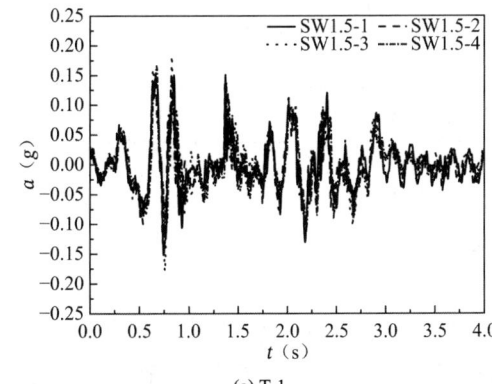

(a) T-1

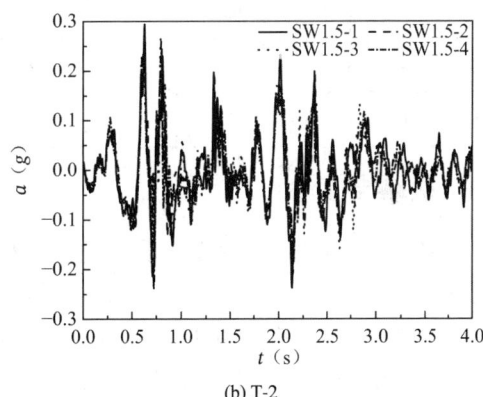

(b) T-2

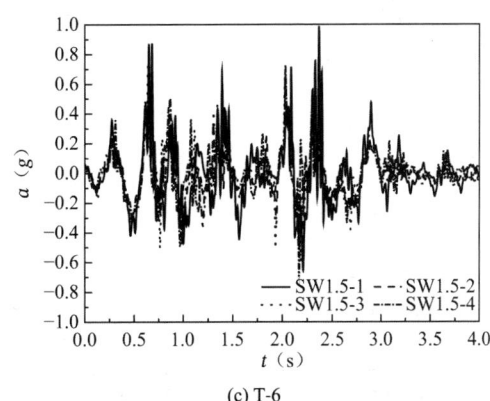

(c) T-6

图 10.1-16　不同阶段各试件顶点加速度反应时程曲线

5. 位移反应

各试件在不同地震作用下的顶点位移反应及层间位移角最大值见表 10.1-15。由表 10.1-15 可见：在工况 T-8 的地震激励作用下，SW1.5-2、SW1.5-3、SW1.5-4 的顶点最大水平位移反应，比 SW1.5-1 分别下降了 9.5%、34.5%、36.7%。表明，在相同的台面地震波激励下，斜筋能在混凝土开裂后显著降低水平位移反应。斜筋可以限制斜向裂缝的发展，从而显著提高试件的抗侧刚度。

试件顶点位移反应及层间位移角最大值　　　　表 10.1-15

试件 SW1.5-1			试件 SW1.5-2			试件 SW1.5-3			试件 SW1.5-4		
台面输入（g）	层间位移（mm）	层间位移角	台面输入（g）	层间位移（mm）	层间位移角	台面输入（g）	层间位移（mm）	层间位移角	台面输入（g）	层间位移（mm）	层间位移角
0.177	0.63	1/1439	0.163	0.41	1/2179	0.172	0.43	1/2090	0.152	0.36	1/2500
0.248	1.05	1/859	0.242	0.75	1/1201	0.247	0.71	1/1271	0.233	0.68	1/1324
0.343	2.04	1/441	0.306	1.12	1/806	0.350	1.01	1/887	0.304	0.95	1/948
0.440	2.65	1/340	0.402	1.62	1/557	0.408	1.36	1/664	0.400	1.59	1/566
0.550	4.63	1/194	0.549	2.55	1/353	0.493	2.01	1/447	0.519	2.28	1/395
0.586	5.80	1/155	0.659	2.96	1/304	0.645	3.01	1/299	0.626	2.46	1/366
0.744	6.95	1/129	0.792	4.63	1/194	0.843	4.79	1/188	0.749	4.06	1/222
0.883	9.72	1/93	0.831	8.80	1/102	1.015	6.36	1/141	1.061	6.15	1/146

6. 破坏特征

图 10.1-17 为试件工况 T-6 后试件裂缝发展图，图 10.1-18 为试件工况 T-8 后试件裂缝发展图，图 10.1-19 为试件最终破坏形态图。

从各试件的破坏形态可见：4 个试件的最终破坏特征都是由主斜裂缝引起的剪切破坏；SW1.5-2 较 SW1.5-1 破坏轻；SW1.5-4 较 SW1.5-3 破坏轻；说明墙板配置斜筋可以有效减轻单排配筋中高剪力墙的地震损伤。

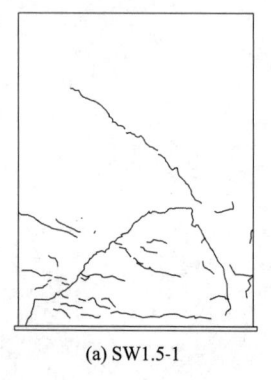
(a) SW1.5-1

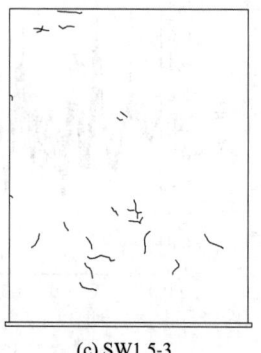
(c) SW1.5-3

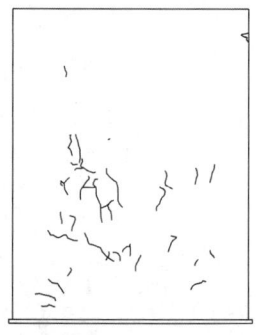
(d) SW1.5-4

图 10.1-17　加载工况 T-6 后试件裂缝发展图

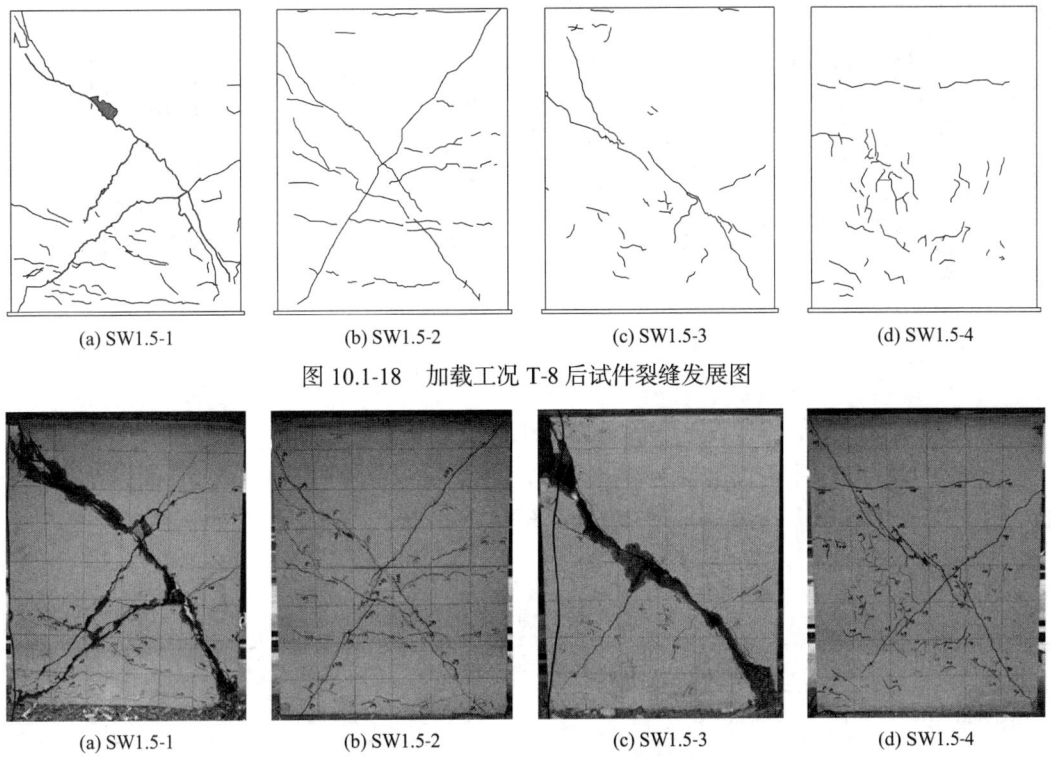

图 10.1-18 加载工况 T-8 后试件裂缝发展图

图 10.1-19 试件最终破坏形态图

7. 损伤程度

对台面地震加速度时程进行对比，参照表 10.1-8 和表 10.1-9 进行分析，可见：SW1.5-1 在台面峰值加速度 0.550g 激励下，发生轻度破坏，最大位移角为 1/194，破坏等级为轻微破坏；SW1.5-2 在台面峰值加速度 0.549g 激励下损伤较小，最大层间位移角为 1/353，破坏等级为很轻微破坏；SW1.5-3 在台面峰值加速度 0.493g 激励下损伤较小，最大层间位移角为 1/447，破坏等级为很轻微破坏；SW1.5-4 在台面峰值加速度 0.519g 激励下损伤较小，最大层间位移角为 1/395，破坏等级为很轻微破坏，能够满足"中震可修"要求。

在大震作用下，4 个试件均已进入非线性损伤阶段，分析可见：SW1.5-1 在台面峰值加速度 0.744g 激励下的最大位移角为 1/129；SW1.5-2 在台面峰值加速度 0.792g 激励下最大位移角为 1/194；SW1.5-3 在台面峰值加速度 0.843g 激励下最大位移角为 1/188；SW1.5-4 在台面峰值加速度 0.749g 激励下最大位移角为 1/222。均小于《建筑抗震设计标准》GB/T 50011—2010（2024 年版）所规定的 1/120 的极限位移角限值，满足"大震不倒"设计要求。

8. 有限元分析

利用 ABAQUS 有限元软件，对中高剪力墙试件 SW1.5-1、SW1.5-2、SW1.5-3、SW1.5-4 进行有限元建模与计算分析。通过 ABAQUS 模拟计算结果与试验实测结果进行对比分析，最终确立较为合理的配置斜向钢筋单排配筋剪力墙 ABAQUS 有限元模型，为配置斜向钢筋单排配筋剪力墙构造优化提供依据，4 个试件在 ABAQUS 内的模型装配见

图 10.1-20。

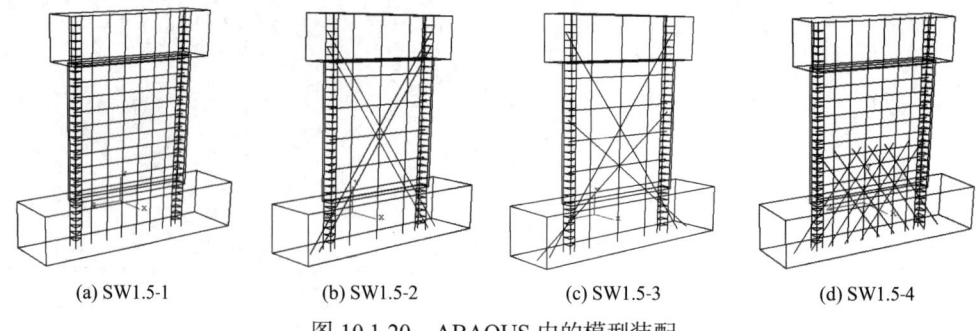

(a) SW1.5-1　　(b) SW1.5-2　　(c) SW1.5-3　　(d) SW1.5-4

图 10.1-20　ABAQUS 内的模型装配

（1）配置斜向钢筋单排配筋中高剪力墙试件自振频率

利用 ABAQUS 对 4 个单排配筋中高剪力墙试件的初始自振频率进行了计算和试验分析，结果见表 10.1-16。由表 10.1-16 可见，ABAQUS 模拟值和试验值的相对误差在 5%以内，二者符合较好。

自振频率计算值与实测值比较　　　　表 10.1-16

自振频率	试件 SW1.5-1	试件 SW1.5-2	试件 SW1.5-3	试件 SW1.5-4
计算值（Hz）	7.25	7.36	7.45	7.68
实测值（Hz）	6.93	7.22	7.13	7.32
相对误差	3.2%	1.9%	4.5%	4.9%

（2）配置斜向钢筋单排配筋中高剪力墙试件加速度对比

利用 ABAQUS 对 4 个单排配筋中高剪力墙加载梁的加速度反应进行了计算，并将计算加载梁的加速度时程曲线与试验结果进行了比较，见图 10.1-21～图 10.1-23。其中：在开裂前弹性阶段，试件 SW1.5-1、SW1.5-2、SW1.5-3、SW1.5-4 计算加载梁加速度反应时程曲线与试验结果比较见图 10.1-21；开裂时弹性阶段，试件 SW1.5-1、SW1.5-2、SW1.5-3、SW1.5-4 计算加载梁加速度反应时程曲线与试验结果比较见图 10.1-22；开裂后弹塑性阶段，试件 SW1.5-1、SW1.5-2、SW1.5-3、SW1.5-4 计算加载梁加速度反应时程曲线与试验结果比较见图 10.1-23。结果表明：各试件计算加载梁加速度反应时程曲线与试验结果比较符合良好。

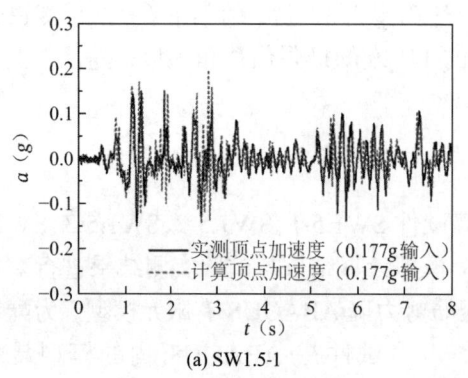

(a) SW1.5-1

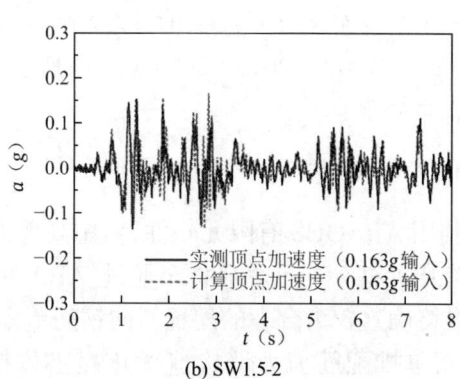

(b) SW1.5-2

第 10 章 单排配筋剪力墙及剪力墙结构振动台试验研究

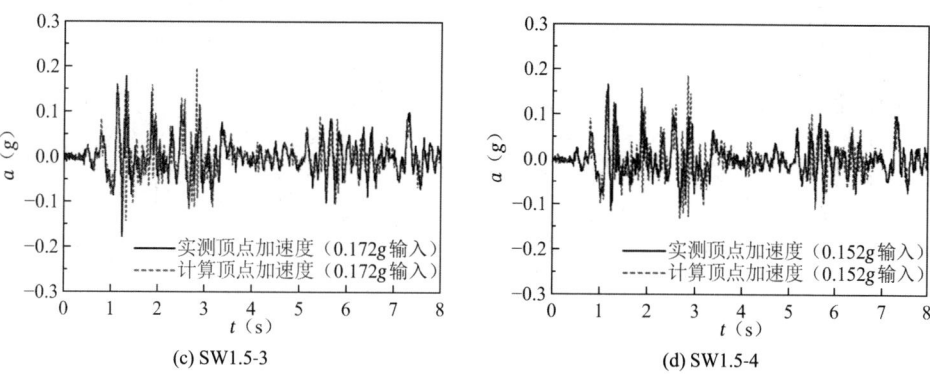

(c) SW1.5-3 (d) SW1.5-4

图 10.1-21 弹性阶段计算加载梁加速度反应时程曲线与试验结果比较

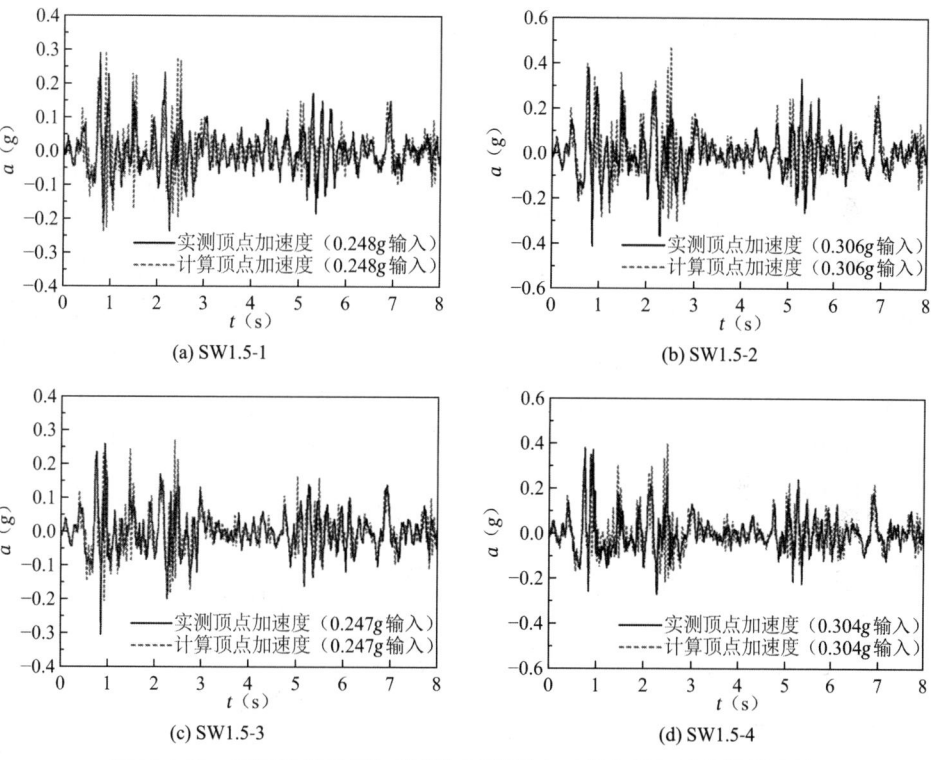

(a) SW1.5-1 (b) SW1.5-2

(c) SW1.5-3 (d) SW1.5-4

图 10.1-22 开裂阶段计算加载梁加速度反应时程曲线与试验结果比较

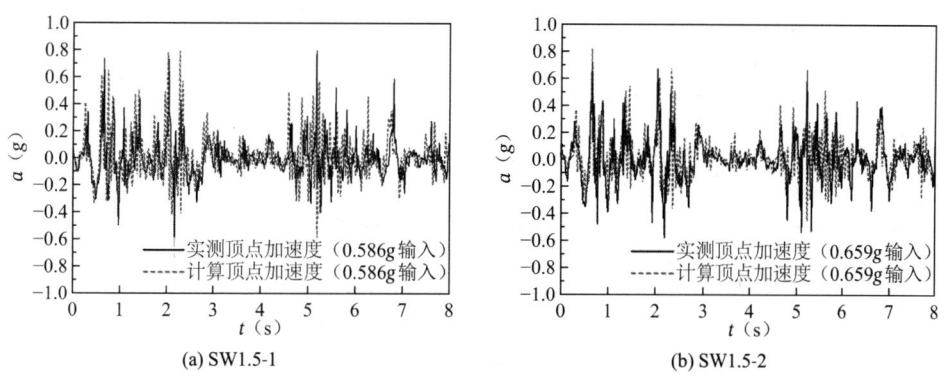

(a) SW1.5-1 (b) SW1.5-2

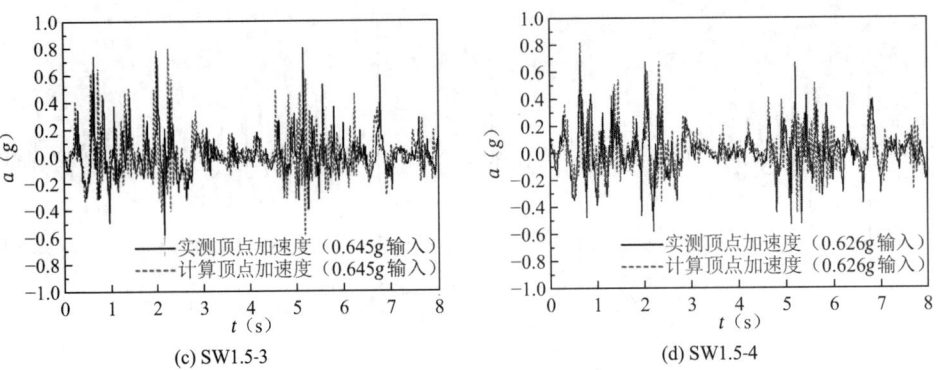

图 10.1-23 弹塑性阶段计算加载梁加速度反应时程曲线与试验结果比较

10.1.3 L形截面配置斜向钢筋单排配筋剪力墙振动台试验

1. 试件设计

为研究配置斜向钢筋单排配筋 L 形截面剪力墙非工程轴方向在地震波激励下的抗震性能，设计了 2 个 1/2.5 缩尺试件，编号为 SLW-1、SLXW-2，2 个试件的剪跨比均为 1.5，属于中高剪力墙。SLW-1 为普通单排配筋 L 形截面剪力墙，SLXW-2 为墙体内配置 60°斜筋的单排配筋 L 形截面剪力墙，2 个试件墙体的总配筋率为 0.26%，L 形截面试件翼缘处和交叉处的边缘构件采用了简化的三角形箍筋暗柱，试件配筋参数见表 10.1-17。2 个试件 SLW-1、SLXW-2 的几何尺寸完全相同，采用刚性基础和刚性加载梁，试件尺寸及配筋图见图 10.1-24。SLW-1 和 SLXW-2 材料性能与前面介绍的振动台试验中高剪力墙试件 SW1.5-1 相同。

试件配筋参数　　　　　　表 10.1-17

试件编号	墙体配筋率	分布筋配筋率	斜筋配筋率	斜筋角度
SLW-1	0.26%	0.26%（φ4@80）	—	—
SLXW-2	0.26%	0.12%（φ4@170）	0.14%（4φ4）	60°

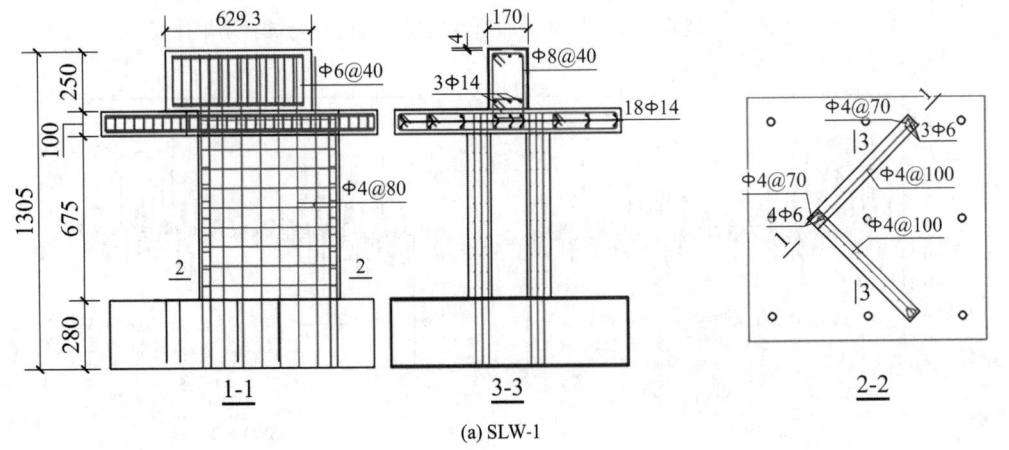

(a) SLW-1

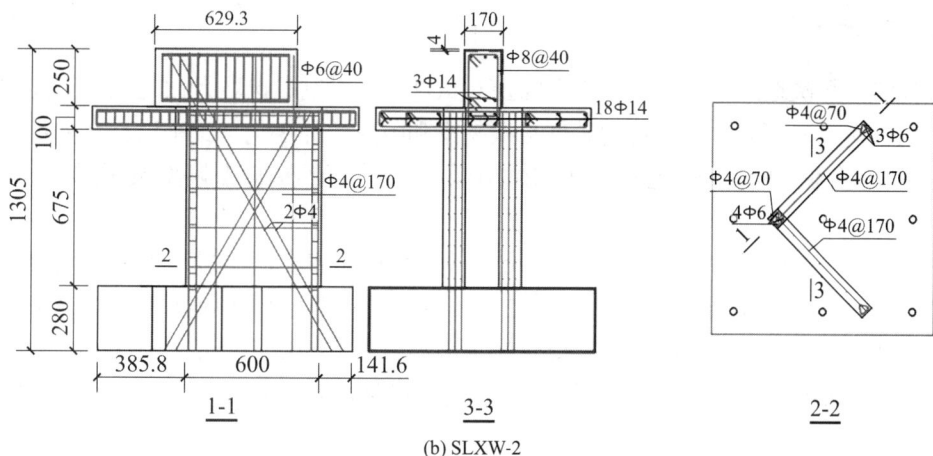

(b) SLXW-2

图 10.1-24 试件尺寸及配筋图

2. 试验方案

适用于 L 形截面剪力墙的振动台试验装置示意图如图 10.1-25 所示。试验过程中，实际采集得到的台面输入加速度峰值（加载工况）见表 10.1-18。

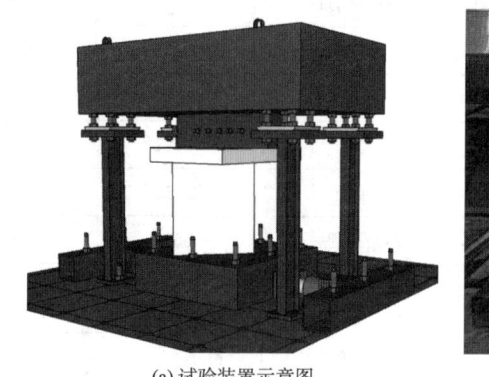

(a) 试验装置示意图

(b) 试验装置照片

图 10.1-25 试验装置示意图

加载工况　　　　　　　　　　　　表 10.1-18

序号	台面输入加速度峰值（g）	
	试件 SLW-1	试件 SLXW-2
T-1	0.189	0.153
T-2	0.340	0.324
T-3	0.505	0.591
T-4	0.670	0.616
T-5	0.853	0.750
T-6	0.954	1.012
T-7	1.110	1.143
T-8	1.295	1.260

3. 自振频率

试验前及每次地震波输入后采用白噪声对试件进行激励，选取台面与加载梁处的加速度实测记录作传递函数处理，得到试件自振频率和阻尼比的变化。2个试件在白噪声激振后所测得的自振频率和阻尼比见表10.1-19，白噪声传递函数频率衰减变化过程见图10.1-26。

由表10.1-19和图10.1-26可见：2个试件的自振频率在试验过程中未发生明显的突变，最终破坏时尚能保有一定承载力；SLW-1的初始频率与SLXW-2相近，表明2个试件的初始刚度接近；2个试件的刚度退化较为平缓，墙体损伤不严重；SLXW-2的频率衰减幅度大于SLW-1，表明在非工程轴方向，刚度退化速度相对快些，但未发生刚度严重下降现象。

自振频率和阻尼比试验结果　　　　表10.1-19

试件 SLW-1			试件 SLXW-2		
试验阶段	f（Hz）	ζ（%）	试验阶段	f（Hz）	ζ（%）
地震波激振前	5.664	4.3	地震波激振前	5.859	3.8
0.189g激励后（初裂）	5.371	4.6	0.153g激励后	5.566	4.2
0.340g激励后	5.078	5.3	0.324g激励后（初裂）	5.273	4.8
0.670g激励后	4.980	5.6	0.616g激励后	4.785	5.2
0.954g激励后	4.492	6.2	1.012g激励后	4.102	5.5
1.110g激励后	4.395	6.8	1.143g激励后	2.832	6.7
1.295g激励后	3.808	7.1	1.260g激励后	2.637	7.8

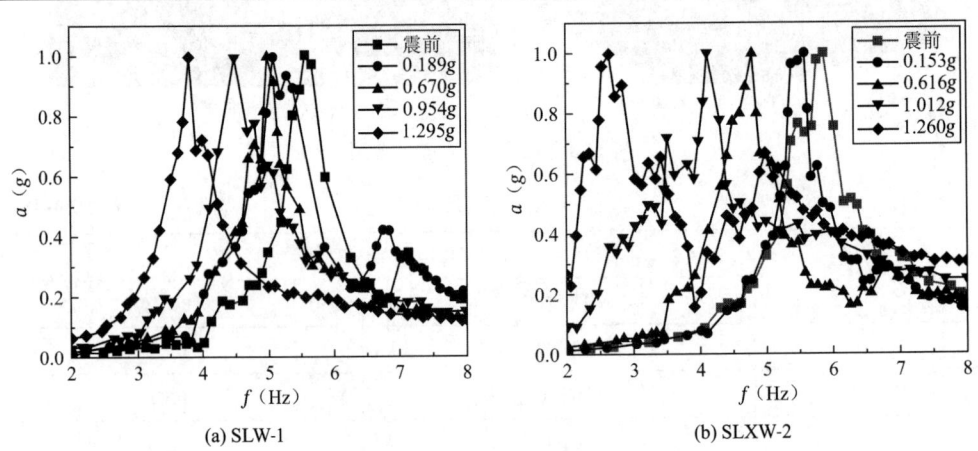

图10.1-26　白噪声传递函数频率衰减图

4. 加速度反应

2个试件开裂前和开裂后以及大震阶段加载梁绝对加速度反应时程曲线比较见图10.1-27。试件加载梁绝对加速度反应和基底剪力最大值见表10.1-20。可见：在小震弹性阶段，2个试件加速度反应较为接近；试件初裂时，试件SLW-1的台面输入加速度峰值为

0.189g，试件 SLXW-2 的台面输入加速度峰值为 0.324g，配置斜筋单排配筋 L 形截面剪力墙的开裂承载力有所提高；在大震弹塑性阶段，SLW-1 的刚度退化比较慢，因此 SLW-1 的墙体顶点加速度反应大些，而 SLXW-2 由于裂缝发展相对较多，顶点的绝对加速度反应幅值相对小些，两个试件均未发生承载力严重下降现象。

试件加载梁绝对加速度反应和基底剪力最大值　　　　表 10.1-20

试件 SLW-1			试件 SLXW-2		
台面输入（g）	加载梁加速度（g）	基底剪力（kN）	台面输入（g）	加载梁加速度（g）	基底剪力（kN）
0.189	0.176	13.18	0.153	0.161	12.08
0.340	0.535	40.06	0.324	0.387	28.96
0.505	0.804	60.17	0.591	0.516	38.62
0.670	1.102	82.51	0.616	0.898	67.2
0.853	1.136	85.04	0.750	1.058	79.22
0.954	1.146	85.76	1.012	1.796	134.43
1.110	1.444	108.05	1.143	2.059	154.12
1.295	2.545	190.52	1.260	2.326	174.1

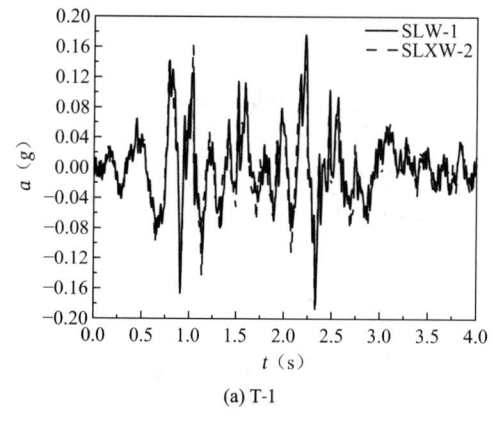

(a) T-1

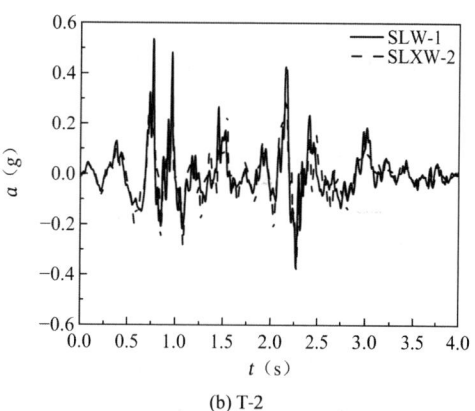

(b) T-2

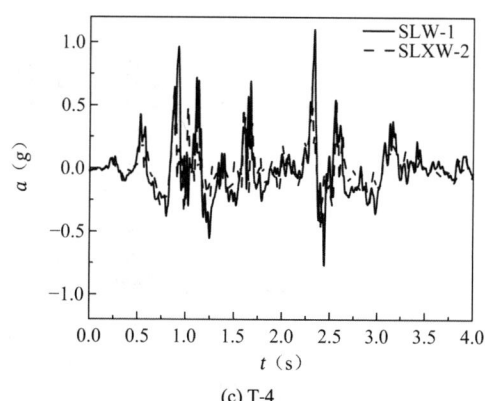

(c) T-4

图 10.1-27　不同阶段 2 个试件加载梁绝对加速度反应时程曲线比较

5. 位移反应

实测所得 2 个试件层间位移及层间位移角反应最大值见表 10.1-21。分析可见：前期阶段，SLW-1 的变形速度增长较快，混凝土外观损伤较 SLXW-2 损伤重；SLXW-2 由于在墙体中配置了斜筋，前期阶段可有效控制总变形发展；在大震作用下，2 个试件均具有良好的变形能力，且位移反应相近。

试件层间位移及层间位移角反应最大值　　　　表 10.1-21

试件 SLW-1			试件 SLXW-2		
台面输入（g）	层间位移（mm）	层间位移角	台面输入（g）	层间位移（mm）	层间位移角
0.189	0.64	1/1413	0.153	0.60	1/1508
0.340	1.91	1/470	0.324	1.30	1/692
0.505	5.52	1/163	0.591	2.59	1/348
0.670	6.36	1/142	0.616	4.89	1/184
0.853	6.87	1/131	0.750	5.52	1/163
0.954	8.01	1/112	1.012	20.50	1/44
1.110	20.38	1/44	1.143	21.01	1/43
1.295	30.61	1/29	1.260	34.37	1/26

6. 破坏特征

2 个试件的最终破坏形态见图 10.1-28。

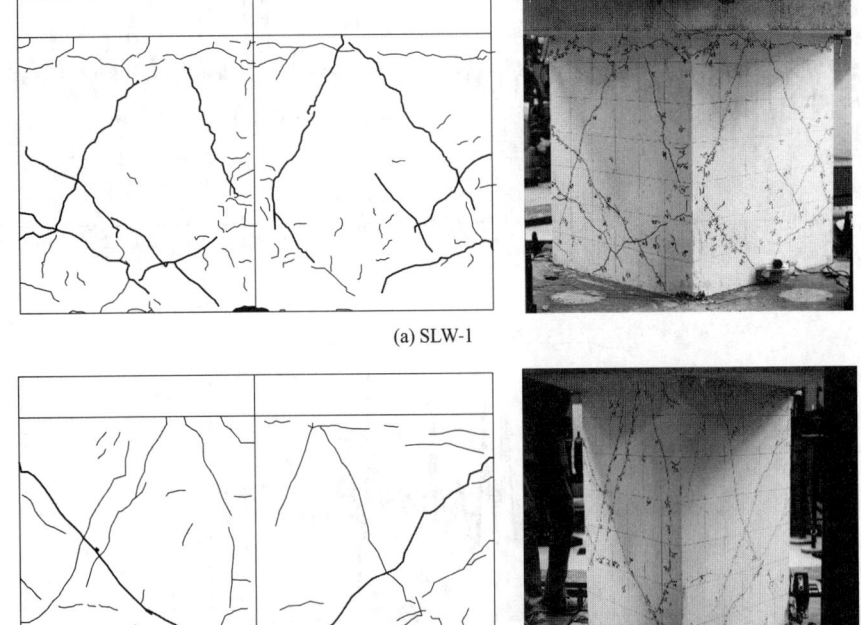

(a) SLW-1

(b) SLXW-2

图 10.1-28　2 个试件最终破坏形态

分析可知：试件 SLW-1 的破坏程度相对严重些，剪切斜裂缝出现较多，墙体破坏时 L 形墙角的混凝土被压碎；SLXW-2 裂缝发展相对较轻，最终破坏时出现一条主斜裂缝，L 形墙角的混凝土未发生明显的压碎现象。

7. 损伤程度

对台面地震加速度时程进行了对比，参照表 10.1-8 和表 10.1-9，分析表明：SLW-1 在台面峰值加速度 0.505g 激励下，发生轻度破坏，破坏轻微，最大位移角为 1/163，破坏等级为轻微破坏；SLXW-2 在台面峰值加速度 0.591g 激励下，未发生明显损伤，最大层间位移角为 1/348，破坏等级为很轻微破坏。能够满足"中震可修"要求。

在大震作用下，2 个试件均已进入非线性损伤阶段，SLW-1 在台面峰值加速度 0.853g 激励下最大位移角为 1/131，SLXW-2 在台面峰值加速度 0.750g 激励下最大位移角为 1/163，均小于《建筑抗震设计标准》GB/T 50011—2010（2024 年版）规定的 1/120 的极限位移角限值，满足"大震不倒"设计要求。

8. 有限元分析

利用 ABAQUS 软件对配置斜向钢筋单排配筋 L 形截面剪力墙 SLW-1 和 SLXW-2 进行有限元建模及计算分析。ABAQUS 模拟计算结果与试验实测结果进行了对比，确立了较为合理的配置斜向钢筋单排配筋剪力墙 ABAQUS 有限元模型，为配置斜向钢筋单排配筋剪力墙构造优化提供了依据。2 个试件在 ABAQUS 内的模型装配见图 10.1-29。

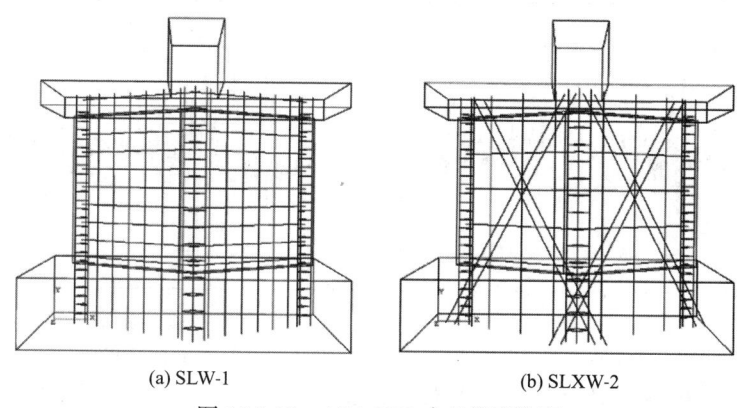

图 10.1-29 ABAQUS 内的模型装配

（1）配置斜向钢筋 L 形单排配筋剪力墙试件非工程轴自振频率

利用 ABAQUS 软件对 2 个 L 形截面单排配筋剪力墙试件的初始自振频率进行了模拟分析和试验，结果见表 10.1-22。由表 10.1-22 可见，ABAQUS 模拟值和试验值的相对误差最大值为 8.1%，二者符合较好。

自振频率计算值与实测值的比较 表 10.1-22

自振频率	试件 SLW-1	试件 SLXW-1
计算值（Hz）	6.12	6.25
实测值（Hz）	5.66	5.86
相对误差	8.1%	6.7%

（2）配置斜向钢筋 L 形截面单排配筋剪力墙试件非工程轴方向加速度对比

利用 ABAQUS 软件，计算所得单排配筋 L 形截面剪力墙加载梁的加速度时程反应与试验结果比较见图 10.1-30～图 10.1-32。其中：在开裂前弹性阶段，试件 SLW-1 和 SLXW-2 计算加载梁加速度反应时程曲线与试验结果比较见图 10.1-30；开裂时弹性阶段，试件 SLW-1 和 SLXW-2 计算加载梁加速度反应时程曲线与试验结果比较见图 10.1-31；开裂后弹塑性阶段，试件 SLW-1 和 SLXW-2 计算加载梁加速度反应时程曲线与试验结果比较见图 10.1-32。总体上，计算结果与试验结果符合较好。

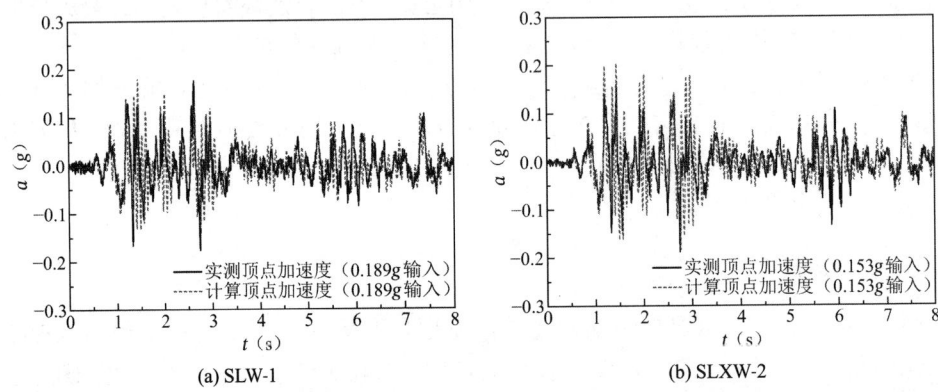

图 10.1-30　弹性阶段计算加载梁加速度反应时程曲线与试验结果比较

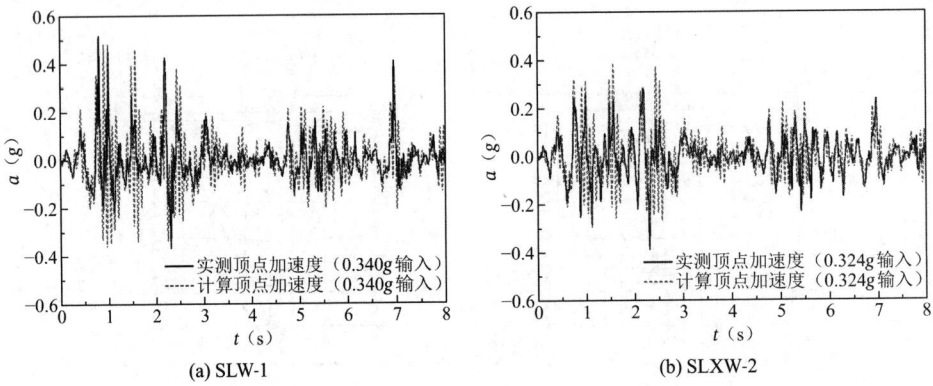

图 10.1-31　开裂阶段计算加载梁加速度反应时程曲线与试验结果比较

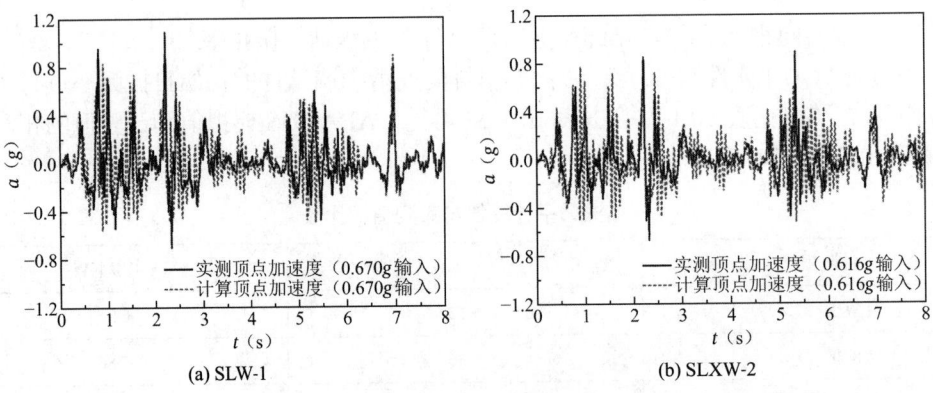

图 10.1-32　弹塑性阶段计算加载梁加速度反应时程曲线与试验结果比较

10.2 四层单排配筋剪力墙结构振动台试验

10.2.1 试验概况

1. 试件设计

进行了 1 个缩尺为 1：4 的四层单排配筋混凝土剪力墙结构模型的模拟地震振动台试验，模型编号为 SWST(4)，模型的平面由四个对称布置、几何尺寸完全一致的 L 形截面剪力墙组成，四个 L 形墙肢之间通过连梁和楼板相连。首层层高 875mm，二层至四层层高均为 750mm，墙肢厚度为 35mm，一面墙体配筋采用双向双排钢筋，竖直分布筋和水平分布筋均为 $\phi 2.2@120$，一面墙体配筋采用双向单排配筋，竖直分布筋和水平分布筋均为 $\phi 2.2@60$。模型平、立、剖面图见图 10.2-1，模型试验照片见图 10.2-2。

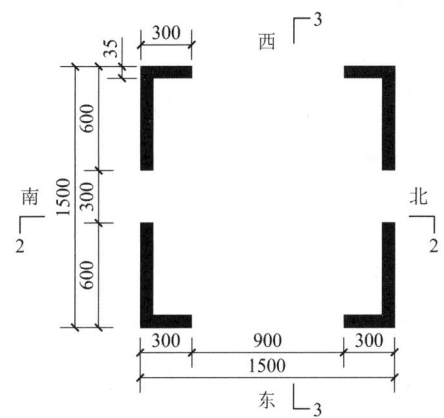

(a) SWST(4)平面图

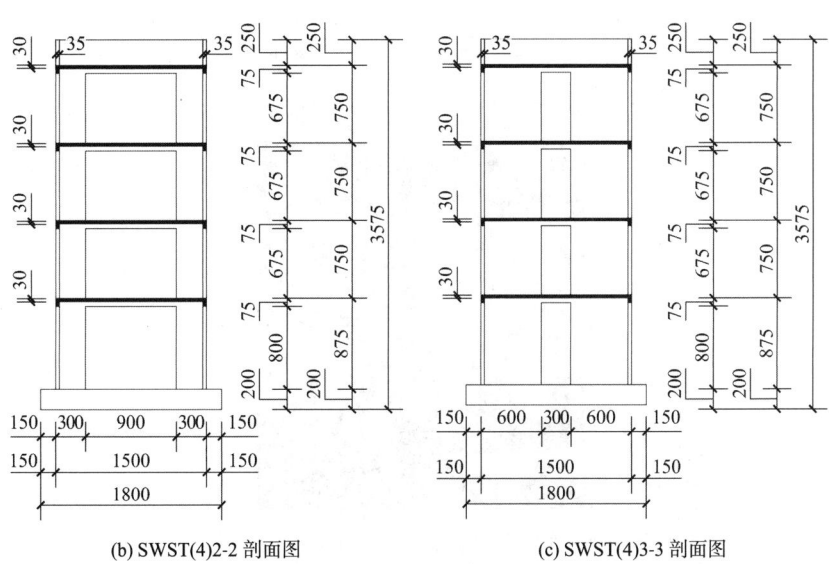

(b) SWST(4)2-2 剖面图　　　　(c) SWST(4)3-3 剖面图

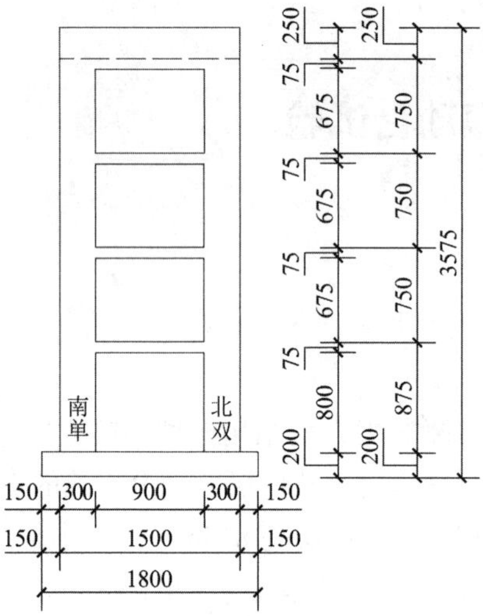

(d) SWST(4)东立面图

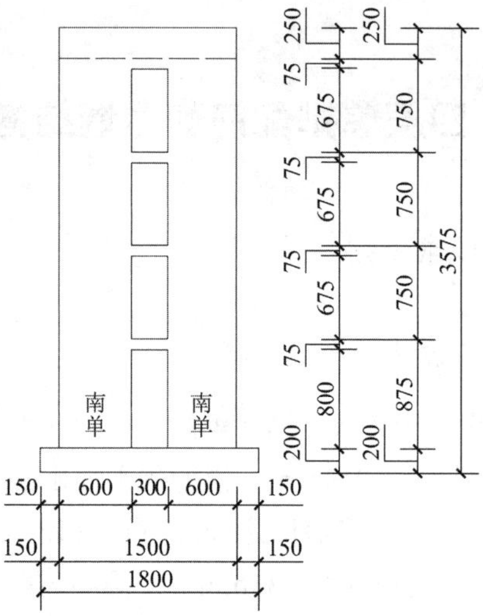

(e) SWST(4)南立面图

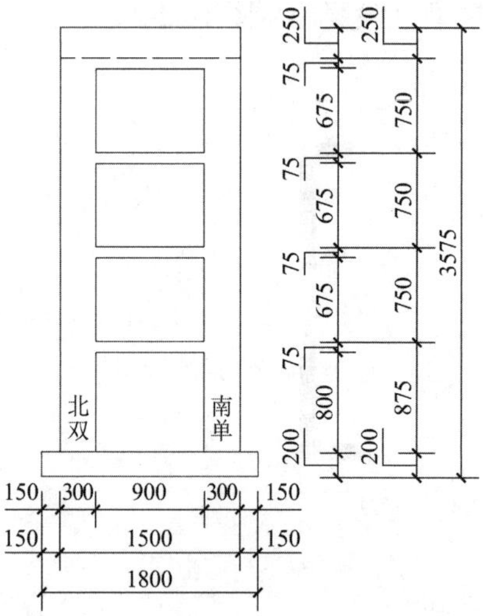

(f) SWST(4)西立面图

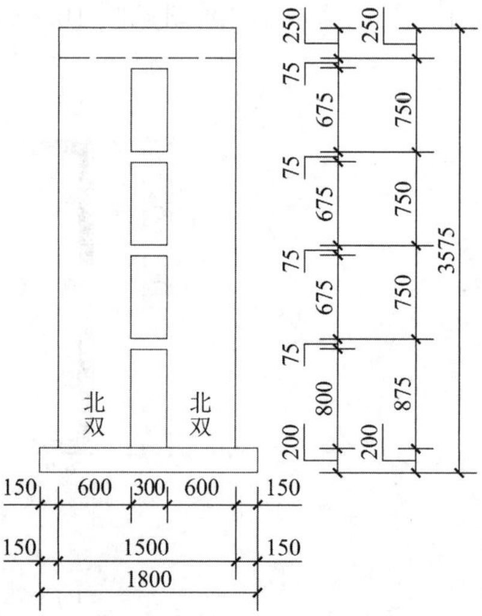

(g) SWST(4)北立面图

图 10.2-1　模型平、立、剖面图

图 10.2-2　四层剪力墙结构 SWST(4)模型试验照片

四层单排配筋混凝土剪力墙结构 SWST(4) 的墙体采用 C20 混凝土浇筑，基础采用 C30 混凝土浇筑，混凝土的力学性能见表 10.2-1，钢筋的力学性能见表 10.2-2。

混凝土的力学性能　　　　表 10.2-1

混凝土强度等级	弹性模量（MPa）	立方体抗压强度（MPa）
C20	2.56×10^4	25.63
C30	—	36.96

钢筋的力学性能　　　　表 10.2-2

钢筋	屈服强度（MPa）	极限强度（MPa）	延伸率（%）	弹性模量（MPa）
φ1.6	246.52	350.18	18.63	1.90×10^5
φ2.2	241.62	330.67	19.76	1.88×10^5
φ3	235.73	319.68	20.28	1.87×10^5

2. 相似关系

模型与原型的各物理量相似系数见表 10.2-3。本试验选取几何（长度）相似比 S_l、应变相似比 S_ε 和弹性模量相似比 S_E 为基本相似系数，应力相似比 S_σ、质量密度相似比 S_ρ、线位移相似比 S_x、面荷载相似比 S_q、质量相似比 S_m、刚度相似比 S_k、时间相似比 S_t 和加速度相似比 S_a 均可通过以上三个基本相似比通过量纲计算得出。为了满足模型和原型的质量及活荷载相似关系，用设置附加质量的方法，在模型的各层楼板附加质量块，并牢固固定，防止振动过程中铁块滑动。用设置配重的方法满足质量和活荷载的相似关系。在各楼层上附加质量块，并将附加质量块用水泥砂浆固定在楼板上。总附加质量块质量为 6.282t，其中顶层为 2.517t，其他三层每层各 1.255t。

模型与原型的各物理量相似系数　　　　表 10.2-3

物理量	相似关系（模型/原型）	相似比（模型/原型）
应力 σ	$S_\sigma = S_E$	1
应变 ε	S_ε	1
弹性模量 E	S_E	1
质量密度 ρ	$S_\rho = S_E/S_l$	4
长度 l	S_l	1/4
线位移 x	$S_x = S_l$	1/4
面荷载 q	$S_q = S_E$	1
质量 m	$S_m = S_\rho S_l^3$	1/16
刚度 k	$S_k = S_E S_l$	1/4
时间 t	$S_t = (S_m/S_k)^{1/2}$	$(1/4)^{1/2}$
加速度 a	$S_a = S_l/(S_t)^2$	1

10.2.2 振动台试验方案

1. 测试内容

试验在北京工业大学城市与工程安全减灾教育部重点实验室的振动台上完成。振动台台面尺寸为 3m×3m，最大负荷 10t。试验测试了模型动力特性和动力反应，包括：各阶自振频率、振型、阻尼比；振动台台面及各楼层的绝对加速度反应；模型 2 层及模型顶点相对于基础的位移；墙肢纵筋应变及连梁钢筋应变。

2. 测点布置

模型在基础和各层及顶点均布置了加速度传感器，以测量基础及各楼层的加速度反应；在二层和四层布置了位移传感器，用来测量二层及结构顶点相对于基础的位移。模型仪器测点布置如图 10.2-3 所示，图 10.2-4 为测点布置现场照片。

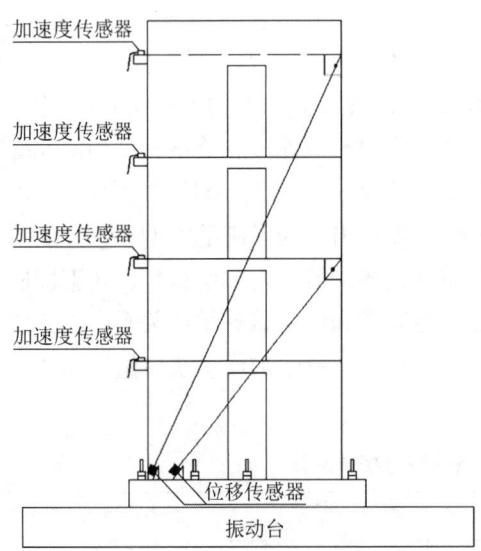

图 10.2-3 测点布置

图 10.2-4 测点布置现场

3. 试验方案

振动台台面单向输入 El Centro（1940）N-S 地震波，地震波平行于东西向输入。根据时间相似关系的要求，El Centro 输入时间间隔为 $0.02 \times 0.5 = 0.01s$，持续时间为 $53 \times 0.5 = 26.5s$。试验过程中台面实际输入值见表 10.2-4。

台面实际输入值　　　　表 10.2-4

模型 SWST(4)		
工况	地震烈度	台面输入（g）
1	7 度多遇烈度	0.053
2	7 度基本烈度	0.114

第 10 章 单排配筋剪力墙及剪力墙结构振动台试验研究

续表

	模型 SWST(4)	
工况	地震烈度	台面输入（g）
3	—	0.169
4	7 度罕遇烈度	0.228
5	7 度罕遇烈度	0.262
6	—	0.331
7	—	0.363
8	8 度罕遇烈度	0.434
9	8 度罕遇烈度	0.500
10	—	0.555
11	—	0.600
12	9 度罕遇烈度	0.663
13	—	0.693

模型在开裂前、开裂后及破坏后均进行了动力特性的测试，其测试方法为：先在模型第 3 层和顶层再各安装一个加速度传感器，然后用安装在模型顶部的超低频信号发生激振器对模型激振，同时调节信号发生器的激振频率，通过示波器监测模型第 3 层和顶层两个加速度波形的幅值和相位，使信号发生器在各阶频率下与模型发生共振，此时用动态数据采集系统采集模型各楼层的加速度反应，然后关掉信号发生器并采集各楼层加速度衰减反应，通过对各层加速度反应曲线的分析，得出模型的自振频率、振型和阻尼比。模型各破坏阶段自振特性测试过程见表 10.2-5。

模型各破坏阶段自振特性测试过程　　　　表 10.2-5

	模型 SWST(4)
序号	试验阶段
1	地震波激振前
2	0.114g 后（初裂）
3	0.434g 后（8 度罕遇烈度）
4	0.693g 后（破坏）

10.2.3 动力特性

1. 自振频率和阻尼比

试验测得了模型在不同阶段的前二阶自振频率及阻尼比，实测结果见表 10.2-6。从表 10.2-6 中可以看出：随着地震波加速度峰值的不断加大，模型裂缝的不断发展，以及塑性变形的不断增加，模型的各阶频率都呈下降趋势，阻尼比呈增大趋势。模型在地震波激振前测得的自振加速度衰减曲线见图 10.2-5，开裂后测得的自振加速度衰减曲线见图 10.2-6，模型频率衰减趋势图见图 10.2-7，模型的阻尼比增加趋势图见图 10.2-8。

前二阶自振频率及阻尼比测试结果　　　　　　表 10.2-6

模型 SWST(4)				
试验阶段	一阶频率（Hz）	一阶阻尼比	二阶频率（Hz）	二阶阻尼比
激振前	9.35	0.01126	40.98	0.00828
0.114g后	8.52	0.01363	37.19	0.01216
0.434g后	7.26	0.01562	31.79	0.01321
0.693g后	3.12	0.03968	23.65	0.02683

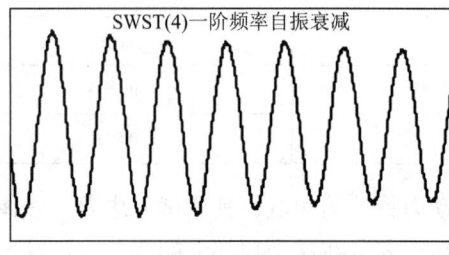

(a) SWST(4)一阶频率衰减　　　　　　(b) SWST(4)二阶频率衰减

图 10.2-5　地震波激振前自振加速度衰减曲线

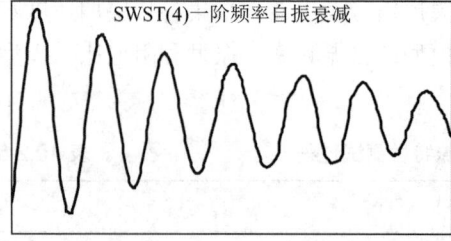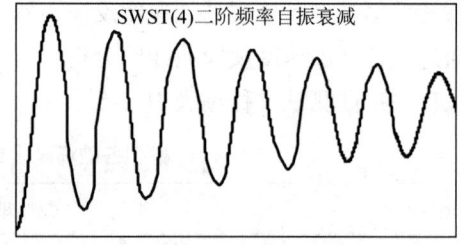

(a) SWST(4)一阶频率衰减（0.693g后）　　　　(b) SWST(4)二阶频率衰减（0.693g后）

图 10.2-6　开裂后自振加速度衰减曲线

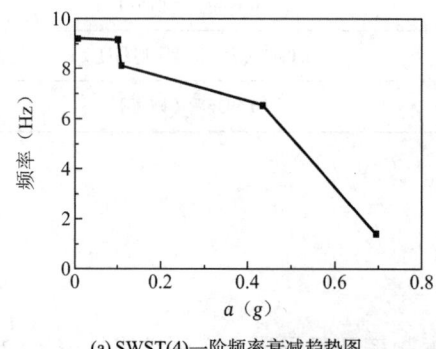

(a) SWST(4)一阶频率衰减趋势图　　　　　　(b) SWST(4)二阶频率衰减趋势图

图 10.2-7　模型频率衰减趋势图

第10章 单排配筋剪力墙及剪力墙结构振动台试验研究

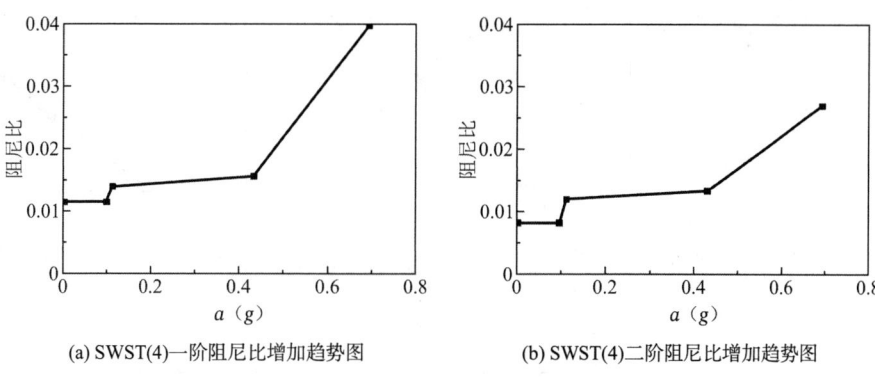

(a) SWST(4)一阶阻尼比增加趋势图　　(b) SWST(4)二阶阻尼比增加趋势图

图 10.2-8　模型的阻尼比增加趋势图

2. 振型

试验测得了模型的前 2 阶振型，各试验阶段测得的振型值见表 10.2-7，图 10.2-9 给出了 SWST(4)开裂前振型图，图 10.2-10 给出了 SWST(4)开裂前后的第一阶、第二阶振型变化比较图。由图可见：开裂前后模型的振型均呈弯剪型。

模型各阶段振型值　　　　　　　　　　　　　　表 10.2-7

试验阶段	振型	模型 SWST(4) 楼层			
		1	2	3	4
激振前	一阶	0.205	0.478	0.775	1
	二阶	0.603	1	0.535	−0.339
0.114g后	一阶	0.191	0.468	0.768	1
	二阶	0.629	1	0.565	−0.306
0.434g后	一阶	0.229	0.485	0.785	1
	二阶	0.645	1	0.590	−0.287
0.693g后	一阶	0.253	0.488	0.754	1
	二阶	0.616	1	0.603	−0.251

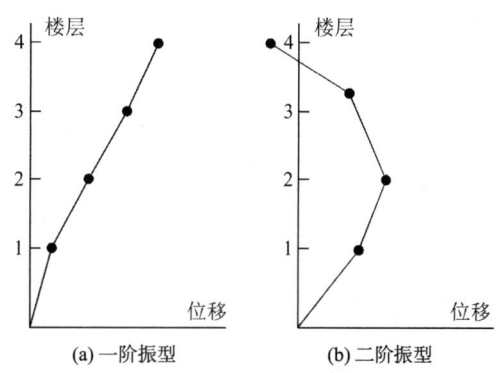

(a) 一阶振型　　(b) 二阶振型

图 10.2-9　SWST(4)开裂前振型

-395-

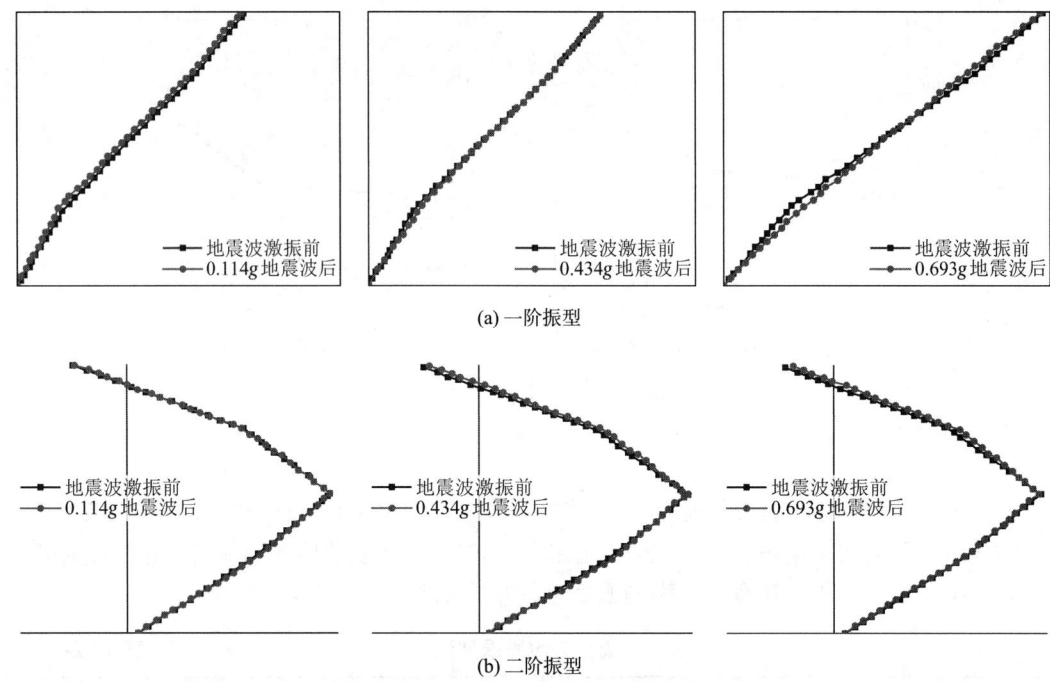

图 10.2-10 模型 SWST(4)开裂前后振型变化比较图

3. 加速度时程反应

模型 SWST(4)的各层绝对加速度反应最大值见表 10.2-8，模型在不同加速度地震波输入时各层的绝对加速度反应时程曲线见图 10.2-11～图 10.2-23。

模型 SWST(4)各层绝对加速度反应最大值　　　　表 10.2-8

模型 SWST(4)				
台面输入（g）	1 层（g）	2 层（g）	3 层（g）	4 层（g）
0.053	0.072	0.082	0.108	0.124
0.114	0.165	0.202	0.231	0.271
0.169	0.210	0.296	0.414	0.446
0.228	0.307	0.441	0.471	0.570
0.262	0.332	0.467	0.544	0.685
0.331	0.438	0.552	0.657	0.707
0.363	0.500	0.626	0.670	0.788
0.434	0.547	0.680	0.772	0.893
0.500	0.616	0.780	0.910	1.092
0.555	0.708	0.982	1.112	1.213

续表

模型 SWST(4)				
台面输入（g）	1层（g）	2层（g）	3层（g）	4层（g）
0.600	0.770	1.023	1.181	1.276
0.663	0.856	1.081	1.239	1.322
0.693	0.881	1.111	1.262	1.343

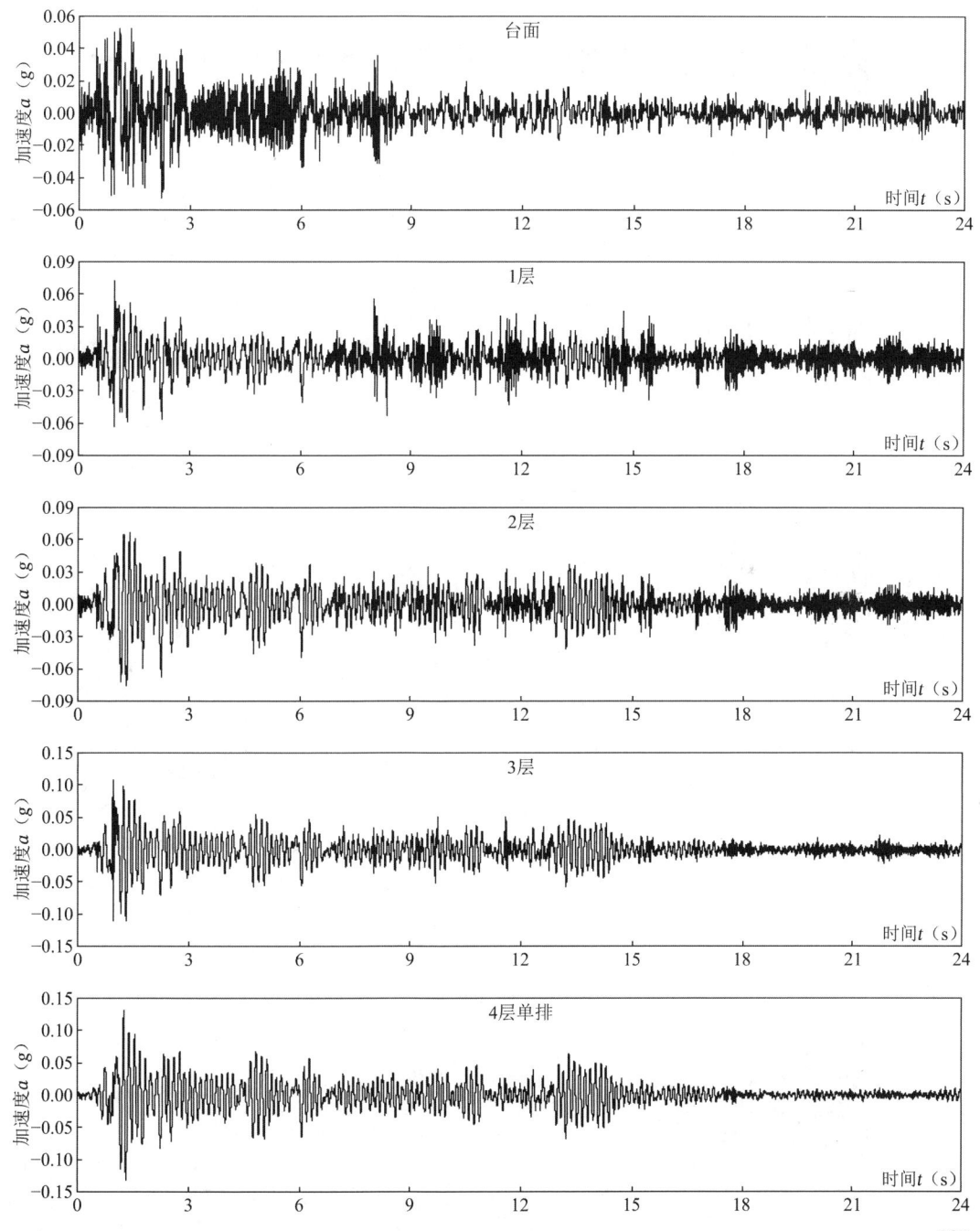

单排配筋混凝土剪力墙结构

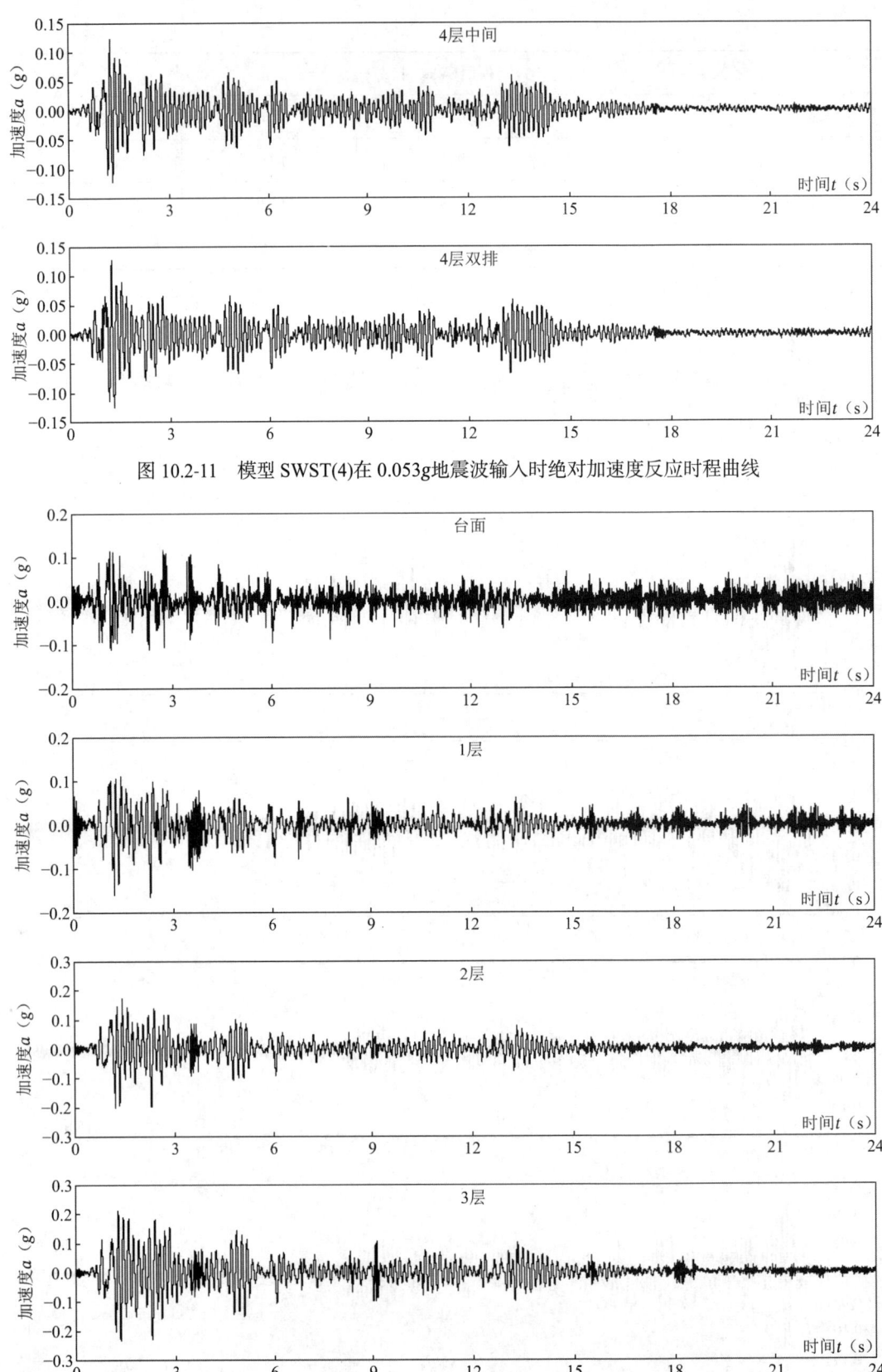

图 10.2-11 模型 SWST(4) 在 0.053g 地震波输入时绝对加速度反应时程曲线

第 10 章 单排配筋剪力墙及剪力墙结构振动台试验研究

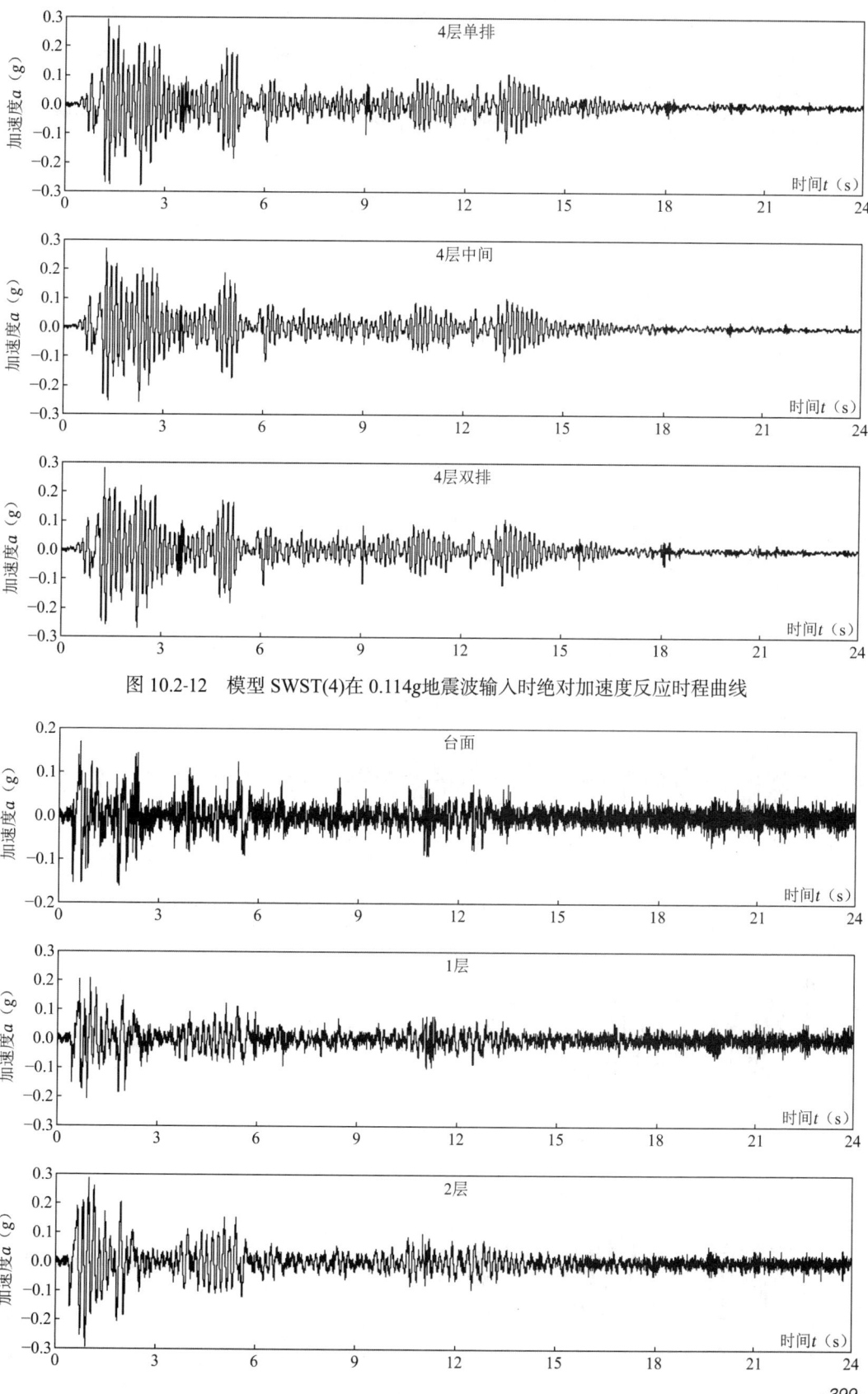

图 10.2-12 模型 SWST(4)在 0.114g 地震波输入时绝对加速度反应时程曲线

单排配筋混凝土剪力墙结构

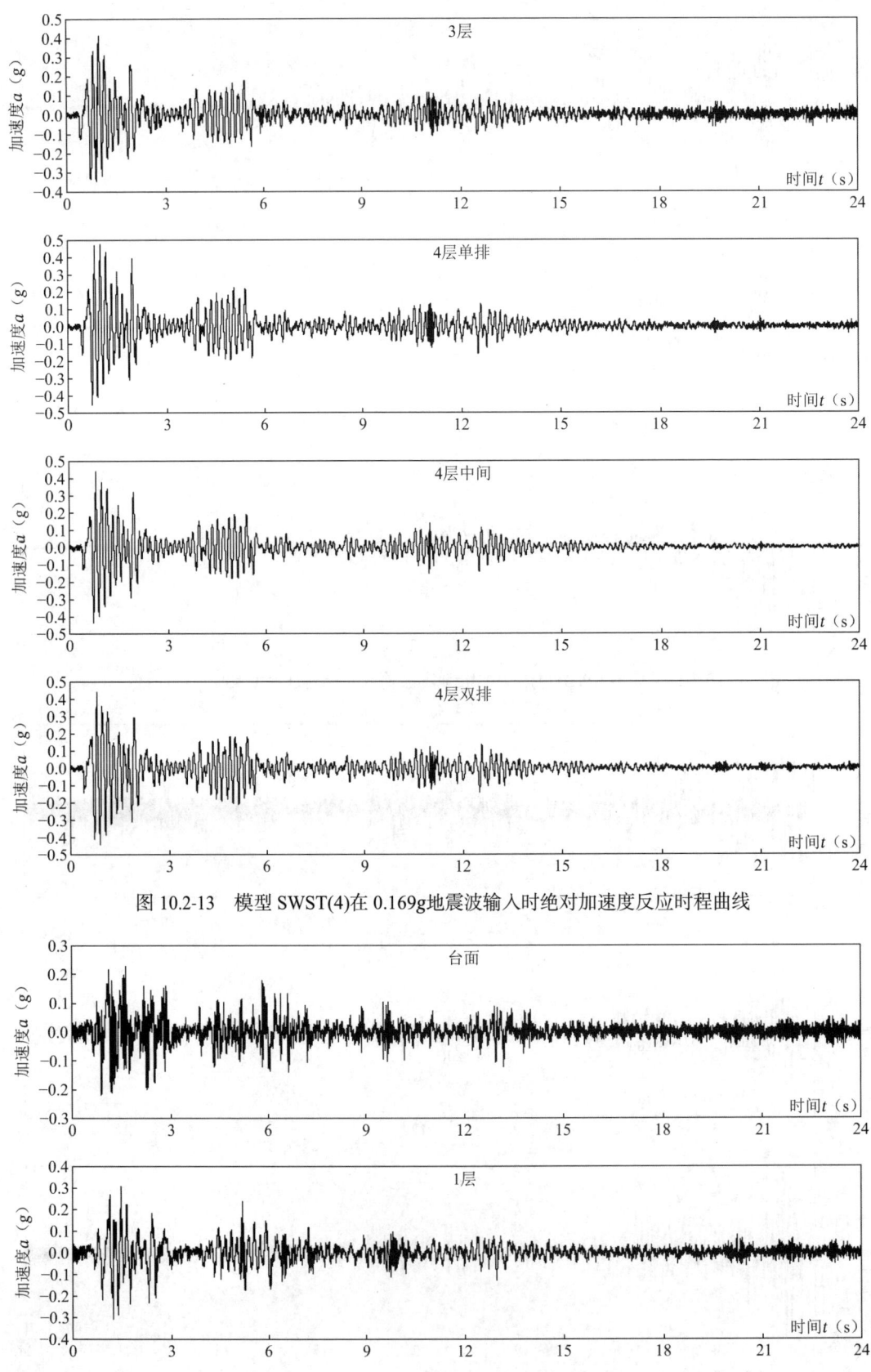

图 10.2-13 模型 SWST(4) 在 0.169g 地震波输入时绝对加速度反应时程曲线

第 10 章 单排配筋剪力墙及剪力墙结构振动台试验研究

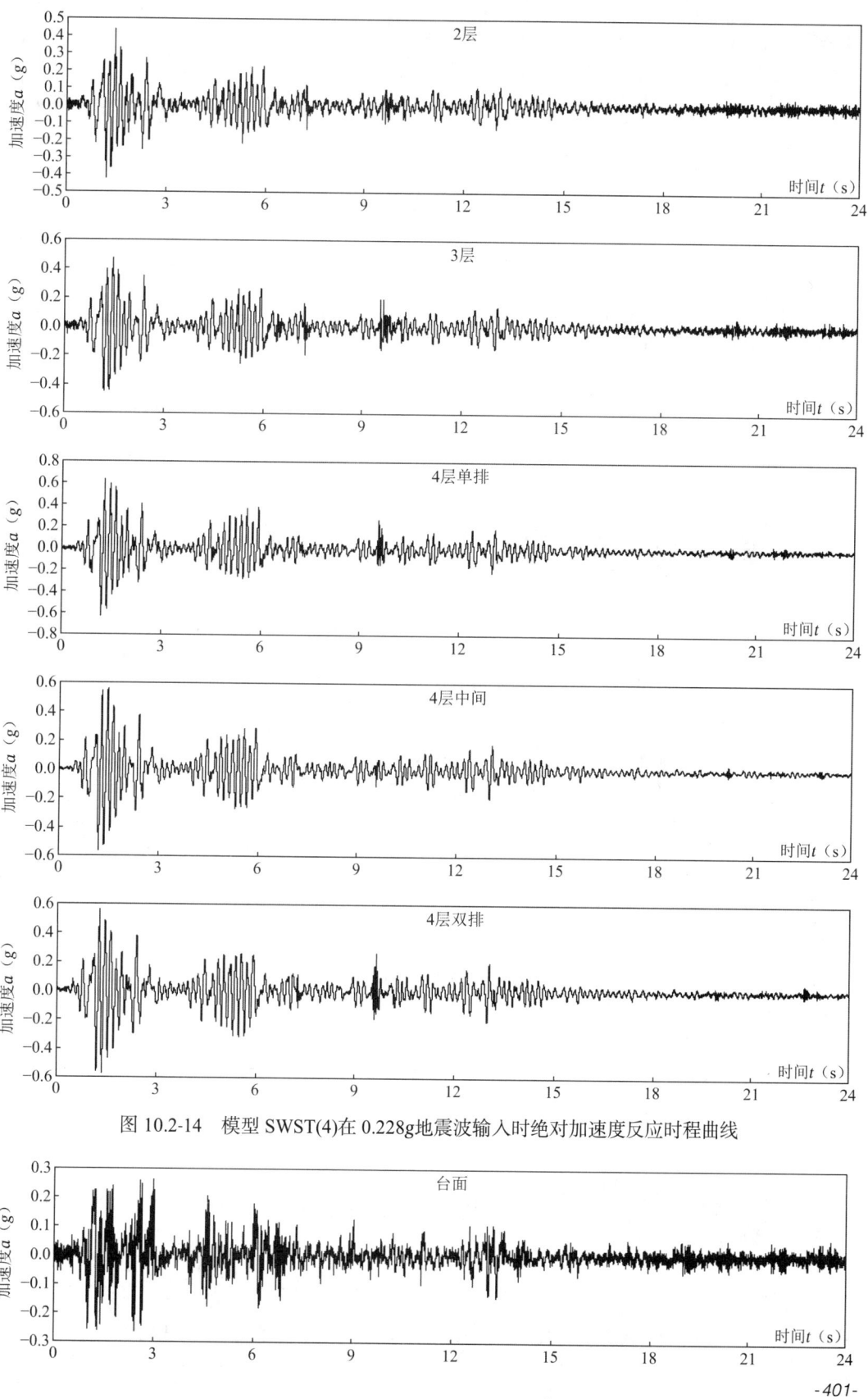

图 10.2-14　模型 SWST(4) 在 0.228g 地震波输入时绝对加速度反应时程曲线

单排配筋混凝土剪力墙结构

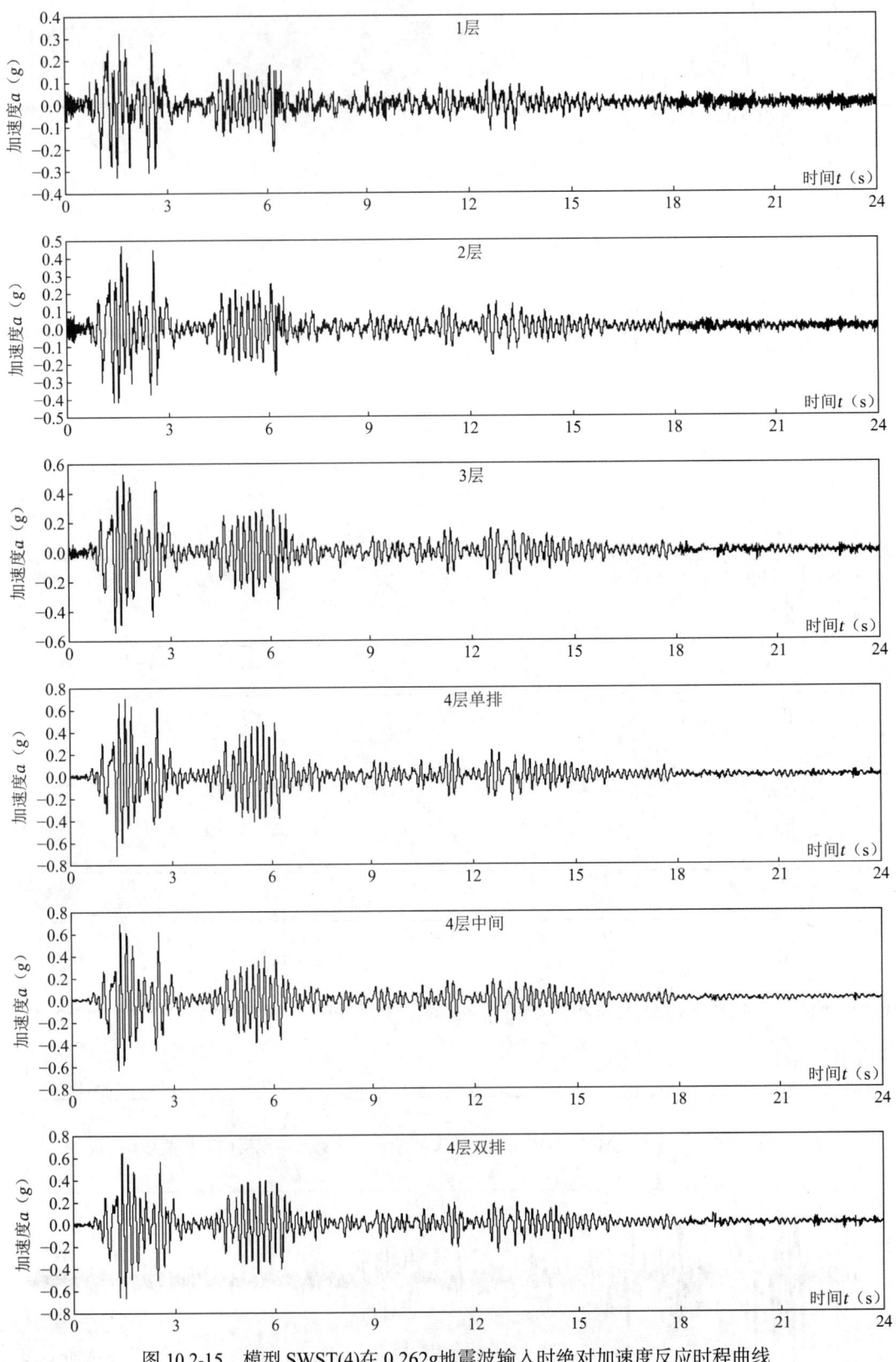

图 10.2-15 模型 SWST(4)在 0.262g 地震波输入时绝对加速度反应时程曲线

第10章 单排配筋剪力墙及剪力墙结构振动台试验研究

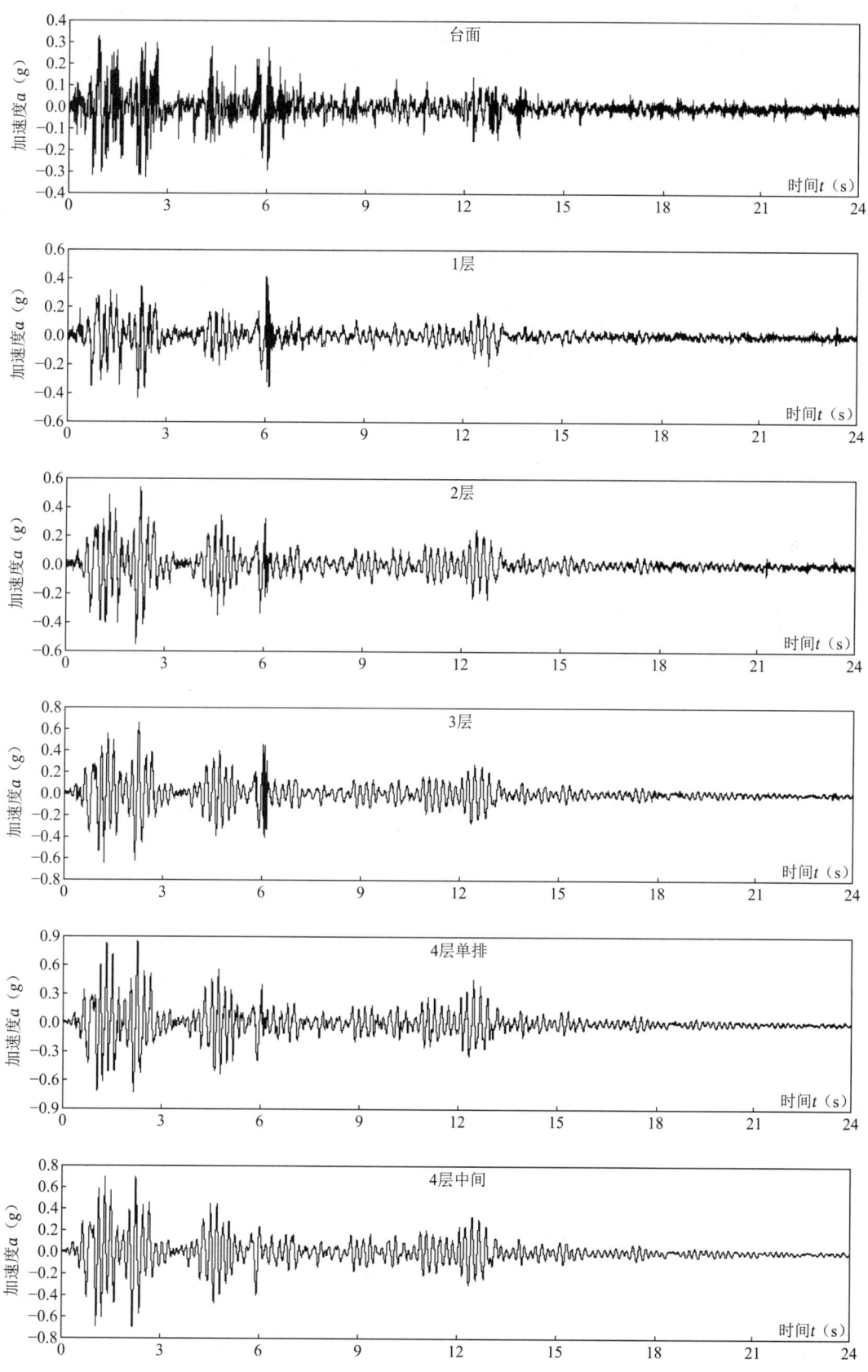

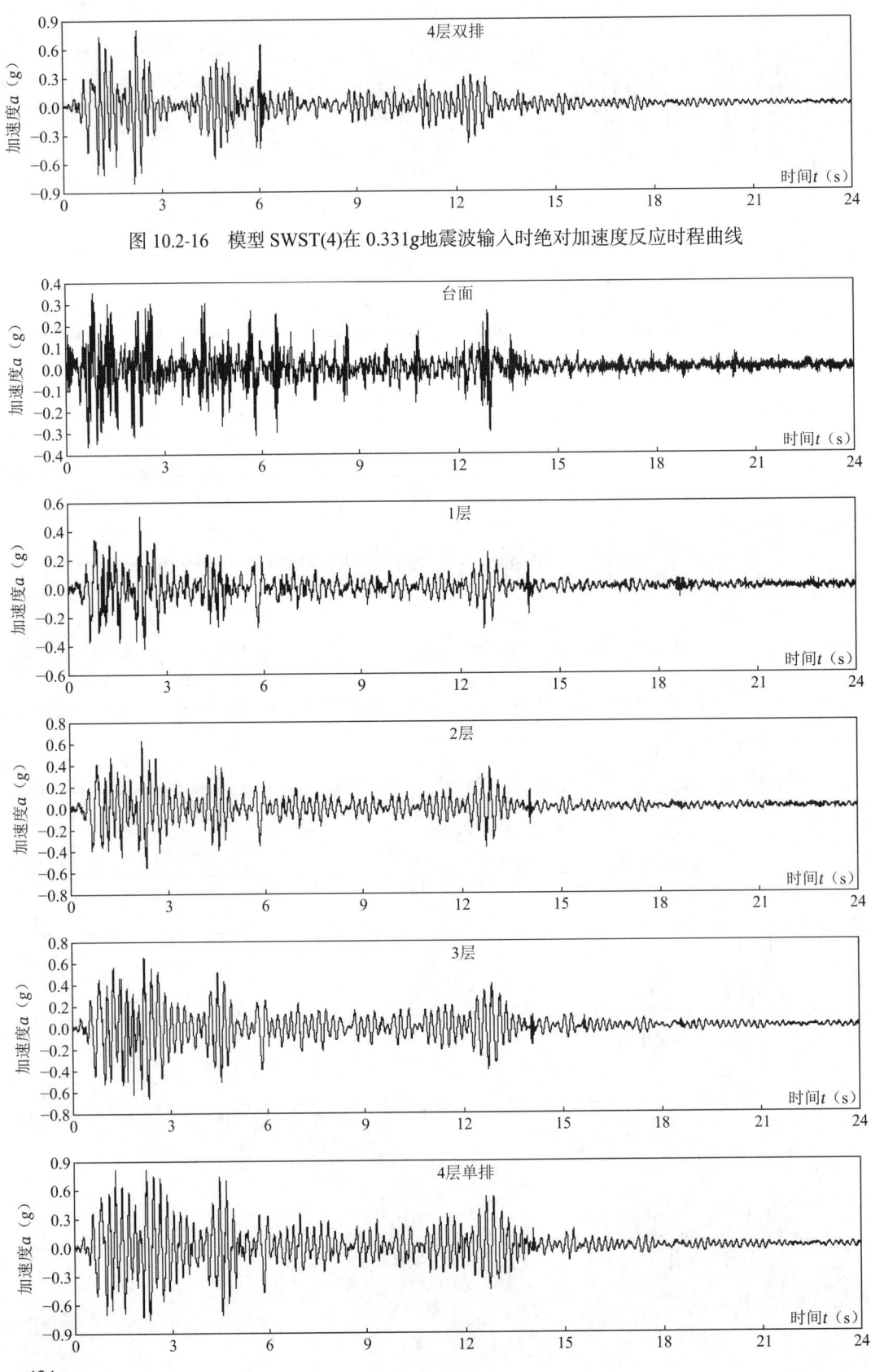

图 10.2-16 模型 SWST(4)在 0.331g 地震波输入时绝对加速度反应时程曲线

第 10 章 单排配筋剪力墙及剪力墙结构振动台试验研究

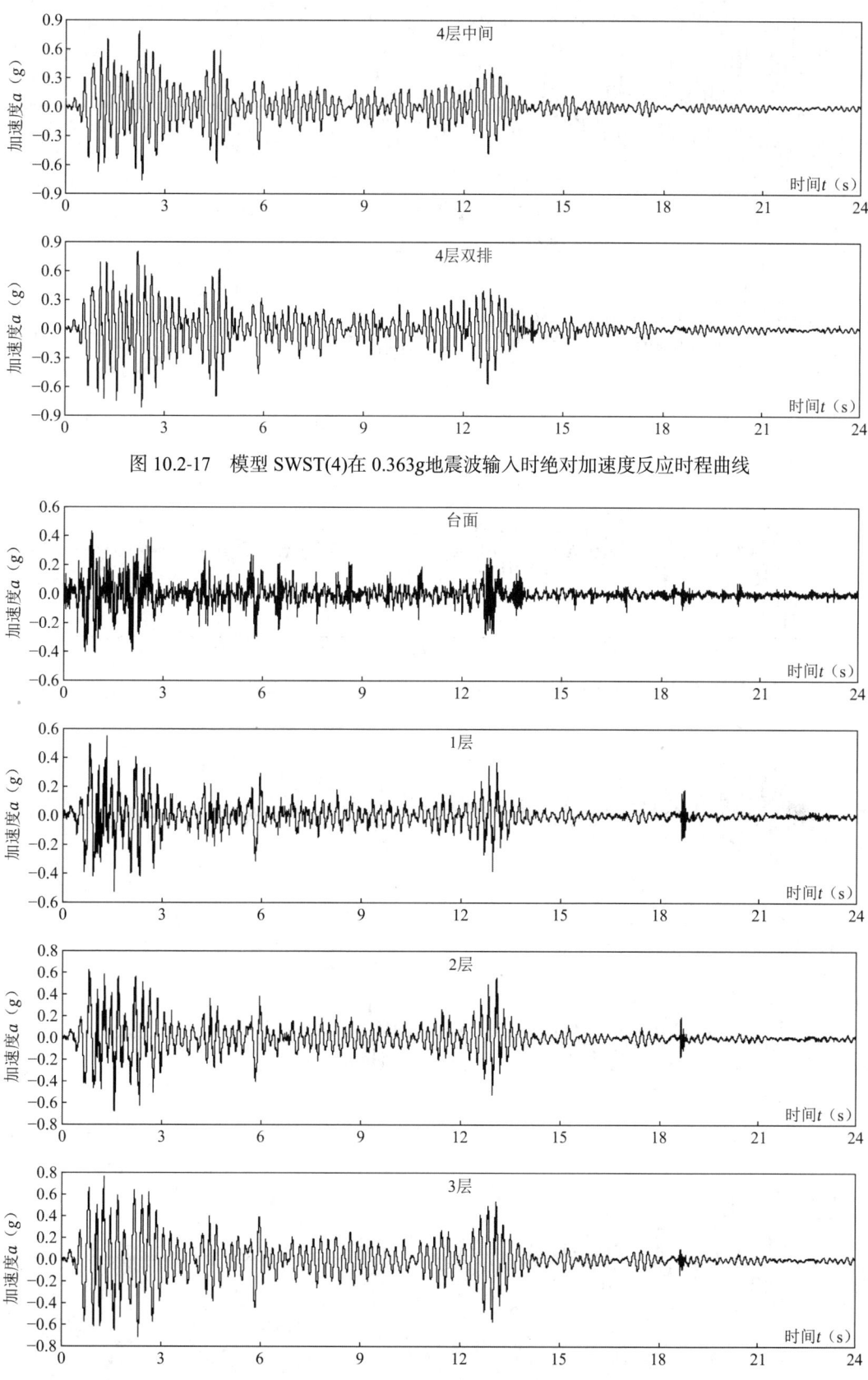

图 10.2-17 模型 SWST(4) 在 0.363g 地震波输入时绝对加速度反应时程曲线

单排配筋混凝土剪力墙结构

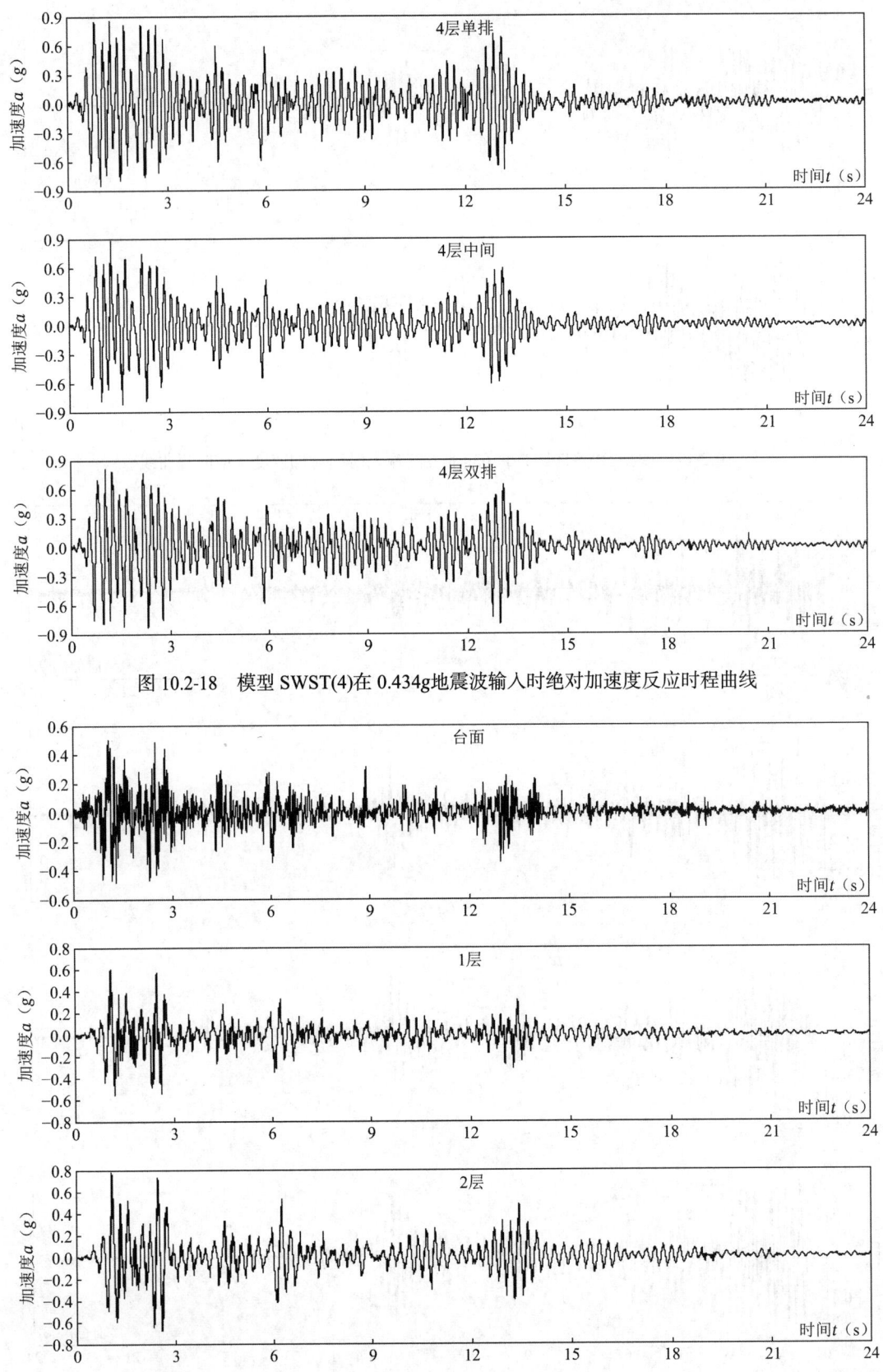

图 10.2-18 模型 SWST(4) 在 0.434g 地震波输入时绝对加速度反应时程曲线

第10章 单排配筋剪力墙及剪力墙结构振动台试验研究

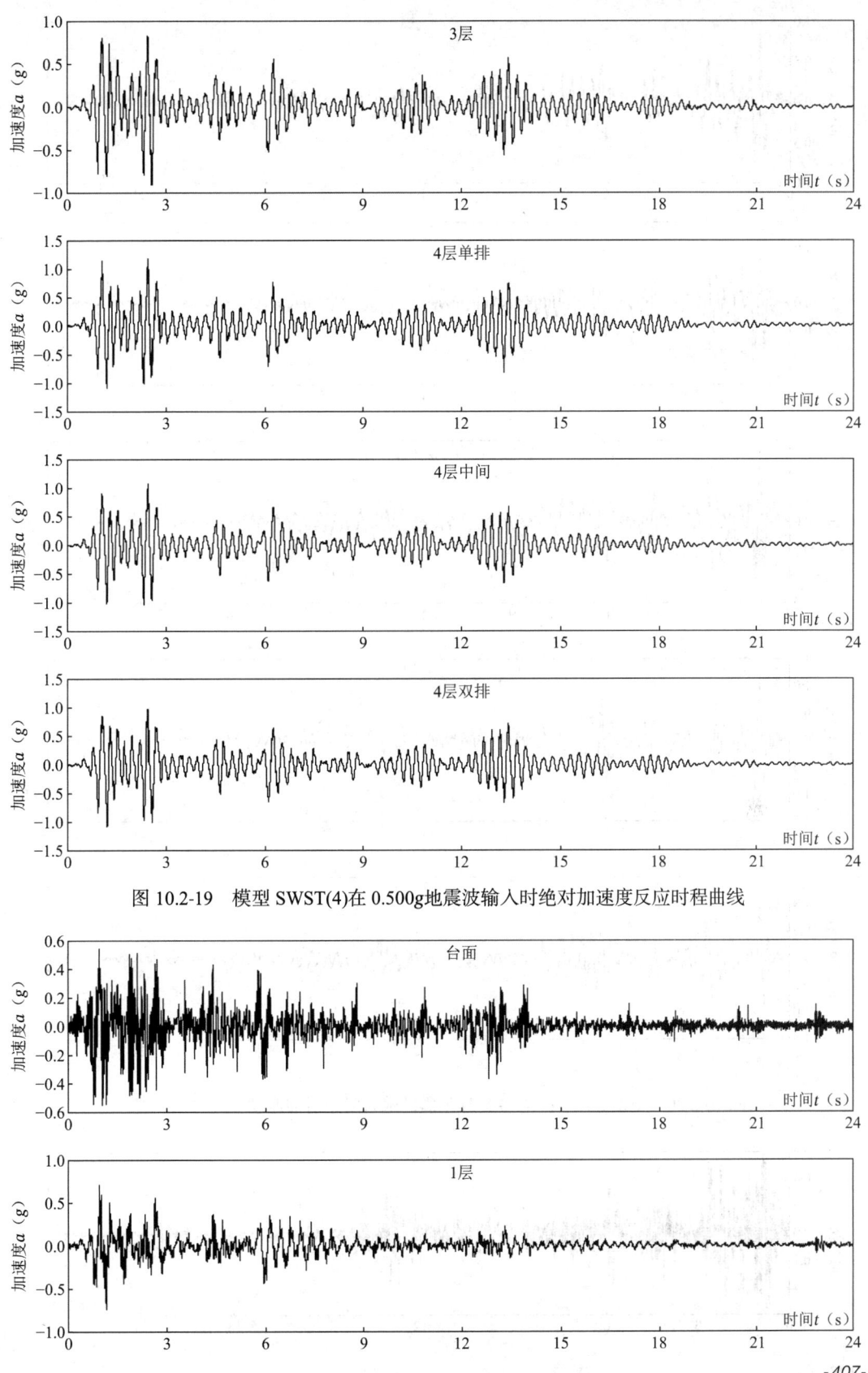

图 10.2-19 模型 SWST(4) 在 0.500g 地震波输入时绝对加速度反应时程曲线

-407-

单排配筋混凝土剪力墙结构

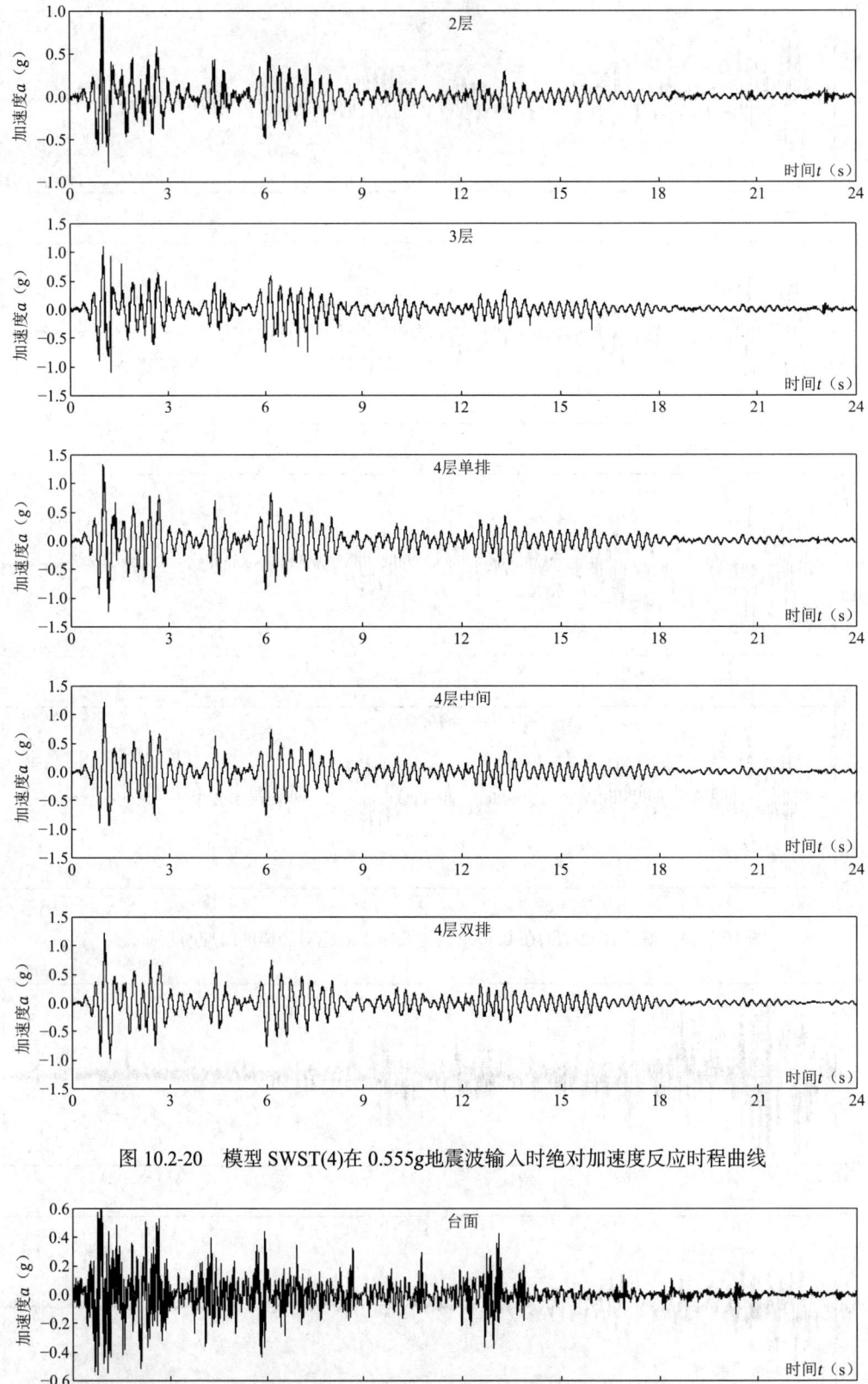

图 10.2-20　模型 SWST(4) 在 0.555g 地震波输入时绝对加速度反应时程曲线

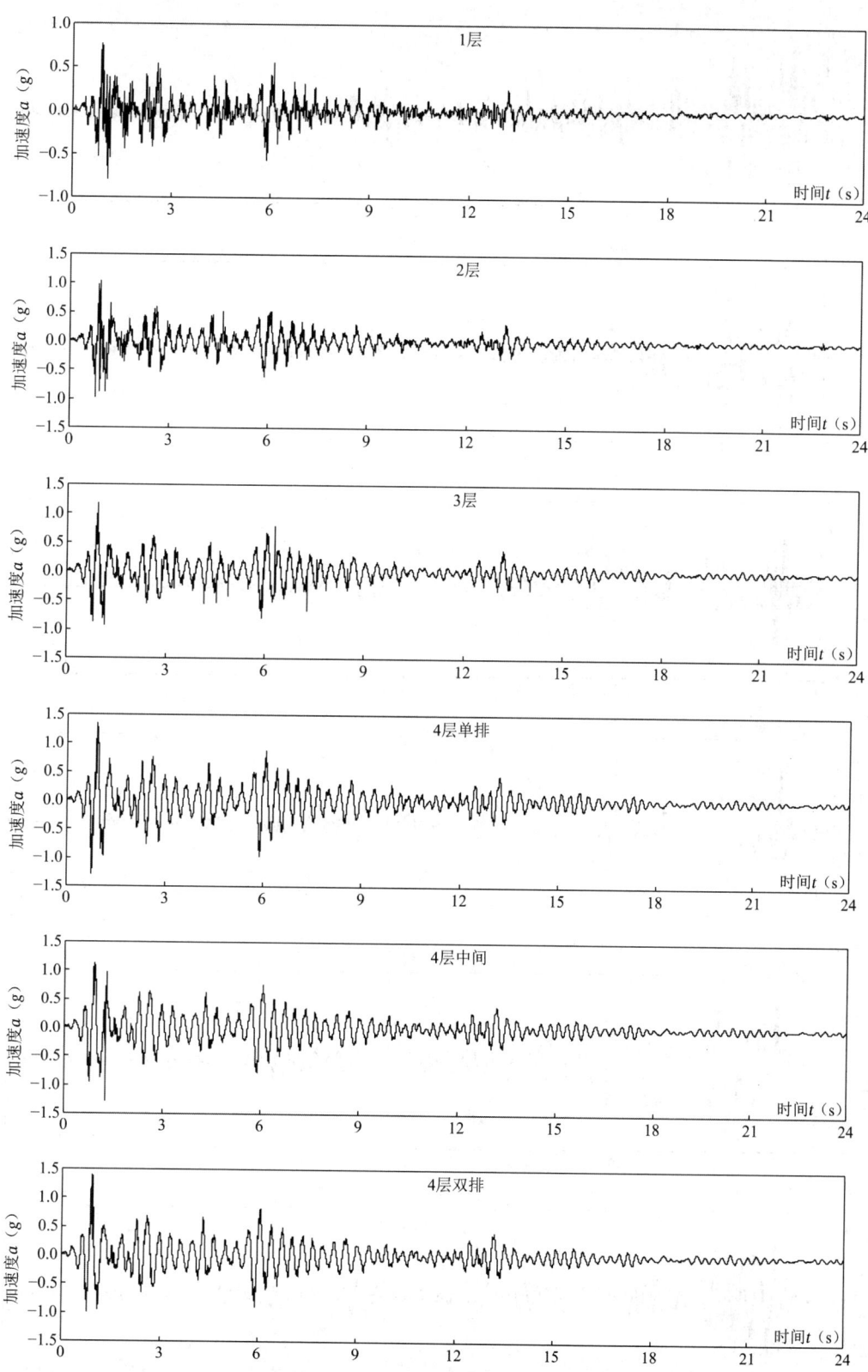

图 10.2-21　模型 SWST(4) 在 0.600g 地震波输入时绝对加速度反应时程曲线

单排配筋混凝土剪力墙结构

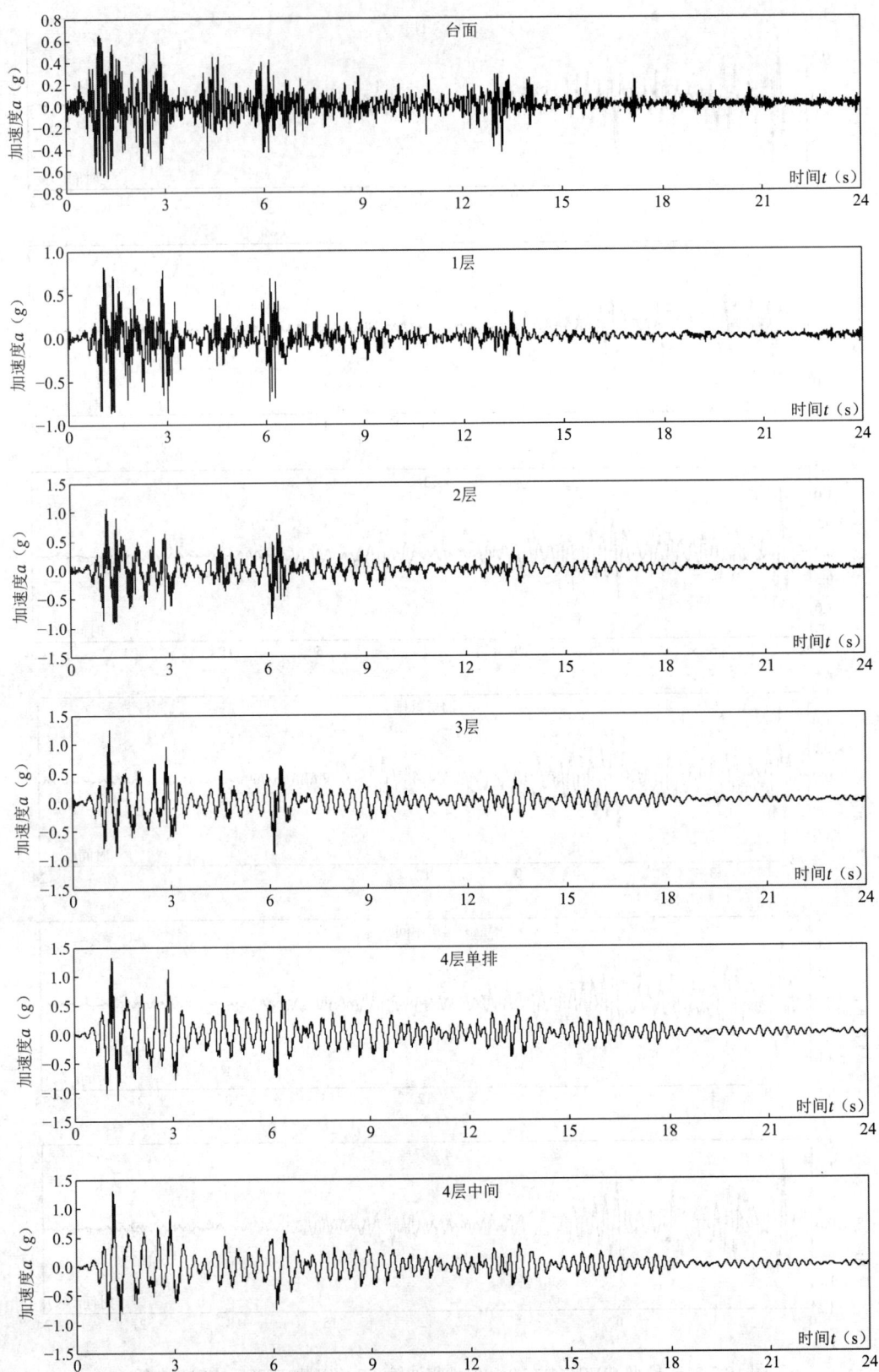

第 10 章 单排配筋剪力墙及剪力墙结构振动台试验研究

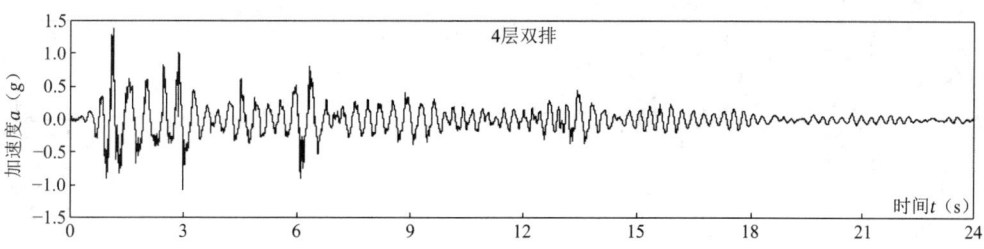

图 10.2-22 模型 SWST(4) 在 0.663g 地震波输入时绝对加速度反应时程曲线

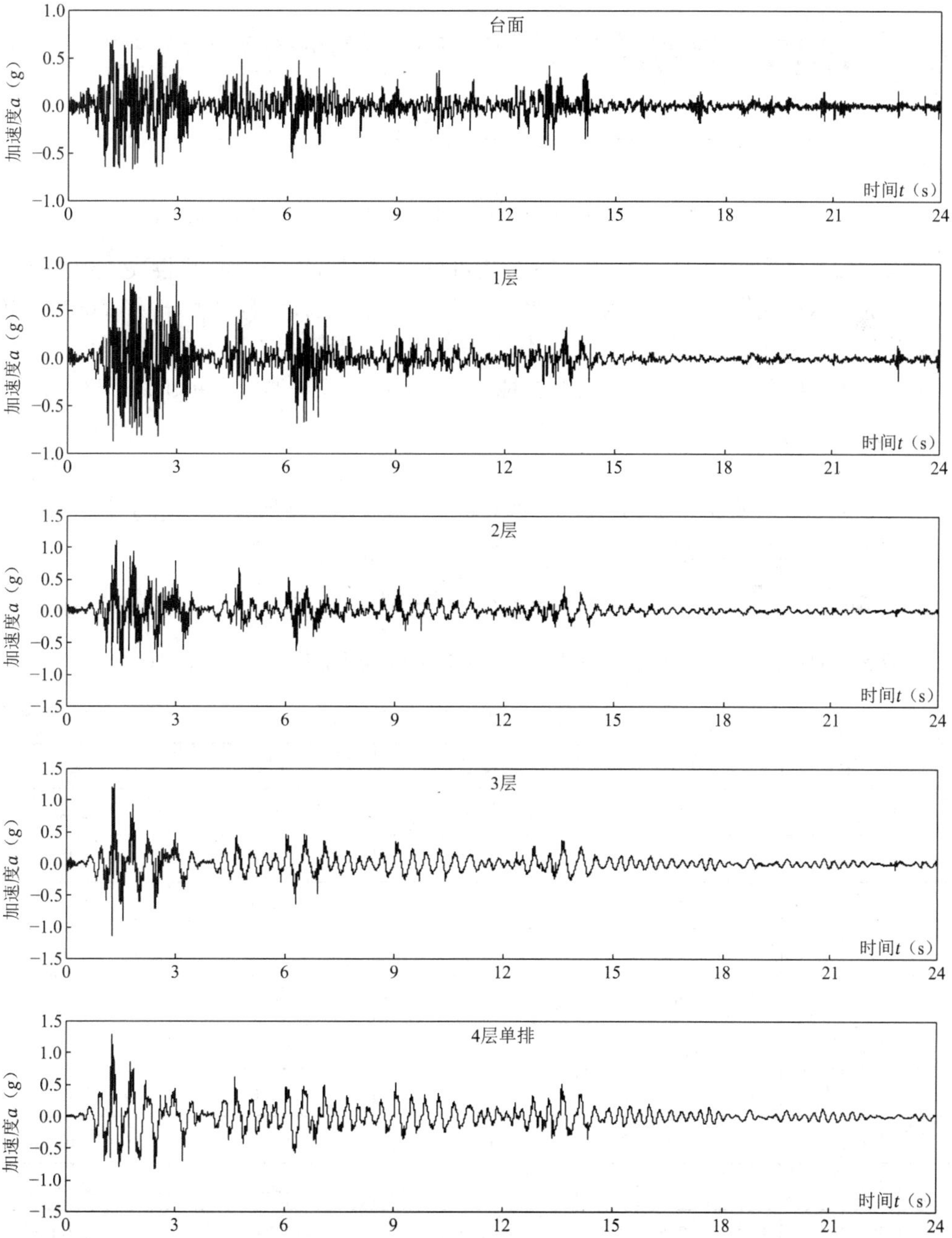

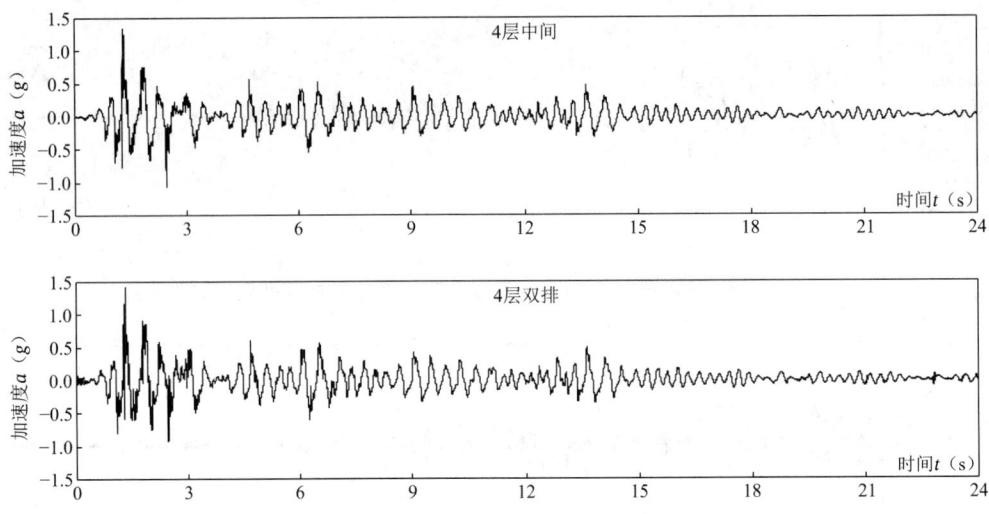

图 10.2-23 模型 SWST(4)在 0.693g 地震波输入时绝对加速度反应时程曲线

由表 10.2-8 和图 10.2-11～图 10.2-23 分析可得：虽然本双向单排配筋混凝土剪力墙结构的竖直钢筋和水平钢筋配筋率仅为 0.18%，小于《建筑抗震设计标准》GB/T 50011—2010（2024 年版）规定的最小配筋率 0.25%，墙肢厚度为该标准规定的最小值，但是台面的加速度峰值达到了 0.693g，为该标准规定 9 度地区设计基本地震加速度 0.40g 的 1.733 倍。

4. 动力放大系数

动力放大系数直观反映了动力反应的情况。设 $\ddot{x}_g(t)$ 为基础加速度，$\ddot{x}_i(t)$ 为实测的第 i 层的加速度（$i=1,2,3,4$），则第 i 层的加速度动力放大系数为：

$$\rho_i = \max\left\{\left|\frac{\ddot{x}_i(t)}{\ddot{x}_g(t)}\right|\right\}$$

模型 SWST(4)在不同地震波输入时各层的加速度动力放大系数见表 10.2-9。

模型各层加速度动力放大系数   表 10.2-9

台面输入（g）	1 层	2 层	3 层	4 层
0.053	1.358	1.547	2.038	2.340
0.114	1.447	1.772	2.026	2.377
0.169	1.243	1.751	2.450	2.639
0.228	1.346	1.934	2.066	2.500
0.262	1.267	1.782	2.076	2.615
0.331	1.323	1.668	1.985	2.136
0.363	1.377	1.725	1.846	2.171
0.434	1.260	1.567	1.779	2.058
0.500	1.232	1.560	1.820	2.184
0.555	1.276	1.769	2.004	2.186

续表

台面输入（g）	1层	2层	3层	4层
0.600	1.283	1.705	1.968	2.127
0.663	1.291	1.630	1.869	1.994
0.693	1.271	1.603	1.821	1.938

由表 10.2-9 分析可得：开裂前，模型 SWST(4)各层的动力放大系数随层数的增加而增大，顶层的放大系数最大；SWST(4)顶层放大系数在 0.169g 输入时达到最大值 2.639，SWST(4)放大系数包线从 0.228g 输入时开始内敛，二层及其以上各层放大系数此时显著减小，内敛幅度随加速度的增大逐渐增大，这是由于混凝土的骤然开裂对各层放大系数造成很大影响，且随加速度的增大，墙肢塑性铰不断发展，使各层放大系数逐渐减小。

10.2.4 破坏形态

SWST(4)破坏形态及裂缝分布图见图 10.2-24，破坏照片见图 10.2-25。

由图 10.2-24 和图 10.2-25 分析可得，无论是腹板还是翼缘，均是单排配筋混凝土剪力墙比双排配筋混凝土剪力墙破坏要轻；单排配筋墙体的裂缝宽度较小。这是由于虽然墙体的配筋量一样，但是单排配筋墙体钢筋的间距相对于双排配筋墙体钢筋间距小，其约束混凝土出现裂缝的几率更大，因而平面内的抗震性能优于双排配筋剪力墙。

由图 10.2-24（a）分析可得，双向单排配筋墙体洞口处，左侧边缘约束构件为三边形箍筋的暗柱，右侧边缘约束构件为四边形箍筋的暗柱，左侧洞口处和右侧洞口处混凝土压碎脱落的范围区别不大。第 9 次输入加速度峰值为 0.363g 的地震波，单排配筋剪力墙腹板左侧基础的水平裂缝贯通，但裂缝宽度很小；右侧基础中部出现一条斜裂缝。此时，边缘约束构件一边采用三边形箍筋暗柱的单排配筋剪力墙虽然比边缘约束构件两边均采用四边形箍筋暗柱的单排配筋剪力墙破坏严重一些，但台面输入的地震加速度峰值已达到了 0.363g，是 8 度抗震设计基本地震加速度 0.20（0.30）g 的 1.815（1.210）倍。因此采用简化的边缘约束构件是可行的。

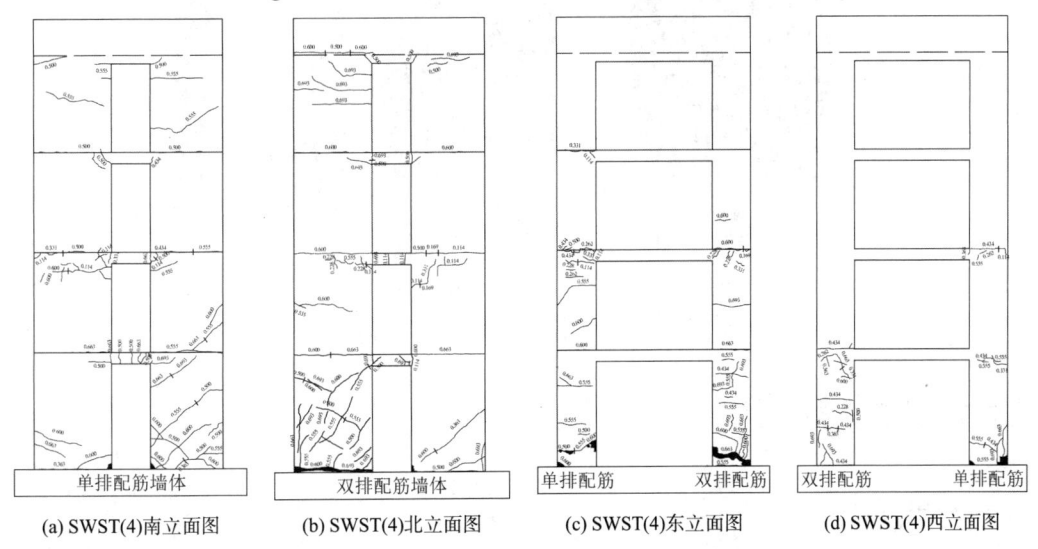

(a) SWST(4)南立面图　(b) SWST(4)北立面图　(c) SWST(4)东立面图　(d) SWST(4)西立面图

图 10.2-24　SWST(4)破坏形态及裂缝分布图

(a) 双排配筋墙体（翼缘）　　(b) 单排配筋墙体（翼缘）

图 10.2-25　SWST(4)破坏照片

10.2.5　结构弹性时程分析

采用 SAP2000 对模型 SWST(4)进行了弹性阶段的时程地震反应分析，墙体采用壳体单元，楼板采用刚性隔板，连梁采用杆单元。钢筋混凝土材料的弹性模量参数按复合材料模式确定，近似计算式为：

$$E = \rho_c E_c + \rho_s E_s$$

其中，ρ_c、E_c 为混凝土的体积率和弹性模量，ρ_s、E_s 为钢筋体积配筋率和弹性模量。泊松比 $\nu = 0.2$。

本文结构弹性有限元计算模型如图 10.2-26 所示。

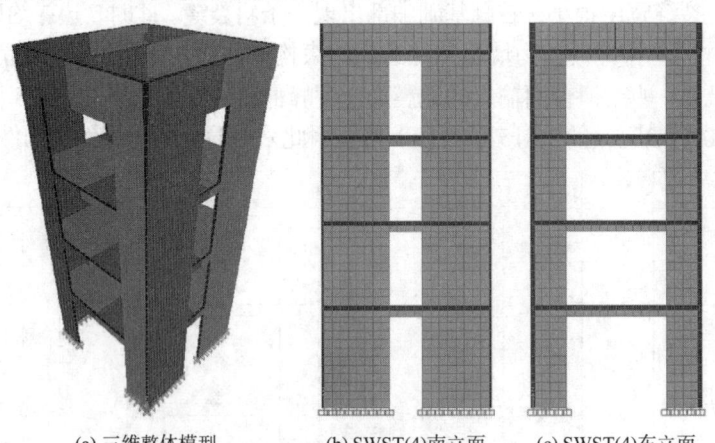

(a) 三维整体模型　　(b) SWST(4)南立面　　(c) SWST(4)东立面

图 10.2-26　SWST(4)的弹性有限元计算模型

10.2.6　计算分析

1. 频率

在弹性阶段，模型 SWST(4)的前两阶频率的计算值与实测值的比较见表 10.2-10。由

表 10.2-10 分析可得，采用弹性有限元计算所得频率值与实测频率值符合较好。

模型 SWST(4)频率计算值与实测值比较　　　　表 10.2-10

频率	SWST(4)		
	计算值（Hz）	实测值（Hz）	相对误差（%）
一阶频率	9.22	9.35	1.39
二阶频率	39.67	40.98	3.20

2. 振型

在弹性阶段，模型的前两阶振型实测结果与计算结果的比较见图 10.2-27。由图分析可得，振型计算结果与实测结果符合较好。

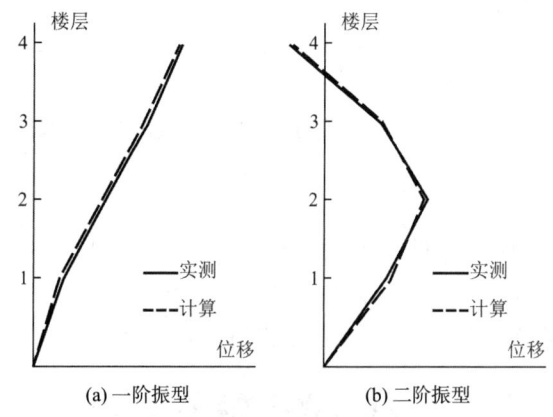

图 10.2-27　实测振型与计算振型比较

3. 弹性地震反应

在弹性阶段，计算所得的模型 SWST(4)各层绝对加速度时程反应曲线与实测时程反应曲线的比较见图 10.2-28。计算所得各层加速度反应峰值与实测所得各层加速度反应峰值比较，最大相差 9%，加速度反应计算结果与试验实测结果符合较好。

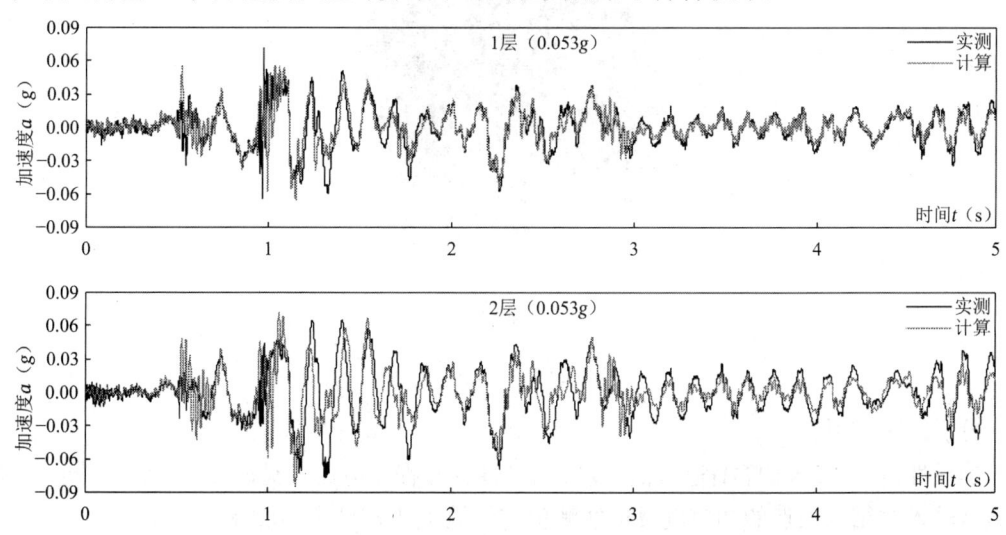

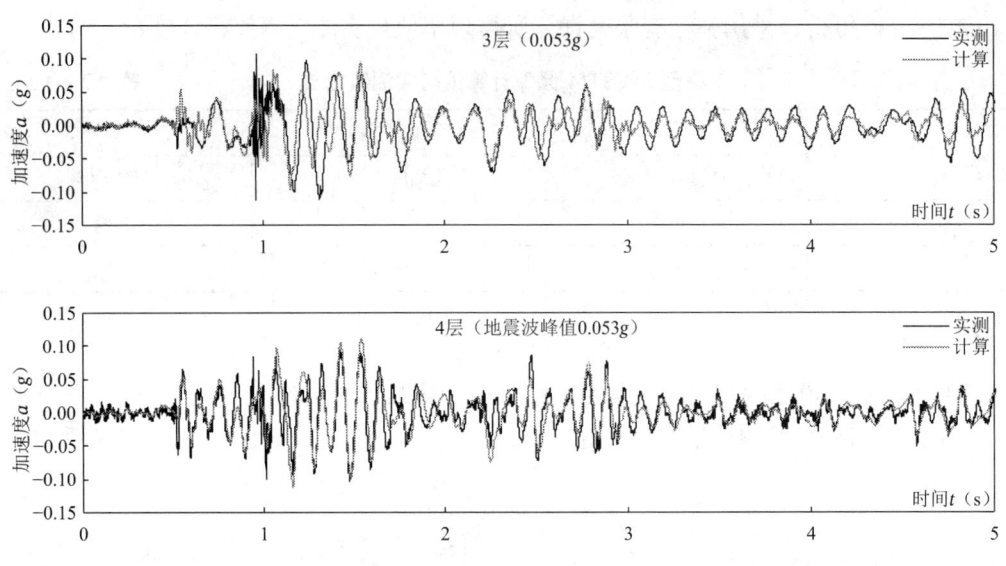

图 10.2-28　SWST(4)各层加速度时程反应曲线与实测时程反应曲线比较

4. 弹塑性地震反应

本文采用 SAP2000 程序对四层单排配筋混凝土剪力墙结构 SWST(4)进行了非线性时程分析，分析模型见图 10.2-29。墙体采用多垂直杆单元模型[2]，楼板采用刚性隔板，连梁模型及连梁和墙肢之间的连接单元见文献[3]和文献[4]。

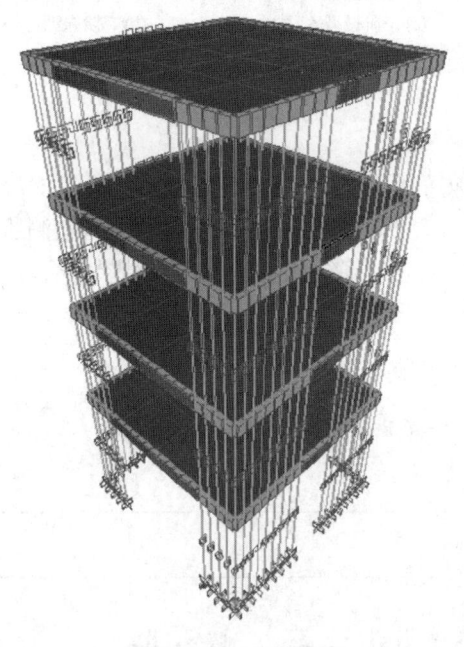

图 10.2-29　分析模型

分析结果如下：

非线性阶段，SWST(4)各层加速度实测与计算时程反应比较见图 10.2-30，不同加速度地震波输入时结构顶点的加速度反应实测值与计算值比较见表 10.2-11。

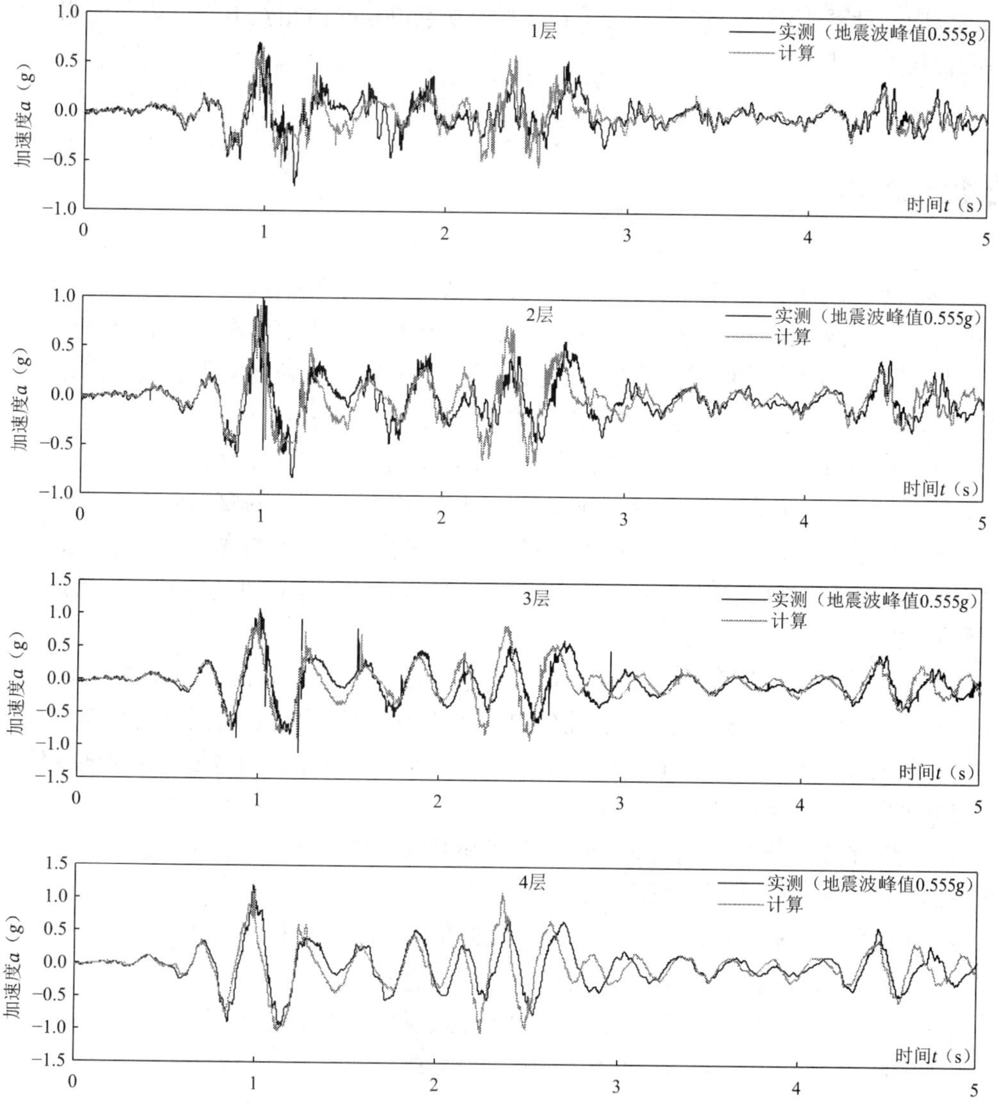

第 10 章 单排配筋剪力墙及剪力墙结构振动台试验研究

图 10.2-30 SWST(4)各层加速度实测与计算时程反应比较

不同地震波输入时结构顶点反应实测值与计算值比较　　表 10.2-11

加速度（g）	0.228	0.434	0.555	0.663
实测结构顶点加速度最大值（g）	0.570	0.893	1.213	1.322
计算结构顶点加速度最大值（g）	0.531	0.812	1.140	1.456
顶点加速度最大值相对误差绝对值（%）	6.842	9.071	6.018	10.136
实测结构顶点位移最大值（mm）	2.360	6.697	15.414	30.401
计算结构顶点位移最大值（mm）	2.221	6.562	14.267	32.621
顶点位移最大值相对误差绝对值（%）	5.889	2.016	9.178	7.302

由图 10.2-30 和表 10.2-11 分析可得，采用 SAP2000 建立的非线性分析模型，能较好地反映结构的非线性地震反应，计算所得顶点加速度反应峰值与实测顶点加速度反应峰值相

差 11%以内，计算所得顶点位移反应峰值与实测顶点位移峰值相差 10%以内，证明了所建模型的合理性和适用性。

10.3 本章小结

进行了单排配筋剪力墙振动台试验研究，包括：3 个低矮配置斜筋一字形截面剪力墙；4 个中高一字形截面配置斜筋单排配筋剪力墙；2 个中高 L 形截面配置斜筋单排配筋剪力墙。分析了不同构造单排配筋剪力墙的自振频率、阻尼比、加速度时程反应、位移时程反应等。建立了单排配筋剪力墙震害损伤等级的划分方法。采用 ABAQUS 软件，进行了数值模拟和弹塑性时程分析，阐明了不同构造单排配筋剪力墙动力特性及损伤破坏机制。

进行了 1 个 1∶4 缩尺的四层单排配筋剪力墙结构模型试件的模拟地震振动台试验研究。分析了结构破坏形态、结构裂缝发展过程；研究了结构自振频率、阻尼比、振型、加速度时程反应、动力放大系数等；采用 SAP2000 软件，进行了试件的时程地震反应分析。

研究表明：

（1）一字形截面配置斜筋的单排配筋低矮剪力墙，台面峰值加速度 0.808g 激励下，最大位移角为 1/146；一字形截面配置斜筋的单排配筋中高剪力墙，在台面峰值加速度 0.843g 激励下，最大位移角为 1/188；L 形截面配置斜筋的单排配筋中高剪力墙，在台面峰值加速度 0.750g 激励下，最大位移角为 1/163。

（2）配置斜筋的单排配筋剪力墙与未设置斜筋的单排配筋剪力墙相比，在小震和中震作用下的层间位移角减小，阻尼比增大。

（3）4 层单排配筋剪力墙结构模型，满足 8 度抗震设计要求。

（4）剪力墙试件的数值模拟结果与试验结果符合较好。

（5）4 层单排配筋混凝土剪力墙结构模型的地震反应分析计算结果与实测结果符合较好。

笔者团队对本章内容进行了研究并发表了相关成果[5-10]，可供参考。

参 考 文 献

[1] 住房和城乡建设部. 建筑抗震设计标准: GB/T 50011—2010 (2024 年版)[S].

[2] 蒋欢军, 吕西林. 一种宏观剪力墙单元模型应用研究[J]. 地震工程与工程振动, 2003, 23(1): 38-43.

[3] COLLINS M P, MITCHELL D. ADEBAR P. A general shear design method[J]. ACI Structural Journal, 1996, 93(1): 36-45.

[4] 陈勤, 钱稼茹. 钢筋混凝土双肢剪力墙静力弹塑性分析[J]. 计算力学学报, 2005, 22(1): 13-19.

[5] 曹万林, 杨兴民, 张建伟, 等. 多层单排配筋剪力墙结构模拟地震振动台试验研究[J]. 北京工业大学学报, 2010, 36(11): 1516-1523.

[6] 郑文彬, 张建伟, 曹万林. 单排配筋 L 形截面剪力墙振动台试验研究[J]. 工程力学, 2018, 35(S1): 134-139.

[7] 张建伟, 郑文彬, 曹万林, 等. 配置斜筋的单排配筋混凝土低矮剪力墙动力性能试验研究[J]. 土木工程学报, 2018, 51(S1): 65-71.

[8] ZHANG J W, ZHENG W B, YU C, et al. Shaking table test of reinforced concrete coupled shear walls with single layer of web reinforcement and inclined steel bars[J]. Advances in Structural Engineering, 2018, 21(15): 2282-2298.

[9] ZHANG J W, ZHENG W B, CAO W L, et al. Shaking table test of mid-rise concrete shear walls with a single layer of web reinforcement and inclined steel bars[J]. International Journal of Civil Engineering, 2019, 17(7A): 1043-1055.

[10] CAO W L, ZHAO C J, XUE S D, et al. Shaking table experimental study of the short pier RC shear wall structures with concealed bracing[J]. Advances in Structural Engineering, 2009, 12(2): 267-278.

第 11 章 单排配筋剪力墙热工性能与耐火性能

11.1 EPS 模块单排配筋混凝土墙体热工性能

11.1.1 试件概况

为研究单排配筋混凝土墙板热工及耐火性能，设计了 4 个墙体试件：(1) 普通 C40 混凝土剪力墙（ZDPJ1）；(2) 粗骨料采用 100%再生粗骨料、细骨料为普通砂的 C40 再生混凝土剪力墙（ZDPJ2）；(3) 在 ZDPJ2 基础上单侧加设 EPS 保温板剪力墙（ZDPJ3）；(4) 在 ZDPJ2 基础上双侧加设 EPS 保温板剪力墙（ZDPJ4）。混凝土墙体厚度 130mm，表面带燕尾槽 EPS 保温板厚度 56mm，表面带燕尾槽 EPS 保温板内表面与墙体现浇混凝土咬合。ZDPJ3 单侧表面带燕尾槽 EPS 保温板外表面抹 20mm 厚砂浆，ZDPJ4 双侧表面带燕尾槽 EPS 保温板外表面各抹 10mm 厚砂浆，因此 ZDPJ3 和 ZDPJ4 表面带燕尾槽 EPS 保温板外表面抹的砂浆总厚度均为 20mm。4 个墙体试件尺寸及构造见图 11.1-1。

4 个墙体试件中，材料主要相关性能参数：(1) ZDPJ1 的混凝土密度为 2484kg/m³；(2) ZDPJ2、ZDPJ3、ZDPJ4 再生混凝土密度为 2415kg/m³；(3) EPS 保温板密度为 29.5kg/m³；(4) 水泥砂浆密度为 1800kg/m³；(5) 剪力墙结构内的钢筋直径 12mm，间距 300mm，密度为 7850kg/m³。再生混凝土导热系数为 1.54W/(m·K)，材料其他性能参数参照《北京市建筑节能与墙体材料革新技术标准汇编》[1]选取。

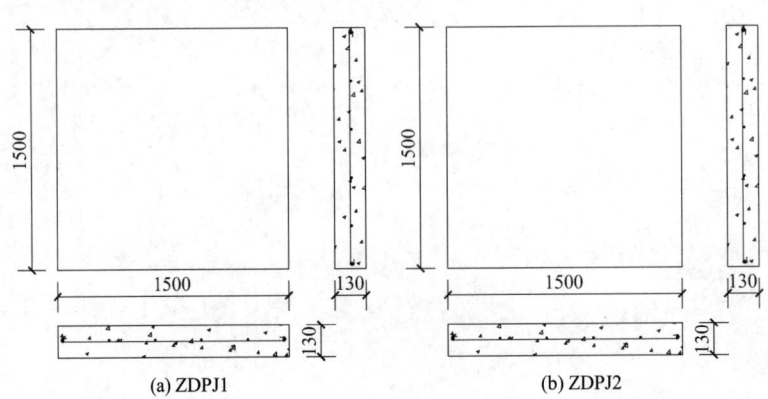

(a) ZDPJ1　　　　　　　　　　　(b) ZDPJ2

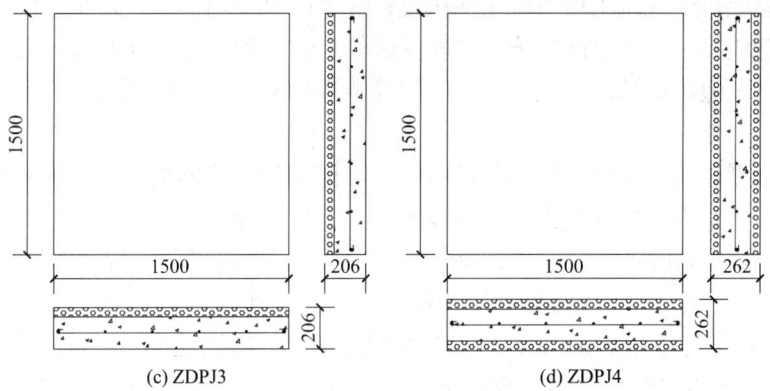

(c) ZDPJ3　　　　　　　　　　　　(d) ZDPJ4

图 11.1-1　墙体试件尺寸及构造

11.1.2　试验方案

根据《绝热　稳态传热性质的测定　标定和防护热箱法》GB/T 13475—2008[2]，采用 C-533CD-WTF 稳态热传递性质测定系统对 EPS 保温板混凝土剪力墙传热性质进行测定，传热测试装置见图 11.1-2。

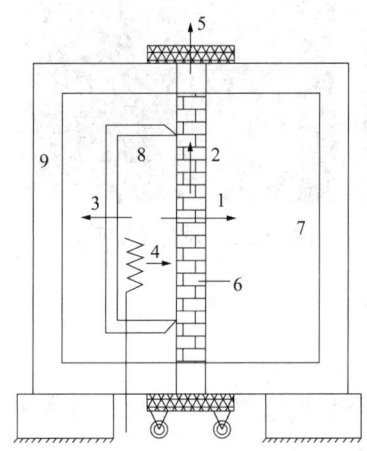

1—通过试件的热流量；2—平行于试件的不平衡热流量；3—通过计量箱壁的热流量；4—加热的总输入功率；
5—周边热损，在试件边界平行于试件的热流；6—试件；7—冷箱；8—计量箱；9—防护箱

图 11.1-2　剪力墙试件传热测试装置

C-533CD-WTF 稳态热传递性质测定系统的主要技术参数为：（1）计量箱的控温范围为 10～50℃，温度分辨率为 0.0625℃，控温波动范围为 0.01～0.1℃；（2）冷温控温范围为 −10～−22℃，温度分辨率为 0.0625℃，控温波动范围为 0.01～0.2℃；（3）防护箱控温范围为 10～50℃，温度分辨率为 0.0625℃，控温波动范围为 0.01～0.1℃；（4）鼻锥内外温差跟踪精度为 0.01～0.1℃；（5）计量箱功率测控范围为 4～800W；（6）计量箱稳态功率波动范围为 0.1～1W；（7）测试功率：测试一个试件总耗时约 8～24h；（8）试件外形尺寸：长×厚×高 = 1500mm×（≤400）mm×1500mm；（9）设备外形尺寸：长×宽×高 = 2600mm× 2160mm×2140mm；（10）计量面积为 1.64m^2；（11）配带动力：交流电源 380V，功率 6kW，三相五线制。

EPS 保温板再生混凝土剪力墙按测试设备规定的尺寸制作,并防止墙体表面出现裂纹或其他可能造成异常热传递的缺陷,制作的试件自然养护干燥 28d 后放入试验装置试件框内,用聚氨酯发泡剂对试件与试件框之间的缝隙进行密封,聚氨酯发泡剂干透后即可进行试验。

试件进行测试前首先对试验设备进行标定,标定后将墙体试件放入试验测试设备内。放置时试件墙体室内、室外分别与测试设备热、冷室对应。在试件两侧分别对称布置 9 个温度传感器,布置完后将试件框与试验测试设备扣紧。运行仪器自带软件,进行参数设置:冷箱温度设为 −10℃,计量箱温度和防护箱温度设为 35℃,热室允许温差 0.1℃,冷室允许温差 0.2℃,表面允许温差 0.5℃,采集时间间隔根据标准设置为 10min,设置完成后开始试验,当连续 3h 热室允许温差、冷室允许温差、表面允许温差在允许范围内,试验结束。试件测试照片见图 11.1-3。

图 11.1-3　试件测试照片

11.1.3　试验结果分析

采用 C-533CD-WTF 稳态热传递性质测定系统,对 4 个试件的传热性质进行试验,测出的数据见表 11.1-1。

墙体传热性质试验测试数据　　表 11.1-1

试件	计量箱内表面温度 t_{is} (K)	热室外表面温度 t_{es} (K)	试件热表面温度 (K)	试件冷表面温度 (K)	热侧空气温度 t_i (K)	冷侧空气温度 t_e (K)	总输入功率 Q_p (W)
ZDPJ1	310.29	310.28	292.516	270.53	307.96	264.10	267.67
ZDPJ2	309.99	310.00	292.56	270.69	307.90	263.98	241.42
ZDPJ3	308.87	308.85	305.48	263.40	308.17	262.95	37.21
ZDPJ4	308.29	308.30	307.51	263.42	308.07	263.01	19.86

1. 稳态热传递性质测定系统传热系数计算方法

C-533CD-WTF 稳态热传递性质测定系统的测试原理是基于一维稳态传热,模拟墙体构件的传热过程,将墙体构件置于两个不同温度场的箱体之间,热箱模拟室内或夏季室外空气温度、风速、辐射条件;冷箱模拟室外或夏季室内空调房间空气温度、风速。经过若干小时的运行,整个装置内测试温度达到稳定状态,形成稳定温度场、速度场后测量试件两侧的表面温度、空气温度、热冷侧导流屏的表面温度、计量箱内外表面温差以及输入热箱的电加热器功率等主要参数,随后可计算通过计量箱壁的热流量Q_1,进一步计算出剪力墙试件的传热系数[2],其计算过程及计算表达式如下:

$$Q_1 = M_1(t_{is} - t_{es}) \tag{11.1-1}$$

$$K_0 = \frac{Q_p - Q_1}{A \times (t_{ni} - t_{ne})} \tag{11.1-2}$$

式中:Q_p——总输入功率(W);
Q_1——通过计量箱壁的热流量(W);
M_1——计量箱壁热流系数(W/K);
t_{is}——计量箱内表面温度(K);
t_{es}——热室外表面温度(K);
t_{ni}——热侧环境温度(K);
t_{ne}——冷侧环境温度(K);
K_0——围护结构的传热系数[W/(m²·K)];
A——计量面积(m²)。

试件任何一个侧面的热平衡方程可写成:

$$\frac{\phi}{A} = \varepsilon h_r (T'_r - T_s) + h_c (T_a - T_s) \tag{11.1-3}$$

式中:ϕ——热流量(W);
T'_r——所有与试件进行辐射换热表面的辐射平均温度(K);
T_a——邻近试件的空气温度(K);
T_s——试件的表面温度(K);
ε——辐射率;
h_r——辐射换热系数[W/(m²·K)];
h_c——对流换热系数[W/(m²·K)]。

为便于确定传至表面的热流,将空气温度和辐射温度适当地加权,合并成单一的符号T_n(环境温度),可表示为:

$$\frac{\phi}{A} = \frac{1}{R_s}(T_n - T_s) \tag{11.1-4}$$

式中:R_s——表面热阻。

$$T_n = \frac{\varepsilon h_r}{\varepsilon h_r + h_c} T'_r + \frac{h_c}{\varepsilon h_r + h_c} T_a \tag{11.1-5}$$

$$R_s = \frac{1}{\varepsilon h_r + h_c} \tag{11.1-6}$$

通常用热箱和冷箱的环境温度之差来确定传热系数,式(11.1-4)是用于确定表面热阻的,然而实际热箱和冷箱中的T'_r和T_s经常都是很接近的,特别在试件热阻远大于表面热阻,或者使用强迫对流时,此时h_c比εh_r大得多,根据试件两侧的空气温度来确定传热系数是充分的，对于所考虑的装置和采用的测试条件来说，已确定产生的误差可忽略不计。替换后，试件的传热系数可以表示为：

$$K_0 = \frac{Q_p - Q_1}{A \times (t_i - t_e)} \tag{11.1-7}$$

式中：t_i——热室空气温度（K）；

t_e——冷室空气温度（K）。

2. 再生混凝土剪力墙传热系数试验测试计算结果及分析

（1）墙体传热系数分析

根据墙体传热性质测试理论计算方法、试验测试数据及墙体材料的相关参数，可计算出4个试件的传热系数试验值，其结果见图11.1-4。

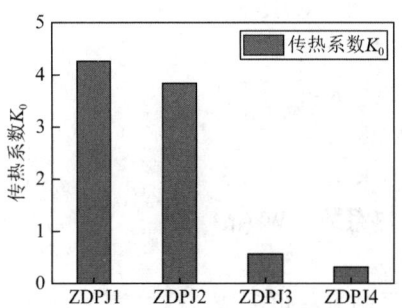

图11.1-4 试件墙体传热系数

由图11.1-4可见：ZDPJ2 比 ZDPJ1 的传热系数小，保温节能效果好，这是由于再生骨料的密度比普通骨料小，孔隙率比普通骨料大，使 ZDPJ2 材料比 ZDPJ1 材料导热系数小的缘故；ZDPJ3 的传热系数远远小于 ZDPJ2，即单侧加设 56mm 的 EPS 保温板后，墙体的传热系数降低了 85%，节能效果显著增加；ZDPJ4 在 ZDPJ2 基础上双侧复合 56mm 厚的 EPS 保温板后，传热系数减小了 92%，但是降低的幅度没有试件 ZDPJ3 减小的比例大，这是传热系数比较的基点不同的缘故。

（2）墙体内部温度分布结果及分析

根据测试出的剪力墙两侧表面温度、两侧空气温度、材料导热系数及传热特点，依据陈仲林等[3]介绍的计算方法，可计算出墙体稳定传热过程中内部各点的温度并绘出墙体表面温度变化曲线。4个试件墙体温度分布图见图11.1-5。

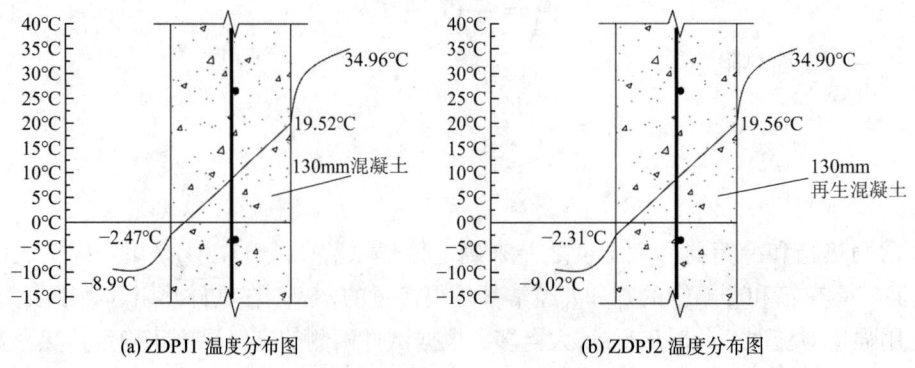

(a) ZDPJ1 温度分布图　　　　　　(b) ZDPJ2 温度分布图

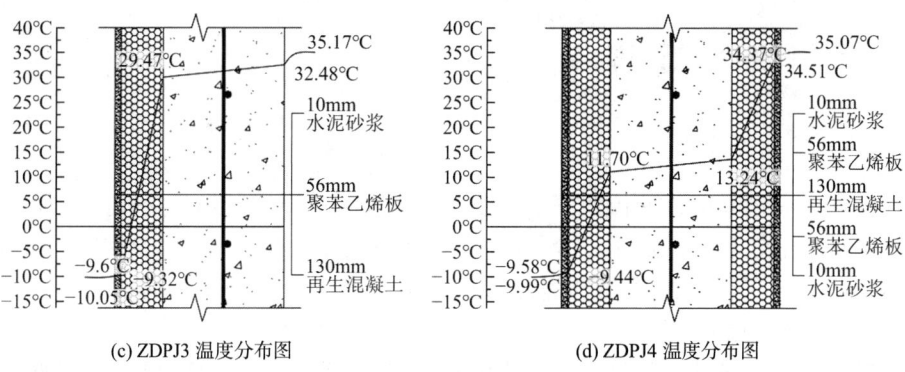

(c) ZDPJ3 温度分布图　　　　　(d) ZDPJ4 温度分布图

图 11.1-5　试件墙体温度分布图

由图 11.1-5 可见：①ZDPJ1 和 ZDPJ2 内、外表面对流边界层温度分布曲线的曲率半径明显大于 ZDPJ3 和 ZDPJ4。②ZDPJ1 和 ZDPJ2 内、外表面与环境空气温度的温差明显大于 ZDPJ3 和 ZDPJ4，表明保温材料的使用，使环境温度与表面温度的温差明显减小；若温差过大，易引起墙体表面结露，影响建筑的使用功能。③墙体内部温度分布是一条从高温界面坡向低温界面的折线，折点在材料层的界面上；对于同一种材料，整体传热系数小的墙体内的坡度较小，说明材料内温度分布的坡度和两侧材料的厚度和导热系数有关。

（3）墙体传热试验输入功率-时间曲线

根据测试过程中记录的功率变化数据，绘出图 11.1-6 所示的输入功率-时间曲线。

由图 11.1-6 可见：①4 个墙体试件达到稳态平衡的时间不相同，ZDPJ1 试件最先达到稳态平衡状态，之后依次为 ZDPJ2、ZDPJ3、ZDPJ4 先后到稳态平衡状态。②根据试验设定的条件，以及测得的输入功率-时间曲线及传热系数试验值，分析可得如下结论：墙体的传热系数越小，抵抗温度波动的能力越强，室内环境温度稳定性也越好，即温度波的相位延迟时间越长。

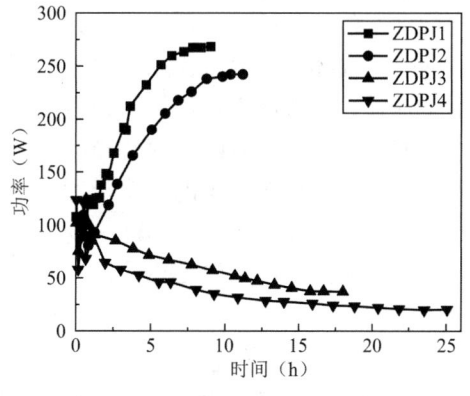

图 11.1-6　输入功率-时间曲线

研究表明：墙体内部的温度分布坡度越小，温度的变化幅度越小，传热时间越长，环境温度的稳定性越好。

建议：对于经常使用的房间，设计时应采用外保温或夹心保温方式；对于一天中只有使用前临时供热且短时间使用的房间，宜采用内保温方式。

11.1.4 墙体传热系数计算

1. 传热系数计算模型

当墙体两侧有温差时，两侧空气由于温差原因通过墙体进行热量交换的过程称为墙体传热过程。该传热过程共经历了三个阶段：内表面的换热阶段；墙体内部的导热阶段；外表面的换热阶段。在每个阶段的热量传递方式不同，计算方法亦有区别。

（1）内表面的换热热流

内表面的换热包括表面空气对流及表面与室内的热辐射两部分，根据辐射换热计算理论，一维稳态传热内表面换热可表示为：

$$q_i = q_{ic} + q_{ir} \tag{11.1-8}$$

简化为：

$$q_i = (\alpha_{ic} + \alpha_{ir})(t_i - \theta_i) = \alpha_i(t_i - \theta_i) = (t_i - \theta_i)/R_i \tag{11.1-9}$$

式中：q_i——内表面换热热流密度（W/m^2）；

q_{ic}——内表面对流换热热流密度（W/m^2）；

q_{ir}——内表面辐射换热热流密度（W/m^2）；

α_{ic}——内表面对流换热系数 [$W/(m^2 \cdot K)$]；

α_{ir}——内表面辐射换热系数 [$W/(m^2 \cdot K)$]；

α_i——内表面换热系数 [$W/(m^2 \cdot K)$]；

θ_i——内表面温度（K）；

t_i——室内空气温度（K）；

R_i——内表面换热热阻（$m^2 \cdot K/W$），$R_i = 1/\alpha_i$。

（2）墙体的导热热流

导热是由组成物质的分子、原子及自由电子等微观粒子的热运动产生的热量传递，导热过程的根本驱动力是温度梯度。传热学的导热理论主要是从宏观角度出发研究热量传递的规律，其研究对象是连续介质。固体中的热量传递是自由电子的迁移和晶格振动相叠加的结果，其中纯金属依靠电子迁移，非金属固体依靠晶格振动，一般认为液体主要依靠弹性波的传递作用，气体主要依靠分子热运动时的相互碰撞。

在固体中某点处的温度，是描写该点热状态的一个指标或热状态的参数。因此温度是表示物体热运动的一项指标，它表示物体所具有的内能。物体中各点温度不同，即各点能量有差异，物质的热运动使能量从高温处向低温处传播。

温度在物体中的分布可表示为：

$$t = f(x, y, z) \tag{11.1-10}$$

此式表示温度是各点坐标的函数。在物体中，温度相同的点所在的面叫作等温面，在同一等温面上物质分子运动相同，所以，在等温面上不发生热的传播。当物体的温度分布不均衡时，就会产生热流移动，把通过某点处单位面积上的热流称为热流密度或比热流，以q表示，单位为W/m^2，即：

$$q = \lim_{\Delta S \to 0} \frac{\Delta Q}{\Delta S} = -\lambda \frac{dt}{dn} \tag{11.1-11}$$

或写成：

$$q = -\lambda \Delta t \tag{11.1-12}$$

上式就是傅里叶定律，它是固体（包括液体、气体）导热的基本关系。

式中 λ 叫作材料的导热系数，其单位为 W/(m·K)，表示材料的导热特性。

比热流是矢量，由于温度梯度本身是矢量。可得：

$$\frac{dt}{dn} = \frac{dt}{dx}\frac{dx}{dn} + \frac{dt}{dy}\frac{dy}{dn} + \frac{dt}{dz}\frac{dz}{dn} \tag{11.1-13}$$

这是因为 t 是位置坐标 (x,y,z) 的函数，而法线方向的增量 Δn 与对应坐标增量 Δx、Δy、Δz 间有如下关系：

$$\Delta n^2 = \Delta x^2 + \Delta y^2 + \Delta z^2$$

写成矢量表达式：

$$\Delta n = \Delta x \cdot i + \Delta y \cdot j + \Delta z \cdot k \tag{11.1-14}$$

上式对 n 求导数得：

$$L_n = \frac{dx}{dn}i + \frac{dy}{dn}j + \frac{dz}{dn}k \tag{11.1-15}$$

式中：L_n——沿 n 方向的单位矢量，用其方向余弦表示为：

$$L_n = \cos\alpha \cdot i + \cos\beta \cdot j + \cos\gamma \cdot k \tag{11.1-16}$$

比较上两式可得：

$$\left.\begin{array}{l} (L_n \cdot i) = \cos\alpha = \dfrac{dx}{dn} \\ (L_n \cdot j) = \cos\beta = \dfrac{dy}{dn} \\ (L_n \cdot k) = \cos\gamma = \dfrac{dz}{dn} \end{array}\right\} \tag{11.1-17}$$

将式(11.1-17)代入式(11.1-13)中，可得：

$$\frac{dt}{dn} = \frac{\partial t}{\partial x}\cos\alpha + \frac{\partial t}{\partial y}\cos\beta + \frac{\partial t}{\partial z}\cos\gamma$$

或：

$$(L_n \cdot L_n)\frac{dt}{dn} = \frac{\partial t}{\partial x}(L_n \cdot i) + \frac{\partial t}{\partial y}(L_n \cdot j) + \frac{\partial t}{\partial z}(L_n \cdot k)$$

上式可写成：

$$\nabla t = \frac{\partial t}{\partial x}i + \frac{\partial t}{\partial y}j + \frac{\partial t}{\partial z}k \tag{11.1-18}$$

上式证明式(11.1-13)是一矢量，其分量是沿坐标方向的方向导数。

从式(11.1-12)可证得比热流是矢量，即：

$$q = -\lambda \nabla t = -\lambda \left(\frac{\partial t}{\partial x}i + \frac{\partial t}{\partial y}j + \frac{\partial t}{\partial z}k\right) \tag{11.1-19}$$

或：

$$q = q_x i + q_y j + q_z k \tag{11.1-20}$$

式中比热流在坐标上的分量为：

$$\left.\begin{array}{l} q_x = -\lambda \dfrac{\partial t}{\partial x} \\ q_y = -\lambda \dfrac{\partial t}{\partial y} \\ q_z = -\lambda \dfrac{\partial t}{\partial z} \end{array}\right\} \tag{11.1-21}$$

上式是各向同性材料的情况。对于各向异性材料，其在坐标轴上的比热流分量，不但是所对应的坐标轴上温度方向梯度的函数，而且是其余两个坐标轴上方向梯度上的函数，即：

$$\left.\begin{array}{l} -q_x = \lambda_{xx}\dfrac{\partial T}{\partial x} + \lambda_{xy}\dfrac{\partial T}{\partial y} + \lambda_{xz}\dfrac{\partial T}{\partial z} \\ -q_y = \lambda_{yx}\dfrac{\partial T}{\partial x} + \lambda_{yy}\dfrac{\partial T}{\partial y} + \lambda_{yz}\dfrac{\partial T}{\partial z} \\ -q_z = \lambda_{zx}\dfrac{\partial T}{\partial x} + \lambda_{zy}\dfrac{\partial T}{\partial y} + \lambda_{zz}\dfrac{\partial T}{\partial z} \end{array}\right\} \tag{11.1-22}$$

式中各系数都称为导热系数，这些导热系数的前一个角标指的是热流方向，后一个是温度梯度方向。共有 9 个导热系数，其中有 3 个角标相同，可叫作直接导热系数；6 个角标相异的叫作间接导热系数。这 9 个导数系数组成一张量，可将式(11.1-22)表示成矩阵：

$$-\begin{bmatrix} q_x \\ q_y \\ q_z \end{bmatrix} = \begin{bmatrix} \lambda_{xx} & \lambda_{xy} & \lambda_{xz} \\ \lambda_{yx} & \lambda_{yy} & \lambda_{yz} \\ \lambda_{zx} & \lambda_{zy} & \lambda_{zz} \end{bmatrix} \begin{bmatrix} \dfrac{\partial t}{\partial x} \\ \dfrac{\partial t}{\partial y} \\ \dfrac{\partial t}{\partial z} \end{bmatrix} \tag{11.1-23}$$

对于各向同性材料，上式中的系数矩阵蜕化成对角矩阵。即只有主对角线上的系数不为零，并且它们都相等。即可写成：

$$-\begin{bmatrix} q_x \\ q_y \\ q_z \end{bmatrix} = \begin{bmatrix} \lambda & 0 & 0 \\ 0 & \lambda & 0 \\ 0 & 0 & \lambda \end{bmatrix} \begin{bmatrix} \dfrac{\partial t}{\partial x} \\ \dfrac{\partial t}{\partial y} \\ \dfrac{\partial t}{\partial z} \end{bmatrix} \tag{11.1-24}$$

导热热流的计算表达式又可写成：

$$\vec{q} = -\lambda\left(\dfrac{\partial t}{\partial x}i + \dfrac{\partial t}{\partial y}j + \dfrac{\partial t}{\partial z}k\right)$$

对于一维稳态传热，可简化为：

$$q_\lambda = (\theta_i - \theta_e)/\sum R \tag{11.1-25}$$

式中：q_λ——围护结构内部导热热流密度（W/m²）；

$\sum R$——围护结构的热阻（m²·K/W）。

实际上，许多建筑材料含有大量的孔隙，使得温度场变化复杂，等温面变成起伏变化很大的不光滑面，因此各点处的温度也是不可微分的。对于这种情况，通常只有将等温面用一光滑平面来近似，从而用求微分来近似实际上的传热，用改变材料的导热系数来适应。

材料的导热系数是和材料的组成有关的。不同种类的材料有不同的导热系数，而其导热的机理亦不相同。气体是通过分子的扩散来实现的，而金属材料则是通过自由电子的扩散来实现；液体与固体的导热是以不规则运动的分子间的弹性振动来实现。在一般的多孔材料中，具有比较复杂的导热机理。因其构造特点是孔隙与骨架，所以其中的导热机理，有骨架材料的导热以及孔中的辐射导热，含湿材料的相变化导热，孔隙中的气体、液体的分子导热。因此，建筑材料的导热系数λ，最可靠的方法是用试验测定。

（3）外表面的换热热流

外表面的换热热流计算方法与内表面换热情况相同。其计算表达式为：

$$q_e = q_{ec} + q_{er} = (\alpha_{ec} + \alpha_{er})(\theta_e - t_e) = \alpha_e(\theta_e - t_e) = (\theta_e - t_e)/R_e \qquad (11.1\text{-}26)$$

式中：q_e——外表面换热热流密度（W/m²）；

q_{ec}——外表面对流换热热流密度（W/m²）；

q_{er}——外表面辐射换热热流密度（W/m²）；

α_{ec}——外表面对流换热系数[W/(m²·K)]；

α_{er}——外表面辐射换热系数[W/(m²·K)]；

α_e——外表面换热系数[W/(m²·K)]；

R_e——外表面换热热阻（m²·K/W）；

θ_e——外表面温度（K）；

t_e——室外空气温度（K）。

根据上述计算理论，在稳定热传递条件下，由于整个传热过程中既无热源也无热汇。因此，上述三个阶段的热流量必然相等，即：

$$q_i = q_\lambda = q_e = q \qquad (11.1\text{-}27)$$

代入简化，可表示成：

$$q = (t_i - t_e)/(R_i + \sum R + R_e) = (t_i - t_e)/R_0 = K_0(t_i - t_e) \qquad (11.1\text{-}28)$$

式中：q——围护结构的传热热流密度（W/m²）；

R_0——围护结构的传热阻（m²·K/W）；

K_0——围护结构的传热系数[W/(m²·K)]，$K_0 = 1/R_0$。

由于墙体传热系数是衡量建筑保温性能的重要指标，一般采用传热系数来评价围护结构的保温性能。根据传热系数理论计算方法，墙体的传热系数可用下式计算：

$$K_0 = 1/\left(R_N + \sum_{i=1}^{n} R_i + R_W\right) = 1/R_0 \qquad (11.1\text{-}29)$$

$$R_i = d_i/\lambda_i \qquad (11.1\text{-}30)$$

式中：R_N——内表面换热热阻（m²·K/W）；

R_W——外表面换热热阻（m²·K/W）；

R_i——围护结构各材料换热热阻（m²·K/W）；

d_i——材料层厚度（m）；

λ_i——材料导热系数[W/(m·K)]。

2. 传热系数修正计算方法

（1）材料工作环境实际导热系数计算方法

墙体的传热系数主要由组成墙体材料的导热系数决定，材料导热系数是按照测试标准，在特定环境下按规定试验方法测出。但是，随着环境温度与湿度的改变，墙体材料导热系数的实际值与采用的理论值有差异，会造成墙体传热系数实际值与理论值的偏差，影响节能设计。因此，需对材料处于不同环境中的真实导热系数进行研究，并把研究结果应用于节能细化设计中。

墙体建筑材料为固体，固体中骨架的传热机理与液体相似，是靠弹性波作用，导热系数随温度的增加而增加，湿度对导热系数也有影响。材料内部主要由无机联结材料骨架、孔隙内空气、孔隙内水蒸气、孔隙内水以及孔隙内冰组合而成，根据材料的构造和传热机理，材料工作环境导热系数λ_{eff}由固体当量导热系数λ_Δ、气体当量导热系数λ_o、当量辐射导热系数λ_γ、当量相变化导热系数λ_ϕ、当量水导热系数λ'_w和当量冰导热系数λ''_w组成。即：

$$\lambda_{eff} = \lambda_\Delta + \lambda_o + \lambda_\gamma + \lambda_\phi + \lambda'_w + \lambda''_w \tag{11.1-31}$$

依据现有理论计算所采用的导热系数或实测值，已综合考虑了特定条件下固体当量导热系数λ_Δ、气体当量导热系数λ_o、当量辐射导热系数λ_γ、当量相变化导热系数λ_ϕ，在实际工作环境中，上式可简化为：

$$\lambda_{eff} = \lambda + \Delta\lambda_t + \Delta\lambda'_w + \Delta\lambda''_w \tag{11.1-32}$$

式中：$\Delta\lambda_t$——温差引起的导热系数改变量；

$\Delta\lambda'_w$——重量湿度改变引起的导热系数改变量；

$\Delta\lambda''_w$——结冰引起的导热系数改变量；

λ——材料导热系数测试值。

在求出材料由于温差、重量湿度以及结冰引起的导热系数改变量后，即可求出材料工作环境下的导热系数。对于温度和湿度对导热系数的影响，文献[4]经过试验研究得出了混合结构的无机联结材料温度和湿度对导热系数影响的计算公式，经过整理，公式为：

温度影响：

$$\lambda_t = 1.163\lambda_{0℃}(1 + 0.0025t) \tag{11.1-33}$$

湿度影响：

$$\lambda_w = \lambda(1 + 1.163w_V\delta_w/100) \tag{11.1-34}$$

$$w_V = w_g \frac{\gamma}{\gamma_w}$$

$$\delta_w = 1.15\gamma^2 - 6.05\gamma + 14.3$$

$$\Delta\lambda_t = \lambda_t - \lambda$$

温度对粉煤灰砌块导热系数的影响计算公式同式(11.1-33)，有关研究者通过试验拟合出了粉煤灰砌块湿度与导热系数的函数关系表达式：

$$\lambda_w = 0.0022e^{12.23w'_g} + 0.144 \tag{11.1-35}$$

$$\Delta\lambda'_w = 0.0022e^{12.23w'_g}$$

Milos Jerman 等[5]进行了 EPS 保温板导热系数的研究，得出后期环境湿度对 EPS 保温板导热系数的影响可不考虑。Ivan Gnip 等[6]进行了温度对 EPS 保温板导热系数影响的研究，根据试验结果得出了拟合方程为

$$\lambda_t = \lambda_{10℃}(0.9615 + 0.00399 \cdot t) \tag{11.1-36}$$

根据 EPS 保温板导热系数测试标准，经过换算后，式(11.1-36)可表示为：

$$\lambda_t = 0.03958 \times (0.9615 + 0.00399 \cdot t) \tag{11.1-37}$$

式中：λ_t——平均温度为t时的导热系数 [W/(m·K)]；

第 11 章 单排配筋剪力墙热工性能与耐火性能

λ——材料的导热系数 [W/(m·K)];

t——材料的平均温度;

λ_w——含湿导热系数;

δ_w——湿度修正系数;

w_V——要修正材料的容积湿度(%);

$\lambda_{0°C}$——平均温度为 0°C 时的导热系数;

w_g——每日的冷凝量;

w'_g——含水率。

依据水泥砂浆、粉煤灰砌块和砂浆砖砌体导热系数测试标准,经过换算计算后,可得到水泥砂浆 $\lambda_{0°C}$ 为 0.8085W/(m·K),粉煤灰砌块 $\lambda_{0°C}$ 为 0.13W/(m·K)。

根据文献[7],当墙体内出现冷凝现象时,每日的冷凝量可表示为:

$$w_g = 24\left(\frac{P_A - P_{s,c}}{H_{o,i}} - \frac{P_{s,c} - P_B}{H_{o,e}}\right) \tag{11.1-38}$$

式中:w_g——每日的冷凝量;

P_A——分压力较高一侧空气的水蒸气分压力(Pa);

P_B——分压力较低一侧空气的水蒸气分压力(Pa);

$P_{s,c}$——冷凝界面处的饱和水蒸气分压力(Pa);

$H_{o,i}$——在冷凝界面水蒸气流入一侧的水蒸气渗透阻(m²·h·Pa/g);

$H_{o,e}$——界面水蒸气流出一侧的水蒸气渗透阻(m²·h·Pa/g)。

累计冷凝量根据日冷凝量和发生冷凝作用的天数进行累计计算。由于湿度对 EPS 保温板导热系数的影响不考虑,所以冷凝界面的冷凝量在计算时认为均匀分布在混凝土中,材料导热系数和含湿率关系通过式(11.1-34)进行计算。

在温度较低情况下,材料内部湿度会发生结冰状况,影响墙体的保温性能。根据热力学理论推导出多孔材料的吸力势和冻结温度之间的关系及能量守恒方程,推导出最大不冻水含量和冻结温度的关系式以及冻结温度:

$$\theta_l = \left[1 - \rho_l \frac{\frac{h_{iw}}{T_o}(T - T_o) - (C_{pl} - C_{pi})(T - T_o)}{7 \times 10^6} + \frac{(C_{pl} - C_{pi}) \cdot T \cdot \ln\left(\frac{T}{T_o}\right)}{7 \times 10^6}\right](\theta_{sat} - \theta_{Hyg}) + \theta_{Hyg} \tag{11.1-39}$$

水泥砂浆冻结温度按下式计算:

$$T_{feeing} = 26.647\theta_l + 266.51 \tag{11.1-40}$$

式中:θ_l——多孔介质内液相体积含湿量;

T_o——液态水冰点温度,$T_o = 273.15\text{K}$(0°C);

T——多孔介质内液态水初始温度(K);

ρ_l——多孔介质内液态水的压力(Pa);

T_{feeing}——冻结温度(K);

h_{iw}——液态水的凝固潜热(J/kg);

C_{pl}——液态水的定压比热 [J/(kg·K)];

C_{pi}——固态冰的定压比热 [J/(kg·K)];

θ_{sat}——多孔介质内体积含湿饱和量;

θ_{Hyg}——多孔介质内体积吸湿量。

混凝土冻结温度按文献[8]试验及分析结果采用。

根据上述公式可判断出材料内部是否结冰,并根据材料内部温度分布判断出材料结冰分界线,根据吸湿量计算出结冰量,累计冰含量可根据日结冰量进行累计计算,内部温度分布计算参考文献[5]。

当发生结冰现象时

$$\Delta\lambda'_w = (1-k_{ic})\lambda \times 1.163 w_V \delta_w/100 \quad \Delta\lambda''_w = k_{ic}\Delta\lambda'_w \times 2.22/0.563 \tag{11.1-41}$$

式中:k_{ic}——材料中水化冰系数,等于冰的量与水分(包含冰)的量的比。

(2)传热系数修正计算方法

墙体的传热按在冬季情况下稳定传热计算,计算中材料的导热系数为定值,而实际情况中,材料的导热系数随着温湿度变化而变化,因此需对材料的导热系数进行温湿度修正。在计算过程中始终满足以下方程:

$$-\lambda \frac{dt}{dx} = q_i = q_\lambda = q_e = q \tag{11.1-42}$$

即在稳定传热条件下,满足能量守恒定律,经过整个墙体及各层的传热热流密度相同。并且可得:

$$\theta_m = t_i - \frac{R_1 + R_2 + \cdots + R_{m-1}}{R_0}(t_i - t_e) \tag{11.1-43}$$

式中:θ_m——多层平壁内任一层的内表面温度(K);

t_e——室外空气温度(K);

R——传热阻($m^2 \cdot K/W$);

t_i——室内空气温度(K)。

同时还应满足:

$$w = \frac{P_i - P_e}{H_0} \tag{11.1-44}$$

且:

$$P_m = P_i - \frac{H_1 + H_2 + \cdots + H_{m-1}}{H_0}(P_i - P_e) \tag{11.1-45}$$

式中:w——水蒸气渗透强度[$g/(m^2 \cdot h)$];

P_i——室内空气的水蒸气分压力(Pa);

P_e——室外空气的水蒸气分压力(Pa);

H_0——围护结构的总水蒸气渗透阻($m^2 \cdot h \cdot Pa/g$);

H——材料水蒸气渗透阻($m^2 \cdot h \cdot Pa/g$);

P_m——多层平壁内任一层内表面水蒸气分压力(Pa)。

即在稳态条件下通过墙体的水蒸气渗透量,与室内外的水蒸气分压力差成正比,与渗透过程中受到的阻力成反比。

(3)传热系数修正计算流程

依据式(11.1-33)、式(11.1-34)、式(11.1-35)和式(11.1-37),将组成墙体各材料的厚度和文献[8]给出的导热系数、水蒸气渗透系数、室内外空气的温度和相对湿度、墙体内外表面的对流换热系数等代入公式计算,求出墙体内部温度分布和水蒸气分压力分布,并计算出含水量，根据墙体内部温度分布和含水量计算出材料实际工作环境下的导热系数，并计算出墙体传热系数；导热系数修正后重新计算墙体内温度分布和水蒸气分压力，计算含水量，继续修正材料的导热系数，计算出的墙体传热系数与上一步骤计算的传热系数值求差值，如差值在指定范围内则停止计算，否则重复该步骤的计算，直至差值满足要求为止。

墙体传热系数修正计算流程图见图 11.1-7。

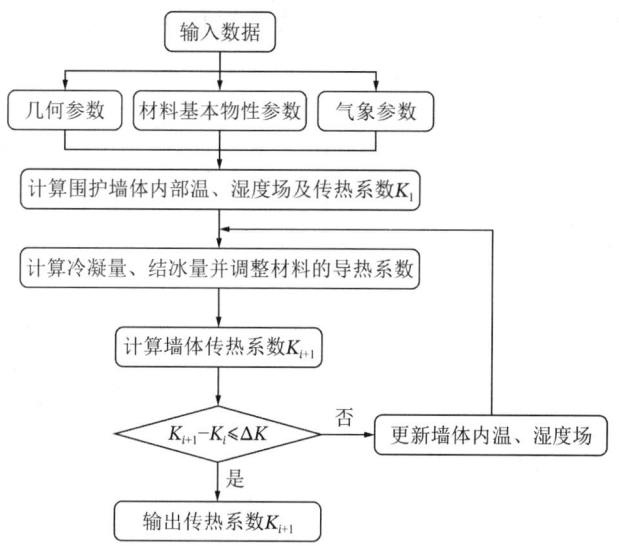

图 11.1-7 墙体传热系数修正计算流程图

3. EPS 保温板混凝土墙体传热系数计算

根据墙体传热系数理论计算方法及修正计算方法，计算出 4 个试件 ZDPJ1、ZDPJ2、ZDPJ3、ZDPJ4 的传热系数理论值并得出试验值及试验条件下修正计算值，结果见表 11.1-2。

墙体传热系数试验值、理论值及修正计算值对比　　表 11.1-2

试件编号	传热系数试验值 K（m²·K）	传热系数理论值 K（m²·K）	试验条件下传热系数修正计算值 K（m²·K）
ZDPJ1	4.237	4.450	4.35
ZDPJ2	3.818	4.260	4.13
ZDPJ3	0.568	0.628	0.60
ZDPJ4	0.307	0.340	0.32

分析可见：

（1）4 个试件传热系数修正计算值与试验值更接近，表明采用修正计算法进行设计更符合实际情况。

（2）EPS 保温板厚度对墙体传热系数影响较大，增加 EPS 保温板厚度能使墙体的传热系数迅速减小，达到较好的保温效果。

4. 计算分析算例

以北京地区为例，分析在北京地区气候条件下，采用 EPS 保温板的再生混凝土剪力墙试件ZDPJ3、ZDPJ4的保温性能随环境变化的关系,分析2个墙体试件随着室内、外温度及相对湿度的变化,以及保温材料导热系数与整个墙体试件的传热系数变化规律。室外温度与相对湿度采用北京地区10年的室外月平均温度和月平均相对湿度,其变化情况见图11.1-8、图11.1-9。

依据传热系数修正计算法以及图11.1-8和图11.1-9的温度、相对湿度随环境变化图,试件ZDPJ3和ZDPJ4的月平均传热系数与保温材料导热系数变化曲线见图11.1-10和图11.1-11。

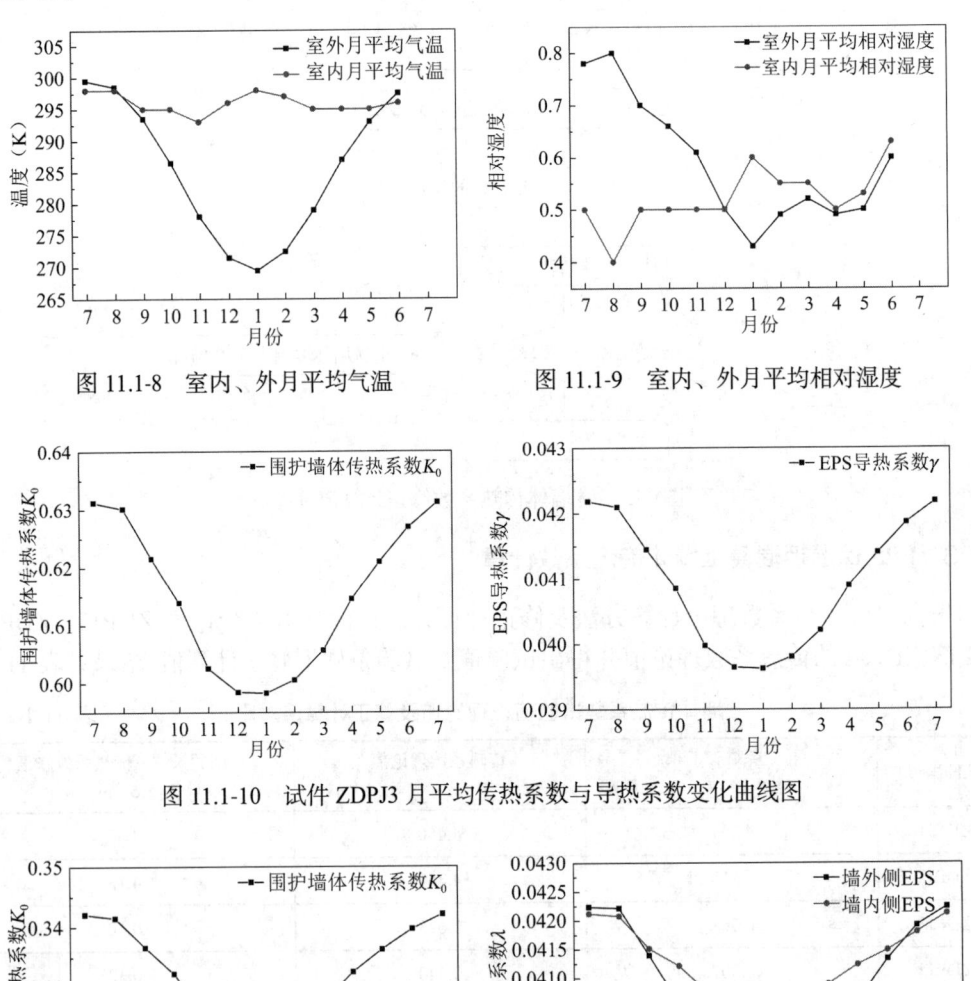

图11.1-8 室内、外月平均气温

图11.1-9 室内、外月平均相对湿度

图11.1-10 试件ZDPJ3月平均传热系数与导热系数变化曲线图

图11.1-11 ZDPJ4月平均传热系数与导热系数变化曲线图

研究表明:

(1)试件ZDPJ3月均传热系数修正值随着室外温度的变化而变化,并且变化趋势一致，与室外平均相对湿度变化的趋势有差异。

（2）EPS 保温板导热系数随着室外环境变化而变化，其变化趋势与墙体试件传热系数修正值的变化趋势一致；EPS 保温板导热系数变化曲线图形与墙体传热系数变化曲线相似。

（3）试件 ZDPJ3 的水泥砂浆导热系数变化与温度和含湿量有关；EPS 保温板为封闭多孔材料，其导热系数主要与温度有关，后期湿度改变对它的导热系数几乎没有影响，且 EPS 保温板热阻占试件总热阻的 85%，因此 EPS 模板的导热系数变化是影响试件传热系数的主要因素，即温度变化是影响试件 ZDPJ3 传热系数修正值变化的主要原因，所以围护墙体试件的传热系数变化曲线与 EPS 保温板导热系数变化曲线相似。

（4）试件 ZDPJ4 月均传热系数随着室外温度的变化而变化，且变化趋势一致，与室外平均相对湿度变化的趋势略有不同，说明湿度对墙体的传热系数影响小于温度的影响；在相同月份，试件 ZDPJ4 传热系数值始终小于试件 ZDPJ3 传热系数值，并且试件 ZDPJ4 传热系数值的变化幅度小于试件 ZDPJ3，表明墙体传热系数越小受环境的影响越小，热稳定性越好。

（5）试件的传热系数值随着环境温度及相对湿度的改变而改变，如采用传热系数修正值进行设计，比采用固定不变的理论值能更准确地反映出墙体的热能损失情况。

11.2 单排配筋混凝土薄墙板耐火性能

1. 试件设计

为保证与未受火试件的可比性，在制作受力性能试验试件的同时，制作了 12 个进行耐火试验的单排配筋再生混凝土薄墙板，试件主要设计参数见表 11.2-1。试件编号中（F）为受火试件。表中：B 为半再生混凝土，粗骨料粒径为 5～10mm，细骨料为天然砂，粒径为 0～5mm；P 为普通混凝土，粗、细骨料粒径均与半再生混凝土相同；D 为钢筋直径，为冷拔高强钢筋，其中 D4 代表光圆钢筋，D5 代表带肋钢筋；S 为钢筋间距；W、L、T 分别为墙板的宽度、长度和厚度。

试件主要设计参数　　　　表 11.2-1

试件编号	D（mm）	S（mm）	W（mm）	L（mm）	T（mm）	混凝土类型
BD5-40-1（F）	5	50	600	600	40	半再生混凝土
BD4-40-1（F）	4	50				
BD5-40-2（F）	5	75				
BD4-40-2（F）	4	75				
BD5-40-3（F）	5	100				
BD4-40-3（F）	4	100				

续表

试件编号	D（mm）	S（mm）	W（mm）	L（mm）	T（mm）	混凝土类型
PD5-40-1（F）	5	50	600	600	40	普通混凝土
PD4-40-1（F）	4					
PD5-40-2（F）	5	75				
PD4-40-2（F）	4					
PD5-40-3（F）	5	100				
PD4-40-3（F）	4					

再生混凝土的配合比为 $m_{水泥}:m_{水}:m_{粗骨料}:m_{细骨料}:m_{粉煤灰}:m_{矿粉}=1:0.49:2.28:2.28:0.21:0.21$，设计强度等级为C40。

试件在设计时考虑装配方便，周边采用4mm厚的钢板条边框（可预留螺栓孔），钢板条通过焊接组成钢外围边框（所有钢板条位于同一平面内），之后钢筋网的钢筋端部与钢板条边框焊接，形成网状钢筋骨架，试件尺寸及配筋图见图11.2-1。

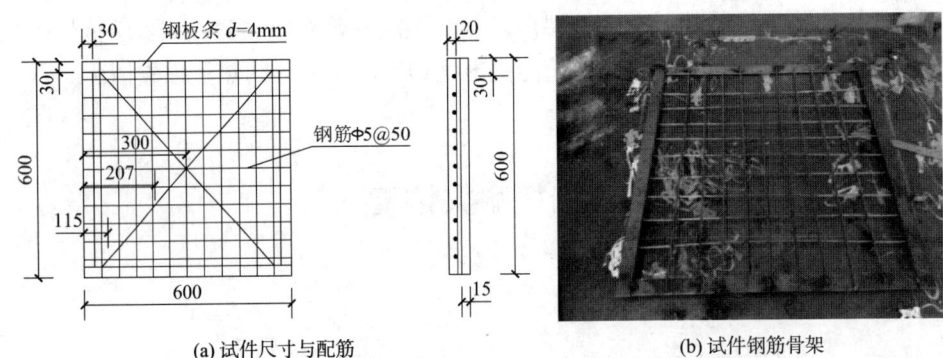

(a) 试件尺寸与配筋　　　　(b) 试件钢筋骨架

图11.2-1　试件尺寸及配筋图

实测钢筋、钢板材料力学性能见表11.2-2。

钢筋、钢板材料力学性能　　　　表11.2-2

母材类型	f_y（MPa）	f_u（MPa）
φ4光圆钢筋	702	906
φ5带肋钢筋	697	801
4mm厚边框钢板条	325	467

将标准养护28d的混凝土立方体试块（尺寸100mm×100mm×100mm，调整系数0.95）进行标准立方体抗压试验，实测混凝土立方体抗压强度平均值 $f_{cu,f}$ 见表11.2-3。

混凝土立方体抗压强度平均值　　　　表11.2-3

混凝土类型	混凝土立方体抗压强度 $f_{cu,f}$（MPa）
普通混凝土P	40.10
再生混凝土B	41.15

进行了受火后钢筋、钢板条材料拉伸试验,每种母材取三根,实测受火前后钢筋、钢板材料力学性能比较见表11.2-4,同时将受火前钢筋和钢板材料力学性能实测数据列入表11.2-4进行比较。表中:f_y、f_u为受火前钢材的屈服强度、极限强度;$f_{y,fire}$、$f_{u,fire}$为受火后钢材的屈服强度、极限强度。

受火前后钢筋、钢板材料力学性能比较　　　　表 11.2-4

母材类型	f_y（MPa）	$f_{y,fire}$（MPa）	f_u（MPa）	$f_{u,fire}$（MPa）
φ4 光圆钢筋	702	342	906	534
φ5 带肋钢筋	697	336	801	506
4mm 厚边框钢板	325	289	467	412

实测受火前、后混凝土试块(尺寸为100mm×100mm×100mm,调整系数为0.95,三组每组三块)立方体抗压强度平均值f_{cu}和$f_{cu,fire}$见表11.2-5。

火灾前、后混凝土立方体抗压强度平均值　　　　表 11.2-5

混凝土类型	f_{cu}（MPa）	$f_{cu,fire}$（MPa）
普通混凝土 P	40.10	17.51
再生混凝土 B	41.15	16.32

2. 墙板受火试验概况

受火试验墙板空间布置图见图11.2-2,每层布置三块墙板,通过过梁和分割柱把墙板固定在试验辅助框架上,以便进行墙板单面受火试验。

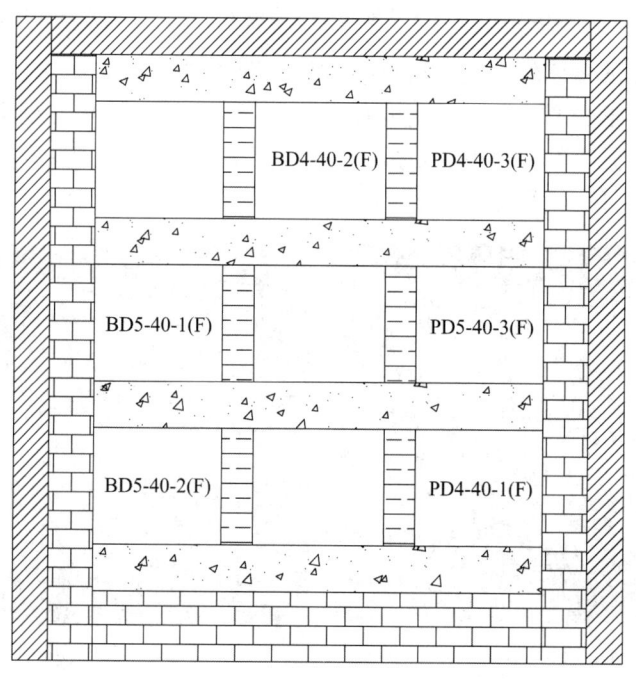

图 11.2-2 受火试验墙板空间布置图

炉温测点分布、辅助框架、墙板单面受火、实测炉温曲线见图 11.2-3。图中，炉温测点 1 号～6 号分布在垂直火灾炉上中下和左右两侧，实测升温曲线与国际标准 ISO 834 升温曲线一致。

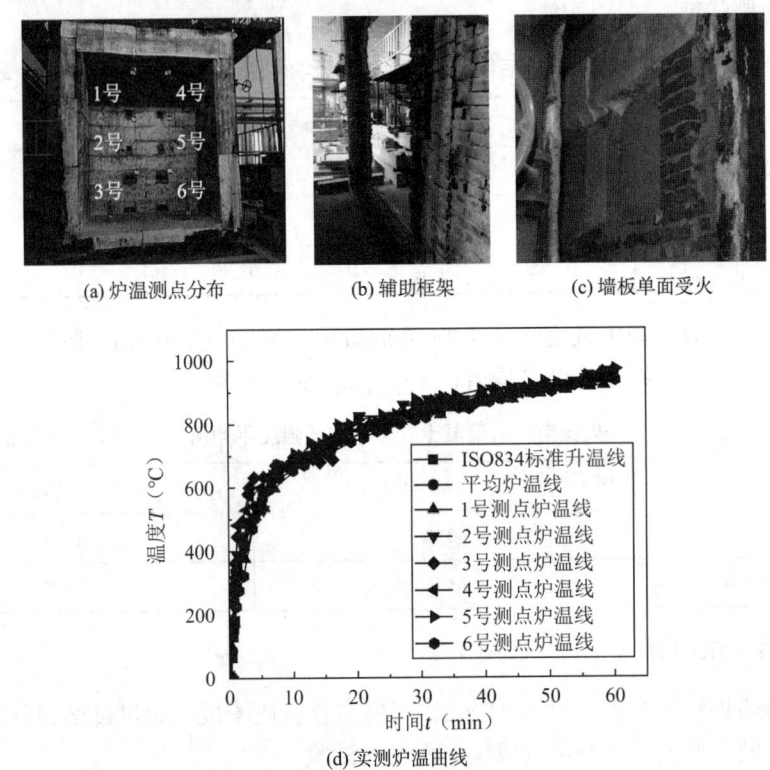

图 11.2-3　炉温测点分布、辅助框架、墙板单面受火、实测炉温曲线图

实测墙板耐火试验后的墙板破坏形态照片见图 11.2-4。由图可见：墙板受火面在高温下产生了温度膨胀变形，受火后墙板有明显的弯曲，同时墙板混凝土呈奶黄色，试件表面氧化严重，墙板变脆，这主要是由于墙板内部结合水高温蒸发后，混凝土微观结构略变松散所致。

(a) 墙板耐火试验

(b) 耐火试验后将墙板取出

图 11.2-4　墙板耐火试验后墙板破坏形态照片

实测试件 BD4-40-2（F）和 PD4-40-3（F），BD5-40-1（F）和 PD5-40-3（F），BD5-40-2（F）和 PD4-40-1（F）角部测点和中心测点的升温曲线（深度为 20mm）见图 11.2-5。

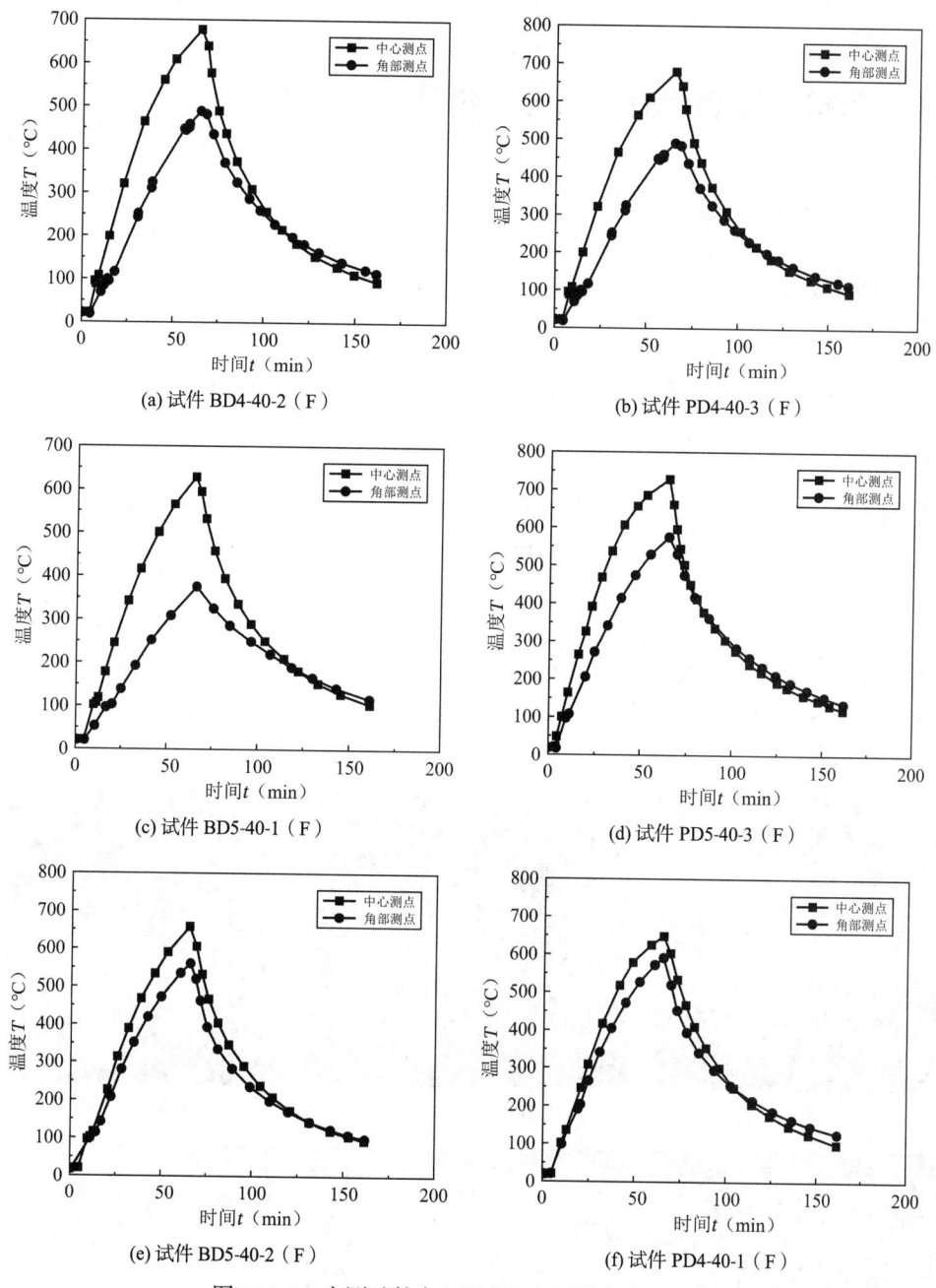

图 11.2-5 实测试件中心测点与角部测点升温曲线

由图 11.2-5 可见：

（1）相同水平位置情况下，再生混凝土墙板中心测点和角部测点温度均低于普通混凝土墙板，中心测点平均相差 40～50℃，角部测点平均相差 60～75℃；钢筋间距和钢筋直径对墙板内部温度发展影响不大，再生混凝土墙板具有良好的耐火性能。

（2）以试件 PD5-40-3（F）为例：墙板中心处测点温度最高为 717℃，角部测点温度最高为557℃；靠近边框的温度较低，远离边框的温度较高，这主要是由于相同深度情况下，测点受周围过梁、分割柱边界条件的影响所致。

11.3 单排配筋墙板受火后力学性能

11.3.1 试验概况与破坏形态

1. 试验概况

试验与位移计布置：进行墙板平面外受力性能单向加载试验；为使试件受力均匀，通过装置将竖向集中力分配到四个钢垫板上（钢垫板中心点间距为200mm）；共布置5个电子百分表记录加载过程中试件的挠度，1号百分表采集跨中挠度，2号和4号百分表采集墙板角部挠度，墙板中心区域挠度由3号和6号百分表测得。

加载控制：弹性阶段主要采用荷载控制加载，弹塑性阶段采用荷载和位移联合控制加载，当试件的荷载值下降到峰值荷载的85%时停止加载。

2. 破坏形态

试验所得：受火后单排配筋再生混凝土墙板破坏形态见图11.3-1；受火后单排配筋普通混凝土墙板破坏形态照片见图11.3-2。图中：试件上面为墙板未直接受火面；试件下面为墙板直接受火面。

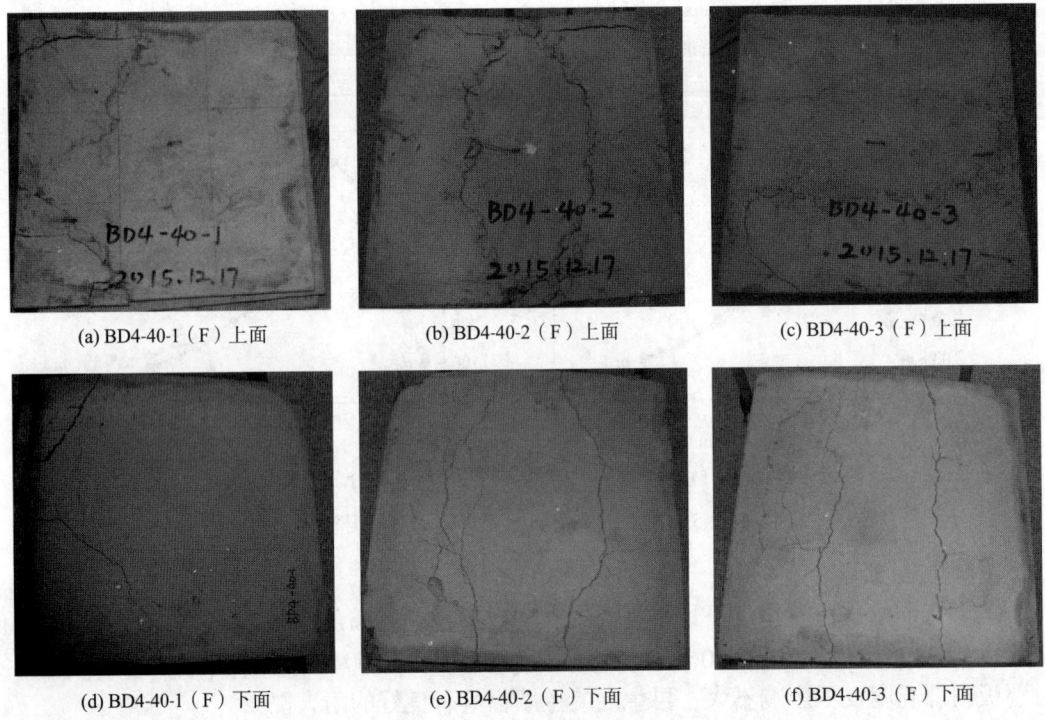

图 11.3-1 再生混凝土墙板破坏形态

第11章 单排配筋剪力墙热工性能与耐火性能

图 11.3-2 普通混凝土墙板破坏形态

试验表明：受火之后墙板试件在加载过程中脆性明显，主要表现为试件中部分布钢筋一旦进入屈服阶段，上部受压区混凝土则迅速被压酥、压碎，破坏过程相对较短。

11.3.2 受力性能分析

1. 混凝土材料

受火后不同混凝土材料的钢筋直径为 4mm、5mm 的单排配筋混凝土板平面外"竖向荷载F-墙板中心点竖向挠度U"曲线比较见图 11.3-3。

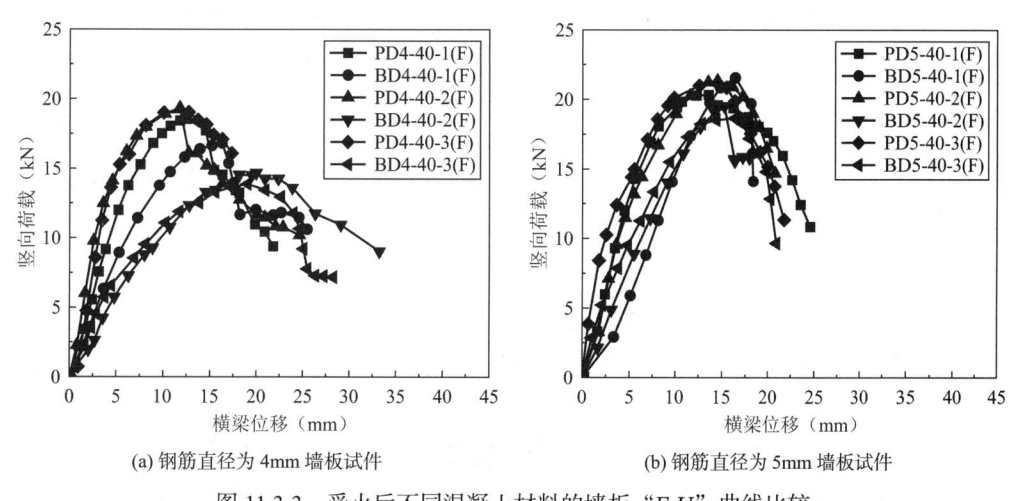

图 11.3-3 受火后不同混凝土材料的墙板"F-U"曲线比较

2. 钢筋间距

受火后不同钢筋间距的钢筋直径为 4mm、5mm 的单排配筋混凝土板平面外"竖向荷载F-墙板中心点竖向挠度U"曲线比较见图 11.3-4。

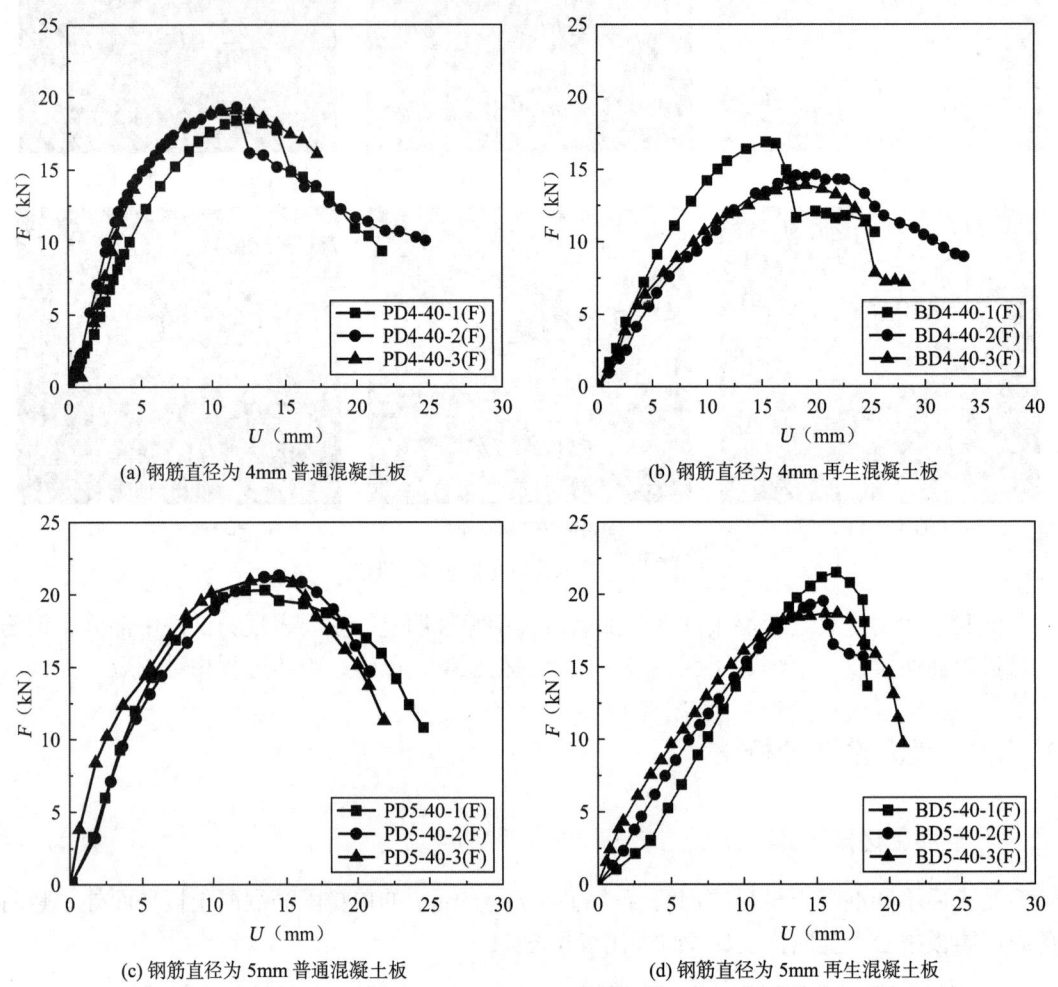

图 11.3-4 受火后不同钢筋间距的墙板"F-U"曲线比较

3. 配筋构造

受火后相同配筋率下钢筋直径为 4mm、5mm 的不同混凝土单排配筋板平面外"竖向荷载F-中心点竖向挠度U"曲线比较见图 11.3-5。

分析可见:

(1) 相同配筋率情况下,钢筋直径较粗、分布间距较大的再生混凝土板承载力较高。

(2) 相同配筋率情况下,钢筋直径较细、分布间距较小的再生混凝土板变形能力较强。

(3) 钢筋配筋率(钢筋间距)对受火后的墙板力学性能影响不如受火前对墙板受力性能影响大,这是由于受火后混凝土受损伤,钢筋与混凝土的粘结作用被削弱的缘故。

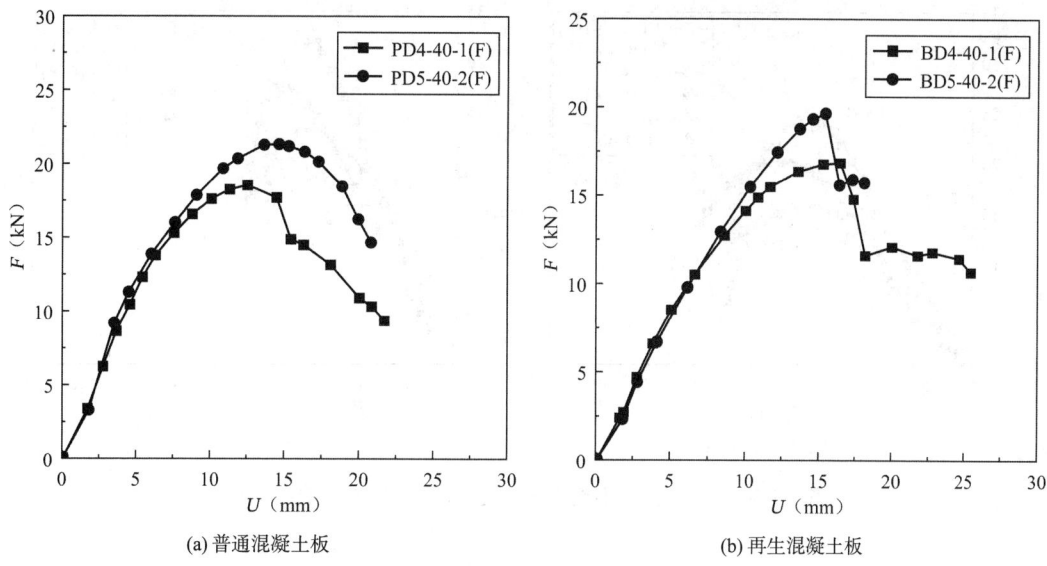

(a) 普通混凝土板　　　　　　　　　(b) 再生混凝土板

图 11.3-5　受火后相同配筋率不同混凝土墙板"F-U"曲线比较

11.3.3　受火前后受力性能对比

受火前后普通混凝土墙板试件平面外"竖向荷载F-中心点竖向挠度U"曲线比较见图 11.3-6。图中(F)表示受火后。

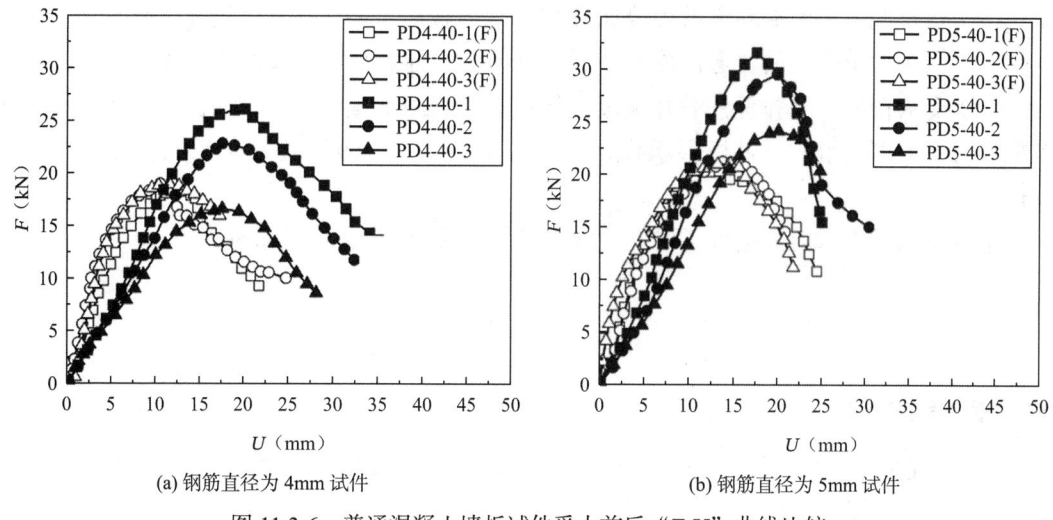

(a) 钢筋直径为 4mm 试件　　　　　　　　　(b) 钢筋直径为 5mm 试件

图 11.3-6　普通混凝土墙板试件受火前后"F-U"曲线比较

受火前后再生混凝土墙板试件平面外"竖向荷载F-中心点竖向挠度U"曲线比较见图 11.3-7。图中(F)表示受火后。

分析可见：受火后再生混凝土墙板与普通混凝土墙板破坏特征相似；普通混凝土墙板受火前后极限承载力下降比例，与再生混凝土墙板受火前后极限承载力下降比例接近；钢筋间距相同情况下，普通混凝土墙板极限承载力略高于再生混凝土墙板。

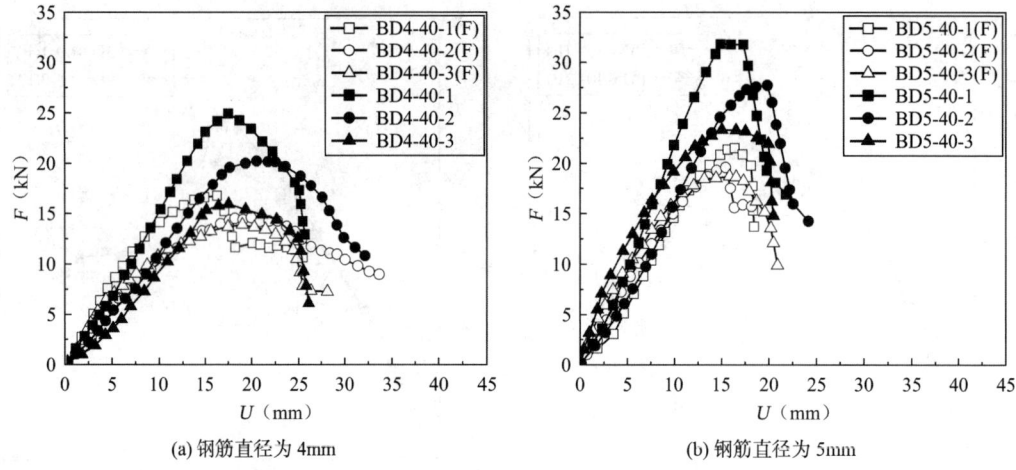

(a) 钢筋直径为 4mm　　(b) 钢筋直径为 5mm

图 11.3-7　再生混凝土墙板试件受火前后 "F-U" 曲线比较

11.4　本章小结

本章进行了 4 个单排配筋混凝土墙板试件的热工性能试验和理论研究，进行了 12 个单排配筋混凝土墙板试件的受火性能试验研究。主要结论：

（1）单排配筋再生混凝土墙板比单排配筋普通混凝土墙板热工性能略好。

（2）单排配筋再生混凝土剪力墙加设 EPS 保温板后，墙体保温性能显著提升。

（3）受火后单排配筋普通混凝土墙板与单排配筋再生混凝土墙板破坏特征相似。

（4）受火前后：单排配筋普通混凝土墙板试件极限承载力下降了 12.5%～34.1%；单排配筋再生混凝土墙板试件极限承载力下降了 10.4%～32.6%。受火前后二者性能退化程度接近。

笔者团队对本章内容进行了研究并发表了相关成果[9-12]，可供参考。

参 考 文 献

[1] 北京市建筑节能与墙体材料革新办公室. 北京市建筑节能与墙体材料革新技术标准汇编[M]. 北京：中国标准出版社, 1999.

[2] 国家质量监督检验检疫总局. 绝热 稳态传热性质的测定 标定和防护热箱法：GB/T 13475—2008[S]. 北京：中国标准出版社, 2009.

[3] 陈仲林, 唐鸣放. 建筑物理[M]. 北京：中国建筑工业出版社, 2009.

[4] PAVLÍK Z, ČERNÝ R. Hygrothermal performance study of an innovative interior thermal insulation system[J]. Applied Thermal Engineering, 2009, 29(10): 1941-1946.

[5] JERMAN M, ČERNÝ R. Effect of moisture content on heat and moisture transport and storage properties

of thermal insulation materials[J]. Energy and Buildings, 2012, 53: 39-46.

[6] GNIP I, VĖJELIS S, VAITKUS S. Thermal conductivity of expanded polystyrene (EPS) at 10℃ and its conversion to temperatures within interval from 0 to 50℃[J]. Energy and Buildings, 2012, 52: 107-111.

[7] 陈启高. 建筑热物理基础[M]. 西安: 西安交通大学出版社, 1991.

[8] 周志云, 司金涛. 混凝土冻结特征温度预测方法研究[J]. 混凝土, 2010, 244(2): 38-41.

[9] LI J H, CAO W L, CHEN G X. The heat transfer coefficient of new construction-Brick masonry with fly ash blocks[J]. Energy, 2015, 86: 240-246.

[10] LIU W C, CAO W L, ZONG N N, et al. Experimental study on punching performance of recycled aggregate concrete thin wallboard with single-layer reinforcement[J]. Applied Sciences-Basel, 2018, 8(2): 1-21.

[11] 李建华, 曹万林, 牛海成. 复合 EPS 模板再生混凝土剪力墙传热系数计算研究[J]. 应用基础与工程科学学报, 2016, 24(1): 81-89.

[12] 李建华, 曹万林, 董宏英, 等. 免拆 EPS 模板再生混凝土剪力墙热工性能试验研究[J]. 世界地震工程, 2014, 30(3): 111-118.

第12章 单排配筋混凝土剪力墙结构设计与施工

12.1 结构设计

12.1.1 适用范围

双向单排配筋混凝土多层剪力墙结构的适用范围见表12.1-1。EPS保温模块单排配筋剪力墙结构和半装配式单排配筋剪力墙适用于低层和多层房屋，全装配式单排配筋剪力墙可用于3层及3层以下住宅建筑。

双向单排配筋混凝土多层剪力墙结构适用范围　　　表12.1-1

设防烈度	6	7	8	9
建筑层数	≤9	≤8	≤7	≤6
适用高度（m）	≤28	≤24	≤21	≤18

注：1. 房屋高度是指室外地面到主要屋面板板顶的高度（不包括局部突出的屋顶部分）；对带阁楼的坡屋面应算到山尖墙的1/2高度处。
2. 对于局部突出的屋顶部分的面积或带坡顶的阁楼的可使用部分（高度≥1.8m部分）的面积超过标准层面层1/2时应按一层计算。
3. 超出适用范围的剪力墙结构应按《高层建筑混凝土结构技术规程》JGJ 3—2010规定执行。

12.1.2 一般规定

（1）单排配筋剪力墙结构，部分采用双排配筋剪力墙时，双排配筋剪力墙的抗震计算和构造要求应符合《混凝土结构设计标准》GB/T 50010—2010（2024年版）和《建筑抗震设计标准》GB/T 50011—2010（2024年版）的规定。

（2）抗震设计时，双向单排配筋剪力墙连梁及墙肢的剪力设计值和弯矩设计值可在计算基础上参照国家有关规范确定。

（3）双向单排配筋剪力墙连梁与墙肢受剪及受弯承载力计算可参照本文提供的相关计算公式。

（4）可考虑 X 形暗支撑对剪力墙受剪承载力和受弯承载力的贡献，带 X 形暗支撑的双向单排配筋混凝土剪力墙受剪及受弯承载力计算可参照本文提供的相关公式进行。

（5）多层住宅可以采用双向单排配筋混凝土剪力墙，也可以采用带 X 形暗支撑的双向单排配筋混凝土剪力墙。

（6）当选择部分剪力墙设 X 形暗支撑时，宜对称选择离结构刚心远的墙片，以增强结构空间工作能力，特别是抗扭转能力。

（7）双向单排配筋剪力墙在结构布置允许的情况下宜采用剪跨比较大的连梁。

（8）多层剪力墙结构的可采用形式：内外墙均为现浇混凝土墙结构；内墙纵横墙均为现浇混凝土墙，外墙为壁式框架或框架；短肢剪力墙较多的剪力墙结构。

（9）多层剪力墙结构内外墙均为现浇混凝土墙时，墙的数量不必很多，多层剪力墙结构侧向刚度不宜过大，可采用横墙承重也可采用纵墙承重或纵、横墙共同承重，但剪力墙间距宜满足表 12.1-2 的要求。

剪力墙间距　　　　　　　　表 12.1-2

设防烈度	6	7	8	9
现浇或叠合楼板（m）	4	4	3	2
装配整体式楼板（m）	3	3	2.5	—

注：1. 叠合楼板的整浇层应大于 60mm；
　　2. 装配整体式的面层不宜小于 50mm。

（10）双向单排配筋混凝土剪力墙结构的布置，宜符合下列要求：

1）平面布置时，宜均匀、对称，宜首先在离刚度中心较远处布置剪力墙，以保证结构后期抗侧刚度的均匀对称并减小结构的扭转效应。

2）在较长的剪力墙墙段内布置暗支撑时，宜首先满足暗支撑仰角的要求，可跨层形成网状。

3）当地下室作为上部结构的嵌固部位时，暗支撑钢筋宜延伸至地下室顶板的下一层剪力墙。

4）带 X 形暗支撑的双向单排配筋低矮剪力墙宜按照"下强、上弱"的原则在剪力墙内设置，以保证剪力墙的强度的后期刚度沿高度合理分布。

5）可根据情况在剪力墙底部一定范围内采用带 X 形暗支撑的双向单排配筋低矮剪力墙，以克服剪力墙可能出现的底部相对薄弱现象，同时兼有增强抵抗基底剪切滑移的作用。

6）钢筋暗支撑可只在较薄弱的底部楼层设置，其配筋比宜与层剪力匹配。

7）可在剪力墙沿高度变截面处的上部一定范围采用带 X 形暗支撑的双向单排配筋低矮剪力墙。

8）EPS 保温模块单排配筋剪力墙结构的建筑工程防火设计，应符合《空腔 EPS 模块混凝土结构房屋技术标准》DB23/T 1454—2017 及现行国家标准《建筑设计防火规范》GB 50016 有关规定。

9）EPS 保温模块单排配筋剪力墙结构的建筑工程节能设计，应符合《空腔 EPS 模块混凝土结构房屋技术标准》DB23/T 1454—2017 及国家标准《民用建筑热工设计规范》GB 50176—2016 有关规定。

10）EPS 保温模块单排配筋剪力墙结构抗震设计时，不考虑面层砂浆及 EPS 保温模块的影响是偏于安全的，EPS保温模块单排配筋剪力墙结构的抗剪承载力设计值和压弯承载力设计值可参照本文提出的相关公式考虑一定安全系数进行计算。

11）装配式单排配筋剪力墙结构的抗震设计依据为《装配式混凝土结构技术规程》JGJ 1—2014以及相关预制混凝土结构规程、《混凝土结构设计标准》GB/T 50010—2010（2024年版）和《建筑抗震设计标准》GB/T 50011—2010（2024年版）。

12）装配式单排配筋剪力墙应进行平面内的斜截面受剪、偏心受压或偏心受拉承载力验算，同时应进行接缝受剪承载力验算。装配式单排配筋剪力墙的承载力计算可参考本文相关公式及建议进行。

13）装配式单排配筋剪力墙抗震设计时，预制构件之间应有可靠的水平、竖向连接构造。

14）装配式单排配筋混凝土剪力墙结构的布置，宜符合下列要求：

①装配式单排配筋剪力墙应在结构的两个主轴方向双向布置，两个方向的单排配筋剪力墙应相连。

②装配式单排配筋剪力墙结构平面布置宜对称，墙体可全部采用预制单排配筋剪力墙，也可部分采用预制单排配筋剪力墙。

③装配式单排配筋剪力墙结构竖向布置，可全高采用预制单排配筋剪力墙，也可下部为现浇、上部为预制单排配筋剪力墙。

④装配式单排配筋剪力墙结构，宜采用半装配结构形式，在预制剪力墙端部设置现浇暗柱。

12.1.3 抗震等级与抗震措施

（1）多层剪力墙结构的抗震等级应符合表12.1-3的要求。

多层剪力墙结构抗震等级　　　　表12.1-3

设防烈度		6度	7度		8度		9度
建筑类型	场地类型	0.05g	0.10g	0.15g	0.20g	0.30g	0.40g
丙类建筑	Ⅱ	四	四	四	三	三	二
	Ⅲ、Ⅳ	四	四	三	三	三*	二
乙类建筑	Ⅱ	四	三	三	二	二	二
	Ⅲ、Ⅳ	四	三	三*	二	二*	二*

注：1. 建筑场地为Ⅰ类时，除6度外，可按表内降低一度所对应的抗震等级采取抗震构造措施，但抗震计算要求不应降低。
　　2. 对于短肢剪力墙较多的剪力墙结构，其短肢剪力墙的抗震等级应按上表相应提高一级。
　　3. 二*和三*分别代表特二级抗震等级和特三级抗震等级，特二级和特三级多层剪力墙结构的剪力增大系数相比二级和三级多层剪力墙结构应进行提高，提高范围应根据剪力墙类型和位置确定。

（2）抗震措施应包括抗震计算措施和抗震构造措施；抗震计算措施应按相应抗震等级满足结构设计计算要求，即计算中对各类构件组合内力进行相应调整，满足强剪弱弯，避免脆性破坏，使塑性铰出现在规定的部位等要求；抗震构造措施应按相应抗震等级满足抗震构造要求，如最小墙厚、分布钢筋最小配筋率、轴压比、剪力墙的边缘构件等构造要求。

12.1.4 结构计算

（1）剪力墙结构一般嵌固部位取基础顶面。
（2）多层剪力墙结构底部加强部位宜取基础以上及±0.000以上一层。
（3）双向单排配筋混凝土剪力墙墙肢截面组合剪力设计值应满足下列要求：
1）无地震组合时：

$$V_\mathrm{w} \leqslant 0.25\beta_\mathrm{c} f_\mathrm{c} b_\mathrm{w} h_\mathrm{w0} \tag{12.1-1}$$

2）有地震组合时：
当剪跨比λ大于2.5时：

$$V_\mathrm{w} \leqslant \frac{1}{\gamma_\mathrm{RE}}(0.2\beta_\mathrm{c} f_\mathrm{c} b_\mathrm{w} h_\mathrm{w0}) \tag{12.1-2}$$

当剪跨比λ不大于2.5时：

$$V_\mathrm{w} \leqslant \frac{1}{\gamma_\mathrm{RE}}(0.15\beta_\mathrm{c} f_\mathrm{c} b_\mathrm{w} h_\mathrm{w0}) \tag{12.1-3}$$

式中：V_w——剪力墙的剪力设计值；
f_c——混凝土抗压强度设计值；
β_c——混凝土强度影响系数，当混凝土强度等级不大于C50时取1.0，当混凝土强度等级为C80时取0.8，其间采用按线性内插取用；
b_w——剪力墙截面的宽度；
h_w0——剪力墙截面的有效高度；
γ_RE——承载力抗震调整系数。

（4）双向单排配筋混凝土剪力墙连梁截面尺寸应符合下列要求：
1）无地震组合时：

$$V_\mathrm{b} \leqslant 0.25\beta_\mathrm{c} f_\mathrm{c} b_\mathrm{b} h_\mathrm{b0} \tag{12.1-4}$$

2）有地震组合时：
连梁跨高比大于2.5时：

$$V_\mathrm{b} \leqslant \frac{1}{\gamma_\mathrm{RE}}(0.2\beta_\mathrm{c} f_\mathrm{c} b_\mathrm{b} h_\mathrm{b0}) \tag{12.1-5}$$

连梁跨高比不大于2.5时：

$$V_\mathrm{b} \leqslant \frac{1}{\gamma_\mathrm{RE}}(0.15\beta_\mathrm{c} f_\mathrm{c} b_\mathrm{b} h_\mathrm{b0}) \tag{12.1-6}$$

式中：V_b——连梁剪力设计值；
f_c——混凝土抗压强度设计值；
β_c——混凝土强度影响系数，当混凝土强度等级不大于C50时取1.0，当混凝土强度等级为C80时取0.8，其间采用按线性内插取用；
b_b——连梁截面宽度；
h_b0——连梁截面有效高度；
γ_RE——承载力抗震调整系数。

（5）剪力墙墙肢结构底部加强部位和其他部位墙肢的组合剪力设计值，应乘以表12.1-4的剪力增大系数η_vw，四级抗震等级可不调整（$V = \eta_\mathrm{vw} V_\mathrm{w}$）。

剪力增大系数（η_{vw}）　　　　表 12.1-4

结构部位	抗震等级			
	二*	二	三*	三
底部加强区的一般剪力墙	1.5	1.4	1.3	1.2
其他部位的一般剪力墙	1.0	1.0	1.0	1.0
底部加强区的短肢剪力墙	1.5	1.4	1.3	1.2
其他部位短肢剪力墙	1.3	1.2	1.1	1.0

注：二*和三*分别代表特二级抗震等级和特三级抗震等级。

（6）聚苯模块板单排配筋剪力墙及连梁截面承载力和变形的验算，不宜考虑聚苯模块板及面层砂浆对单排配筋剪力墙及连梁承载力和变形能力的增大作用，其单排配筋剪力墙及连梁截面承载力和变形的验算应符合现行国家标准《混凝土结构设计标准》GB/T 50010 和《建筑抗震设计标准》GB/T 50011 的规定。

（7）聚苯空腔模块单排配筋剪力墙及连梁截面承载力和变形的验算，应符合现行国家标准《混凝土结构设计标准》GB/T 50010 和《建筑抗震设计标准》GB/T 50011 的规定，其单排配筋剪力墙及连梁截面验算，不宜考虑空腔模块及面层砂浆对剪力墙及连梁截面承载力和变形能力增大的作用，同时也不考虑聚苯空腔模块的芯肋对剪力墙及连梁截面承载力和变形能力减小的影响。

12.1.5　抗震构造措施

1. 双向单排配筋混凝土剪力墙墙肢的抗震构造措施

（1）单排配筋剪力墙结构，所用混凝土可采用普通混凝土，也可采用再生粗骨料混凝土；混凝土强度等级不应低于 C25。

（2）单排配筋剪力墙结构，采用再生粗骨料混凝土时，其材料性能应符合现行行业标准《再生混凝土结构设计标准》JGJ/T 443—2018 的规定，同时再生粗骨料取代率应符合以下规定：

1）房屋层数 4～6 层时，再生粗骨料取代率宜为 30%～50%；

2）房屋层数 1～3 层、层高不大于 4m 且高度不大于 10m 时，再生粗骨料取代率宜为 50%～100%。

（3）墙肢的最小厚度。单排配筋剪力墙截面的最小厚度，除应满足承载力、轴压比、剪压比和稳定性要求外，尚应满足下列规定：

1）1～3 层的房屋或 4～6 层房屋的上部 3 层，剪力墙厚度不应小于 120mm 且不宜小于层高的 1/30；

2）房屋层数 4～6 层时，不包括上部 3 层的其他楼层剪力墙厚度不应小于 140mm 且不宜小于层高的 1/25。

（4）墙肢分布钢筋的最小配筋率：

1）1～3 层的房屋或 4～6 层房屋的上部 3 层，外部剪力墙不宜小于 0.25%且不应小于

0.20%，内部剪力墙不宜小于 0.20%且不应小于 0.15%；

2）房屋层数 4~6 层时，不包括上部 3 层的其他楼层外部剪力墙不应小于 0.25%，内部剪力墙不应小于 0.20%。

（5）墙肢分布钢筋的直径及间距：

1）竖向和横向分布钢筋的直径，均不宜大于墙厚的 1/10 且不应小于 8mm；

2）1~3 层的房屋或 4~6 层房屋的上部 3 层，剪力墙竖向和横向分布钢筋的间距不宜大于 250mm 且不应大于 300mm；

3）房屋层数 4~6 层时，不包括上部 3 层的其他楼层剪力墙竖向和横向分布钢筋的间距不宜大于 200mm 且不应大于 250mm。

（6）墙肢水平分布钢筋的弯钩形式。当墙肢边缘构件无暗柱时，水平分布钢筋端部宜采用 U 形弯钩，保证其对边缘构件纵筋的有效拉结及对混凝土的约束作用。

（7）1~3 层的房屋或 4~6 层房屋的上部 3 层的单排配筋剪力墙，洞口两侧宜设置竖向构造钢筋，两端边缘构件宜采用矩形暗柱，并应符合下列规定：

1）剪力墙洞口两侧设置竖向构造钢筋时，宜采用 2 根直径不应小于 12mm 的钢筋，且横向分布钢筋应弯折 90°向两侧交错布置并钩住竖向构造钢筋；

2）剪力墙端部应在不小于 300mm 范围设置矩形暗柱，暗柱纵筋不宜少于 6 根、直径不应小于 10mm，暗柱箍筋直径不应小于 6mm、间距不应大于 150mm，剪力墙横向分布钢筋应伸至端部弯折 90°向两侧交错布置并钩住暗柱端部纵筋。

（8）1~3 层的房屋或 4~6 层房屋的上部 3 层的单排配筋剪力墙与另一方向的单排配筋剪力墙的连接，节点应设置竖向构造钢筋并应符合以下规定：

1）L 形节点竖向构造钢筋的设置，可采用节点区域竖向分布钢筋替换的方法，替换后的竖向构造钢筋不应少于 7 根，且直径不应小于原竖向分布钢筋直径加 2mm 和 12mm 的较大值，采用 7 根时两墙肢单排钢筋相交位置布置 1 根，另 6 根沿两墙肢各 3 根均等布置，并应与横向分布钢筋绑扎或点焊。

2）T 形节点竖向构造钢筋，可采用节点区域竖向分布钢筋替换的方法，替换后的竖向构造钢筋不应少于 7 根，且直径不应小于原竖向分布钢筋直径加 2mm 和 12mm 的较大值，采用 7 根时三墙肢单排钢筋相交位置布置 1 根，另 6 根沿三墙肢各 2 根均等布置，并应与横向分布钢筋绑扎或点焊。

3）十字形节点竖向构造钢筋，可采用节点区域竖向分布钢筋替换的方法，替换后的竖向构造钢筋不应少于 9 根，且直径不应小于原竖向分布钢筋直径加 2mm 和 12mm 的较大值，采用 9 根时四墙肢单排钢筋相交位置布置 1 根，另 8 根沿四墙肢各 2 根均等布置，并应与横向分布钢筋绑扎或点焊。

（9）单排配筋剪力墙与楼板连接时，可采用增设竖向短钢筋的方法加强，短钢筋直径宜与剪力墙竖向分布钢筋相同，根数不宜少于该剪力墙竖向分布钢筋根数的 50%，伸入楼板上、下剪力墙的长度不宜小于 500mm。

（10）单排配筋剪力墙与屋面板连接时，可采用增设弯折短钢筋的方法加强，弯折短钢筋直径宜与剪力墙竖向分布钢筋相同，根数不宜少于该剪力墙竖向分布钢筋根数的 50%，伸入屋面板以下剪力墙的长度不宜小于 500mm，伸入屋面板的长度不宜小于 300mm。

（11）单排配筋剪力墙与另一方向的双排配筋剪力墙相连时，单排配筋剪力墙的横向分布钢筋应伸至双排配筋剪力墙远端分布钢筋位置，L形节点时应弯折90°且弯折段应钩住节点墙肢远端竖向构造钢筋，T形节点时应交错向两侧弯折90°且弯折段应钩住墙肢远端竖向构造钢筋。

（12）单排配筋剪力墙与边框柱连接时，单排配筋剪力墙的横向分布钢筋应伸至边框柱远端箍筋位置，并应交错向两侧弯折90°且弯折段不宜小于单排配筋剪力墙的厚度。

（13）单排配筋剪力墙与边框梁的连接，应满足下列规定：

1）与非顶层边框梁的连接，单排配筋剪力墙的竖向分布钢筋可穿过边框梁。

2）与顶层带单侧屋面板边框梁的连接，单排配筋剪力墙的竖向分布钢筋应伸至边框梁上端纵筋下面位置并应弯折90°伸入屋面板，伸入屋面板的长度不宜小于300mm。

3）与顶层带两侧屋面板边框梁的连接，单排配筋剪力墙的竖向分布钢筋应伸至边框梁上端纵筋下面位置并应交错向两侧屋面板弯折90°，弯折段伸入屋面板的长度不宜小于300mm。

（14）房屋层数4~6层时，不包括上部3层的其他楼层的单排配筋剪力墙，洞口两侧宜设置竖向构造钢筋，两端边缘构件应采用矩形暗柱，并应符合下列规定：

1）剪力墙洞口两侧设置竖向构造钢筋时，宜采用2根直径不小于14mm的钢筋，且横向分布钢筋应弯折90°向两侧交错布置并钩住竖向构造钢筋。

2）剪力墙端部应在不小于450mm范围设置矩形暗柱，暗柱纵筋不应少于8根、直径不应小于12mm，暗柱箍筋直径不应小于6mm、间距不应大于150mm，剪力墙横向分布钢筋应伸至端部弯折90°向两侧交错布置并钩住暗柱端部纵筋。

（15）房屋层数4~6层时，不包括上部3层的其他楼层单排配筋剪力墙与另一方向的单排配筋剪力墙的连接，节点构造应符合以下规定：

1）L形节点，应设置肢长均不应小于450mm的L形暗柱，暗柱纵筋不应少于8根、直径不应小于12mm，暗柱箍筋直径不宜小于6mm、间距不宜大于150mm，剪力墙横向分布钢筋应伸至端部弯折90°向两侧交错布置并钩住暗柱端部纵筋。

2）T形节点，应设置肢长均不应小于450mm的T形暗柱，暗柱纵筋不应少于8根、直径不宜小于12mm且不应小于10mm，暗柱箍筋直径不宜小于6mm、间距不宜大于150mm，剪力墙横向分布钢筋应伸至端部弯折90°向两侧交错布置并钩住暗柱端部纵筋。

3）十字形节点，应设置肢长均不应小于450mm的十字形暗柱，暗柱纵筋不应少于8根、直径不应小于10mm，暗柱箍筋直径不宜小于6mm、间距不宜大于150mm，剪力墙横向分布钢筋应穿过十字形暗柱。

（16）轴压比

多层剪力墙结构中的一般剪力墙墙肢的轴压比为（N/f_cA），当抗震等级为二*（特二级）、二级时均不宜超过0.25；抗震等级为三*（特三级）、三级时均不宜超过0.3。

N为重力荷载代表值作用下墙肢的轴向压力设计值；A为剪力墙墙肢的截面面积；f_c为混凝土轴向抗压强度设计值。

（17）墙肢的边缘构件

1）墙肢边缘构件的纵向钢筋宜采用HRB400级或以上钢筋。

2）墙肢边缘构件的纵向钢筋不宜少于4ϕ8，或不宜少于2ϕ10＋1ϕ8，同时应设置相应的矩形或三角形箍筋，或在2ϕ12边缘钢筋及其近点单排竖向钢筋之间设置三角形箍筋。

3）带斜筋双向单排配筋混凝土剪力墙边缘构件宜采用矩形或三角形暗柱形式。

4）带斜筋双向单排配筋混凝土剪力墙边缘构件的配筋应满足现行国家标准《建筑抗震设计标准》GB/T 50011 的规定。

（18）箍筋

1）暗支撑箍筋宜采用 HPB300 级钢筋。在边缘构件底部 1/2 范围内宜加密箍筋。

2）箍筋应采用封闭箍筋，严禁采用带内折角箍筋和开口式箍筋。矩形箍筋端应做成 135°弯钩，弯钩直段长度不应小于 10 倍箍筋直径。当采用拉筋复合箍时，拉筋应紧靠纵向钢筋并应钩住箍筋。

3）箍筋形式可采用三角形也可采用矩形，矩形箍筋要求按现行规范确定。

（19）墙肢边缘构件的纵向钢筋及竖向、水平向分布钢筋接头可采用绑扎搭接。边缘构件的纵向钢筋的搭接接头宜相互错开，错开净距不宜小于 500mm，边缘构件纵向钢筋搭接示意图见图 12.1-1；墙体竖向分布钢筋搭接示意图见图 12.1-2；墙体水平分布钢筋应沿墙体高度每隔一根错开搭接，错开净距不宜小于 500mm，墙体水平分布钢筋搭接示意图见图 12.1-3。非抗震设计时，分布钢筋的搭接长度不应小于 $1.2l_a$；抗震设计时，不应小于 $1.2l_{aE}$。

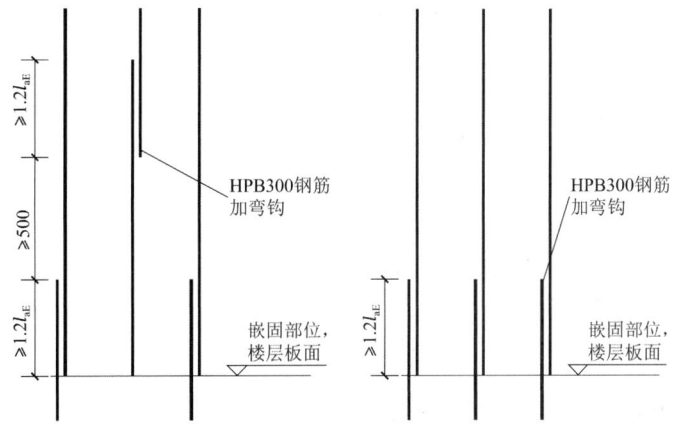

图 12.1-1 边缘构件纵向钢筋搭接示意图　　图 12.1-2 墙体竖向分布钢筋搭接示意图

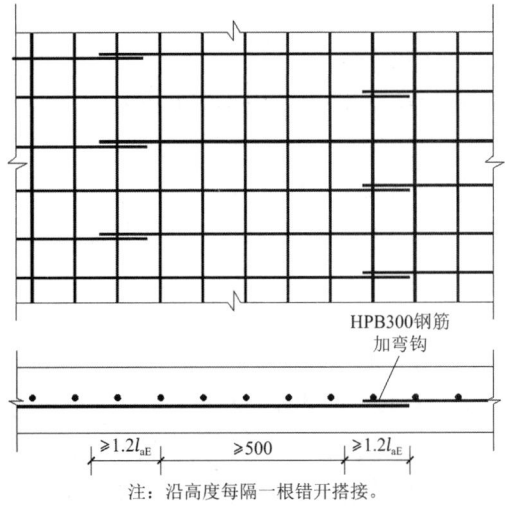

图 12.1-3 墙体水平分布钢筋搭接示意图

（20）暗支撑钢筋

墙肢中暗支撑箍筋宜采用 HPB300 级钢筋；暗支撑箍筋端头应做成 135°，弯钩直段长度不应小于 10 倍箍筋直径。

暗支撑钢筋的仰角宜控制在 45°～60°之间。

暗支撑钢筋宜采用相同的直径，当钢筋直径不能相同时，以直径相差两个型号为宜。暗支撑钢筋的净保护层厚度，不应小于 20mm 且不应小于暗支撑钢筋直径，受力暗支撑钢筋间的净距不应小于 50mm。

暗支撑钢筋接头的位置与数量：在可能的条件下应尽量少设钢筋接头，暗支撑钢筋接头宜设在受力较小处。暗支撑钢筋接头应相互错开，相邻接头间距焊接不应小于 500mm。暗支撑在同一截面内钢筋接头数不应超过暗支撑钢筋根数的 25%。

暗支撑钢筋伸入边框或暗柱的锚固长度 l_{aE} 应按下式计算：

一级、二级抗震等级：

$$l_{aE} = 1.15 l_a \tag{12.1-7}$$

三级抗震等级：

$$l_{aE} = 1.05 l_a \tag{12.1-8}$$

l_a 为钢筋的锚固长度，其计算式为：

$$l_a = \alpha \frac{f_y}{f_t} d \tag{12.1-9}$$

式中：f_y——暗支撑钢筋的抗拉强度设计值；

f_t——混凝土轴心抗拉强度设计值；

d——钢筋的公称直径；

α——钢筋的外形系数，光圆钢筋为 0.16，带肋钢筋为 0.14。

2. 双向单排配筋混凝土剪力墙连梁的抗震构造措施

（1）连梁的最小厚度

连梁的最小厚度除应满足受压承载力和剪压比计算要求外，且双向单排配筋剪力墙连梁截面宽度不应小于 140mm。

（2）连梁分布钢筋的最小配筋率

连梁竖向和横向分布钢筋最小配筋率不应小于 0.25%。

（3）连梁分布钢筋的直径及间距

连梁的分布钢筋直径不宜小于 φ8，不应小于 φ6，分布钢筋间距不应大于 200mm，施工时应采取措施保证钢筋位置的正确，并采取有效防裂措施。

（4）连梁的边缘构件

连梁的边缘构件的纵向钢筋宜采用 HRB400 级或以上钢筋。

连梁的边缘构件的纵向钢筋不宜少于 4φ8，或不宜少于 2φ10+1φ8，同时应设置相应的矩形或三角形箍筋，或在 2φ12 边缘钢筋及其近点单排竖向钢筋之间设置三角形箍筋。

连梁边缘构造箍筋及拉筋应符合表 12.1-5 的构造要求，端部构造钢筋的箍筋及拉筋应当适当加密，加密区连梁边缘构造箍筋及拉筋应符合表 12.1-6 的构造要求，加密区长度不宜小于 600mm。

连梁边缘构造箍筋及拉筋的构造要求 表 12.1-5

抗震等级		一	二	三	四
箍筋、拉筋	最小直径（mm）	8	8	6	6
	最大间距（mm）	100	150	150	200

加密区连梁边缘构造箍筋及拉筋的构造要求 表 12.1-6

抗震等级		一	二	三	四
箍筋、拉筋	最小直径（mm）	10	8	8	6
	最大间距（mm）	$6d$, 100	$8d$, 100	$8d$, 150	$8d$, 150

注：d代表钢筋直径。

（5）箍筋

箍筋应采用封闭箍筋，严禁采用带内折角箍筋和开口式箍筋。矩形箍筋端应做成135°弯钩，弯钩直段长度不应小于10倍箍筋直径。当采用拉筋复合箍时，拉筋应紧靠纵向钢筋并应钩住箍筋。

箍筋当采用三角形箍筋时，弯钩长度不应小于10倍箍筋直径。

（6）连梁钢筋的锚固

连梁顶面、底面纵向受力钢筋伸入墙内的锚固长度，抗震设计时不应小于l_{aE}，非抗震设计时不应小于l_a，且不应小于600mm，洞口锚固构造示意图见图12.1-4。

一级、二级抗震等级：

$$l_{aE} = 1.15 l_a \tag{12.1-10}$$

三级抗震等级：

$$l_{aE} = 1.05 l_a \tag{12.1-11}$$

l_a为钢筋的锚固长度，其计算式为：

$$l_a = \alpha \frac{f_y}{f_t} d \tag{12.1-12}$$

式中：f_y——暗支撑钢筋的抗拉强度设计值；

f_t——混凝土轴心抗拉强度设计值；

d——钢筋的公称直径；

α——钢筋的外形系数，光圆钢筋为0.16，带肋钢筋为0.14。

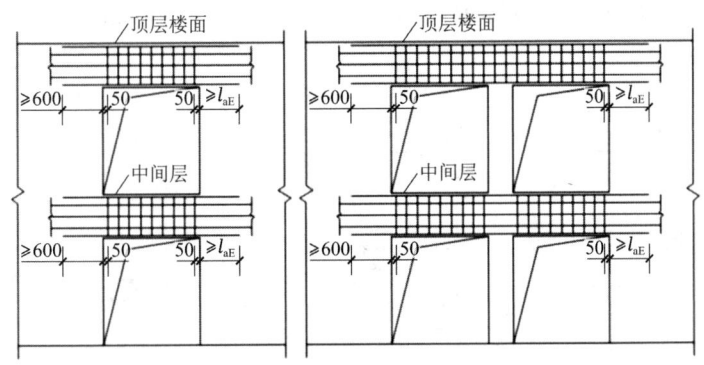

图12.1-4 洞口锚固构造示意图

3. EPS 保温模块单排配筋剪力墙结构构造措施

（1）EPS 保温模块单排配筋剪力墙在结构设计时，房屋层高、平面开间和进深、窗间墙宽度设计应符合下列要求：

1）墙体的模数要与 EPS 保温模块的模数一致；

2）房屋层高和门窗上下墙高度的基准模数为 $3M_0$；以墙体的中心为基准轴线，房屋开间和进深的基准模数为 $3M_0$；窗间跺宽度为 150mm 的整数倍。

（2）混凝土设计强度等级不应低于 C20，混凝土墙厚度为 130mm 时，建筑高度不应大于 13.5m，建筑层高不宜大于 4.5m，建筑层数不宜大于 3 层。混凝土剪力墙采用单排配筋时，竖向钢筋不小于 $\phi 10@300$，水平钢筋不小于 $\phi 10@300$。

（3）房屋外围护墙体的内外表面和室内隔墙的内外表面，均应用至少 20mm 厚抗裂砂浆抹面。

（4）室内隔墙上安装吊挂物时，垂直单点吊挂力不应大于 0.15kN，若大于该数值，应将吊挂物的锚栓嵌入混凝土墙体内。

（5）模块间连接均应为企口插接。墙体设计时模块无法进行企口插接时（如基础梁与 EPS 保温模块的交接处、门窗框与门窗模块的结合处，屋面保温板与檐口的交结处等），设计图纸中时需注明该部位预留 10~15mm 缝隙，使用发泡聚氨酯将其封堵。

（6）门窗洞口处，门窗模块与墙体的模块插接组合，门窗框和金属防护门框四周边应与混凝土墙体锚固连接。

4. EPS 保温模块单排配筋剪力墙结构节点构造

EPS 保温模块单排配筋剪力墙结构节点构造可根据房屋高度和抗震等级采用以下不同边缘构件（图 12.1-5）。

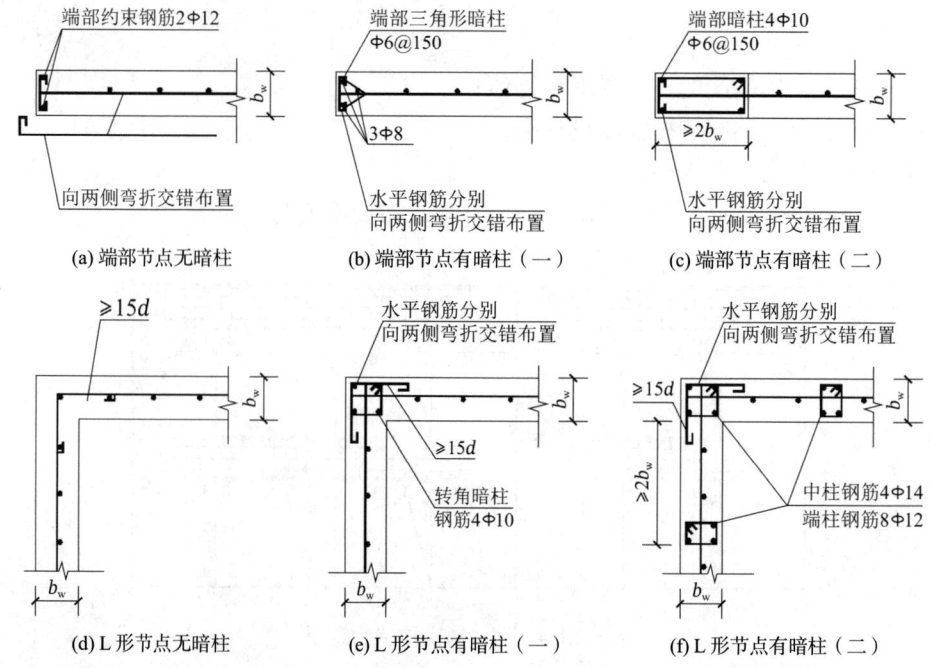

(a) 端部节点无暗柱　(b) 端部节点有暗柱（一）　(c) 端部节点有暗柱（二）

(d) L 形节点无暗柱　(e) L 形节点有暗柱（一）　(f) L 形节点有暗柱（二）

第 12 章 单排配筋混凝土剪力墙结构设计与施工

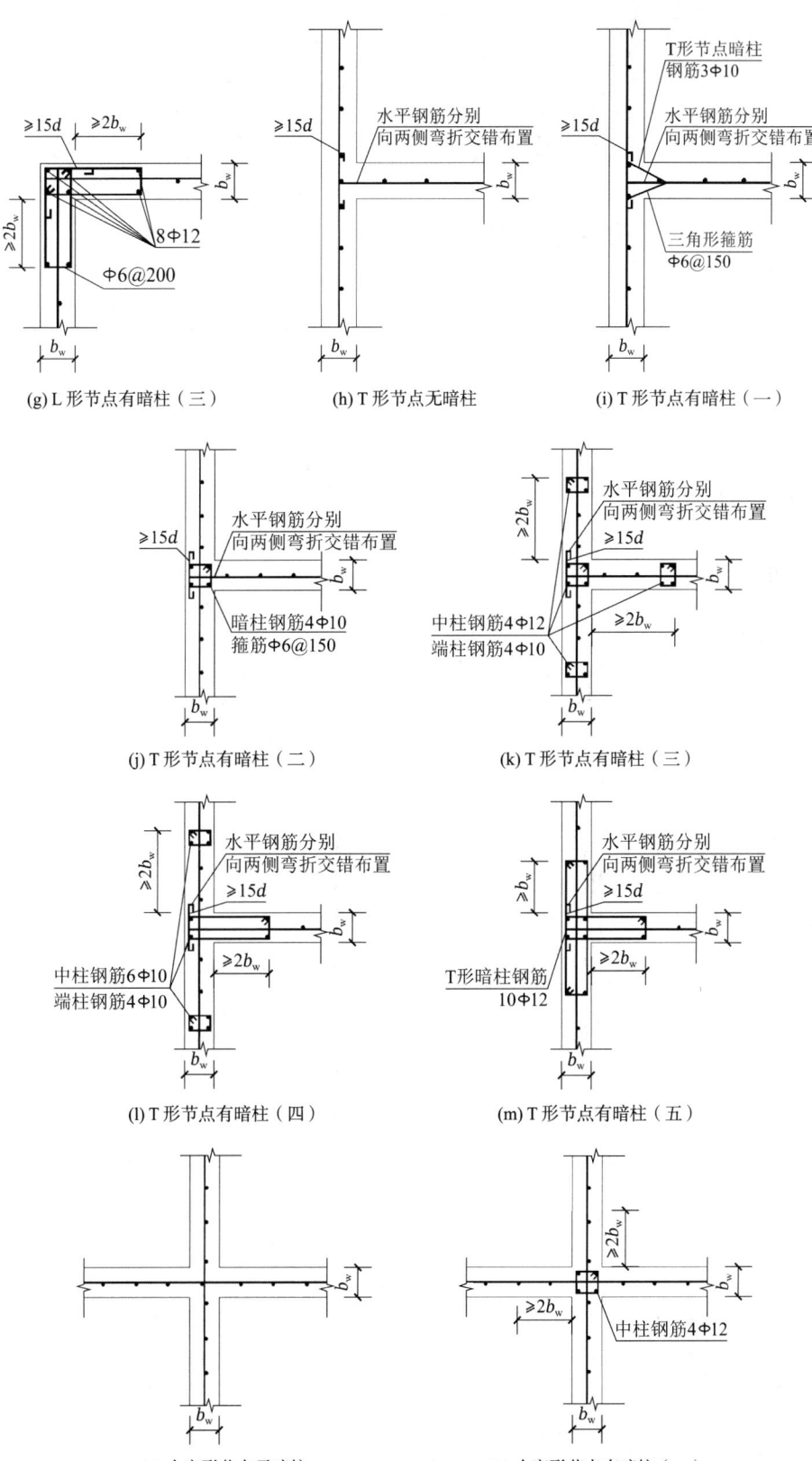

单排配筋混凝土剪力墙结构

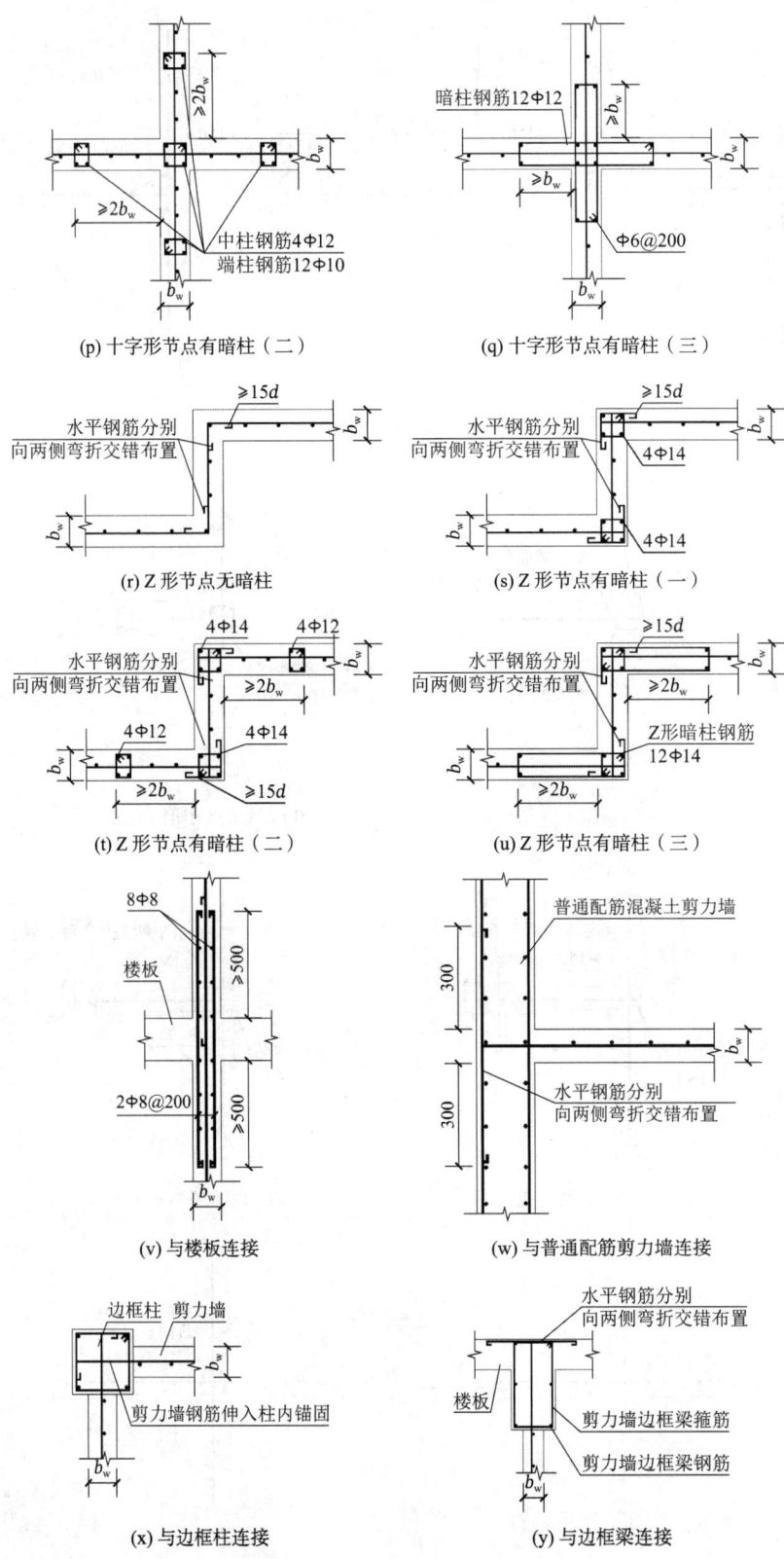

图 12.1-5 不同形式节点边缘构件

12.1.6 装配式单排配筋剪力墙结构构造措施

（1）装配式单排配筋剪力墙结构，所用混凝土可采用普通混凝土，也可采用再生粗骨料混凝土，混凝土强度等级不宜低于 C40 且不应低于 C30。当采用再生混凝土时，再生粗骨料取代率应符合以下规定：

1）房屋层数 4～6 层时，再生粗骨料取代率宜为 30%～50%；

2）房屋层数 1～3 层时，再生粗骨料取代率宜为 50%～100%。

（2）装配式单排配筋剪力墙结构，所用钢筋应根据具体设计要求选取，宜采用 HRB400 级及以上钢筋。

（3）装配式单排配筋混凝土剪力墙截面的最小厚度，除应满足承载力、轴压比、剪压比和稳定性要求外，房屋层数不超过 4 层时，外墙不应小于 140mm，内墙不应小于 120mm；当房屋层数超过 4 层或为独立墙肢截面时，外墙和内墙均不应小于 140mm。

（4）装配式单排配筋混凝土剪力墙中，钢筋直径不宜小于 8mm，不应小于 6mm，竖向和水平分布钢筋最小配筋率不应低于 0.25%，且分布钢筋间距不应大于 200mm。

（5）装配式单排配筋混凝土剪力墙采用墩头钢筋-钢筋笼强化预留孔-灌浆锚固连接时，墩头直径不宜小于钢筋直径的 1.7 倍，厚度不宜小于钢筋直径的 1.0 倍。墩头钢筋的基本锚固长度不宜小于现行国家标准《混凝土结构设计标准》GB/T 50010 规定受拉钢筋基本锚固长度 l_{ab} 的 60%，不应小于 150mm。

（6）装配式单排配筋混凝土剪力墙采用墩头钢筋-钢筋笼强化预留孔-灌浆锚固连接时，剪力墙底部预留孔直径宜取 40～50mm，周围设置由水平钢筋与箍筋组成的钢筋笼，钢筋笼顶层水平钢筋应在预留孔范围之上，水平钢筋竖向间距不宜大于 50mm，预留孔两侧各设置一根箍筋，箍筋间距不宜大于 100mm。

（7）预制单排配筋混凝土剪力墙洞口两侧应设置加强钢筋或矩形暗柱，同时应设置相应的箍筋，在剪力墙底部 1/3 范围内和容易出现水平裂缝的区域箍筋加密。预制剪力墙单排水平分布钢筋锚固端应交错向两侧弯折。房屋层数 1～3 层且高度不大于 10m 时，或 4～6 层房屋的上部 3 层，加强钢筋或暗柱及其最小配筋，可根据受力选择图 12.1-6（a）的构造，且应满足受弯承载力要求。4～6 层房屋的下部 3 层，预制单排配筋混凝土剪力墙洞口两侧不小于 300mm 的范围应设置矩形暗柱，暗柱纵筋不少于 6 根、直径不小于 10mm，且应满足受弯承载力要求。可参考图 12.1-6（b）的构造。

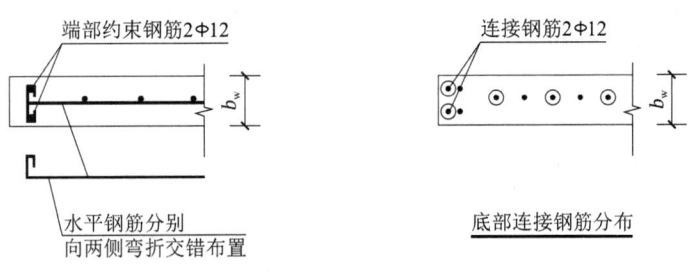

(a) 加强钢筋

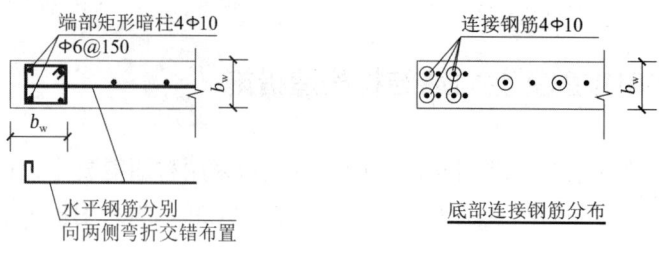

(b)矩形暗柱

图 12.1-6　装配式单排配筋剪力墙洞口两侧的构造

（8）同层预制单排配筋混凝土剪力墙相交部位宜设置现浇暗柱，形成半装配式剪力墙结构。现浇暗柱中竖向钢筋为通长钢筋，同时设置相应的矩形箍筋，在剪力墙底部 1/3 范围内和容易出现水平裂缝的区域箍筋加密。预制剪力墙水平分布钢筋锚固端应交错向两侧弯折，以确保分布筋的锚固和对现浇暗柱纵筋的拉结。半装配式剪力墙现浇暗柱及其最小配筋，可根据受力选择图 12.1-7 的构造，且应满足受弯承载力要求。

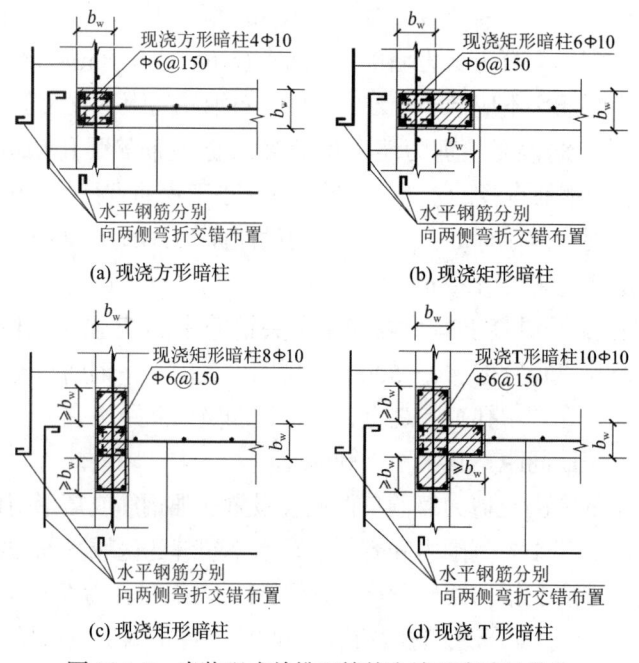

图 12.1-7　半装配式单排配筋剪力墙现浇暗柱构造

（9）装配式单排配筋混凝土剪力墙水平接缝处应设置粗糙面，宜采用抗剪键或抗滑移钢筋等措施，灌浆缝高度宜为 15～20mm。

（10）装配式单排配筋剪力墙可与聚苯模块复合后形成抗震保温一体化墙体，外围墙体采用聚苯模块板或聚苯空腔模块装配式单排配筋复合剪力墙。

12.2　施工要求

EPS 保温模块单排配筋剪力墙结构施工，应符合以下要求：

（1）多层建筑 EPS 空腔模块单排配筋剪力墙结构施工流程应按下列顺序进行：基础顶面或楼地面抄测放线和表面找平→绑扎钢筋和空腔构造组合及校正→安装企口防护条→浇筑混凝土→支护楼面模板→绑扎楼面梁板钢筋→楼面梁板混凝土浇筑→上一层主体结构施工。

（2）在 EPS 空腔模块墙体组合安装前，应进行以下工作：

1）将基础的上表面或楼面板的上表面按房屋平面尺寸进行抄测放线，按线将预埋钢筋的位置校正。

2）按抄测的水平线将基础上表面或楼面板的上表面用水泥砂浆找平。

3）在找平后的上表面，按空腔模块墙体厚度弹出双实线，按线将 30mm×40mm 木方间断地钉牢，构成卡槽，见图 12.2-1。

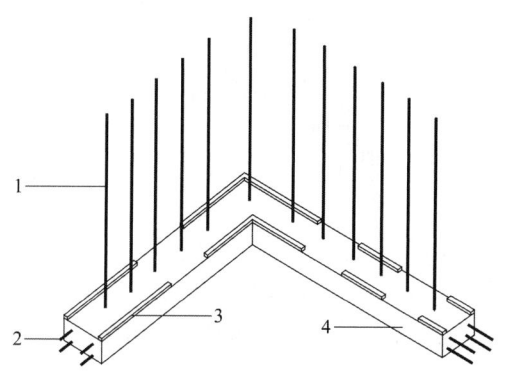

1—竖向钢筋；2—基础梁钢筋；3—卡槽木方；4—基础梁

图 12.2-1　卡槽木方安装

（3）复合墙体与楼面板施工应按下列顺序进行：

1）将直角形（图 12.2-2）、T 形（图 12.2-3）、十字形（图 12.2-4）、扶壁柱（图 12.2-5）墙体 EPS 空腔模块套入竖向钢筋，置入基础上表面或楼面板上表面的卡槽内，再分层安装组合直板墙体空腔模块（图 12.2-6）；将水平钢筋置入每层模块芯肋（或连接桥）上的凹槽，与竖向钢筋连接；在门窗口处，按设计要求的洞口宽度插入门窗口封头模块（图 12.2-7）；按此顺序分层错缝将其组合至窗下墙高度。

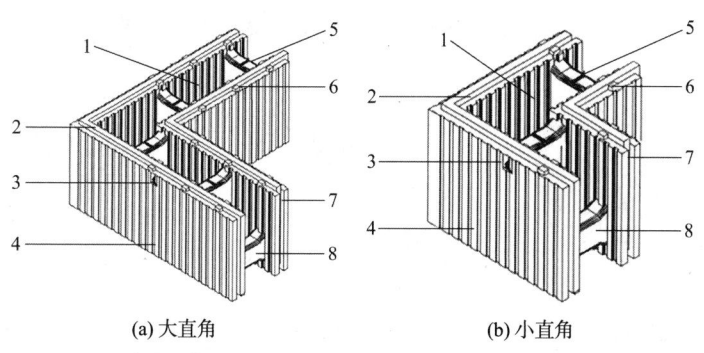

(a) 大直角　　　(b) 小直角

1—内燕尾槽；2—上下企口；3—商标标识；4—外燕尾槽；
5—钢筋限位槽；6—定位卡；7—左右企口；8—芯肋（或连接桥）

图 12.2-2　直角形墙体空腔模块

单排配筋混凝土剪力墙结构

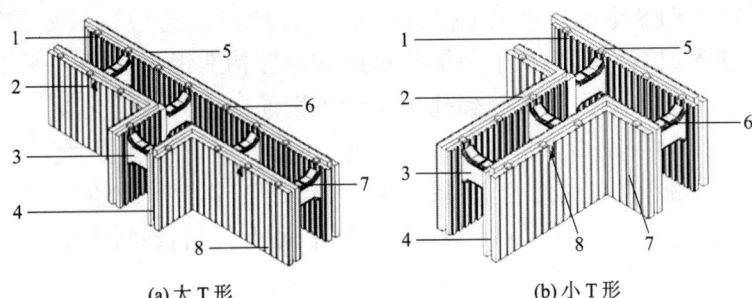

(a) 大 T 形　　　　　　　　(b) 小 T 形

1—内燕尾槽；2—上下企口；3—商标标识；4—外燕尾槽；
5—钢筋限位槽；6—定位卡；7—左右企口；8—芯肋（或连接桥）

图 12.2-3　T 形墙体空腔模块

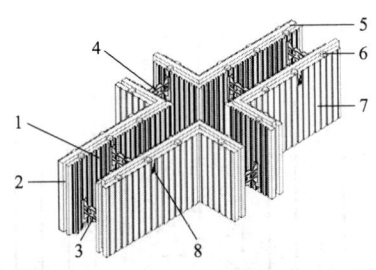

1—内燕尾槽；2—左右企口；3—连接桥；4—钢筋限位槽；
5—上下企口；6—定位卡；7—外燕尾槽；8—商标标识

图 12.2-4　十字形内墙墙体空腔模块

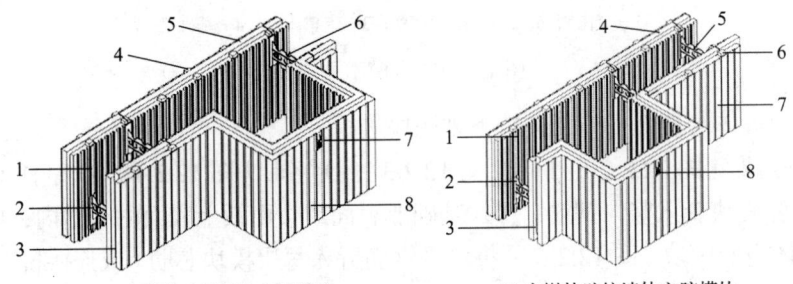

(a) 左撇扶壁柱墙体空腔模块　　　　　　(b) 右撇扶壁柱墙体空腔模块

1—内燕尾槽；2—连接桥；3—左右企口；4—定位卡；
5—上下企口；6—钢筋限位槽；7—商标标识；8—外燕尾槽

图 12.2-5　扶壁柱墙体空腔模块

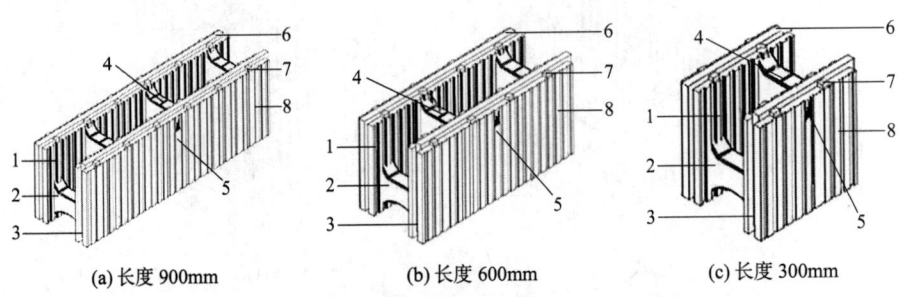

(a) 长度 900mm　　　　　(b) 长度 600mm　　　　　(c) 长度 300mm

1—内燕尾槽；2—芯肋（或连接桥）；3—左右企口；4—钢筋限位槽；
5—商标标识；6—上下企口；7—定位卡；8—外燕尾槽

图 12.2-6　直板墙体空腔模块

2）校正 EPS 空腔模块墙体的垂直度和对墙体扶壁柱进行支护。

3）混凝土浇筑前，墙体空腔内若有异物时，用大功率吸尘器将其吸出，再将企口防护条安装在模块顶端后，浇筑混凝土。

4）再按顺序 1）将 EPS 空腔模块墙体组合至设计层高，并用模板（或泡沫玻璃板）将门窗过梁底部封堵支护，按设计要求设置受弯钢筋。

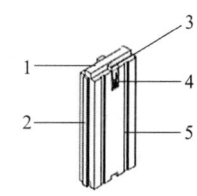

1—定位卡；2—左右企口；3—上下企口；
4—商标标识；5—燕尾槽

图 12.2-7　门窗口封头模块

5）用斜支撑校正空腔模块墙体的垂直度。

6）继续浇筑混凝土至楼面板下皮或檐口顶面。

7）组装楼面与各种墙体交接空腔模块（图 12.2-8～图 12.2-11），支护楼面模板，在其上绑扎钢筋，整体浇筑楼面板混凝土。

8）墙体或屋面宜采用自密实或大流动性细石混凝土浇筑；若采用普通混凝土机械振捣时，空腔模块墙体外侧应有防止胀模的支护措施。

9）在楼面板上按墙体厚度弹线，继续组合安装上一楼层的空腔模块墙体。复合墙体施工示意图见图 12.2-12。

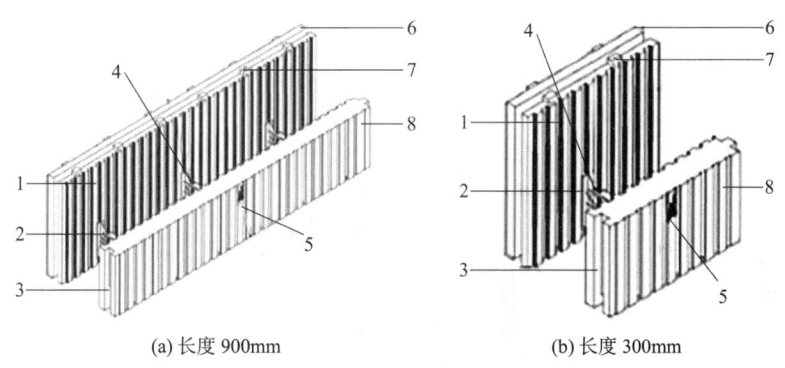

(a) 长度 900mm　　　　(b) 长度 300mm

1—内燕尾槽；2—连接桥；3—左右企口；4—钢筋限位槽；
5—商标标识；6—上下企口；7—定位卡；8—外燕尾槽

图 12.2-8　楼面直板墙体空腔模块

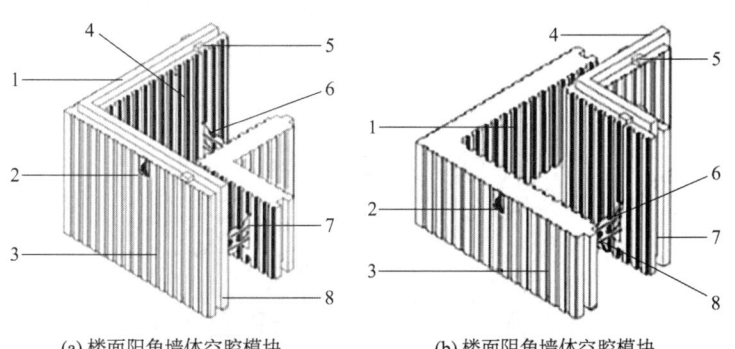

(a) 楼面阳角墙体空腔模块　　(b) 楼面阴角墙体空腔模块

1—上下企口；2—商标标识；3—外燕尾槽；4—内燕尾槽；
5—定位卡；6—连接桥；7—钢筋限位槽；8—左右企口

图 12.2-9　楼面直角墙体空腔模块

-463-

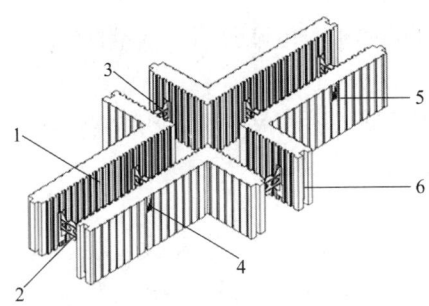

1—内燕尾槽；2—连接桥；3—钢筋限位槽；
4—商标标识；5—外燕尾槽；6—左右企口

图 12.2-10　楼面十字形内墙墙体空腔模块

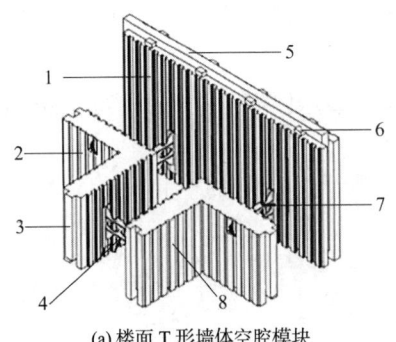
(a) 楼面T形墙体空腔模块

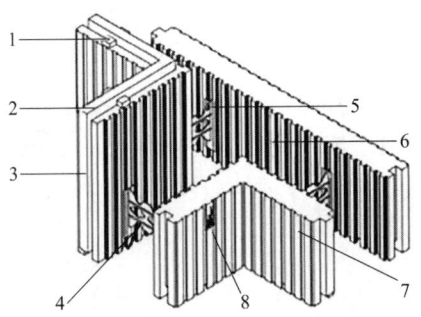
(b) 楼面左侧阴角T形墙体空腔模块

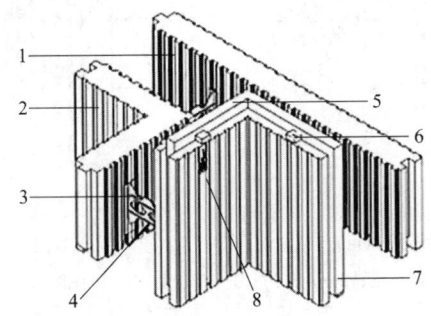
(c) 楼面右侧阴角T形墙体空腔模块

1—内燕尾槽；2—商标标识；3—左右企口；4—连接桥；
5—上下企口；6—定位卡；7—钢筋限位槽；8—外燕尾槽

图 12.2-11　楼面T形墙体空腔模块

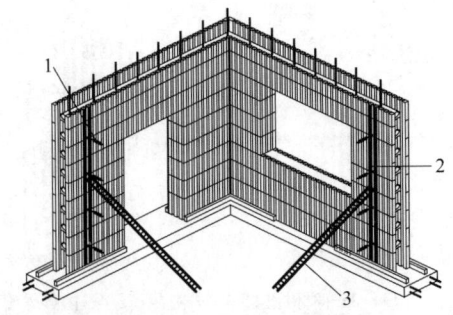

1—固定螺旋棒；2—支撑肋；3—斜支撑

图 12.2-12　复合墙体施工示意图

12.3 本章小结

笔者团队与哈尔滨鸿盛建筑科学研究院林国海教授在单排配筋剪力墙结构试验、理论、设计、施工及工程实践等方面进行了合作研究，在合作研究基础上，提出了单排配筋剪力墙结构设计方法和施工要求，曹万林主编了北京市地方标准《多层建筑单排配筋混凝土剪力墙结构技术规程》DB11/T 1507—2017[1]，林国海主编了行业标准《聚苯模块保温墙体应用技术规程》JGJ/T 420—2017[2]，曹万林主编了行业标准《再生混凝土结构技术标准》JGJ/T 443—2018[3]，可供单排配筋剪力墙结构设计与施工参考。

参 考 文 献

[1] 北京市质量技术监督局，北京市住房和城乡建设委员会. 多层建筑单排配筋混凝土剪力墙结构技术规程：DB11/T 1507—2017[S].

[2] 住房和城乡建设部. 聚苯模块保温墙体应用技术规程：JGJ/T 420—2017[S]. 北京：中国建筑工业出版社，2017.

[3] 住房和城乡建设部. 再生混凝土结构技术标准：JGJ/T 443—2018[S]. 北京：中国建筑工业出版社，2018.